“十三五”国家重点出版物出版规划项目

名校名家基础学科系列

Textbooks of Base Disciplines from Top Universities and Experts

大学物理

下 册

第 2 版

主　编　陆　健

副主编　邓开明　骆晓森

参　编　刘素梅　章玉珠　严　琴

王广安　陈　波

机 械 工 业 出 版 社

本书根据教育部高等学校大学物理课程教学指导分委员会制定的《理工科类大学物理课程教学基本要求》（2010年版）和国内同类物理教材的改革动态，并结合编者多年的教学经验编写而成。全套书分上下两册，本书是下册，主要内容包括电磁学（Ⅱ）、光学及近代物理学基础三篇。本书在内容安排上科学、合理，完整性和适用性强，同时富有启发性；在物理概念的阐述上简明清楚、通俗易懂；在内容叙述上条理清晰、层次分明、深入浅出，同时注意加强语言的规范性。每章后附有“本章提要”，每篇后面节选了有关物理学与现代科学技术应用方面的内容，以开阔学生的眼界，书后附有部分习题参考答案。

本书主要作为各类工科本科院校的大学物理课程教材，也可作为综合性大学、师范院校非物理类专业以及各类成人高等教育物理课程的教材或参考书。

图书在版编目（CIP）数据

大学物理．下册/陆健主编．—2版．—北京：机械工业出版社，2021.6（2025.1重印）
（名校名家基础学科系列）
“十三五”国家重点出版物出版规划项目
ISBN 978-7-111-68656-9

Ⅰ．①大…　Ⅱ．①陆…　Ⅲ．①物理学-高等学校-教材　Ⅳ．①O4

中国版本图书馆CIP数据核字（2021）第132676号

机械工业出版社（北京市百万庄大街22号　邮政编码100037）
策划编辑：李永联　责任编辑：李永联　李　乐
责任校对：王明欣　封面设计：鞠　杨
责任印制：常天培
北京中科印刷有限公司印刷
2025年1月第2版第5次印刷
184mm×260mm・20.25印张・501千字
标准书号：ISBN 978-7-111-68656-9
定价：58.00元

电话服务	网络服务
客服电话：010-88361066	机　工　官　网：www.cmpbook.com
010-88379833	机　工　官　博：weibo.com/cmp1952
010-68326294	金　书　网：www.golden-book.com
封底无防伪标均为盗版	机工教育服务网：www.cmpedu.com

前 言

本套书根据教育部高等学校大学物理课程教学指导分委员会制定的《理工科类大学物理课程教学基本要求》(2010 年版)，在南京理工大学使用多年的《大学物理》讲义（潘国顺等编）的基础上，结合国内同类物理教材的改革动态和编者多年的教学经验编写而成。

本次修订参考了国内一些同类的优秀大学物理教材，对第 1 版各章内容、例题和习题进行了重新审定和完善，增加了应用型习题，同时对书中“物理学与现代科学技术”栏目的内容进行了更新。为满足不同专业、不同模块教学内容的需求，光学部分增加了几何光学的内容，近代物理学基础部分增加了原子物理的部分内容。每章均配有“本章提要”，并精选了适量难易适中的习题供学生练习、复习。书中，章节号前标“*”者为选修内容。

本套书内容安排科学、合理，完整性和适用性强，同时富有启发性。编者力求在物理概念的阐述上简明清楚、通俗易懂，在内容叙述上深入浅出、条理清晰、层次分明、简洁得当，同时注意加强语言的规范性。

本套书符合高等院校工科本科教育层次及素质教育中大学物理作为通识教育课程的要求。在教学过程中做合理取舍或调整后，可满足不同专业、不同学时的教学需要。

本套书分上、下两册，全套书编写大纲的制定和内容的安排是全体编者多次讨论后确定的。本书是下册，具体编写人员和分工为：刘素梅、邓开明编写第 10～13 章，严琴、陆健、陈波编写第 14～17 章，章玉珠、骆晓森、王广安编写第 18～20 章。上册具体编写人员和分工为：邓开明、陈波编写第 1～3 章，骆晓森、刘素梅编写第 4、5 章，陈波、严琴编写第 6、7 章，王广安、陆健编写第 8、9 章。全套书由陆健教授统稿。

本套书在编写过程中得到了南京理工大学教务处及理学院应用物理系的大力支持，在此表示衷心的感谢。

书中难免有不足之处，欢迎读者批评指正。

编 者

目 录

第5篇 光 学

第6篇 近代物理学基础

4

第4篇　电　磁　学（Ⅱ）

第 10 章

真空中的稳恒磁场

在静止电荷的周围，存在着电场。当电荷运动时，在它的周围不仅有电场，而且还有磁场。本章将讨论电荷运动形成稳恒电流时，在真空中所产生的磁场及其基本性质。由于这种磁场的分布不随时间而变化，所以称为**稳恒磁场或静磁场**。

10.1 稳恒电流的基本概念

稳恒磁场是伴随着稳恒电流而存在的，因此，需要先对稳恒电流、电流密度矢量等有关概念做一简要的介绍。

电流和电流密度矢量 按照习惯：**电流的方向规定为正电荷运动的方向**。金属导体中的电流方向实际上是电子运动的反方向。电流的强弱用电流强度来描述，即单位时间内通过导体某一截面的电荷量，称为通过该截面的**电流强度（简称电流）**。在导体上任取一横截面，如果在 Δt 时间内流过这一截面的电荷量为 Δq，则通过该截面的电流 I 为

$$I=\frac{\Delta q}{\Delta t}$$

即**电流等于单位时间内通过导体上任一截面的电荷量**。如果电流 I 随时间而变化，则用**瞬时电流**来描述电流的强弱，即

$$I=\lim_{\Delta t\to 0}\frac{\Delta q}{\Delta t}=\frac{\mathrm{d}q}{\mathrm{d}t} \tag{10-1}$$

在国际单位制中，规定电流为基本量，其单位为安培，符号为 A，1A = 1C/s。

电流是标量，通常所说电流的方向，是指电流沿着导线前行的方向，所以电流的运算，服从代数（标量）加减法则。

电流只能从总体上反映给定截面上电荷流动的情况。为了更细微地描述导体中各点处电荷流动的情况，需要引入一个新的物理量，叫作**电流密度矢量 $\boldsymbol{J}$**。

在导体中任一点处，取一面积元 $\mathrm{d}\boldsymbol{S}=\mathrm{d}S\cdot\boldsymbol{n}$，$\boldsymbol{n}$ 为面积元 $\mathrm{d}S$ 沿其法线方向的单位矢量，且与该点电流方向（即电场强度 $\boldsymbol{E}$ 的方向）相同，如图 10-1 所示。若通过该面积元的电流强度为 $\mathrm{d}I$，则定义电流密度矢量为

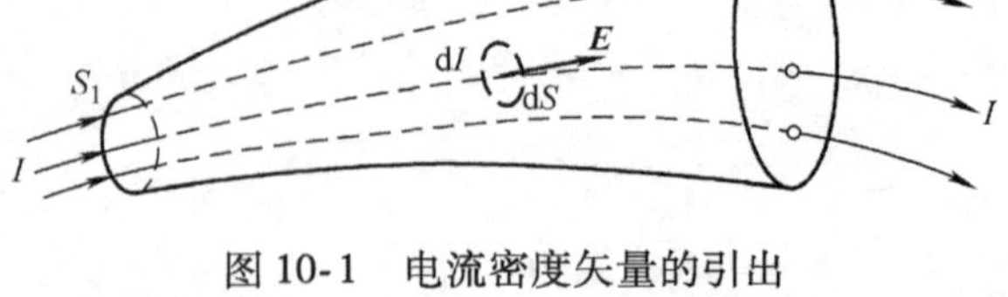

图 10-1 电流密度矢量的引出

$$\boldsymbol{J}=\frac{\mathrm{d}I}{\mathrm{d}S}\boldsymbol{n} \tag{10-2}$$

由此可见，**导体中某一点的电流密度矢量，其数值等于通过与该点电场强度方向垂直的单位面积的电流，其方向为该点场强 $\boldsymbol{E}$ 的方向**。在国际单位制中，电流密度矢量的单位是安培每平方米（A/m^2）。量纲是 IL^{-2}。

按照电流密度矢量的定义，通过与电流方向垂直的面积元 dS 的电流为

$$dI = \boldsymbol{J} \cdot d\boldsymbol{S}$$

当面积元的法线方向与电流方向斜交，d$\boldsymbol{S}$ 与 $\boldsymbol{J}$ 成 θ 角时（见图 10-2），通过它的电流为

$$dI = JdS' = JdS\cos\theta = \boldsymbol{J} \cdot d\boldsymbol{S} \tag{10-3}$$

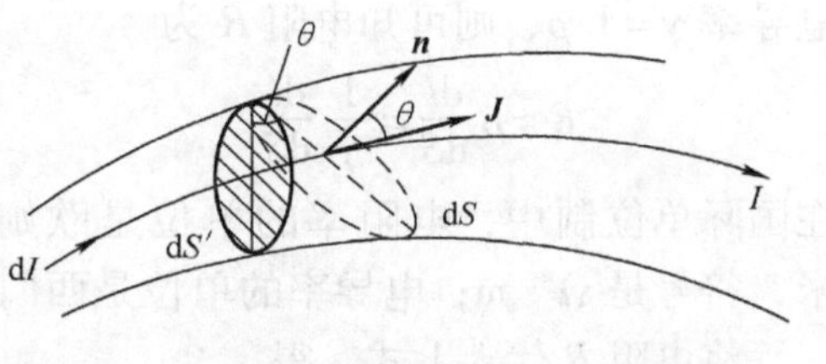

图 10-2 通过任意面积元的电流密度矢量

在一般情况下，导体内同一截面上不同部分的电流密度矢量分布不同，通过导体中任一截面 S 的电流可表示为

$$I = \int_S \boldsymbol{J} \cdot d\boldsymbol{S} = \int_S J\cos\theta dS \tag{10-4}$$

应当指出，上述讨论不仅适用于金属导体，而且还适用于其他类型的导体，例如气体、液体或半导体。所不同的是，这种做定向运动的不仅有负电荷，还有正电荷，统称为**载流子**。正负载流子的运动方向虽然相反，但形成的电流仍具有同一流向。

稳恒电流和稳恒电场 稳恒电流是指通过导体中任一截面的电流强度的大小和方向都不随时间而变化的电流。如果在导体中作一闭合曲面 S（如在图 10-1 中取截面 S_1 和 S_2 及该段导体的外表面所构成的闭合曲面），当电流稳恒时，则单位时间内流进该闭合曲面的电荷量必定等于从该闭合曲面流出的电荷量（规定流入为负，流出为正），即通过任一闭合曲面的总电流为零，其数学表达式为

$$\oint_S \boldsymbol{J} \cdot d\boldsymbol{S} = 0 \tag{10-5}$$

这就是**电流的稳恒条件**。因为如果不是这样，设流出某一闭合曲面的净电流大于零，即有正电荷从闭合曲面内流出，对于稳恒电流，由于电流不随时间变化，这一流出将永不休止，这意味着闭合面内有无穷多的正电荷，根据电荷守恒定律，这是不可能的。因此对稳恒电流来说，式（10-5）必定成立。

当导体内不存在电场时，导体中的载流子群除做无规则热运动外，不会进行整体的定向运动，即导体处于静电平衡状态。若要使导体中的载流子发生定向运动而形成电流，则导体内必须有电场。大家知道，电场是电荷的分布所激发的，在稳恒电流的情况下，导体内电荷的分布不随时间改变。不随时间改变的电荷分布产生不随时间改变的电场，这种电场称为**稳恒电场**。正是由于产生稳恒电场的电荷分布不随时间改变，使得静电场的一些基本规律，如高斯定理、电场强度的环流定理等对于稳恒电场也都同样适用。

尽管如此，稳恒电场和静电场仍有重要区别，其根本原因是产生稳恒电场的电荷分布虽不随时间改变，但这种分布总伴随着电荷的运动，而产生静电场的电荷是始终静止不动的。因此，在导体内部稳恒电场不等于零，且有电流存在。

进一步说，导体中的电流既然是导体中的电场所推动，那么，不难推断，电流密度矢量必然与导体内的电场强度存在着确定的关系，下面用欧姆定律导出这一关系。

在导体中沿电流方向取一极小的圆柱体 AB，如图 10-3 所示，其长度为 dl、截面面积为

dS，两端的电势分别为 V 和 $V+dV$。根据欧姆定律，可得

$$dI=\frac{V-(V+dV)}{R}=-\frac{dV}{R}$$

式中，dI 为垂直通过 dS 的电流；R 是小圆柱体的电阻。若导体的电阻率为 ρ，即电导率 $\gamma=1/\rho$，则可知电阻 R 为

$$R=\rho\frac{dl}{dS}=\frac{1}{\gamma}\frac{dl}{dS}$$

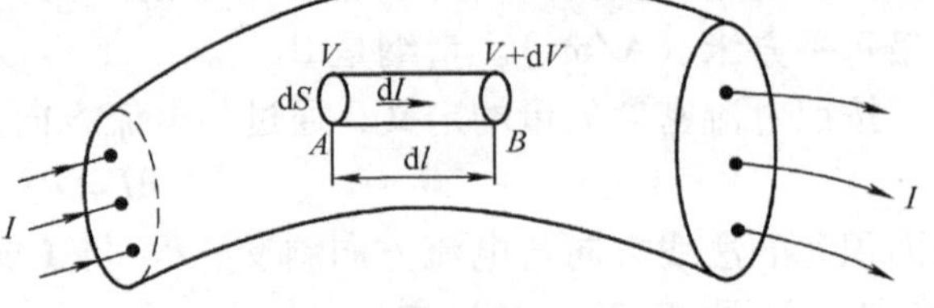

图 10-3　推导欧姆定律微分形式用图

在国际单位制中，电阻率的单位是欧姆米，符号是 Ω · m；电导率的单位是西门子每米，符号是 S/m。

将电阻 R 代入上式，得

$$dI=-\gamma\frac{dV}{dl}dS$$

或者

$$\frac{dI}{dS}=-\gamma\frac{dV}{dl}$$

因为 $dI/dS=J$，又根据电场强度与电势的关系 $E=-(dV/dl)$，上式可写成

$$J=\gamma E \tag{10-6}$$

由于电流密度矢量与电场强度都是矢量，并且它们的方向相同，所以式（10-6）可写作矢量式

$$\boldsymbol{J}=\gamma\boldsymbol{E} \tag{10-6a}$$

这就是**欧姆定律的微分形式**。它给出了导体中各点 $\boldsymbol{J}$ 与 $\boldsymbol{E}$ 的对应关系。与一段电路的欧姆定律比较，它能够更细致、更精确地描述导体的导电规律。并且，对于非稳恒情况也是适用的。

电源和电动势　一般说来，当把两个电势不等的导体用导线连接起来时，在导线中就会有电流产生。电容器的放电过程就是这样，如图 10-4 所示。但是这种电流是不稳恒的，这是由于 A 板上的正电荷在静电力作用下沿着导线不断地流向 B 板，B 板上的负电荷不断地和流过来的正电荷中和，于是两板间的电势差逐渐减小，直到两板电势差为零，电流停止。

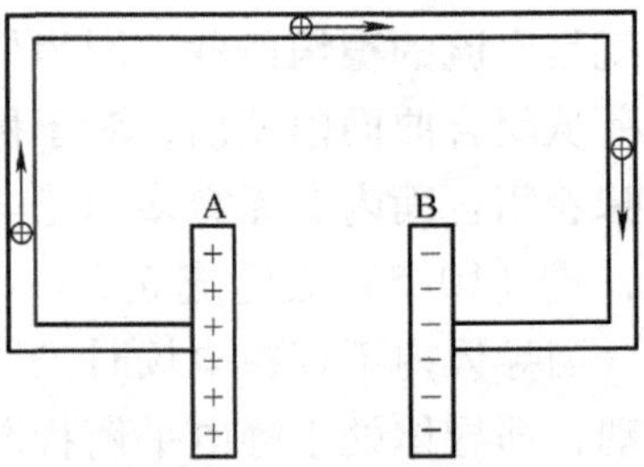

图 10-4　电容器的放电

要维持导线中有恒定的电流，就必须设法将流到 B 板的正电荷重新搬回到 A 板上去，从而使 A、B 两板间保持恒定的电势差。要将正电荷从低电势的 B 板送回高电势的 A 板，靠静电力显然是不行的，因为在电场力作用下正电荷只能从电势高处移向电势低处。因此，必须有一种本质上完全不同于静电性的力，这种力能够使正电荷逆着静电场方向运动，使正电荷通过另一路径回到正极板上。这种力统称为**非静电力**。

能提供非静电力的装置称为**电源**，如图 10-5 所示。常用的电源有化学电池、发电机等。化学电池中的非静电力是一种化学力，发电机中的非静电力是一种电磁力。显然，要维持稳恒电流时，电源中的非静电力将不断做功。所以，电源是一种能够不断地把其他形式的能量转变为电能的装置。

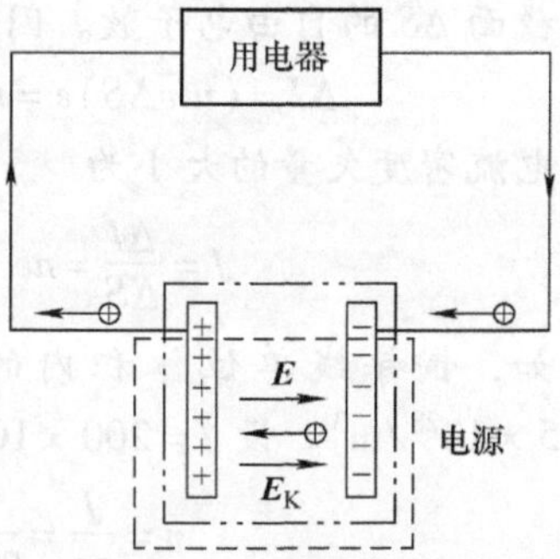

图 10-5　电源的作用

每一电源都有正、负两个极。正电荷从正极流出，经过**外电路**流入负极，然后，在电源的非静电力作用下，从负极经过电源内部流到正极，电源内部的电路称为**内电路**。内电路与外电路连接形成**闭合电路**。在电源的作用下，电荷在闭合电路中继续不断地流动，形成稳恒电流。

我们用电动势的概念，来定量地描述电源转化能量本领的大小。在电源内，将单位正电荷从负极移到正极的过程中，非静电力所做的功称为**电源的电动势**。用符号 $\mathscr{E}$ 表示，即

$$\mathscr{E}=\frac{A_{非}}{q} \tag{10-7}$$

从场的观点来看，可以把非静电力的作用看作是一种非静电场的作用。设电荷 q 在电源中所受的非静电力为 $\boldsymbol{F}_K$，仿照静电场的定义，用 $\boldsymbol{E}_K$ 表示非静电性电场强度，其定义为单位正电荷在电源中所受的非静电力，即

$$\boldsymbol{E}_K=\frac{\boldsymbol{F}_K}{q} \tag{10-8}$$

在电源外部，$\boldsymbol{F}_K$ 为零，$\boldsymbol{E}_K$ 也为零。于是，在电源内部，电荷 q 从负极移到正极时，非静电力所做的功为

$$A_K=\int_{\substack{(-)\\(电源内)}}^{(+)} q\boldsymbol{E}_K\cdot \mathrm{d}\boldsymbol{l}$$

将此式代入式（10-7）可得

$$\mathscr{E}=\int_{\substack{(-)\\(电源内)}}^{(+)} \boldsymbol{E}_K\cdot \mathrm{d}\boldsymbol{l} \tag{10-9}$$

式（10-9）表明：**电源电动势等于电源将单位正电荷从负极经电源内部移到正极时，非静电力所做的功**。在有些情况下，非静电力存在于整个电流回路中，这时整个回路中的总电动势应为

$$\mathscr{E}=\oint_L \boldsymbol{E}_K\cdot \mathrm{d}\boldsymbol{l} \tag{10-10}$$

这是电动势的又一表达式，在后面研究电磁感应现象时将要用到。由式（10-10）可见：电源电动势也可以说成是**将单位正电荷绕闭合回路一周时，非静电力所做的功**。

电动势与电势一样，也是标量，单位与量纲和电势相同。为方便起见，规定**自负极经过电源内部到正极的方向为电动势的方向**。

例题 10-1　金属导体中的传导电流是由大量自由电子的定向漂移运动形成的，自由电子除无规则热运动外，在电场影响下，将沿着电场强度 $\boldsymbol{E}$ 的反方向漂移。设电子电荷量的绝对值为 e，电子的"漂移"速度的平均值为 $\bar{v}$，单位体积内自由电子数为 n。试证明电流密度矢量的数值为 $J=ne\bar{v}$。

解　在金属导体中，取一微元截面 ΔS，ΔS 的法线与电场方向平行。通过 ΔS 的电流为 ΔI，它等于每秒内通过截面 ΔS 的所有自由电子的总电荷量（绝对值）。以 ΔS 为底面积、$\bar{v}$ 为高作一小柱体（见图 10-6），显然，小柱体内的自由电子数 $n\Delta V=n\bar{v}\Delta S$ 就等于每秒内通

过截面 ΔS 的自由电子数。因此

$$\Delta I=(n\bar{v}\Delta S)e=ne\bar{v}\Delta S$$

而电流密度矢量的大小为

$$J=\frac{\Delta I}{\Delta S}=ne\bar{v} \tag{10-11}$$

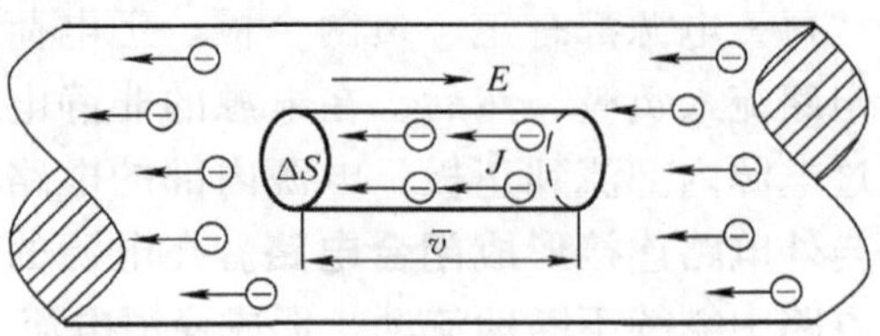

图 10-6　例题 10-1 图

例如，铜导线单位体积内的自由电子数 $n=8.5\times10^{28}/\text{m}^3$。设 $J=200\times10^4\text{A/m}^2$，可求出

$$\bar{v}=\frac{J}{ne}=\frac{200\times10^4}{8.5\times10^{28}\times1.6\times10^{-19}}\text{m/s}=1.5\times10^{-4}\text{m/s}$$

由此可见，电子的漂移速度是十分缓慢的。

例题 10-2　有一长为 l 的圆柱形电容器，内、外极板的半径分别为 R_1 和 R_2，两极间充满电阻率为 ρ 的非理想电介质，当两极板间加上电压 U 后，会产生漏电现象。试求：

(1) 电介质的漏电电阻；

(2) 电介质内各点处的电场强度 $\boldsymbol{E}$ 和漏电电流密度矢量 $\boldsymbol{J}$。

解　(1) 由电流方向可知，电流流过的截面积是不均匀的，沿径向而改变，所以不能直接应用 $R=\rho\dfrac{l}{S}$ 来计算电阻。

如图 10-7 所示，取 $r\sim r+\text{d}r$ 的圆柱形薄层，其截面面积为 $S=2\pi rl$，薄层的厚度为 $\text{d}r$，则这一薄层的电阻为

$$\text{d}R=\rho\frac{\text{d}r}{S}=\frac{\rho\text{d}r}{2\pi lr}$$

对于从内到外的一系列圆柱形薄层来说，各层相应的电阻是相互串联的，因此，总电阻应是各薄层电阻之和，即对上式积分得

$$R=\int\text{d}R=\frac{\rho}{2\pi l}\int_{R_1}^{R_2}\frac{\text{d}r}{r}=\frac{\rho}{2\pi l}\ln\frac{R_2}{R_1} \tag{1}$$

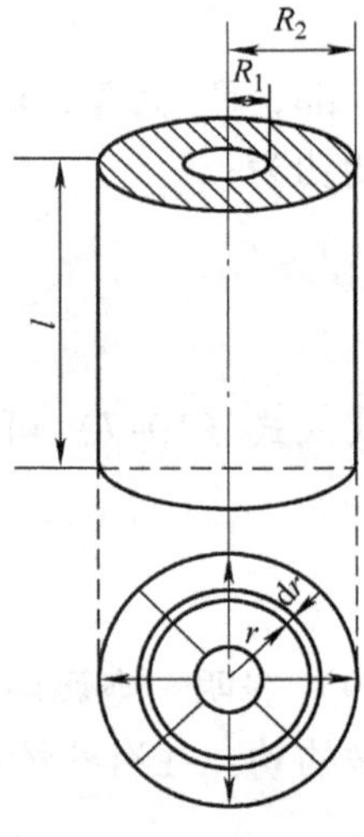

图 10-7　例题 10-2 图

(2) 根据欧姆定律，可求得漏电总电流为

$$I=\frac{V_1-V_2}{R}=\frac{U}{R}$$

将式 (1) 代入上式即得

$$I=\frac{2\pi lU}{\rho\ln\dfrac{R_2}{R_1}} \tag{2}$$

在距离圆柱轴线 r 处，总电流 I 所流过的截面面积 $S=2\pi rl$。所以该处的电流密度矢量的大小 J 为

$$J=\frac{I}{S}=\frac{I}{2\pi rl}$$

将式 (2) 代入上式，求得漏电电流密度矢量大小为

$$J = \frac{U}{\rho \ln \frac{R_2}{R_1}} \cdot \frac{1}{r} \tag{3}$$

再应用欧姆定律的微分形式，可求得介质中各点电场强度的大小为

$$E = \frac{J}{\gamma} = \rho J = \frac{U}{\ln \frac{R_2}{R_1}} \cdot \frac{1}{r} \tag{4}$$

$\boldsymbol{E}$ 和 $\boldsymbol{J}$ 的方向都是沿径向向外。

10.2　磁场　磁感应强度　磁场的高斯定理

磁场　远在电流发现之前，人们就发现了磁现象，例如磁铁可以吸引铁屑。一个条形磁铁或者磁针总是有两个吸引铁屑力量最强的区域，称为**磁极**（N 极与 S 极）。磁铁或磁针在水平面内可以自由旋转时，两个磁极总是一个指南，一个指北；两个磁极间也有相互作用，同号磁极相斥，异号磁极相吸。

我国早在战国时期（公元前 300 年）就发现了磁石吸铁的现象。古籍《吕氏春秋》记载的“磁石召铁”，即天然磁石吸引铁块的磁现象。11 世纪北宋科学家沈括最早发现了地磁偏角，比哥伦布观察地磁偏角早 400 年，对世界文明的发展有着重大的影响。

1820 年奥斯特发现，放在载流导线周围的磁针会受到磁力的作用而发生偏转。同年安培发现，放在磁铁附近的载流导线或载流线圈也会受到磁力作用而发生运动。其后又发现载流导线或载流线圈之间也有相互作用。这些相互作用，使人们逐渐认识到，磁现象是由电流或运动电荷产生的；在磁极或电流的周围空间存在着一种特殊形态的物质——**磁场**，磁相互作用是通过磁场来传递的，可表示为

$$\text{电流（运动电荷）} \rightleftharpoons \text{磁场} \rightleftharpoons \text{电流（运动电荷）}$$

磁场和电场一样，也是物质存在的一种形态。磁场对外的重要表现是：①磁场对引入其中的磁铁、载流导线或运动电荷有磁力的作用；②当载流导线在磁场中运动时，磁场力要做功，表明磁场具有能量。

现在已经清楚，磁性物质（如磁铁）之所以存在磁极、有磁现象，是因为组成磁性物质的分子、原子中有绕原子核运动的电子。这些电子除绕核运动外还有自旋，磁性物质的磁现象是这些运动电荷产生磁场的宏观效果，即**一切磁现象的根源是电流**。因而以后将不再区分磁极的磁场和电流（或运动电荷）的磁场，只讨论电流产生磁场的情况。

磁感应强度　在静电场中，采用试验电荷 q_0 在电场中所受的力 $\boldsymbol{F}$，定义了电场强度 $\boldsymbol{E}$（$=\boldsymbol{F}/q_0$）来定量地描述电场中各点的性质。与此类似，可采用磁场对载流线圈的作用来描述磁场㊀。为此，先定义载流线圈的磁矩。

设有一载流平面线圈，假定该线圈的线度很小，因而在线圈范围内的磁场性质处处相同，同时还假定线圈中的电流很小，以使线圈的引入不影响原有磁场的性质。这种线圈称为**试验线圈**。

㊀ 关于 $\boldsymbol{B}$ 的定义一般有三种：一是用电流元受力；二是运动电荷受力；三是用载流线圈受力矩。读者可参考有关书籍。

设试验线圈的面积为 ΔS，线圈中电流为 I_0，则定义试验线圈的磁矩为

$$\boldsymbol{m}=I_0\Delta S\boldsymbol{n} \tag{10-12}$$

式中，磁矩 $\boldsymbol{m}$ 是矢量，其方向与线圈法线方向一致；$\boldsymbol{n}$ 表示面法线方向的单位矢量。法线方向与电流方向之间的关系遵从右手螺旋定则，即使右手大拇指与其余四指垂直，当四指沿电流方向绕行时，则大拇指的指向即为试验线圈的法线方向，如图 10-8 所示。

把试验线圈悬挂在磁场中某点处，并忽略线圈的扭力矩，实验指出，线圈将受到磁场作用的力矩，即**磁力矩**，磁力矩使线圈转到一定的位置而平衡。平衡时，线圈所受磁力矩为零。这时线圈的面法线所指的方向，就定义为线圈所在处磁场的方向[⊖]，如图 10-9 中的实线所示。

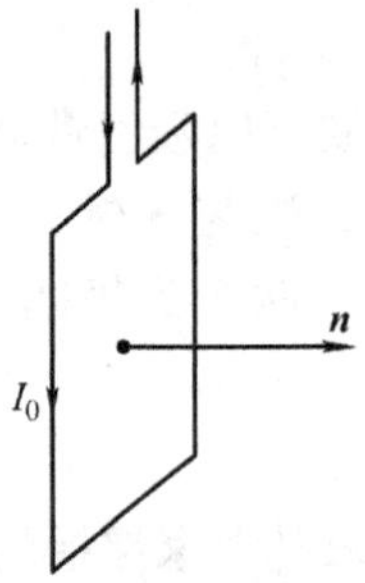

图 10-8　载流平面线圈法线方向的规定

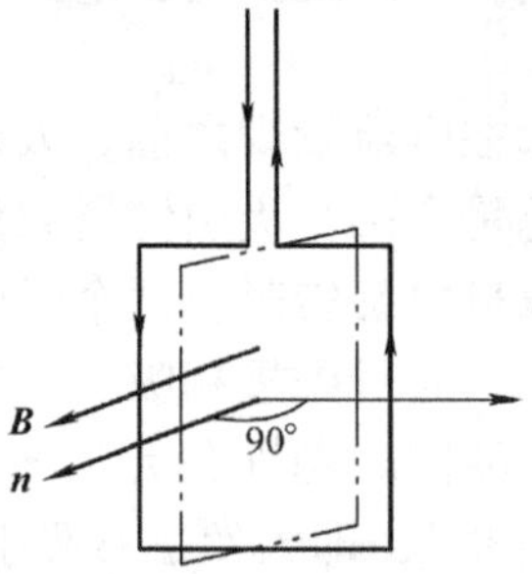

图 10-9　利用试验线圈来测定磁感应强度 $\boldsymbol{B}$ 的大小和方向

转动试验线圈使其偏离平衡位置，线圈所受的磁力矩就不再为零。当试验线圈从平衡位置转过90°时，线圈所受磁力矩最大，如图 10-9 中双点画线所示，用 $M_{最大}$ 表示。实验指出，在磁场中给定点处

$$M_{最大}\propto I_0\Delta S$$

即

$$M_{最大}\propto m$$

实验表明，比值 $M_{最大}/m$ 仅与试验线圈所处位置有关。线圈在磁场中不同点处，比值 $M_{最大}/m$ 的数值不同，显然，比值 $M_{最大}/m$ 的大小反映了各点磁场的强弱。正如用电场强度 $\boldsymbol{E}$ 来描述电场的性质那样，引入一个称为**磁感应强度 $\boldsymbol{B}$** 的物理量来描述磁场的性质（描述磁场的强弱和方向）。显然，$\boldsymbol{B}$ 矢量的大小为

$$B\propto\frac{M_{最大}}{m}$$

或者

$$B=k_1\frac{M_{最大}}{m} \tag{10-13}$$

式中，k_1 是决定于各量所用单位的比例系数，在国际单位制中，规定 $k_1=1$，这时有

$$B=\frac{M_{最大}}{m} \tag{10-13a}$$

综上所述，**磁感应强度 $\boldsymbol{B}$ 是描述磁场性质的物理量，磁场中某点磁感应强度的方向与**

⊖ 磁场对试验线圈的取向作用，与磁场对小磁针的取向作用是一致的。因此用试验线圈规定磁场方向与用小磁针 N 极指向规定的磁场方向一致。

该点试验线圈在平衡位置时的法线方向相同；磁感应强度的数值大小等于具有单位磁矩的试验线圈所受到的最大磁力矩。

实验表明，磁感应强度 $\boldsymbol{B}$ 和电场强度 $\boldsymbol{E}$ 一样，都遵从**叠加原理**，几个磁场可以同在一个空间存在，而且 $\boldsymbol{B}$ 也是磁场空间的点函数。

在国际单位制中，根据式（10-13a），在规定 $k_1=1$ 后，磁力矩的单位为牛顿米（N·m），磁矩的单位为安培二次方米（$A\cdot m^2$），磁感应强度的单位就称为特斯拉（Tesla），符号为T。磁感应强度的量纲为 $I^{-1}MT^{-2}$。磁感应强度的另一个常用单位是高斯（Gauss），符号为G，在数值上有

$$1T=10^4G$$

磁感应线　为了形象地描述磁场的分布情况，仿效用电场线描述电场的方法而引入磁感应线来描述磁场。在磁场中画出一系列曲线，使曲线上任一点的切线方向表示该点磁感应强度 $\boldsymbol{B}$ 的方向，这些曲线就称为**磁感应线**或 $\boldsymbol{B}$ **线**，又称为**磁力线**。磁感应线是一种假想的曲线。几种不同形状的电流所产生磁场的磁感应线如图10-10所示。

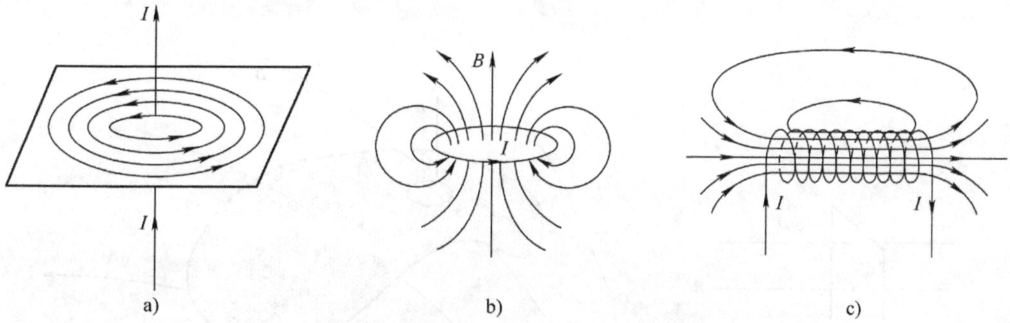

图10-10　几种不同形状的电流周围磁场的磁感应线

a）直电流　b）圆电流　c）螺线管电流

从磁感应线的图示中，可以得出两点结论：

1）磁场中的磁感应线不会相交，因为磁场中任一点的磁感应强度 $\boldsymbol{B}$ 都有确定的方向。这一特性与静电场中的电场线是一样的。

2）与静电场中电场线不同的是磁感应线是无头无尾的闭合曲线，像旋涡一样，在研究场的理论中称这种场为涡旋场。而且每条闭合曲线都与闭合电路互相套合。它们之间的方向关系由右手螺旋定则确定，如图10-11所示。

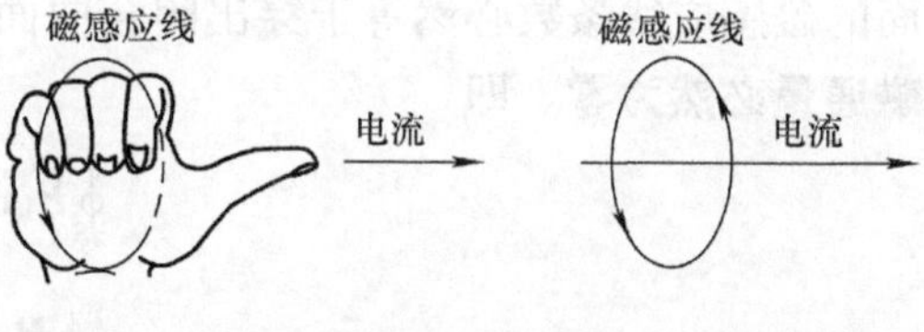

图10-11　磁感应线回转方向与电流方向的关系

为了用磁感应线表示磁场的强度，规定通过磁场中某点处垂直于 $\boldsymbol{B}$ 矢量的单位面积的磁感应线条数（即磁感应线密度）为该点磁感应强度 $\boldsymbol{B}$ 的大小。如图10-12所示，在磁场中的 P 点，作面积元 dS，使它与该点 $\boldsymbol{B}$ 矢量的方向垂直，设 $d\Phi_m$ 为通过该面积元的磁感应线条数，根据上述规定，则

$$B=\frac{d\Phi_m}{dS}$$

按照这一规定来画磁感应线，则 B 较大的地方，磁感应线较密，反之磁感应线较疏。

磁通量　与静电学中引入电通量概念一样，在研究磁场性质时，引入磁通量的概念。即定义**通过磁场中任一给定曲面的磁感应线总数称为通过该曲面的磁通量**（简称 B 通量），用 Φ_m或 Φ 表示。

在磁场中给定曲面 S 上取面积元 dS，如图 10-13 所示，dS 的法向单位矢量 $\boldsymbol{n}$ 与该点处磁感应强度 $\boldsymbol{B}$ 之间的夹角为 θ，于是通过面积元 dS 的磁通量

$$\mathrm{d}\Phi_m = B\cos\theta\mathrm{d}S = \boldsymbol{B}\cdot\mathrm{d}\boldsymbol{S} \tag{10-14}$$

式中，d$\boldsymbol{S}=\boldsymbol{n}dS$，所以，通过有限曲面 S 的磁通量为

$$\Phi_m = \int\mathrm{d}\Phi_m = \int_S B\cos\theta\mathrm{d}S = \int_S \boldsymbol{B}\cdot\mathrm{d}\boldsymbol{S} \tag{10-15}$$

在国际单位制中，磁通量的单位是韦伯（Wb）。即

$$1\mathrm{Wb} = 1\mathrm{T}\cdot\mathrm{m}^2$$

所以

$$1\mathrm{T} = 1\mathrm{Wb}\cdot\mathrm{m}^{-2}$$

即 B 的单位为韦伯每平方米。

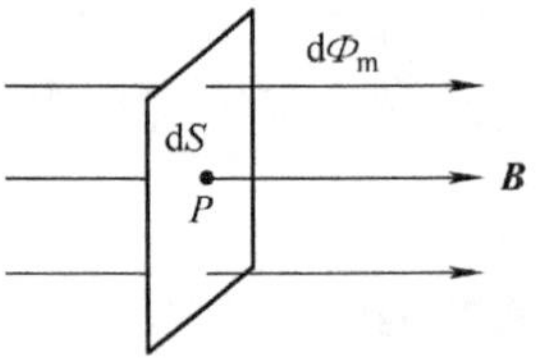

图 10-12　磁感应线密度

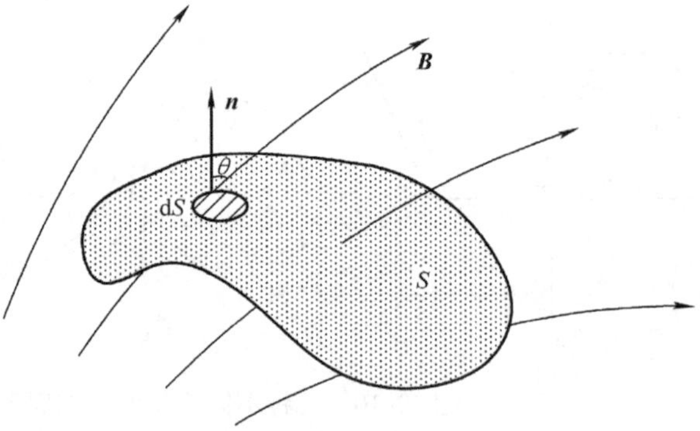

图 10-13　磁通量

磁场中的高斯定理　对于闭合曲面来说，一般取向外的指向为法线正方向。这样，从闭合曲面穿出的磁通量为正，穿入的磁通量为负。由于磁感应线是闭合曲线，因此，穿入闭合曲面的磁感应线条数必然等于穿出闭合曲面的磁感应线条数。也就是说**穿过任一闭合曲面的总磁通量必然为零**。即

$$\oint_S B\cos\theta\mathrm{d}S = 0 \tag{10-16}$$

或

$$\oint_S \boldsymbol{B}\cdot\mathrm{d}\boldsymbol{S} = 0 \tag{10-16a}$$

这一结果称为**磁场中的高斯定理**。或称为**磁通量的连续性原理**。

式（10-16a）与静电场中的高斯定理 $\oint_S \boldsymbol{E}\cdot\mathrm{d}\boldsymbol{S} = \frac{1}{\varepsilon_0}\sum q_i$ 很相似，但两者有着本质的区别。电场中的高斯定理，说明电场线有起点（正电荷）和终点（负电荷），反映了正、负电荷可以单独存在，并且静电场是有源场；磁场中的高斯定理则表明磁感应线是无头无尾的闭合曲线，反映了自然界中没有单一磁极存在，磁场是无源场或涡旋场。有源和无源，是静电场与稳恒磁场的一个重要区别。

10.3　毕奥－萨伐尔定律

电流或运动电荷在其周围空间产生磁场，磁感应强度 $\boldsymbol{B}$ 是描述磁场性质的物理量。本节将进一步讨论场源电流或运动电荷与场量 $\boldsymbol{B}$ 之间的定量关系。

毕奥－萨伐尔定律　19 世纪 20 年代，毕奥－萨伐尔－拉普拉斯在研究和分析了大量实验资料的基础上，总结出一条关于电流产生磁场的基本定律，称为毕奥－萨伐尔－拉普拉斯定律，也叫作**毕奥－萨伐尔定律**，其内容如下：

载流导线上任一电流元[㊀] $Id\boldsymbol{l}$**，在真空中给定点 P 所产生的磁感应强度 $d\boldsymbol{B}$ 的大小与电流元的大小（Idl）成正比，与电流元到 P 点的矢量 $\boldsymbol{r}$ 之间的夹角的正弦（$\sin\theta$）成正比，与电流元到 P 点的距离的二次方（r^2）成反比；$d\boldsymbol{B}$ 的方向垂直于 $d\boldsymbol{l}$ 和 $\boldsymbol{r}$ 所组成的平面，其指向由右手螺旋定则确定**，如图 10-14 所示。

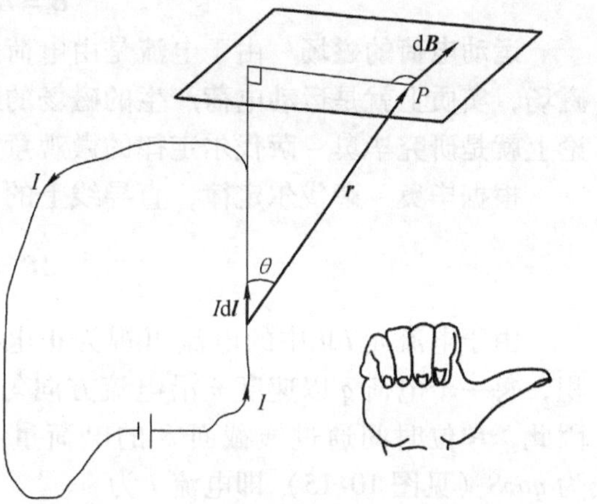

图 10-14　电流元所产生的磁感应强度

其数学表达式为

$$dB = k_2 \frac{Idl\sin\theta}{r^2} \qquad (10\text{-}17)$$

矢量式为

$$d\boldsymbol{B} = k_2 \frac{Id\boldsymbol{l} \times \boldsymbol{r}_0}{r^2} \qquad (10\text{-}17a)$$

式中，$\boldsymbol{r}_0 = \boldsymbol{r}/r$ 为电流元指向 P 点方向的单位矢量；k_2 是比例系数，在国际单位制中，真空中的 $k_2 = \mu_0/(4\pi) = 10^{-7}\mathrm{T \cdot m/A}$，其中 μ_0 称为**真空磁导率**。

$$\mu_0 = 4\pi k_2 = 4\pi \times 10^{-7}\mathrm{T \cdot m/A}$$

习惯上用亨利每米（$\mathrm{H \cdot m^{-1}}$）表示，量纲为 $\mathrm{I^{-2}LMT^{-2}}$。因而，真空中的毕奥－萨伐尔定律的表达式为

$$dB = \frac{\mu_0}{4\pi} \cdot \frac{Idl\sin\theta}{r^2} \qquad (10\text{-}18)$$

或

$$d\boldsymbol{B} = \frac{\mu_0}{4\pi} \cdot \frac{Id\boldsymbol{l} \times \boldsymbol{r}_0}{r^2} \qquad (10\text{-}18a)$$

根据磁场叠加原理，将式（10-18a）对载流导线 L 积分便得到整个载流导线在 P 点产生的磁感应强度

$$\boldsymbol{B} = \int_L d\boldsymbol{B} = \int_L \frac{\mu_0}{4\pi} \cdot \frac{Id\boldsymbol{l} \times \boldsymbol{r}_0}{r^2} \qquad (10\text{-}19)$$

应当指出，毕奥－萨伐尔定律**本身**是不能用实验直接验证的。因为实验中无法获得单独

㊀ 载流导线的各个微元线段叫作电流元，常用矢量 $Id\boldsymbol{l}$ 来表示。其中，矢量 $d\boldsymbol{l}$ 表示载流导线上沿电流方向所取的线元；I 为导线中的电流强度。

的电流元。然而由毕奥－萨伐尔定律推算的结果与实验相符合的事实，就间接地证明了它的正确性。

毕奥－萨伐尔定律和磁场叠加原理，是计算任意电流的磁场分布的基础。由于式(10-19)是一个矢量积分式，对具体问题进行积分时，或各电流元产生的 d$\boldsymbol{B}$ 的方向不相同时，可选取直角坐标，先求出 d$\boldsymbol{B}$ 在坐标轴上的投影 dB_x、dB_y、dB_z，再分别积分，即

$$B_x = \int \mathrm{d}B_x, B_y = \int \mathrm{d}B_y, B_z = \int \mathrm{d}B_z$$

积分的上下限由电流的起点和终点决定，则总磁感应强度为

$$\boldsymbol{B} = B_x\boldsymbol{i} + B_y\boldsymbol{j} + B_z\boldsymbol{k} \tag{10-20}$$

运动电荷的磁场 由于电流是由电荷的定向运动所形成，因此上面所讨论的载流导体的磁场，实质上就是运动电荷产生的磁场的宏观表现。现在我们要研究运动电荷的磁场，在理论上就是研究毕奥－萨伐尔定律的微观意义。

根据毕奥－萨伐尔定律，直导线上的电流元 $I\mathrm{d}\boldsymbol{l}$ 在真空中所产生的磁感应强度 d$\boldsymbol{B}$ 为

$$\mathrm{d}\boldsymbol{B} = \frac{\mu_0}{4\pi} \cdot \frac{I\mathrm{d}\boldsymbol{l} \times \boldsymbol{r}_0}{r^2}$$

由于电流元 $I\mathrm{d}l$ 中的电流可视为正电荷做定向运动所形成的。设 S 为电流元的截面面积，每一个电荷 q 以速度 v 沿电流方向匀速运动。若导体中单位体积内的运动电荷数为 n，因此，单位时间通过横截面 S 的电荷量为 $qnvS$（见图 10-15）即电流 I 为

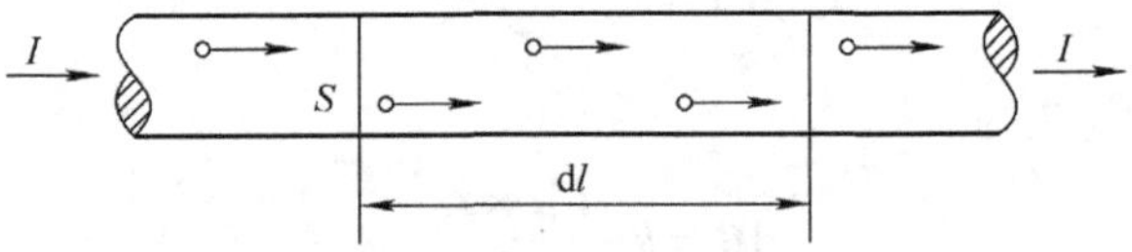

图 10-15 研究运动电荷的磁场用图

$$I = qnvS$$

将此式代入式（10-18a）得

$$\mathrm{d}\boldsymbol{B} = \frac{\mu_0}{4\pi} \cdot \frac{(qnvS)\,\mathrm{d}\boldsymbol{l} \times \boldsymbol{r}_0}{r^2}$$

由于电荷 q 的定向运动速度 v 与 d$\boldsymbol{l}$ 同向，故有 $v\mathrm{d}\boldsymbol{l} = \mathrm{d}l\boldsymbol{v}$，于是，上式写为

$$\mathrm{d}\boldsymbol{B} = \frac{\mu_0}{4\pi} \cdot \frac{(qnS\mathrm{d}l)\,\boldsymbol{v} \times \boldsymbol{r}_0}{r^2}$$

在任何时刻，电流元中的运动电荷总数均为 $\mathrm{d}N = nS\mathrm{d}l$，所以每一个电荷量为 q，以速度 $\boldsymbol{v}$运动的电荷在空间任一点 P 处所产生的磁感应强度 $\boldsymbol{B}$ 为

$$\boldsymbol{B} = \frac{\mathrm{d}\boldsymbol{B}}{\mathrm{d}N} = \frac{\mu_0}{4\pi} \cdot \frac{q\boldsymbol{v} \times \boldsymbol{r}_0}{r^2} \tag{10-21}$$

式（10-21）对正、负运动电荷都适用，式中 $\boldsymbol{r}_0$为从电荷 q 到 P 点的瞬时单位矢量。$\boldsymbol{B}$ 的大小为

$$B = \frac{\mu_0}{4\pi} \cdot \frac{|q|v\sin\langle \boldsymbol{v}, \boldsymbol{r}_0\rangle}{r^2} \tag{10-21a}$$

式中，$\boldsymbol{B}$ 的方向垂直于$\boldsymbol{v}$与 $\boldsymbol{r}_0$所决定的平面，在同样条件下，正、负电荷产生的磁场方向相反，如图 10-16 所示。

毕奥－萨伐尔定律的应用举例

1. 载流直导线的磁场

设真空中一载流直导线长为 L，通有电流 I，场点 P 到直导线的垂直距离为 a，试计算

此段电流在场点 P 处的磁感应强度。

如图 10-17 所示，在直导线上任取一电流元 $I\mathrm{d}\boldsymbol{l}$，根据毕奥－萨伐尔定律，电流元在场点 P 处所产生的磁感应强度的大小为

$$\mathrm{d}B=\frac{\mu_0}{4\pi}\cdot\frac{I\mathrm{d}l\sin\theta}{r^2}$$

而电流元 $I\mathrm{d}\boldsymbol{l}$ 在场点 P 处产生的元磁场 $\mathrm{d}\boldsymbol{B}$ 的方向垂直于电流元 $I\mathrm{d}\boldsymbol{l}$ 与矢径 $\boldsymbol{r}$ 所决定的平面。由于所有电流元在场点 P 处产生的 $\mathrm{d}\boldsymbol{B}$ 方向一致，因此场点 P 处的总磁感应强度为各电流元在 P 点的 $\mathrm{d}B$ 的代数和。即对上式积分

$$B=\int\mathrm{d}B=\int\frac{\mu_0}{4\pi}\cdot\frac{I\mathrm{d}l\sin\theta}{r^2}$$

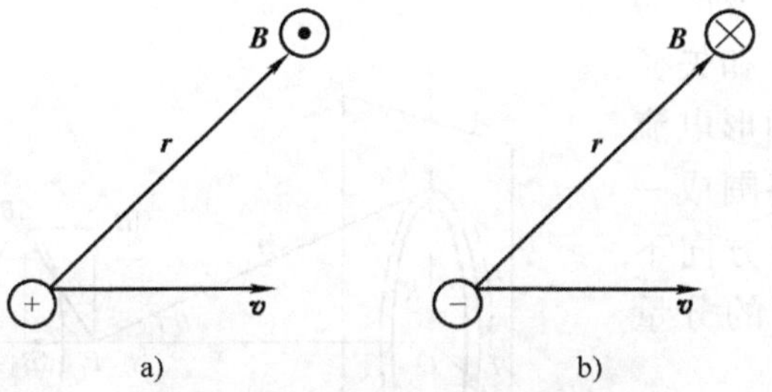

图 10-16　运动电荷的磁场方向

a）$\boldsymbol{B}$ 垂直纸面向外　b）$\boldsymbol{B}$ 垂直纸面向里

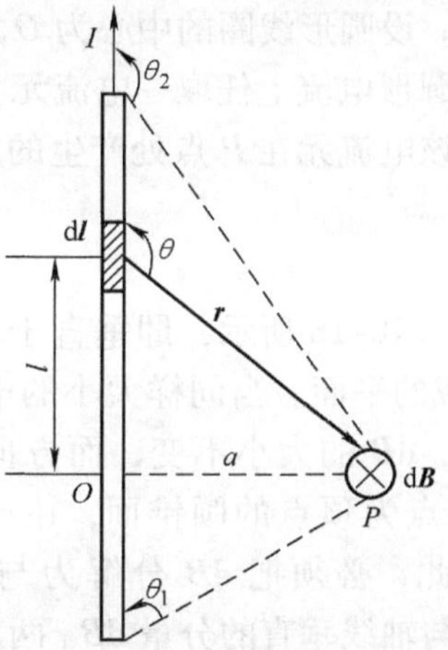

图 10-17　直线电流的磁场

上式中 l、r、θ 都是变量，因此应先将它们用同一参数变量来表示。我们取电流元 $I\mathrm{d}\boldsymbol{l}$ 与 $\boldsymbol{r}$ 之间的夹角 θ 为统一参数变量。从场点 P 作载流直导线的垂线 PO，其长度为 a，电流元 $I\mathrm{d}\boldsymbol{l}$ 到垂足 O 的距离为 l。由图 10-17 可以得到

$$r=\frac{a}{\sin(\pi-\theta)}=\frac{a}{\sin\theta}$$

$$l=a\cot(\pi-\theta)=-a\cot\theta$$

对 l 取微分可得

$$\mathrm{d}l=\frac{a\mathrm{d}\theta}{\sin^2\theta}$$

把以上的关系式代入前面的积分式中，并以 θ_1 和 θ_2 为积分的下限和上限，得

$$B=\frac{\mu_0 I}{4\pi a}\int_{\theta_1}^{\theta_2}\sin\theta\mathrm{d}\theta=\frac{\mu_0 I}{4\pi a}(\cos\theta_1-\cos\theta_2)\tag{10-22}$$

式（10-22）中的 θ_1 和 θ_2 分别为载流直导线两端电流元与其到场点 P 的矢径的夹角。

若导线为“无限长”，即 $\theta_1=0$，$\theta_2=\pi$，则有

$$B=\frac{\mu_0 I}{4\pi a}(\cos 0-\cos\pi)=\frac{\mu_0 I}{4\pi a}\times 2=\frac{\mu_0 I}{2\pi a}\tag{10-23}$$

这便是“无限长”载流直导线周围磁场分布的表达式。由此可见，在无限长载流直导线周围的磁感应强度 B 的大小与距离 a 的一次方成反比。实际上不可能存在无限长的载流直导线，然而若在闭合回路中有一段长度为 l 的直导线，则在其附近 $a << L$ 的范围内，式（10-23）近似成立。

在恒定电流的情况下，载流直导线只产生磁场而不产生电场。这是因为，在导体中除了运动着的电子之外，还有定位在点阵上的正离子，它们所产生的电场与电子的电场大小相等、方向相反，因而净电场等于零。然而，在直线加速器中，当某种离子沿其轴线运动时，则将既有磁场又有电场。

2. 圆形载流导线轴线上的磁场

在真空中有一电流为 I、半径为 R 的圆形载流线圈，试计算圆形线圈轴线上 P 点的磁感应强度，设圆形线圈的中心为 O，P 点到圆心 O 点的距离为 x。

在圆形电流上任取一电流元 $I\mathrm{d}l$，$I\mathrm{d}l$ 与其到 P 点的矢径 $\boldsymbol{r}$ 之间的夹角为90°，如图 10-18 所示，该电流元在 P 点处产生的元磁场的磁感应强度的大小为

$$\mathrm{d}B = \frac{\mu_0}{4\pi} \cdot \frac{I\mathrm{d}l}{r^2}$$

方向如图 10-18 所示，即垂直于电流元 $I\mathrm{d}\boldsymbol{l}$ 和矢径 $\boldsymbol{r}$ 所组成的平面。当同样大小的电流元沿圆形电流移动时，$\mathrm{d}\boldsymbol{B}$ 的大小不变，而方向变化，将围成一个以 P 点为顶点的圆锥面，由于各 $\mathrm{d}\boldsymbol{B}$ 的方向不同，因此，必须把 $\mathrm{d}\boldsymbol{B}$ 分解为与轴线平行的分量 $\mathrm{d}B_{\parallel}$ 和与轴线垂直的分量 $\mathrm{d}B_{\perp}$ 两部分，即

$$\mathrm{d}B_{\parallel} = \mathrm{d}B\sin\theta, \qquad \mathrm{d}B_{\perp} = \mathrm{d}B\cos\theta$$

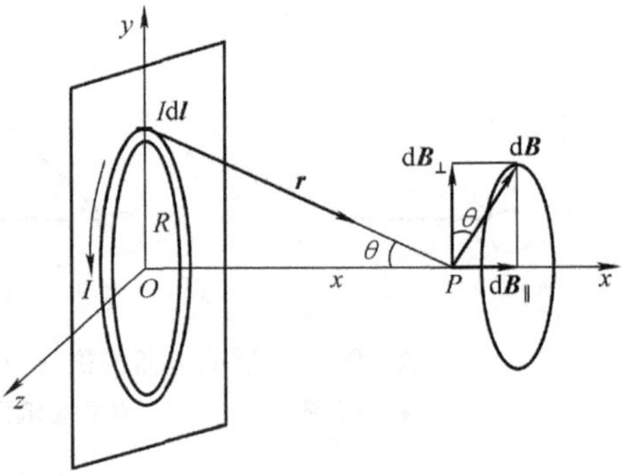

图 10-18 圆形载流线圈轴线上的磁场

由对称性可知，$\mathrm{d}B_{\perp}$ 互相抵消，即 $B_{\perp} = \int \mathrm{d}B_{\perp} = 0$，因此对于整个圆形线圈来说，$P$ 点总的磁感应强度 $\boldsymbol{B}$ 将沿轴线方向，它的大小等于各元磁场沿轴线分量 $\mathrm{d}B\sin\theta$ 的代数和，即

$$B = \int \mathrm{d}B_{\parallel} = \oint \mathrm{d}B\sin\theta = \oint \frac{\mu_0}{4\pi} \cdot \frac{I\mathrm{d}l}{r^2}\sin\theta = \frac{\mu_0}{4\pi} \cdot \frac{I}{r^2}\sin\theta \oint \mathrm{d}l$$

又因为

$$r = \sqrt{R^2 + x^2}, \quad \sin\theta = \frac{R}{r}, \quad \oint \mathrm{d}l = 2\pi R$$

所以有

$$B = \frac{\mu_0}{4\pi} \cdot \frac{I}{r^2} \cdot \frac{R}{r} \cdot 2\pi R = \frac{\mu_0 R^2 I}{2r^3} = \frac{\mu_0 R^2 I}{2(R^2 + x^2)^{3/2}} \tag{10-24}$$

$\boldsymbol{B}$ 的方向沿 x 轴正方向。其指向与圆形电流的电流方向间的关系遵从右手螺旋定则。

下面我们讨论两个特殊情况的场：

1）当 $x = 0$ 时，即在圆形电流中心处（即圆心 O 点）磁感应强度的大小为

$$B = \frac{\mu_0 I}{2R} \tag{10-25}$$

若圆形电流由 N 匝薄线圈组成，则圆心处的磁感应强度的大小为

$$B=\frac{\mu_0 NI}{2R} \tag{10-25a}$$

2）当 $x \gg R$ 时，即位于圆形电流轴线上而距离圆形电流较远处的磁场，这时式(10-24)可近似为

$$B=\frac{\mu_0 R^2 I}{2x^3} \tag{10-26}$$

方向沿 x 轴正方向。我们只计算了轴线上的磁场分布。轴线以外的磁场计算比较复杂，这里不予讨论。

为了便于记忆，图10-19给出了另一个右手螺旋定则，用它可以判断载流线圈（包括下面即将讲到的螺线管电流）的 $\boldsymbol{B}$ 线的方向。这个法则是：用右手弯曲的四指代表圆形电流的流向，则伸直的大拇指将沿着轴线上 $\boldsymbol{B}$ 的方向。

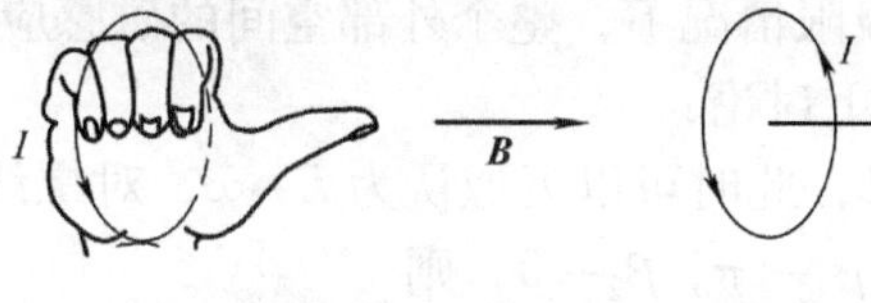

图10-19 确定圆形电流轴线 B 的方向的右手螺旋定则

3. 载流直螺线管轴线上的磁场

图10-20所示是一个绕在直圆柱面上的螺线形线圈，通常称为**螺线管**（solenoid）。如图10-20b所示，设螺线管的半径为 R，总长度为 L，单位长度上绕有 n 匝线圈，通有电流 I，试计算直螺线管轴线上任一点 P 处的磁感应强度。

对于均匀密绕的螺线管，在计算其轴线上的磁场时，可以把螺线管近似看成是一系列圆线圈紧密地并排起来构成。在螺线管密绕的情况下，每匝线圈相当于一个圆形电流。因此，如图10-20b所示，在距场点 P 为 l 处，我们在螺线管上任取一小元段 dl，则该小元段有线圈 ndl 匝，对于 P 点而言，其电流为 $dI=nIdl$，仍然相当于电流为 dI 的圆形电流。

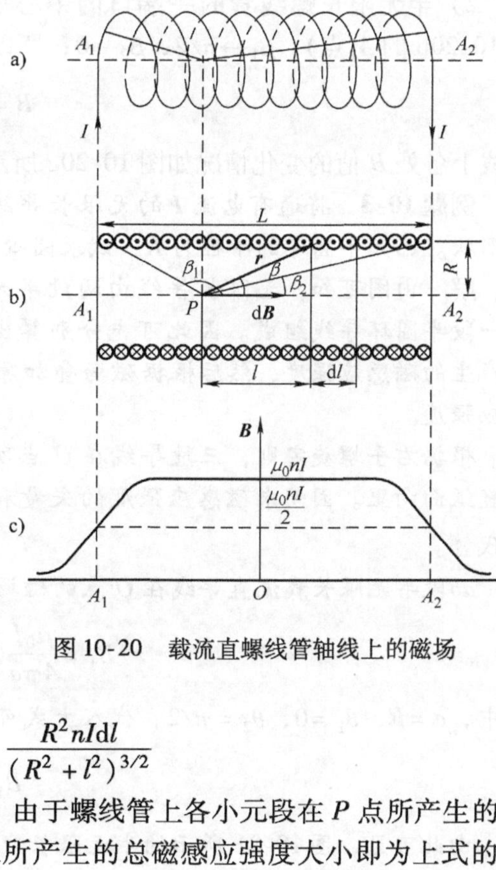

图10-20 载流直螺线管轴线上的磁场

根据式（10-24），该圆形电流在 P 点的磁感应强度大小为

$$dB=\frac{\mu_0 R^2 dI}{2r^3}=\frac{\mu_0}{2}\cdot\frac{R^2 nIdl}{(R^2+l^2)^{3/2}}$$

由右手螺旋定则可以判断 $d\boldsymbol{B}$ 的方向沿轴线向右，由于螺线管上各小元段在 P 点所产生的磁感应强度的方向相同，所以整个螺线管在 P 点处所产生的总磁感应强度大小即为上式的积分。为了便于积分，我们引入参变量 β，由图10-20b可知，$R=r\sin\beta$，$l=R\cot\beta$，因此，我

们得到

$$dl = -R\csc^2\beta d\beta$$

$$r^2 = R^2 + l^2 = R^2\csc^2\beta$$

所以整个螺线管在 P 点产生的总场强大小为

$$B = \int dB = \int_{\beta_1}^{\beta_2}\left(-\frac{\mu_0}{2}nI\sin\beta\right)d\beta$$

即

$$B = \frac{\mu_0 nI}{2}(\cos\beta_2 - \cos\beta_1) \tag{10-27}$$

方向沿轴线向右，它与电流流向间的关系仍遵从右手螺旋定则。

为了得到一个螺线管的磁场在空间中的全貌，在图 10-20c 中给出了磁感应线的分布图。应该强调，除了端点附近，在一个密绕螺线管外部的空间里，磁感应线很稀疏，这表示在那里的磁场是很弱的。在 $L\to\infty$ 的极限情况下，整个外部空间的磁感应强度趋于零。

对于式（10-27），我们做一下讨论：

1）无限长螺线管：设 $R \ll L$，此时可以近似认为 $L\to\infty$，对螺线管中间段而言，可将其等效为无限长的的螺线管，这时 $\beta_1\to\pi$，$\beta_2\to 0$，则

$$B = \mu_0 nI \tag{10-28}$$

2）半无限长螺线管的一端口的中心处，即在长直螺线管任一端口的中心处（例如图 10-20b 的 A_1 点），$\beta_1\to\pi/2$，$\beta_2\to 0$；所以 A_1 点处，

$$B = \frac{1}{2}\mu_0 nI \tag{10-29}$$

轴线上各处 B 值的变化情况如图 10-20c 所示。

例题 10-3 将通有电流 I 的无限长导线折成图 10-21 所示的形状。已知半圆环的半径为 R，试求圆心 O 点的磁感应强度。

解 由图可知，无限长导线由两段半无限长直导线 $\overline{ab}$、$\overline{cd}$ 和一段半圆环导线组成。因此可先分别算出各段载流导线在 O 点产生的磁感应强度，然后根据磁场叠加原理求出 O 点的总磁感应强度。

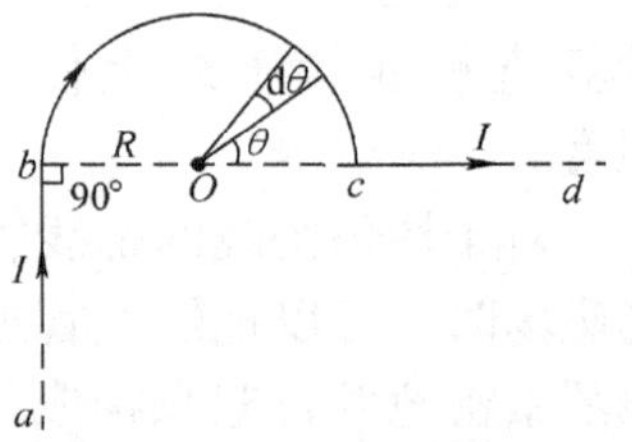

图 10-21 例题 10-3 图

根据右手螺旋定则，三段导线在 O 点所产生的磁场方向均垂直纸面向里。因而求磁感应强度的矢量和就可用求代数和方法代替。

$\overline{ab}$ 段半无限长载流直导线在 O 点的磁场，可应用式（10-22）求得

$$B_1 = \frac{\mu_0 I}{4\pi a}(\cos\theta_1 - \cos\theta_2)$$

其中，$a = R$，$\theta_1 = 0$，$\theta_2 = \pi/2$，代入上式可得

$$B_1 = \frac{\mu_0 I}{4\pi R}$$

由此可见，图 10-21 所示的半无限长载流直导线线 $\overline{ab}$ 在 O 点的磁感应强度是无限长载流直导线的一半。

载流半圆环$\widehat{bc}$在圆心 O 处的磁感应强度可由毕奥－萨伐尔定律直接求解。在圆弧上任取一电流元 Idl，Idl 与其到 O 点的矢径间的夹角为 90°，根据式（10-17）得到 Idl 在 O 点产生的磁感应强度的大小为

$$dB_2=\frac{\mu_0}{4\pi}\cdot\frac{Idl\sin 90°}{R^2}=\frac{\mu_0}{4\pi}\cdot\frac{Idl}{R^2}$$

由于各电流元在 O 点的磁场方向相同，又因为 $dl=Rd\theta$，则

$$dB_2=\frac{\mu_0 IRd\theta}{4\pi R^2}=\frac{\mu_0 Id\theta}{4\pi R}$$

所以

$$B_2=\frac{\mu_0 I}{4\pi R}\int_0^{\pi}d\theta=\frac{\mu_0 I}{4\pi R}\theta\Big|_0^{\pi}=\frac{\mu_0 I}{4R}$$

$\overline{cd}$段半无限长载流直导线在 O 点的磁场，由式（10-17）可知，由于$\overline{cd}$线段上所有电流元 Idl 与到 O 点矢径 $\boldsymbol{r}$ 的夹角均为 90°，所以 cos90°＝0，因此

$$B_3=0$$

此结果表明，载流直导线延长线上任一点的磁感应强度为零。

弯折后的无限长导线在 O 点的合磁感应强度的大小为

$$B=B_1+B_2+B_3=\frac{\mu_0 I}{4\pi R}(1+\pi)$$

方向垂直纸面向里。

由这个例题，我们可以总结出以下两个推论：

1）一段通有电流 I，其半径为 R，圆心角为 θ 的圆弧形圆环载流导线，在其圆心处产生磁场的磁感应强度大小为

$$B_{弧}=\frac{\mu_0 I}{2R}\cdot\frac{\theta}{2\pi}$$

2）载流直导线延长线上任一点的磁感应强度为零，即 $B_{延}=0$

例题 10-4　相距为 $d=40$cm 的两根无限长相互平行的直导线 1、2 放在真空中，每根导线载有电流 $I_1=I_2=20$A，且电流方向相反，如图 10-22 所示。试求：

（1）两导线所在平面内与该两导线等距的一点 A 处的磁感应强度；

（2）通过图中矩形面积（$abcd$）的磁通量（已知 $r_1=r_3=10$cm，$r_2=20$cm，$l=25$cm）。

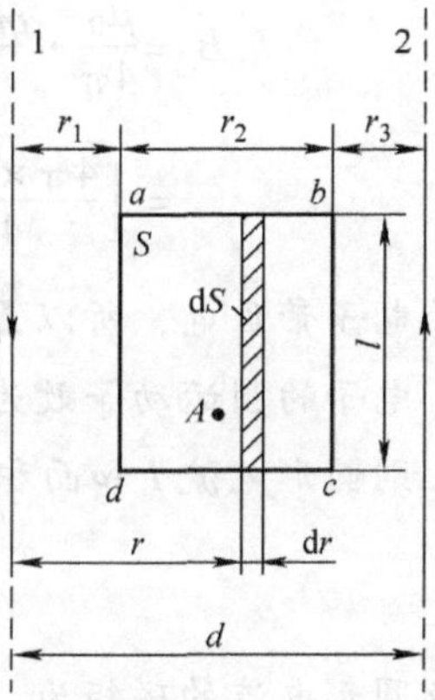

图 10-22　例题 10-4 图

解　（1）无限长载流导线 1、2 在 A 点的磁感应强度 $\boldsymbol{B}_1$、$\boldsymbol{B}_2$ 的方向相同，都是垂直于纸面向外，根据无限长载流直导线的磁场公式（10-23）可得

$$B_1=B_2=\frac{\mu_0}{2\pi}\cdot\frac{I_1}{\left(r_1+\frac{r_2}{2}\right)}$$

所以 A 点的总磁感应强度 $\boldsymbol{B}=\boldsymbol{B}_1+\boldsymbol{B}_2$，方向垂直纸面向外，大小为

$$B=2B_1=2\times\frac{\mu_0 I_1}{2\pi\left(r_1+\frac{r_2}{2}\right)}=2\times\frac{4\pi\times10^{-7}\times20}{2\pi\times0.20}\text{T}=4.0\times10^{-5}\text{T}$$

（2）计算通过矩形面积的磁通量。由（1）的分析计算，我们知道空间中各点处的磁感应强度大小是随 r 而变化的量，因此，我们需将矩形 $abcd$ 的面积 S 分割为许多面积元，如图 10-22 所示，取面积元 $\mathrm{d}S=l\mathrm{d}r$ 与导线 1 相距为 r，与导线 2 相距为 $d-r$，该处的总磁感应强度 $\boldsymbol{B}$ 垂直纸面向外，大小为

$$B=\frac{\mu_0 I_1}{2\pi r}+\frac{\mu_0 I_2}{2\pi(d-r)}$$

所以通过面积元 $\mathrm{d}S$ 的磁通量为

$$\mathrm{d}\Phi=\boldsymbol{B}\cdot\mathrm{d}\boldsymbol{S}=B\mathrm{d}S=\frac{\mu_0 l}{2\pi}\left(\frac{I_1}{r}+\frac{I_2}{d-r}\right)\mathrm{d}r$$

通过 S 面的磁通量可由积分法，对上式进行积分求得

$$\Phi=\int\mathrm{d}\Phi=\frac{\mu_0 l}{2\pi}\int_{r_1}^{r_1+r_2}\left(\frac{I_1}{r}+\frac{I_2}{d-r}\right)\mathrm{d}r=\frac{\mu_0 lI_1}{2\pi}\ln\frac{r_1+r_2}{r_1}+\frac{\mu_0 lI_2}{2\pi}\ln\frac{d-r_1}{d-r_1-r_2}$$

由于 $I_1=I_2$，$d=r_1+r_2+r_3$，$r_1=r_3$，所以

$$\Phi=\int\mathrm{d}\Phi=\frac{\mu_0 lI_1}{\pi}\ln\frac{r_1+r_2}{r_1}=\left(\frac{4\pi\times10^{-7}\times0.25\times20}{\pi}\times\ln\frac{0.30}{0.10}\right)\text{Wb}=2.2\times10^{-6}\text{Wb}$$

例题 10-5 在玻尔氢原子模型中，若电子以速度 $v=2.2\times10^6\text{m/s}$ 在半径 $r=0.53\times10^{-10}\text{m}$ 的圆轨道上做匀速率圆周运动，如图 10-23 所示。试求电子在轨道中心处所产生的磁感应强度 $\boldsymbol{B}$ 和等效圆形电流的磁矩 $\boldsymbol{m}$。

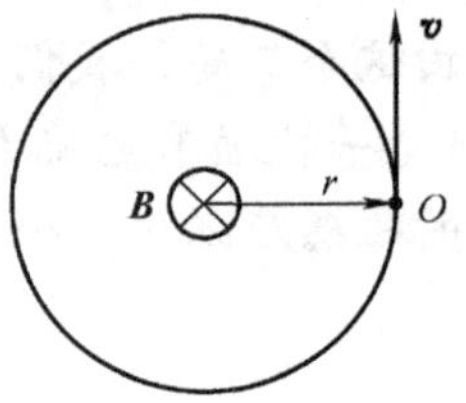

图 10-23 例题 10-5 图

解 按式（10-21a），电子在圆心处产生的磁感应强度的大小

$$B=\frac{\mu_0}{4\pi}\cdot\frac{qv\sin90^\circ}{r^2}=\frac{\mu_0}{4\pi}\cdot\frac{qv}{r^2}$$

$$=\left[\frac{4\pi\times10^{-7}}{4\pi}\times\frac{1.60\times10^{-19}\times2.2\times10^6}{(0.53\times10^{-10})^2}\right]\text{Wb/m}^2=13\text{Wb/m}^2$$

由于电子带负电，所以 $\boldsymbol{B}$ 的方向垂直纸面向里。

电子的圆运动等效为一个圆形电流，电子每秒通过轨道上任一点的次数为 $n=v/(2\pi r)$ 次，则圆形电流 I 和面积 S 分别为

$$I=ne=\frac{v}{2\pi r}e,\quad S=\pi r^2$$

等效圆形电流的磁矩为

$$m=IS=\frac{ve}{2\pi r}\times\pi r^2=\frac{1}{2}ver=\left(\frac{1}{2}\times2.2\times10^6\times1.60\times10^{-19}\times0.53\times10^{-10}\right)\text{A}\cdot\text{m}^2$$

$$=9.3\times10^{-24}\text{A}\cdot\text{m}^2$$

由于电子带负电，所以电流沿着顺时针方向，$\boldsymbol{m}$ 的方向垂直纸面向里。

10.4 安培环路定理及其应用

安培环路定理　静电学中，电场强度沿闭合路径的线积分为零，这一结论称为静电场的环路定理，它反映了静电场是保守力场。而在磁场中，磁感应强度沿闭合路径的线积分（即 $\boldsymbol{B}$ 的环流）可由安培环路定理所表达。

真空中的安培环路定理可表述为：**在稳恒电流的磁场中，磁感应强度 $\boldsymbol{B}$ 沿任一闭合环路 L 的线积分（即 $\boldsymbol{B}$ 的环流），等于穿过该环路的所有电流的代数和的 μ_0 倍**。它的表达式为

$$\oint_L \boldsymbol{B} \cdot \mathrm{d}\boldsymbol{l} = \mu_0 \sum_{(L_内)} I_i \tag{10-30}$$

安培环路定理可以从毕奥－萨伐尔定律导出，下面仅从一特殊情形来加以论证并讨论。

1. 闭合曲线包围无限长载流直导线的情形

设在无限长直电流的磁场中，取一平面与电流垂直，在此平面内取任一包围电流的闭合曲线 L（见图 10-24a），根据式（10-23），曲线上任一点 A 处的磁感应强度为

$$B = \frac{\mu_0 I}{2\pi r}$$

由图 10-24b 可知，$\boldsymbol{B}$ 矢量沿闭合曲线 L 的线积分为

$$\oint_L \boldsymbol{B} \cdot \mathrm{d}\boldsymbol{l} = \oint_L B\mathrm{d}l\cos\theta = \oint_L Br\mathrm{d}\varphi = \int_0^{2\pi} \frac{\mu_0 I}{2\pi r} \cdot r\mathrm{d}\varphi = \mu_0 I$$

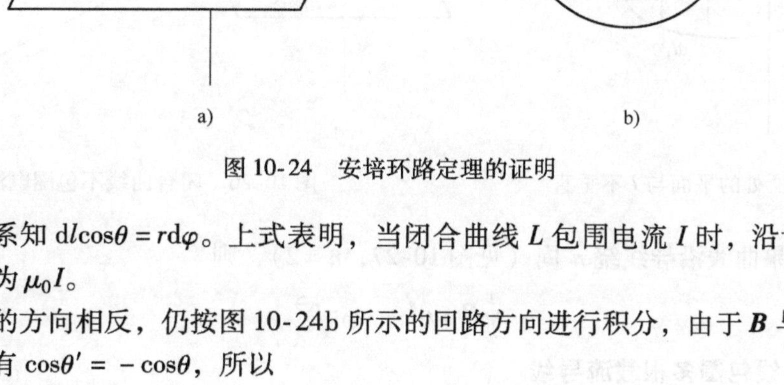

图 10-24　安培环路定理的证明

由几何关系知 $\mathrm{d}l\cos\theta = r\mathrm{d}\varphi$。上式表明，当闭合曲线 L 包围电流 I 时，沿该闭合曲线 $\boldsymbol{B}$ 矢量的线积分为 $\mu_0 I$。

如果电流的方向相反，仍按图 10-24b 所示的回路方向进行积分，由于 $\boldsymbol{B}$ 与 $\mathrm{d}\boldsymbol{l}$ 间的夹角 $\theta' = \pi - \theta$，即有 $\cos\theta' = -\cos\theta$，所以

$$\oint_L \boldsymbol{B} \cdot \mathrm{d}\boldsymbol{l} = -\mu_0 I$$

可见，其积分结果与电流方向有关。因此，我们对电流的正、负做如下规定：当电流方向与闭合曲线的绕行方向之间的关系符合右手螺旋定则时，I 为正；反之 I 为负。

如果闭合曲线不在与电流垂直的平面内，可将曲线 L 上任一小段 $\mathrm{d}\boldsymbol{l}$ 分解为相互垂直的 $\mathrm{d}\boldsymbol{l}_1$ 和 $\mathrm{d}\boldsymbol{l}_2$ 两部分（见图 10-25），$\mathrm{d}\boldsymbol{l}_1$ 在与电流垂直的平面内，$\mathrm{d}\boldsymbol{l}_2$ 则在与电流平行的平面内，同时 $\mathrm{d}\boldsymbol{l}_2$ 也与该点处的 $\boldsymbol{B}$ 垂直，因而在曲线上处处都有 $\boldsymbol{B}\cdot\mathrm{d}\boldsymbol{l}_2=0$。因此，沿闭合曲线 L_1 在与电流垂直的平面内的线积分又回到前面讨论过的平面与电流垂直的情形一样，即

$$\oint_L \boldsymbol{B}\cdot\mathrm{d}\boldsymbol{l}=\oint_{L_1}\boldsymbol{B}\cdot\mathrm{d}\boldsymbol{l}=\mu_0 I$$

2. 闭合曲线不包围载流直导线的情形

图 10-26a 中，纸面为与直导线垂直的平面中曲线 L 为该平面上电流 I 之外的任一闭合曲线。从 I 作闭合曲线 L 的切线，切点分别为 A 和 B，并将闭合曲线 L 分成 L_1 和 L_2 两部分，取沿图示方向作为 L 的绕行方向（见图 10-26b）。因此沿此闭合曲线的 $\boldsymbol{B}$ 的线积分为

$$\begin{aligned}\oint_L \boldsymbol{B}\cdot\mathrm{d}\boldsymbol{l}&=\int_{L_1}\boldsymbol{B}\cdot\mathrm{d}\boldsymbol{l}+\int_{L_2}\boldsymbol{B}\cdot\mathrm{d}\boldsymbol{l}\\&=\int_0^{\varphi}\frac{\mu_0 I}{2\pi r}r\mathrm{d}\varphi+\int_{\varphi}^{0}\frac{\mu_0 I}{2\pi r}r\mathrm{d}\varphi\\&=\frac{\mu_0 I}{2\pi}(\varphi-\varphi)=0\end{aligned}$$

可见，当闭合曲线 L 不包围电流时，$\boldsymbol{B}$ 矢量沿该闭合曲线的线积分为零。

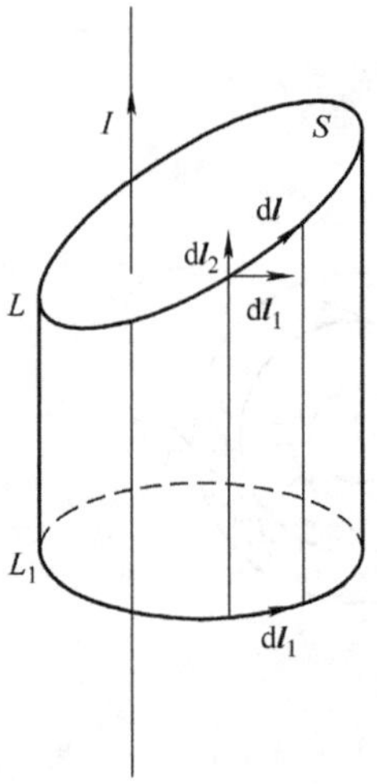

图 10-25 L 所处的平面与 I 不垂直

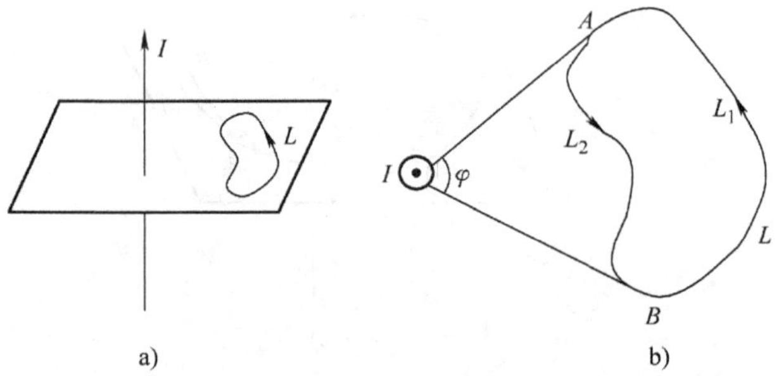

图 10-26 闭合曲线不包围电流

显然，如果曲线沿导线绕 n 周（见图 10-27，$n=2$），则

$$\oint_L \boldsymbol{B}\cdot\mathrm{d}\boldsymbol{l}=\mu_0 nI^{⊖}$$

3. 闭合曲线包围多根载流导线

若空间中有 $n+k$ 根载流直导线，其中的 n 根电流被闭合曲线 L 包围着，而 k 根电流未被闭合曲线 L 包围着。根据磁场的叠加原理有

⊖ n 为绕行周数的代数和，若积分方向与电流方向满足右手螺旋关系则为正，反之为负。

$$\oint_L \boldsymbol{B}\cdot \mathrm{d}\boldsymbol{l} = \oint_L (\boldsymbol{B}_1+\boldsymbol{B}_2+\cdots+\boldsymbol{B}_n+\boldsymbol{B}_{n+1}+\cdots+\boldsymbol{B}_{n+k})\cdot \mathrm{d}\boldsymbol{l}$$
$$= \oint_L \boldsymbol{B}_1\cdot \mathrm{d}\boldsymbol{l} + \oint_L \boldsymbol{B}_2\cdot \mathrm{d}\boldsymbol{l} + \cdots + \oint_L \boldsymbol{B}_n\cdot \mathrm{d}\boldsymbol{l} + \oint_L \boldsymbol{B}_{n+1}\cdot \mathrm{d}\boldsymbol{l} + \cdots + \oint_L \boldsymbol{B}_{n+k}\cdot \mathrm{d}\boldsymbol{l}$$

式中，$\boldsymbol{B}=\boldsymbol{B}_1+\boldsymbol{B}_2+\cdots+\boldsymbol{B}_n+\boldsymbol{B}_{n+1}+\cdots+\boldsymbol{B}_{n+k}$，而 $\boldsymbol{B}_1$，$\boldsymbol{B}_2$，…，$\boldsymbol{B}_n$，$\boldsymbol{B}_{n+1}$，$\boldsymbol{B}_{n+2}$，…，$\boldsymbol{B}_{n+k}$分别为电流 I_1，I_2，…，I_n，I_{n+1}，I_{n+2}，…，I_{n+k}的磁感应强度。由本节的 1、2 的讨论可知，若 L 包围电流 I_1，则 $\oint_L \boldsymbol{B}_1\cdot \mathrm{d}\boldsymbol{l}=\mu_0 I_1$；若 L 不包围电流 I_{m+1}，则 $\oint_L \boldsymbol{B}_{m+1}\cdot \mathrm{d}\boldsymbol{l}=0$。现在闭合曲线 L 包围的电流分别为 I_1，I_2，…，I_n，而闭合曲线 L 不包围的电流分别为 I_{n+1}，I_{n+2}，…，I_{n+k}，故有

$$\oint_L \boldsymbol{B}_1\cdot \mathrm{d}\boldsymbol{l} + \oint_L \boldsymbol{B}_2\cdot \mathrm{d}\boldsymbol{l} + \cdots + \oint_L \boldsymbol{B}_n\cdot \mathrm{d}\boldsymbol{l} = \mu_0(I_1+I_2+\cdots+I_n)$$
$$\oint_L \boldsymbol{B}_{n+1}\cdot \mathrm{d}\boldsymbol{l} + \cdots + \oint_L \boldsymbol{B}_{n+k}\cdot \mathrm{d}\boldsymbol{l} = 0$$

所以
$$\oint_L \boldsymbol{B}\cdot \mathrm{d}\boldsymbol{l} = \mu_0(I_1+I_2+\cdots+I_n) = \mu_0\sum I$$

式中，$\sum I$ 为穿过闭合曲线 L 所围面积内所有电流的代数和，各电流的符号由上述右手螺旋定则确定。例如，在图 10-27 所示的情形中，$\sum I = I_1 - 2I_2$。

这里要特别说明以下几点：

1）式（10-30）右端的 $\sum I$ 是包括穿过闭合曲线 L 所包围面积的电流的代数和，而式（10-30）左端闭合曲线上各点的 $\boldsymbol{B}$ 应是空间中所有电流在该点产生的磁感应强度的矢量和，其中也包括那些未穿过闭合曲线 L 所包围面积的电流所产生的磁场。

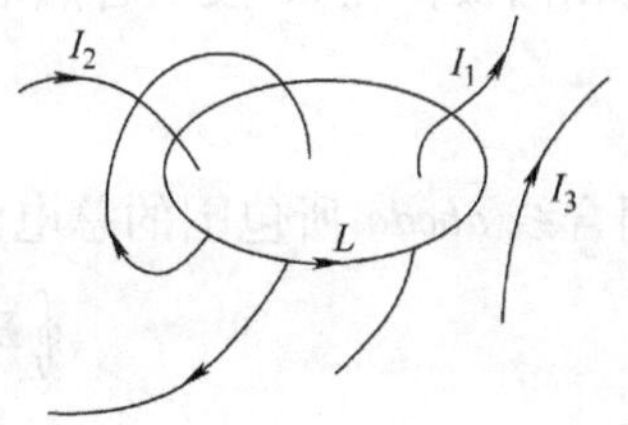

图 10-27　穿过回路 L 电流的正负

2）式（10-30）表达的是稳恒电流的磁场，由于稳恒电流只能存在于闭合电路中，因此安培环路定理只适用于闭合的稳恒电流产生的磁场。对于一段稳恒电流的磁场，安培环路定理不成立。因为一段电流的磁场仅是整个电流回路的磁场的一部分，用其中一部分磁场的 $\boldsymbol{B}$ 来套用安培环路定理，显然定理就不能成立。对于前面我们讨论的无限长载流直导线的情形，可以认为是在无限远处闭合的。而对于变化电流（非稳恒电流）的磁场，式（10-30）也不成立，这个我将在第 13 章详细讨论。

3）安培环路定理的意义在于，它表明了电流的磁场是一种非保守力场，$\oint \boldsymbol{B}\cdot \mathrm{d}\boldsymbol{l}\neq 0$，这是磁场与静电场的重要区别。

至此，由磁场的高斯定理和安培环路定理，已揭示了磁场的性质与静电场迥然不同。磁场是涡旋场、非保守力场。

安培环路定理的应用　与利用高斯定理可以方便地计算某些具有对称性的带电体的电场强度类似，利用安培环路定理也可以方便地计算某些具有对称性的载流导线的磁感应强度。

在利用安培环路定理求 $\boldsymbol{B}$ 的过程中，具有决定性的技巧是选取适当的闭合曲线（也称安培环路），以便使积分 $\oint \boldsymbol{B}\cdot \mathrm{d}\boldsymbol{l}$ 中的 $\boldsymbol{B}$ 能以标量形式从积分号内提出来。下面讨论几种具有一定对称性的电流所产生的磁场分布。

1. 载流长直螺线管内的磁场

图10-28所示为一通电螺线管的剖面图和螺线管电流所产生的磁场中的磁感应线。设有一长直螺线管，长度为l，共有N匝线圈，则单位长度的匝数$n=N/l$，每匝通有电流I，如果螺线管相当长，并且导线绕得很密，则管内中央部分的磁场是均匀的，磁场方向与螺线管的轴线平行。管的外侧，磁场很微弱，可以忽略不计，即可认为$B=0$。

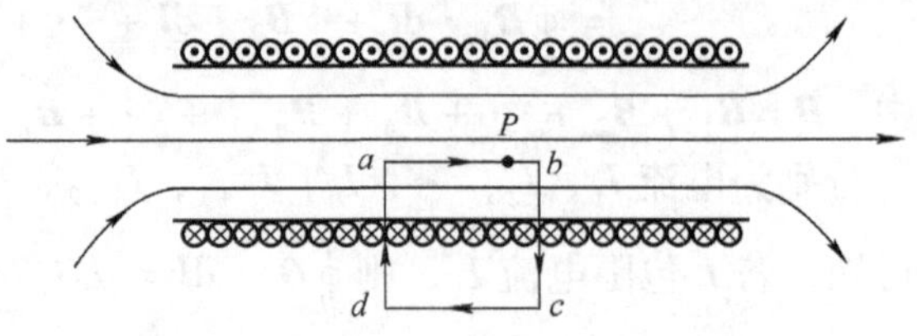

图10-28 长直螺线管内磁场的计算

为了计算螺线管中某点P的磁感应强度，作一通过P点的矩形闭合线$abcda$（见图10-28）。根据安培环路定理$\oint_L \boldsymbol{B}\cdot \mathrm{d}\boldsymbol{l}=\mu_0\sum I$，现分别对等式两边进行计算得

$$\oint_L \boldsymbol{B}\cdot \mathrm{d}\boldsymbol{l}=\int_{ab}\boldsymbol{B}\cdot \mathrm{d}\boldsymbol{l}+\int_{bc}\boldsymbol{B}\cdot \mathrm{d}\boldsymbol{l}+\int_{cd}\boldsymbol{B}\cdot \mathrm{d}\boldsymbol{l}+\int_{da}\boldsymbol{B}\cdot \mathrm{d}\boldsymbol{l}$$

其中cd段在管外靠近管壁处，因此可认为$B=0$，所以该段的线积分也为零。在bc和da段上，各处始终有$\boldsymbol{B}\perp \mathrm{d}\boldsymbol{l}$，或者$B=0$，所以$\boldsymbol{B}\cdot \mathrm{d}\boldsymbol{l}=0$，因而$\int_{bc}\boldsymbol{B}\cdot \mathrm{d}\boldsymbol{l}=\int_{da}\boldsymbol{B}\cdot \mathrm{d}\boldsymbol{l}=0$。由于设螺线管相当长，在$ab$段上各点的磁场$\boldsymbol{B}$相同，又因为$\boldsymbol{B}\parallel \mathrm{d}\boldsymbol{l}$，所以$\boldsymbol{B}\cdot \mathrm{d}\boldsymbol{l}=B\mathrm{d}l$，于是有

$$\oint_L \boldsymbol{B}\cdot \mathrm{d}\boldsymbol{l}=\int_{ab}B\cdot \mathrm{d}l=B\,\overline{ab}$$

而闭合线$abcda$所包围的总电流$\sum I=n\,\overline{ab}I$。故有

$$\oint_L \boldsymbol{B}\cdot \mathrm{d}\boldsymbol{l}=\int_{ab}B\cdot \mathrm{d}l=B\,\overline{ab}=\mu_0 n\,\overline{ab}I$$

所以
$$B=\mu_0 nI \tag{10-31}$$

或者
$$B=\mu_0\frac{N}{l}I \tag{10-31a}$$

式（10-31）与式（10-28）相同。由此可以看出，应用安培环路定理推导式（10-31），显然比较简便。

2. 载流螺绕环管内的磁场

密绕在圆环上的螺线形线圈叫作**螺绕环**（见图10-29a）。图10-29b所示为一通电的螺绕环的剖面和电流所产生的磁场的磁感应线。若环上的线圈绕得很紧密时，螺绕环管外部的磁场是很微弱的，可以忽略不计，磁场几乎全部集中在管内，管内的磁感应线是一系列的同心圆，在同一条磁感应线上，各点的$\boldsymbol{B}$大小相等，方向沿该点磁感应线的切线方向。

设螺绕环的总匝数为N，每一匝导线中的电流为I。应用安培环路定理于其中一条闭合磁感应线可得

$$\oint_L \boldsymbol{B}\cdot \mathrm{d}\boldsymbol{l}=\oint_L B\mathrm{d}l=Bl=\mu_0 NI$$

式中，l为该条闭合磁感应线的长度。由上式得到

$$B=\mu_0\frac{N}{l}I \tag{10-32}$$

如果螺绕环的截面积很小，l可视为螺绕环的平均周长，所以$n=N/l$，因此有

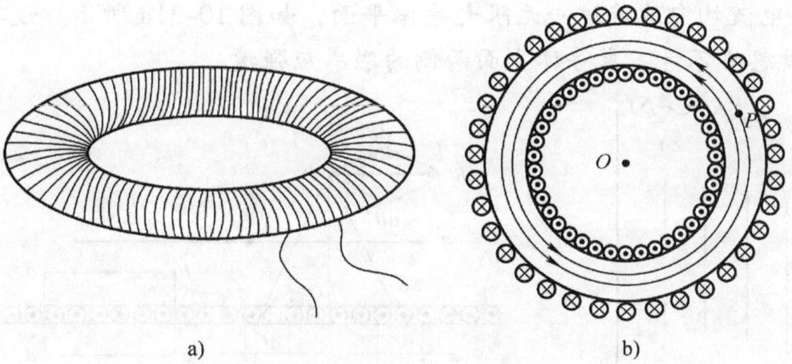

图 10-29 螺绕环磁场的计算

$$B = \mu_0 nI \tag{10-32a}$$

可见，环内各点的磁感应强度可以近似认为是均匀的。

3. 无限长载流直圆柱导体内外的磁场

图 10-30 所示为一半径为 R，通有电流 I 的长直圆柱导体。设在圆柱导体中，电流是沿轴线方向的，在圆柱导体的横截面上电流呈均匀分布。如果圆柱体很长，靠近圆柱导体的中部而且离轴线不很远处的磁场对轴线具有对称性。因此，局限于上述区域内的磁场称为无限长圆柱电流的磁场。

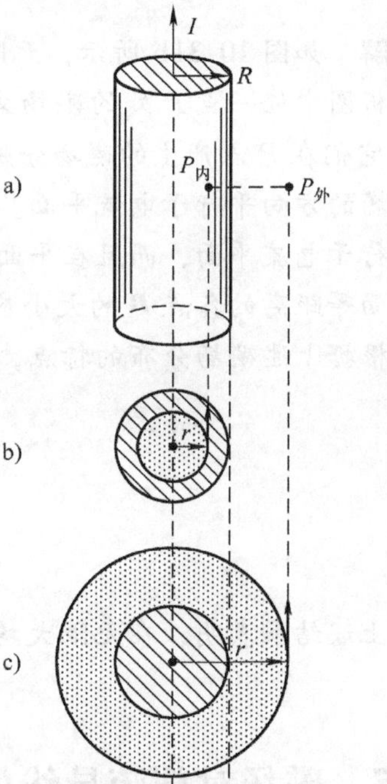

图 10-30 圆柱电流的磁场的计算图

根据磁感应线的闭合性和电流分布的轴对称性，可知无限长载流圆柱导体的磁感应线为一系列以柱轴为中心的同心圆。在同一半径的圆上各点的 $\boldsymbol{B}$ 大小相等，方向处处与该闭合线相切。

先求圆柱导体外 P 点的磁感应强度（见图 10-30c）。设 P 点离轴线的垂直距离为 r，过 P 点作半径为 r 的圆作为进行线积分时的闭合曲线，根据安培环路定理，得

$$\oint_L \boldsymbol{B} \cdot \mathrm{d}\boldsymbol{l} = B \cdot 2\pi r = \mu_0 I$$

所以
$$B = \frac{\mu_0 I}{2\pi r} \quad (r > R) \tag{10-33}$$

其次，设 P 点在圆柱体内，如图 10-30b 所示，此时闭合线所包围的电流 $\sum I = \dfrac{I}{\pi R^2}\pi r^2$，根据安培环路定理，可得

$$\oint_L \boldsymbol{B} \cdot \mathrm{d}\boldsymbol{l} = B \cdot 2\pi r = \mu_0 I \frac{r^2}{R^2}$$

即
$$B = \frac{\mu_0}{2\pi} \cdot \frac{Ir}{R^2} \quad (r < R) \tag{10-34}$$

图 10-30d 所示为无限长载流圆柱导体的磁感应强度随到轴线距离而变化的 $B-r$ 曲线。

例题 10-6　电流均匀地流过一无限大导体平面，如图 10-31a 所示。设单位宽度上的电流为 i，平面厚度忽略不计，求导体平面两侧的磁感应强度。

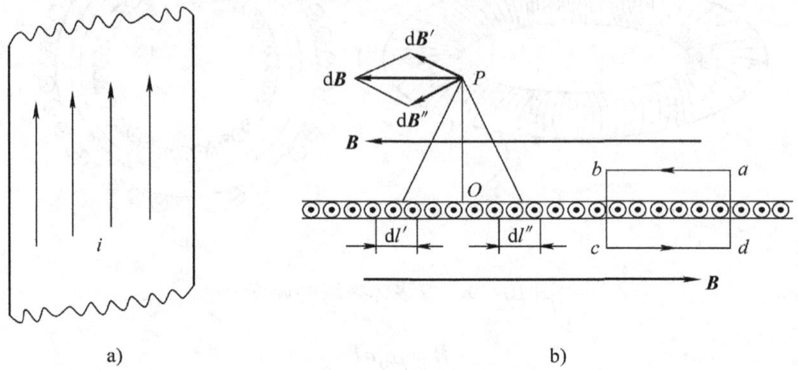

图 10-31　例题 10-6 图

解　如图 10-31b 所示，无限大平面电流可看成由无限多根平行排列的长直电流所组成。先分析图中任一点 P 处的磁场方向，以 $\overline{OP}$ 为对称轴，取一对长度相等的长直电流元 $\mathrm{d}l'$ 和 $\mathrm{d}l''$，它们在 P 点产生的磁场分别为 $\mathrm{d}\boldsymbol{B}'$ 和 $\mathrm{d}\boldsymbol{B}''$，两者大小相等，方向如图 10-31b 所示。则合磁场的方向平行于电流平面。根据对称性，所有的对称直电流在 P 点的合磁场方向也一定平行于电流平面，而且在平面两侧 $\boldsymbol{B}$ 的方向相反。又因为电流平面为无限大，所以与电流平面等距离的各点 $\boldsymbol{B}$ 的大小应该相同。

根据上述磁场分布的特点，作闭合线 $abcda$，应用安培环路定理可得

$$\oint_L \boldsymbol{B} \cdot \mathrm{d}\boldsymbol{l} = B \cdot 2\,\overline{ab} = \mu_0 i\,\overline{ab}$$

所以

$$B = \frac{1}{2}\mu_0 i$$

上述结果表明，在无限大均匀平面电流的两侧，其磁场为均匀磁场，大小相等、方向相反。

10.5　磁场对载流导线的作用——安培定律

安培定律　载流导线放入磁场中将受到磁场力的作用，磁场对载流导线作用力的基本规律，是安培通过大量实验结果总结出来的，称为**安培定律**，内容如下：

位于磁场中某点处的电流元 $I\mathrm{d}\boldsymbol{l}$ 将受到磁场的作用力 $\mathrm{d}\boldsymbol{F}$，$\mathrm{d}\boldsymbol{F}$ 的大小和电流元所在处的磁感应强度 $\boldsymbol{B}$ 的大小、电流元（$I\mathrm{d}\boldsymbol{l}$）的大小及 $I\mathrm{d}\boldsymbol{l}$ 与 $\boldsymbol{B}$ 之间的夹角的正弦（$\sin\langle I\mathrm{d}\boldsymbol{l}, \boldsymbol{B}\rangle$）成正比。其数学表达式为

$$\mathrm{d}F = kBI\mathrm{d}l\sin\langle I\mathrm{d}\boldsymbol{l}, \boldsymbol{B}\rangle \tag{10-35}$$

在国际单位制中，式中的比例系数 $k=1$，将 $I\mathrm{d}\boldsymbol{l}$ 与 $\boldsymbol{B}$ 之间的夹角记为 θ，式（10-35）可简化为

$$\mathrm{d}\boldsymbol{F} = BI\mathrm{d}l\sin\theta \tag{10-35a}$$

d$\boldsymbol{F}$ 的方向垂直于 $I\mathrm{d}\boldsymbol{l}$ 和 $\boldsymbol{B}$ 所决定的平面，指向由 $I\mathrm{d}\boldsymbol{l}$ 方向经小于180°的 θ 角转到磁场方向的右手螺旋定则确定。安培定律的矢量形式（见图10-32）表达如下：

$$\mathrm{d}\boldsymbol{F} = I\mathrm{d}\boldsymbol{l} \times \boldsymbol{B} \tag{10-35b}$$

磁场对载流导线的这种作用力通常又叫作**安培力**。

磁场对一段载流导线的作用　由式（10-35b），知道了一段电流元所受的磁力，原则上就可以求出任意形状的电流在磁场中所受的合力，即求积分

$$\boldsymbol{F} = \int_L I\mathrm{d}\boldsymbol{l} \times \boldsymbol{B} \tag{10-36}$$

式中，L 为在磁场中的导线长度。这是一个矢量积分，当各电流元所受磁力方向不一致时，应将各个力按所选择的坐标分解成分量，再对整个导线积分，举例说明如下。

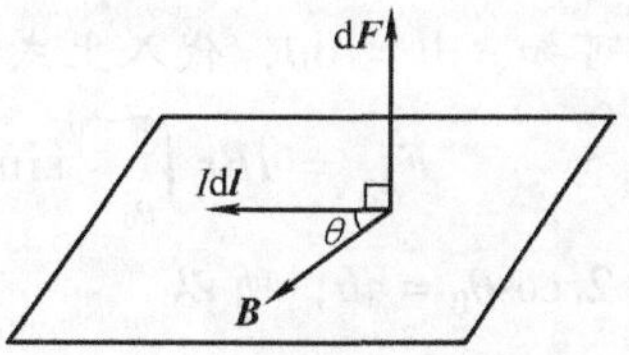

图10-32　电流元所受安培力的方向

例题10-7　如图10-33所示，一段长为 l 的直导线段，通有电流 I，置于匀强磁场 $\boldsymbol{B}$ 中，试求该导线所受的安培力。

解　由 $\mathrm{d}\boldsymbol{F} = I\mathrm{d}\boldsymbol{l} \times \boldsymbol{B}$ 可知，每一电流元受到的安培力方向相同，都是垂直于纸面向里，所以整段导线所受安培力的大小为

$$F = \int_0^l BI\sin\theta \mathrm{d}l = BI\sin\theta \int_0^l \mathrm{d}l$$
$$= BIl\sin\theta \tag{10-37}$$

式中，θ 为电流方向与磁场方向的夹角。当 $\theta = 0$ 即电流方向与磁场方向平行时，$F = 0$；当 $\theta = 90°$ 即电流方向与磁场方向垂直时，$F = BIl$ 为最大。

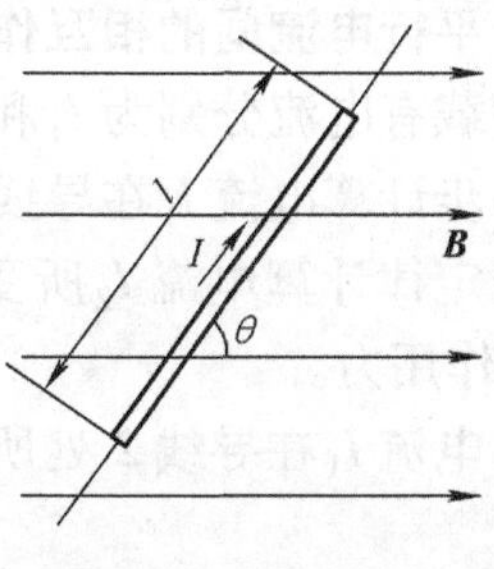

图10-33　例题10-7图

例题10-8　如图10-34所示，一通有电流 I 的闭合回路，放在磁感应强度为 $\boldsymbol{B}$ 的匀强磁场中，回路平面与磁感应强度 $\boldsymbol{B}$ 垂直，若回路电流为顺时针，试求磁场作用在整个回路上的磁力。

解　整个回路可看成由导线 $\overset{\frown}{bca}$ 和 $\overline{ab}$ 组成，由式（10-37）可知，作用在直导线 $\overline{ab}$ 上磁力的大小为

$$F_1 = IB\,\overline{ab}$$

方向竖直向下。

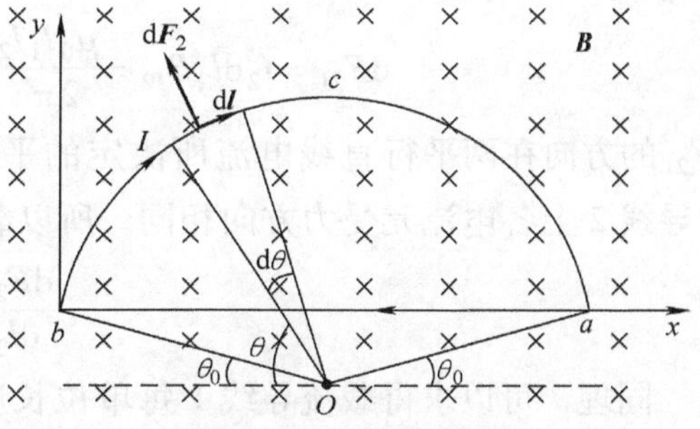

图10-34　例题10-8图

在导线 $\overset{\frown}{bca}$ 取一长度微元 dl，根据式（10-35b），电流元 $I\mathrm{d}\boldsymbol{l}$ 所受磁力为

$$\mathrm{d}\boldsymbol{F}_2 = I\mathrm{d}\boldsymbol{l} \times \boldsymbol{B}$$

d$\boldsymbol{F}_2$ 的方向如图所示，大小为

$$\mathrm{d}F_2 = IB\mathrm{d}l$$

由于导线 $\overset{\frown}{bca}$ 上各电流元受力方向不同，我们将 d$\boldsymbol{F}_2$ 分解成水平和竖直两个分量 dF_{2x} 和 dF_{2y}。由于对称性，圆弧上所有电流元在 x 方向所受合力为零，即

$$F_{2x} = \int \mathrm{d}F_{2x} = 0$$

在 y 方向上所受的合力为

$$F_{2y} = \int \mathrm{d}F_{2y} = \int \mathrm{d}F_2 \sin\theta = \int IB\mathrm{d}l\sin\theta$$

由图可知，$\mathrm{d}l = r\mathrm{d}\theta$，代入上式得到

$$F_{2y} = IBr\int_{\theta_0}^{\pi-\theta_0} \sin\theta\mathrm{d}\theta = IBr[\cos\theta_0 - \cos(\pi - \theta_0)] = IB(2r\cos\theta_0)$$

由于 $2r\cos\theta_0 = \overline{ab}$，所以

$$F_2 = F_{2y} = IB\,\overline{ab}$$

显然，F_1和F_2的大小相等而方向相反，它们的总和为零。通过本题的计算，可以看到：①匀强磁场作用在整个闭合回路电流上的合力为零；②一段弧形电流（$\overset{\frown}{bca}$）在匀强磁场中所受的力等于由始点到终点连成的直线（$\overline{ab}$）上载有相同电流的直导线所受的力。上述结论对任意形状的载流回路或载流导线都是成立的，读者可自行加以证明。

平行电流间的相互作用 如图 10-35 所示，两条无限长平行直导线间的垂直距离为 a，其中载有电流分别为 I_1和 I_2。计算两导线间相互作用力的思路是：第一步计算电流 I_1在导线 2 处各点的磁感应强度 B_{12}；第二步根据安培定律计算电流 I_2所受的磁场力。同理也可计算电流 I_2对电流 I_1的作用力。

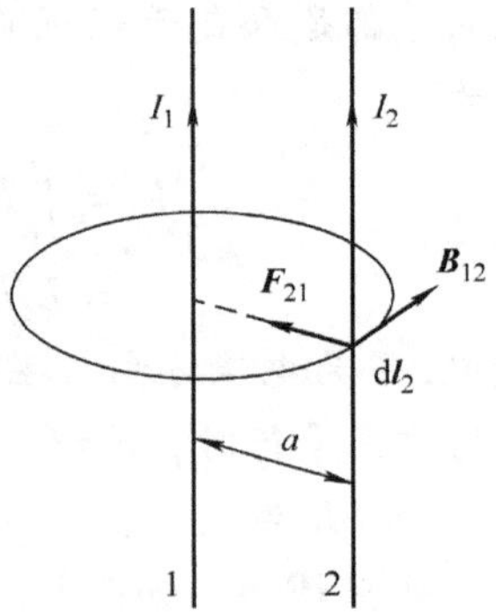

图 10-35 平行长直电流间的相互作用

电流 I_1在导线 2 处所产生的磁感应强度

$$B_{12} = \frac{\mu_0 I}{2\pi a}$$

方向如图 10-35 所示，垂直于电流元 $I_2\mathrm{d}l_2$，根据安培定律，电流元 $I_2\mathrm{d}l_2$所受安培力的大小为

$$\mathrm{d}F_{21} = I_2\mathrm{d}l_2 B_{12} = \frac{\mu_0 I_1 I_2}{2\pi a}\mathrm{d}l_2$$

$\mathrm{d}\boldsymbol{F}_{21}$的方向在两平行直线电流所决定的平面内而指向导线 1，由于导线 2 上各电流元受力方向相同，所以载流导线 2 每单位长度所受力的大小为

$$\frac{\mathrm{d}F_{21}}{\mathrm{d}l_2} = \frac{\mu_0}{2\pi}\frac{I_1 I_2}{a} \tag{10-38}$$

同理，可以求得载流导线 1 每单位长度所受力的大小 $\mathrm{d}F_{12}/\mathrm{d}l_1 = \mu_0 I_1 I_2/(2\pi a)$，方向指向导线 2。

由此可见，当两条载有同方向的平行长直电流，通过磁场的作用，将相互吸引；当两导线中电流方向相反时，则相互排斥。

在国际单位制中，电流的单位就是根据式（10-38）定义的。在真空中 $\mu_0 = 4\pi \times 10^{-7}\,\mathrm{H/m}$。如果两导线中的电流相等（$I_1 = I_2 = I$），则

$$I = \sqrt{\frac{a\mathrm{d}F_{21}}{2\times 10^{-7}\mathrm{d}l_2}}$$

式中，$\mathrm{d}\boldsymbol{F}_{21}$、$\mathrm{d}l_2$、$a$ 在国际单位制中已有确定的单位，于是可用两平行长直载流导线间的相

互作用力来定义电流的单位。取 $a=1\text{m}$，若 $dF_{21}/dl_2=2\times10^{-7}\text{N/m}$，则这时通过导线的电流规定为1A。

故安培的定义为：**放在真空中的两条无限长平行导线，各通有相等的稳恒电流，当两导线相距1m，且每一导线每米长度上受力为 2×10^{-7}N 时，各导线上的电流为1A。**

例题 10-9　载有电流 I_1 的长直导线旁边有一平面圆形线圈，如图10-36所示，线圈半径为 r，中心到直导线的距离为 l，线圈载有电流 I_2，若线圈与直导线在同一平面内，试求 I_1 作用在圆形线圈上的磁场力。

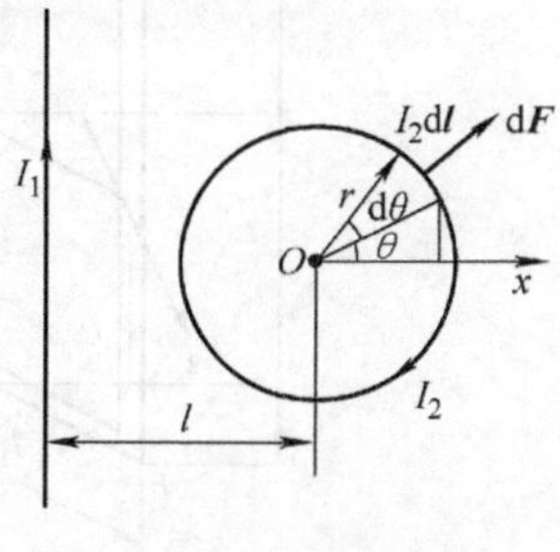

图 10-36　例题 10-9 图

解　如图10-36所示，在圆形线圈上取一电流元 $I_2\mathrm{d}\boldsymbol{l}$，长直电流 I_1 在空间所产生的磁场是非均匀的，在该电流元处产生的磁感应强度 $\boldsymbol{B}$ 的大小为

$$B=\frac{\mu_0 I_1}{2\pi\ (l+r\cos\theta)}$$

$\boldsymbol{B}$ 的方向垂直纸面向里，它与电流元 $I_2\mathrm{d}\boldsymbol{l}$ 间的夹角为 $\pi/2$，故该电流元所受磁力的大小为

$$\mathrm{d}F=I_2\mathrm{d}lB=\frac{\mu_0 I_1 I_2\mathrm{d}l}{2\pi\ (l+r\cos\theta)}=\frac{\mu_0 I_1 I_2 r\mathrm{d}\theta}{2\pi\ (l+r\cos\theta)}$$

$\mathrm{d}\boldsymbol{F}$ 的方向如图10-36所示。由于圆形线圈上各电流元受力方向不同。因此，在求合力时，先将 $\mathrm{d}\boldsymbol{F}$ 分解成两个相互垂直的分量 $\mathrm{d}F_x$ 和 $\mathrm{d}F_y$，由于对称性关系，沿 y 轴方向的合力为零。因此，载流圆线圈只受到指向 x 轴负方向的磁场力，其大小为

$$F=\oint\frac{\mu_0}{2\pi}\frac{I_1 I_2 r\mathrm{d}\theta}{(l+r\cos\theta)}\cos\theta=\int_0^{2\pi}\frac{\mu_0 I_1 I_2 r}{2\pi}\frac{\cos\theta\mathrm{d}\theta}{l+r\cos\theta}=\mu_0 I_1 I_2\left(1-\frac{l}{\sqrt{l^2-r^2}}\right)$$

安培定律在现代科技中有着广泛的应用。根据安培定律而设计出的**电磁炮**，是将其弹丸置于炮体所产生的强磁场中，在一短时间内让弹丸通以很大的电流，从而使其受到强大的安培力作用而发射出去。目前，美国已研制出了样炮并进行了表演，但整个装置还较笨重。我国南京理工大学也在进行对电磁炮、弹的研制。电磁炮与传统的火炮相比，具有弹丸初速度高因而炮口动能大、对弹丸加速均匀、射击时无声响、无烟雾、无须药筒等优点。因此，在当前军事科技的研究中，电磁炮是一个较热门的研究课题。

10.6　磁场对载流线圈的作用　磁力的功

磁场对载流线圈的力矩作用　现在应用安培定律来研究磁场对载流线圈的作用。如图10-37所示，在均匀磁场 $\boldsymbol{B}$ 中，有一刚性矩形平面载流线圈，长宽分别为 l_1 和 l_2，通有电流为 I，设线圈平面与磁场方向成任意角 θ，而边 ab、cd 与磁场垂直。根据安培定律，导线 bc 和 da 所受的磁力 $\boldsymbol{F}_1$ 和 $\boldsymbol{F}_1'$ 的大小分别为

$$F_1=BIl_1\sin\theta$$

$$F_1'=BIl_1\sin(\pi-\theta)=BIl_1\sin\theta$$

如图10-37a所示。$\boldsymbol{F}_1$ 和 $\boldsymbol{F}_1'$ 在同一直线上，大小相等而方向相反，所以互相抵消，合力为零。

导线 ab 和 cd 所受的磁力 $\boldsymbol{F}_2$ 和 $\boldsymbol{F}_2'$ 的大小为

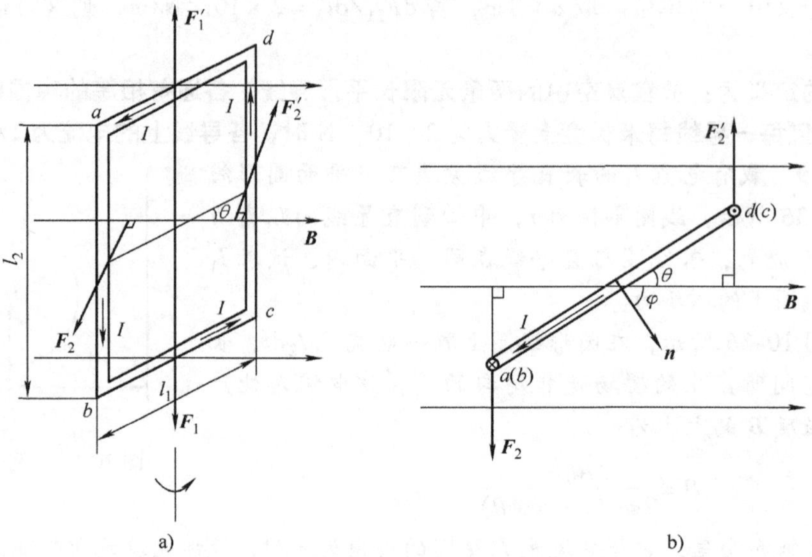

图 10-37　平面载流线圈在均匀磁场中所受的力矩（线圈的法线与磁场成 φ 角）

$$F_2 = F_2' = BIl_2$$

这两个力大小相等、方向相反，但不在同一直线上（见图 10-37b），因此形成一力偶，其力矩为

$$M = F_2 l_1 \cos\theta = BIl_1 l_2 \cos\theta = BIS\cos\theta$$

式中，$S = l_1 l_2$ 即为线圈的面积。

当用线圈平面的正法线方向 $\boldsymbol{n}$ 来表示线圈的方位时，则用正法线 $\boldsymbol{n}$ 的方向和磁场方向的夹角 φ 来代替 θ，由于 $\theta + \varphi = \pi/2$，所以上式应为

$$M = BIS\sin\varphi$$

如果线圈有 N 匝，于是线圈所受磁力矩的大小为

$$M = NBIS\sin\varphi = mB\sin\varphi \tag{10-39}$$

式中，$m = NIS$ 为线圈磁矩的大小。由于磁矩是矢量（$\boldsymbol{m} = NIS\boldsymbol{n}$），它的方向就是载流线圈平面正法线 $\boldsymbol{n}$ 的方向。平面载流线圈所受磁力矩 $\boldsymbol{M}$ 的方向是和 $\boldsymbol{m} \times \boldsymbol{B}$ 方向一致的，所以式（10-39）也可写成矢量式

$$\boldsymbol{M} = \boldsymbol{m} \times \boldsymbol{B} \tag{10-40}$$

式（10-40）虽然是从矩形线圈的特例导出的，但可以证明，它是关于均匀磁场中任意形状的平面线圈或带电粒子沿闭合回路的运动所受磁力矩都同样适用的普遍公式。

由式（10-39）可知，当 $\varphi = \pi/2$ 时，线圈所受磁力矩为最大，如图 10-38b 所示，$M_{max} = mB$；当 $\varphi = 0$ 时，线圈所受磁力矩 $M = 0$，线圈处于稳定平衡的位置，如图 10-38a 所示。当 $\varphi = \pi$ 时，$M = 0$，线圈处于不稳定平衡状态，如图 10-38c 所示，因为稍一发生偏离，线圈将会在磁力矩的作用下发生转动而使 $\boldsymbol{m}$ 转向 $\boldsymbol{B}$ 的方向，线圈将达到稳定平衡。

在非均匀磁场中，载流线圈除受到磁力矩作用而发生转动外，还要受到磁力的作用而发生平动。因而情况比较复杂，在此我们不做进一步的讨论。

在国际单位制中，磁力矩的单位名称是牛顿·米，单位符号是 N·m。

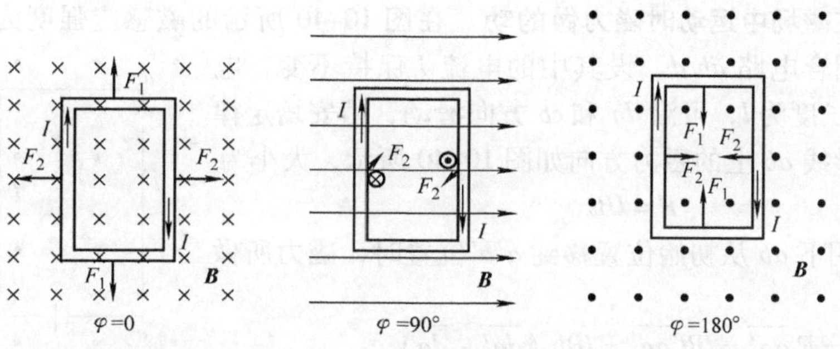

图 10-38　载流线圈的法线方向与磁场方向成不同角度时的磁力矩

磁场对载流线圈作用而产生力矩的规律是制成各种直流电动机和磁电式电流计的基本原理。

例题 10-10　如图 10-39 所示，一半径 $R=0.20\text{m}$ 的圆形线圈，通有电流 $I=2.0\text{A}$，放在均匀磁场 $\boldsymbol{B}$ 中，磁场方向与线圈平面平行，大小为 $B=0.80\text{T}$，线圈可绕某一直径方向的轴 OO' 转动，试求线圈所受的对 OO' 轴的磁力矩。

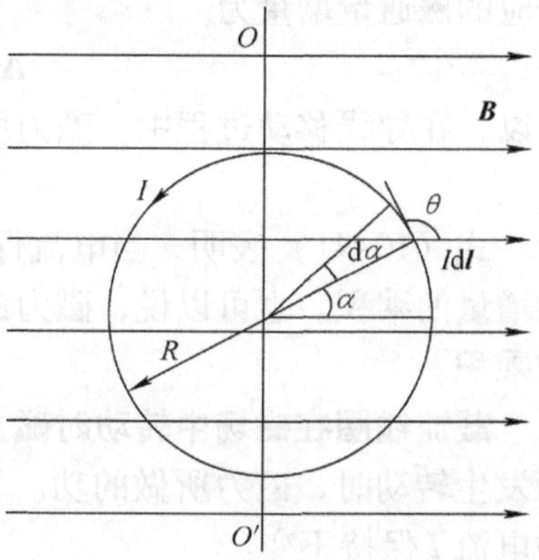

图 10-39　例题 10-10 图

解　在圆电流上任取一电流元 $I\mathrm{d}l$（见图 10-39），其所受安培力大小为

$$\mathrm{d}F=I\mathrm{d}lB\sin\theta$$

方向垂直纸面向里。按照力矩的定义，此力对 OO' 轴的力矩大小为

$$\mathrm{d}M=R\cos\alpha\cdot\mathrm{d}F$$

磁力矩的方向沿 OO' 轴向上，由图中的几何关系可以看出，$\sin\theta=\cos\alpha$，$\mathrm{d}l=R\mathrm{d}\alpha$，所以上式可写为

$$\mathrm{d}M=R\cos\alpha\cdot I\mathrm{d}lB\sin\theta=IBR\mathrm{d}l\cos^2\alpha=IBR^2\cos^2\alpha\mathrm{d}\alpha$$

因此，作用在整个线圈上的磁力矩 $\boldsymbol{M}$ 的大小为

$$M=\int\mathrm{d}M=\int_0^{2\pi}IBR^2\cos^2\alpha\mathrm{d}\alpha=\int_0^{2\pi}IBR^2\,\frac{1+\cos2\alpha}{2}\mathrm{d}\alpha=IBR^2\left[\frac{1}{2}\alpha+\frac{1}{4}\sin2\alpha\right]_0^{2\pi}$$

所以　$M=IB\pi R^2=IBS=\left[2.0\times0.80\times\pi\times(0.20)^2\right]\text{N}\cdot\text{m}\approx0.2\text{N}\cdot\text{m}$

磁力矩的方向沿 OO' 轴向上。

由图 10-39 可见，线圈的磁矩 $\boldsymbol{m}$ 的大小为

$$m=IS=I\pi R^2$$

方向垂直纸面向外，$\boldsymbol{B}$ 的方向如图 10-39 所示。根据右手螺旋定则，可将已求得的圆形电流在匀强磁场中所受磁力矩的关系式写成

$$\boldsymbol{M}=\boldsymbol{m}\times\boldsymbol{B}$$

这与前面由矩形载流线圈所导出公式（10-40）的结果是一致的。

载流导线或载流线圈在磁场中受到磁力或磁力矩的作用而运动时，磁场力就要做功。下面从一些特殊情况出发，建立磁力做功的一般公式。

载流导线在磁场中运动时磁力做的功 在图 10-40 所示的磁感应强度为 $\boldsymbol{B}$ 的均匀磁场中，有一载流闭合电路 $abcd$。设其中的电流 I 保持不变，电路中导线 ab 的长度为 l，可沿 da 和 cb 方向滑动，由安培定律可知，作用在导线 ab 上的磁力方向如图 10-40 所示，大小为

$$F = IBl$$

在力 F 作用下 ab 从初始位置移到 $a'b'$ 位置时，磁力所做的功

$$A = F\,\overline{aa'} = IBl\,\overline{aa'} = IBl\,(\overline{da'} - \overline{da})$$

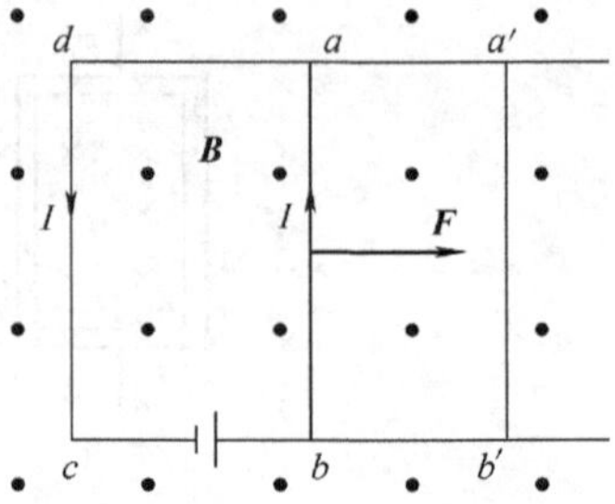

图 10-40 磁力所做的功

当导线在初始位置 ab 和终了位置 $a'b'$ 时，通过回路的磁通量分别为

$$\Phi_0 = Bl\,\overline{da}$$

$$\Phi_1 = Bl\,\overline{da'}$$

相应的磁通量增量为

$$\Delta\Phi = \Phi_1 - \Phi_0 = Bl\,\overline{da'} - Bl\,\overline{da}$$

所以，在导线移动过程中，磁力所做的功为

$$A = I\Delta\Phi \tag{10-41}$$

式（10-41）表明，当电流保持不变时，磁力所做的功等于电流与穿过电流回路磁通量的增量的乘积。也可以说，磁力的功等于电流与载流导线在移动过程中所切割的磁力线条数的乘积。

载流线圈在磁场中转动时磁力做的功 现在讨论载流线圈在均匀磁场中因受磁力矩作用而发生转动时，磁力所做的功。设在转动过程中，线圈中电流 I 保持不变。

如图 10-41 所示，设线圈转过极小角度 $\mathrm{d}\varphi$，使 $\boldsymbol{n}$ 与 $\boldsymbol{B}$ 之间的夹角 φ 增至 $\varphi + \mathrm{d}\varphi$，磁力矩 $M = BIS\sin\varphi$ 的作用应使 φ 角变小，所以在上述过程中，磁力矩做负功

$$\begin{aligned}\mathrm{d}A &= -M\mathrm{d}\varphi = -BIS\sin\varphi\mathrm{d}\varphi \\ &= BIS\mathrm{d}(\cos\varphi) = I\mathrm{d}(BS\cos\varphi)\end{aligned}$$

即

$$\mathrm{d}A = I\mathrm{d}\Phi \tag{10-42}$$

式中，$\Phi = BS\cos\varphi$，表示这线圈的磁通量，而 $\mathrm{d}(BS\cos\varphi) = \mathrm{d}\Phi$ 则表示线圈转过 $\mathrm{d}\varphi$ 角度后，磁通量的增量，当载流线圈从 φ_1 转到 φ_2 时，对式（10-42）取积分就得磁力矩所做的总功

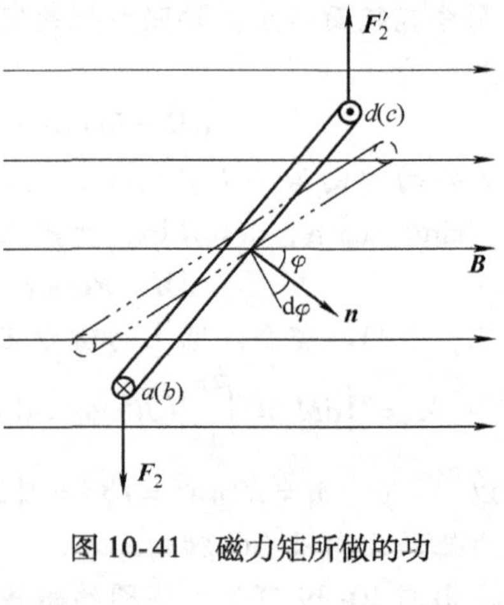

图 10-41 磁力矩所做的功

$$A = \int_{\Phi_1}^{\Phi_2} I\mathrm{d}\Phi = I(\Phi_2 - \Phi_1) = I\Delta\Phi \tag{10-43}$$

式（10-43）中的 Φ_1 和 Φ_2 分别表示线圈在 φ_1 和 φ_2 时穿过线圈的磁通量。

可以证明，任何闭合载流回路在磁场中改变位置或改变形状时，磁力或磁力矩所做的功都可按式（10-43）计算。如果电流 I 随时间变化，磁力的功应为

$$A = \int_{\Phi_1}^{\Phi_2} I\mathrm{d}\Phi \tag{10-44}$$

式（10-44）是磁力做功的一般表达式。

例题 10-11　一直径 $d=0.02\text{m}$ 的圆形线圈，共5匝，通以0.1A的电流，放在磁感应强度 $B=2\text{T}$ 的均匀磁场中，如图10-42所示。试问：

（1）线圈在图示位置所受的磁力矩是多少？

（2）线圈由图示位置转至平衡位置，磁力做的功等于多少？

（3）线圈由图示位置反转180°（$\boldsymbol{n}$，$\boldsymbol{B}=150°$），磁力做的功等于多少？

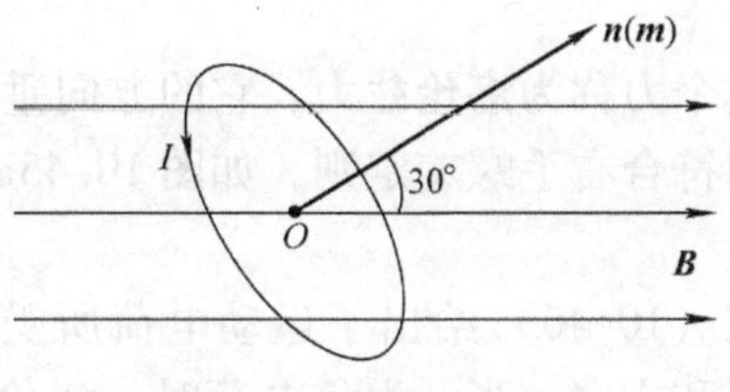

图10-42　例题10-11图

解　（1）$\boldsymbol{M}=\boldsymbol{m}\times\boldsymbol{B}$

$$M=mB\sin\theta=N\pi R^2IB\sin30°=\left[5\times3.14\times(0.01)^2\times0.1\times2\times\frac{1}{2}\right]\text{N}\cdot\text{m}=1.57\times10^{-4}\text{N}\cdot\text{m}$$

$\boldsymbol{M}$ 的方向为 $\boldsymbol{m}\times\boldsymbol{B}$ 的方向。

（2）$$\Phi_1=BS\cos\theta=B\pi R^2\cos\theta=\left[2\times\pi\times(0.01)^2\times\frac{\sqrt{3}}{2}\right]\text{Wb}=5.44\times10^{-4}\text{Wb}$$

$$\Phi_2=BS=B\pi R^2=2\times\pi\times(0.01)^2\text{Wb}=6.28\times10^{-4}\text{Wb}$$

磁力的功　$A=NI(\Phi_2-\Phi_1)=5\times0.1\times(6.28\times10^{-4}-5.44\times10^{-4})\text{J}=4.2\times10^{-5}\text{J}$

（3）$\Phi_1=5.44\times10^{-4}\text{Wb}$

$\Phi_2=-5.44\times10^{-4}\text{Wb}$

磁力的功　$A=NI(\Phi_2-\Phi_1)=5\times0.1\times(-5.44\times10^{-4}-5.44\times10^{-4})\text{J}=-5.44\times10^{-4}\text{J}$

负号表示磁力做负功即外力做正功。

10.7　磁场对运动电荷的作用　霍尔效应

洛伦兹力　安培定律说明了载流导线在磁场中受到磁力的作用。由于导线中的电流是由导体中自由电子的定向运动而形成的，因此可以想象，运动着的带电粒子在磁场中也要受到磁力的作用。这就是本节要讨论的**洛伦兹力**。我们可以对载流导体在磁场中所受到的力做如下的微观解释：在导体中做定向运动的电子受到磁场的作用力，不断地与晶格上的正离子相碰撞，因而把力传给了导体，从而在宏观上表现为载流导体在磁场中所受的安培力，这就是载流导体在磁场中受力的微观本质。

根据上述观点，即可以从安培定律推出每一个运动电荷在磁场中受到的力。根据安培定律，任一电流元 $I\mathrm{d}\boldsymbol{l}$ 在磁感应强度为 $\boldsymbol{B}$ 的磁场中所受的力 $\mathrm{d}\boldsymbol{F}$ 的大小为

$$\mathrm{d}F=IB\mathrm{d}l\sin\langle I\mathrm{d}\boldsymbol{l},\ \boldsymbol{B}\rangle$$

而导体中的电流可写为

$$I=qnvS$$

式中，S 为电流元的截面面积，所以

$$\mathrm{d}F=(qnvS)\ B\mathrm{d}l\sin\langle\boldsymbol{v},\ \boldsymbol{B}\rangle$$

式中，$\langle\boldsymbol{v},\ \boldsymbol{B}\rangle$ 表示电荷运动方向和磁场方向之间的夹角，由于在 $\mathrm{d}\boldsymbol{l}$ 这一段导体内始终存在着 $\mathrm{d}N=nS\mathrm{d}l$ 个运动电荷，所以每一个运动电荷 q 在磁场中所受的力 $\boldsymbol{F}$ 的大小

$$F=\frac{\mathrm{d}F}{\mathrm{d}N}=qvB\sin<\boldsymbol{v},\ \boldsymbol{B}> \tag{10-45}$$

这个力称为**洛伦兹力**，它的方向垂直于由$\boldsymbol{v}$和$\boldsymbol{B}$所决定的平面，而$\boldsymbol{F}$、$\boldsymbol{v}$及$\boldsymbol{B}$三个矢量的方向符合右手螺旋定则，如图10-43a所示。洛伦兹力的矢量表式为

$$\boldsymbol{F}=q\,\boldsymbol{v}\times\boldsymbol{B} \tag{10-46}$$

式（10-46）给出了运动电荷所受洛伦兹力的大小和方向。当q为负电荷时，洛伦兹力的方向与正电荷受力方向相反，如图10-43b所示，当$\boldsymbol{v}\parallel\boldsymbol{B}$时，即电荷沿磁场方向或其反方向运动时，$F=0$；当$\boldsymbol{v}\perp\boldsymbol{B}$时，洛伦兹力具有最大值$F_{\max}=qvB$。

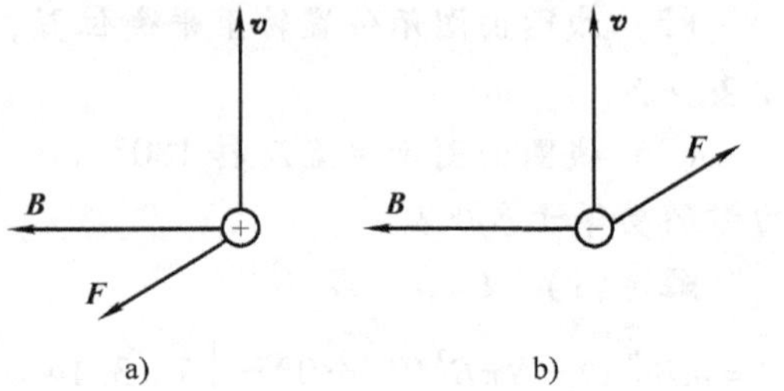

图10-43 洛伦兹力的方向

洛伦兹力有两个明显的特点：①当$v=0$时，$F=0$。表明磁场对静止电荷没有作用力。②由于$\boldsymbol{F}\perp\boldsymbol{v}$始终成立，所以洛伦兹力对运动电荷不做功。它只能改变电荷的运动方向，而不改变运动速度的大小。

霍尔效应 处于磁场中的载流导体，由于导体内的运动电荷要受到洛伦兹力的作用而使导体内产生一个**横向电场**和**横向电势差**。这种现象称为**霍尔效应**。这一现象是霍尔（Hall）在1879年发现的。

图10-44所示为一段载流金属薄板，设宽度为a，厚度为b，板面与磁感应强度$\boldsymbol{B}$的方向垂直。当金属板中通有电流I时，以定向速度$\boldsymbol{v}$向左运动的电子，因受洛伦兹力的作用，电子的运动将向下偏转，由于表面所限，它们不能脱离金属导体，却分别在金属板的上、下表面积累，形成过剩的正电荷和负电荷，从而在金属内部产生一横向电场E_{H}和横向电势差U_{H}，又称为**霍尔电场**或**霍尔电势差**。

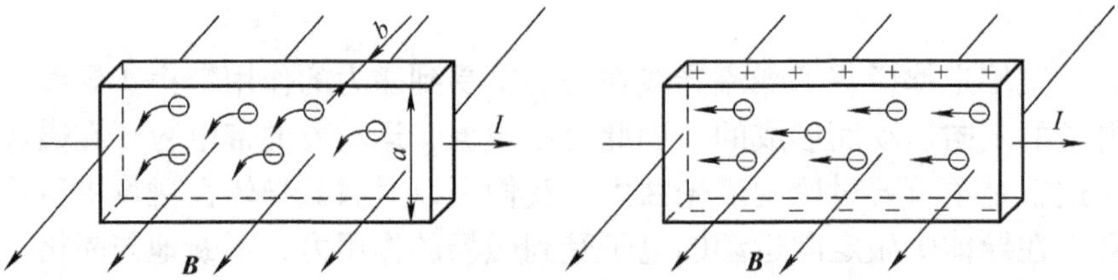

图10-44 霍尔效应

进一步分析可以看出，导电的自由电子不仅受到一个向下的洛伦兹力$\boldsymbol{F}_{\mathrm{m}}$，而且还受到一个由上、下底边过剩电荷所产生的向上的电场力$\boldsymbol{F}_{\mathrm{e}}$的作用。这两个力方向相反，随着上、下两底边过剩电荷的增多，横向电场随之增大，$\boldsymbol{F}_{\mathrm{e}}$也随着增加，当$\boldsymbol{F}_{\mathrm{e}}$与$\boldsymbol{F}_{\mathrm{m}}$达到平衡时，电子不再偏折而恢复原来水平方向的定向漂移速度运动。

设电子电荷量为e，则它受到洛伦兹力的大小为$F_{\mathrm{m}}=evB$；电场力的大小为$F_{\mathrm{e}}=eE_{\mathrm{H}}=e(U_{\mathrm{H}}/a)$；平衡时有

$$evB=eE_{\mathrm{H}}=e\,\frac{U_{\mathrm{H}}}{a}$$

即

$$U_{\mathrm{H}} = avB$$

由于电流 $I = nevS$，其中 n 为导体内电子数密度，$S = ab$ 为导体的横截面面积，因此

$$U_{\mathrm{H}} = avB = aB\frac{I}{neS} = \frac{IB}{neb}$$

令 $R_{\mathrm{H}} = 1/(ne)$，称为**霍尔系数**，于是霍尔电势差可表示为

$$U_{\mathrm{H}} = \frac{IB}{neb} = R_{\mathrm{H}}\frac{IB}{b} \tag{10-47}$$

霍尔效应不只是在金属导体中出现，在半导体中也会产生。不同的是，在金属导体中形成电流的运动电荷负载者（常称为载流子）是带负电的电子，而在半导体中的载流子可以是带负电的电子（如N型半导体），也可以是带正电的空穴（如P型半导体）。在半导体的测试中，由测出的霍尔电势差（即横间电压）的正负，就可以判断半导体的载流子的正负。实际应用中的霍尔元件，就是利用半导体的霍尔效应制成的器件，它可以用来测量磁感应强度、电流等，还可以用于计算机中的计算元件。

除固体中的霍尔效应外，在导电流体中同样会产生霍尔现象，它是一种新型的发电装置"磁流体发电"所依据的基本原理，如图10-45所示。当处于高温、高速且被电离了的气体（称为等离子体）通过耐高温材料制成的导电管时，由于导电管放置在与流速$\boldsymbol{v}$垂直的磁场$\boldsymbol{B}$中，则气体中的正、负离子因受到洛伦兹力的作用而发生方向相反的偏转。结果在导电管两端的电极上产生电势差，便可从电极上输出电能。

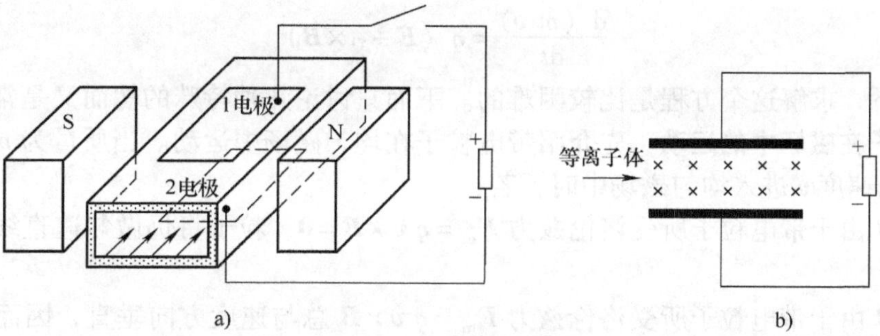

图10-45 磁流体发电原理图

量子霍尔效应 1980年，德国物理学家冯·克利青从金属–氧化物–半导体场效应晶体管（MOSFET）发现了量子霍尔效应。他把MOSFET管放到强磁场和深低温下，证明霍尔电阻R_{H}等于

$$R_{\mathrm{H}} = \frac{h}{e^2 n}$$

式中，h为普朗克常数；e为基本电荷；n为正整数，取值为1，2，3，…；h/e^2是两个基本的物理常量的比值，具有电阻的量纲，可见霍尔电阻R_{H}的取值是量子化的，只能是h/e^2值的n分之一。

于是可用常量比h/e^2来建立直流电阻的自然基准，这在计量学中具有重大的意义。

由于量子霍尔效应的发现，基本物理常量的测定又一次登上了一个新的台阶。1986年根据量子霍尔效应普朗克常量的最新数值为

$$h = 6.6260755 \times 10^{-34} \mathrm{J \cdot s}$$

例题10-12　如图10-45所示，设导电管中上下两平板电极之间的距离为d，磁感应强度为$\boldsymbol{B}$，高温电离气体流速为$\boldsymbol{v}$。试问：上下极板哪板电势高？两极板间的电势差为多少？

解　由式（10-46）可知，正电荷向上极板聚集，负电荷向下极板聚集，因此上极板电势高。

设每一电离气体的离子所带电荷量为q，根据平衡条件

$$qE = qvB$$

即

$$q\frac{V_1 - V_2}{d} = qvB$$

因此两极板间的电势差为

$$V_1 - V_2 = dvB$$

10.8　带电粒子在电场或磁场中的运动

带电荷量为q的粒子在同时存在电场$\boldsymbol{E}$和磁场$\boldsymbol{B}$的空间以速度$\boldsymbol{v}$运动时，将受到电场力$\boldsymbol{F}_e$和磁场力$\boldsymbol{F}_m$的共同作用，忽略重力的影响，带电粒子所受合力为

$$\boldsymbol{F} = \boldsymbol{F}_e + \boldsymbol{F}_m = q\boldsymbol{E} + q\boldsymbol{v} \times \boldsymbol{B} \tag{10-48}$$

应用牛顿第二定律，质量为m的带电粒子的运动方程为

$$\frac{\mathrm{d}(m\boldsymbol{v})}{\mathrm{d}t} = q(\boldsymbol{E} + \boldsymbol{v} \times \boldsymbol{B}) \tag{10-49}$$

在一般情况下，求解这个方程是比较困难的。下面只讨论几种特殊的然而又是常用的情况。

带电粒子在磁场中的运动　先介绍带电粒子在均匀磁场中运动。当质量为m、电荷量为q的粒子，以速度v进入均匀磁场中时，若：

1）$\boldsymbol{v} \parallel \boldsymbol{B}$　由于带电粒子所受洛伦兹力$\boldsymbol{F}_m = q\boldsymbol{v} \times \boldsymbol{B} = \boldsymbol{0}$，粒子将仍做匀速直线运动，不受磁场的影响。

2）$\boldsymbol{v} \perp \boldsymbol{B}$　由于带电粒子所受洛伦兹力$\boldsymbol{F}_m = q\boldsymbol{v} \times \boldsymbol{B}$总与速度方向垂直，因而它的速度大小不改变，而只是方向改变。又因为$\boldsymbol{F}_m$与$\boldsymbol{B}$垂直，所以带电粒子将在垂直于磁场的平面内做匀速率圆周运动如图10-46所示，根据牛顿第二定律

$$qvB = m\frac{v^2}{R}$$

可得到圆周运动的半径

$$R = \frac{mv}{qB} \tag{10-50}$$

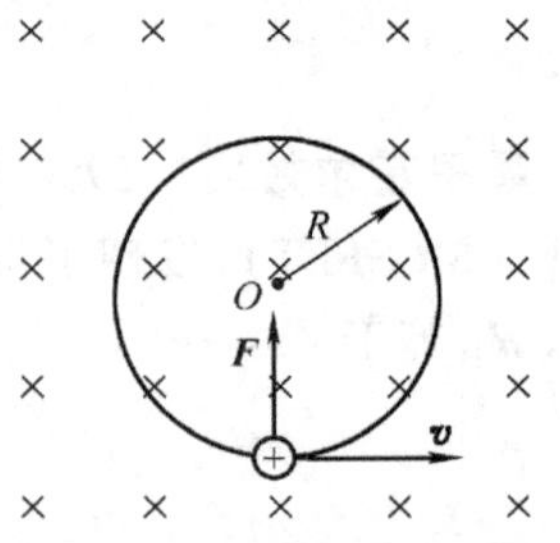

图10-46　带电粒子在均匀磁场中的运动（$\boldsymbol{v} \perp \boldsymbol{B}$）

运动的周期T和回转频率f分别为

$$T = \frac{2\pi R}{v} = \frac{2\pi m}{qB} \tag{10-51}$$

$$f = \frac{1}{T} = \frac{qB}{2\pi m} \tag{10-52}$$

它们与带电粒子的运动速率无关。

3）$\boldsymbol{v}$与 $\boldsymbol{B}$ 成 θ 角进入磁场。如图 10-47 所示，将速度$\boldsymbol{v}$分解为平行于磁场和垂直于磁场的两个分量 $v_{\parallel}$ 和 $v_{\perp}$，其大小分别为

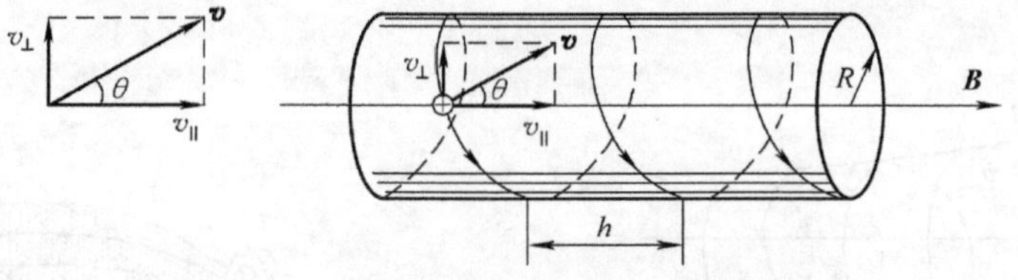

图 10-47　带电粒子在磁场中的螺旋线运动

$$v_{\parallel}=v\cos\theta$$
$$v_{\perp}=v\sin\theta$$

由于磁场的作用，垂直于 $\boldsymbol{B}$ 的速度分量 $v_{\perp}$ 不改变大小，而仅改变方向，即带电粒子在垂直于磁场方向的平面内做匀速率圆周运动，又由于平行于 $\boldsymbol{B}$ 的速度分量 $v_{\parallel}$ 不受磁场的影响，因而粒子将具有沿磁场方向的匀速分运动。上述两种运动的合成是一个轴线沿磁场方向的螺旋线运动，螺旋线的半径是

$$R=\frac{mv_{\perp}}{qB}=\frac{mv\sin\theta}{qB} \tag{10-53}$$

回旋周期 T 为

$$T=\frac{2\pi R}{v\sin\theta}=\frac{2\pi m}{qB} \tag{10-54}$$

螺距 h 为

$$h=v_{\parallel}T=\frac{2\pi mv\cos\theta}{qB} \tag{10-55}$$

带电粒子在磁场中的运动规律，在近代科学技术中极为重要。例如，在均匀磁场中某点 A 处（见图 10-48），引入一发散角不太大的带电粒子束，其中粒子的速度又大致相同，则这些粒子沿磁场方向的分速度大小几乎一样，因而其轨迹有几乎相同的螺距。这样，经过一个回旋周期后，这些粒子重新会聚穿过另一点 A'。这种发散粒子束汇聚到一点的现象叫作**磁聚焦**。这种效应广泛地应用于电子真空器件，特别是电子显微镜中。

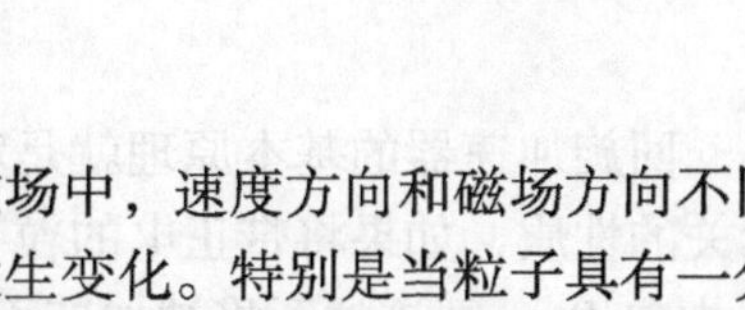

图 10-48　均匀磁场的磁聚焦

下面介绍带电粒子在非均匀磁场中的运动。在非均匀磁场中，速度方向和磁场方向不同的带电粒子，也要做螺旋线运动，但半径和螺距都将不断发生变化。特别是当粒子具有一分速度向磁场较强处螺旋前进时，它受到的磁场力有一个和前进方向相反的分量（见图 10-49），这一分量有可能最终使粒子的前进速度减小到零，并继而向相反方向前进。强度逐渐增加的磁场能使粒子发生“反射”，就像光线遇到镜面反射一样，因而把这种磁场分布称为**磁镜**。

可以用两个电流方向相同的线圈产生一个中间弱两端强的磁场，如图 10-50 所示。这一磁场区域的两端就形成两个磁镜，它可使平行于磁场方向的速度分量不太大的带电粒子被约

束在两个磁镜之间的磁场内做来回振荡而不能逃脱。这一装置又叫作**磁瓶**。在现代研究受控热核反应的实验中，需要把高温度的等离子体限制在一定空间区域内，由于在高温下，固体材料都将化为气体。所以上述磁约束就成了达到这种目的的常用方法之一。

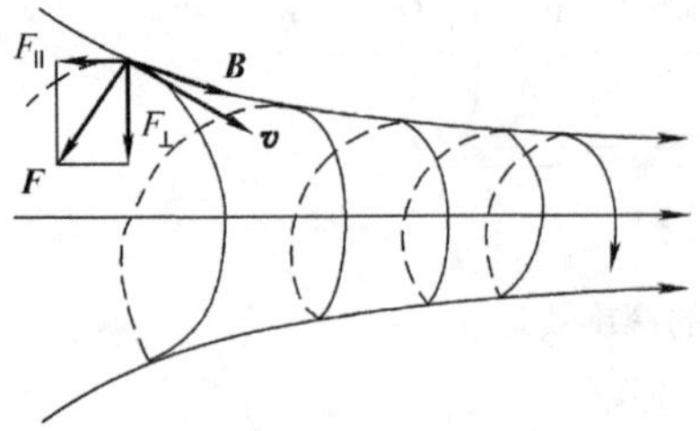

图 10-49 非均匀磁场中负电荷所受的洛伦兹力

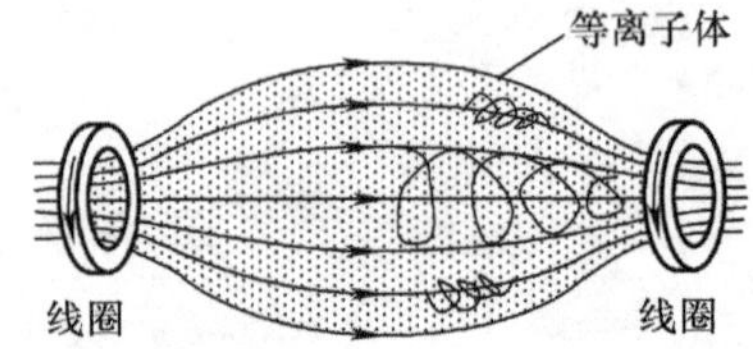

图 10-50 磁镜装置示意图

回旋加速器原理 在原子核物理等领域的研究中，用来加速带电粒子（如电子或氢、氘、氦的原子核等）的设备称为**加速器**。现代的加速器有很多种，使带电粒子的能量可以达到几十到几万兆电子伏特，在研究核反应、制造同位素以及高能基本粒子的研究等方面都有很大的作用。下面介绍常用的回旋加速器。

回旋加速器的主要装置如图 10-51 所示。两个 D 形扁平半圆形盒（常称为 D 形电极）彼此之间有一很窄的缝隙，放在真空室里，由振荡器建立一加速电压。在缝隙间装有发射被加速粒子的装置 P，叫作离子源。整个真空室放置在垂直于电极平面方向上的均匀磁场中。

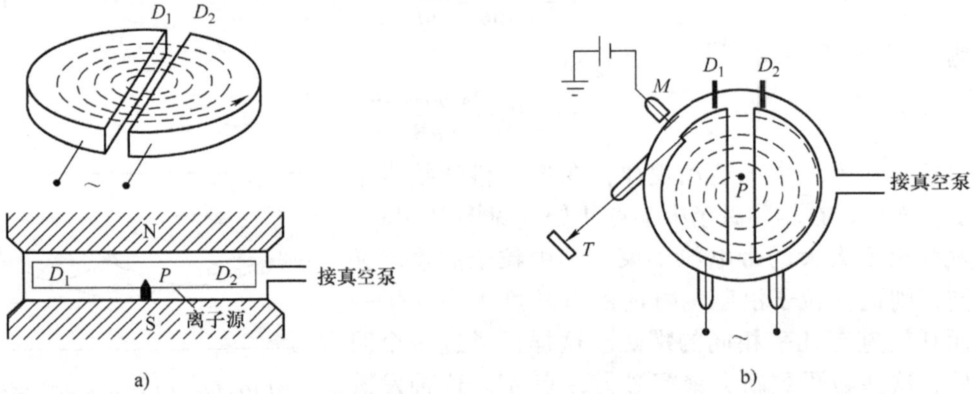

图 10-51 回旋加速器示意图

回旋加速器的基本原理就是利用带电粒子在垂直于速度方向的磁场中的回转频率与速度无关的性质，如果将带正电的粒子引入两盒间隙中央的 P 处，此时恰好使缝隙处的电场由 D_2 指向 D_1，则该粒子将被加速而进入盒 D_1。当粒子在盒内运动时，因盒内空间没有电场，其速率将保持不变，但由于粒子受到洛伦兹力作用而做匀速率圆周运动，根据式（10-50），轨道半径 R 为

$$R=\frac{mv}{qB}$$

粒子在这一半盒内运动所需的时间 τ 为

$$\tau=\frac{\pi R}{v}=\frac{\pi m}{qB} \tag{10-56}$$

当粒子运动速度远小于光速时，粒子的质量 m 随速度的改变可忽略不计，因此 τ 为恒量。如果电源频率 $\nu=1/(2\tau)$，于是当粒子从 D_1 盒出来到达缝隙时，缝隙中电场方向恰已反向，因而粒子再被加速，以较大的速度进入 D_2 盒，如此反复进行多次，直到粒子获得足够高的能量，最后用致偏极 M 将粒子引出，以便进行实验工作。如果在粒子引出前最后一圈的半径为 R_0，则引出粒子的速度

$$v'=\frac{qBR_0}{m}$$

粒子的动能

$$E_K=\frac{1}{2}mv'^2=\frac{q^2B^2R_0^2}{2m} \tag{10-57}$$

用回旋加速器可能获得质子的最大能量约为30MeV，氦核的最大能量约为100MeV。

离子比荷的测定　质谱仪　离子比荷的测定，最早是由汤姆孙完成的。他首先测定了气体放电管中正离子的比荷，证实了正离子是失去价电子后的原子。测定离子比荷的仪器称为**质谱仪**。质谱仪的设计方法有多种，我们仅对倍恩勃立奇（Bainbridge）的方法做一简单介绍。

倍恩勃立奇质谱仪的结构如图10-52所示。离子源所产生的离子经狭缝 S_1 与 S_2 之间的电场加速后，进入 P_1 和 P_2 两板之间的狭缝。P_1 和 P_2 两板构成**速度选择器**（见图10-53），使用选择器的目的是将具有一定速度的离子选择出来。其原理如下：设在 P_1、P_2 两板间加一电场，方向垂直于板面，电场强度为 $\boldsymbol{E}$。带电荷量为 $+q$ 的离子所受电场力 $\boldsymbol{F}_e=q\boldsymbol{E}$，方向和板面垂直向右，同时在 P_1、P_2 两板之间，加一垂直于图面向外的均匀磁场，磁感应强度为 $\boldsymbol{B}'$，设离子的速度为 v，则离子所受磁场力 $\boldsymbol{F}_m=qv\boldsymbol{B}'$，方向与板面垂直向左，因此，仅有离子的速度恰好使电场力和磁场力等值而反向，即满足

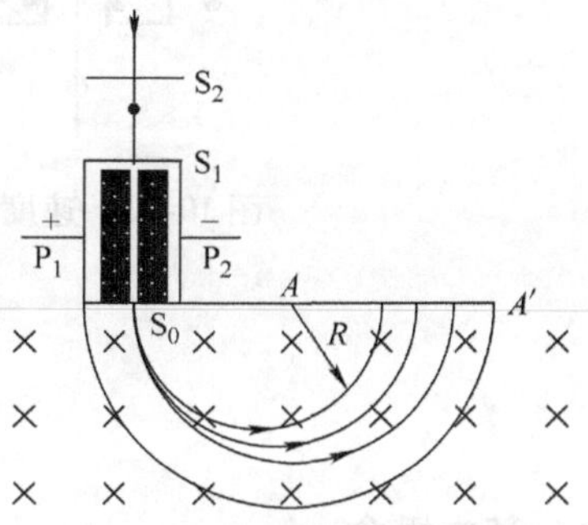

图10-52　离子比荷的测定

$$qE=qvB'$$

或

$$v=\frac{E}{B'}$$

时才可能穿过 P_1 和 P_2 两板间的狭缝，而从 S_0 射出。速度大于或小于 E/B' 的离子，都要射向 P_1 或 P_2 板而不能从 S_0 射出。

离子经速度选择器后，从 S_0 进入没有电场仅有磁场的空间。设均匀磁场的磁感应强度为 $\boldsymbol{B}$，方向垂直于图面向里。离子进入这磁场后，将做匀速率圆周运动，设半径为 R，由式（10-50）可得

$$\frac{q}{M}=\frac{v}{RB}$$

将离子速度 $v=E/B'$ 代入，得

$$\frac{q}{M}=\frac{E}{RBB'}$$

式中，M 为离子的质量，q 是离子所带的电荷量。如果离子是一价的，q 与电子电荷量 e 等值；如为二价，q 为 $2e$，以此类推。上式中右边各量都可直接测量，因而 q/M 及 M 都可算出。

如果从狭缝 S_0 射出来的离子中有质量不同的同位素，在磁场 B 中做圆周运动时，圆周的半径 R 就不一样。因此，这些离子将按照质量的不同而分别射到照片 AA′上的不同位置，形成若干线谱状细条。每一细条相当于一定的质量。根据细条位置，可知圆周的半径 R，就可算出相应的质量。利用质谱仪的这一特点可以精确地测定同位素的原子量。图 10-54 表示用质谱仪测得的锗（Ge）元素的质谱，数字表示同位素的质量数，即最靠近原子量的整数。

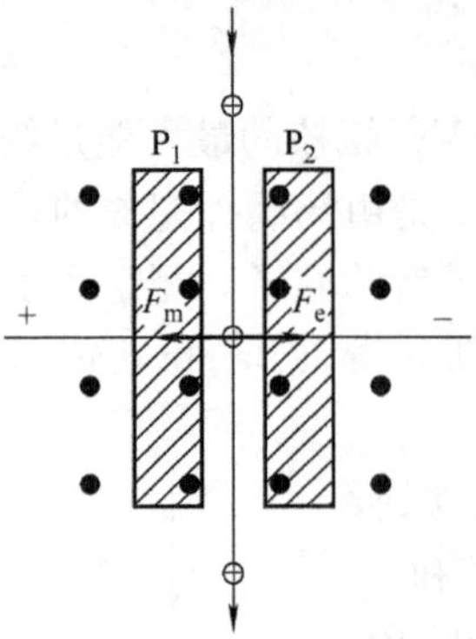

图 10-53　速度选择器

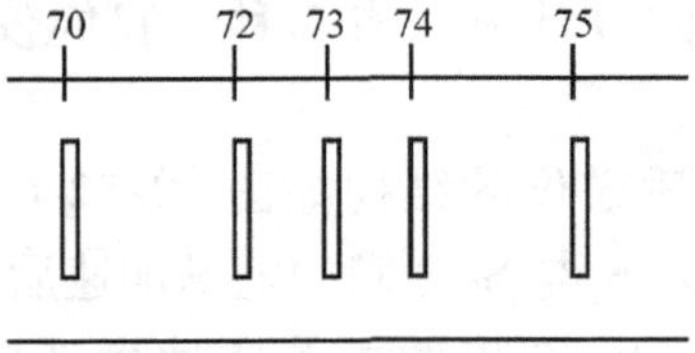

图 10-54　锗的质谱

本章提要

基本概念

1. 电流密度矢量　$\boldsymbol{J}=\frac{\mathrm{d}I}{\mathrm{d}S}\boldsymbol{n}$，$J=ne\bar{v}$

电流　$I=\int_S \boldsymbol{J}\cdot\mathrm{d}\boldsymbol{S}$，$I=\frac{\mathrm{d}q}{\mathrm{d}t}$

2. 稳恒电流　$\oint_S \boldsymbol{J}\cdot\mathrm{d}\boldsymbol{S}=0$　（稳恒电流的条件）

稳恒电场　稳定电荷分布产生的电场。

满足　$\oint_L \boldsymbol{E}\cdot\mathrm{d}\boldsymbol{l}=0$

3. 电动势　定量描述电源非静电力做功本领的物理量。

$$\mathscr{E}=\int_{(-)\,(\text{电源内})}^{(+)}\boldsymbol{E}_{\mathrm{K}}\cdot\mathrm{d}\boldsymbol{l}\qquad\text{或}\qquad\mathscr{E}=\oint_L\boldsymbol{E}_{\mathrm{K}}\cdot\mathrm{d}\boldsymbol{l}$$

4. 磁矩　$\boldsymbol{m}=I_0\Delta S\boldsymbol{n}$

5. 磁感应强度 $\boldsymbol{B}$

量值　$B=\frac{M_{最大}}{m}$　$(\boldsymbol{m}=I_0\Delta S\boldsymbol{n})$

或　$B=\frac{\mathrm{d}\Phi_{\mathrm{m}}}{\mathrm{d}S_{\perp}}$

方向　试验线圈稳定平衡后，其磁矩的方向。

6. 磁通量　$\Phi_{\mathrm{m}}=\int_S \boldsymbol{B}\cdot\mathrm{d}\boldsymbol{S}$

7. 霍尔效应　在磁场中，截流导体上出现横向电势差的现象。

基本定律、定理

1. 毕奥－萨伐尔定律　$\mathrm{d}\boldsymbol{B}=\frac{\mu_0}{4\pi}\frac{I\mathrm{d}\boldsymbol{l}\times\boldsymbol{r}_0}{r^2}$

遵从磁场叠加原理，对一段载流导线 L 的磁场

$$\boldsymbol{B}=\frac{\mu_0}{4\pi}\int_L\frac{I\mathrm{d}\boldsymbol{l}\times\boldsymbol{r}_0}{r^2}$$

2. 运动电荷的磁场　$\boldsymbol{B}=\frac{\mu_0}{4\pi}\frac{q\boldsymbol{v}\times\boldsymbol{r}_0}{r^2}$

3. 磁场中的高斯定理　$\oint_S\boldsymbol{B}\cdot\mathrm{d}\boldsymbol{S}=0$

4. 安培环路定理　$\oint_L\boldsymbol{B}\cdot\mathrm{d}\boldsymbol{l}=\mu_0\sum I$

磁场中的高斯定理和安培环路定理，说明了磁场是无源、有旋场。

5. 电流元所受磁场的作用力——安培定律

$$\mathrm{d}\boldsymbol{F}=I\mathrm{d}\boldsymbol{l}\times\boldsymbol{B},\boldsymbol{F}=\int_L I\mathrm{d}\boldsymbol{l}\times\boldsymbol{B}$$

6. 载流线圈在匀强磁场中所受磁力矩

$$\boldsymbol{M}=\boldsymbol{m}\times\boldsymbol{B}$$

7. 运动电荷在磁场中所受力——洛伦兹力

$$\boldsymbol{F}=q\boldsymbol{v}\times\boldsymbol{B}$$

8. 磁力的功　$A=\int I\mathrm{d}\Phi$

当 I 恒定　$A=I\Delta\Phi$

几种典型载流导体的磁感应强度公式

1. 载流直导线

有限长　$B=\frac{\mu_0 I}{4\pi a}(\cos\theta_1-\cos\theta_2)$

无限长　$B=\frac{\mu_0 I}{2\pi a}$

2. 圆形电流

轴线上任一点　$B=\frac{\mu_0 IR^2}{2(R^2+x^2)^{3/2}}$

圆心处 $B=\dfrac{\mu_0 I}{2R}$

3. 载流直螺线管

轴线上任一点 $B=\dfrac{\mu_0 nI}{2}(\cos\beta_2-\cos\beta_1)$

无限长 $B=\mu_0 nI$

4. 无限长载流直圆柱体

柱内 $B=\dfrac{\mu_0 Ir}{2\pi R^2}$ $(r<R)$

柱外 $B=\dfrac{\mu_0 I}{2\pi r}$ $(r>R)$

轴线上 $B=0$

5. 螺绕环

$$B=\mu_0\frac{N}{l}I=\mu_0 nI$$

6. 面电流密度为 i 的无限大均匀带电平面两侧的磁场

$$B=\frac{\mu_0 i}{2}\quad（匀强磁场）$$

习 题

10-1 回答下列问题：

（1）两个粗细不同、长度相同的铜棒串联一起如题 10-1-1 图所示，在两端加有一定的电压 V（略去分界处的边缘效应），试问：

1）通过两棒的电流是否相同？

2）通过两棒的电流密度矢量是否相同？

3）两棒内的电场强度是否相同？

4）细棒两端和粗棒两端的电压是否相同？

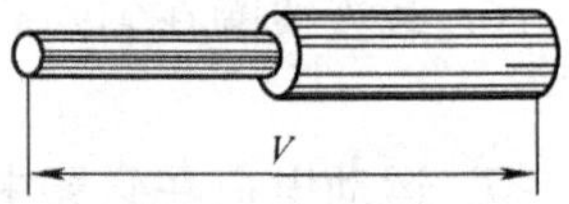

题 10-1-(1) 图

（2）导体中的稳恒电场和静电场有何异同之处？

（3）在一条给定的磁感应线上，各点处 $\boldsymbol{B}$ 的大小是否恒定？

（4）两根无限长的平行载流直导线，相距为 a，当两导线中电流相等、方向相同时，试画出它们合磁场的磁感应线，当 a 的数值由大变小，直至两导线几乎重合，磁感应线有何变化？

当两导线中的电流相等、方向相反时，情况又如何？试解释在某些电子仪器中，把载有电流大小相等、方向相反的两导线扭在一起的原因。

（5）应用毕奥－萨伐尔定律，可以计算一段有限长的直线电流产生的磁场，是否也可用安培环路定理求得？

（6）能否用安培环路定理直接求出下列各种截面的长直载流导线产生的磁感应强度 $\boldsymbol{B}$？

1）圆形截面；2）空心圆管；3）半圆形截面；4）正方形截面。

（7）应用安培环路定理，能否求出圆形电流产生的磁场？

（8）在没有电流的空间区域里，如果 B 线是一族平行直线，该空间的磁感应强度 $\boldsymbol{B}$ 是否均匀？若空间有电流，上述结论又如何？

（9）一做匀速直线运动的电荷，在真空中给定点处所产生的磁场是不是恒定的磁场？为什么？

（10）稳恒磁场与静电场有什么类似之处？又有什么区别？

10-2 回答下列问题：

（1）在无限长载流直导线$\overline{AB}$的一侧，放置一条有限长的可以自由运动的均匀载流直导线$\overline{CD}$，$\overline{CD}$方向和$\overline{AB}$垂直，且和$\overline{AB}$共面（见题10-2-1图），问导线$\overline{CD}$将怎样运动？

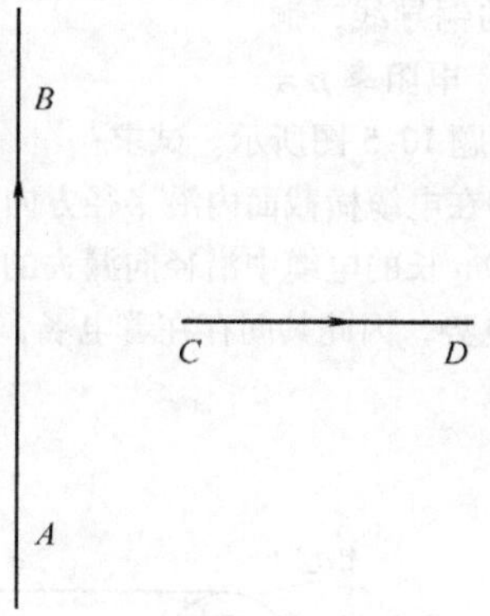

题10-2-（1）图

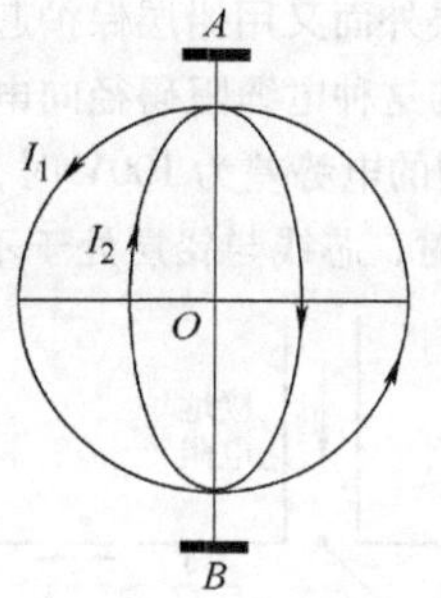

题10-2-（2）图

（2）有两个半径相等竖直放置的环形硬导线，可以绕轴线*AB*自由转动，把它们放在相互垂直的位置，如题10-2-2图所示。如果通过它们的电流分别如图中箭头所示，试问它们将发生怎样的运动？

（3）一无限长载流直导线，其磁感应线如题10-2-（3）图中圆形细实线所示。现把另一根有限长的载流直导线分别由磁场中*a*处移到*c*处，或由*b*处移到*c*处。在移动过程中两直导线保持平行，试问磁场力对有限长导线所做的功是否相同？为什么？

（4）有两束阴极射线向同一方向发射。有人说：这两束射线之间有安培力、库仑力、洛伦兹力；也有人说只有三种力中的某两种力；还有人说只有某一种力。试给出一种正确的说法。

（5）一带电粒子的径迹如题10-2-（5）图所示。这带电粒子进入均匀磁场$\boldsymbol{B}$中运动（$\boldsymbol{B}$的方向垂直纸面向内），穿过一水平放置的铅板后，继续在磁场中运动。考虑到带电粒子穿过铅板将损失动能，试判断粒子带电的正、负以及粒子穿过铅板的方向。

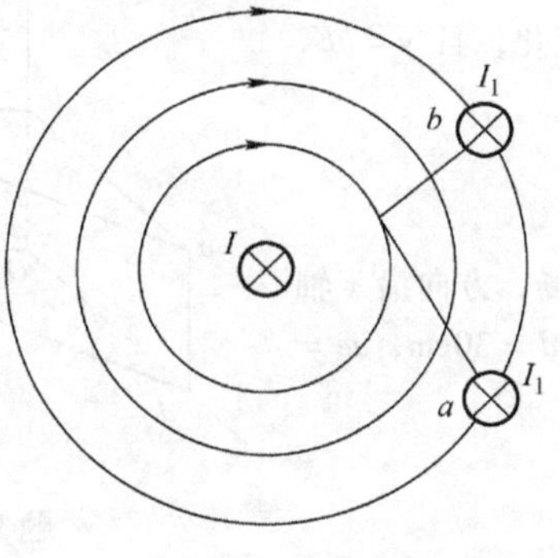

题10-2-（3）图

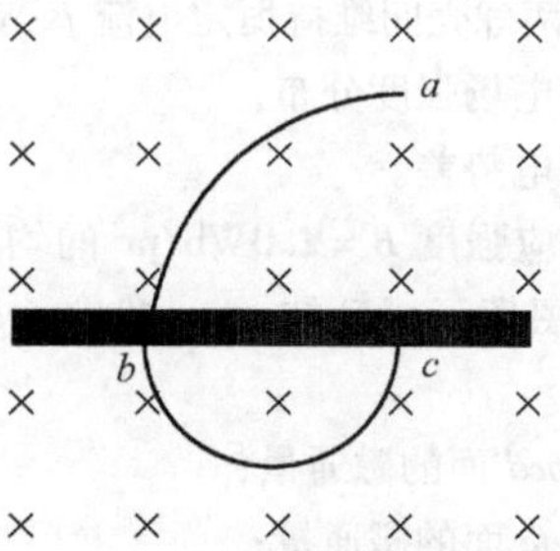

题10-2-（5）图

（6）如果一个电子在通过空间某一区域时不偏转，能否肯定这个区域中没有磁场？如果它发生偏转，能否肯定那个区域中存在着磁场？

10-3 在题10-3图所示的一段电路中，两边为电导率很大的导体，中间有两层电导率分别为γ_1和γ_2的均匀导电介质，其厚度分别为d_1和d_2，导体的截面积均为S，当导体中通有稳恒电流I时，试求：

（1）两层导电介质中电场强度 E_1 和 E_2；

（2）电势差 U_{AB} 和 U_{BC}。

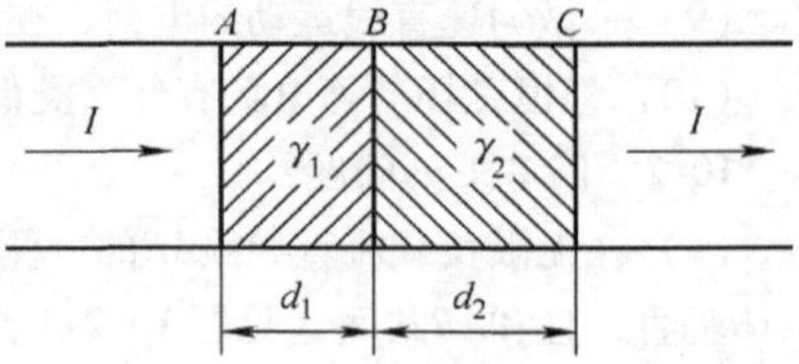

题 10-3 图

10-4　如题 10-4 图所示，有一个半径为 r_0 的半球状电极与大地接触，大地的电阻率为 ρ。假定电流通过这种接地电极均匀地向无穷远处流散，试求这种情况下的接地电阻。

10-5　设有一电缆，芯线是半径为 $r_1=0.50\text{cm}$ 的铜导线，铜线外包一层同轴绝缘层，绝缘层的外半径 $r_2=1.0\text{cm}$，电阻率 $\rho=1.0\times10^8\Omega\cdot\text{m}$。在绝缘层外面又用铅层保护起来，如题 10-5 图所示。试求：

（1）当 $L=100\text{m}$ 长的这种电缆阻碍径向电流（即在电缆横截面内沿半径方向流动的电流）的电阻；

（2）当芯线与铅层间的电势差为 100V 时，则 100m 长的电缆中沿径向漏去的电流为多大？

（提示：电缆在工作时，芯线与铅层处于不同的电势，因此其间存在着电场，并存在径向电流。）

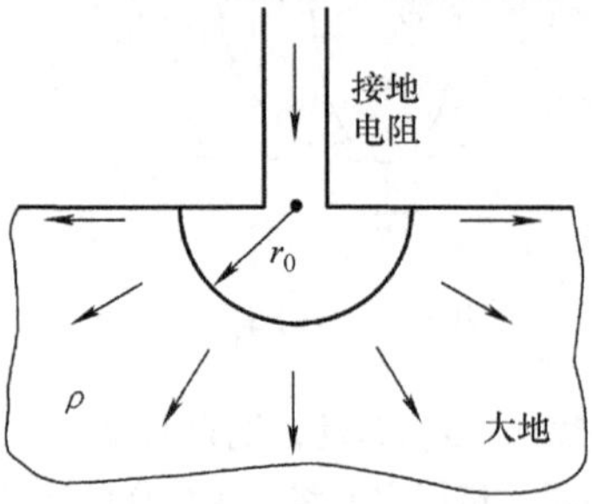

题 10-4 图

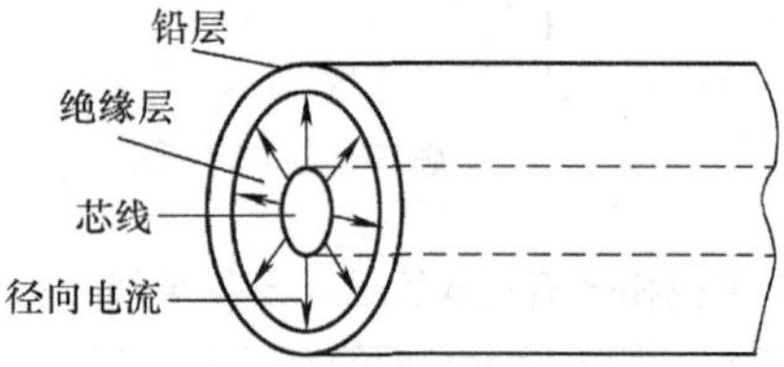

题 10-5 图

10-6　一铜棒的横截面面积为 $20\times80\text{mm}^2$，长为 2.0m，两端的电势差为 50mV。已知铜的电导率 $\gamma=5.7\times10^7\text{S/m}$，铜内自由电子的电荷密度为 $1.36\times10^{10}\text{C/m}^3$，试求：

（1）铜棒的电阻；

（2）棒中的电流和电流密度；

（3）棒内电场强度的大小；

（4）棒内电子的平均漂移速度的大小。

*10-7　已知两个同心金属球壳的内、外半径分别为 a 和 b（$b>a$），中间充满电导率为 γ 的材料，γ 随外电场变化，且 $\gamma=kE$，其中 k 为常数。若在两球壳间维持恒定电流 I，试求：

（1）两球壳间的电场强度分布；

（2）两球壳间的电势差。

10-8　已知磁感应强度 $B=2.0\text{Wb/m}^2$ 的均匀磁场，方向沿 x 轴正方向，如题 10-8 图所示。已知 $ab=40\text{cm}$，$be=ad=30\text{cm}$，$ae=50\text{cm}$。试求：

（1）通过图中 $abcd$ 面的磁通量；

（2）通过图中 $befc$ 面的磁通量；

（3）通过图中 $aefd$ 面的磁通量。

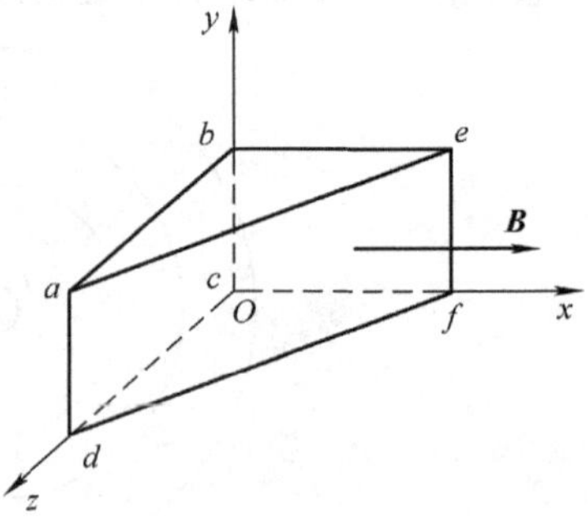

题 10-8 图

10-9　如题 10-9 图所示，在被折成钝角的长导线中通有 20A 的电流。试求：A 点的磁感应强度。设 $a=2.0\text{cm}$，$\alpha=120°$。

10-10　一长导线 KLMN 折成题 10-10 图所示的形状，通有电流 I，试证明：图中 P 点的 B 垂直纸面向里，大小为

$$B=\frac{\mu_0 I}{4\pi b}\left[\frac{l-a}{\sqrt{b^2+(l-a)^2}}+\frac{a}{\sqrt{b^2+a^2}}\right]$$

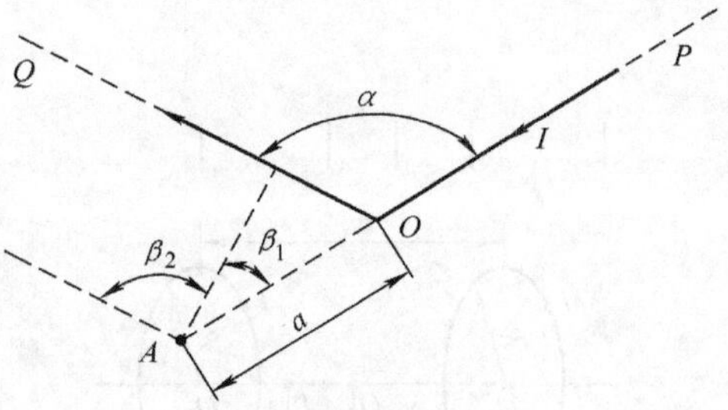

题 10-9 图

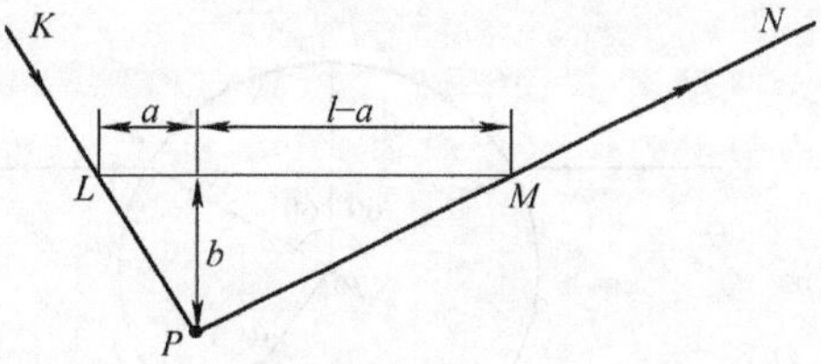

题 10-10 图

10-11　在真空中，有两根互相平行的无限长直导线 L_1 和 L_2；相距 0.10m，通以方向相反的电流，$I_1=20\text{A}$，$I_2=10\text{A}$，如题 10-11 图所示。A、B 两点与导线在同一平面内，这两点与导线 L_2 的距离为 5.0cm，试求：A、B 两点处的磁感应强度，以及磁感应强度为零的点的位置。

10-12　有一宽为 a 的无限长薄金属片，自下而上通有电流 I，如题 10-12 图所示，试求：图中 P 点处的磁感应强度 $\boldsymbol{B}$。

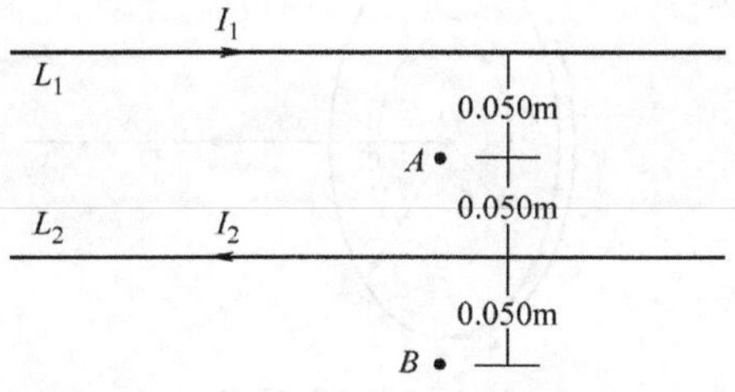

题 10-11 图

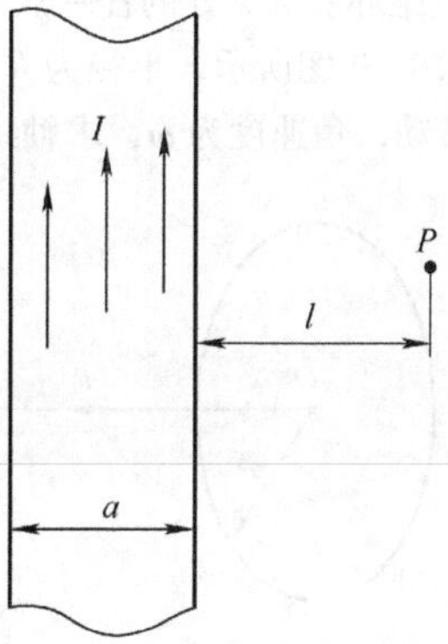

题 10-12 图

10-13　高压输电线在地面上空 25m 处，通以电流为 1.8×10^3A，试求：(1) 在地面上由该电流所产生的磁感应强度为多大？(2) 在上述地区，地磁场为 0.6×10^{-4}T，问输电线产生的磁场与地磁场相比如何？

10-14　AA' 和 BB' 为两个正交放置的圆形线圈，其圆心相重合于 O 点，AA' 线圈半径为 20.0cm，共 10 匝，通有电流 10.0A；BB' 线圈半径为 10.0cm，共有 20 匝，通有电流 5.0A，试求两线圈公共圆心 O 点处的磁感应强度。

10-15　如题 10-15 图所示，两根导线沿半径方向引到铁环上的 A、B 两点，并在很远处与电源相连，试求环中心 O 点处的磁感应强度。

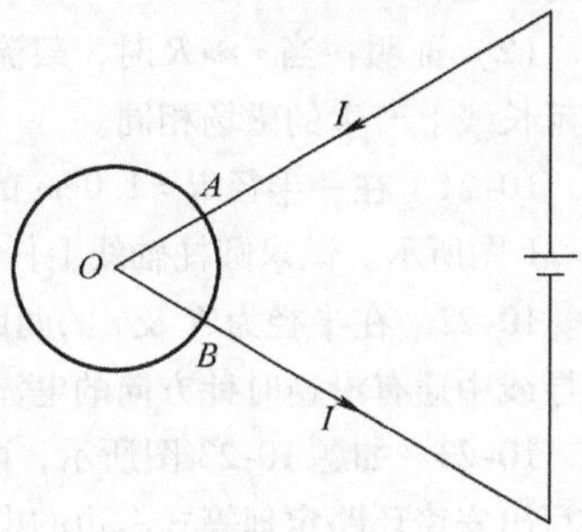

题 10-15 图

10-16　一根无限长直导线，通有电流 I，中部一段弯成圆弧形，如题 10-16 图所示，试求图中 P 点处磁感应强度的大小。

10-17　两圆线圈，半径均为 R，平行地共轴放置，两圆心 O_1、O_2 相距为 a，所载电流均为 I，且电流方向相同，如题 10-17 图所示。

(1) 以 O_1O_2 连线的中点 O 为原点，求轴线上坐标为 x 的任一点 P 处磁感应强度的大小；

（2）试证明：当 $a=R$ 时，O 点处的磁场最为均匀。（这样放置的一对线圈叫作亥姆霍兹线圈，用以获得要求不太高时的均匀磁场。）

提示：可由 $\left(\frac{dB}{dx}\right)_{x=0}=0$ 和 $\left(\frac{d^2B}{dx^2}\right)_{x=0}=0$ 来证明。

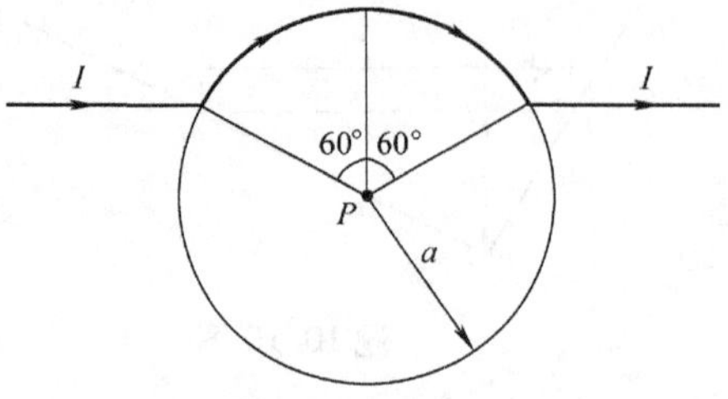

题 10-16 图

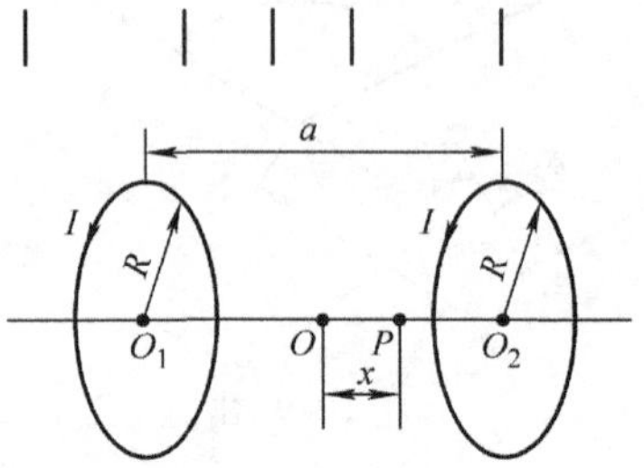

题 10-17 图

10-18　如题 10-18 图所示，半径为 R 的圆环，均匀带电，单位长度所带的电荷量为 λ，以每秒 n 转绕通过环心并与环面垂直的轴做匀速转动。试求：

（1）环心 O 处的磁感应强度；

（2）在轴线上距环心为 x 处的任一点 P 的磁感应强度。

10-19　如题 10-19 图所示，半径为 R 的薄圆盘上均匀带电，总电荷量为 q，令此盘绕通过盘心且垂直盘面的轴线匀速转动，角速度为 ω，求轴线上距盘心 x 处的磁感应强度。

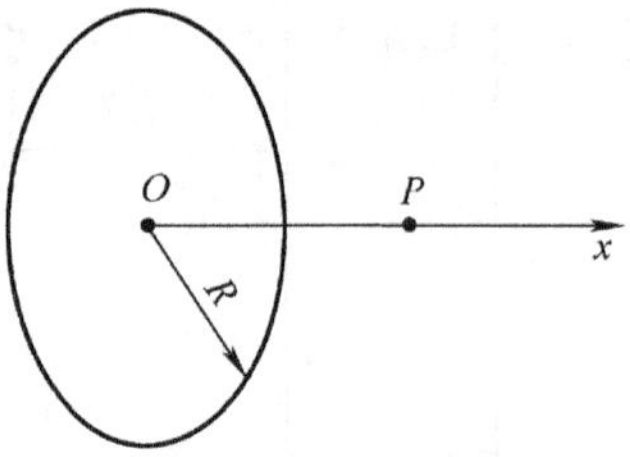

题 10-18 图

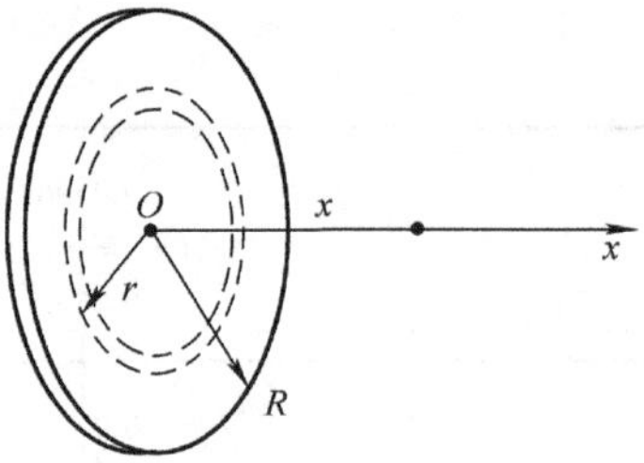

题 10-19 图

10-20　一载有电流 I 的圆线圈，半径为 R，匝数为 N。

（1）求轴线上离圆心 x 处的磁感应强度 $\boldsymbol{B}$，取 $r=12\text{cm}$，$I=15\text{A}$，$N=50$。计算 $x=0$，5cm，15cm 各点处的 B 值；

（2）证明：当 $x \gg R$ 时，载流圆线圈在它的轴线上产生的磁场与一个磁矩为 $m=NI\pi R^2$ 的磁偶极子在其延长线上产生的磁场相同。

10-21　在一半径 $R=1.0\text{cm}$ 的无限长半圆柱形金属薄片中，自上而下地有电流 $I=5.0\text{A}$ 流过，如题 10-21 图所示。试求圆柱轴线上任一点 P 处的磁感应强度。

10-22　在半径为 R 及 r 的两圆周之间，有一总匝数为 N 的均匀密绕平面螺旋线圈（见题 10-22 图），当导线中通有沿逆时针方向的电流 I 时，试求螺旋线圈中心（即两圆圆心）处的磁感应强度。

10-23　如题 10-23 图所示，两导线中的电流 I_1、I_2 均为 8A，对图中所示的三条闭合曲线 a、b、c，分别写出安培环路定理等式右边的电流的代数和，并讨论：

（1）在各条闭合曲线上，各点的磁感应强度 $\boldsymbol{B}$ 的大小是否相等？

（2）在闭合曲线 c 上各点的 $\boldsymbol{B}$ 值是否为零？为什么？

10-24　如题 10-24 图所示，两无限大平行平面上都通有均匀分布的电流，设其单位宽度上的电流分别为 i_1 和 i_2，且方向相同。试求：

（1）两平面之间任一点的磁感应强度；

（2）两平面之外任一点的磁感应强度；

（3）$i_1=i_2=i$ 时，结果又如何？

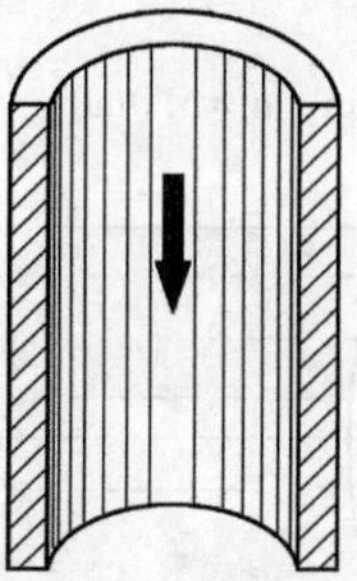

题 10-21 图

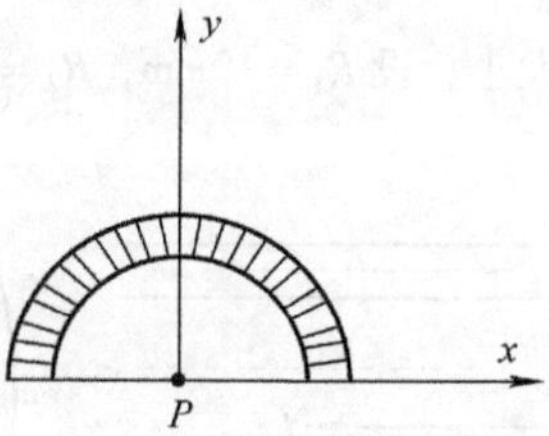

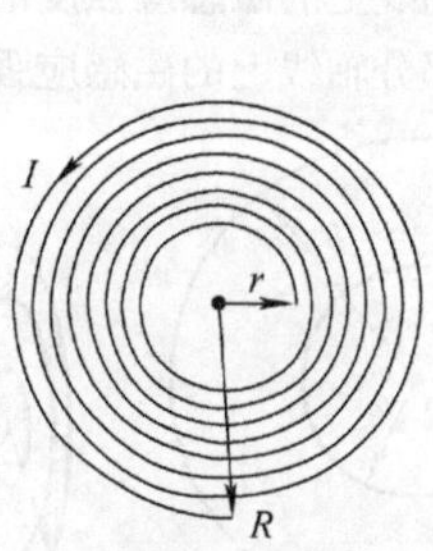

题 10-22 图

10-25　一根长圆柱形直铜导线均匀地流过 10A 的电流。在导线内部作一平面 S，一边为轴线，另一边在导线外壁上，长度为 1m，如题 10-25 图所示。试计算通过此平面的磁通量。（铜材料本身对磁场分布无影响）

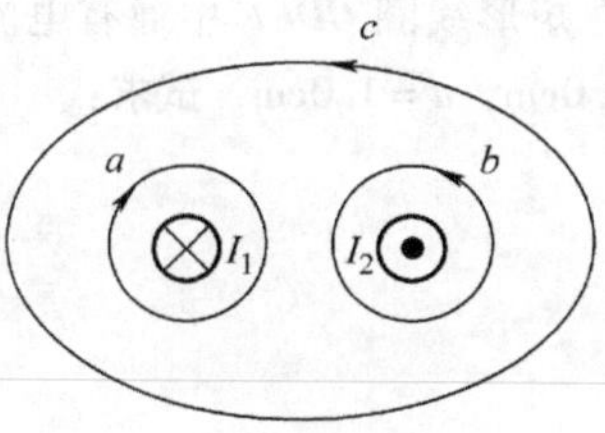

题 10-23 图

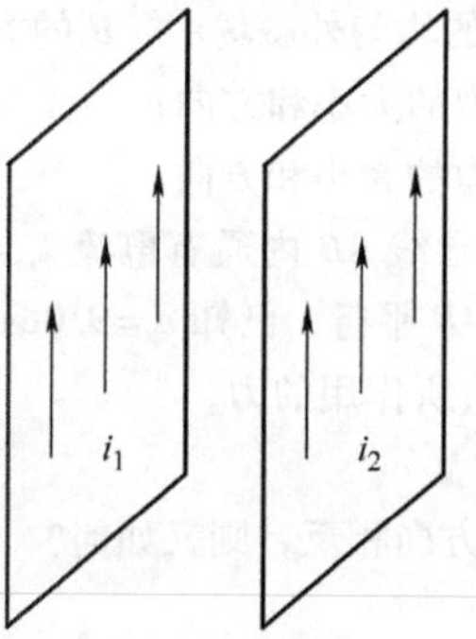

题 10-24 图

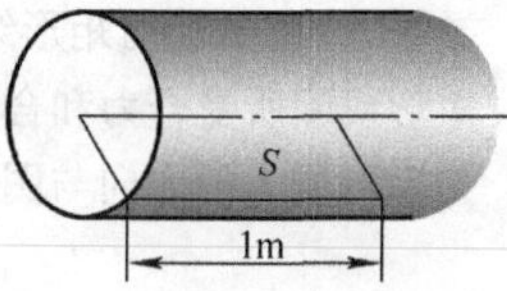

题 10-25 图

10-26　矩形截面的螺绕环，尺寸如题 10-26 图所示。

（1）求环内磁感应强度的分布；

（2）证明通过螺绕环截面（图中阴影区）的磁通量

$$\Phi=\frac{\mu_0 NIh}{2\pi}\ln\frac{D_1}{D_2}$$

式中，N 为螺绕环总匝数；I 为其中通过的电流。

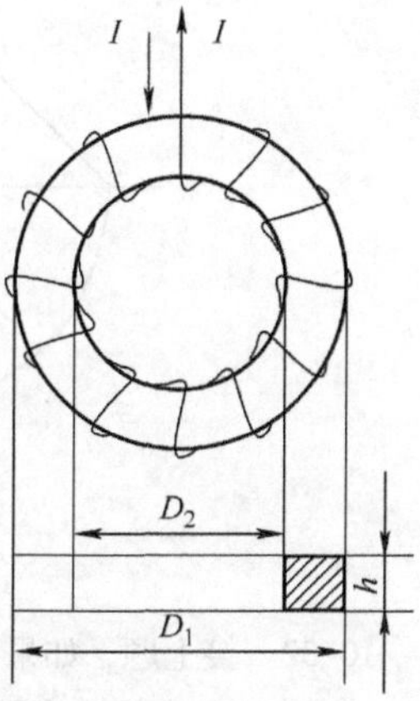

题 10-26 图

10-27　题 10-27 图所示为一长直圆筒形导体的横截面，内、外半径分别为 a、b。导体内载有沿轴线方向的电流 I，且电流 I 均匀地分布在管的横截面上。试证明：导体内部某点（$a<r<b$）的磁感应强度的大小由下式给出：

$$B=\frac{\mu_0 I}{2\pi(b^2-a^2)}\cdot\frac{r^2-a^2}{r}$$

并讨论当 $a=0$ 及 $r=b$ 时的情况。

10-28　一根很长的同轴电缆，由一导体圆柱（半径为 a）和一同轴的导体圆管（内、外半径分别为 b、c）构成，使用时，电流 I 从一导体流出，从另一导体流回，设电流都是均匀地分布在导体的横截面上，如题 10-28 图所示。试求：①导体圆柱内（$r<a$），②两导体之间（$a<r<b$），③导体圆管内（$b<r<c$），以及④电缆外（$r>c$）各点处磁感应强度的大小，并画出 $B-r$ 曲线。

10-29 一根外半径为 R_1 的无限长圆柱形导体管，管内空心部分的半径为 R_2，空心部分的轴与圆柱的轴相平行但不重合，两轴间距离为 a，且 $a>R_2$。现在电流 I 沿导体管流动，电流均匀分布在管的横截面上，而电流方向与管的轴线平行，如题 10-29 图所示，试求：

（1）圆柱轴线上的磁感应强度的大小；

（2）空心部分轴线上的磁感应强度的大小；设 $R_1=10\text{mm}$，$R_2=0.50\text{mm}$，$a=5.0\text{mm}$，$I=20\text{A}$。

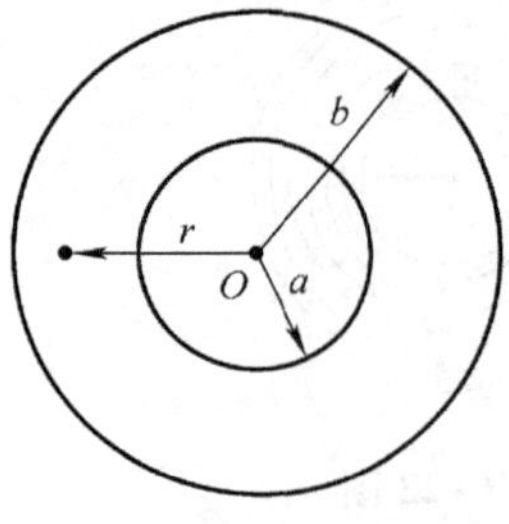

题 10-27 图

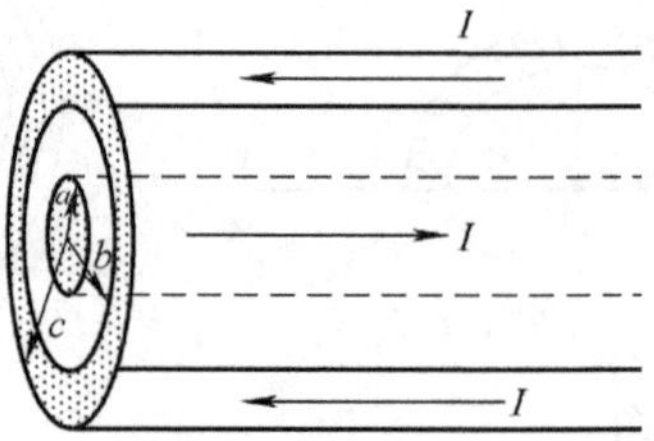

题 10-28 图

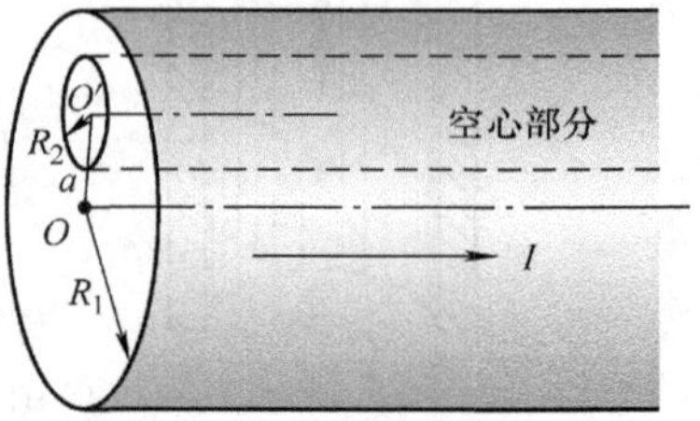

题 10-29 图

10-30 在 xOy 平面内有一载流线圈 $abcd$，通有电流 $I=20\text{A}$，电流方向与线圈尺寸如题 10-30 图所示。设线圈处于磁感应强度 $B=8.0\times10^{-2}\text{T}$ 的均匀外磁场中，$\boldsymbol{B}$ 的方向沿 x 轴正方向，试求：

（1）线圈上直线 ab 和 cd 所受安培力的大小和方向；

（2）线圈上圆弧 bc 和 da 所受安培力的大小和方向。

10-31 如题 10-31 图所示，在长直导线 AB 内通有电流 $I_1=20\text{A}$，在矩形线圈 $CDEF$ 中通有电流 $I_2=10\text{A}$，AB 与线圈共面，且 CD、EF 都与 AB 平行，已知 $a=9.0\text{cm}$，$b=20.0\text{cm}$，$d=1.0\text{cm}$，试求：

（1）导线 AB 的磁场对矩形线圈每边所作用的力；

（2）矩形线圈所受合力和合力矩；

（3）如果电流 I_2 的方向与图中所示方向相反，则又如何？

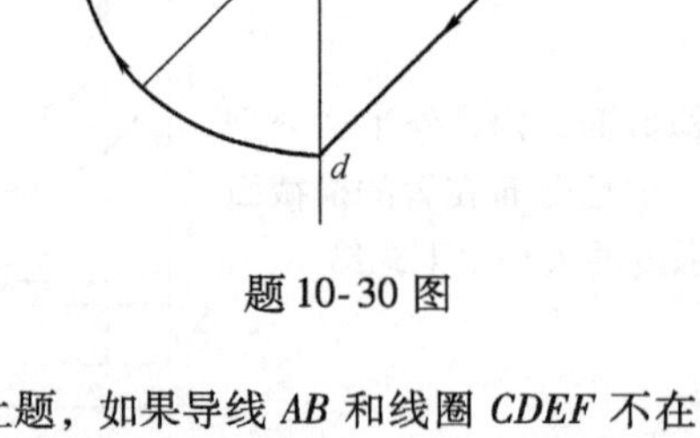

题 10-30 图

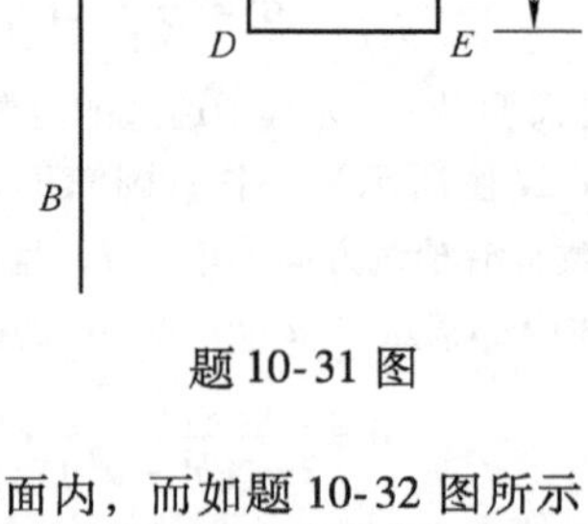

题 10-31 图

10-32 接上题，如果导线 AB 和线圈 $CDEF$ 不在同一平面内，而如题 10-32 图所示（按俯视情况作图），AB 与 CD 之间垂直距离仍为 d。试求：导线 AB 的磁场对线圈每边所作用的力的大小。

10-33 有一根质量为 m 的倒 U 形导线，两端浸没在水银槽中，导线的上段 l 处在均匀磁场 $\boldsymbol{B}$ 中，如题 10-33 图所示。如果使一个电流脉冲，即电荷量 $q=\int i\text{d}t$ 通过导线，导线就会跳起来，假定电流脉冲的持续时间同导线跳起来的时间相比甚小，试由导线所达高度 h 计算电流脉冲的大小。设 $B=0.10\text{T}$，$m=10\times10^{-3}\text{kg}$，$l=0.20\text{m}$ 和 $h=0.30\text{m}$。

（提示：利用动量定理求冲量，并找出 $\int i\mathrm{d}t$ 与冲量 $\int F\mathrm{d}t$ 的关系。）

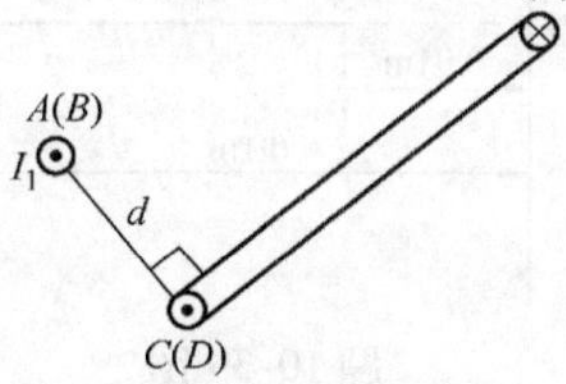

题 10-32 图

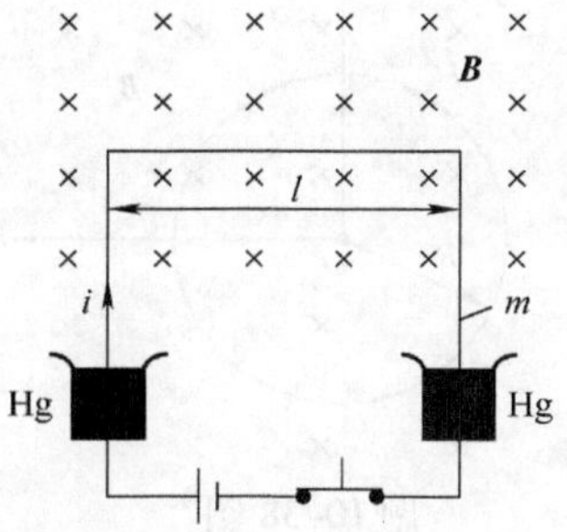

题 10-33 图

10-34　一圆环，半径为4.0cm，放在磁场内，各处磁场的方向，对环而言是对称发射的，如题 10-34 图所示。圆环所在处的磁感应强度的数值为 0.10T，磁场的方向与环面法向成 60°角。当圆环中通有电流 $I=15.8\text{A}$ 时，求圆环所受合力的大小和方向。

10-35　横截面面积 $S=2.0\text{mm}^2$ 的铜线，弯成 U 形，其中 OA 和 DO' 两段保持水平方向不动，$ABCD$ 段是边长为 a 的正方形的三边，由这三条边组成的 U 形部分可绕 OO' 轴转动，如题 10-35 图所示。整个导线放在均匀磁场 $\boldsymbol{B}$ 中，$\boldsymbol{B}$ 的方向竖直向上。已知铜的密度 $\rho=8.9\times10^3\text{kg/m}^3$，当这铜线中的电流 $I=10\text{A}$ 时，在平衡情况下，AB 段和 CD 段与竖直方向的夹角为 $\alpha=15°$。试求磁感应强度 $\boldsymbol{B}$ 的大小。

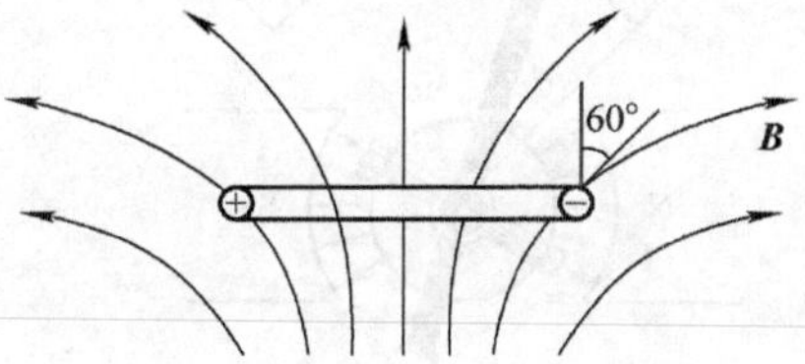

题 10-34 图

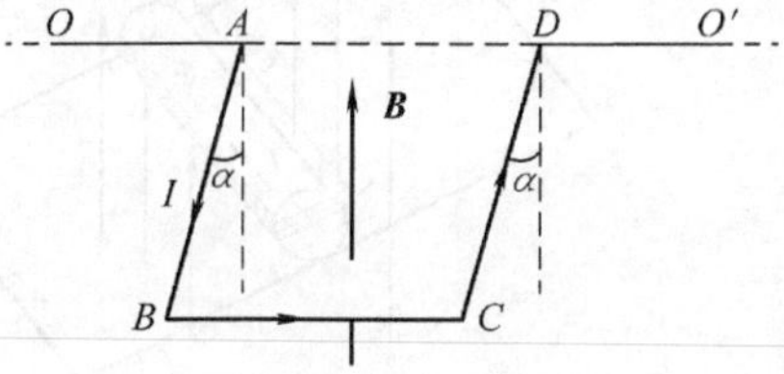

题 10-35 图

10-36　彼此相距 10cm 的三根平行长直导线中，各通有 10A 同方向的电流，如题 10-36 图所示。试求：各导线上每米所受作用力的大小和方向。

10-37　任意形状的一段导线 ab，其中通有电流 I，导线放在和均匀磁场 $\boldsymbol{B}$ 垂直的平面内，如题 10-37 图所示，试证明：导线 ab 所受的力等于 a 到 b 间载有同样电流的直导线所受的力。

10-38　电流 $I=7.0\text{A}$，通过半径 $R=5.0\times10^{-2}\text{m}$ 的铅丝环，铅丝的截面面积 $S=7.0\times10^{-7}\text{m}^2$，放在 $B=1.0\text{T}$ 的均匀磁场中，如题 10-38 图所示。试问：铅丝所受张力大小为多少？由此引起的拉应力（即单位面积上的张力）大小又为多少？

10-39　一长直导线通有电流 $I=20\text{A}$，某旁放置另一载流直导线 AB，它与前者垂直距离尺寸如题10-39 图所示。AB 上电流 $I_1=10\text{A}$。AB 延长线与长直导线交于 O 点。试求：导线 AB 所受的力及对 O 点的力矩。

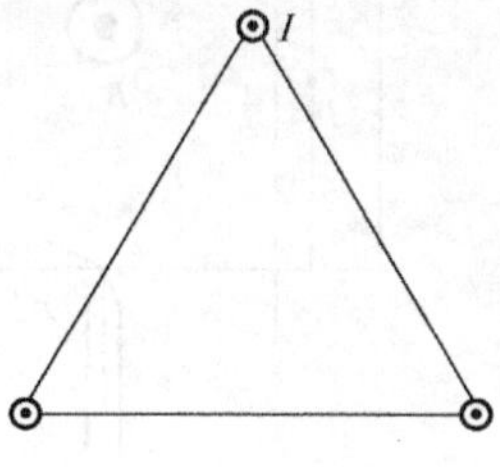

题 10-36 图

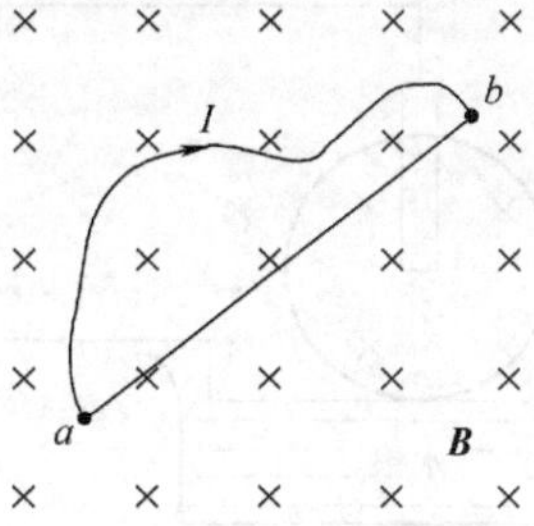

题 10-37 图

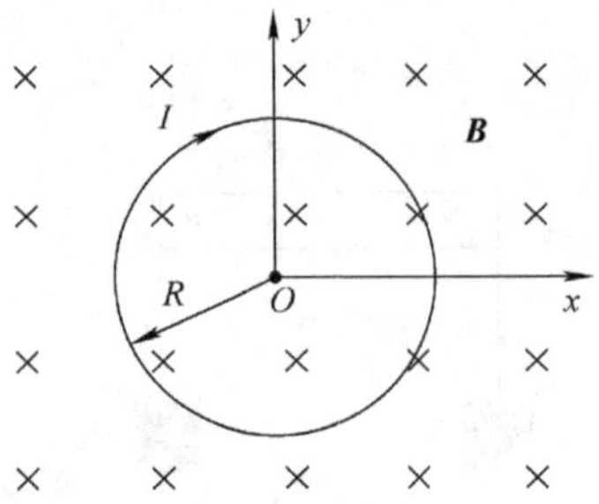

题 10-38 图

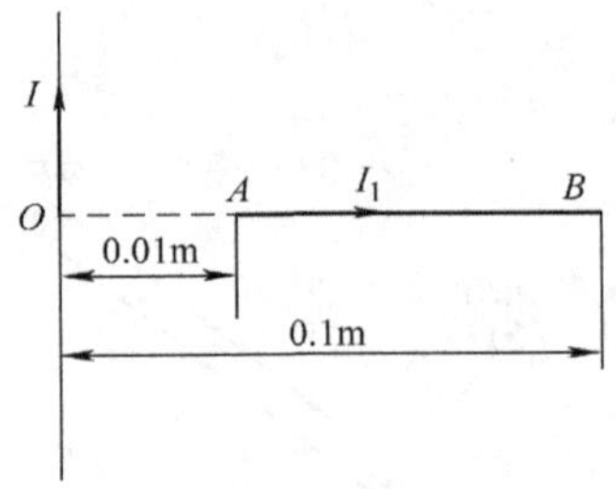

题 10-39 图

10-40 如题 10-40 图所示。斜面上放一木制圆柱体，圆柱体质量 $m=0.25\text{kg}$，半径为 R，长 $l=0.10\text{m}$，圆柱体上绕有 10 匝导线，而这个圆柱体的轴位于导线回路的平面内。斜面倾角为 θ，处于一均匀磁场中，磁感应强度 $B=0.50\text{T}$，方向竖直向上。如果绕组的平面与斜面平行，试问：通过回路的电流 I 至少有多大，圆柱体才不致沿斜面向下滚动？

10-41 磁电式电表如题 10-41 图所示，它的矩形线圈长 11mm，宽 10mm，由 1500 匝表面绝缘的细导线绕成，线圈游丝的扭转系数为 $2.2\times10^{-8}\text{N}\cdot\text{m/deg}$。若表头指针最大偏转角为 90°，相应的电流为 40μA，试求：线圈所在处（即磁铁的空气隙中）的磁感应强度的大小。

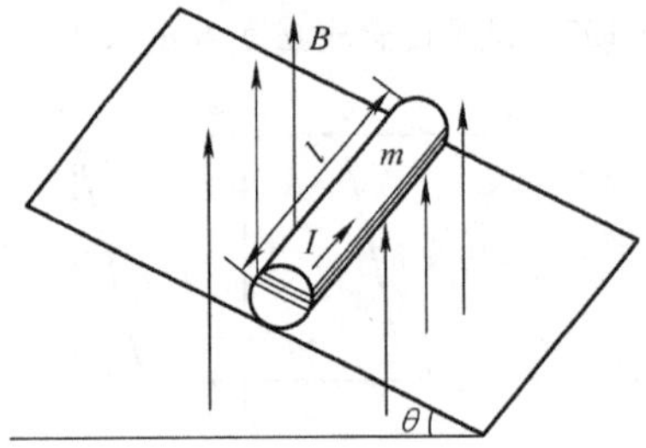

题 10-40 图

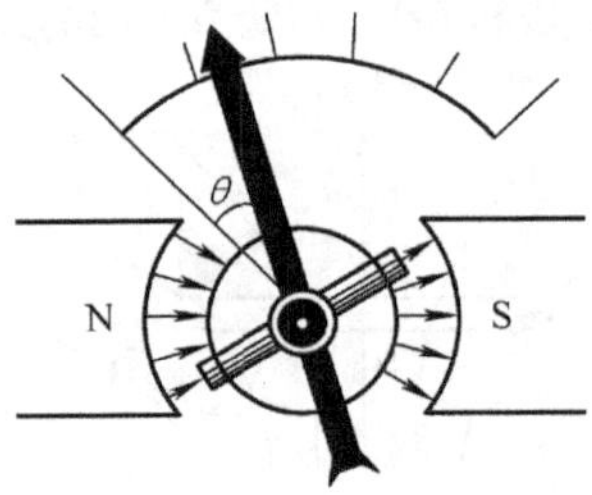

题 10-41 图

10-42 如题 10-42 图所示，半径 $R=5.0\times10^{-2}\text{m}$ 的铜质圆盘，可绕其固定的中心轴 O 转动，盘边和容器中的水银面接触于一点，容器中的水银与电源负极连接，盘心 O 点处通过绝缘导线接于电源正极，电路中通有 5.0A 的电流，若在垂直于圆盘面上加一 $B=0.1\text{T}$ 的均匀磁场，试求：圆盘所受对轴 O 的力矩。

10-43 一正方形线圈，由细导线做成，边长为 a，共有 N 匝，可以绕通过其相对两边中点的一个竖直轴自由转动。现在线圈中通有电流 I，并把线圈放在均匀的水平外磁场 $\boldsymbol{B}$ 中，线圈对其转轴的转动惯量为 J，如题 10-43 图所示，试求：线圈绕其平衡位置做微小振动时的振动周期 T。

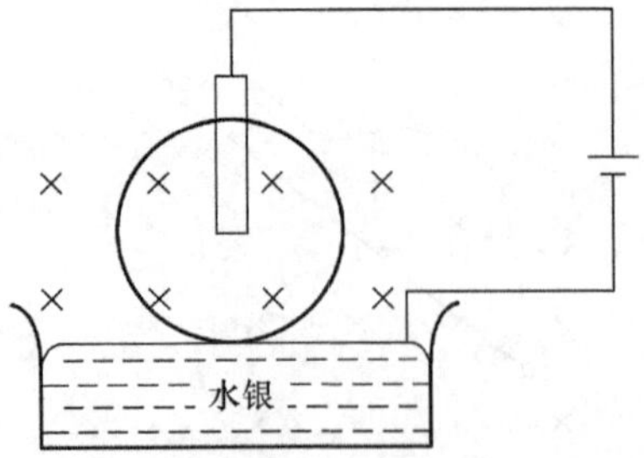

题 10-42 图

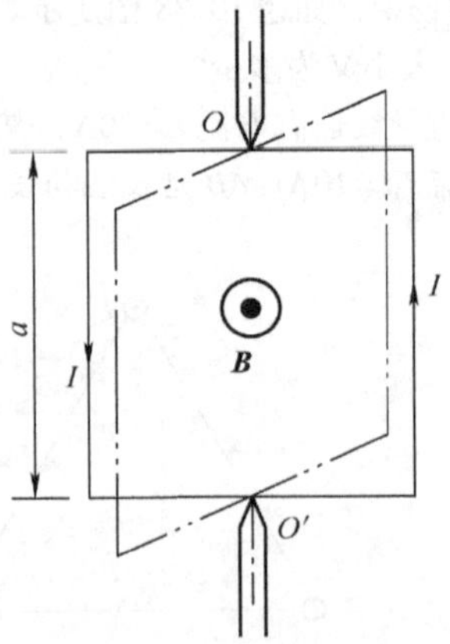

题 10-43 图

10-44　如题10-44图所示，一平面塑料圆盘，半径为 R，表面带有面密度为 σ 的剩余电荷。假定圆盘绕其轴线 AA' 以角速度 ω 转动，磁场 $\boldsymbol{B}$ 的方向垂直于转轴 AA'，试证明：磁场作用于圆盘的力矩的大小为

$$M=\frac{\pi\sigma\omega R^4 B}{4}$$

10-45　一根导线长 L，载有电流 I，求证：如果把这根导线弯成一个圆形线圈，则当线圈只有一匝时，它在给定的磁场 $\boldsymbol{B}$ 中所受的磁力矩为最大，而且这个最大磁力矩的大小为

$$M=\frac{1}{4\pi}L^2 IB$$

10-46　一个半径 $R=0.10\text{m}$ 的半圆形闭合线圈，载有电流 $I=10\text{A}$，放在均匀外磁场中，外磁场方向与线圈平面平行，如题10-46图所示，磁感应强度的大小 $B=0.5\text{T}$。试求：

（1）线圈所受磁力矩的大小和方向；

（2）在这力矩的作用下线圈转过90°（即转到线圈平面与 $\boldsymbol{B}$ 垂直），则磁力矩所做的功。

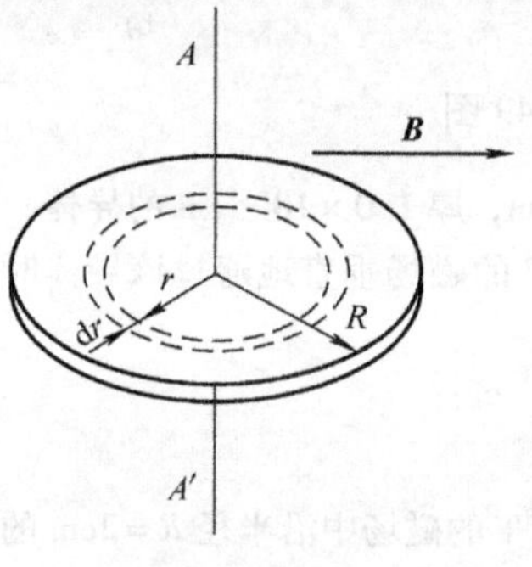

题10-44图

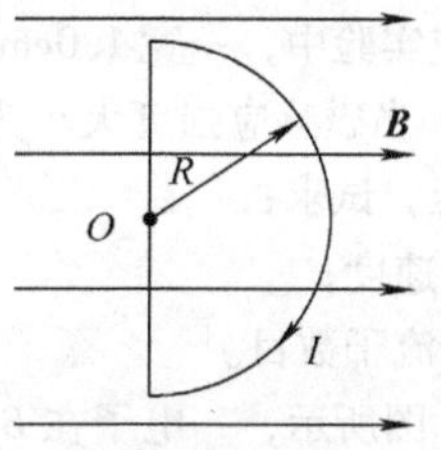

题10-46图

10-47　一电子在 $B=7\times10^{-3}\text{T}$ 的匀强磁场中做圆周运动，圆周半径 $r=3.0\text{cm}$，已知 $\boldsymbol{B}$ 垂直于纸面向外，某时刻电子在 A 点，速度 $\boldsymbol{v}$ 向上，如题10-47图所示。

（1）试画出该电子运动的轨道；

（2）求该电子速度 $\boldsymbol{v}$ 的大小；

（3）求该电子的动能 E_k。

10-48　电荷量为 q、质量为 m 的一个正离子，经电势差 U 从静止开始加速后沿水平方向进入一匀强磁场 $\boldsymbol{B}$ 的区域。$\boldsymbol{B}$ 的方向与该离子的轨道平面垂直，如题10-48图所示。如果离子沿 x 轴正方向进入磁场，试求在任何 x 坐标处，离子的 y 坐标约为

$$y=Bx^2\left(\frac{q}{8mU}\right)^{\frac{1}{2}}$$

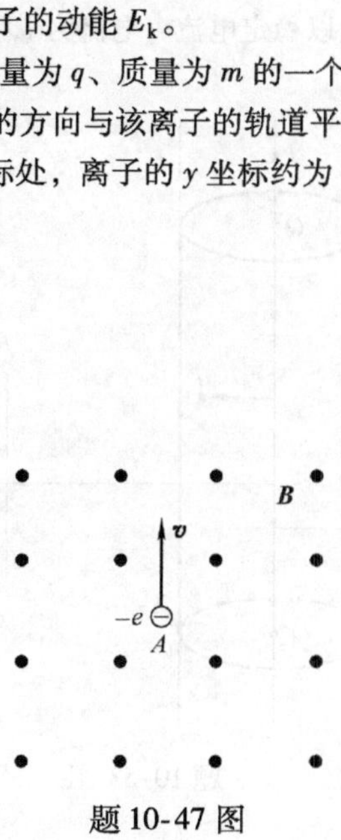

题10-47图

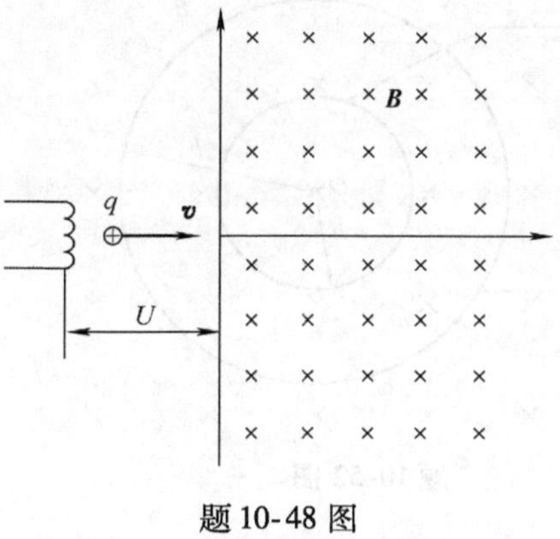

题10-48图

10-49 汤姆孙测定电子荷质比所用的仪器如题10-49图所示，自热阴极K射出的电子束经$K-A$间的电场加速后，穿过孔B匀速进入电容器的两极板C、D之间，受电容器电场的作用发生偏转，射到荧光屏上F'点（不加电场时射到F点）。设电子进入电容器极板的初速为v_0，极板宽度为l，两极板间匀强电场为E，自极板端点到荧光屏的距离为L，电子束在荧光屏上光点偏离的距离FF'为y。电子所受重力忽略不计，试计算电子的荷质比e/m为

$$\frac{e}{m}=\frac{v_0^2}{E}y\left(lL+\frac{l^2}{2}\right)^{-1}$$

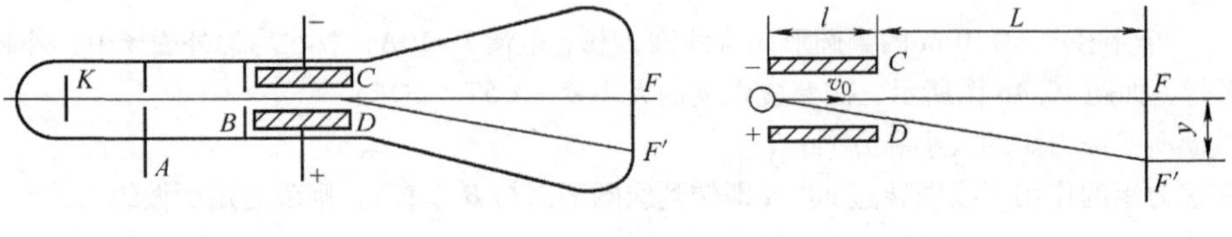

题10-49图

10-50 在霍尔效应实验中，一宽1.0cm，长4.0cm，厚1.0×10^{-3}cm的导体，沿长度方向载有3.0A的电流，当磁感应强度大小为$B=1.5$T的磁场垂直地通过该导体时，产生1.0×10^{-5}V的横向电压，试求：

（1）载流子的漂移速度；

（2）每立方米的载流子数目。

10-51 如题10-51图所示，一电子在$B=2\times10^{-3}$T的磁场中沿半径$R=2$cm的螺旋线运动，螺距为$h=5.0$cm。

（1）试问磁场$\boldsymbol{B}$的方向如何?

（2）试求该电子的速度。

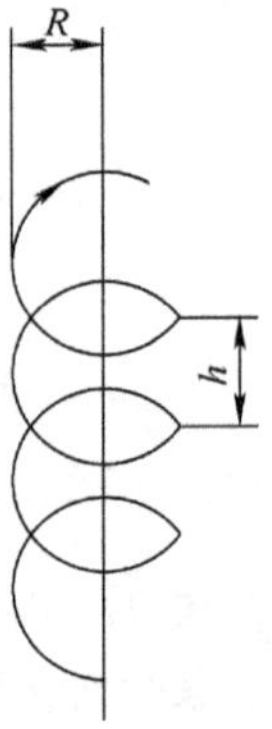

题10-51图

10-52 有一半径为b、厚为d的半导体圆盘，电阻率为ρ，圆盘中心有一半径为a的金属电极，边缘b为一环形金属电极，两者之间接上电动势为$\mathscr{E}$的电源，并将圆盘放入一匀强磁场$\boldsymbol{B}$中，圆盘的法线和$\boldsymbol{B}$一致，如题10-52图所示，试求：圆盘所受力矩的大小。

10-53 半径为R的“无限长”直金属导线，电导率为γ，通以稳定电流，电流为I，如题10-53图所示。试求：

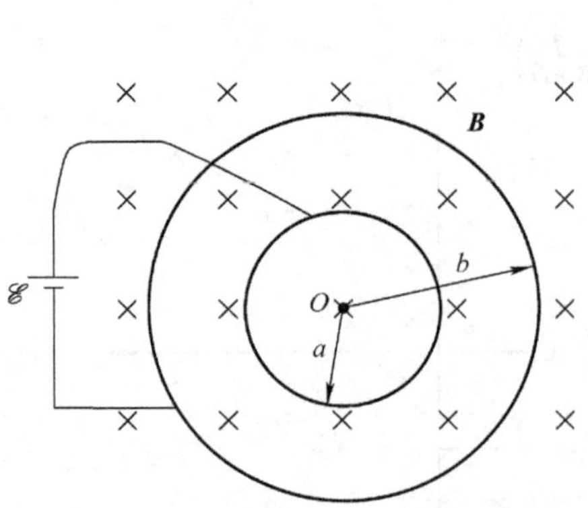

题10-52图

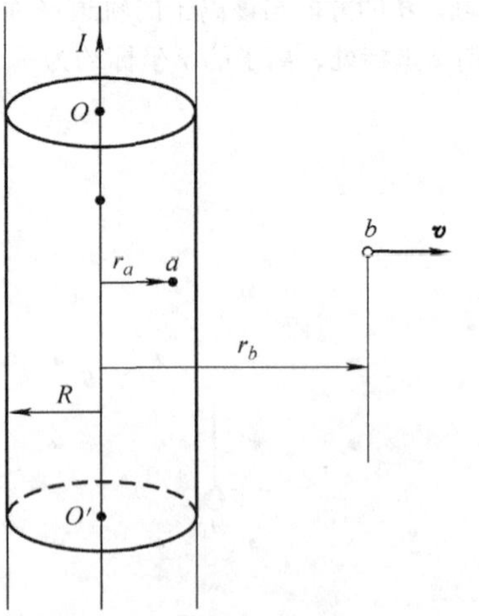

题10-53图

（1）导线的轴线 OO' 上一点 O 处的电场强度 $\boldsymbol{E}_0$ 和磁感应强度 $\boldsymbol{B}_0$；

（2）离轴线 OO' 的距离为 r_a（$r_a<R$）的一点 a 处的电场强度 $\boldsymbol{E}_a$ 和磁感应强度 $\boldsymbol{B}_a$；

（3）离轴线 OO' 的距离为 r_b（$r_b>R$）的一点 b 处，当一个电子 e 沿径向向外以速度 v 运动时，则该时刻电子所受的力 $\boldsymbol{F}$（导线横截面上电流的分布是均匀的）。

10-54　如题 10-54 图所示，电流为 I 的直流电通过一根半无限长直导线流到半径为 R 的金属半球面下方端点，而后均匀地流过半球面到达半球面上方端点，再经过另一根半无限长直导线流向无穷远处。设这两根半无限长直导线恰好在半球面的直径延长线上，试证明：球心 O 处磁感应强度的大小为

$$B=\frac{\mu_0 I}{2\pi R}$$

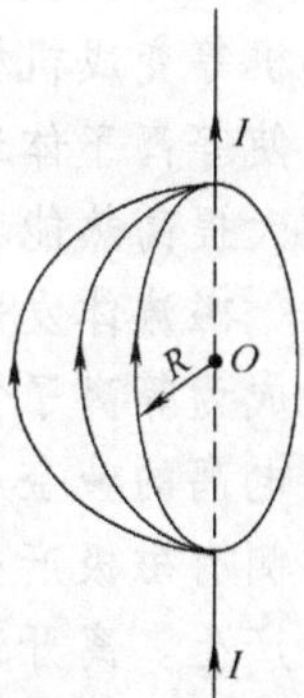

题 10-54 图

10-55　将一均匀分布着电流的无限大载流平面放入匀强磁场中，电流方向与该磁场垂直。已知平面两侧的磁感应强度分别为 $\boldsymbol{B}_1$ 和 $\boldsymbol{B}_2$（见题 10-55 图），试求：该载流平面单位面积所受的磁场力的大小和方向。

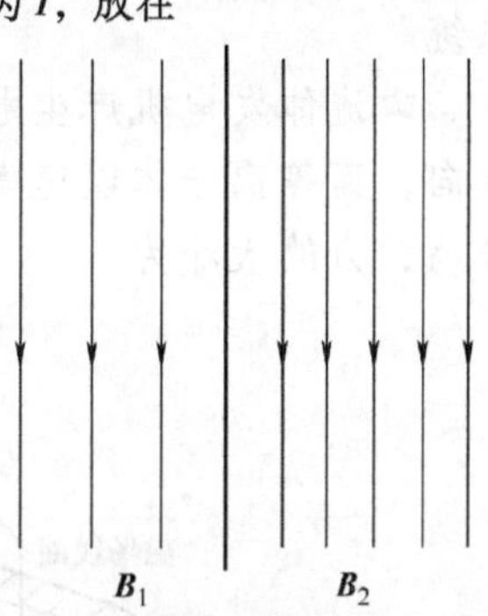

题 10-55 图

10-56　一等腰直角三角形线圈 ACD（直角边长为 a），其内维持稳恒电流为 I，放在匀强磁场中，线圈平面与磁场方向平行，如题 10-56 图所示。试问：

（1）如果 AC 边固定，D 点绕 AC 边向纸外转 $\pi/2$，则磁力做功为多少？

（2）如果 CD 边固定，A 点绕 CD 边向纸外转 $\pi/2$，则磁力做功为多少？

（3）如果 AD 边固定，C 点绕 AD 边的纸外转 $\pi/2$，则磁力做功又为多少？

10-57　一无限长载流直导线和一载流矩形线圈 $ABCD$ 共面，电流和线圈尺寸相对位置如题 10-57 图所示，若保持 I_1 不变，试问：

（1）把矩形线圈平移至载流直导线左边对称位置，则磁力做功为多少？

（2）若矩形线圈以载流直导线为轴旋转 π 至左边对称位置，则磁力做功又为多少？

10-58　半径为 R 载有电流 I_1 的导体圆环，与载有电流 I_2 的长直导线 AB 放在同一平面内，AB 与圆环的直径重合，但圆环与导线之间相互绝缘，如题 10-58 图所示。试求：圆环所受安培力的大小和方向。

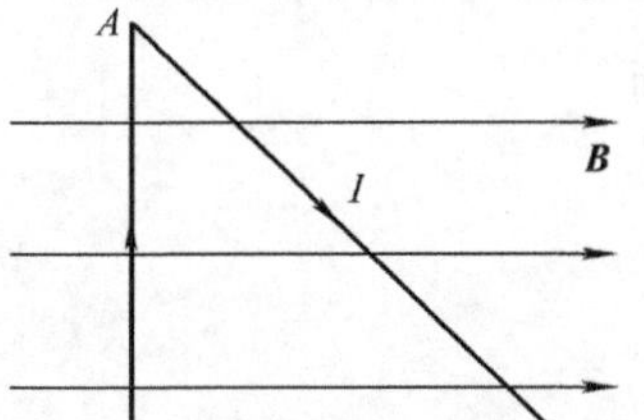

题 10-56 图

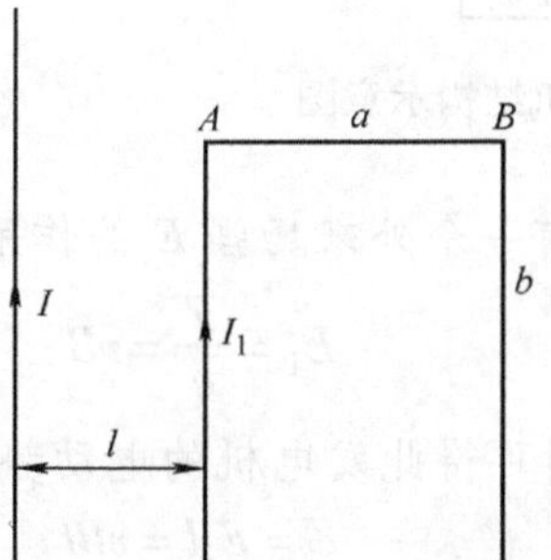

题 10-57 图

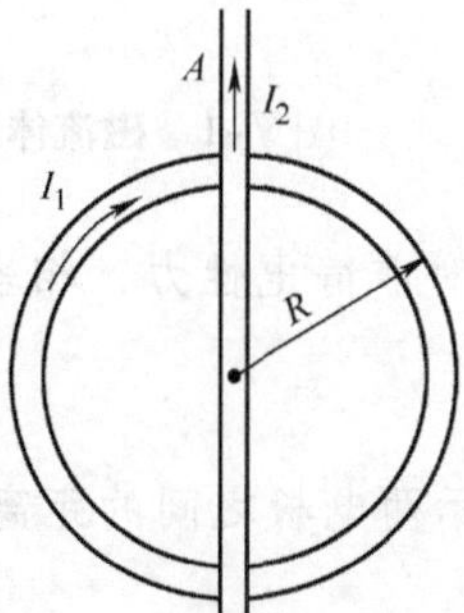

题 10-58 图

物理学与现代科学技术Ⅴ

磁流体发电

磁流体发电是 20 世纪 50 年代末开始进行实验研究的一项新技术。磁流体发电机的电动势是等离子体通过磁场时，其中正、负带电粒子在磁场作用下相互分离而产生的，本质上是

霍尔效应现象的一种应用。在普通发电机中，电动势是由线圈在磁场中转动产生的，利用的是电磁感应现象。为此必须先把初级能源（化学燃料或核燃料）燃烧放出的热能经过锅炉、热机等变成机械能，然后再变成电能。在磁流体发电机中，首先利用热能加热等离子体，然后使等离子体通过磁场产生电动势而直接得到电能，不经过热能到机械能的转变，从而可以较大提高热能利用的效率。这是磁流体发电的特点，也是人们对它感兴趣的主要原因。

磁流体发电机的主要结构如图V-1所示。在燃烧室中利用燃料燃烧的热能加热气体使之成为等离子体，温度高达3000K（为了加速等离子体的形成，往往在气体中加一定量的容易电离的碱金属，如钾元素做“种子”），然后使等离子体进入发电通道。发电通道的左右两侧有磁极产生磁场，其上、下两面安装有电极。等离子体通过通道时，两电极间就有电动势产生。离开通道的气体成为废气，它的温度仍可达2300K。这废气可以导入普通发电厂的锅炉，以便进一步加以利用。不回收废气的磁流体发电机称为开环系统。在利用核能的磁流体发电机内，气体-等离子体是在闭合管道中循环流动反复使用的，这样的发电机称为闭环系统。

磁流体发电机产生电动势，输出电动势的原理说明如下。如图V-2所示，设磁场沿 $-y$ 方向，而等离子体以速率 v 沿 $-x$ 方向流动。带电粒子在运动中受到洛伦兹力作用而上、下分离，力的大小为

$$F = qvB$$

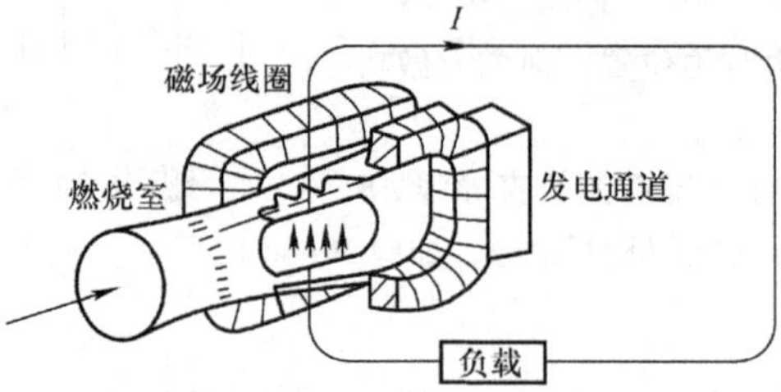

图V-1 磁流体发电机结构示意图

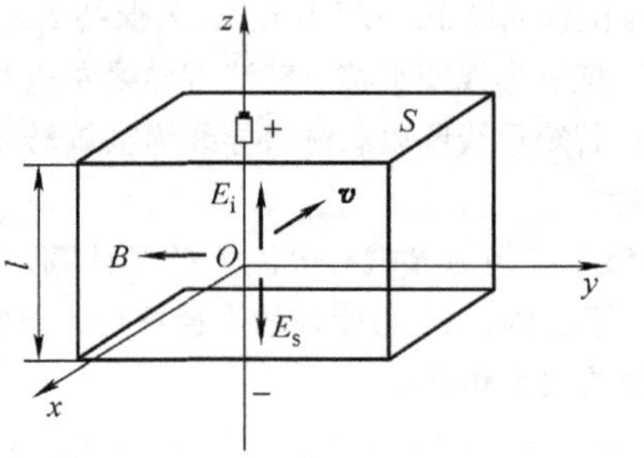

图V-2 磁流体发电机原理

这是一种非静电性力，相当于有一个外来场强 $\boldsymbol{E}_i$ 的作用，而

$$E_i = \frac{F}{q} = vB$$

以 l 表示两电极之间的距离，则可得此发电机的电动势为

$$\mathscr{E} = E_i l = vBl$$

由于洛伦兹力的作用，正、负电荷将在上、下两电极积累，因而在等离子体内又形成一静电场 $\boldsymbol{E}_s$，在两极间的总电场强度为

$$\boldsymbol{E} = \boldsymbol{E}_i - \boldsymbol{E}_s$$

以 γ 表示等离子体的电导率，则通过等离子体的电流密度矢量（从负极向正极）为

$$\boldsymbol{J} = \gamma(\boldsymbol{E}_i - \boldsymbol{E}_s)$$

以 S 表示电极的面积，总电流为

$$I = JS = \gamma(E_i - E_s)S$$

发电机输出的总功率为

$$P=IU_s=IE_sl=\gamma(E_i-E_s)E_sSl=\gamma(vB-E_s)E_sV$$

式中，$U_s=E_sl$ 为发电机两极的端电压；$V=Sl$ 为电极间总体积。

令 $K=E_s/vB$，则上式可写成

$$P=\gamma v^2B^2(1-K)KV$$

此式当 $K=1/2$ 时有最大值。因此，磁流体发电机的输出功率的最大值由下式决定：

$$P_{max}=\frac{1}{4}\gamma v^2B^2V$$

1959年，美国阿夫柯公司建造了第一台磁流体发电机，功率为115kW。此后各国均有研究制造，美苏联合研制的磁流体发电机U-25B在1978年8月进行了第四次试验，气体-等离子体的流量为2~4kg/s，温度为2950K，磁场为5T，输出功率为1300kW，共运行了50h。目前许多国家正在研制百万千瓦等级的磁流体发电机。

现在磁流体发电机制造中的主要问题是：发电通道效率低，目前只有10%。通道和电极的材料都要求耐高温、耐碱腐蚀、耐化学烧蚀等。目前所用的材料的寿命都比较短，因而使磁流体发电机不能长时间运行。

电磁弹射技术

电磁弹射技术是一种新兴的直线推进技术，适宜于短行程发射大载荷，在军事、民用和工业领域具有广泛应用前景。

电磁弹射就是采用电磁的能量来推动被弹射的物体向外运动，其实就是电磁炮的一种形式。过去常采用的弹射有机械弹射，如弹簧、皮筋等。能量弹射如：子弹（利用火药瞬间爆发能量）、磁悬浮列车等。

电磁弹射器相比蒸汽弹射器区别在于不需要蒸汽来驱动活塞而是用电来驱动。

电磁发射是采用电磁作用原理产生的电磁推力使物体加速的。因电磁驱动力与电流二次方成正比，所以只要保证足够的电流输入，便能在发射装置内产生足够大的推力，使物体达到更高的速度。以导轨式电磁发射为例。其基本原理如图V-3所示。

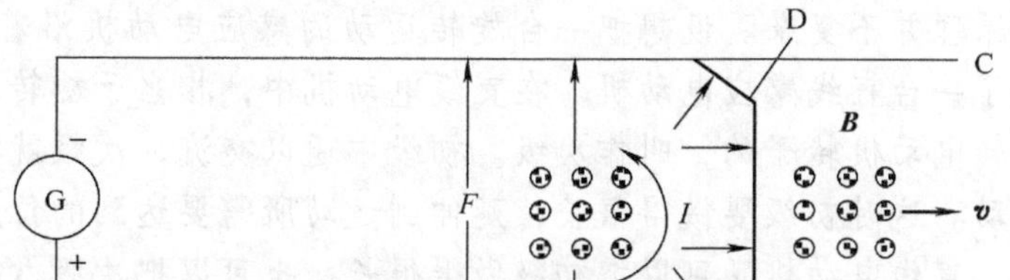

图V-3　导轨式电磁发射系统原理图

开关S接通时，电源G通过导轨A、电枢D和导轨C构成了一电流回路；电流 I 产生磁感应强度 $\boldsymbol{B}$，它对在磁场中流动的电荷产生了力 $\boldsymbol{F}$。由于导轨固定于刚体上不能移动，而电枢是活动体，所以电枢会在力的作用下以速度 $\boldsymbol{v}$ 向右运动。这就是电磁发射的基本原理。

与蒸汽弹射器相比电磁弹射器的优点主要是体积减小了很多，操纵人数也要减少30%左右，而且电磁弹射器的弹射力度可控，可以弹射无人机，缺点是耗电，但对于全电力推动的航母和核动力航母来说不是太大的问题。电磁弹射器的构造比蒸汽弹射器相对简单。用电磁弹射器代替蒸汽弹射器，节约能源。因此，电磁弹射器是未来航母的标配。

下面简单介绍电磁弹射器和电磁炮。

1. 电磁弹射器

电磁弹射器是航空母舰上的一种舰载机起飞装置，已由美国最新下水的（2013 年 10 月 11 日）福特号航空母舰（见图V-4）首先装备。与传统的蒸汽式弹射器相比，电磁弹射具有容积小、对舰上辅助系统要求低、效率高、重量轻、运行和维护费用低廉的好处，是未来航空母舰的核心技术之一。

图V-4 福特号航空母舰

电磁弹射器（系统）由 4 个子系统组成：①来自舰上电源的能量的储存子系统把提供的能量储存起来；②能量转换子系统，它把储存的能量转变成高频脉冲，可控制的能量输出以驱动线性感应电动机；③线性感应电动机本身就是弹射电动机；④控制台，由操作人员设定弹射参数并监视整个系统。美军研发的电磁弹射器由三大主要部件构成，分别是线性同步电动机、盘式交流发电机和大功率数字循环变频器。

电磁弹射器主要由电源装置、强迫储能装置、导轨和脉冲发生器四个部分组成，介绍如下：

（1）电源装置　电磁弹射器用的是直流电源，而且在电磁弹射器工作时，对负荷的冲击非常大。虽然有了储能装置，但由于要求弹射器在很短时间内起飞更多架次的飞机，所以对电磁弹射器的电源容量要求也比较大，一般容量为 5～8kV · A（但输出电压却不高）。这么大功率的交流发电机当然不是问题，但如果是直流发电机则必须是无刷稳流直流发电机，否则滑环的强大电流会灼伤换向器。

直线电动机的原理并不复杂。设想把一台旋转运动的感应电动机沿着半径的方向剖开，并且展平，这就成了一台直线感应电动机。在直线电动机中，相当于旋转电动机定子的，叫作初级；相当于旋转电动机转子的，叫作次级。初级中通以交流，次级就在电磁力的作用下沿着初级做直线运动。这时初级要做得很长，延伸到运动所需要达到的位置，而次级则不需要那么长。实际上，直线电动机既可以把初级做得很长，也可以把次级做得很长；既可以初级固定、次级移动，也可以次级固定、初级移动。然而，电磁弹射器也绝不是仅靠直线电动机工作的，它总共有强迫储能装置、大功率电力控制设备、中央微机控制及直线感应电动机。

（2）强迫储能装置　强迫储能装置是电磁弹射器的核心部件，它不仅缓解了发电机的压力，同时在弹射器不工作时储存发电机的能量，使发电机几乎不受冲击性负荷的影响。强迫储能装置原理不复杂，但实施起来很麻烦。早期美国使用的强迫储能装置是这样的：用一个交流发电机给一个交流电动机供电，这其实很容易办到，但这个电动机的转子同时拖动直流发电机和一个惯性特别大的自由转子（约上百吨）一起旋转。我们知道，这么重的自由转子起动起来有一定的难度，然而这么重的自由转子运行到高速时具有非常大的动能。而在弹射器工作时，在发电机看来是接近短路的电流会产生强大的制动力阻止发电机继续运行，电动机将无能力拖动，但此时由自由转子强大的储能强制拖动直流发电机运行，从而完成冲击性负荷过程。自由转子会因此速度降低，但起动结束后电动机会在发电机没有负荷下把自由转子拖动到一定的速度，从而完成储能。

电磁弹射系统的强迫储能系统要求在45s内充满所需要的能量。最大的舰载机起飞一般需要消耗的能量不会超过120MJ，而这强迫储能系统最大能储存140MJ的能量，此时充电功率为3.1MW，算上损失，共4MW左右（实际上达不到的），四部电磁弹射系统同时充电，充电总功率可达16MW（1MW＝1000kW），可见没有强大的电源是无法满足电磁弹射需求的。当然，航母上耗电的又岂止是四部电磁弹射器，另外还有电磁轨道炮、升降机、激光（激光的功率都不算大）等其他用电，加起来的话航母总功率必须要达60MW以上，否则电磁弹射器充电时也会影响其他系统用电的。

磁悬浮列车就是用直线电动机来驱动的。直线感应电动机的原理很简单，在实际生活中也可遇到不少。美国的电梯轿厢门就是采用直线电动机驱动，而在我国还大部分仍用在车床上等不太多的场合。用于电磁弹射器的直线电动机与它们相比可谓超功率的，而且其工艺方面也比普通的高。电磁弹射器的直线电动机动子采用的是铝筒（大部分材料为铝），为U形，其中3面与直线电动机的定子相对，其中除往复道与航母存在摩擦外，其余均不会产生摩擦，而且铝筒质量轻，远远小于蒸汽弹射器的活塞，因此返回非常容易，减速道也可短得多。部分专家认为动子部分还可以进一步减轻，使电磁弹射器效率明显提高。

（3）导轨　电磁弹射器的导轨与电磁轨道炮的差异很大，也比其复杂得多。电磁弹射器的导轨共有4根，分别为上部2根，下部2根。但每根导轨都非常长（200m以上），安装在起飞甲板的下面。并且每根导轨内部均有超导体与其熔接，中间是高压冷却油，其冷却油在进入导轨前的温度低于－40℃，而导轨出口的温度低于－30℃。不仅如此，导轨与飞机牵引杆的接触面至导轨中心还有很多特细的小孔，所以其冷却油不仅仅是为超导体降温，还有润滑的作用，而且会使飞机牵引杆在运行时降温。

飞机牵引杆是在飞机前轮下与飞机前轮连为一体的装置，可收缩并放置在飞机的腹腔内。其中间也为超导体，但无油冷却通道，而且与导轨连接处面积较大，均为软接触。在起飞前，飞机牵引杆伸出至上下导轨之间，飞机发动机起动并开始运行，但约1s时弹射器通电，强大的电流从导轨经飞机牵引杆后再流回另一对导轨并形成回路，牵引杆在强大的电磁力下被推动运行到高速（未到起飞速度，但只差一点）后电流被强制截止，牵引杆将不再受力，但在飞机发动机的推力下达到起飞速度。为什么未达到起飞速度就断电呢？这是因为由于飞机牵引杆与飞机连为一体，如果这时继续通电的话，飞机起飞时将把飞机牵引杆拉出，断电时会产生强大的电弧灼伤飞机牵引杆。

（4）脉冲发生器　以上过程实际上是脉冲发生器完成的。蒸汽弹射器为使发动机与弹射器同步运行（缩短起飞距离），用一根钢棍先挡住飞机运行，由于飞机发动机推力无法推断钢棍，但与弹射器合力却可推断钢棍，从而使飞机在弹射器与发动机合力下起飞。但电磁弹射器却无须钢棍挡住，在飞机起飞时电磁弹射器同步通电，但电流是逐渐增加起来的，而且在起飞末段将电流截止。

还有一个好处是电磁弹射器能与滑跃式甲板巧妙融合，而蒸汽弹射器却没有电磁弹射器那样灵活，它不能弯曲，无法与滑跃起飞结合，而电磁弹射器与滑跃式甲板结合后能增加飞机的载重量。

我国在电磁弹射技术领域里一直处于理论研究和同步试验研究验证的小规模发展阶段。线圈炮方面，1996年我国曾发布了一个口径90mm的4磁体级的样炮原型机，可以达到电能转换50%以上，瞬间能源有成熟的20MJ和100MJ输出级别的器件。我国是稀土永磁体生产大国，高磁强度稀土永磁体研究水平较高，但工程实际开发工作较少。在电磁弹射器方面，我国采用跟踪研究体制，如果未来我国要发展多艘航空母舰，电磁弹射技术将会是重点。

2. 电磁炮

电磁炮是利用电磁发射技术制成的一种先进的动能杀伤武器。与传统的大炮将火药燃气压力作用于弹丸不同，电磁炮是利用电磁系统中电磁场的作用力，其作用的时间要长得多，可大大提高弹丸的速度和射程，因而引起了世界各国军事家的关注。自20世纪80年代初期以来，电磁炮在未来武器的发展计划中，已成为越来越重要的部分。

电磁炮是利用电磁力代替火药爆炸力来加速弹丸的电磁发射系统，它主要由电源、高速开关、加速装置和炮弹四部分组成。目前，国外所研制的电磁炮，根据结构和原理的不同，可分为以下几种类型：轨道炮、线圈炮、电热炮和重接炮。

电磁轨道炮是利用轨道电流间相互作用的安培力把弹丸发射出去。如图V-5所示，它由两条连接着大电流源的固定平行导轨和一个跨接两平行轨道并可沿导轨轴线方向滑动的电枢组成。发射时，电流由一条导轨流经电枢，再由另一条导轨流回，而构成闭合回路。强大的电流流经两平行导轨时，在两导轨间产生强大的磁场，这个磁场与流经电枢的电流相互作用，产生强大的电磁力，该力推动电枢和置于电枢前面的弹丸沿导轨加速运动，从而获得高速度。这就是轨道炮的发射原理。

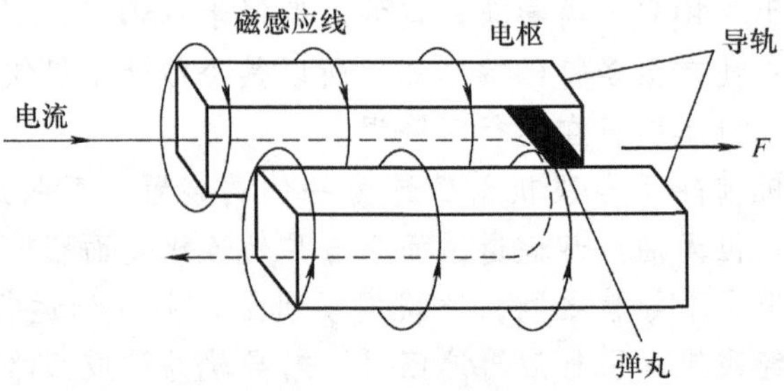

图V-5 电磁轨道炮

下面将进一步具体分析电磁轨道炮的发射原理。如图V-6所示，弹丸置于两条平行导轨之间并与轨道相接触，轨道是半径为r的圆柱形导体，轨道间距为d。弹丸沿轨道可以自由滑动。恒流电源$\mathscr{E}$，弹丸和轨道构成一闭合回路，回路中电流为I。

取对称轴线为Ox轴，弹丸处的磁场强度可以近似当作两根半无限长的载流圆柱在该点激发的磁感应强度之和，根据毕奥－萨伐尔定律可推得

$$B=\frac{\mu_0 I}{4\pi\left(r+\frac{d}{2}+y\right)}+\frac{\mu_0 I}{4\pi\left(r+\frac{d}{2}-y\right)}$$

弹丸所受磁场力的大小为

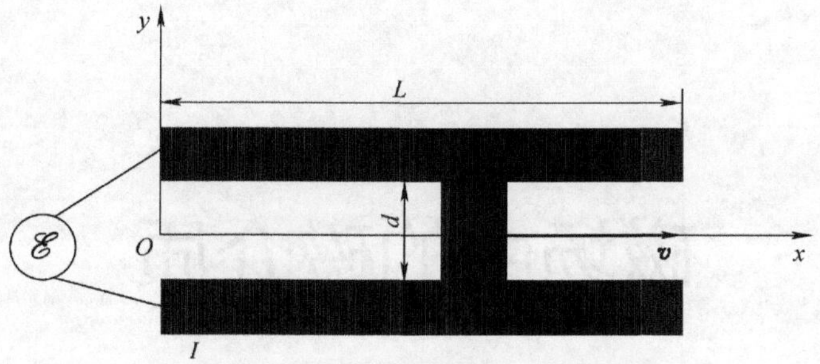

图Ⅴ-6　电磁轨道炮的发射原理图

$$F = \int_{-\frac{d}{2}}^{\frac{d}{2}} BI\mathrm{d}y = \left(\frac{\mu_0 I^2}{2\pi}\right)\ln\frac{d+r}{r}$$

磁场力 $\boldsymbol{F}$ 的方向沿 Ox 轴正方向，弹丸从静止起被磁场沿 Ox 轴正向加速运动，弹丸出口时达到的速率为

$$v = \left(\frac{2FL}{m}\right)^{\frac{1}{2}} = \left[\frac{\mu_0 LI^2}{\pi m}\ln\frac{(d+r)}{r}\right]^{\frac{1}{2}}$$

由此可见，要想获得弹丸的高速度，必须供给轨道强大的电流。通常该电流的数值在兆安级，而电流的脉冲宽度在毫秒数量级。同时，在强脉冲电流的作用下，轨道炮中弹丸的加速度可达重力加速度的几十万倍，因此，轨道炮只需要较短的导轨，就能使弹丸获得很高的速度。假设弹丸质量 $m=10.0\text{kg}$，$I=4500\text{kA}$，$d=120\text{mm}$，$r=6.7\text{cm}$，弹丸从静止起经过路程 $L=4.0\text{m}$ 加速后由上式可得 $v=1.82\text{km/s}$ 的速度。

当弹丸质量为3.1g时，目前的实验已能获得的速度可达10.1km/s。为适应地面战术武器的应用，人们追求的目标是将千克级的弹丸通过电磁力加速到2.5～4km/s；而对于天基战略防御拦截导弹的武器（部署在航天器上的战略防御拦截导弹的武器），则要求将质量为几克至几十克的弹丸加速到20km/s以上。

由于一般的火炮受结构和材料强度的限制，使发射弹丸的速度不超过2km/s，火炮放热自重又严重影响它的效率（自重多达有效负荷的130倍）。而轨道炮的结构简单，适用发射的几乎全是有效负荷，所以它是一种具有吸引力的高新技术。不仅可作为现代武器用于天基战略反导弹及反装甲和防空等地面战术武器，还可用于各类高速碰撞，如碰撞核聚变、流星体碰撞研究等。当前的问题是高速弹丸及导轨在强电流下产生的烧蚀，加上其他的一些技术关键问题，还处于试验阶段。可以预期，随着高温超导材料的实现及相关技术的发展，必将导致导轨炮成为一种有效的武器。

第11章

磁场中的磁介质

在前面讨论了真空中磁场的基本性质和规律之后，本章将研究物质的磁性质及其与磁场的相互作用。主要内容有：从物质的电结构出发说明顺磁质和抗磁质的微观机理、磁介质中的安培环路定理，以及铁磁质的特性和磁化的根源。

11.1 磁介质的磁化 磁化强度

所谓磁介质，就是在外磁场作用下能被磁化并影响磁场分布的物质。

磁介质的磁化及其分类 电介质在电场中由于电极化而影响电场。与此类似，磁介质在磁场中也会因磁化而影响磁场。设真空中的磁场为 $\boldsymbol{B}_0$，由于磁介质发生磁化而产生的附加磁场为 $\boldsymbol{B}'$。根据磁场的叠加原理，有磁介质存在时的总磁场为

$$\boldsymbol{B}=\boldsymbol{B}_0+\boldsymbol{B}' \tag{11-1}$$

不同磁介质对磁场的影响是不一样的。就磁性而言，实验表明，磁介质可分为三类：

第一类为**顺磁质**，这类物质在外磁场中，呈现十分微弱的磁性，磁化后的附加磁场 $\boldsymbol{B}'$ 与外磁场 $\boldsymbol{B}_0$ 方向相同，这类物质有氧、氮、锰、铬、铂等。

第二类为**抗磁质**，与顺磁质同属于弱磁性物质。但是它们的附加磁场 $\boldsymbol{B}'$ 与外磁场 $\boldsymbol{B}_0$ 的方向相反，这类物质有氢、铜、铋、锑、金、银及惰性气体等。

第三类为**铁磁质**，包括铁、钴、镍及其合金或它们的某些氧化物，它们在外磁场中能产生很强的与外磁场同方向的附加磁场，是强磁性物质，其用途很广。

下面从物质的电结构来说明物质的磁性。分子结构的现代理论表明，分子中任何一个电子，都同时参与环绕原子核的运动（叫作**轨道运动**）和电子自身的自旋两种运动。根据安培假说，这两种运动都能产生磁效应。把分子看作一个整体，分子中各个电子对外界所产生的磁效应的总和，可以用一个等效的圆电流表示，称为**分子电流**，分子电流的磁矩称为**分子磁矩**，用 $\boldsymbol{m}$ 表示。下面根据这一模型，来讨论顺磁质与抗磁质磁化的根源。

1. 顺磁质的磁化

在顺磁质中，组成它的分子磁矩都有一定的数值。顺磁质分子本身就具有磁矩，称为**固有磁矩**。但由于分子的热运动，使这些分子磁矩的取向不规则，因此它们所产生的磁矩的平均效果等于零，对外不显磁性（与电介质中有极分子类似），如图 11-1a 所示，但当存在外磁场时，这些分子电流的磁矩受外磁场的取向作用，使得分子磁矩转向外磁场方向，从而产生沿外磁场方向的附加磁场。另一方面，分子的热运动又要破坏分子磁矩的取向（热运动使分子在空间做杂乱无章运动并使分子相互碰撞）。在一般温度下，热运动能量比使分子磁

矩取向的能量要大，平均看来取向的分子磁矩不可能很多，因此顺磁质磁性表示很弱，如图11-1b所示。图中每一个小圆形电流（即电子电流）代表分子磁矩，其箭矢表示磁矩的方向。因此当外磁场越强，温度越低时，分子磁矩排列就越整齐。

2. 抗磁质的磁化

在许多物质的分子内，各个电子的轨道运动和电子的自旋所产生的磁效应互相抵消，这种物质就整个分子来说不具有固有磁矩（$\boldsymbol{m}=\mathbf{0}$），或者说分子的总磁矩为零。当把这种物质放入磁场中时，电子的运动将发生变化，如图11-2所示。如果抗磁质的分子由两个电子做方向相反的圆形轨道运动所组成，且半径相同，角速度为ω，因而它们的磁矩大小相等，方向相反，彼此相消，如图11-2a所示。

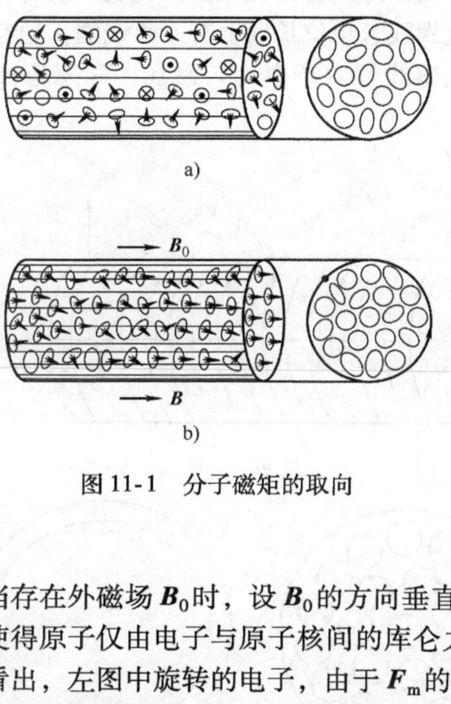

图11-1 分子磁矩的取向

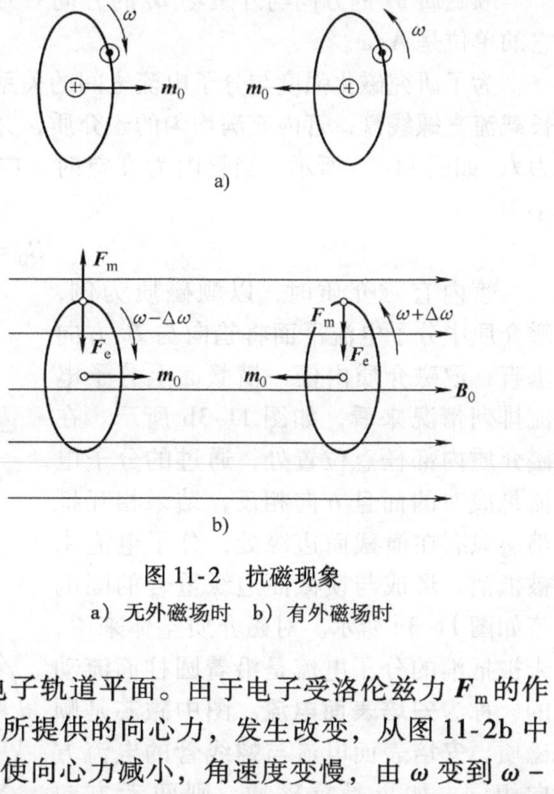

图11-2 抗磁现象

a）无外磁场时 b）有外磁场时

当存在外磁场B_0时，设B_0的方向垂直于电子轨道平面。由于电子受洛伦兹力F_m的作用，使得原子仅由电子与原子核间的库仑力F_e所提供的向心力，发生改变，从图11-2b中不难看出，左图中旋转的电子，由于F_m的作用使向心力减小，角速度变慢，由ω变到$\omega-\Delta\omega$；右图中旋转电子由于F_m的作用使向心力增大，角速度增加，由ω变到$\omega+\Delta\omega$。结果是左图中电子的磁矩减小，右图中电子的磁矩增大，其总效果是产生了一个与外磁场方向相反的附加磁场，或者说产生了一个与外磁场反方向的附加磁矩（$\Delta\boldsymbol{m}$）。这样出现的宏观现象就是磁介质产生了与外磁场反方向的磁化，即出现了抗磁性。

一般说来，任何物质都具有抗磁性。因为任何物质原子中的电子都绕原子核做轨道运动，在外磁场作用下都会产生和外磁场方向相反的附加磁矩（$\Delta\boldsymbol{m}$）。但是附加磁矩$\Delta\boldsymbol{m}$要比轨道磁矩$\boldsymbol{m}$小很多。所以，当某种物质分子的总磁矩不为零时，在外磁场作用下的取向效应掩盖了和外磁场方向相反的附加磁矩时，就显示出顺磁性。只有分子总磁矩为零的那些物质，外磁场引起的附加磁矩才能显示出来，也即呈现抗磁性。

磁化强度矢量 为了描述磁介质在磁场中的磁化程度，我们用磁化强度矢量$\boldsymbol{M}$来表示。

由于介质磁化得越厉害，分子电流排列就越整齐，分子磁矩的矢量和也就越大，因此我们定义**磁介质中某一点的磁化强度矢量 $\boldsymbol{M}$，等于该点处单位体积内分子磁矩的矢量和**（**对于抗磁质**即是**附加磁矩的矢量和**）。若在磁介质中任取一体积元 ΔV，要求这个体积元在微观上足够大，即包含足够数量的分子，但在宏观上要足够小，又能代表该点的磁化强度。在该体积元内，分子磁矩的矢量和为 $\sum \boldsymbol{m}$，于是磁介质中某点的磁化强度矢量为

$$\boldsymbol{M} = \lim_{\Delta V \to 0} \frac{\sum \boldsymbol{m}}{\Delta V} \tag{11-2a}$$

对于抗磁质则为

$$\boldsymbol{M} = \lim_{\Delta V \to 0} \frac{\sum \Delta \boldsymbol{m}}{\Delta V} \tag{11-2b}$$

顺磁质 $\boldsymbol{M}$ 的方向与外磁场 $\boldsymbol{B}_0$ 的方向一致，抗磁质 $\boldsymbol{M}$ 的方向与外磁场 $\boldsymbol{B}_0$ 的方向相反。它的单位是 A/m。

为了研究磁化强度与分子电流之间的关系，下面以螺线管为例做简单说明。设有一无限长载流直螺线管，管内充满均匀的磁介质，并设直螺线管单位长度上有 n 匝线圈，通有电流为 I，如图 11-3a 所示。当管内为真空时，电流在螺线管内产生均匀磁场，磁感应强度大小为

$$B_0 = \mu_0 n I$$

管内有磁介质时，以顺磁质为例，磁介质中分子电流平面将趋向与 $\boldsymbol{B}_0$ 方向垂直，取磁介质内任一横截面上分子电流排列情况来看，如图 11-3b 所示。在磁介质内部任意位置处，通过的分子电流是成对的而且方向相反，结果相互抵消。只有在横截面边缘处，分子电流未被抵消，形成与横截面边缘重合的圆电流如图 11-3c 所示。对磁介质整体来说，未被抵消的分子电流是沿着圆柱面流动的，称为**安培表面电流**。图中磁芯是顺磁质，安培表面电流与螺线管的电流方向相同；如果是抗磁质，则两者方向相反。

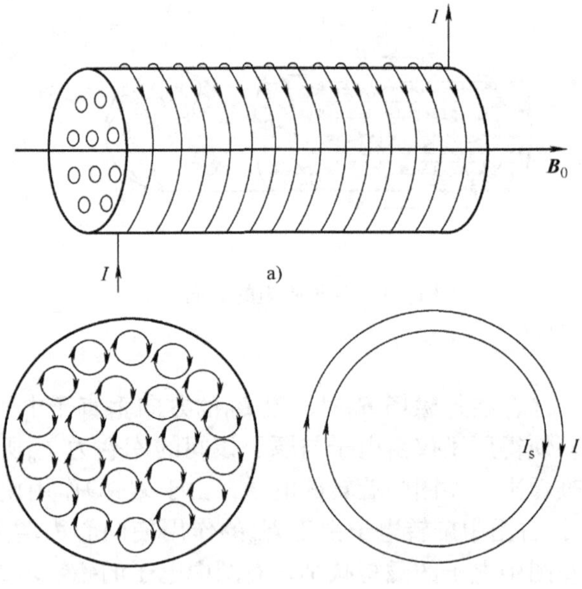

图 11-3 充满磁介质的直螺线管

设 i_s 为圆柱体磁介质表面上每单位长度的分子表面电流，S 为磁介质的横截面面积，l 为磁介质的长度。在 l 长度上，表面电流总的大小为 $I_s = l i_s$，因此在磁介质总体积 Sl 中，则总磁矩的大小为

$$\left| \sum \boldsymbol{m} \right| = I_s S = i_s S l$$

由此可得磁化强度 $\boldsymbol{M}$ 的大小为

$$M = \frac{i_s S l}{S l} = i_s \tag{11-3}$$

11.2　磁介质中的安培环路定理　磁场强度

磁介质中的安培环路定理　在真空中磁场的安培环路定理为

$$\oint_L \boldsymbol{B} \cdot \mathrm{d}\boldsymbol{l} = \mu_0 \sum I$$

当磁场中放入磁介质后，由于磁介质被磁化而产生磁化电流，此电流也产生磁效应，故磁介质中任一点的总感应强度 $\boldsymbol{B}$ 等于**传导电流**（即导体中的电流）在该点产生的磁感应强度 $\boldsymbol{B}_0$ 与**磁化电流**在同一点产生的附加磁感应强度 $\boldsymbol{B}'$ 的矢量和，即

$$\boldsymbol{B} = \boldsymbol{B}_0 + \boldsymbol{B}'$$

由此可见，在磁介质存在时产生的总磁场，除了传导电流外还有磁化电流的贡献。此时在磁介质中的安培环路定理应写作

$$\oint_L \boldsymbol{B} \cdot \mathrm{d}\boldsymbol{l} = \mu_0\left(\sum I + I_s\right) \tag{11-4}$$

式中，$\sum I + I_s$ 是穿过闭合回路的传导电流与磁化电流之和。

式（11-4）就是磁介质中的安培环路定理。但是因为 I_s 是由原子内部的电荷运动引起的，很难对它进行测量。实际上 $\boldsymbol{B}$ 和 I_s 都是未知量，而且是两个相互关联的未知量。最好的处理办法是将它们归并在一起，用一个辅助量来包括它们。

现以充满均匀磁介质的螺绕环为例加以讨论，如图 11-4 所示。沿磁感应线取一闭合曲线 L，对它求 $\boldsymbol{B}$ 矢量的环流。为消去 I_s，先求磁化强度 $\boldsymbol{M}$ 的环流 $\oint_L \boldsymbol{M} \cdot \mathrm{d}\boldsymbol{l}$。在图 11-4 这个特殊情况下 $\boldsymbol{M}$ 处处与 $\mathrm{d}\boldsymbol{l}$ 平行，且 M 等于单位长度上的分子表面电流 i_s，所以

$$\oint_L \boldsymbol{M} \cdot \mathrm{d}\boldsymbol{l} = \oint_L M \cdot \mathrm{d}l = i_s \oint_L \mathrm{d}l = i_s L = I_s$$

将上式代入式（11-4）得

$$\oint_L \boldsymbol{B} \cdot \mathrm{d}\boldsymbol{l} = \mu_0 \sum I + \mu_0 \oint_L \boldsymbol{M} \cdot \mathrm{d}\boldsymbol{l}$$

等式两边除以 μ_0 并移项得

$$\oint_L \left(\frac{\boldsymbol{B}}{\mu_0} - \boldsymbol{M}\right) \cdot \mathrm{d}\boldsymbol{l} = \sum I \tag{11-5}$$

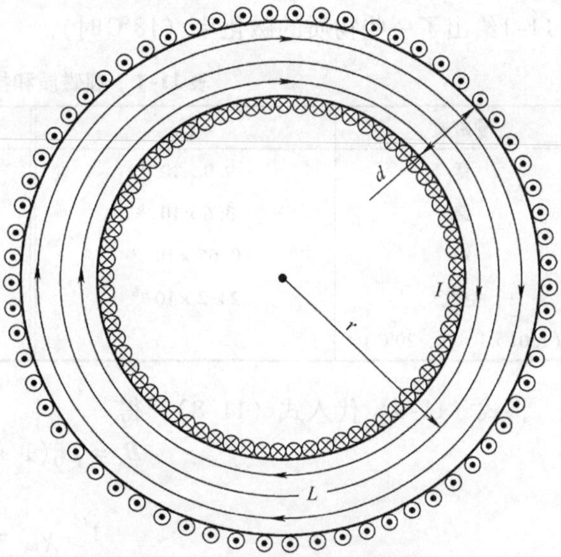

图 11-4　充满均匀磁介质的螺绕环

式（11-5）左边括号内的整体可看作一个新的与磁场性质有关的矢量，于是令

$$\boldsymbol{H} = \frac{\boldsymbol{B}}{\mu_0} - \boldsymbol{M} \tag{11-6}$$

矢量 $\boldsymbol{H}$ 称为**磁场强度**。$\boldsymbol{H}$ 的单位与 $\boldsymbol{M}$ 的单位相同，即为 A/m。

将式（11-6）代入式（11-5）得

$$\oint_L \boldsymbol{H} \cdot \mathrm{d}\boldsymbol{l} = \sum I \tag{11-7}$$

式（11-7）就是**有磁介质时的安培环路定理，它表明磁场强度 $\boldsymbol{H}$ 沿任一闭合曲线的线积分（$\boldsymbol{H}$ 的环流），等于该闭合曲线所包围的各传导电流（强度）的代数和**，而与磁化电流 I_s 无关。若采用磁场强度 $\boldsymbol{H}$ 来表征磁场特性，那么无论空间中有无磁介质存在，式（11-7）都能适用，因此它是安培环路定理的普遍形式。

磁场强度 由式（11-6）所定义的磁场强度矢量 $\boldsymbol{H}$，它与磁感应强度的关系可写成

$$\boldsymbol{B} = \mu_0\boldsymbol{H} + \mu_0\boldsymbol{M} \tag{11-8}$$

关于磁场，我们引入了两个物理量：磁感应强度 $\boldsymbol{B}$ 和磁场强度 $\boldsymbol{H}$。但应该注意，真正具有物理意义的、确定磁场中运动电荷或电流所受作用力的是 $\boldsymbol{B}$，而不是 $\boldsymbol{H}$。在磁学中，$\boldsymbol{H}$ 仅仅是一个辅助量，它与电学中的电位移 $\boldsymbol{D}$ 的作用相当。所以在已知传导电流 $\boldsymbol{I}$ 分布的条件下，利用安培环路定理，由式（11-7）求出 $\boldsymbol{H}$ 的分布后，还必须通过式（11-8）求出 $\boldsymbol{B}$。式（11-8）具有非常明确的物理意义。在螺绕环这种磁介质均匀且充满整个磁场的情况下，传导电流所产生的磁场是 $\mu_0\boldsymbol{H}$，磁化电流所产生的磁场是 $\mu_0\boldsymbol{M}$，因此总磁感应强度是两者之和。

***B*、*H*、*M* 之间的关系** 实验证明，对于各向同性的磁介质，在磁介质中任一点磁化强度 $\boldsymbol{M}$ 和磁场强度 $\boldsymbol{H}$ 成正比，即

$$\boldsymbol{M} = \chi_m\boldsymbol{H} \tag{11-9}$$

式中，比例系数 χ_m 称为磁介质的**磁化率**。对于大多数磁介质来说 χ_m 是很小的常数，其值与介质的物质结构有关。χ_m 的值可由实验测定。顺磁质和抗磁质的区别在于 χ_m 的正负，表 11-1给出了一些物质的磁化率（18℃时）。

表 11-1 顺磁质和抗磁质的磁化率

顺磁质	χ_m	抗磁质	χ_m
锰	9.9×10^{-6}	铋	-1.35×10^{-6}
铬	3.6×10^{-6}	铜	-0.086×10^{-6}
铝	0.65×10^{-6}	银	-0.20×10^{-6}
空气（1.01×10^5Pa，20℃）	24.2×10^{-6}	氢	-1.97×10^{-6}

将式（11-9）代入式（11-8），得

$$\boldsymbol{B} = \mu_0(1+\chi_m)\boldsymbol{H} \tag{11-10}$$

令

$$1+\chi_m = \mu_r \tag{11-11}$$

可将式（11-11）化为

$$\boldsymbol{B} = \mu_0\mu_r\boldsymbol{H} = \mu\boldsymbol{H} \tag{11-12}$$

及

$$\boldsymbol{B} = \frac{\mu}{\chi_m}\boldsymbol{M} \tag{11-13}$$

式中，$\mu=\mu_0\mu_r$，称 μ 为**磁导率**，μ_r 为**相对磁导率**；$\mu_r=\mu/\mu_0$ 是一个量纲为 1 的纯数。因为顺磁质 $\chi_m>0$，抗磁质 $\chi_m<0$，所以顺磁质 $\mu_r>1$，抗磁质 $\mu_r<1$。

例题 11-1 如图 11-5 所示，一磁导率为 μ_1 的无限长磁介质圆柱体，其半径为 R_1，其中

通有电流I，且电流沿横截面均匀分布。在该磁介质圆柱的外面有一半径为R_2的无限长同轴圆柱面，二者之间充满磁导率为μ_2的均匀磁介质，圆柱面外为真空。在圆柱面上通有相反方向的电流I。试求：(1) 圆柱体内($r < R_1$)任一点的磁感应强度$\boldsymbol{B}_1$；(2) 圆柱体外与圆柱面内($R_1 < r < R_2$)任一点的磁感应强度$\boldsymbol{B}_2$；(3) 圆柱面外($r > R_2$)任一点Q的磁感应强度$\boldsymbol{B}_3$。

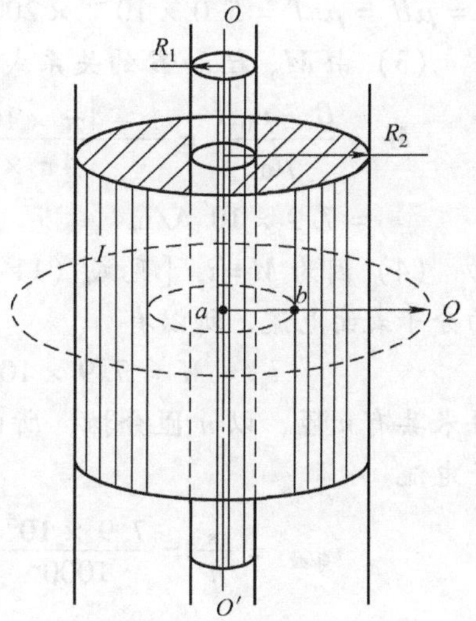

图11-5　例题11-1图

解　这两个无限长的同轴圆柱体和圆柱面，当有电流通过时，它们所产生的磁场是轴对称分布的。

(1) 设圆柱体内任一点a到轴的垂直距离为r($r < R_1$)，在垂直于圆柱轴的平面上，以轴与平面的交点为圆心，r为半径作圆，取该圆周为积分回路，根据对称性可知，圆周上各点$\boldsymbol{H}$的方向沿着圆的切线方向，与电流I满足右手螺旋定则；圆周上各点$\boldsymbol{H}$的大小相等。应用有磁介质时的安培环路定理有

$$\oint_L \boldsymbol{H}_1 \cdot \mathrm{d}\boldsymbol{l} = H_1 \int_0^{2\pi r} \mathrm{d}l = H_1 \cdot 2\pi r = \sum I = \frac{I}{\pi R_1^2} \cdot \pi r^2 = I \frac{r^2}{R_1^2}$$

由此得

$$H_1 = \frac{Ir}{2\pi R_1^2}$$

由$B_1 = \mu_1 H_1$，得

$$B_1 = \mu_1 H_1 = \frac{\mu_1 I r}{2\pi R_1^2}$$

(2) 同理，当$R_1 < r < R_2$时，根据有磁介质时的安培环路定理得

$$\oint_L \boldsymbol{H}_2 \cdot \mathrm{d}\boldsymbol{l} = H_2 \int_0^{2\pi r} \mathrm{d}l = H_2 \cdot 2\pi r = \sum I = I$$

$$H_2 = \frac{I}{2\pi r}, B_2 = \mu_2 H_2 = \frac{\mu_2 I}{2\pi r}$$

(3) 同理，当$r > R_2$时，根据有磁介质时的安培环路定理得

$$\oint_L \boldsymbol{H}_3 \cdot \mathrm{d}\boldsymbol{l} = = \sum I = 0$$

$$H_3 = 0, B_3 = \mu_0 H_3 = 0$$

本例说明，引入了磁场强度$\boldsymbol{H}$以后，讨论磁介质中的磁场时，计算比较简便。

例题11-2　如图11-6所示，在磁导率$\mu = 5.0 \times 10^{-4}$Wb/A·m的磁介质圆环上，均匀密绕着线圈，其每米长度的匝数$n = 1000$匝，线圈中通有电流$I = 2.0$A。试计算环内的：(1) 磁场强度；(2) 磁感应强度；(3) 磁介质的磁化强度；(4) 每米长度的磁化分子表面电流。

解　(1) 螺绕环内充满磁介质时，$\boldsymbol{H}$与磁芯物质无关，根据有磁介质时的安培环路定理（计算H的方法与第10章中计算螺绕环中的$\boldsymbol{B}$相似），当螺绕环截面面积很小时有

$$H = nI = 1000 \times 2.0\text{A/m} = 2000\text{A/m}$$

(2) 根据$\boldsymbol{H}$与$\boldsymbol{B}$的关系式

$B = \mu H = \mu nI = 5.0 \times 10^{-4} \times 2000\text{Wb/m}^2 = 1\text{Wb/m}^2$

(3) 由 **M**、**H** 和 **B** 的关系式，在螺绕环中有

$$M = \frac{B - \mu_0 H}{\mu_0} = \frac{1 - 4\pi \times 10^{-7} \times 2000}{4\pi \times 10^{-7}}\text{A/m}$$
$$= 7.9 \times 10^5\text{A/m}$$

(4) 因为 $M = i_s$ [见式 (11-3)]，i_s 为单位长度的分子表面电流，所以有

$$i_s = M = 7.9 \times 10^5\text{A/m}$$

每米共有 n 匝，以 n 匝分摊，所以每匝相应的磁化分子电流

$$i_{等效} = \frac{i_s}{n} = \frac{7.9 \times 10^5}{1000}\text{A} = 790\text{A}$$

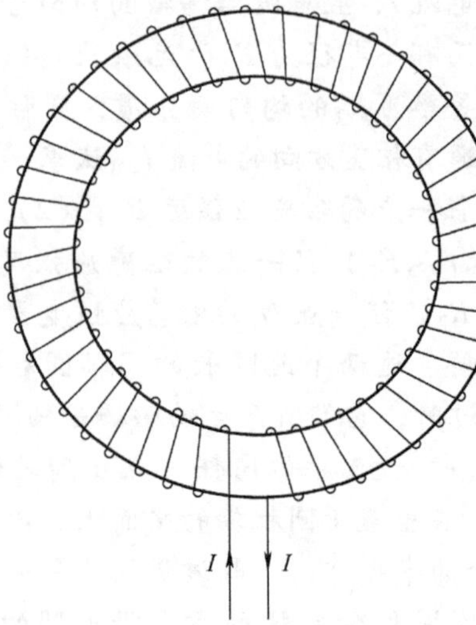

图 11-6　例题 11-2 图

11.3　铁磁质

铁磁质具有很大的磁导率，在外磁场作用下，将产生与外磁场同向的、非常大的附加磁场，它的相对磁导率 $\mu_r >> 1$ 且不是恒量，而是随所在处的磁场强度 **H** 而变化的，即 μ_r 是 **H** 的**复杂函数**。当外磁场撤除后，仍然保留部分磁性，叫作**剩磁现象**，每一种铁磁质都存在有一个被称为**居里点**的特殊温度，超过这个温度则铁磁质要转变为顺磁质。铁磁质的某些特点，可用下列实验曲线表示。

磁化曲线　研究铁磁质磁化现象的实验装置如图 11-7所示，将铁磁质样品做成环状，放入一螺绕环 A 中（原线圈），并和电源 $\mathscr{E}$ 相连接，当螺绕环中通以电流 I 时，铁心中的磁场强度

$$H = nI$$

式中，n 为螺绕环单位长度上的匝数。

在环上绕有另一线圈 B（副线圈），与冲击电流计 G 相连接。当原线圈中电流在 Δt 时间内从零增至 I 时，副线圈中将产生感应电动势，而有相应的感应电荷量 q 通过冲击电流计，由此可以推证铁心中的磁感应强度（见例 12-1）

$$B = \frac{qR}{NS}$$

式中，R 为副线圈电路中的总电阻，N 为副线圈的总匝数，S 为环形铁心的横截面面积。

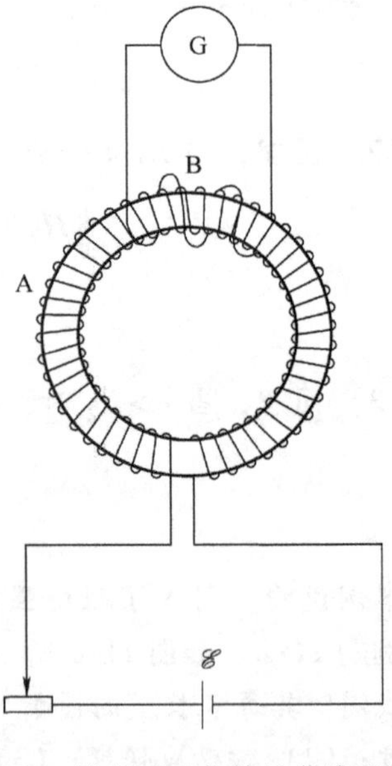

图 11-7　铁磁质磁化特性曲线的测定

因此对于不同的电流 I，就可以测定出相应的 B、H 值，应用公式 $\mu = B/H$ 及 $M = (B/\mu_0) - H$，再计算出对应的 μ 和 M 值。

由实验结果绘制成 $M-H$、$B-H$ 及 $\mu-H$ 曲线，称为**磁化曲线**，如图 11-8 所示。

在 $M-H$ 曲线（见图 11-8a）中，可以看到，磁化强度 M 开始磁化后是随磁场强度 H

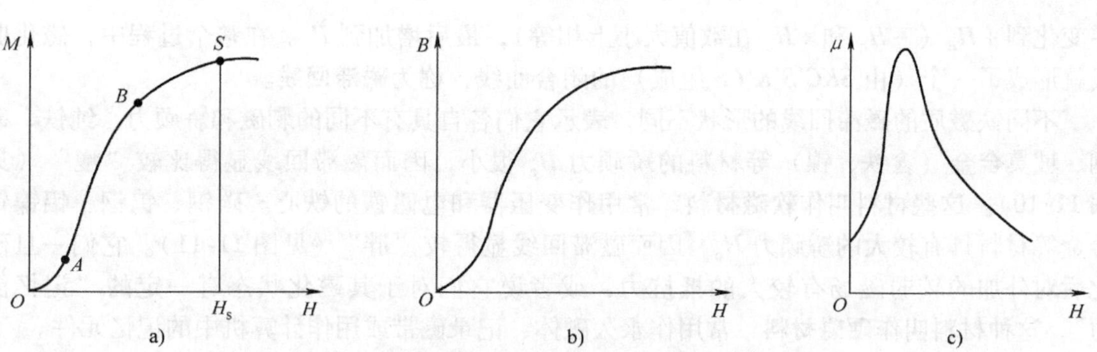

图 11-8　铁磁质的磁化曲线

a) $M-H$ 曲线　b) $B-H$ 曲线　c) $\mu-H$ 曲线

而增加的，最初增加较慢（OA 段），接着急剧增加（AB 段），随后又较慢增加（BS 段），最后当 H 达到一定的强度 H_s 后，M 的数值不再因 H 的增加而改变，即达到**饱和状态**。由于 $\boldsymbol{B}=\mu_0\boldsymbol{M}+\mu_0\boldsymbol{H}$，并且 $B>>\mu_0 H$，所以 $B\approx\mu_0 M$。$B-H$ 曲线（见图 11-8b）的变化情况与 $M-H$ 曲线十分相似。因此铁磁质的磁化特性也常用 $B-H$ 曲线来表示。由于 B 与 H 之间并不是直线关系，铁磁质的磁导率 μ 也随 H 的增加而有不同的数值，如图 11-8c 所示。

磁滞回线　实验证明，各种铁磁质的起始磁化曲线都是“不可逆”的，即当铁磁质达到饱和后，如果使 H 减小，这时 B 也要减小，但不沿原来磁化曲线逆向逐渐下降，而是减小得比原来增加时慢，如图 11-9 中 SK 线段所示。当 $H=0$ 时，铁磁质仍保持一定的磁性（见图 11-9 中的 B_r），这种现象称为**磁滞效应**。H 恢复到零时铁磁质内仍保留的磁化状态称为**剩磁**。

要想消除剩磁，必须改变电流的方向，逐渐增大反向电流，当 H 由零变到 $-H_c$ 时 $B=0$（图中的 KC' 段），这个使铁磁质中的 B 完全消失的 H_c 值叫作铁磁质的**矫顽力**。

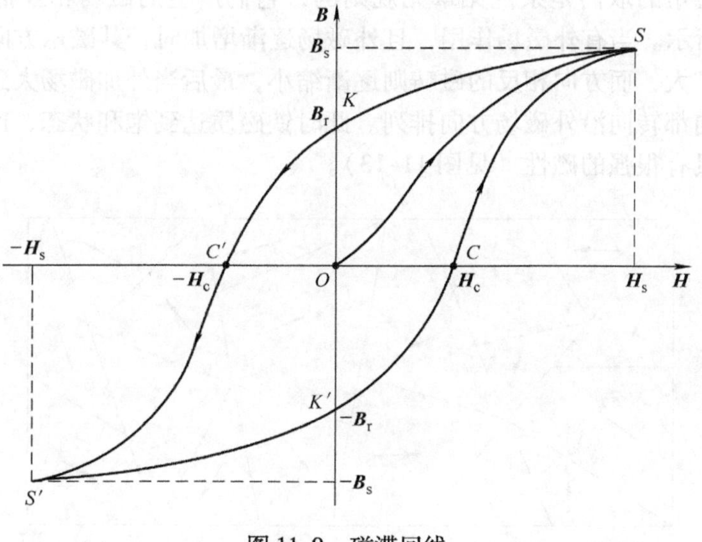

图 11-9　磁滞回线

然后使 H 由 $-H_c$ 变化到 $-H_s$，使铁磁质达到反向饱和状态后，再由 $-H_s$ 变化到零，由

零变化到 $+H_c$（$-H_c$ 和 $+H_c$ 在数值大小上相等），最后增加到 H_s。在整个过程中，磁化曲线就形成了一个（由 $SKC'S'K'CS$ 组成）的闭合曲线，称为**磁滞回线**。

不同铁磁质的磁滞回线的形状不同，表示它们各自具有不同的剩磁和矫顽力。纯铁、硅钢、坡莫合金（含铁、镍）等材料的矫顽力 H_c 很小，因而磁滞回线显得比较“瘦”（见图 11-10）。这些材料叫作**软磁材料**，常用作变压器和电磁铁的铁心。碳钢、钨钢、铝镍钴合金等材料具有较大的矫顽力 H_c，因而磁滞回线显得较“胖”（见图 11-11）。它们一旦磁化后对外加的较弱磁场有较大的抵抗力，或者说它们对于其磁化状态有一定的“记忆能力”，这种材料叫作**硬磁材料**，常用作永久磁体、记录磁带或用作计算机中的记忆元件。

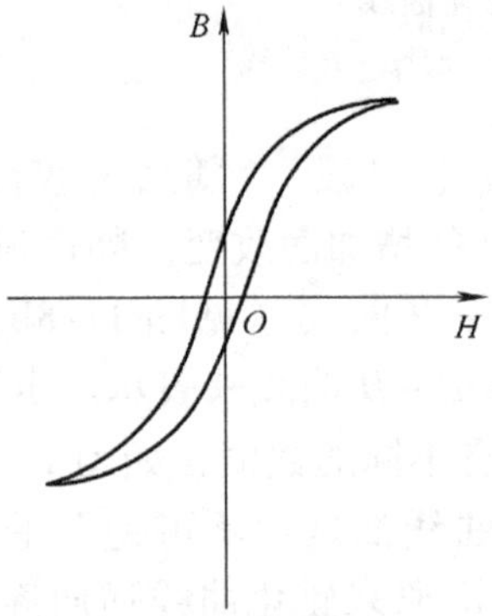

图 11-10 软磁材料的磁滞回线

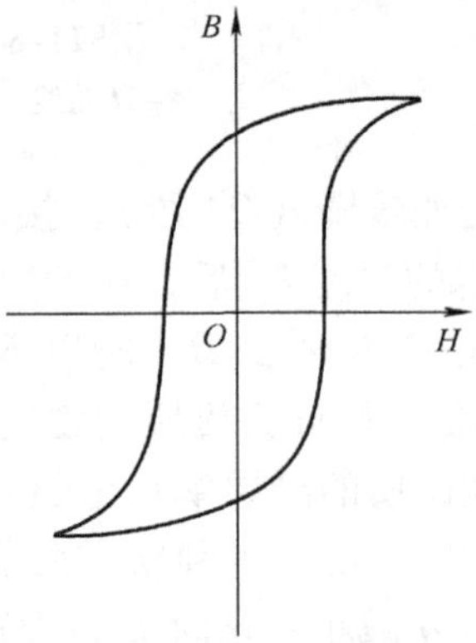

图 11-11 硬磁材料的磁滞回线

磁畴 铁磁质磁化的根源还可以用“磁畴”理论来解释。在铁磁质内部存在着无数个体积约为 10^{-12}m^3 的小区域，小体积内包含 $10^{12}\sim10^{15}$ 个原子。在每个小区域中，所有原子的磁矩都按一定的方向整齐排列，形成一个自发磁化几乎饱和的整体，称为**磁畴**。在无外磁场时，各磁畴的磁矩的取向是杂乱无章无规则的，它们产生的磁场相互抵消，对外不显磁性，如图 11-12 所示。当有外磁场作用，且外磁场逐渐增加时，其磁矩方向和外磁场方向相近的磁畴就逐渐扩大，而方向相反的磁畴则逐渐缩小，最后当外加磁场大到一定程度后，所有磁畴的磁矩方向都转向沿外磁场方向排列。此时铁磁质达到饱和状态，产生很强的附加磁场，因而铁磁质具有很强的磁性（见图 11-13）。

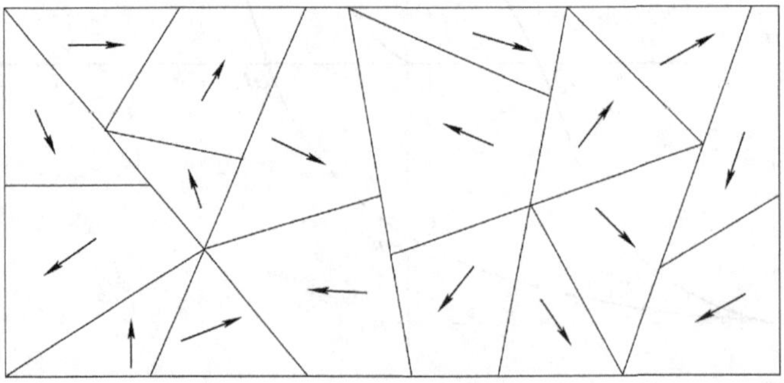

图 11-12 铁磁质内的磁畴示意图

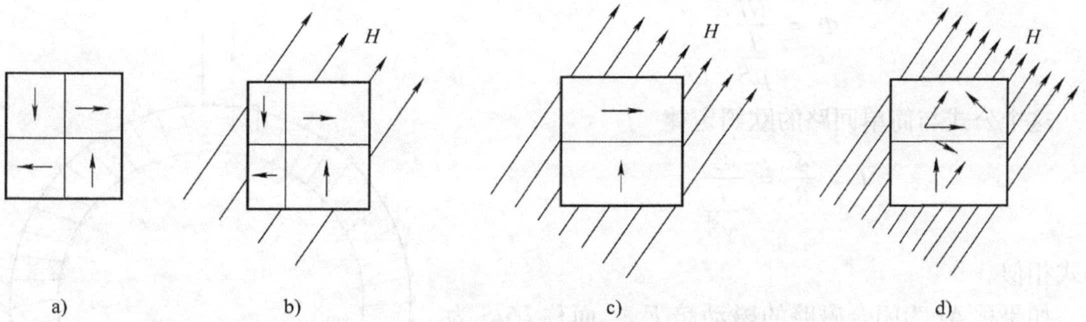

图 11-13　由磁畴的观点说明铁磁质的磁化过程

由于磁化过程的不可逆性。在外磁场取消后，各磁畴之间的某种排列仍保留下来，因而表现为剩磁和磁滞现象。振动和加热能促进去磁作用，也可证实上述观点。

实验指出，把铁磁质放到周期性变化的磁场中被反复磁化时，铁磁质会发热、温度升高，变压器或其他交流电磁装置的铁心在工作时由于反复磁化发热而引起的能量损失叫作**磁损或铁损**。它与磁滞回线所包围的面积成正比。

当温度高于居里点时，分子热运动的能量足以使磁畴瓦解，失掉铁磁质的特性而成为普通的顺磁质。

11.4　简单磁路

磁路的一般概念　我们知道，稳恒电流一定是闭合的，稳恒电流通过的路径称之为**电路**。由于磁感应线也是闭合的，仿此，我们把磁感应通量（磁通）通过的区域称为**磁路**。然而这种仿照只是形式上的，本质上是有区别的，在电路中有真正的实物粒子（带电粒子）做定向运动，而在磁路中却没有什么具体东西沿着闭合回路流动。

引入磁路概念有一定的实际意义。由于铁磁性材料具有很大的磁导率，我们可以把铁磁体做成一定的形状，从而使大部分磁感应通量集中在一定的回路中通过。这样有可能把磁场的问题简化成磁路问题来处理。譬如电动机、变压器、电工仪表及继电器等设备的“铁心”都是采用铁磁材料，根据工程上的需要，将铁心做成各种特定形状，磁通量几乎全部局限在铁心范围内通过，形成明显的闭合磁路。

研究磁路的规律仍然是运用磁场的高斯定理和安培环路定理。不过由于磁路和电路有其相似性，可以把磁路的规律写成与电路规律相似的形式，这样可用类比的方法，把研究电路规律时运用的一些概念及分析方法借用到磁路的研究中来。

磁路定理　现在来考虑图 11-14 所示装置，在截面面积为 S、长为 l、磁导率为 μ 的铁环上，绕以紧密的线圈 N 匝。设线圈中通过的电流为 I，由安培环路定理知

$$\oint \boldsymbol{H} \cdot \mathrm{d}\boldsymbol{l} = \sum I$$

把上式应用到环中任一磁感应线上得到

$$Hl = NI$$

通过任一截面的磁通量为 $\Phi = BS = \mu HS$，因此，

$$\Phi = \frac{NI}{\frac{l}{\mu S}}$$

这个公式与简单回路的欧姆定律

$$I = \frac{\mathscr{E}}{R} = \frac{\mathscr{E}}{\frac{l}{\gamma S}}$$

形式相似。

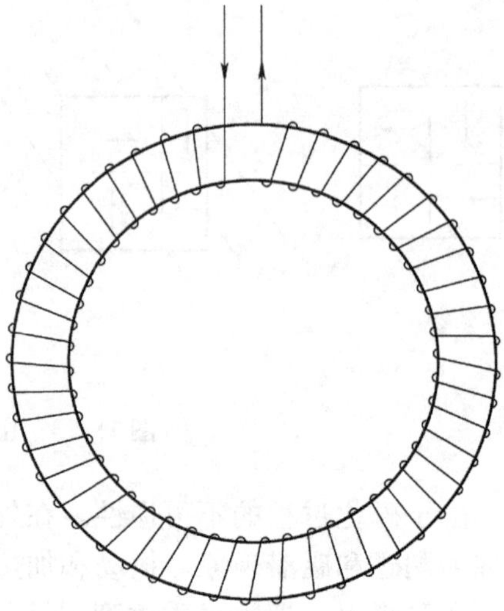

图 11-14 磁路定理推导用图

如果称 NI 为闭合磁路的**磁动势** F_m，而称 $l/\mu S$ 为闭合磁路的**磁阻** R_m，则磁通与电流相当，可记为

$$\Phi = \frac{F_m}{R_m} \tag{11-14}$$

式（11-14）称为磁路的欧姆定理，F_m 的单位为 A，R_m 的单位为 A/Wb。

另外，安匝数也是磁路中磁动势（简称磁势）的单位，根据安培环路定理，磁动势 $\boldsymbol{F}_m = \oint \boldsymbol{H} \cdot d\boldsymbol{l}$。它反映的是电流产生磁场的能力，若与电路的电源比较，可将它理解为“磁源”。对于均匀的磁路 $F_m = \oint \boldsymbol{H} \cdot d\boldsymbol{l} = \sum I$，在线圈产生的磁场中，就是流过线圈的电流与线圈的匝数的乘积。所以单位为：安匝数，而“匝”本身不是量纲，所以又常常用“安培”作为磁动势的单位。

如果在上述铁环中留有空气隙，如图 11-15 所示，则根据安培环路定理，有

$$Hl + H_0 l_0 = NI$$

式中，H、H_0分别代表铁环中和空气隙中的磁场强度；l、l_0分别代表铁环和空气隙的长度；N 为线圈的匝数。因为铁环中和空气隙中的磁感应强度分别是 $B=\mu H$ 和 $B_0=\mu_0 H_0$，磁通量为 $\Phi=BS=B_0S$，因此上式可化为

$$\Phi = \frac{NI}{\frac{l}{\mu S} + \frac{l_0}{\mu_0 S}} = \frac{F_m}{R_{ml} + R_{m0}} = \frac{F_m}{R_m}$$

式中，R_m 表示铁环的磁阻 R_{ml}和空气隙的磁阻 R_{m0}之和，上式表明，与串联电路相似，串联磁路的磁阻等于串联各部分磁阻之和。

再看磁路并联组合的情形，图 11-16 所示是一个有分支的磁路。设磁路中部的磁通量为 Φ，另外两个分支磁路中的磁通量分别为 Φ_1 和 Φ_2，根据磁通量的连续性，有

$$\Phi = \Phi_1 + \Phi_2$$

图中两个分支磁路并联后，还与中部绕有线圈的一段磁路串联，故对每个分支磁路由安培环路定理可得

$$F_m = NI = \Phi R_{m\Phi} + \Phi_1 R_{m1}$$

$$F_m = NI = \Phi R_{m\Phi} + \Phi_2 R_{m2}$$

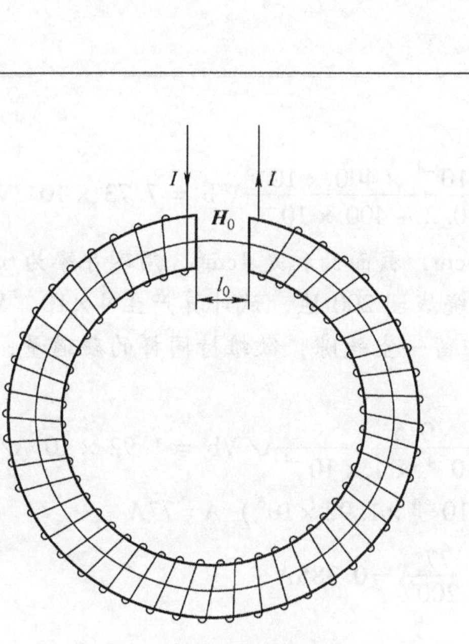

图 11-15 串联磁路

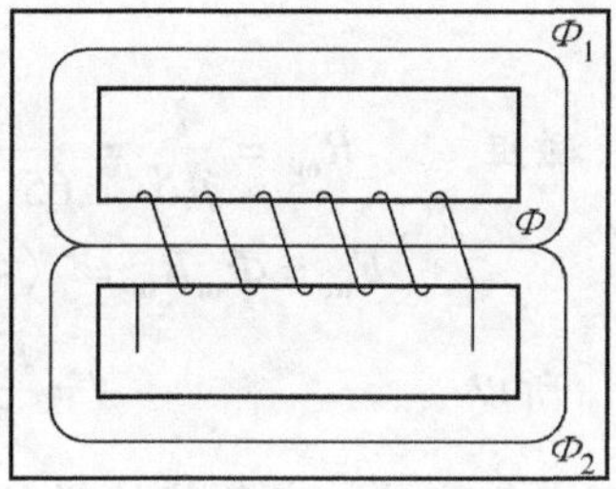

图 11-16 并联磁路

式中，R_{m1}、R_{m2} 和 $R_{m\Phi}$ 分别是每个分支磁路及中部磁路的磁阻，由以上三式可求得

$$\Phi = \frac{F_m}{R_m + R_{m\Phi}}$$

式中，$\frac{1}{R_m} = \frac{1}{R_{m1}} + \frac{1}{R_{m2}}$。

与并联电路相似。并联磁阻的倒数等于分支磁路磁阻的倒数之和。

在设计中，有关磁路计算的问题可分为两大类：一是已知铁心上绕组的匝数和绕组中的电流求磁通（即磁感应强度）；二是已知磁路中所需的磁通（即铁心中或气隙中的磁感应强度）求铁心上绕组的匝数和电流（即磁通势）。

下面就这两类问题，分别举例说明。

例题 11-3 铁环平均半径为 $R=20$cm，横截面为边长 4.0cm 的正方形，环上绕有 500 匝表面绝缘的导线线圈。导线中通有电流 1.0A，铁环此时的相对磁导率为 $\mu_r=400$。试求：(1) 通过环横截面的磁通量；(2) 若在环上锯开宽为 1.0mm 的空气隙，则此时通过环截面积的磁通量减小量是多少？

解 (1) 设通过横截面面积的磁通量为 Φ_m，由磁路定理可知

$$NI = \Phi_m R_m$$

而

$$R_m = \frac{l}{\mu_r \mu_0 S}$$

所以

$$\Phi_m = \frac{NI}{R_m} = \frac{NI\mu_0\mu_r S}{l} = \frac{500 \times 1 \times 4\pi \times 10^{-7} \times 400 \times 16 \times 10^{-4}}{2\pi \times 0.2}\text{Wb} = 3.2 \times 10^{-4}\text{Wb}$$

(2) 当环上有空气隙后，磁路的磁阻变为

$$R'_m = \left(\frac{l}{\mu_0\mu_r S} + \frac{\Delta l}{\mu_0 S}\right)（隙宽很小）$$

磁通量变为 Φ'_m，可认为锯前锯后的磁动势相同，所以有

$$\frac{\Phi_m l}{\mu_0\mu_r S} = \Phi'_m\left(\frac{l}{\mu_0\mu_r S} + \frac{\Delta l}{\mu_0 S}\right)$$

整理后可得

$$\Phi_m - \Phi'_m = \frac{\Phi_m \cdot \mu_r \Delta l}{l + \mu_r \Delta l} = \frac{3.2 \times 10^{-4} \times 400 \times 10^{-3}}{2\pi \times 0.2 + 400 \times 10^{-3}} \mathrm{Wb} = 7.73 \times 10^{-5} \mathrm{Wb}$$

例题 11-4 设螺绕环的平均长度为 50cm，截面面积是 $4\mathrm{cm}^2$，用磁导率为 $65\times10^{-4}\mathrm{Wb/(A\cdot m)}$ 的材料做成。试问：(1) 若环上绕线圈 200 匝，试计算产生 $4\times10^{-4}\mathrm{Wb}$ 的磁通量所需要的电流；(2) 若将环切去 1mm，即留一空气隙，欲维持同样的磁通量，则需要的电流变为多少？

解 (1) 磁阻 $$R_m = \frac{l}{\mu S} = \frac{0.5}{65\times10^{-4}\times4\times10^{-4}}\mathrm{A/Wb} = 1.92\times10^5\mathrm{A/Wb}$$

磁动势 $$F_m = \Phi_m R_m = (4\times10^{-4}\times1.92\times10^5)\ \mathrm{A} = 77\mathrm{A}$$

因为 $F_m = NI$，所以 $$I = \frac{F_m}{N} = \frac{77}{200}\mathrm{A} = 0.385\mathrm{A}$$

(2) 当有空气隙时，空气隙的磁阻为

$$R'_m = \frac{l'}{\mu_0 S} = \frac{10^{-3}}{4\pi\times10^{-7}\times4\times10^{-4}}\mathrm{A/Wb} = 2\times10^6\mathrm{A/Wb}$$

环长度的微小变化可略去不计，它的磁阻与先前相同，仍为 $1.92\times10^5\mathrm{A/Wb}$，而空气隙虽然只长 1mm，它的磁阻却要比铁环大近 10 倍，这时全部磁路的总磁阻为 $R_m + R'_m = 22\times10^5\mathrm{A/Wb}$。

欲维持同样的磁通量所需的磁动势为 $$F'_m = \Phi_m(R_m + R'_m) = 880\mathrm{A}$$

所需电流为 $$I' = \frac{F'_m}{N} = 4.4\mathrm{A}$$

通过这个例子我们可以看到空气隙对于磁路的影响，由于空气的磁导率（近似等于 μ_0）比铁磁质的磁导率 μ 要小得多，所以空气隙的长度虽短，它的磁阻却有可能比铁心大得多，所需线圈的磁动势也很大。可见，磁路中有空气隙时，维持相同的磁通所需线圈的磁动势大大地增加，这是在设计电磁铁和制造电动机时必须重视的问题。

还必须指出，以上两个例子中，磁导率都是事先给定的，这是不合实际的。因为铁磁质的磁导率随 H（也随 B）、随 Φ 而变，不是一个常量，也不可能是已知的，必须从相应材料的磁化曲线上查出其值，所以磁化曲线是磁路设计中的重要依据。

本章提要

三种磁介质

顺磁质（$\mu_r > 1$）；抗磁质（$\mu_r < 1$）；铁磁质（$\mu_r \gg 1$）。

顺磁质、铁磁质的分子（或原子）有固有磁矩，每一种磁介质的分子在外磁场中都要产生附加磁矩。

几个主要物理量

1. 磁介质磁化后的总磁感应强度

$$\boldsymbol{B} = \boldsymbol{B}_0 + \boldsymbol{B}'$$

2. 磁化强度矢量

$$M = \frac{\sum m}{\Delta V}$$

3. 磁场强度

$$H = \frac{B}{\mu_0} - M$$

4. 各向同性磁介质

$$H = \frac{B}{\mu_0 \mu_r} = \frac{B}{\mu}$$

有磁介质时的安培环路定理

$$\oint_L H \cdot \mathrm{d}l = \sum I \quad \text{（传导、稳恒电流 } I\text{）}$$

铁磁质

当$\mu_r >> 1$时，且不为恒量，它随外磁场而变化，有磁滞现象。

习　题

11-1　回答下列问题：

（1）有两根铁棒，外形完全相同，其中一根为磁铁，另一根则不是，你怎样才能把它们区别开来？不能使用仪器，也不可将任一根棒作为磁针悬挂起来。

（2）两种不同磁性材料做的小棒，放在磁铁的两个磁极之间，小棒被磁化后在磁极间处于不同的方位，如题11-1图所示。试指出哪一个是顺磁质材料做成的，哪一个是抗磁质材料做成的？

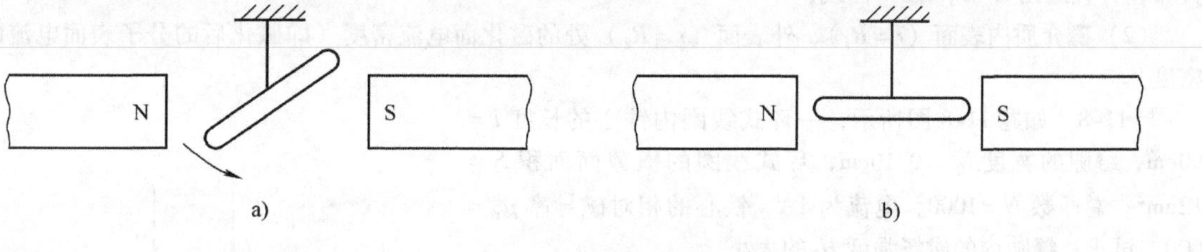

题11-1图

（3）安培表面电流与传导电流有什么不同？引入安培表面电流这一概念，有什么用处？

（4）铁磁材料的相对磁导率μ_r是否有恒定的数值？它的数值是怎样知道的？在磁化曲线和磁滞回线上的各点，比值B/H有什么意义？比值$\Delta B/\Delta H$（或$\mathrm{d}B/\mathrm{d}H$）又有什么意义？

11-2　设某材料的磁化率为754×10^{-5}，试计算该材料的相对磁导率和磁导率。

11-3　螺绕环的导线内通有电流20A，利用冲击电流计测得环内磁感应强度的大小是$1.0\mathrm{Wb/m^2}$，已知环的平均周长是40cm，密绕着导线400匝，试计算：（1）磁场强度；（2）磁化强度；（3）磁化率；（4）磁化面电流和相对磁导率。

11-4　一螺绕环中心周长为$l=10\mathrm{cm}$，环上密绕线圈匝数$N=200$匝，线圈中通有电流$I=100\mathrm{mA}$。

（1）求管内的磁感应强度B_0和磁场强度H_0。

（2）若管内充满相对磁导率$\mu_r=4200$的磁介质时，则管内的B和H又是多少？

（3）磁介质内由导线中电流产生的B_0和由磁化电流产生的B'各是多少？

11-5　一环形铁心横截面的直径为4.0mm，环的平均半径$R=15\mathrm{mm}$，环上密绕着200匝线圈，如题

11-5 图所示，当线圈导线中通有 25mA 的电流时，铁心的相对磁导率 $\mu_r = 300$，求通过铁心横截面的磁通量。

11-6 有一圆柱形无限长磁介质圆柱体，其相对磁导率为 μ_r，半径为 R，今有电流 I 沿轴线方向均匀分布，试求：

(1) 圆柱体内（$r<R$）任一点的 B；

(2) 圆柱体外（$r>R$）任一点的 B；

(3) 通过长为 L 的圆柱体的纵截面的一半的磁通量。

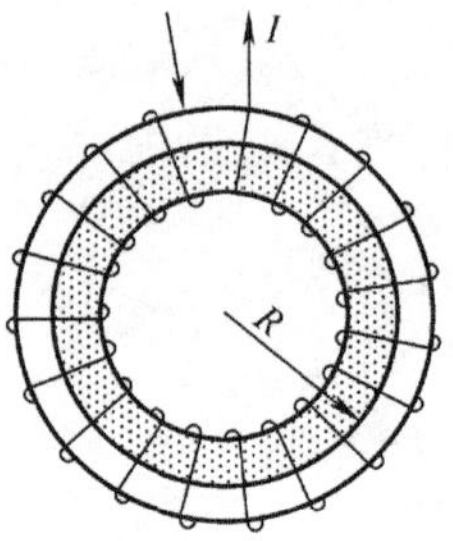

题 11-5 图

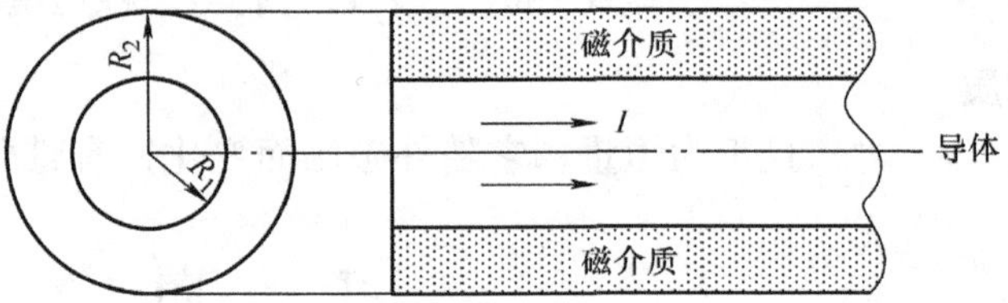

题 11-7 图

11-7 一根无限长的直圆柱形铜导线，外包一层相对磁导率为 μ_r 的圆筒形磁介质，导线半径为 R_1，磁介质的外半径为 R_2，导体内有电流 I 通过，如题 11-7 图所示。试求：

(1) 铜导线内（$0<r<R_1$）、磁介质内（$R_1<r<R_2$）、外（$r>R_2$）的磁场强度 $\boldsymbol{H}$ 和磁感应强度 $\boldsymbol{B}$ 的分布，并且画出 $H-r$，$B-r$ 曲线；

(2) 磁介质内表面（$r=R_1$）、外表面（$r=R_2$）处的磁化面电流密度（即磁化后的分子表面电流的线密度）。

*11-8 如题 11-8 图所示，一环式线圈内铁心的长度 $l=60\text{cm}$，缝隙的宽度 $l_0=0.10\text{cm}$，环式线圈的横截面面积 $S=12\text{cm}^2$，总匝数 $N=1000$，电流为 1A，铁心的相对磁导率 $\mu_r=600$，试求：缝隙内的磁场强度 H_0 的大小。

11-9 在铁磁质磁化特性的测量实验中，设所用的环形螺线管上共有 100 匝线圈，平均半径为 15.0cm，当通有 2.0A 电流时，测得环内磁感应强度 $B=1.0\text{T}$，试求：

(1) 螺绕环铁心内的磁场强度 H；

(2) 该铁磁质的磁导率 μ 和相对磁导率 μ_r；

(3) 已磁化的环形铁心的面束缚电流密度。

11-10 某电钟里有一铁心线圈，已知铁心的磁路长 14.4cm，空气隙宽 2.0mm，铁心横截面面积为 0.60cm^2，铁心的相对磁导率 $\mu_r=1600$。现在要使通过空气隙的磁通量为 $4.8\times10^{-6}\text{Wb}$，试求：

(1) 线圈电流的磁动势 NI；

(2) 若线圈两端电压为 220V，线圈消耗的功率为 20W，则线圈的匝数 N。

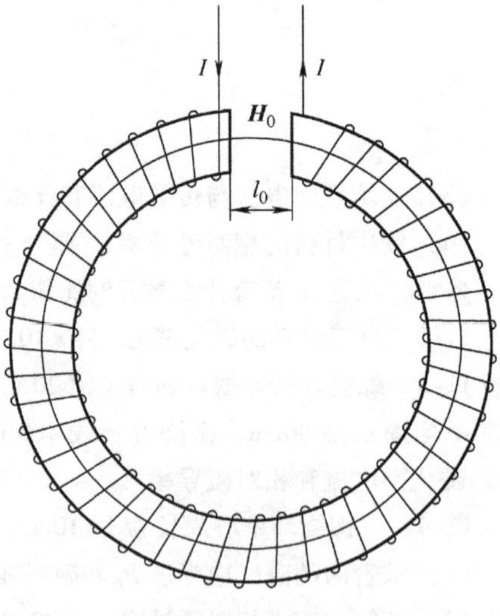

题 11-8 图

物理学与现代科学技术Ⅵ

磁　记　录

磁记录是现在使用得非常广泛的一种信息技术。它利用了铁磁材料的特性与电磁感应的规律。用来记录信息（如声音、图像或特殊信息）的铁磁材料常制成粉状而用黏结剂涂敷在特制的带、圆柱或圆盘的表面而称为磁带、磁鼓或磁盘。它的录音（或录像）和放音（或放像）的原理如下。

录音（或录像）时，需要一个录音磁头，它实际上是一个具有微小气隙的电磁铁。如图Ⅵ-1所示。录音时就使磁带靠近磁头的气隙通过。磁头的线圈内此时通入由声音或图像转化成的电信号，即强弱和频率都在改变着的电流。这电流将使铁心的磁化状态以及缝隙中的磁场发生同步的变化。这变化着的磁场将使在附近经过的磁带上的磁粉的磁化状态发生同步的变化。当磁粉离开磁头后，它的剩磁的强弱变化仍记录着相应于输入磁头的电流的变化，也就是相应于声音或图像信号的变化。这样就在磁带上记录下了声音或图像。

放音（或放像时），就让已录了音（或像）的磁带在磁头的气隙下面通过。磁带上铁粉的剩磁强弱的变化将引起铁心内磁通量的变化。这变化将在线圈内产生同步变化的感应电流。很明显，只要此时磁带移动的速度和录音时磁带移动的速度相同，此时线圈中产生的感应电流的变化将和录音时输入的信号电流的变化相同。将此电流放大再经过电－声转换或电－像转换就可以还原得到原来记录的声音或图像。

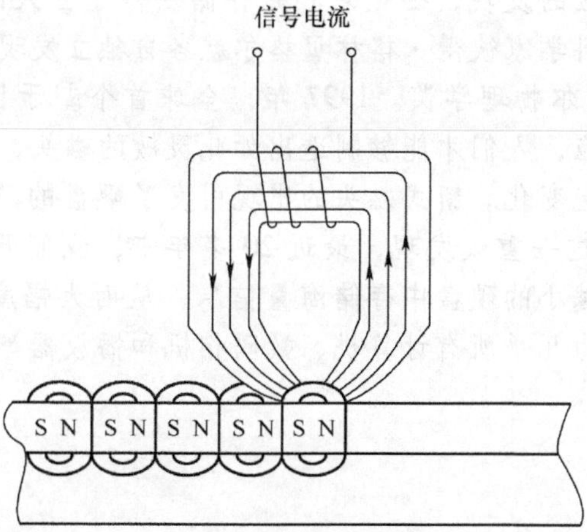

图Ⅵ-1　磁录音原理

要想把已记录了的声音或图像抹去，只要在磁带通过时在磁头的线圈内通以等幅振荡电流就可以了，这就是消音。

由于要起的作用不同，所以录音磁粉和磁头铁心所用的材料也不同。磁粉要记录声音或图像，并希望加以保存，所以应该具有较大的剩磁和矫顽力。因此磁粉应选用硬磁材料，即磁滞回线比较胖的材料（见图11-11）。对磁头铁心来说，要求它能及时准确地与信号发生同步的变化，所以要求它具有很小的剩磁，而且磁导率比较大。因此，铁心要选用软磁材料，即磁滞回线较瘦（见图11-10），而且磁化曲线比较陡（μ大）的材料。另外，由于磁化曲线在微弱磁场范围内有弯曲（见图11-8c）不是线性的，就容易使记录失真。为了避免这一缺点，就在与输入录音信号的同时，输入一个等幅振荡电流（频率比信号的最高频率大5~10倍），叫作偏磁电流。这样就能使要记录的信号只在磁化曲线的直线部分发生变化，从而减少了失真。

实用的录音机内的磁头的气隙宽度一般在1~10μm之间。录放兼用的磁头气隙宽度约3~5μm。一般家用录音机的带速为19cm/s（19.05cm/s）、9.5cm/s和4.8cm/s。19cm/s主要用于音乐，9.5cm/s主要用于背景音乐和语言，4.8cm/s主要用于长时间讲话。最近高保真录音机中也经常用38cm/s的带速。

磁记录除了记录声音或图像这种模拟记录外，还有数字记录。它记录的是二进制数字“1”（通）和“0”（断），因此磁粉只能处于正或负两种磁化状态之一。这种记录大量用在计算机的数据存储中。

在磁记录中，关键的性能参数是存储密度（介质中单位面积上存储信息的比特数）、存取时间、数据阅读速率及可靠性。磁记录进一步的发展本质上有赖于磁头的改进。今天人们很有兴趣的是用真空淀积薄膜制造磁头。与铁氧体磁头比较，薄膜磁头电感较低（因而数据速率较高），而且比特密度较大。近来已成功地把薄膜磁头引入硬盘驱动器。当前，人们抱着极大的兴趣将磁性材料的非晶态合金应用于这类薄膜，非晶态磁性合金是20世纪60年代发明的，薄膜形状的这类合金是20世纪70年代以后物理学家和材料科学家广泛研究的课题。目前正在积极探索应用这些材料制造出更好的磁头。

此外，由于巨磁阻效应的发现，磁记录和磁存储获得了巨大的进步。1988年，法国科学家阿尔贝·费尔和德国科学家彼得·格林贝格尔就各自独立发现了巨磁阻效应，因此，两人共同获得了2007年诺贝尔物理学奖。1997年，全球首个基于巨磁阻效应的读出磁头问世。正是借助了巨磁阻效应，人们才能够制造出如此灵敏的磁头，能够清晰读出较弱的磁信号，并且转换成清晰的电流变化。新式磁头的出现引发了硬盘的“大容量、小型化”革命。得益于“巨磁电阻”效应这一重大发现，最近20多年来，我们开始能够在笔记本计算机、音乐播放器等安装的越来越小的硬盘中存储海量信息，从而大幅度提高了数据存储的密度。目前，巨磁阻技术已经成为几乎所有计算机、数码相机和播放器等的标准技术。

第 12 章

电磁感应

12.1 电磁感应定律

电磁感应现象 1820 年奥斯特通过实验发现了电流的磁效应后，人们自然想到，能否反过来利用磁效应来产生电流。法拉第对这一问题进行了有目的的实验研究。经过多次失败，终于在 1831 年取得了突破性的进展，发现了电磁感应现象。他的实验大体上可归结为两类：一类实验是磁铁与线圈有相对运动时，线圈中产生了电流（见图 12-1）；另一类实验是当一个线圈中的电流发生变化时，在它附近的其他线圈中也会产生电流（见图 12-2）。法拉第将这些现象与静电感应类比，称它们为**电磁感应现象**。我们把线圈回路中产生的电流称为**感应电流**。对所有电磁感应实验的分析表明，感应电流的产生是由于导体回路所包围面积内的磁通量（磁感应强度 $\boldsymbol{B}$ 的通量）发生了变化。

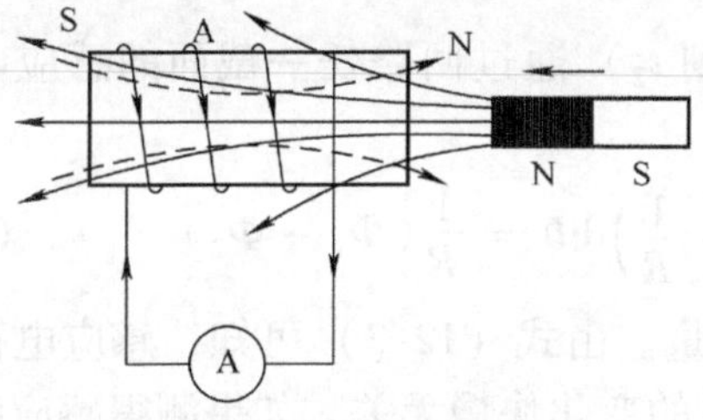

图 12-1 感应电流及其方向举例之一

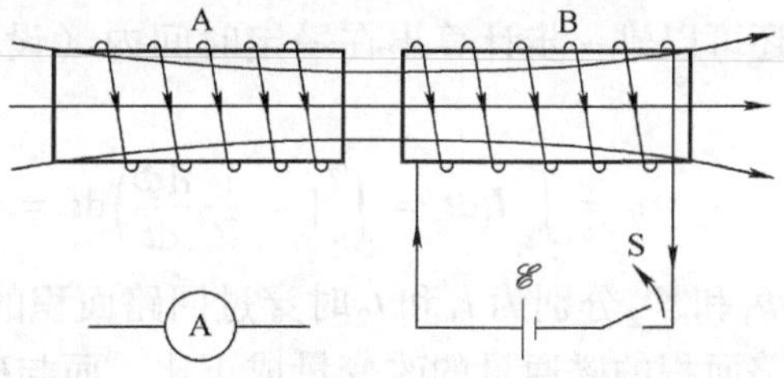

图 12-2 感应电流及其方向举例之二

楞次定律 1833 年，楞次概括了实验结果，得出了判断感应电流方向的楞次定律：**闭合回路中感应电流的方向，总是企图使感应电流本身所产生的通过回路面积的磁通量，去补偿或者反抗引起感应电流的磁通量的改变**。现在举例说明如下：

图 12-1 表示线圈 A 中的感应电流是由于永磁铁 NS 的移动而产生的。当永磁铁的 N 极移向线圈 A 时，线圈 A 中的磁通量增加，按照楞次定律，感应电流的磁通量（虚线表示）应和外磁场的磁通量相反，以反抗外磁场磁通量的增加。根据右手螺旋定则，即可得图示的感应电流方向。根据同样的分析，如果感应电流是由磁铁离开线圈致使磁通量减少所引起的，楞次定律则表明感应电流的方向正好与磁铁移近时相反。

同理，可应用楞次定律来说明图 12-2 所示线圈 A 中感应电流的方向。图中所示为开关 S 断开时，通过 A 中的磁通量减少，A 中的感应电流的磁通量和外磁场的磁通量同方向，才能补偿外磁场磁通量的减少，则感应电流方向如图所示。

由楞次定律确定的感应电流的方向，在本质上是符合能量守恒定律的。例如，从图12-1中可以看到，感应电流产生的作用是反抗永磁铁的运动，因此要继续移动磁铁就需要外力做功。磁铁的移动使回路中产生感应电流，而在回路中也将有一定的电能消耗（转变为热能等）。事实上，这能量的来源就是外力所做的功。所以，楞次定律是电磁感应现象中能量守恒定律的体现。反之，如果感应电流的方向与楞次定律不符合。设想图12-1中的感应电流反过来。只要开始时把磁铁稍微推动一下，感应电流对应的等效磁极就会使它得到加速，继续向线圈靠近，从而不断地获得电能和机械能。这显然是违背能量守恒定律这个自然界的基本规律的。

法拉第电磁感应定律 从本质上讲，电路中出现电流表明电路中有电动势。驱动感应电流的电动势称为**感应电动势**。法拉第从实验中总结出了感应电动势与磁通量变化快慢的关系，称为**法拉第电磁感应定律：不论何种原因，当穿过闭合回路所包围面积的磁通量发生变化时，回路中产生的感应电动势的大小与磁通量对时间的变化率成正比**，即

$$\mathscr{E}_{\mathrm{i}} = -k\frac{\mathrm{d}\Phi}{\mathrm{d}t}$$

式中，负号是楞次定律的数学表示，表明感应电动势的方向。在国际单位制中，$\mathscr{E}_{\mathrm{i}}$的单位是伏特（V），Φ 的单位是韦伯（Wb），t 的单位是秒（s），则比例系数 $k=1$，得

$$\mathscr{E}_{\mathrm{i}} = -\frac{\mathrm{d}\Phi}{\mathrm{d}t} \tag{12-1}$$

如果闭合回路的电阻为 R，于是感应电流为

$$I_{\mathrm{i}} = -\frac{1}{R}\frac{\mathrm{d}\Phi}{\mathrm{d}t} \tag{12-2}$$

由此，还可以进一步计算出在一定时间内（设从 t_1 到 t_2）通过回路任一截面的感应电流的电荷量

$$q = \int_{t_1}^{t_2} I_{\mathrm{i}}\mathrm{d}t = \int_{t_1}^{t_2}\left(-\frac{1}{R}\frac{\mathrm{d}\Phi}{\mathrm{d}t}\right)\mathrm{d}t = \int_{\Phi_1}^{\Phi_2}\left(-\frac{1}{R}\right)\mathrm{d}\Phi = \frac{1}{R}(\Phi_1 - \Phi_2) \tag{12-3}$$

式中，Φ_1和 Φ_2分别为 t_1和 t_2时穿过回路面积的磁通量。由式（12-3）可知，感应电荷量与穿过回路面积的磁通量的改变量成正比，而与磁通量的变化快慢无关。如果测得感应电荷量 q，回路电阻 R 又为已知时，就可计算磁通量，这便是磁通计的设计原理。

如果闭合回路由 N 匝线圈串联组成，且穿过每匝线圈的磁通量都相同，当磁通量发生变化时，则 N 匝线圈中的总电动势应为

$$\mathscr{E}_{\mathrm{i}} = -N\frac{\mathrm{d}\Phi}{\mathrm{d}t} = -\frac{\mathrm{d}(N\Phi)}{\mathrm{d}t} \tag{12-4}$$

习惯上，把 $N\Phi$ 称为线圈的**磁通量匝数或磁通链数**。如果穿过各匝线圈的磁通量不同，就应用各线圈中磁通量的总和 $\sum\Phi$ 代替 $N\Phi$。

感应电动势或者非静电力的方向问题，是法拉第电磁感应定律的重要组成部分。由于电动势和磁通量都是标量（代数量），它们的正负都是相对于某一指定的方向而言的。应用法拉第电磁感应定律确定电动势方向的具体步骤如下：①首先约定回路的绕行方向，并规定若电动势方向与绕行方向一致时为正，否则为负。②然后，根据回路的绕行方向，按右手螺旋定则确定出回路所包围面积的正法线方向 $\boldsymbol{n}$。若 $\boldsymbol{B}$ 与 $\boldsymbol{n}$ 的夹角 $\theta<\pi/2$，则穿过回路的磁通量 $\Phi>0$；若 $\boldsymbol{B}$ 与 $\boldsymbol{n}$ 的夹角 $\theta>\pi/2$，则穿过回路的磁通量 $\Phi<0$。③最后，再根据磁通量变

化率（$\mathrm{d}\Phi/\mathrm{d}t$）的正负确定 $\mathscr{E}_i$（或者 I_i）的正负（见图 12-3）。

具体而言，若正的 Φ 随时间增大，或者负的 Φ 的绝对值随时间减小，如图 12-4a、d 所示，当（$\mathrm{d}\Phi/\mathrm{d}t$）$>0$ 时，$\mathscr{E}_i<0$（或者 $I_i<0$），表明感应电动势的方向与回路绕行方向相反；反之，若正的 Φ 随时间减小，或者负的 Φ 的绝对值随时间增大，如图 12-4b、c 所示，当（$\mathrm{d}\Phi/\mathrm{d}t$）$<0$ 时，$\mathscr{E}_i>0$（或者 $I_i>0$），表明感应电动势的方向与回路绕行方向相同。然而，在任何情况下，而且无论回路绕行方向如何选择，感应电动势 $\mathscr{E}_i$的正负总是与磁通量变化率（$\mathrm{d}\Phi/\mathrm{d}t$）的正负相反。用这种方法确定的结果与由楞次定律所确定的完全符合。

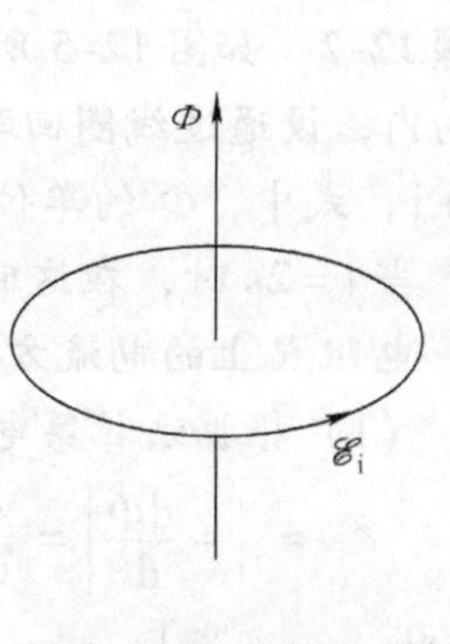

图 12-3　约定 $\mathscr{E}_i$ 及 Φ 的正方向互成右手螺旋关系（只有在这种约定下才有）$\mathscr{E}_i=-\dfrac{\mathrm{d}\Phi}{\mathrm{d}t}$

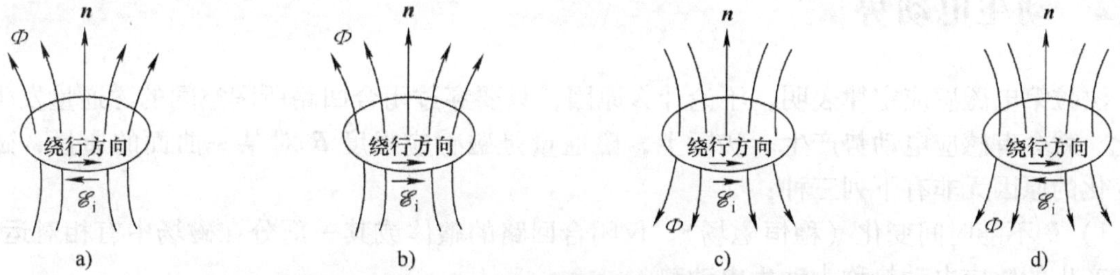

图 12-4　使用公式 $\mathscr{E}_i=-\dfrac{\mathrm{d}\Phi}{\mathrm{d}t}$确定感应电动势方向的说明

a）$\Phi>0$，$\dfrac{\mathrm{d}\Phi}{\mathrm{d}t}>0$，$\mathscr{E}_i$（或 I_i）<0　b）$\Phi>0$，$\dfrac{\mathrm{d}\Phi}{\mathrm{d}t}<0$，$\mathscr{E}_i$（或 I_i）>0

c）$\Phi<0$，$\dfrac{\mathrm{d}\Phi}{\mathrm{d}t}<0$，$\mathscr{E}_i$（或 I_i）>0　d）$\Phi<0$，$\dfrac{\mathrm{d}\Phi}{\mathrm{d}t}>0$，$\mathscr{E}_i$（或 I_i）<0

例题 12-1　测定铁磁质中的磁感应强度。

在第 11 章图 11-7 所示的装置中，设副线圈 B 绕有 $N=1000$ 匝，回路电阻 $R=1000\Omega$，原线圈 A 中电流在 $\Delta t=0.01\mathrm{s}$ 的时间内从零均匀地增加至 I 时，冲击电流计测得通过它的电荷量 $q=2.5\times10^{-6}\mathrm{C}$，试求：此时铁心中的磁感应强度 B 和副线圈中的感应电动势 $\mathscr{E}_i$的大小。已知环形铁心的截面面积 $S=2.0\times10^{-4}\mathrm{m}^2$。

解　根据式（12-3）得到

$$q=\frac{\Delta\Phi}{R}=\frac{NBS-0}{R}$$

所以

$$B=\frac{qR}{NS}=\frac{2.5\times10^{-6}\times1000}{1000\times2.0\times10^{-4}}\mathrm{T}=1.25\times10^{-2}\mathrm{T}$$

又由式（12-4）得到副线圈中感应电动势的大小为

$$\mathscr{E}_i=\left|\frac{\Delta(N\Phi)}{\Delta t}\right|=\frac{NBS}{\Delta t}=\frac{1000\times1.25\times10^{-2}\times2.0\times10^{-4}}{0.01}\mathrm{V}=0.25\mathrm{V}$$

例题 12-2 如图 12-5 所示，磁场方向与线圈平面垂直，且穿入纸面向内，设通过线圈回路的磁通量依照如下关系变化，即$\Phi = 6t^2 + 7t + 1$，式中，Φ 的单位为 mWb，t 的单位为 s，试求：

(1) 当 $t = 2\text{s}$ 时，在这回路中的感应电动势有多大？

(2) 电阻 R 上的电流方向如何？

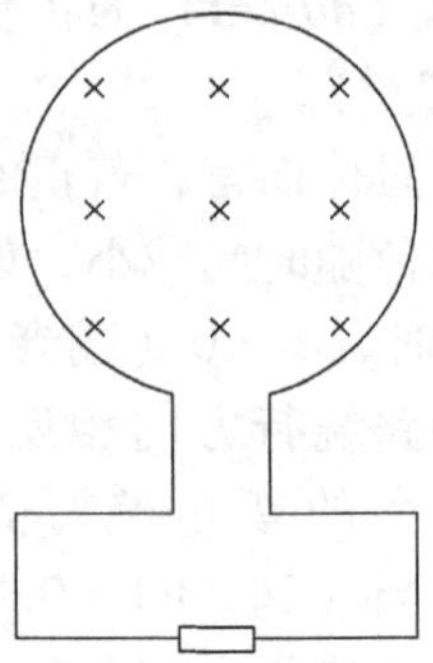

图 12-5 例题 12-2 图

解 (1) 根据法拉第电磁感应定律

$$\mathscr{E}_{\mathrm{i}} = \left| -\frac{\mathrm{d}\Phi}{\mathrm{d}t} \right| = \frac{\mathrm{d}}{\mathrm{d}t}(6t^2 + 7t + 1) = 12t + 7$$

在 $t = 2\text{s}$ 时， $\mathscr{E}_{\mathrm{i}}\big|_{t=2\mathrm{s}} = (12 \times 2 + 7) \times 10^{-3}\mathrm{V} = 3.1 \times 10^{-2}\mathrm{V}$

(2) 由于圆形线圈中的磁通量随时间的增加而增大，由楞次定律可知，线圈中 $\mathscr{E}_{\mathrm{i}}$的方向为逆时针方向，所以电流通过电阻 R 的方向为从左向右。

12.2 动生电动势

法拉第电磁感应定律表明，不论什么原因，只要穿过闭合回路所围空间的磁通量发生了变化，就会有感应电动势产生。实际上，磁通量是磁感应强度 $\boldsymbol{B}$ 对某一曲面的通量，磁通量变化的原因无非有下列三种：

1）$\boldsymbol{B}$ 不随时间变化（稳恒磁场），仅闭合回路的整体或其一部分在磁场中有相对运动，这样产生的感应电动势称为**动生电动势**。

2）$\boldsymbol{B}$ 随时间变化，而闭合回路保持不动，这样产生的感应电动势称为**感生电动势**。

3）$\boldsymbol{B}$ 随时间变化且闭合回路也有相对运动，这时感应电动势是动生电动势和感生电动势的叠加。

本节讨论导体在稳恒磁场中运动时产生的动生电动势。

如图 12-6 所示，一矩形导体回路，可移动边 ab 的长度为 l，在磁感应强度为 $\boldsymbol{B}$ 的均匀磁场中，以速度$\boldsymbol{v}$运动。假定导线和$\boldsymbol{v}$、$\boldsymbol{B}$ 三者互相垂直。某一时刻穿过回路面积的磁通量为

$$\Phi = BS = Blx$$

随着导线 ab 的运动，回路面积扩大，因而回路中的磁通量发生变化，应用式（12-1）可得到回路中感应电动势的大小

$$\mathscr{E}_{\mathrm{i}} = \left| \frac{\mathrm{d}\Phi}{\mathrm{d}t} \right| = \frac{\mathrm{d}}{\mathrm{d}t}(Blx) = Bl\frac{\mathrm{d}x}{\mathrm{d}t} = Blv \tag{12-5}$$

电动势的方向，由楞次定律可以判定为逆时针方向。由于其他边没有运动，所以动生电动势只在导线 ab 中产生，因而 ab 中 $\mathscr{E}_{\mathrm{i}}$ 的方向应沿由 b 到 a 的方向。回路中的感应电流沿 $aAba$ 方向绕行，ab 段即可看作整个回路中的电源部分，由于电源内部电动势方向是由低电势指向高电势，所以在导线 ab 上 a 端电势高于 b 端电势。

下面来分析动生电动势的实质。如图 12-7 所示，当导线 ab 以速度$\boldsymbol{v}$向右运动时，导线内每个自由电子都受到洛伦兹力 $\boldsymbol{F}$ 的作用

$$\boldsymbol{F} = -e\boldsymbol{v} \times \boldsymbol{B}$$

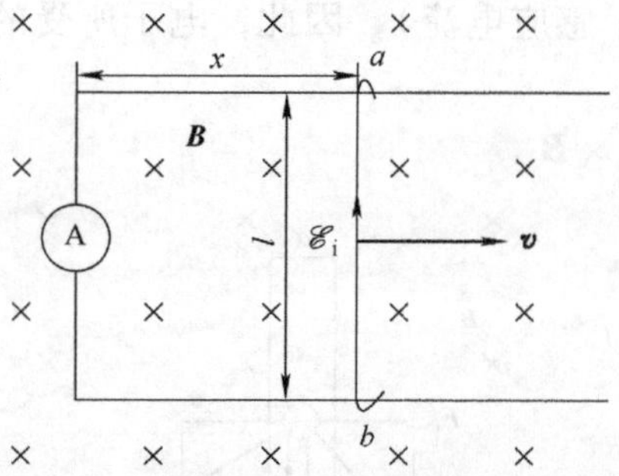

图 12-6 动生电动势

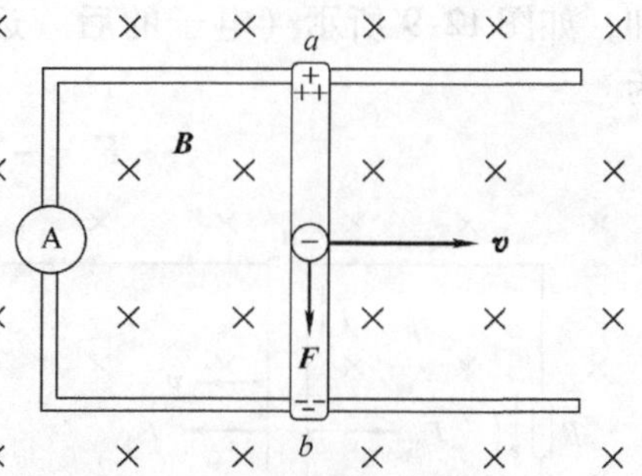

图 12-7 动生电动势与洛伦兹力

式中，e 为电子电荷量。$\boldsymbol{F}$ 是一种非静电力，而单位正电荷所受的非静电力，即为导体中表征电源特性的非静电性电场强度 $\boldsymbol{E}_K$，于是

$$\boldsymbol{E}_K = \frac{\boldsymbol{F}}{-e} = \boldsymbol{v}\times\boldsymbol{B}$$

根据电动势的定义，导线 ab 中所产生的电动势（即动生电动势）应为

$$\mathscr{E}_{ab} = \int_a^b \boldsymbol{E}_K \cdot d\boldsymbol{l} = \int_a^b (\boldsymbol{v}\times\boldsymbol{B})\cdot d\boldsymbol{l} \tag{12-6}$$

式（12-6）为动生电动势的一般表达式。在图 12-6 所示的特殊情况下，由于$\boldsymbol{v}\perp\boldsymbol{B}$，且$\boldsymbol{v}\times\boldsymbol{B}$的方向跟 $d\boldsymbol{l}$ 方向一致，所以式（12-6）可化简为

$$\mathscr{E}_{ab} = \int_a^b (\boldsymbol{v}\times\boldsymbol{B})\cdot d\boldsymbol{l} = \int_0^l vB\sin 90° dl = Blv$$

这一结果与式（12-5）相同。

应当指出：①动生电动势只存在于运动的这段导体上，不动的导体部分没有电动势，它仅仅提供了电流流动的通路。如果没有回路，运动导体上则没有感应电流，但仍有动生电动势。②对于非均匀磁场或导体中各段运动速度不同的情形，则可以先考虑一段以速度$\boldsymbol{v}$运动的导体线元 $d\boldsymbol{l}$ 的动生电动势 $d\mathscr{E}_i = (\boldsymbol{v}\times\boldsymbol{B})\cdot d\boldsymbol{l}$，然后再对各段中动生电动势求和，即 $\mathscr{E}_i = \int d\mathscr{E}_i$。

在图 12-6 所示的回路中，由于导线 ab 的运动而产生电动势，在回路中产生了感应电流。电流流动时，动生电动势就要做功，电动势做功的能量是从哪里来的呢？设电路中感应电流为 I_i，则电动势做功的功率为

$$P = I_i\mathscr{E}_i = IBlv$$

通电导线 ab 在磁场中要受到磁力作用，其大小为 $F_m = IlB$，方向向左（见图 12-8），为了使导线 ab 匀速向右运动，必须有外力 $\boldsymbol{F}_{外}$ 与 $\boldsymbol{F}_m$ 相平衡，因而 $\boldsymbol{F}_{外} = -\boldsymbol{F}_m$。此外力的功率为

$$P_{外} = F_{外}v = I_i lBv$$

这恰好等于动生电动势做功的功率。由此可知，电路中动生电动势提供的电能是由外力做功所消耗的机械能转换而来的。这就是发电机内能量的转换原理。

由于 $\boldsymbol{F}_f\perp\boldsymbol{v}$，洛伦兹力对运动电荷不做功，而这里的动生电动势又是洛伦兹力作用的结果。两者是否矛盾，可以这样来解释：在前面的讨论中，只涉及洛伦兹力的一部分；全面考虑的话，运动导体中电子的速度应是导体本身的速度$\boldsymbol{v}$和电子相对于导体的定向运动速度 $\boldsymbol{u}$

的矢量和，如图 12-9 所示（电子的后一运动构成了感应电流），因此，电子所受的总的洛伦兹力为

$$\boldsymbol{F} = -e(\boldsymbol{u}+\boldsymbol{v})\times\boldsymbol{B}$$

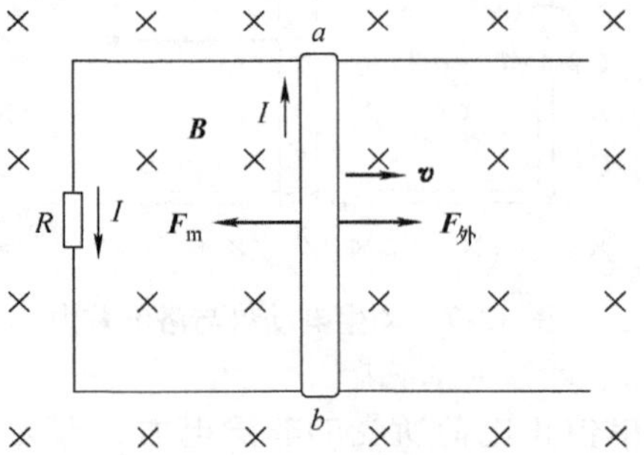

图 12-8 能量转换

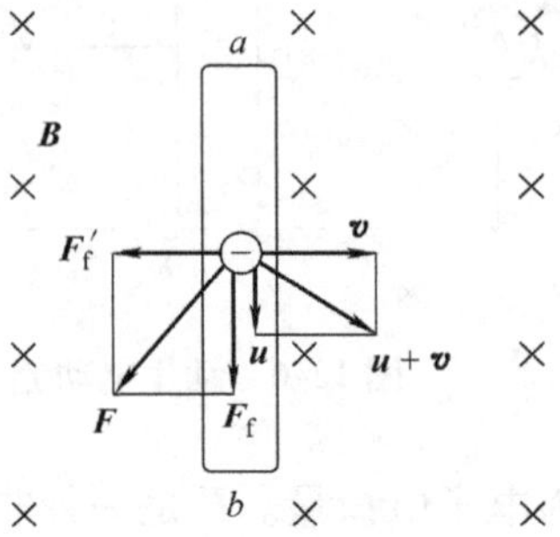

图 12-9 洛伦兹力不做功

它与合速度（$\boldsymbol{u}+\boldsymbol{v}$）的方向垂直。总的洛伦兹力对电子不做功。然而 $\boldsymbol{F}$ 的一个分量

$$\boldsymbol{F}_f = -e(\boldsymbol{v}\times\boldsymbol{B})$$

却对电子做正功，形成动生电动势；而另一个分量

$$\boldsymbol{F}_f' = -e(\boldsymbol{u}\times\boldsymbol{B})$$

它沿 $-\boldsymbol{v}$的方向，起阻碍导体运动的作用，从而做负功。可以证明这两个分量做功的代数和等于零。洛伦兹力并不提供能量，而只起传递能量的作用，即外力克服洛伦兹力的一个分量 $\boldsymbol{F}_f'$所做的功，通过另一分量 $\boldsymbol{F}_f$驱动电荷运动做功而转化为感应电流的能量。

例题 12-3 如图 12-10 所示，在均匀恒定磁场 $\boldsymbol{B}$ 中，一根长为 L 的导体棒 OA，在垂直于磁场的平面内绕其一端做匀速率转动，沿逆时针方向绕 O 轴转动，角速度为 ω，试求：

（1）该导体棒中动生电动势的大小和指向；

（2）该导体棒 OA 两端的电势差 U_{OA}。

解 （1）导体棒做匀速率转动时，满足线速度$\boldsymbol{v}$、棒上各长度元 $\mathrm{d}\boldsymbol{l}$、$\boldsymbol{B}$ 三者相互垂直。但导体棒上各点的线速度不同，因此应划分成小线元来考虑。在导体棒上距 O 点为 l 处，取一小线元 $\mathrm{d}l$，其线速度大小为 $v=\omega l$，根据动生电动势公式（12-6），可得 $\mathrm{d}l$ 上的电动势为

$$\mathrm{d}\mathscr{E}_i = (\boldsymbol{v}\times\boldsymbol{B})\cdot\mathrm{d}\boldsymbol{l} = -Bv\mathrm{d}l = -B\omega l\mathrm{d}l$$

各小段上 $\mathrm{d}\mathscr{E}_i$ 的指向相同，所以导体棒 OA 中总的电动势为

$$\mathscr{E}_{OA} = \int_0^L(-B\omega l)\,\mathrm{d}l = -\frac{1}{2}B\omega L^2$$

式中的负号来源于$\boldsymbol{v}\times\boldsymbol{B}$ 的方向与积分路径的方向相反，这表示感应电动势 $\mathscr{E}_{OA}$的方向是由 A 到 O，非静电力作用使得 A 端积累负电荷，O 端积累正电荷，因此，O 端电势比 A 端电势高。

（2）导体棒 OA 两端的电势差为

$$U_{OA} = -\mathscr{E}_{OA} = \frac{1}{2}B\omega L^2$$

例题 12-4 如图 12-11 所示，一长直导线中通有电流 I，有一长为 l 的金属棒 AB，以速度 v 平行于长直导线做匀速运动，棒的 A 端距离长直导线为 a，试求：金属棒中的动生电动势。

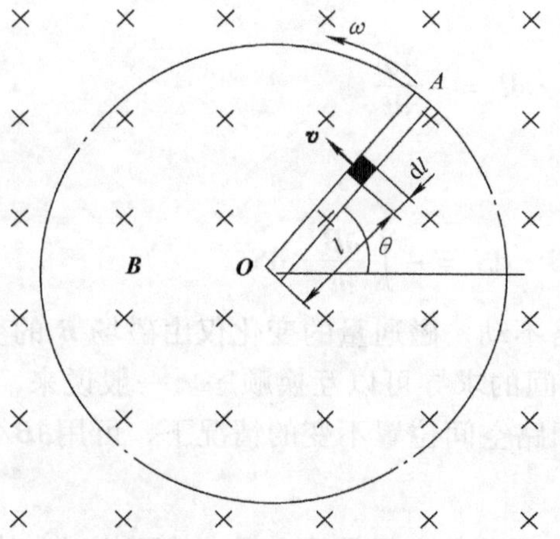

图 12-10 例题 12-3 图

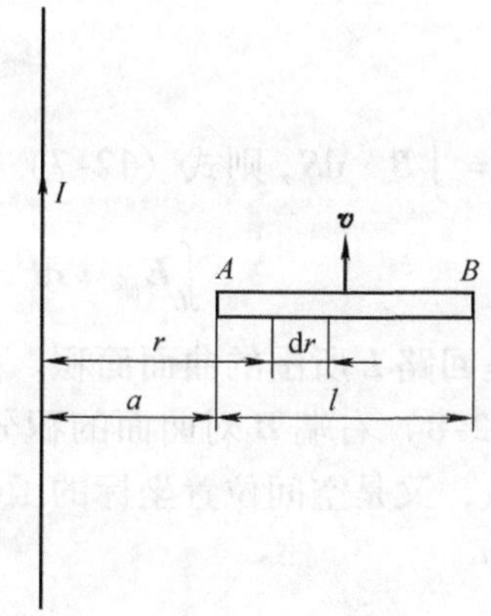

图 12-11 例题 12-4 图

解 金属棒处于通电导线产生的非均匀磁场中，在距它为 r 处的磁感应强度 $\boldsymbol{B}$ 的大小为

$$B=\frac{\mu_0 I}{2\pi r}$$

方向垂直纸面向里。

如图 12-11 所示，在导线 AB 上，距长直导线 r 处取一小线元 $\mathrm{d}r$（方向向右），由式(12-6)可得该小线元的电动势

$$\mathrm{d}\mathscr{E}_{\mathrm{i}}=(\boldsymbol{v}\times\boldsymbol{B})\cdot\mathrm{d}\boldsymbol{l}=-vB\mathrm{d}r=-\frac{\mu_0 I v}{2\pi r}\mathrm{d}r$$

各小段上 $\mathrm{d}\mathscr{E}_{\mathrm{i}}$ 的指向相同，故导线 AB 的动生电动势的大小为

$$\mathscr{E}_{AB}=\int_A^B \mathrm{d}\mathscr{E}_{\mathrm{i}}=\int_a^{a+l}\left(-\frac{\mu_0 I v}{2\pi}\right)\frac{\mathrm{d}r}{r}=-\frac{\mu_0 I v}{2\pi}\ln\frac{a+l}{a}$$

负号表示 $\mathscr{E}_{AB}$ 的方向由 B 指向 A，即 A 点电势比 B 点电势高。

12.3 感生电动势 涡旋电场

感生电动势 本节讨论引起回路中磁通量发生变化的另一种情况。当导体回路不动，仅由于磁场变化而引起磁通量发生变化，在回路中产生的感应电动势，称为**感生电动势**（见图 12-12）。

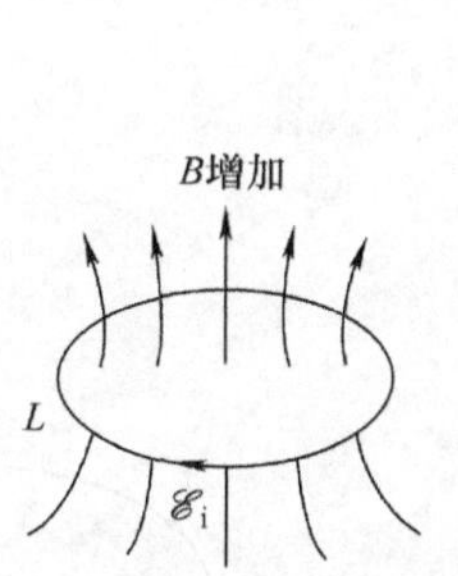

图 12-12 变化磁场产生感生电动势

由于导线回路不动，产生感生电动势的非静电力，显然不是洛伦兹力。实验表明，感生电动势的出现仅仅是由变化的磁场所引起的。麦克斯韦（Maxwell）首先分析了这种情况，提出了新的观点。他认为不仅静止电荷可以产生静电场，**当空间的磁场发生变化时，也会产生一种电场，这种电场称为感生电场（或感应电场）**。正是这种感生电场所提供的非静电力，驱使导体中的电子做定向运动而产生感应电动势和感应电流。

设 $\boldsymbol{E}_{感}$ 表示感应电场的电场强度，根据电动势的定义和法拉第电磁感应定律，可得感生

电动势为

$$\mathscr{E}_{\mathrm{i}} = \int_L \boldsymbol{E}_{感} \cdot \mathrm{d}\boldsymbol{l} = -\frac{\mathrm{d}\Phi}{\mathrm{d}t} \tag{12-7}$$

又因为 $\Phi = \int_S \boldsymbol{B} \cdot \mathrm{d}\boldsymbol{S}$，则式（12-7）可写成

$$\int_L \boldsymbol{E}_{感} \cdot \mathrm{d}\boldsymbol{l} = -\frac{\mathrm{d}}{\mathrm{d}t}\int_S \boldsymbol{B} \cdot \mathrm{d}\boldsymbol{S} = -\int_S \frac{\partial \boldsymbol{B}}{\partial t} \cdot \mathrm{d}\boldsymbol{S} \tag{12-8}$$

式中，S 是回路 L 所围的曲面面积。由于回路不动，磁通量的变化仅由磁场 $\boldsymbol{B}$ 的变化引起，所以式（12-8）右端 $\boldsymbol{B}$ 对曲面的积分和对时间的求导可以互换顺序。一般说来，$\boldsymbol{B}$ 既是时间 t 的函数，又是空间位置坐标的函数，在回路空间位置不变的情况下，可用 $\partial\boldsymbol{B}/\partial t$ 来代替 $\mathrm{d}\boldsymbol{B}/\mathrm{d}t$。

涡旋电场 因为静电场环流 $\oint_L \boldsymbol{E} \cdot \mathrm{d}\boldsymbol{l} = 0$，说明静电场是保守场。然而从以上的讨论可以看出，由变化磁场产生的感生电场的环流 $\int_L \boldsymbol{E}_{感} \cdot \mathrm{d}\boldsymbol{l} \neq 0$，它揭示了感生电场不是保守场，而是一种非静电场。从电场线的特性来看，静电场的电场线起于正电荷止于负电荷，而感生电场的电场线跟磁场中的磁场线相类似（$\boldsymbol{E}_{感}$ 的环流与安培环路定理相似），是无头无尾的闭合曲线。正因为如此，感生电场又称为**涡旋电场**。

由静止电荷产生的静电场和由变化磁场产生的涡旋电场虽有本质区别，但也有共同之处，即处于场中的电荷都要受到电场力的作用。

式（12-8）中的负号表明，变化磁场与其所产生的涡旋电场形成左旋关系，即 $\boldsymbol{E}_{感}$ 的电场线与 $\mathrm{d}\boldsymbol{B}/\mathrm{d}t>0$ 的方向成左手螺旋定则，如图 12-13 所示。

涡旋电场的存在已被包括电磁波在内的许多实验事实所证实。实验表明，不论空间是否存在导体，只要空间某处的磁场发生变化，就会在其周围产生涡旋电场。这正是麦克斯韦电磁场理论的基本假设之一。

例题 12-5 如图 12-14 所示，在半径为 R 的圆柱体内（如长直螺线管的情况），存在着垂直于纸面向里的均匀磁场 $\boldsymbol{B}$，当 $\boldsymbol{B}$ 以 $\mathrm{d}\boldsymbol{B}/\mathrm{d}t$ 的速率增加时，试求：圆柱体内、外涡旋电场的电场强度。

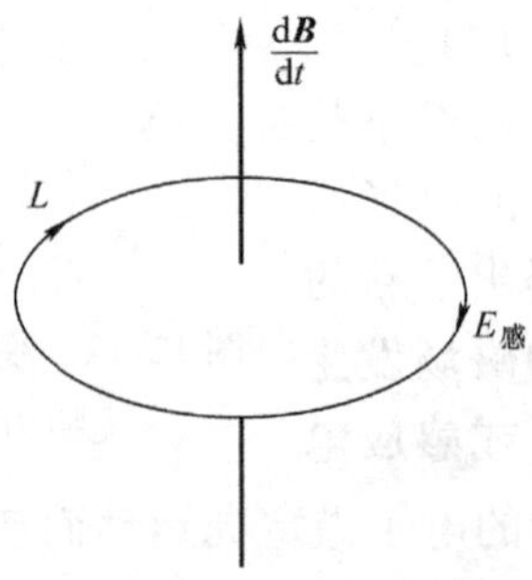

图 12-13 $\boldsymbol{E}_{感}$ 和 $\mathrm{d}\boldsymbol{B}/\mathrm{d}t$ 的关系

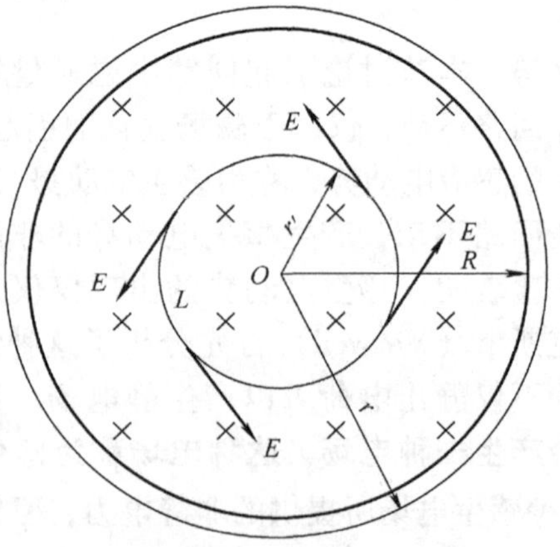

图 12-14 例题 12-5 图

解 由$\mathrm{d}B/\mathrm{d}t \neq 0$，因此在磁场变化的空间内将激发感生电场。根据磁场分布的轴对称性及感生电场的电场线是闭合曲线这两个特点，可以判定感生电场的电场线处在垂直于轴线的平面内，它们是以轴为圆心的一系列同心圆（见图12-14）。

以O为圆心，以r为半径作一圆形闭合回路，则回路上任一点处感生电场$\boldsymbol{E}_{感}$的大小相等，感生电场$\boldsymbol{E}_{感}$的方向沿L的切线方向。若取顺时针方向为圆形回路的正方向，则由式(12-8)有

$$\oint_L \boldsymbol{E}_{感} \cdot \mathrm{d}\boldsymbol{l} = -\int_S \frac{\mathrm{d}\boldsymbol{B}}{\mathrm{d}t} \cdot \mathrm{d}\boldsymbol{S}$$

由于$\mathrm{d}\boldsymbol{B}/\mathrm{d}t$与$\mathrm{d}\boldsymbol{S}$的方向相同，在圆柱体内，即$r<R$时，上式可写作

$$2\pi r \cdot E_{感} = -\frac{\mathrm{d}B}{\mathrm{d}t} \cdot \pi r^2$$

所以

$$E_{感} = -\frac{r}{2}\frac{\mathrm{d}B}{\mathrm{d}t} \tag{12-9}$$

式中，负号表示感生电场$\boldsymbol{E}_{感}$的方向与所选回路正方向相反，即具有图12-14所示的逆时针方向，正好与$\mathrm{d}\boldsymbol{B}/\mathrm{d}t$成左手螺旋关系。

当$r>R$时，随着r的增加，穿过回路的磁通量不会增加，于是有

$$2\pi r \cdot E_{感} = -\frac{\mathrm{d}B}{\mathrm{d}t} \cdot \pi R^2$$

所以

$$E_{感} = -\frac{R^2}{2r}\frac{\mathrm{d}B}{\mathrm{d}t} \tag{12-10}$$

感生电场$\boldsymbol{E}_{感}$的方向仍为逆时针方向。

例题12-6 磁感应强度为$\boldsymbol{B}$的均匀磁场，充满在半径为R的圆柱形体积内。有一长为L的金属棒AB放在该磁场中，如图12-15所示。设$\boldsymbol{B}$的大小以速率$\mathrm{d}B/\mathrm{d}t$变化。试证明：由变化磁场所产生的并作用在棒的两端的感生电动势为

$$\mathscr{E}_{\mathrm{i}} = \frac{L}{2}\frac{\mathrm{d}B}{\mathrm{d}t}\sqrt{R^2 - \left(\frac{L}{2}\right)^2}$$

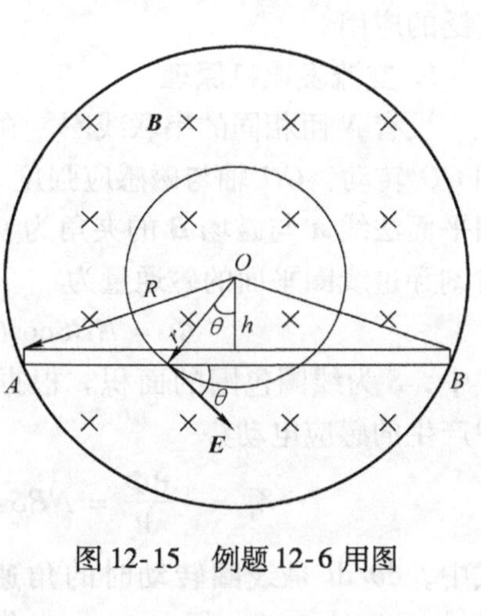

图12-15 例题12-6用图

证明 本题可以用两种方法求解。

(1) 用$\mathscr{E}_{\mathrm{i}} = \int_L \boldsymbol{E}_{感} \cdot \mathrm{d}\boldsymbol{l}$求解。

由例题12-6的结果可知，在圆柱形体积内的感生电场$\boldsymbol{E}_{感}$沿切线方向，其大小为

$$E_{感} = \frac{r}{2}\frac{\mathrm{d}B}{\mathrm{d}t}$$

在AB上取微元段$\mathrm{d}\boldsymbol{l}$（见图12-15），其感生电动势为

$$\mathrm{d}\mathscr{E}_{\mathrm{i}} = \boldsymbol{E}_{感} \cdot \mathrm{d}\boldsymbol{l} = E_{感}\cos\theta \mathrm{d}l = \frac{r}{2}\frac{\mathrm{d}B}{\mathrm{d}t}\cos\theta \mathrm{d}l = \frac{h}{2}\frac{\mathrm{d}B}{\mathrm{d}t}\mathrm{d}l$$

从A沿直线积分至B，可得AB段的感生电动势为

$$\mathscr{E}_i = \int_A^B \frac{h}{2}\frac{dB}{dt}dl = \int_0^L \frac{h}{2}\frac{dB}{dt}dl = \frac{hL}{2}\frac{dB}{dt}$$

由图 12-15 中的几何关系可知

$$r\cos\theta = h = \sqrt{R^2 - \left(\frac{L}{2}\right)^2}$$

所以

$$\mathscr{E}_i = \frac{hL}{2}\frac{dB}{dt} = \frac{L}{2}\frac{dB}{dt}\sqrt{R^2 - \left(\frac{L}{2}\right)^2}$$

（2）用法拉第电磁感应定律求解。

作辅助线 OA、OB（见图 12-15）。因 $\boldsymbol{E}_{感}$ 沿切线方向，故沿 OA、OB 的线积分为 0，可见闭合曲线 $AOBA$ 的感生电动势即为 AB 段的感生电动势。$AOBA$ 所围面积为

$$S = \frac{1}{2}hL$$

穿过闭合△$AOBA$ 面积内的磁通量为

$$\Phi = \frac{1}{2}hLB$$

法拉第电磁感应定律可得闭合曲线 $AOBA$ 的感生电动势大小为

$$\mathscr{E}_i = \left|\frac{d\Phi}{dt}\right| = \frac{hL}{2}\frac{dB}{dt} = \frac{L}{2}\frac{dB}{dt}\sqrt{R^2 - \left(\frac{L}{2}\right)^2}$$

而这也就是 AB 段的感生电动势，方向根据楞次定律来判断为由 A 到 B，结果与第一种解法结果相同。

电磁感应现象的应用 电磁感应现象在工程技术、电磁测量以及科学研究等方面，有着广泛的应用。

1. 交流发电机原理

设有 N 匝相同的串联线圈，在匀强磁场 $\boldsymbol{B}$ 中绕固定轴 OO'转动，OO'轴与磁感应强度 $\boldsymbol{B}$ 垂直，在 t 时刻，线圈平面法线 $\boldsymbol{n}$ 与磁场 $\boldsymbol{B}$ 的夹角为 θ（见图 12-16），则该时刻穿过线圈平面的磁通量为

$$\Phi = NBS\cos\theta$$

式中，S 为线圈包围的面积。根据电磁感应定律，线圈中产生的感应电动势

$$\mathscr{E}_i = -\frac{d\Phi}{dt} = NBS\sin\theta\frac{d\theta}{dt}$$

式中，$d\theta/dt$ 是线圈转动时的角速度 ω。若 ω 为恒量，且设 $t=0$ 时 $\theta=0$，那么 $\theta=\omega t$，代入上式，得

$$\mathscr{E}_i = NBS\omega\sin\omega t$$

令 $\mathscr{E}_0 = NBS\omega$，表示线圈中最大感应电动势的大小，则得

$$\mathscr{E}_i = \mathscr{E}_0\sin\omega t \tag{12-11}$$

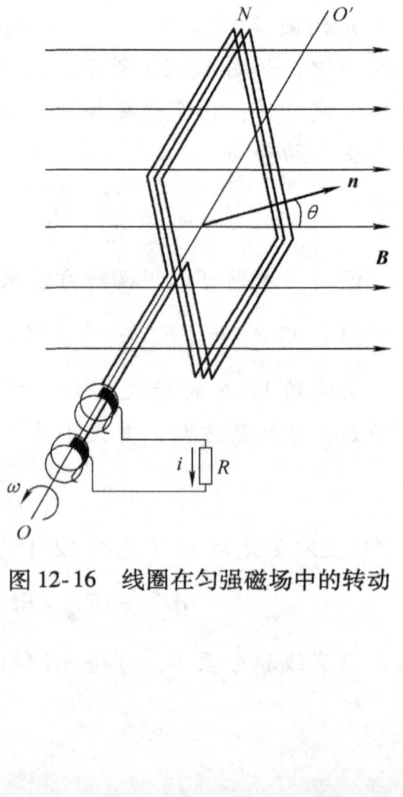

图 12-16 线圈在匀强磁场中的转动

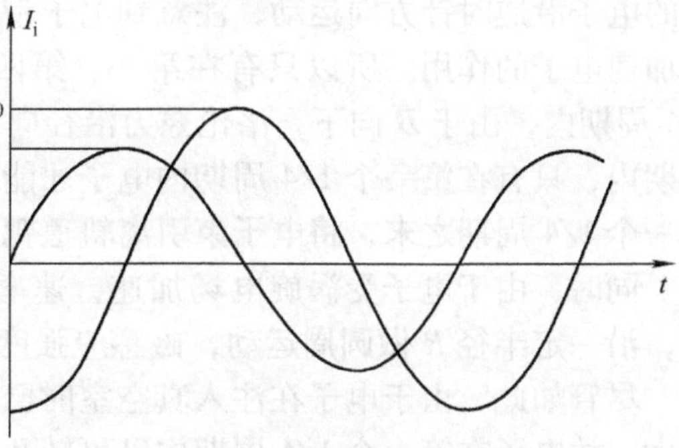

图 12-17　交变电动势与交变电流

由此可见，在匀强磁场中匀速转动的线圈内所产生的电动势是随时间呈周期性变化的，其周期为 $T=2\pi/\omega$。在两个连续的半周期中，电动势的方向相反。这种电动势叫作**交变电动势**（见图 12-17）。如果回路中电阻为 R，根据欧姆定律，回路中的电流为

$$I = I_0\sin(\omega t - \varphi) \qquad (12\text{-}12)$$

式中，$I_0=\mathscr{E}_0/R$ 是最大的电流值，由式（12-12）可见，电流也是交变的，叫作**交变电流**或**交流电**。由于线圈内自感应的存在（见 12.4 节），交变电流的变化要比交变电动势的变化推迟一个相位 φ 值。以上所述，就是发电机的基本原理。

2. 电子感应加速器

电子感应加速器是利用涡旋电场加速电子的一种高能加速器。其结构如图 12-18a 所示，在电磁铁两极间有一环形真空室，电磁铁在交变电流激励下，两极间出现交变的磁场，从而在真空室中产生涡旋电场。涡旋电场的电场线为同心圆，如图 12-18b 所示。

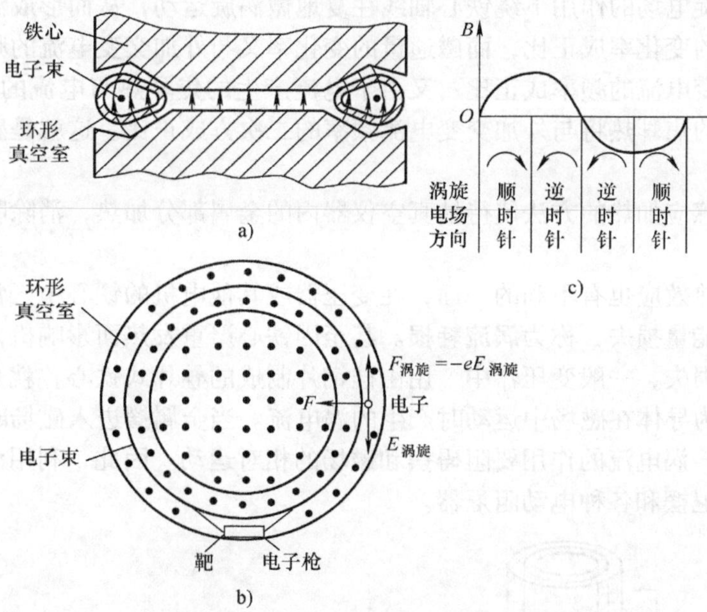

图 12-18　电子感应加速器示意图

由电子枪注入环形真空室中的电子要受到两个力的作用：切向涡旋电场力的作用和径向洛伦兹力的作用。

由于交变磁场方向随时间做余弦变化，导致涡旋电场的方向也随时间变化。图 12-18c 表示一个周期内涡旋电场方向的变化。我们设图中 B 为正表示 $\boldsymbol{B}$ 的方向垂直纸面向外，B 为负表示 $\boldsymbol{B}$ 的方向垂直纸面向里。由楞次定律可判断出涡旋电场的方向。图 12-18c 中第一与第四两个 1/4 周期为顺时针，第二与第三两个 1/4 周期为逆时针。由于从电子枪射入真空

室的电子沿逆时针方向运动，注意到电子带负电，因而涡旋电场只有沿顺时针方向时才能起到加速电子的作用。所以只有在第一、第四两个 1/4 周期内电子才能被加速，而在第四个 1/4 周期内，由于 $\boldsymbol{B}$ 向下，洛伦兹力沿径向向外，不能充当向心力。因而在交变电流的一个周期内，只有在第一个 1/4 周期内电子才能做加速的圆周运动。所以必须设法在交变电流的第一个 1/4 周期之末，将电子束引离轨道靶室。

同时，由于电子受涡旋电场加速，速率将越来越大，为了保证电子限制在环形真空室中，沿一定半径 R 做圆周运动，磁感应强度 $\boldsymbol{B}$ 的变化必须满足一定的要求。

尽管如此，由于电子在注入真空室时已有相当大的速率，加之电子质量很小而涡旋电场很大，故电子在第一个 1/4 周期内已可转几十万圈，能量可达数十兆至数百兆电子伏特。

用具有这样大能量的电子束轰击不同的靶，可以获得硬 X 射线及人工 γ 射线。电子感应加速器主要应用于核物理的研究、医疗和工业探伤等。

3. 涡电流

当块状金属放在变化的磁场中，或者在磁场中运动时，在金属导体内产生自行闭合的感应电流称为**涡电流**。由于大块导体的电阻很小，涡电流一般很大，从而产生很强的热效应。

图 12-19 所示为变化磁场产生的涡电流。对绕在圆柱形铁心上的螺线管通以交变电流，就在铁心内沿轴线方向产生交变的磁场，从而在铁心横截面上激发交变的涡旋电场。铁心中的自由电子就在涡旋电场的作用下绕铁心轴线往复地做涡旋运动，从而形成涡电流，因为感应电动势与磁通量的变化率成正比，而磁通量的变化率又与外加交变电流的频率成正比，所以涡电流与外加交变电流的频率成正比；又由于电流产生的焦耳热与电流的二次方成正比。因此，涡电流产生的焦耳热将与外加交变电流频率的二次方成正比。这就是感应加热中使用高频电流的原理。

真空技术利用感应加热的方法使待抽真空仪器内的金属部分加热，消除吸附在金属面上少许残存的气体。

涡电流产生的热效应也有不利的一面，在变压器或其他电机的铁心中，常因涡电流产生无用的热量而造成能量损失，称为**涡流耗损**。甚至因铁心严重发热而影响机体本身的正常工作。为了减少这种损失，一般变压器中，用由硅钢片制成的叠片式铁心，就是这个道理。

图 12-20 所示为导体在磁场中运动时产生的涡电流。当金属摆进入磁场时，产生了涡电流，根据楞次定律，涡电流的作用要阻碍摆和磁场的相对运动。因此，利用涡电流所产生的阻尼作用可制成阻尼摆和各种电动阻尼器。

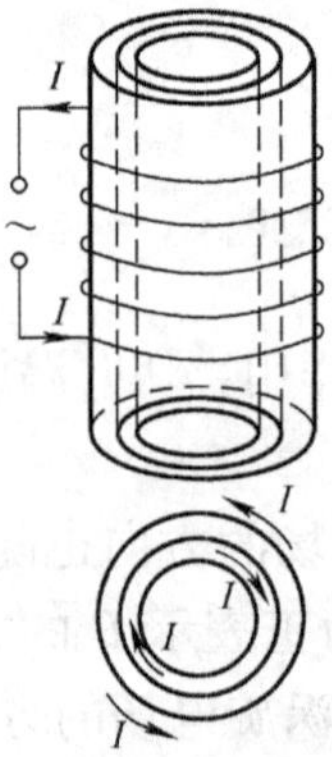

图 12-19　涡电流

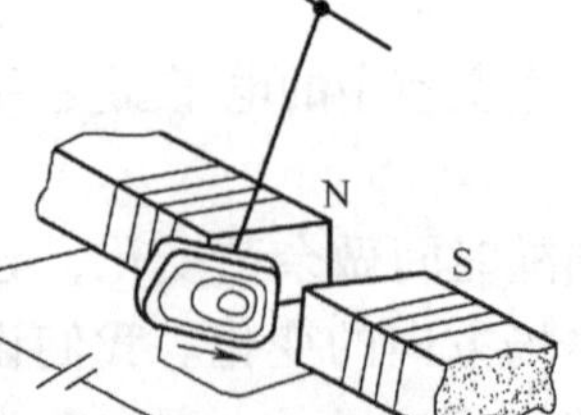

图 12-20　阻尼摆

例题 12-7 在垂直于半径为 a、厚为 b 的金属圆盘面方向上，加一均匀磁场，如图 12-21 所示。今使磁场随时间变化，$\frac{dB}{dt}=k$，k 为一大于零的常数。已知金属圆盘的电导率为 σ，试求金属圆盘内总的涡流。

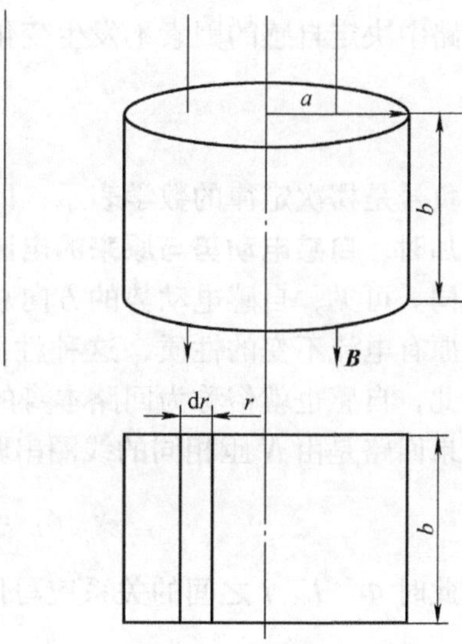

图 12-21 例题 12-7 图

解 在半径为 r 的导体回路中产生的感应电动势为

$$\mathscr{E}_i = \left|\frac{d\Phi}{dt}\right| = \left|\frac{d(BS)}{dt}\right| = S\frac{dB}{dt} = \pi r^2 k$$

内半径为 r，外半径为 $r+dr$，长为 b 的圆柱体元的电阻为

$$dR = \rho\frac{l}{dS} = \rho\frac{2\pi r}{b dr}$$

根据欧姆定律，则在该体元中的涡流为（忽略自感的影响）

$$di = \frac{\mathscr{E}_i}{dR} = \frac{\pi r^2 k}{\rho\frac{2\pi r}{b dr}} = \frac{1}{2}k\frac{1}{\rho}br dr = \frac{1}{2}k\sigma br dr$$

故金属圆盘中总的涡流 i 为 $i = \int_0^i di = \int_0^a \frac{1}{2}k\sigma br dr = \frac{1}{4}k\sigma ba^2$

12.4 自感与互感

在实际电路中，磁场的变化往往是由于电流的变化引起的。因此，把感应电动势和电流的变化联系起来有重要的实际意义。自感和互感现象的研究，就是要找出这方面的规律。

自感 当电流流过线圈时，其磁感应线将穿过线圈本身，因而给线圈提供一个磁通量。如果这个电流随时间而改变，磁通量就随时间改变，因而线圈中便产生感生电动势。这种由于自身电流变化使得回路中的磁通量发生变化，而在自身回路中产生感应电动势的现象称为**自感现象**。相应的电动势称为**自感电动势**。用符号 $\mathscr{E}_L$ 表示。

自感电动势的大小和方向，同样遵从法拉第电磁感应定律，下面就来确定自感电动势与产生它的电流变化之间的关系。

设线圈回路中的电流为 I，根据毕奥－萨伐尔定律，线圈中的电流所产生的磁感应强度与电流成正比，因而穿过回路所包围面积的磁通量 Φ 也与 I 成正比，即有

$$\Phi = LI \tag{12-13}$$

式中，比例系数 L 称为该回路的**自感**。它取决于回路的形状、线圈匝数以及周围磁介质的磁导率。

根据法拉第电磁感应定律，回路中自感电动势为

$$\mathscr{E}_L = -\frac{d\Phi}{dt} = -\frac{d(LI)}{dt} = -\left(L\frac{dI}{dt} + I\frac{dL}{dt}\right)$$

如果回路中决定自感的因素不发生变化，则 L 为一恒量，则有 $\frac{dL}{dt}=0$，所以

$$\mathscr{E}_L = -L\frac{dI}{dt} \tag{12-14}$$

式中，负号是楞次定律的数学表示，即自感电动势将反抗回路中电流的变化。这就是说，**当电流增加时，自感电动势与原来的电流方向相反；当电流减小时，自感电动势与原来的电流方向相同**。可见，自感电动势的方向总是阻碍回路自身电流的变化，即回路中的自感有使回路保持原有电流不变的性质，这种性质称为回路的“**电磁惯性**”，与力学中物体的惯性相似。因此，自感也就俗称为回路本身的“电磁惯性”的量度。

如果回路是由 N 匝相同的线圈串联而成的，且穿过每匝线圈的磁通量都是 Φ，则有

$$\mathscr{E}_L = -\frac{d(N\Phi)}{dt} = -L\frac{dI}{dt}$$

不过，此时 Φ、L、I 之间的关系应写作

$$N\Phi = LI \tag{12-15}$$

式中，L 则表示 N 匝线圈回路的自感。

由式（12-14）可求得自感 L 为

$$L = \left| -\frac{\mathscr{E}_L}{\frac{dI}{dt}} \right| \tag{12-16}$$

式（12-16）即为自感的定义式。即**自感 L 等于电流的变化率为 1 单位时，回路中自感电动势的大小**。在国际单位制中，L 的单位为亨利（H），由式（12-16）可知

$$1\text{H} = 1\,\frac{\text{V}\cdot\text{s}}{\text{A}} = 1\Omega\cdot\text{s}$$

由于亨利（H）单位过大，实用中常用毫亨利（mH）和微亨利（μH）。自感的量纲为 $\text{I}^{-2}\text{L}^2\text{MT}^{-2}$。

自感电路中电流的滋长与衰减 自感电路中电流存在滋长与衰减两种情况，下面分别讨论。

1. 滋长情况

图 12-22 所示为一个由自感线圈 L，电阻 R 和电源电动势 $\mathscr{E}$ 组成的 RL 回路。当开关 S 与 A 端相接触时，闭合电路 $\mathscr{E}LRSA\mathscr{E}$ 中就有电流通过，但由于线圈中自感的阻碍作用，I 不能立即达到最大值 $I_0 = \mathscr{E}/R$，而有一滋长过程。

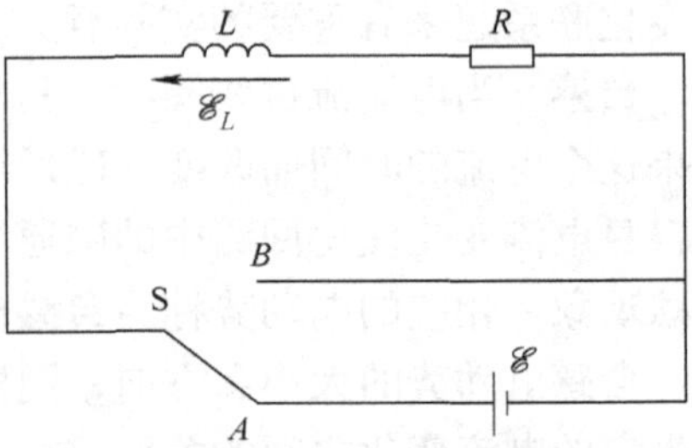

图 12-22 自感电路

设电流增长过程中某时刻 t 的电流为 I，由闭合电路的欧姆定律可得

$$\mathscr{E} - L\frac{dI}{dt} = IR$$

将上式分离变量后，并考虑到初始条件：$t=0$ 时 $I=0$，即得

$$\int_0^I \frac{dI}{\frac{\mathscr{E}}{R} - I} = \int_0^t \frac{R}{L}dt$$

经积分并整理后得到

$$I = \frac{\mathscr{E}}{R}\left(1 - e^{-\frac{R}{L}t}\right) \qquad (12\text{-}17)$$

I 随时间的变化如图 12-23 所示。由式（12-17）可知，当 $t\to\infty$ 时，$I = I_0 = \mathscr{E}/R$。在 $t = L/R$ 时，$I = I_0[1-(1/e)] = 0.63I_0$。这段时间 L/R 称为回路的**时间常量**或**弛豫时间**。可用以衡量电路中电流增长的快慢程度。

2. 衰减情况

当电路中的电流已达稳定值 $I_0 = \mathscr{E}/R$ 时，如果将开关 S 转换到 B 端（见图 12-22），这时电源将被切断，由 SBLRS 构成一闭合回路。由于自感的作用，回路中电流不会立即下降到零。根据欧姆定律，在任一瞬时应有

$$-L\frac{dI}{dt} = IR$$

由初始条件：$t=0$ 时，$I = I_0 = \mathscr{E}/R$，得

$$\int_{I_0}^{I}\frac{dI}{I} = \int_0^t\left(-\frac{R}{L}\right)dt$$

经积分并整理后得

$$I = I_0 e^{-\frac{R}{L}t} \qquad (12\text{-}18)$$

式（12-18）表明，撤掉电源后，由于自感的作用，电流是按指数规律逐渐衰减的。RL 电路中电流的衰减曲线如图 12-24 所示。

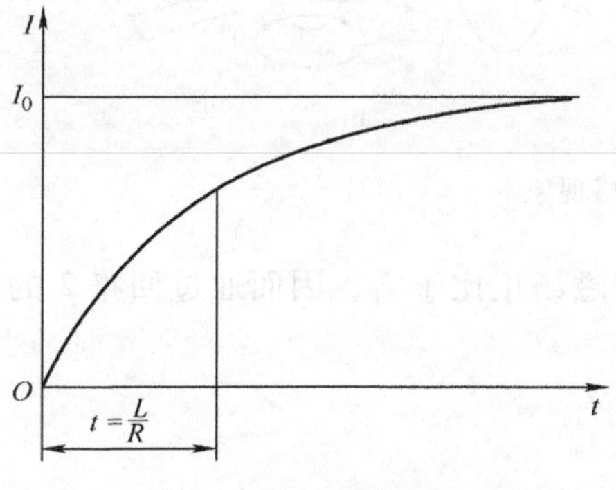

图 12-23　自感电路中电流的滋长

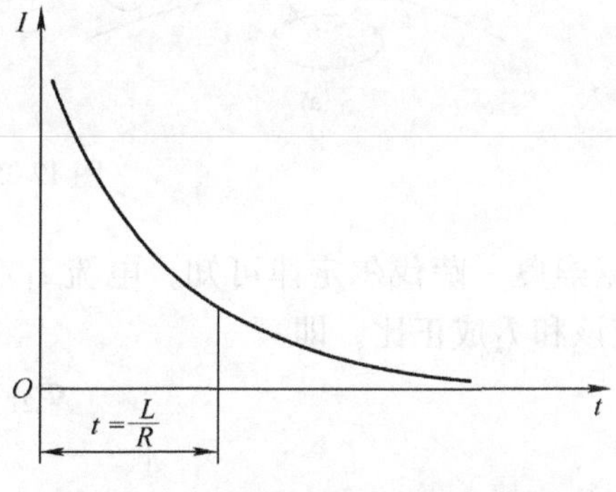

图 12-24　自感电路中电流的衰减

应当指出，如果断开开关 S 后又不接通 B，这时在 S、A 之间的空气隙中具有很大的电阻，当电路中的电流骤然下降到零，dI/dt 的值就会很大，从而在线圈 L 中产生很大的感应电动势，就能使空气隙中产生火花，甚至出现电弧。为了避免这种损害，在工业上常采用逐渐增加电阻而使电流减小，然后再断开电路的方法。

由式（12-17）和式（12-18）所表示的电流变化情况还可用实验演示。在图 12-25a 所示的实验中，灯泡 A、B 是同样规格的。当合上开关 S 后，A、B 两支路同时接通电源，但 B 灯的支路有一多匝线圈，自感较大，电流增大较慢，所以 A 灯比 B 灯先亮。而在图 12-25b所示的实验中，在断开开关 S 时，灯泡会突然强烈地闪亮一下再熄灭。这是因为自感线圈中因电流骤然下降产生的自感电动势在线圈中产生较大的电流，在开关断开后通过灯泡而又逐渐消失的缘故。

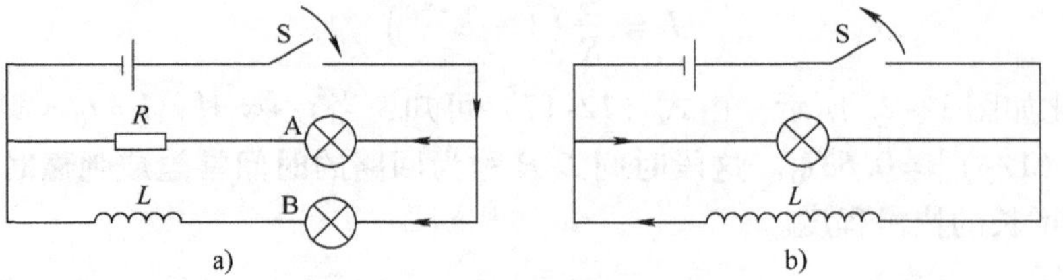

图 12-25　自感现象演示示意图

互感　一闭合导体回路，当其中的电流随时间发生变化时，它周围的磁场也随时间变化，在它附近的导体回路中产生感应电动势的现象，称为**互感现象**，相应的电动势称为**互感电动势**。

如图 12-26 所示，设有两个邻近的闭合导体回路 1 和 2，电流分别为 I_1 和 I_2。当回路 1 中电流 I_1 发生变化时，由 I_1 产生的穿过回路 2 中的磁通量 Φ_{21} 也将发生变化，因而在回路 2 中激发互感电动势 $\mathscr{E}_{21}$。同理，回路 2 中的电流强度 I_2 变化时，由 I_2 产生的穿过回路 1 的磁通量 Φ_{12} 也将变化，因而在回路 1 中也要激发互感电动势 $\mathscr{E}_{12}$。

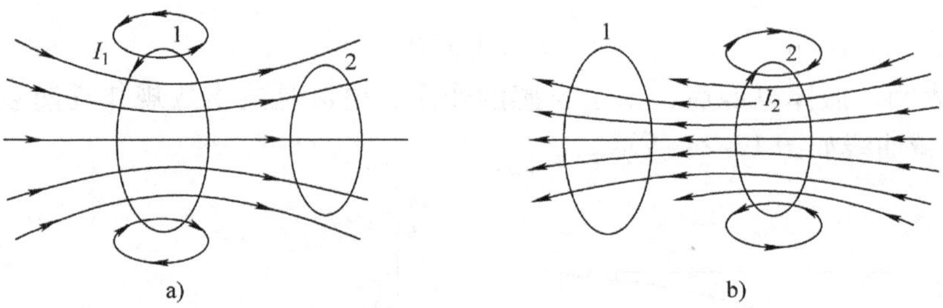

图 12-26　互感现象

根据毕奥－萨伐尔定律可知，电流 I_1 产生的磁场正比于 I_1，因而通过回路 2 的磁通量 Φ_{21} 也应该和 I_1 成正比，即

$$\Phi_{21} = M_{21} I_1$$

同理

$$\Phi_{12} = M_{12} I_2$$

其中，M_{21} 和 M_{12} 是两个比例系数，它取决于两个回路的形状、相对位置以及周围磁介质的磁导率。实验指出 $M_{12} = M_{21}$（证明见例题 12-11），统一用符号 M 表示，称为回路的**互感**。对两个固定的回路 1、2 来说，互感是个常数。这样，上述两式可简化为

$$\Phi_{21} = MI_1, \Phi_{12} = MI_2 \tag{12-19}$$

应用法拉第电磁感应定律，可以确定由于互感而产生的电动势为

$$\mathscr{E}_{21} = -\frac{\mathrm{d}\Phi_{21}}{\mathrm{d}t} = -M\frac{\mathrm{d}I_1}{\mathrm{d}t}$$

及

$$\mathscr{E}_{12} = -\frac{\mathrm{d}\Phi_{12}}{\mathrm{d}t} = -M\frac{\mathrm{d}I_2}{\mathrm{d}t} \tag{12-20}$$

如果两个回路的线圈分别有 N_1 匝和 N_2 匝，且穿过各自回路每匝的互感磁通量都相同

时，则有

$$\mathscr{E}_{21} = -N_2 \frac{\mathrm{d}\Phi_{21}}{\mathrm{d}t} \quad \mathscr{E}_{12} = -N_1 \frac{\mathrm{d}\Phi_{12}}{\mathrm{d}t}$$

相应的互感电动势仍可表示为

$$\mathscr{E}_{21} = -M \frac{\mathrm{d}I_1}{\mathrm{d}t}, \quad \mathscr{E}_{12} = -M \frac{\mathrm{d}I_2}{\mathrm{d}t} \tag{12-20a}$$

不过，这时 Φ_{21}、Φ_{12}与 M、I_1、I_2之间的关系为

$$N_2\Phi_{21} = MI_1, \quad N_1\Phi_{12} = MI_2 \tag{12-21}$$

互感的单位与自感的单位相同。互感一般是不容易计算的。常以式（12-20）作为 M 的定义式，并用实验方法测定。

互感现象在电工和无线电技术中获得了广泛的应用，变压器、高频感应圈以及交流互感器等，都是利用互感原理制成的。

例题 12-8 设一空心的长直螺线管其管长为 l（足够长），截面面积为 S，总匝数为 N，试求其自感。

解 由于螺线管的长度已足够长，计算时可以把管内的磁场看作是均匀的。设螺线管中通有电流 I 时，管内的磁感应强度应为

$$B = \mu_0 nI$$

式中，$n = N/l$ 是单位长度的匝数。因此，通过每一匝的磁通量为

$$\Phi = BS = \mu_0 nIS$$

通过 N 匝的磁通链数为

$$N\Phi = N\mu_0 nIS = \mu_0 \frac{N^2}{l}IS = \mu_0 \frac{N^2}{l^2}ISl = \mu_0 n^2 ISl = \mu_0 n^2 IV$$

式中，$V = Sl$ 是螺线管的体积。由式（12-15）可得

$$L = \mu_0 n^2 V = \mu_0 \left(\frac{N}{l}\right)^2 V = \mu_0 \frac{N^2}{l} S$$

例题 12-9 如图 12-27 所示，C_1表示一长直螺线管，管长为 l，截面面积为 S，共有 N_1 匝；C_2表示另一长度和截面面积都与 C_1相同的共轴螺线管，共有 N_2匝，管内磁介质的磁导率为 μ。试求：

（1）这两个共轴螺线管的互感；

（2）这两个螺线管的自感与互感之间的关系。

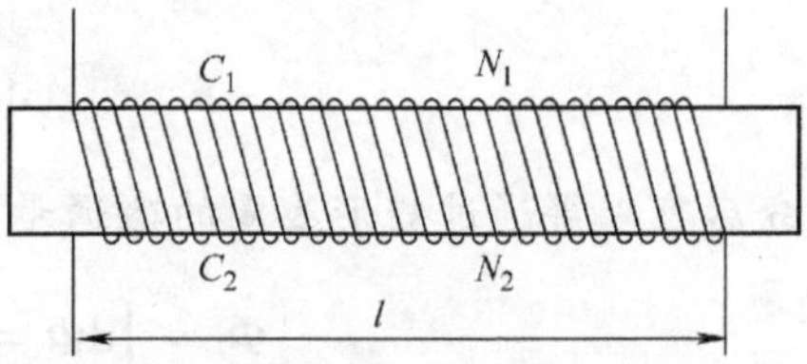

图 12-27 例题 12-9 图

解 （1）若 C_1 中通有电流 I_1，则该管内磁感应强度和磁通量分别为

$$B_1 = \mu \frac{N_1}{l} I_1$$

$$\Phi = B_1 S = \mu \frac{N_1}{l} I_1 S$$

在无漏磁情况下，通过 C_2的磁通量也为 Φ，则磁通链数为

$$N_2\Phi = \mu \frac{N_1 N_2}{l} I_1 S$$

根据式（12-21）可得这两个共轴螺线管的互感为

$$M = \frac{N_2 \Phi}{I_1} = \mu \frac{N_1 N_2}{l} S \tag{1}$$

（2）由例题12-8可知

$$L_1 = \frac{N_1 \Phi_1}{I_1} = \mu \frac{N_1^2}{l} S \tag{2}$$

及

$$L_2 = \frac{N_2 \Phi_2}{I_2} = \mu \frac{N_2^2}{l} S \tag{3}$$

由式(1)～式(3)可得

$$M^2 = L_1 L_2, M = \sqrt{L_1 L_2}$$

必须指出，只有这样的耦合线圈才有 $M = \sqrt{L_1 L_2}$ 的关系；一般情形时，$M = k\sqrt{L_1 L_2}$，而 $0 \leqslant k \leqslant 1$，$k$ 称为耦合系数，k 值视两线圈的相对位置而定。

例题 12-10　一长直导线 L 与一单匝矩形线圈 $ABCD$ 共面，如图12-28所示，线圈的长和宽分别为 l 和 a，长边与直导线平行，相距为 d，试求其互感。

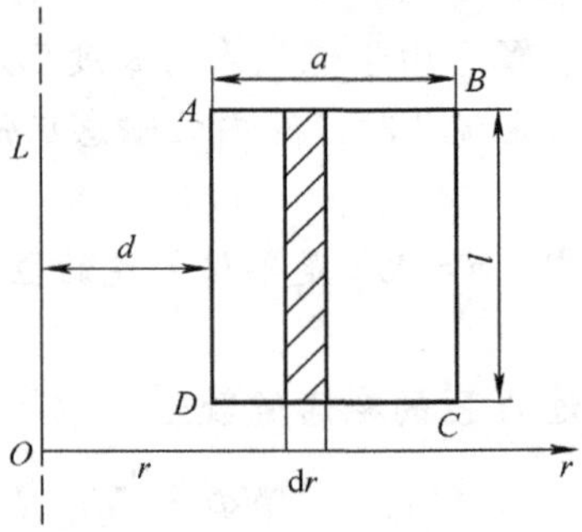

图12-28　例题12-10图

解　长直导线可看作是在无限远处闭合的回路，由于 $M_{12} = M_{21} = M$，本题以计算长直导线对矩形线圈的互感较为简便。

设长直导线中通以电流 I，其周围空间的磁感应强度

$$B = \frac{\mu_0 I}{2\pi r}$$

空间中各点处的磁感应强度大小是随 r 而变化的量，因此，我们需将矩形 $ABCD$ 的面积 S 分割为许多面积元，如图12-28所示，取面积元 $\mathrm{d}S = l\mathrm{d}r$ 与导线相距为 r，则通过 $\mathrm{d}S$ 的磁通量为

$$\mathrm{d}\Phi = B\mathrm{d}S = \frac{\mu_0 I}{2\pi r} l \mathrm{d}r$$

积分后可求得通过矩形线圈的磁通量为

$$\Phi = \int \mathrm{d}\Phi = \int_d^{d+a} \frac{\mu_0 I l}{2\pi r} \mathrm{d}r = \frac{\mu_0 I l}{2\pi} \ln\left(\frac{d+a}{d}\right)$$

则互感为

$$M = \frac{\Phi}{I} = \frac{\mu_0 l}{2\pi} \ln\left(\frac{d+a}{d}\right)$$

本题还可以由 $\mathscr{E} = \left| -M\frac{\mathrm{d}I}{\mathrm{d}t} \right|$ 求解，可得到同样的结果。

12.5　磁场的能量

当稳恒电流通过电路时，如无其他形式的能量转换，电源所供给的能量，将全部转化为

电路中所放出的焦耳－楞次热。但是，如果电流不是稳恒的，电路中将出现感应电动势。当电路中的电流增大时，感应电动势的方向与原来电流的方向相反，原来电流必须为克服感应电动势而做功，从而转化为另一种形式的能量，因此外电源所供给的能量，必须大于电路中所放出的焦耳－楞次热。当电路中的电流减小时，感应电动势的方向与原来电流的方向相同，因此感应电动势将对电流做功，而使电路中所放出的焦耳－楞次热增加。显然，在后一种情况下，也必须是消耗了某种形式的能量的结果。现在我们用自感电路来说明这种能量。

如图 12-22 所示，当电路开始接通电源时，由于自感现象，回路中的电流有一个滋长过程，即 $\mathrm{d}I/\mathrm{d}t \neq 0$，因而在自感线圈 L 中出现自感电动势

$$\mathscr{E}_L = -L\frac{\mathrm{d}I}{\mathrm{d}t}$$

根据闭合电路的欧姆定律有

$$\mathscr{E} + \mathscr{E}_L = IR$$

等式两边各乘以 I，得到

$$\mathscr{E}I = I^2R - \mathscr{E}_L I$$

上式的物理意义是：在滋长过程中，电源所提供的电功率 $\mathscr{E}I$，一部分供给电阻 R 以焦耳热 I^2R 的形式消耗掉，另一部分用在反抗自感电动势 $\mathscr{E}_L I$ 做功上。在 $\mathrm{d}t$ 时间内，电源反抗自感电动势所做的功 $\mathrm{d}A$ 为

$$\mathrm{d}A = -\mathscr{E}_L I\mathrm{d}t = L\frac{\mathrm{d}I}{\mathrm{d}t}I\mathrm{d}t = LI\mathrm{d}I$$

在电流从零增加到 $I_0 = \dfrac{\mathscr{E}}{R}$ 的整个过程中，电源反抗自感电动势所做的功

$$A = \int \mathrm{d}A = \int_0^{I_0} LI\mathrm{d}I = \frac{1}{2}LI_0^2$$

根据能量守恒与转换定律，这个功将转换为线圈所具有的能量而储存在自感线圈中。或者说，储存在通电线圈的磁场中。因此，我们把这种能量称为**磁场能量**，简称**磁能**，用 W_{m} 表示，于是

$$W_{\mathrm{m}} = \frac{1}{2}LI^2 \tag{12-22}$$

在国际单位制中，W_{m} 的单位为焦耳（J）。通过以上分析，不难解释在图 12-25b 所示的演示实验中，当开关 S 断开后，电源已不再向灯泡供应能量，但灯泡仍然强烈地闪亮一下的原因。灯泡所发的光能和热能，是由线圈中所储存的磁场能量转换而来的。

现在用描述磁场性质的物理量，来表示磁场能量以及磁场能量的体密度。为简单起见，我们计算充满均匀磁介质的一载流长直螺线管的磁场能量。螺线管的自感为 $L = \mu n^2 V$，当螺线管通有电流 I 时，磁感应强度为 $B = \mu nI$，设管外的磁场为零，此时磁场能量为

$$W_{\mathrm{m}} = \frac{1}{2}LI^2 = \frac{1}{2}\mu n^2 V\left(\frac{B}{\mu n}\right)^2 = \frac{1}{2}\frac{B^2}{\mu}V$$

式中，V 表示长直螺线管的体积。上式表明，磁场能量不仅和磁感应强度的大小有关，而且还和磁场所占据体积有关。定义**磁场能量体密度**为

$$w_{\mathrm{m}} = \frac{W_{\mathrm{m}}}{V} = \frac{1}{2}\frac{B^2}{\mu} = \frac{1}{2}\mu H^2 = \frac{1}{2}BH \tag{12-23}$$

式（12-23）虽是从特殊例子导出，但它具有普遍意义，可适用于一切磁场。在非均匀磁场中，可任取一体积元 dV 来考虑，这体积元的磁场能量为

$$dW_m = w_m dV = \frac{1}{2}BHdV$$

在体积 V 中的总磁场能量为

$$W_m = \int dW_m = \int_V \frac{1}{2}BHdV \tag{12-24}$$

例题 12-11 试求：两个相互邻近的载流线圈的磁场能量；并推证这两个线圈的互感相等。

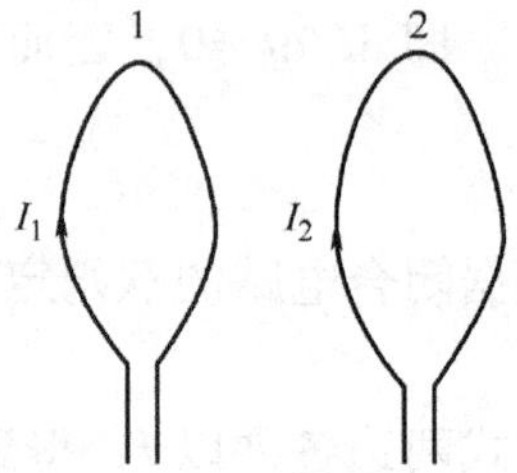

图 12-29 例题 12-11 图

解 如图 12-29 所示，两个线圈的电流分别是 I_1 和 I_2。为了求出此系统在图示状态时的磁场能量，可设想 I_1 和 I_2 是按下述步骤建立的。

（1）先接通线圈 1，使其中的电流由零增加到 I_1，这一过程中，由于自感 L_1 的存在，由电源做功而储存到线圈 1 中的磁场能量为

$$W_{m1} = \frac{1}{2}L_1 I_1^2$$

（2）再接通线圈 2，使线圈 2 中的电流由零增加到 I_2，因此线圈 2 中的磁场能量为

$$W_{m2} = \frac{1}{2}L_2 I_2^2$$

由于线圈 2 接通并增强电流的同时，线圈 1 中有互感电动势产生，为了保持线圈 1 中电流 I_1 不变，线圈 1 中的电源还必须克服互感电动势做功，因此产生附加的能量为

$$W_{12} = \int_0^t \mathscr{E}_{12} I_1 dt = \int M_{12} \frac{di_2}{dt} I_1 dt = M_{12} I_1 \int_0^{I_2} di_2 = M_{12} I_1 I_2$$

经过上述两个步骤后，系统达到电流分别为 I_1 和 I_2 的状态，这时体系所具有的总磁场能量为

$$W_m = W_{m1} + W_{m2} + W_{12} = \frac{1}{2}L_1 I_1^2 + \frac{1}{2}L_2 I_2^2 + M_{12} I_1 I_2$$

同理，也可以先接通线圈 2，使其中电流由零增加到 I_2，然后再使线圈 1 中的电流由零增加到 I_1，重复上述讨论，可得两线圈的总磁能为

$$W'_m = \frac{1}{2}L_1 I_1^2 + \frac{1}{2}L_2 I_2^2 + M_{21} I_1 I_2$$

由于能量是状态的单值函数，上述两种通电方式的最后状态相同，即两个线圈分别通有 I_1 和 I_2 的电流，所以 $W_m = W'_m$。由此得出

$$M_{12} = M_{21}$$

即线圈 1 对线圈 2 的互感等于线圈 2 对线圈 1 的互感。令 $M = M_{12} = M_{21}$，则表示两线圈的磁能公式为

$$W_m = \frac{1}{2}L_1 I_1^2 + \frac{1}{2}L_2 I_2^2 + M I_1 I_2 \tag{12-25}$$

例题 12-12 一根很长的同轴电缆如图 12-30 所示，由半径为 R_1 的芯线与半径为 R_2 的同轴圆柱壳所组成，其间充满磁导率为 μ 的均匀磁介质，内、外导体表面均匀流过方向相反

的电流 I。试计算：

（1）长度为 l 的一段电缆内磁场中储存的能量；

（2）电缆单位长度的自感。

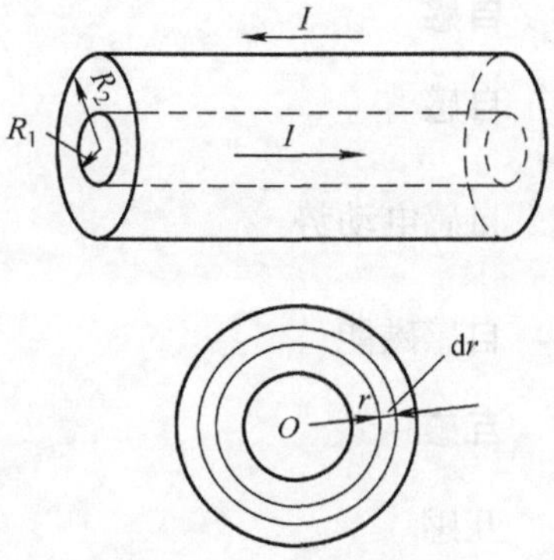

图 12-30　例题 12-12 图

解　（1）根据安培环路定理可知，在芯线与外筒之间，离轴线 r 处的磁场强度为

$$H = \frac{I}{2\pi r}$$

而在其余空间 $H=0$。在磁场不为零的空间内，磁能体密度为

$$w_m = \frac{1}{2}\mu H^2 = \frac{\mu I^2}{8\pi^2 r^2}$$

如图 12-30 所示，根据磁场分布的对称性，取一半径为 r、厚度为 $\mathrm{d}r$ 的薄圆筒，其体积元 $\mathrm{d}V=2\pi r l \mathrm{d}r$，此体积元中的磁能为

$$\mathrm{d}W_m = w_m \mathrm{d}V = \frac{\mu I^2 l}{4\pi}\frac{\mathrm{d}r}{r}$$

所以，长为 l 的一段电缆的总磁能

$$W_m = \int \mathrm{d}W_m = \int_{R_1}^{R_2} \frac{\mu I^2 l}{4\pi}\frac{\mathrm{d}r}{r} = \frac{\mu I^2 l}{4\pi}\ln\frac{R_2}{R_1}$$

（2）与磁能公式 $W_m = \frac{1}{2}LI^2$ 相比较，可知

$$L = \frac{\mu l}{2\pi}\ln\frac{R_2}{R_1}$$

可得单位长度电缆的自感

$$L_1 = \frac{L}{l} = \frac{\mu}{2\pi}\ln\frac{R_2}{R_1}$$

本章提要

法拉第电磁感应定律

$$\mathscr{E}_i = -\frac{\mathrm{d}\Phi}{\mathrm{d}t},\quad \mathscr{E}_i = -\frac{\mathrm{d}(N\Phi)}{\mathrm{d}t}$$

动生电动势

$$\mathscr{E}_{ab} = \int_a^b (\boldsymbol{v}\times\boldsymbol{B})\cdot \mathrm{d}\boldsymbol{l}$$

当 $\boldsymbol{B}$、$\boldsymbol{l}$、$\boldsymbol{v}$三者互相垂直时

$$\mathscr{E}_i = \int_l vB\mathrm{d}l$$

感生电动势　涡旋电场

$$\mathscr{E}_i = \oint_L \boldsymbol{E}_{感}\cdot \mathrm{d}\boldsymbol{l} = -\frac{\mathrm{d}\Phi}{\mathrm{d}t} = -\int_S \frac{\partial \boldsymbol{B}}{\partial t}\cdot \mathrm{d}\boldsymbol{S}$$

上式说明，变化磁场产生的电场是涡旋场。

自感

自感 $L=\dfrac{N\Phi}{I}$

自感电动势 $\mathscr{E}_L=-L\dfrac{\mathrm{d}I}{\mathrm{d}t}$

自感磁能 $W_{\mathrm{m}}=\dfrac{1}{2}LI^2$

互感

互感 $M=\dfrac{N_2\Phi_{21}}{I_1}=\dfrac{N_1\Phi_{12}}{I_2}$

互感电动势 $\mathscr{E}_{21}=-M\dfrac{\mathrm{d}I_1}{\mathrm{d}t}$

$$\mathscr{E}_{12}=-M\frac{\mathrm{d}I_2}{\mathrm{d}t}$$

磁场能量

磁能体密度 $w_{\mathrm{m}}=\dfrac{1}{2}BH=\dfrac{1}{2}\dfrac{B^2}{\mu}=\dfrac{1}{2}\mu H^2$

磁场能量 $W_{\mathrm{m}}=\displaystyle\int_V\frac{1}{2}BH\mathrm{d}V$

习　　题

12-1　回答下列问题：

1. 让一块磁铁在一根很长的竖直铜管内顺着铜管落下，若不计空气阻力，试问磁铁做什么运动？为什么？

2. 将形状完全相同的铜环和木环适当放置，使通过两环内的磁通量的变化量相等。问这两个环中的感应电动势及感生电场是否相等？

3. 把一无限长载流直导线穿过一导体圆环并通过环心。设两者互相绝缘。如题 12-1-3 图所示，当圆环绕直导线为轴转动时，问圆环中是否有感应电流？

4. 有两个圆形闭合回路，其中小的一个套在大的当中，使两个回路在同一平面上，如题 12-1-4 图所示。问当大回路和电源接通的那一瞬时，小回路中各小段所受的磁力方向怎样？

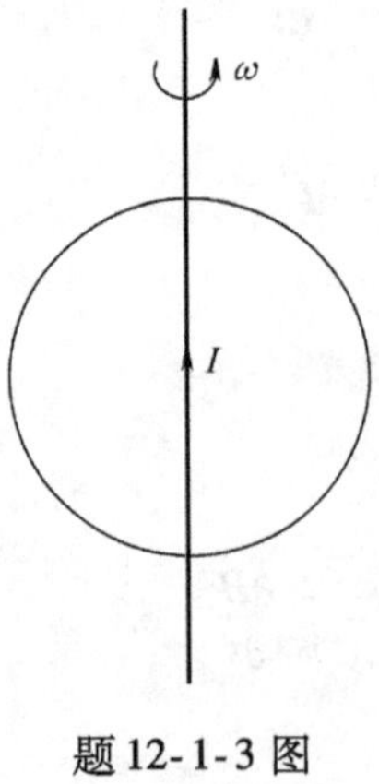

题 12-1-3 图

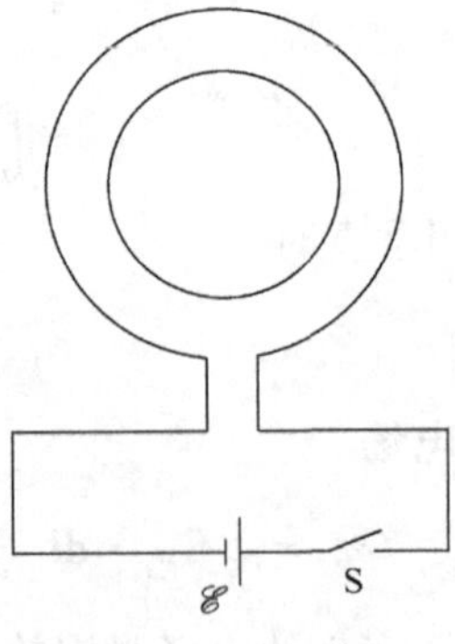

题 12-1-4 图

5. 一闭合线圈 $abcda$，其法线方向 $\boldsymbol{n}$ 与磁感应强度 $\boldsymbol{B}$ 方向的夹角为45°（见题12-1-5图），当磁感应强度减小时，线圈会动吗？怎样运动？当磁感应强度增加时结果又怎样？

6. 铜片放在磁场中，如题12-1-6图所示。若将铜片从磁场中拉出或推进，则受到一阻力。试解释这个阻力的来源。（提示：在铜片中产生了涡电流）

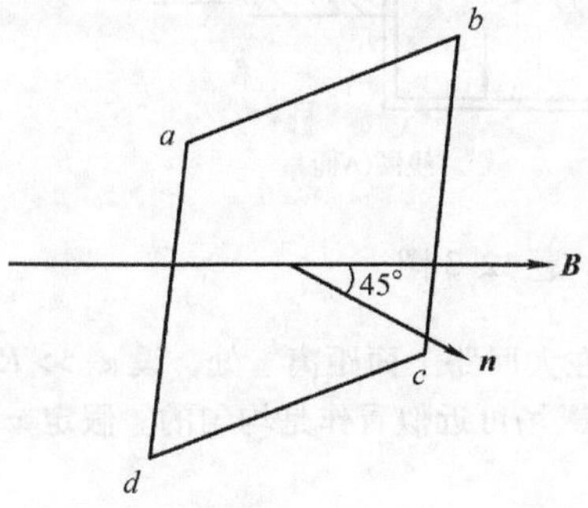

题12-1-5图

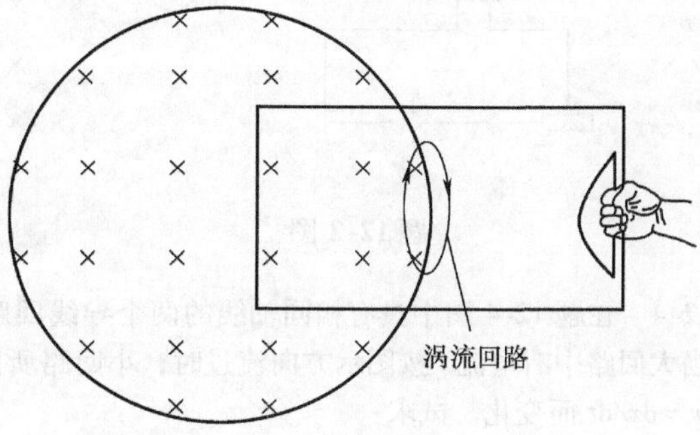

题12-1-6图

7. 说明 $L=\dfrac{N\Phi}{I}$ 和 $L=-\dfrac{\mathscr{E}_L}{\dfrac{dI}{dt}}$ 两者作为自感 L 的定义，其适用范围如何？

8. （1）用金属丝绕制的标准电阻要求是无自感的，怎样绕制自感系数为零的线圈？

（2）有两个线圈距离相隔不太远，如何放置可使其互感系数为零？

9. 在一长直螺线管中，放置 ab、cd 两段导体，一段在螺线管某一横截面的直径上，另一段在弦上，如题12-1－9图所示，螺线管通电瞬间，a 点和 b 点，c 点和 d 点哪点电势高？为什么？

10. 如题12-1-10图所示的电路，接通电源，电流达到稳定后，将电路切断，这时电容 C 的电压最多能升到多少？（忽略电感 L 的电阻）

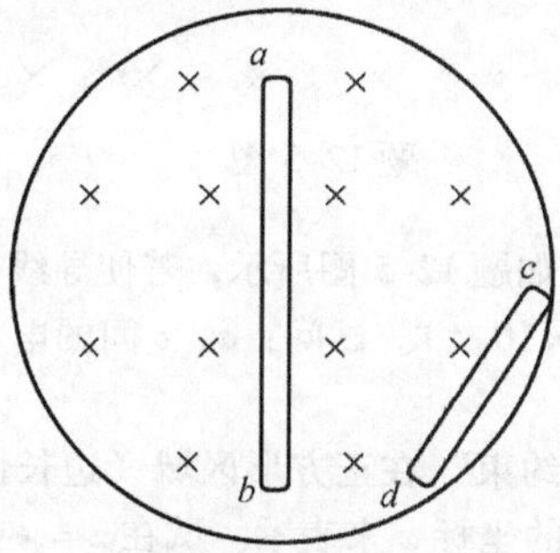

题12-1-9图

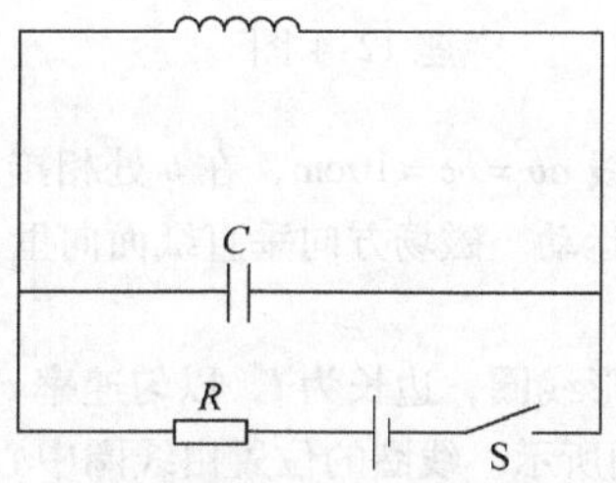

题12-1-10图

12-2　设有一由金属丝绕成的没有铁心的环形螺线管，其单位长度上的匝数为 $n=5000/\text{m}$，截面面积 $S=2\times10^{-3}\text{m}^2$，金属丝的两端和电源 $\mathscr{E}$ 以及可变电阻串联成一闭合电路，在环上再绕一线圈匝数 $N=5$，电阻 $R=2.0\Omega$，如题12-2图所示。调节可变电阻，使通过环形螺线管的电流 I 每秒降低20A。试求：

（1）线圈B中产生的感应电动势 $\mathscr{E}_i$ 及感应电流 I_i；

（2）2s内通过线圈 B 任一横截面的感应电荷量 q。

12-3　磁换能器常用来检查微小的振动。如题12-3图所示，在振动杆的一端接一个线圈（N 匝），则线圈随杆在均匀磁场 $\boldsymbol{B}$ 中来回进出地振动，如图所示。试证明：杆端的速率 dx/dt 与线圈中感应电动势 $\mathscr{E}$ 有下列关系：

$$\mathscr{E}=NBb\left(\frac{dx}{dt}\right)$$

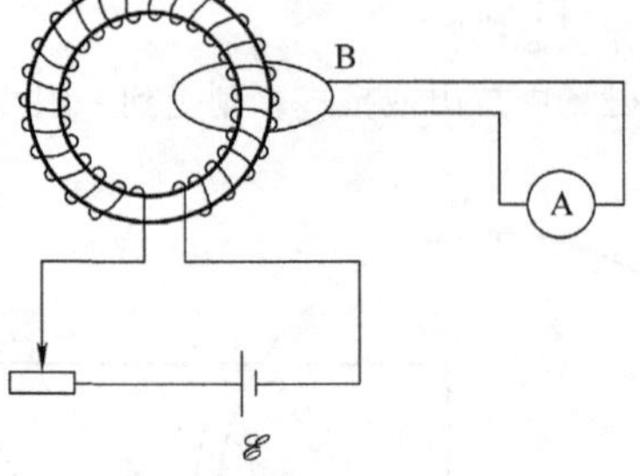

题 12-2 图

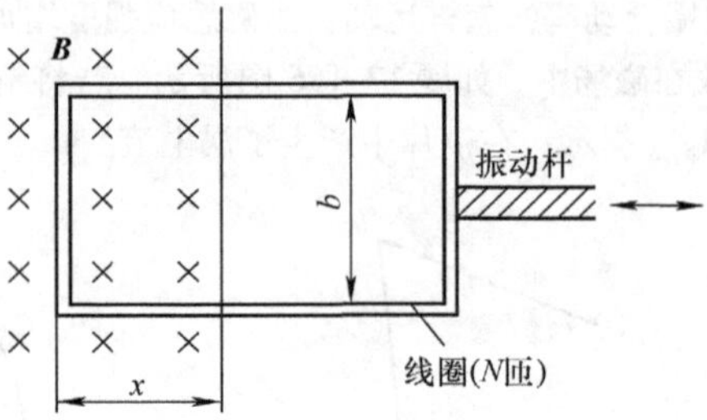

题 12-3 图

12-4 在题 12-4 图中具有相同轴线的两个导线回路，小回路在大回路上面距离 x 处，设 $x \gg R$。因此，当大回路中有电流 i 按图示方向流过时，小回路所围面积内的磁场可近似看作是均匀的。假定 x 以等速率 $v = \mathrm{d}x/\mathrm{d}t$ 而变化。试求：

（1）确定穿过小回路的磁通量 Φ 和 x 之间的关系；

（2）当 $x = NR$ 时（N 为一正数），小回路内产生的感应电动势的大小；

（3）若 $v > 0$，确定小回路内感应电流的方向。

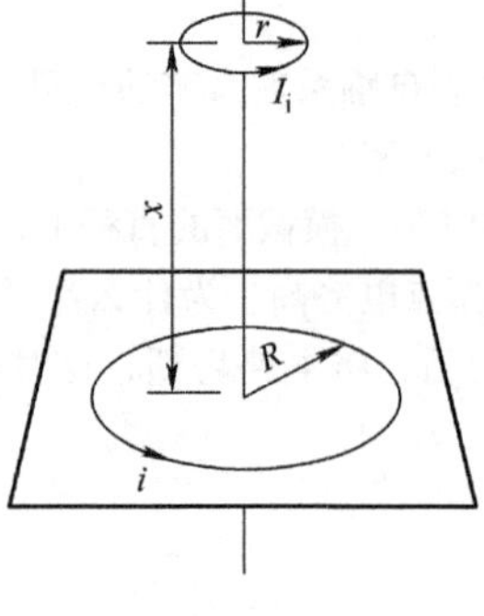

题 12-4 图

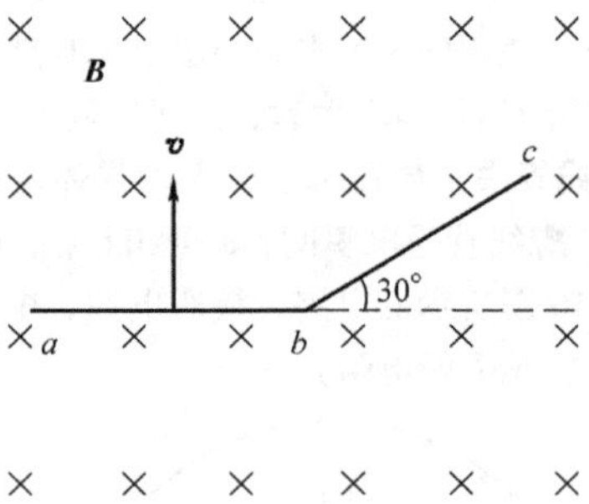

题 12-5 图

12-5 两段导线 $ab = bc = 10\text{cm}$，在 b 处相接成 30°角，如题 12-5 图所示，若使导线在均匀磁场中以速度 $v = 1.5\text{m/s}$ 向上运动。磁场方向垂直纸面向里，$B = 2.5\times10^{-2}\text{T}$。试问：$a$、$c$ 间的电势差为多少？哪一端电势高？

12-6 一正方形线圈，边长为 l，以匀速率 v 通过一“约束”在正方形区域（边长恰为 $2l$）内的均匀磁场，如题 12-6 图所示。线圈的位置由线圈中心所在位置的坐标 x 来表示。试在 $x = -2l$ 到 $x = +2l$ 范围内，将线圈中的感应电动势 $\mathscr{E}$ 的大小作 $\mathscr{E}-x$ 曲线图表示出来。作图时把顺时针指向的感应电动势记作正值，逆时针指向的感应电动势记作负值。

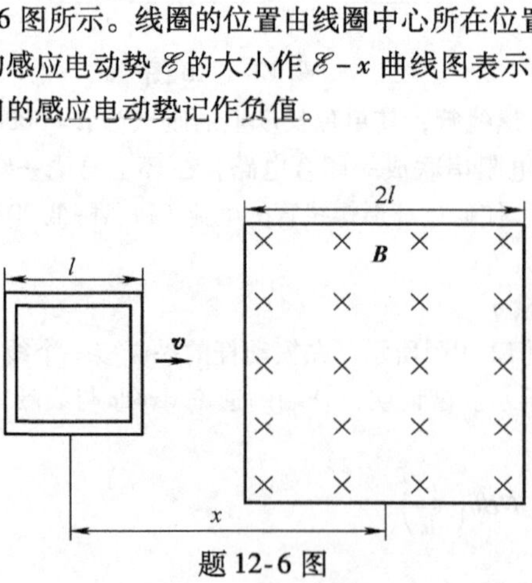

题 12-6 图

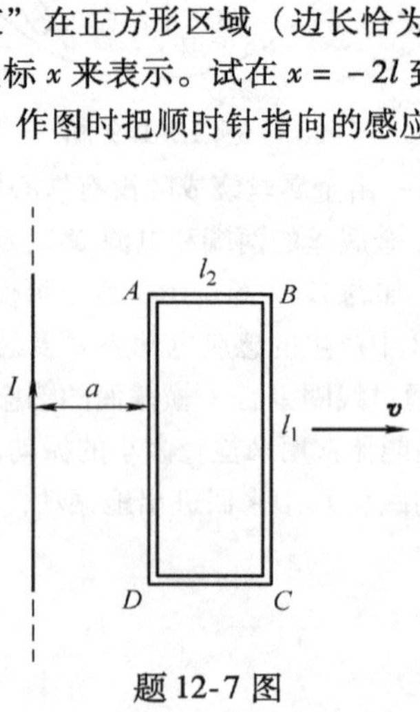

题 12-7 图

12-7 如题12-7图所示，一长直导线载有 $I=5.0\text{A}$ 的电流，其旁边放置一矩形的线圈 $ABCD$，长 $l_1=0.20\text{m}$，宽 $l_2=0.10\text{m}$，长边与长导线平行且两者共面。$t=0$ 时，AD 边与导线相距 $a=0.10\text{m}$，线圈共有1000匝。令线圈以速度 v 垂直于长导线向右运动，$v=3.0\text{m/s}$。试求：线圈中的感应电动势。

12-8 如果上题中的线圈保持不动，而在长直导线中通有交变电流 $I=10\sin(100\pi t)$（单位为A），t 以s计，则线圈中的感应电动势如何？

12-9 一导线 ab 弯成题12-9图所示的形状，其中 cd 是一半圆，半径为 $r=0.10\text{m}$，ac 和 db 两段的长度均为 $l=0.10\text{m}$。在 $B=0.50\text{T}$ 的均匀磁场中绕轴线 ab 转动，转速 $n=60\text{r/s}$。设电路的总电阻（包括电表P的内阻）为 1000Ω，试求：导线中的感应电动势和感应电流，它们的最大值各为多少？

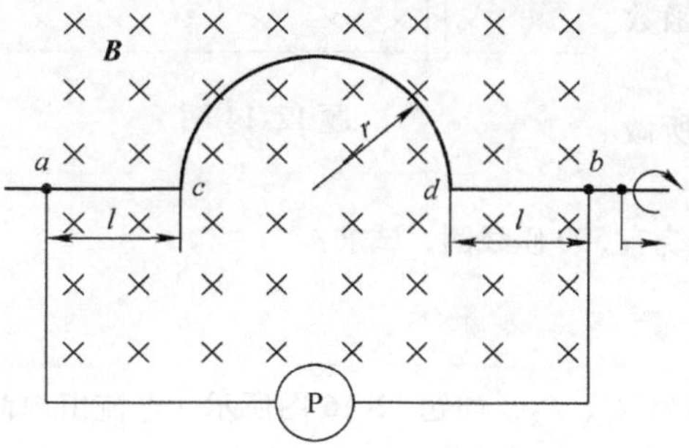

题12-9图

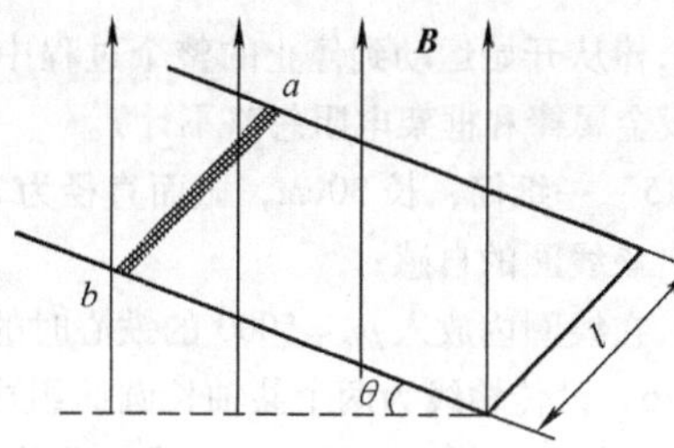

题12-10图

12-10 横截面为正方形的一根导线 ab。长为 l，质量为 m，电阻为 R。这根导线沿着两条平行的导电轨道无摩擦地下滑，轨道的电阻可忽略不计。如题12-10图所示，另一根与 ab 导线平行的无电阻的轨道，接在这两个平行轨道的底部，因而 ab 导线与三条轨道组成一矩形的闭合导电回路。导电轨道所在平面与水平面成 θ 角。整个系统处在竖直向上的均匀磁场 $\boldsymbol{B}$ 中。

（1）求证：导线 ab 下滑时，所达到的稳定速度大小为

$$v=\frac{mgR\sin\theta}{(Bl\cos\theta)^2}$$

（2）求证：这个结果与能量守恒定律是一致的。

12-11 如题12-11图所示，一均匀的磁场被限制在半径为 $R=20\text{cm}$ 的无限长圆柱形空间中，磁场以 $\frac{\text{d}B}{\text{d}t}=\left(\frac{4}{\pi}\right)\text{T/s}$ 的恒定速率增加。试问：图中线框 $abcda$ 的感生电流是多少？已知该线框中的电阻为 $R=4.0\Omega$，$\theta=\pi/6$，$Oa=Ob=10\text{cm}$，$Oc=Od=30\text{cm}$。

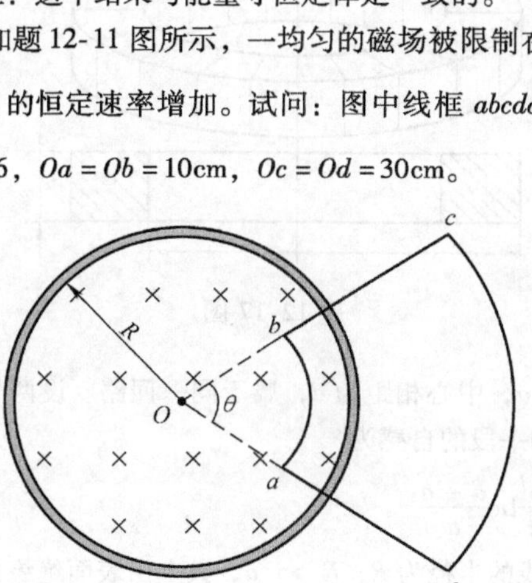

题12-11图

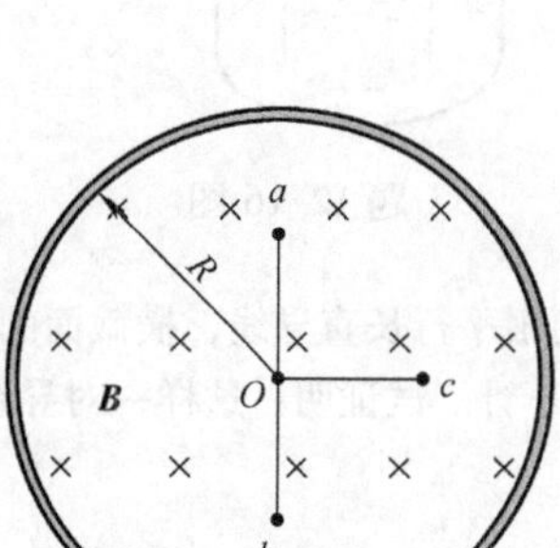

题12-12图

12-12 如题12-12图所示，在半径为 R 的圆筒内，有一方向与轴线平行的均匀磁场 B，以 $\frac{\text{d}B}{\text{d}t}=1.0\times$

10^{-2}T/s 的速率减小，a、b、c 各点离轴线的距离均为 $r=5.0$cm，试问：电子在各点处可获得多大的加速度？加速度的方向如何？如果电子处在圆筒的轴线上，它的加速度又是多大？

12-13　一电子在电子感应加速器中沿半径为 1.0m 的轨道做圆周运动，如果电子每转一周动能增加 700eV，试计算轨道内磁通量的变化率。

12-14　题 12-14 图所示是一开口金属框架，其中接有电阻 R。框架处于均匀磁场中，磁场的磁感应强度 $\boldsymbol{B}$ 垂直于框架平面向里。今有质量为 m 的金属棒长为 l，以初速度 v_0 在框架上向左无摩擦地滑动。试求：

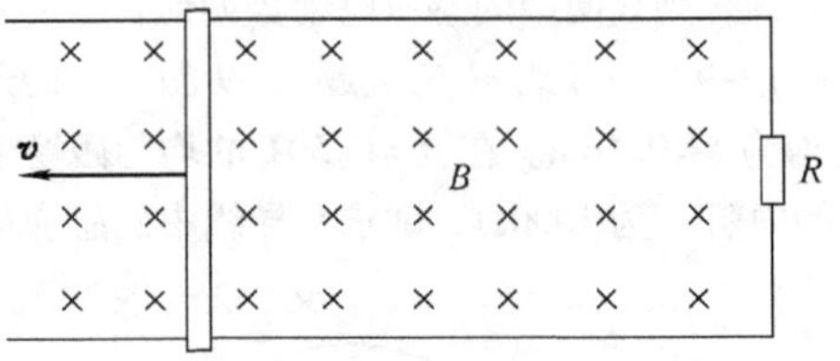

题 12-14 图

（1）任一时刻金属棒速度的大小随时间而变化的函数关系；

（2）棒从开始运动到停止的整个过程中，感应电流所做的功（设金属棒和框架电阻忽略不计）。

12-15　一纸筒，长 30cm，截面直径为 3.0cm，筒上绕有 500 匝线圈，试求：

（1）该线圈的自感；

（2）在线圈内放入 $\mu_r=5000$ 的铁心时的自感。

12-16　设传输线为两个共轴长圆筒组成，半径分别为 R_1、R_2，如题 12-16 图所示。电流由内筒的一端流入，由外筒的另一端流回。试求：此传输线一段长度为 l 的自感系数。

12-17　一截面为长方形的环形螺线管，共有 N 匝，其尺寸如题 12-17 图所示。试证明：此螺线管的自感为

$$L=\frac{\mu_0 N^2 h}{2\pi}\ln\frac{b}{a}$$

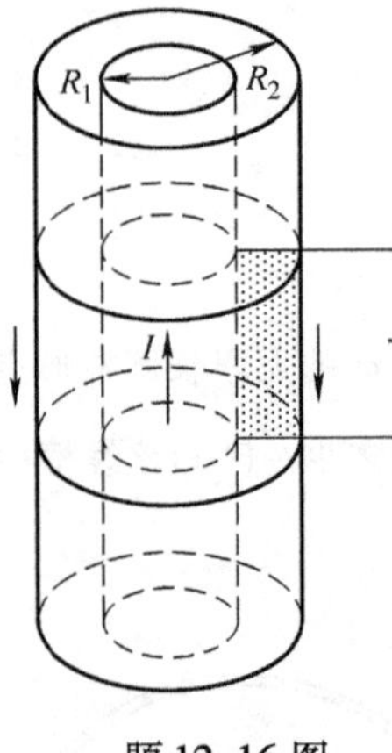

题 12-16 图

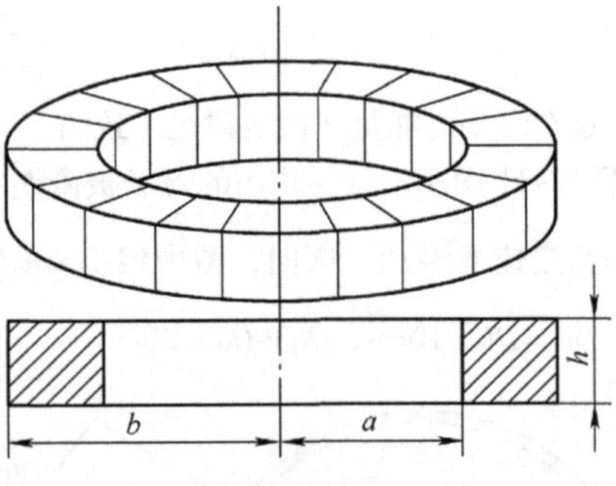

题 12-17 图

12-18　两根平行长直导线，横截面的半径都是 a，中心相距为 d，属于同一回路。设两导线内部的磁通量都可略去不计。试证明：这样一对导线长为 l 的一段的自感为

$$L=\frac{\mu_0 l}{\pi}\ln\frac{d-a}{a}$$

12-19　一螺绕环，环横截面的半径为 a，中心线的半径为 R，$R \gg a$，其上由表面绝缘的导线均匀地密绕两个线圈，一个 N_1 匝，另一个 N_2 匝。试求：

（1）两线圈的自感 L_1 和 L_2；

（2）两线圈的互感 M；

（3）M 与 L_1 和 L_2 的关系。

12-20 一圆形线圈 C_1 由 $N_1=50$ 匝表面绝缘的细导线绕成，圆面积为 $S=4.0\text{cm}^2$。将此线圈放在另一个半径为 $R=20\text{cm}$ 的圆形大线圈 C_2 的中心，两者同轴（见题12-20图）。大线圈由 $N_2=100$ 匝表面绝缘的导线绕成。试求：

（1）这两线圈的互感 M；

（2）当大线圈 C_2 中的电流以50A/s的变化率减小时，小线圈 C_1 中的感应电动势 $\mathscr{E}_i$。

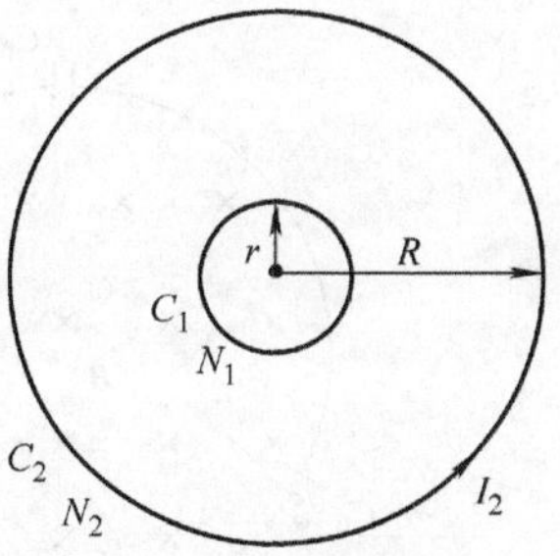

题12-20图

12-21 两线圈的自感分别为 L_1 和 L_2，它们之间的互感为 M，试求：

（1）将两线圈顺串联，如题12-21a图所示，1和4之间的自感；

（2）将两线圈反串联，如题12-21b图所示，1和3之间的自感。

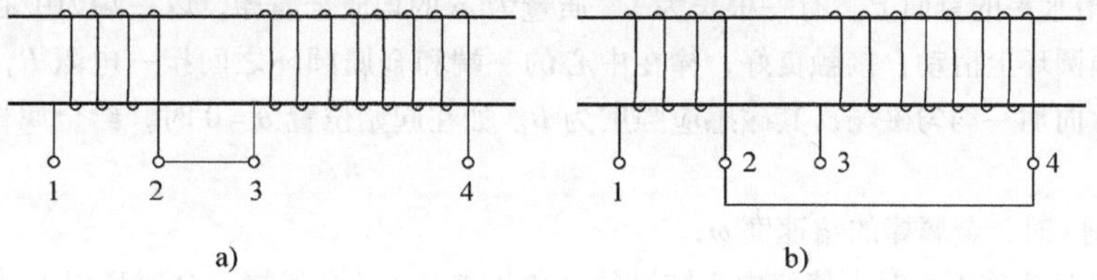

题12-21图

12-22 在两根通有反向电流 I 的平行长直导线的平面内，放置有一矩形线圈如题12-22图所示，若导线中电流随时间的变化率为 $\frac{dI}{dt}=k$（k 为大于零的恒量）。试计算线圈中的感生电动势。

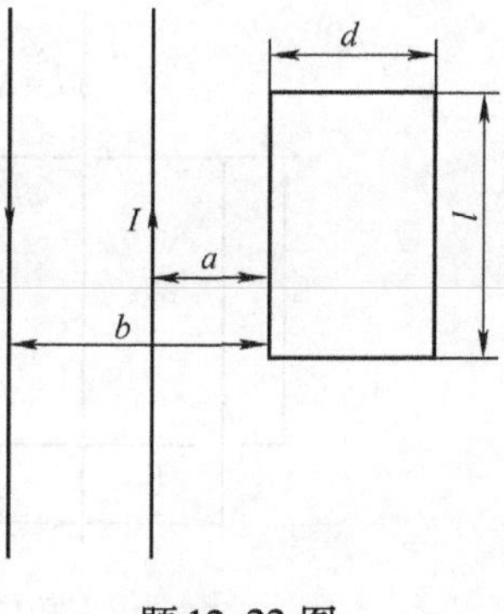

题12-22图

12-23 氢原子中电子在一圆轨道上运动，试问：该轨道中心处磁场能量密度有多大？玻尔氢原子模型中电子的轨道半径为 $5.1\times10^{-11}\text{m}$，频率 $f=6.8\times10^5\text{r/s}$。

12-24 一根直导线载有电流 I，其均匀地分布在它的横截面上。试证明：该导线内部单位长度的磁场能量为 $W=\frac{\mu_0 I^2}{16\pi}$。

12-25 在一个回路中接有三个容量均为30μF的电容器，回路面积为 100cm^2，一个均匀磁场垂直穿过回路平面，如题12-25图所示，若磁场的大小以5T/s的速率随时间而匀速增加，试求：每个电容器上的电荷量，并标出各个电容器极板的极性。

12-26 如题12-26图所示，直导线 OA、OC 间的夹角为60°，以 O 为圆心的虚线范围内磁感应强度 $\boldsymbol{B}$（垂直纸面向里），从 $t=0$ 开始以不变速率 $\frac{\partial B}{\partial t}$ 增加，半环形导线 DE 以速度 v 沿半径方向向圆心匀速运动（在两直导线上滑动），设半环的半径为 r，并且在时刻 t 该半环的圆心正好与 O 点重合，试求：由 OA、OC、DE 组成的闭合导线回路中的感应电动势。

12-27 一无限长导线通以电流 $I=I_0\sin\omega t$，紧靠直导线有一矩形线框，线框与直导线处在同一平面内，如题12-27图所示，试求：

（1）直导线和线框的互感系数；

（2）线框的互感电动势。

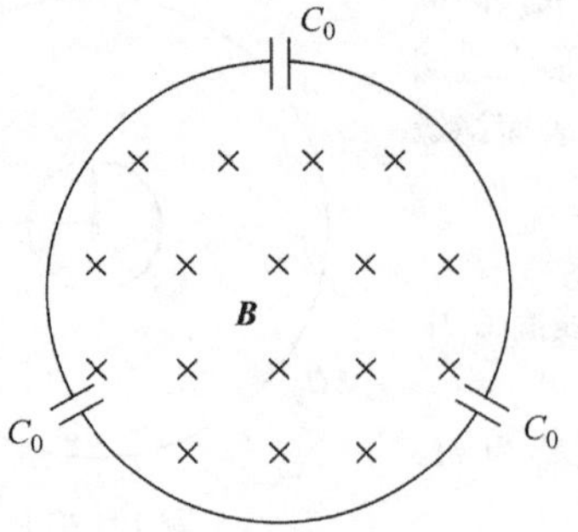

题 12-25 图

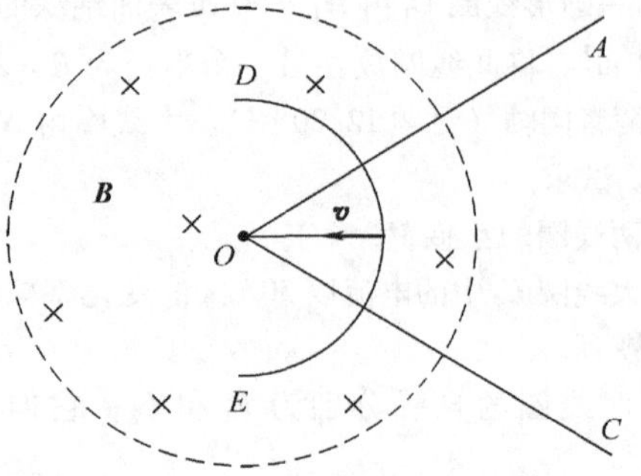

题 12-26 图

12-28 在光滑水平的桌面上，有一根长为 L，质量为 m 的均质金属棒，以一端为中心旋转，另一端贴在半径为 L 的金属圆环上滑动，接触良好，棒在中心的一端和金属圆环之间接一电阻 R，如题 12-28 图所示。在桌面法线方向加一均匀磁场，其磁感应强度为 B。如在起始位置 $\theta=0$ 时，给金属棒一初角速度 ω_0，试计算：

（1）任意时刻 t 时，金属棒的角速度 ω；

（2）当金属棒最后停下来时，棒绕中心转过的 θ 角为多少？（金属棒、金属环以及接线的电阻、机械摩擦力忽略不计。）

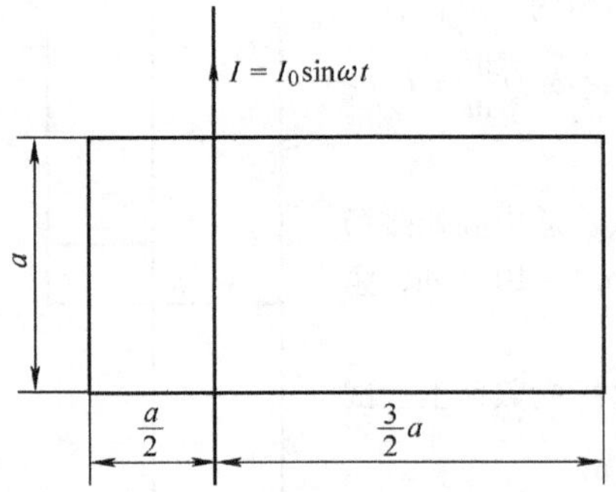

题 12-27 图

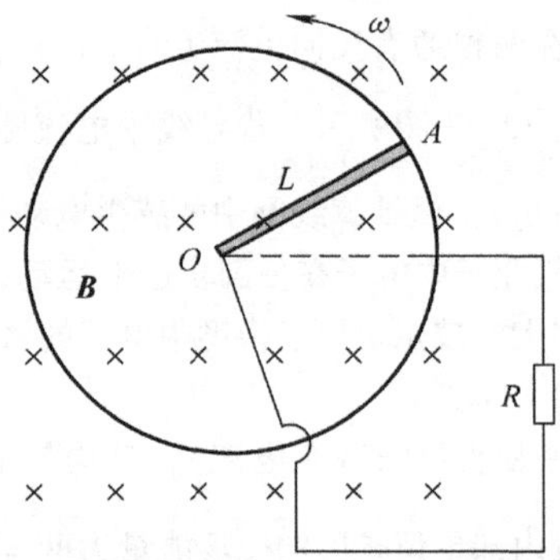

题 12-28 图

12-29 均匀磁场与导体回路的法线 $\boldsymbol{n}$ 的夹角 $\theta=\frac{\pi}{3}$，磁感应强度 B 随时间线性增加，即 $B=kt$（$k>0$），ab 边长为 L 且以速度 v 向右滑动，如题 12-29 图所示。试求：任意时刻感应电动势的大小和方向。

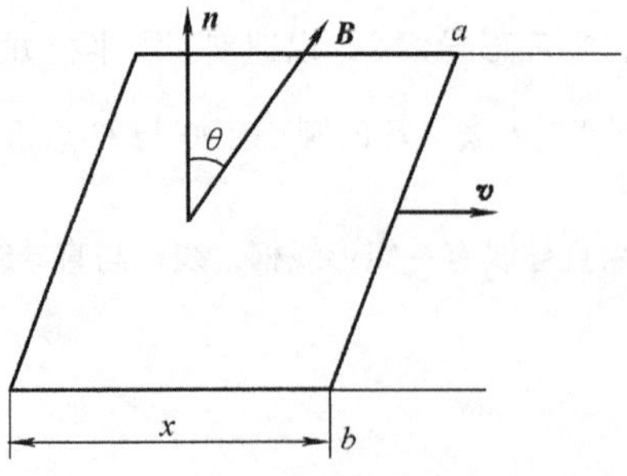

题 12-29 图

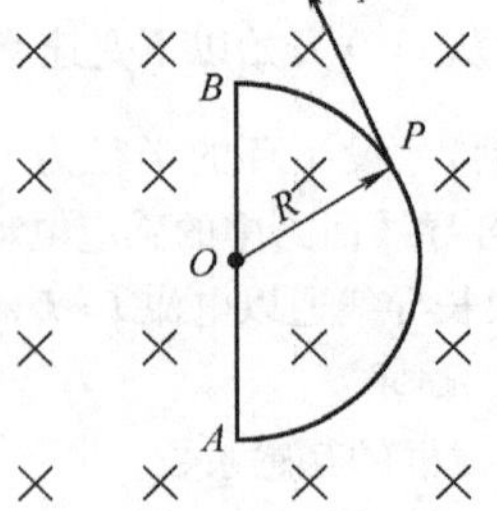

题 12-30 图

12-30　半径 $R=1\text{m}$ 的半圆形线圈放在均匀磁场中，当磁场以恒定的速率变化时，线圈某点 P 处的电场强度大小为 $E_P=1\times10^2\text{V/m}$，其方向如题 12-30 图所示，试求：

（1）线圈中的感生电动势；

（2）磁感应强度随时间的变化率。

12-31　试求：长直导线和与其共面的等边三角形线圈间的互感系数。设三角形高为 h，平行于直导线的一边到直导线的距离为 b，如题 12-31 图所示。

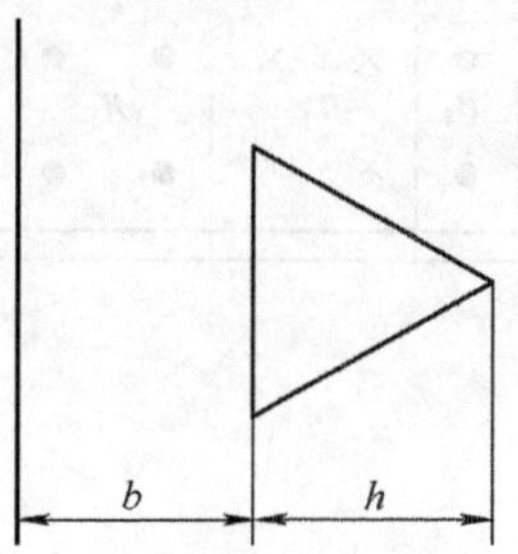

题 12-31 图

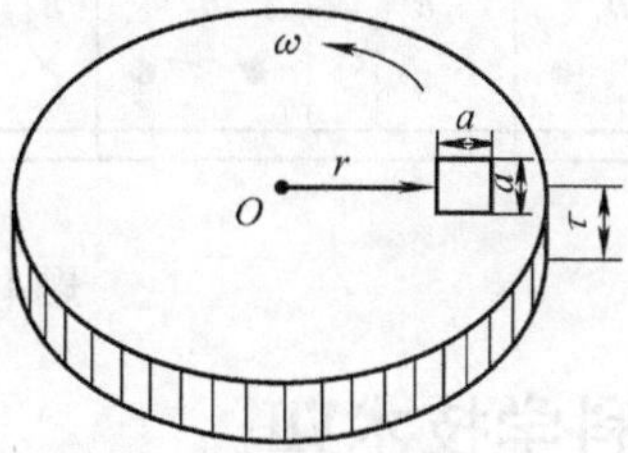

题 12-32 图

12-32　电磁“涡流”制动器由一电导率为 σ 和厚度为 τ 的圆盘组成，此盘绕通过其中心 O 的轴旋转，且有一覆盖面积为 a^2 的磁场 B 垂直于圆盘，如题 12-32 图所示，若面积 a^2 是在离轴 r 处，当圆盘角速度为 ω 时，试求使圆盘慢下来的磁力矩的近似表达式。

12-33　如题 12-33 图所示为磁悬浮列车的原理图，在水平面上，两根平行直导轨间有竖直方向且等距离的均匀磁场 B_1 和 B_2，导轨上有金属框 $abcd$，其中 ab 边宽度与磁场间隔相等。当推进平移的均匀磁场 B_1 和 B_2 同时以速度 v 沿平直轨道向右运动时，金属框也会沿平直轨道运动。假设：平直轨道的间距为 $L=0.4\text{m}$，磁场 $B_1=B_2=1\text{T}$，磁场运动的速度为 $v=5\text{m/s}$，金属框的电阻 $R=2\Omega$。试求：

（1）金属框为什么会运动？若金属框不受阻力时，金属框如何运动？

（2）当金属框始终受到 $F_\text{f}=1\text{N}$ 的摩擦阻力时，金属框最大速度是多少？

（3）当金属框始终受到 1N 阻力时，要使金属框维持最大速度，每秒钟需要消耗多少能量？这些能量是谁提供的？

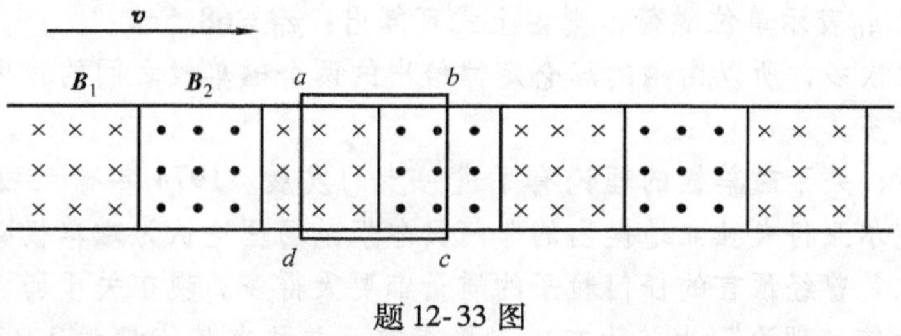

题 12-33 图

12-34　某兴趣小组设计制作了一种磁悬浮列车模型，原理如题 12-34 图所示，PQ 和 MN 是固定在水平地面上的两根足够长的平直导轨，导轨间分布着竖直（垂直纸面）方向等间距的匀强磁场 B_1（向外）和 B_2（向里），二者方向相反。矩形金属框固定在实验车底部（车厢与金属框绝缘）。其中 ad 边宽度与磁场间隔相等，当磁场 B_1 和 B_2 同时以速度 $v=10\text{m/s}$ 沿导轨向右匀速运动时，金属框受到磁场力，并带动实验车沿导轨运动。已知金属框垂直于导轨的 ab 边长为 $L=0.1\text{m}$，总电阻 $R=0.8\Omega$，列车与线框的总质量 $m=4.0\text{kg}$，$B_1=B_2=2.0\text{T}$，悬浮状态下，实验车运动时受到恒定的阻力 $F_\text{f}=0.4\text{N}$。试求：

（1）实验车所能达到的最大速率；

（2）实验车达到最大速率后，某时刻让磁场立即停止运动，实验车运动 20s 之后也停止运动，实验车

在这20s内通过的距离;

(3) 假设两磁场由静止开始向右做匀加速运动，当时间为$t=24s$时，发现实验车正在向右做匀加速直线运动，此时实验车的速度为$v=2m/s$，则由两磁场开始运动到实验车开始运动所需要的时间。

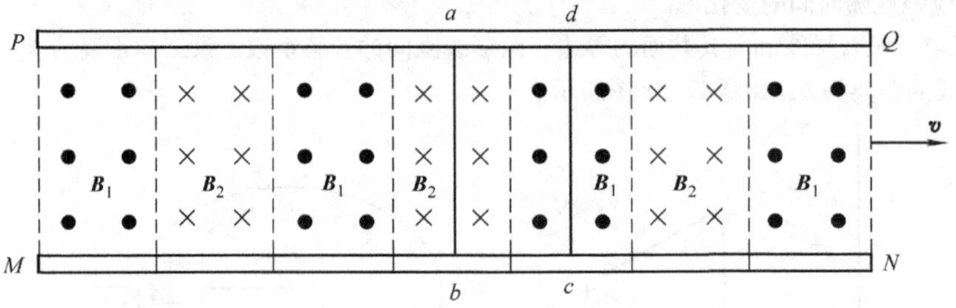

题12-34图

物理学与现代科学技术Ⅶ

磁 单 极

在麦克斯韦电磁场理论中，就场源来说，电和磁是不相同的：有单独存在的正的或负的电荷，而无单独存在的“磁荷”——磁单极，即单独存在的N极或S极。根据“对称性”的想法，这似乎是“不合理”的。因此人们总有寻找磁荷的念头。1931年，英国物理学家狄拉克（Dirac，1902—1984）首先从理论上探讨了磁单极存在的可能性。指出磁单极的存在与电动力学和量子力学没有矛盾。他指出如果磁单极存在，则磁荷g与电子电荷e应有下述关系（CGS单位制）：

$$eg=\frac{nc\hbar}{2}$$

式中，$\hbar$是普朗克常数；c为光速；n是正整数。此式中的磁荷g与电荷e有相同的量纲。当$n=1$时，g有最小值，更大的g都是这一最小值的整数倍，即磁荷是量子化的。这一最小值叫作单位磁荷。以g_0表示单位磁荷，则由上式可算出：$g_0=68.5e$。

由于g_0比e大很多，所以由磁的库仑定律给出的两个磁单极之间的作用力要比两个电荷之间的作用力大得多。

在狄拉克之后，关于磁单极的理论有了进一步的发展。1974年荷兰物理学家特霍夫脱和苏联物理学家鲍尔亚科夫独立地提出的非阿贝尔规范场理论认为磁单极必然存在，并指出它比已经发现的或是曾经预言的任何粒子的质量都要大得多。现在关于弱、电磁相互作用和强相互作用的“大统一理论”也认为有磁单极存在，并预言其质量为$2\times10^{-8}g$，即约为质子质量的10^{20}倍。

磁单极在现代宇宙论中占有极重要的地位。在关于宇宙大爆炸理论中，认为超重的磁单极粒子只能在诞生宇宙的大爆炸发生后$10^{-35}s$产生，因为只有这时才有合适的温度（$10^{30}K$）。当时单独的N极和S极都已产生，其中一小部分后来结合在一起湮没掉了，正像正、负电子结合湮没一样。然而大部分则留了下来。因此，今天的宇宙中仍有磁单极存在，据估算，在相当于一个足球场的面积上，一年约可能有一个磁单极粒子穿过。

以上都是理论的预言。与此同时也有人试图用实验来发现磁单极的存在。1951年，美国科学家密尔斯曾用通电螺线管来捕集宇宙线中的磁单极，实验装置如图Ⅶ-1所示。如果磁单极进入螺线管中，则会被磁场加速而在管下部的照相乳胶片上显示出它的径迹，但实验中并没有发现磁单极。

有人利用磁单极穿过线圈时引起的磁通量变化能产生感应电流这一电磁感应规律来检测磁单极。如在20世纪70年代初，美国埃尔维瑞斯等人试图利用超导线圈中的电流变化来确认磁单极通过了线圈。他们想看看登月飞船取回的月岩样品中有无磁单极。当月岩样品通过超导线圈时（见图Ⅶ-2）并未发现线圈中电流有什么变化，因而仍然没有发现磁单极。

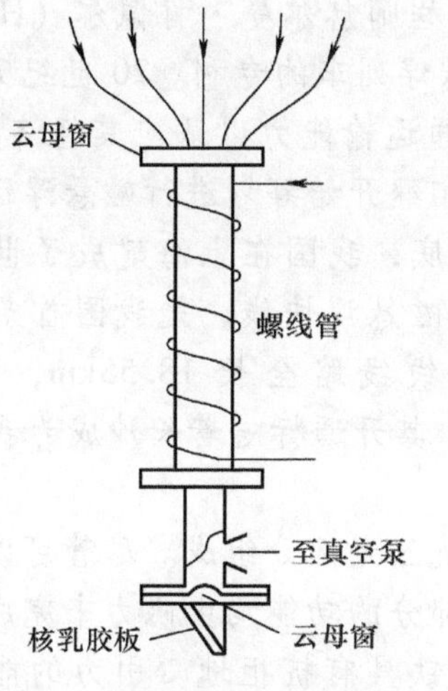

图Ⅶ-1

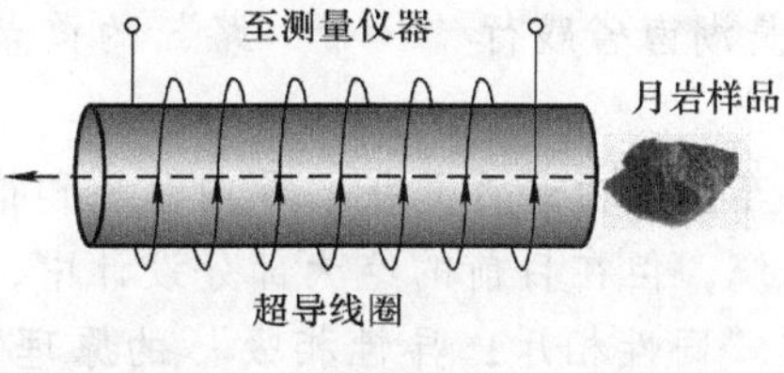

图Ⅶ-2

1982年美国人卡勃莱拉也设计制造了一套超导线圈探测装置，并用超导量子干涉器（SQUID）来测量线圈内磁通量的微小变化。他的测量数据是自动记录的。1982年2月14日，他发现记录仪上的电流有了突变。经过计算，正好等于狄拉克单位磁荷穿过线圈时所应该产生的电流突变（见图Ⅶ-3），这是他连续等了151天所得到的唯一的一个事例。以后虽经扩大线圈面积也没有再测到第二个实例。还有一些科学家做了其他的实验尝试，但直到目前还不能说在实验上确认了磁单极的存在。

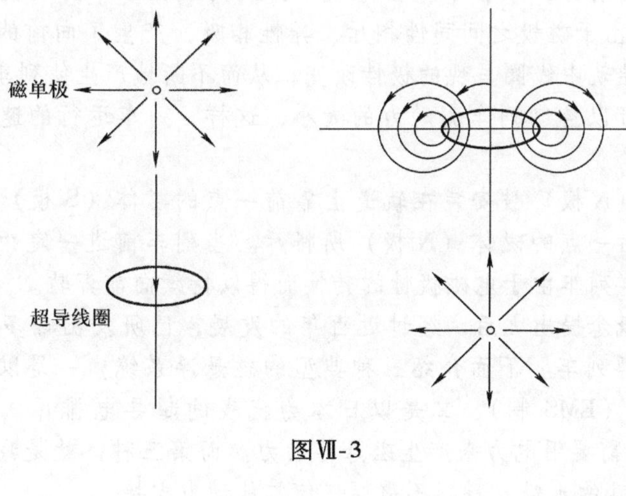

图Ⅶ-3

磁悬浮列车

磁悬浮列车是一种靠磁悬浮力（即磁的吸引力和排斥力）来支撑和推动的列车。它通过电磁力实现列车与轨道之间的无接触的悬浮和导向，再利用直线电动机产生的电磁力牵引列车运行。由于轨道的磁力使列车悬浮在空中，运行时不接触铁轨，因此只受来自空气的阻力，大大减少了行驶阻力。

磁悬浮技术的研究源于德国，早在1922年德国工程师赫尔曼·肯佩尔（Hermann Kemper）就提出了电磁悬浮原理，并于1934年申请了磁悬浮列车的专利。20世纪70年代以后，随着世界工业化国家经济实力的不断加强，为提高交通运输能力以适应其经济发展的需要，德国、日本、美国、加拿大、法国、英国等发达国家相继开始筹划进行磁悬浮运输系统的开发，并投入了大量的人力、物力进行研制。2002年年底，我国在上海建成了世界上第一条商业磁悬浮列车线路。2016年5月6日开通运营长沙磁悬浮快线，是我国首条拥有完全自主知识产权的中低速磁悬浮铁路。长沙磁悬浮快线线路全长18.55km，设计速度为100km/h。它是湖南省践行“一带一路”的重点项目，其开通标志着长沙成为我国第二个开通磁悬浮的城市。

磁悬浮列车主要由悬浮系统、导向系统和推进系统三大部分组成。尽管可以使用与磁力无关的推进系统，但在目前的绝大部分设计中，这三部分的功能均由磁力来完成。磁悬浮列车利用电磁体“同性相斥，异性相吸”的原理，让磁铁具有抗拒地心引力的能力，使车体完全脱离轨道，悬浮在距离轨道之上约10mm处，腾空行驶，创造了近乎“零高度”空间飞行的奇迹。

由于磁铁有同性相斥和异性相吸两种形式，故磁悬浮列车也有两种相应的形式：一种则是利用磁铁异性相吸原理而设计的电动力运行系统的磁悬浮列车，是结合在机车上的电磁铁和导轨上的铁磁轨道相互吸引产生悬浮；另一种是利用磁铁同性相斥原理而设计的电磁运行系统的磁悬浮列车，它利用车上超导体电磁铁形成的磁场与轨道上线圈形成的磁场之间所产生的相斥力，使车体悬浮运行的铁路。

磁悬浮列车运行的动力，来自于地面导轨中排列的线圈和车身之间产生的磁力。如图Ⅶ-4和图Ⅶ-5所示，由于磁极之间同性相斥、异性相吸，产生了向前的驱动力。通过电流方向的改变，使地面导轨中线圈呈现的极性改变，从而不断地产生使列车前进的动力。通过调节电流的大小，便可以控制列车驱动力的大小，这样，列车运行的速度就可以自如地控制了。

列车头部的磁体（N极）被安装在轨道上靠前一点的磁体（S极）所吸引，并且同时又被安装在轨道上稍后一点的磁体（N极）所排斥。当列车前进一定距离后，轨道线圈里流动的电流反向，这样列车由于电磁极性的转换而得以持续向前奔驰。

自磁悬浮列车的概念提出之后，经过近百年的发展，已研发出许多种不同类型（又称制式或系统）的磁悬浮列车。下面介绍三种典型的磁悬浮系统，一是以德国为代表的常导电吸引式磁悬浮系统（EMS制），二是以日本为代表的超导电排斥式磁悬浮系统（EDS制），这两种磁悬浮都需要用电力来产生磁悬浮动力。而第三种，就是我国的永磁悬浮系统（MAS制），它利用特殊的永磁材料，不需要任何其他动力支持。

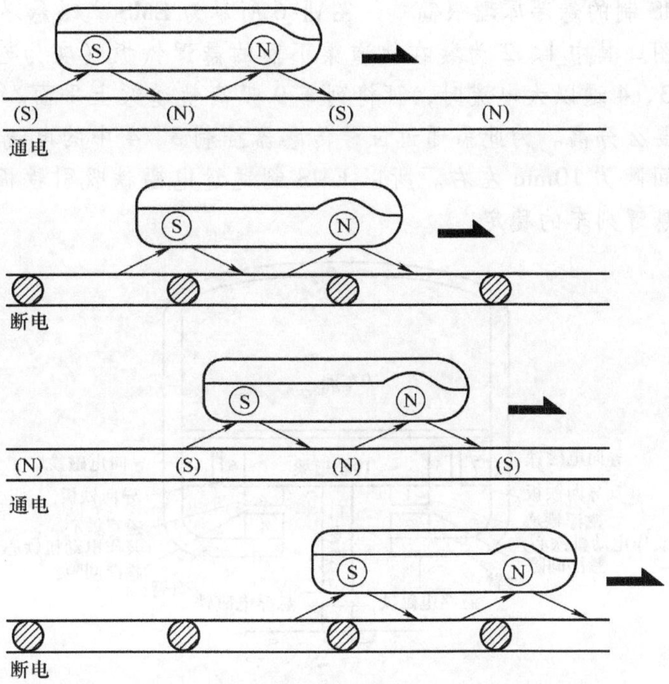

图Ⅶ-4 磁悬浮列车驱动原理图（平视）

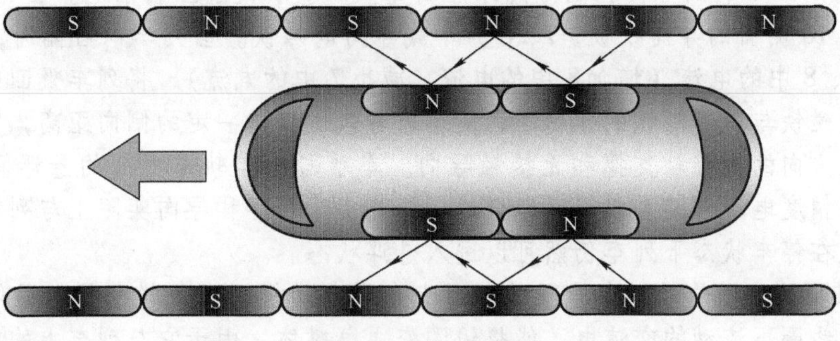

图Ⅶ-5 磁悬浮列车驱动原理图（俯视）

1. 常导电吸引式磁悬浮系统（EMS 制）

EMS（Electro Magnetic Suspension）系统，中文译为电磁制，简称 EMS 制。其悬浮电磁铁由普通导线绕制，属常导型（相对超导而言）。因其靠电磁体的吸引力将列车吸离地面，故又称吸力型（相对斥力而言），也称为常导电吸引式磁悬浮系统。德国热衷于 EMS 制的研发，并取得世界领先地位。上海浦东的磁悬浮列车就是从德国引进的全套 EMS 制技术，而且基本还是 1934 年肯佩尔专利的形式，不同之处在于将车厢由轨道下方移到上方。

EMS 制是一种吸力悬浮系统，是结合在机车上的电磁铁和导轨上的铁磁轨道相互吸引产生悬浮。在车体底部及两侧倒转向上的顶部安装磁铁，在 T 形导轨的上方和伸臂部分下方分别设反作用板和感应钢板，控制电磁铁的电流，使电磁铁和导轨间保持 10～15mm 的间隙，并使导轨钢板的吸引力与车辆的重力平衡，从而使车体悬浮于车道的导轨面上运行。

(1) 悬浮　EMS制的悬浮原理很简单，图Ⅶ-6所示为EMS式磁悬浮列车的悬浮和导向系统的车厢横截面图。其中1、2为装在轨道梁下面的悬浮铁板（实为硅钢片叠层），3、4为车载电磁铁。对3、4通以大电流时，可将列车9吸离轨道梁上平面。但这种吸引力并不稳定，要么吸合、要么分离。为此需通过位移传感器控制3、4中的电流，使吸引力和列车重力平衡，其悬浮间隙为10mm左右。所以EMS制通过电磁铁吸引铁板而实现列车悬浮，通过控制系统保持悬浮列车的稳定。

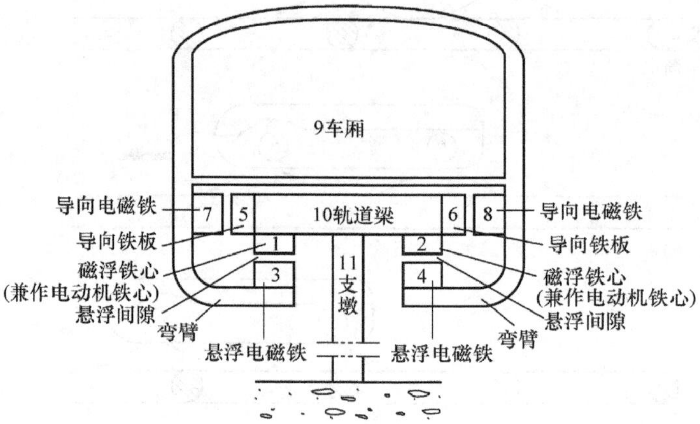

图Ⅶ-6　常导吸引式（EMS制）的悬浮和导向系统

(2) 导向　EMS制的导向控制与悬浮控制类似，也依赖于控制系统。图Ⅶ-6中的5、6为装在轨道梁10侧面的导向铁板，7、8为车载导向电磁铁。当列车向右偏时，导向位移传感器可控制7、8中的电流（增加8中的电流、减小7中的电流），将列车吸回中央。在车辆下部的导向电磁铁与轨道磁铁的作用下，使车轮与轨道保持一定的侧向距离，实现轮轨在水平方向和竖直方向的无接触支撑和无接触导向。车辆与行车轨道之间的悬浮间隙为10mm，是通过一套高精度电子调整系统得以保证的。此外由于悬浮和导向实际上与列车运行速度无关，所以即使在停车状态下列车仍然可以进入悬浮状态。

(3) 推进驱动　磁悬浮列车的驱动和同步直线电动机原理一模一样。通俗来说，在位于轨道两侧的线圈里流动的交流电，能将线圈变成电磁体，由于它与列车上的电磁体的相互作用，使列车运动。讲得更通俗一点，相当于电动机转子和定子之间的旋转运动变成了磁悬浮列车和轨道之间的直线运功。磁悬浮列车相当于电动机的转子，而轨道相当于电动机的定子。

EMS制的推进系统采用长定子直线同步电动机。普通三相电动机中的定子会产生一个旋转磁场。若转子是一块磁体，定子的旋转磁场将带动转子同向同步转动（见图Ⅶ-7)。若定子沿母线剖开、展平后放在轨道梁下面，转子（磁体）装在车上，旋转磁场就变为直线移动磁场（称为行波磁场)。该磁场不是带动磁体（转子）旋转，而是带动磁体直线前进，进而带动与磁体相连的列车前进。由于定子线圈沿整条路轨铺设，所以称为长定子直线同步电动机（见图Ⅶ-8)。直线同步电动机的运行需满足磁场移动速度要与列车同步，路轨磁场要在前面拉、后面推车载磁体。由于列车速度是变化的，所以还要求长定子电源的频率、位相和电压幅度均可调节。

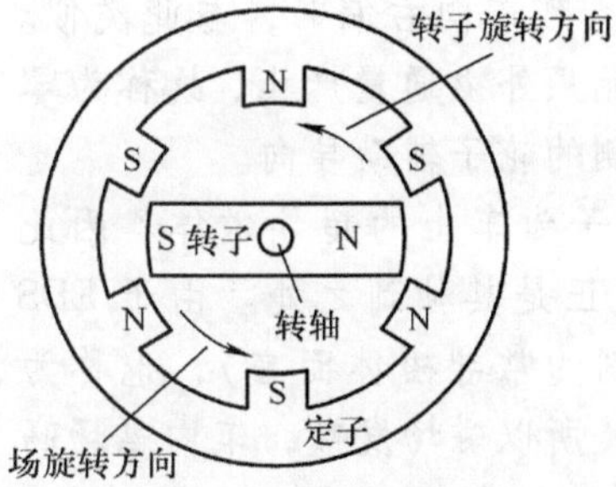

图Ⅶ-7 旋转同步电动机

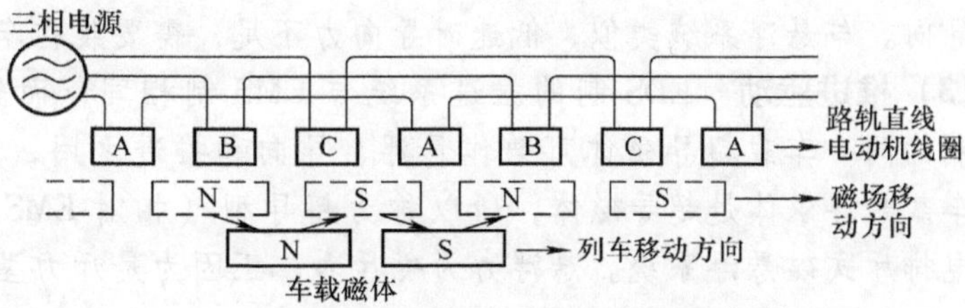

图Ⅶ-8 直线同步电动机推进原理

在 EMS 制中，上述悬浮铁板（见图Ⅶ-6 中的1、2）由硅钢片叠成，且横向开槽，三相线圈埋入槽中即构成直线同步电动机的长定子。所以在 EMS 制中，悬浮列车和电动机的铁心是同一路轨铁心，采用同一车载电磁铁悬浮和推进列车。

2. 超导电排斥式磁悬浮系统（EDS 制）

EDS（Electro Dynamics Suspension），简称 EDS 制，由美国的鲍威尔（Powell）和丹比（Danby）于 1966 年提出。日本热衷于研发 EDS 系统，并在 EDS 制磁悬浮列车方面处于世界领先地位，目前磁悬浮列车速度的世界纪录就是日本用 EDS 制创造的。

（1）悬浮 EDS 制的悬浮原理基于以下物理现象：当一磁体在导体（或线圈）上方水平移动时，磁体和导体之间会产生斥力，此力即为悬浮力。EDS 制悬浮系统实际上是上述方法的改型：在一“凵”字形轨道梁（槽）的侧壁上连续排布“8”字形线圈，其上下两部分缠绕方向相反。车载磁体在“8”字形线圈中点以下几十毫米的地方通过时，线圈下部的感生电流对车载磁体产生斥力，其竖直分量即为浮力。由于线圈上部绕向相反，线圈下部的感生电流流经上部时将吸引车载磁铁的磁场，其吸力的竖直分量也会产生浮力（见图Ⅶ-9）。

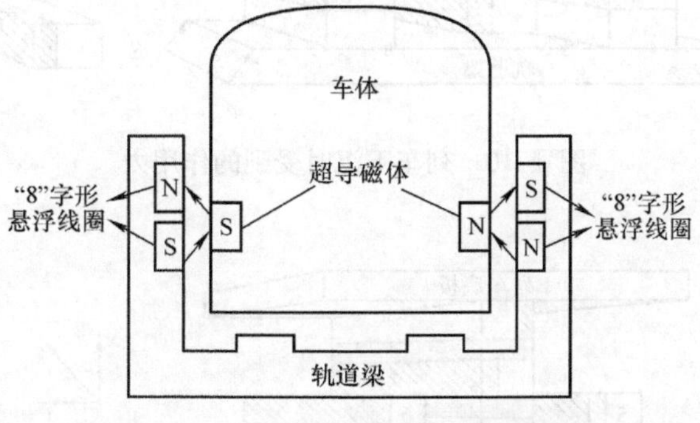

图Ⅶ-9 EDS 制磁悬浮列车的悬浮原理

（2）导向 为了悬浮起几十吨重的列车，车载电磁铁的磁场必须很强，普通电磁铁难以满足要求，因此 EDS 制选用磁通密度可达 5T 的超导线绕磁体，需用液氦冷却，技术复杂、造价偏高。另外，上述浮力随磁体移动速度（即列车速度）的增加而增加，时速在 150km 以下时列车不能悬浮，只能靠车轮支撑助跑。EDS 制的导向系统别具匠心，轨道两边相对的“8”字形悬浮线圈通过轨道底部以导线并联连接。列车向左偏时，左侧悬浮线圈中产生附加斥力、右侧悬浮线圈产生附加吸力，使列车回到中央。列车向右偏时，与此类似。而列车在轨道中央行驶时，连接导线中则无电流，两侧线圈中无额外磁通量产生，故称为零磁通导向。与悬浮系统类似，低速时导向力不足，需要装在车侧的轮子辅助导向。

(3) 推进驱动 EDS 制的推进系统与 EMS 制相同，而转子为车上的超导磁体。因此 EDS 制的同一车载超导磁体可兼作悬浮、导向和推进之用，这正是其独到之处。由于 EDS 制的车载悬浮磁体是超导磁体，所以称为超导型（相对 EMS 制的常导磁体而言），也称为超导电排斥式磁悬浮系统。悬浮力为磁斥力，正因为是斥力型，所以磁场发散，车内磁场高达 20mT。这是 EDS 制的又一缺陷。

电力悬浮系统（EDS）将磁铁使用在运动的机车上以在导轨上产生电流。由于机车和导轨的缝隙减少时电磁斥力会增大，从而产生的电磁斥力提供了稳定的机车的支撑和导向。然而机车必须安装类似车轮一样的装置对机车在“起飞”和“着陆”时进行有效支撑，这是因为 EDS 在机车速度低于大约 150km/h 无法保证悬浮。EDS 系统在低温超导技术下得到了更大的发展。

3. 永磁悬浮系统（MAS 制）

MAS（Magnetic Array Suspension）制磁悬浮列车，简称 MAS 制，是上海师范大学魏乐汉教授发明的，于2006 年初获国家发明专利，2004 年上海国际工业博览会曾展出可乘 6 人的样车 MAS3。MAS 制磁悬浮列车的悬浮原理不同于其他任何系统。它是利用磁场线纵向抗拉伸、横向抗压缩的共同作用使列车悬浮。

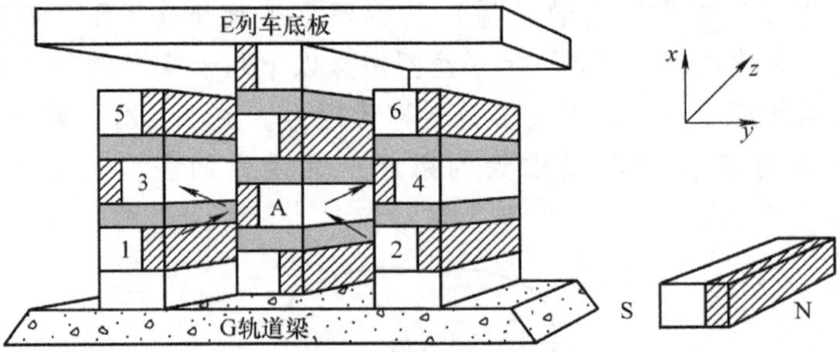

图Ⅶ-10 列车下沉时受到的作用力

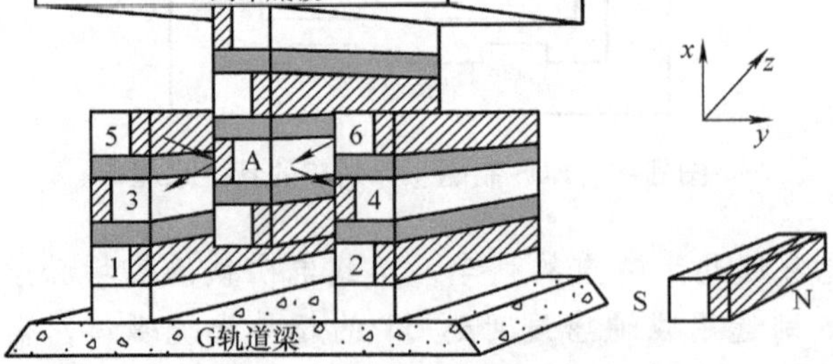

图Ⅶ-11 列车上升时受到的作用力

（1）悬浮　列车底部布有车载永磁磁阵列，路轨则铺有路轨永磁磁阵列。车载磁阵列无接触地插入路轨磁阵列，形成悬浮系统（见图Ⅶ-10）。现以磁条 A 为例，用同性相吸、异性相斥原理粗浅分析浮力的产生过程。虽然列车重量会造成车载磁阵列下沉（见图Ⅶ-10），但由于A 比路轨磁体3、4 低，故受到3、4 的向上吸引力，同时受到路轨磁体1、2 的向上的排斥力，四个力的竖直分量形成总的向上的悬浮力，阻止列车进一步下沉（其他车载磁体也受到类似的力）。列车上移（见图Ⅶ-11）时，则受向下的力作用。所以这种悬浮磁力是双向移动的，浮力将随磁阵列列数和层数的增加而成倍增长。实验证明，MAS 制的单位面积浮力是EMS 制和EDS 制的3 倍以上。而且由于MAS 制采用永磁体，所以悬浮能耗为零。

（2）推进　MAS 制的推进系统也别具一格，相当于在路轨上安装机械齿条，在列车上安装机械齿轮，二者相互啮合，只要转动机械齿轮就能驱动列车前进。它将均布磁体的磁啮条铺在路轨上，在列车底部安装均布磁体的磁啮轮。磁啮轮被无接触地插入磁啮条中（见图Ⅶ-12）。驱动磁啮轮，其上的磁体和磁啮条上的磁体通过无机械接触的磁作用推动列车前进。这种推进系统比直线电动机推力大、效率高、结构简单、造价更低。

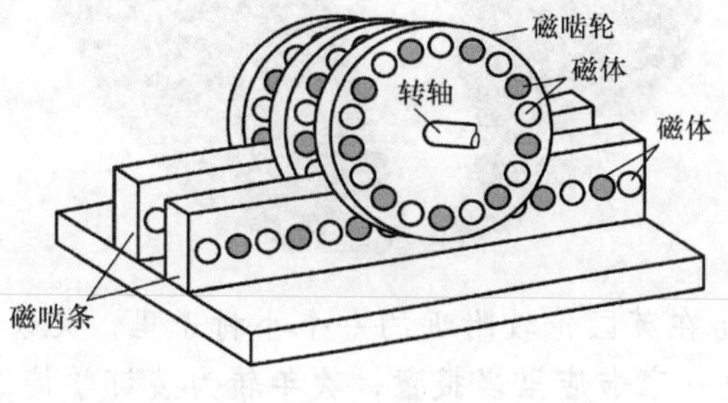

图Ⅶ-12　MAS 制磁悬浮列车推进系统

（3）导向　MAS 制的轨道截面为“凵”字形，列车在“凵”形槽中行驶。列车侧面装有导向轮，导向轮在“凵”形槽侧壁上滚动，既引导列车沿路轨行驶，又限制列车在 y 方向上的偏离量，这就是机械导向。导向轮与侧壁接触会有摩擦力，但由于导向轮不承受列车重量，所以正压力 $\boldsymbol{F}_{\mathrm{N}}$ 和摩擦系数 μ 很小，故摩擦力 $\boldsymbol{F}_{\mathrm{f}}=\mu\boldsymbol{F}_{\mathrm{N}}$ 也很小，高速下的摩擦力远小于空气阻力。

利用磁力使物体处于无接触悬浮状态的设想是人类一个古老的梦。但实现起来并不容易。因为磁悬浮技术是集电磁学、电子技术、控制工程、信号处理、机械学、动力学为一体的典型的机电一体化技术（高新技术）。随着电子技术、控制工程、信号处理元器件、电磁理论及新型电磁材料的发展和转子动力学的进展，磁悬浮技术得到了长足的发展。而磁悬浮列车是一种现代高科技轨道交通工具，是目前最快的陆上交通工具，有“贴地飞机”之称。磁悬浮列车具有节能、快速等优点，是21 世纪理想的陆上交通工具。

科学家介绍

法 拉 第

(Faraday, 1791—1867)

法拉第于1791年出生在英国伦敦附近的一个小村子里，父亲是铁匠。自幼家境贫寒，无钱上学读书。13岁时到一家书店里当报童，次年转为装订学徒工。在学徒工期间，法拉第除工作外，利用书店的条件，在业余时间贪婪地阅读了许多科学著作，例如《化学对话》《大英百科全书》的《电学》条目等。这些著作开拓了他的视野，激发了他对科学的浓厚兴趣。

1812年，学徒期满，法拉第就想专门从事科学研究。次年，经著名化学家戴维推荐，法拉第到皇家研究院实验室当助理研究员。这年底，作为助手和仆从，他随戴维到欧洲大陆考察漫游，结识了不少知名科学家，如安培、伏打等，进一步扩大了他的眼界。1815年春回到英国后，在戴维的支持和指导下做了很多化学方面的研究工作。1821年开始担任实验室主任，一直到1865年。1824年，被推选为皇家学会会员。次年法拉第正式成为皇家学院教授。1851年，曾被一致推选为英国皇家学会会长，但被他坚决推辞掉了。

1821年，法拉第读到了奥斯特发现电流磁效应的论文《关于磁针上电碰撞的实验》。该文给了他很大的启发，促使他开始研究电磁现象。经过十年的实验研究（中间曾因研究合金和光学玻璃等而中断过），在1831年，他终于发现了电磁感应现象。

法拉第发现电磁感应现象完全是一种自觉的追求。在《电的实验研究》第一集中，他写道：不管采用安培的漂亮理论或其他什么理论，也不管思想上做些什么保留，都会感到下述论点十分特别，即虽然每一电流总伴有一个与它的方向成直角的磁力，然而电的良导体，当放在该作用范围内时，都应该没有任何感生电流通过它，也不产生在该力方面与此电流相当的某些可觉察的效应。对这些问题及其后果的考虑，再加上想从普通的磁中获得电的希望，时时激励着我从实验上去探求电流的感应效应。

与法拉第同时，安培也做过电流感应的实验。他曾期望一个线圈中的电流会在另一个线圈中“感应”出电流来。由于他只是观察了稳恒电流的情况，所以未发现这种感应效应。

法拉第也经过同样的失败过程。只是在1831年他仔细地注意到了**变化**的情况时，才发现了电磁感应现象。第一次的发现是这样的：他在一个铁环上绕了两组线圈。一组通过电键与电池组相连，另一组的导线下面平行地摆了个小磁针。当前一线圈和电池组接通或切断的瞬间，发现小磁针都发生摆动，但又都旋即回复原位。之后，他又把线圈绕在木棒上做了同样的实验，又做了磁铁插入连有电流计的线圈或从其中拔出的实验，把两根导线（一根与电池连接，另一根和电流计连接）移近或移开的实验等，一共有几十个实验。他还当众表演了他的发电机：一个一边插入电磁铁两极间的铜盘转动时，在连接轴和盘边缘的导线中产生了电流。最后，他总结提出了电磁感应的暂态性，即只有在变化时，才能产生感应电流。他把自己已做过的**实验概括为五类**，即：变化的电流，变化的磁场，运动的稳恒电流，运动的磁铁，在磁场中运动的导体。就这样，法拉第完成了一个划时代的创举，从此人类跨入了广泛使用电能的新时代。

应该指出的是，与法拉第同时，美国物理学家亨利也独立地发现了电磁感应现象。他先是在1829年发现了通电线圈断开时发生强烈的火花，他称之为“电自感”，接着在1830年发现了在电磁铁线圈的电流接通或断开时，在它的两极间的另一线圈中能产生瞬时的电流。

法拉第在电学的其他方面还有很多重要的贡献。1833年，他发现了**电解定律**，1837年发现了电介质对电容的影响，引入了**电容率**（即相对介电系数）概念。1845年发现了**磁光效应**，即磁场能使通过重玻璃的光的偏振面发生旋转，以后又发现物质可区分为**顺磁质**和**抗磁质**等。

法拉第不但作为实验家做出了很多成绩，而且在物理思想上也有很重要的贡献。首先是关于自然力统一的思想。他深信电和磁的统一，即它们的相互联系和转化。他还用实验证实了当时已发现的五种电（伏打电、摩擦电、磁生电、热电、生物电）的统一。他是在证实物质都具有磁性时发现顺磁和抗磁的。在发现磁光效应后，他是这样写的：这件事更有力地证明了一切自然力都是可以互相转化的，有着共同的起源。这种思想至今还支配着物理学的发展。

法拉第的较少抽象、较多实际的头脑使他提出了另一个重要的思想——**场的概念**。在他之前，引力、电力、磁力都被视为是超距作用。但在法拉第看来，不经过任何媒介而发生相互作用是不可能的，他认为电荷、磁体或电流的周围弥漫着一种物质，它传递电或磁的作用。他称这种物质为**电场**和**磁场**。他还凭着惊人的想象力把这种场用场线来加以形象化的描绘，并且用铁粉演示了磁场线的“实在性”。他认为电磁感应是导体切割磁场线的结果，并得出“形成电流的力正比于切割磁场线的条数”［其后1845年，纽曼（Neumann，1798—1895）第一次用数学公式表示了电磁感应定律］。他甚至提出了“磁作用的传播需要时间”“磁力从磁极出发的传播类似于激起波纹的水面的振动”等这样深刻的观点。大家知道，场的概念今天已成为物理学的基石了。

除了进行科学研究外，他还热心科学普及工作。法拉第很有从事科学普及工作的才能。他协助皇家学院举办“星期五讲座”（持续了30多年）“少年讲座”“圣诞讲座”，他自己亲自参加讲课，内容十分广泛，从探照灯到镜子镀银工艺，从电磁感应到布朗运动等。他很讲究讲课艺术，注意表达方式，讲课效果良好。有的讲稿被翻译成多种文字出版，甚至被编入基础英语教材。他为孩子们撰写的《蜡烛的化学史》堪称经典之作，迄今仍在印刷。法拉第终生勤奋刻苦，坚韧不拔地进行科学探索。除了20多集《电的实验研究》外，还留下了《法拉第日记》七卷，共3000多页，几千幅插图。这些书都记录着他的成功和失败，精确的实验和深刻的见解。这都是他留给后人的宝贵遗产。

1867年8月25日，法拉第坐在书房的椅子上安详地离开了人世。他的家属和同事遵照他的遗嘱，在墓碑上未刻碑文，只刻了姓名和生卒日期。这块墓碑象征着他的品格：纯粹、洁白无瑕、无私。上面虽然没有刻下他的功绩，可是他那些不朽的著作，他那电磁场论的思想以及电力和电信工业的发展，不正是他最好的碑文吗！

第 13 章

麦克斯韦方程组　电磁波

19 世纪以前，人们认为电和磁是互不关联的。1820 年，奥斯特发现了电流的磁效应以后，认识到电流（运动电荷）与磁场之间的相互关系，但电场与磁场之间仍然被认为是互不影响的。1830 年，法拉第的电磁感应定律揭示了变化磁通与感应电动势之间的关系。因此，19 世纪以后，在当时社会生产力发展的推动下，电磁学得到了迅速的发展。经过大量的科学实验，总结出了很多有关电磁现象的重要物理规律，如库仑定律、高斯定理、毕奥 - 萨伐尔定律、安培定律、安培环路定理以及法拉第电磁感应定律等。

电磁学和其他学科的迅速发展，反过来又促进了当时社会生产力的发展，特别是电工和通信技术的发展。生产实践中提出的大量实际课题，又要求人们对电磁规律的认识更深刻、更系统严密。生产力的发展，既要求建立完整、统一的电磁场理论，又为此提供了必要的物理基础。麦克斯韦电磁场理论就是在这样的社会条件下产生的。

麦克斯韦系统地总结了前人的成果，特别是总结了从库仑到安培、法拉第等人的电磁学说的全部成就，并在此基础上加以发展，提出了关于**“涡旋电场”**和**“位移电流”**这两个著名假设，他指出：不但变化的磁场可以产生（涡旋）电场，而且变化的电场也可以产生磁场。在相对论出现之前，麦克斯韦就揭示了电场和磁场的内在联系，把电场和磁场统一为电磁场，并归纳出了电磁场的基本方程——麦克斯韦方程组，建立了完整的电磁场理论体系。1862 年，麦克斯韦从他建立的电磁场理论出发，预言了电磁波的存在，计算出其传播速度就等于光速，并论证了光是一种电磁波。1888 年，赫兹利用振荡器和共振器，在实验上证实了电磁波的存在，这不仅证实了麦克斯韦电磁理论的正确性，并使其在无线电技术领域中得到了极其广泛的应用。这样，麦克斯韦的理论和赫兹的实验把光波和电磁波统一起来了，使人们对光的本性和物质世界普遍联系的认识大大地深化。因此，麦克斯韦电磁场理论在物理学上是一次重大突破，是从牛顿力学到爱因斯坦相对论的建立这段时期中物理学史上最重要的理论成果，对物理学的发展、生产力的提高、人类的进步，做出了巨大的贡献。

即使在相对论和量子力学建立之后，实质上麦克斯韦方程组还是在它们原来的形式下被使用着。今天我们知道，麦克斯韦方程组正确地描写了所有的电磁现象，即包括从巨大的星系电磁场到 10^{-18}m 的微小空间范围内的电磁现象。然而，现代物理学对麦克斯韦方程组的解释发生了变化。运用量子场论的语言，我们可以说麦克斯韦方程组描写的是称为光子的电磁量子在空间的传播，而带电体之间的电磁相互作用也可以用交换光子这种方式来描述。

本章将在静电场、稳恒电流的磁场，以及电磁感应现象基本规律的基础上，进一步研究变化电场与变化磁场间的相互关系，介绍电磁场理论的基本概念和基本规律，以及麦克斯韦提出的代表这一理论的一套完整的方程组——麦克斯韦方程组。

13.1 位移电流

介绍了麦克斯韦提出的“变化磁场能产生感生电场”即“涡旋电场”的假说之后，必然要讨论，既然变化磁场能产生电场，那么，变化的电场是否能产生磁场？麦克斯韦从场的观点研究并回答了这一问题。他认为：变化电场应该与电流一样，也能在空间产生磁场。这就是所谓“位移电流产生磁场”的假说，这是麦克斯韦对电磁场理论的重大贡献的**核心**。它和涡旋电场的假说一起，为建立完整的电磁场理论奠定了基础。下面首先介绍位移电流的概念。

位移电流 在稳恒电流的磁场中，满足安培环路定理

$$\oint_L \boldsymbol{H}\cdot \mathrm{d}\boldsymbol{l} = \sum I = \int_S \boldsymbol{J}\cdot \mathrm{d}\boldsymbol{S}$$

在非稳恒电流的情况下，如图 13-1 所示，在接入了电容器的电路中，由于传导电流 I 在极板间中断，对于以闭合曲线 L 为边界的 S_1 和 S_2 两个曲面来说，电流 I 只能穿过曲面 S_1 而无法穿过曲面 S_2，因此出现

$$\oint_L \boldsymbol{H}\cdot \mathrm{d}\boldsymbol{l} = \int_{S_1} \boldsymbol{J}\cdot \mathrm{d}\boldsymbol{S} = I$$

而

$$\oint_L \boldsymbol{H}\cdot \mathrm{d}\boldsymbol{l} = \int_{S_2} \boldsymbol{J}\cdot \mathrm{d}\boldsymbol{S} = 0$$

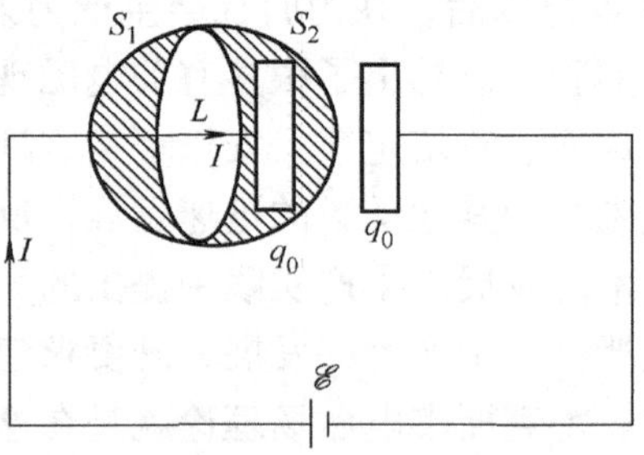

图 13-1 在非稳恒情况下安培环路定理遇到的矛盾

的矛盾。矛盾的原因在于非稳恒情况下电流不连续。这就是说，稳恒磁场中的安培环路定理不能直接应用于电流不连续的非稳恒情况。麦克斯韦研究了电容器中的充、放电过程，提出了位移电流的假说，解决了上述矛盾，并得出了在非稳恒情况下代替安培环路定理的普遍公式。

分析图 13-2 所示的电路，当电容器充电或放电时，电容器两极板上的电荷量 q 和电荷面密度 σ 都随时间而变化（充电时增加，放电时减少）。设电容器每一极板的面积为 S，则通过电路中导体的传导电流为

$$I = \frac{\mathrm{d}q}{\mathrm{d}t} = \frac{\mathrm{d}(S\sigma)}{\mathrm{d}t} = S\frac{\mathrm{d}\sigma}{\mathrm{d}t}$$

传导电流密度大小为

$$J = \frac{\mathrm{d}\sigma}{\mathrm{d}t}$$

在 A 和 B 两板间的传导电流为零。但在电容器充、放电过程中，极板上电荷面密度 σ 随时间变化，因而两极板间电场中的电位移矢量的大小（$D=\sigma$）和电位移通量（$\Psi=\boldsymbol{D}\cdot\boldsymbol{S}=\sigma S$）也都随时间而变化。它们随时间的变化率分别为

$$\frac{\mathrm{d}D}{\mathrm{d}t} = \frac{\mathrm{d}\sigma}{\mathrm{d}t}$$

$$\frac{\mathrm{d}\Psi}{\mathrm{d}t} = S\frac{\mathrm{d}\sigma}{\mathrm{d}t}$$

从上述结果可以看出：电容器极板间电位移通量的时间变化率在数值上等于板内传导电流，板间电位移矢量随时间的变化率 $\mathrm{d}\boldsymbol{D}/\mathrm{d}t$ 在数值上等于板内传导电流密度；在方向上，充电时，电场增加，$\mathrm{d}\boldsymbol{D}/\mathrm{d}t$ 的方向与场的方向一致，也与导体中传导电流方向一致（见图 13-2a）；放电时，电场减小，$\mathrm{d}\boldsymbol{D}/\mathrm{d}t$ 的方向与场的方向相反，但仍与导体中传导电流方向一致（见图 13-2b）。

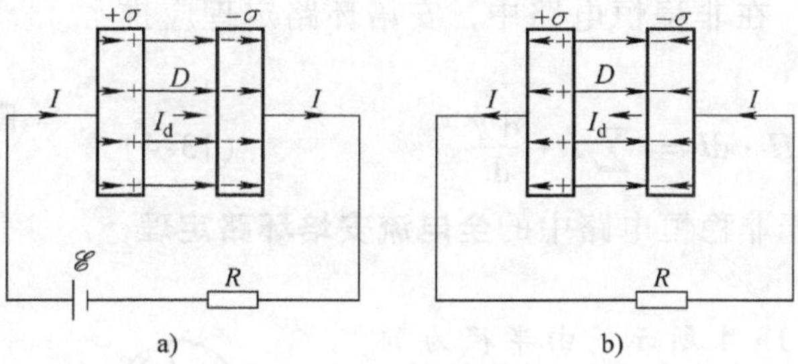

图 13-2　位移电流

把电容器两极板间电场的变化看作相当于某种电流的流通，则整个电路中的电流仍可视为连续的。把变化电场看作电流的论点，就是麦克斯韦所提出的**位移电流**概念。位移电流 I_d 和位移电流密度 $\boldsymbol{J}_d$ 分别定义为

$$I_d = \frac{\mathrm{d}\Psi}{\mathrm{d}t} \tag{13-1}$$

$$\boldsymbol{J}_d = \frac{\mathrm{d}\boldsymbol{D}}{\mathrm{d}t} \tag{13-2}$$

式（13-1）和式（13-2）说明：**通过电场中某截面的位移电流等于通过该截面的电位移通量的时间变化率；电场中某点的位移电流密度等于该点处电位移矢量的时间变化率。**

在一般情况下，传导电流、运流电流和位移电流可能同时通过某一截面，因此麦克斯韦又提出了**全电流**概念。通过某截面的全电流，是通过这一截面的传导电流及运流电流 I 和位移电流 I_d 的代数和（$I+I_d$）。在引入位移电流后，电流的连续性就更有其普遍的意义，即**全电流总是连续的**。

位移电流的磁场　位移电流的引入，不仅说明了电流的连续性，而且还揭示了电场和磁场的重要性质。根据麦克斯韦的假说：与传导电流所产生的磁效应完全相同，位移电流也在周围空间产生磁场。现在，这一假说已为无数实验事实所证实。

用 $\boldsymbol{H}^{(2)}$ 表示位移电流所产生的感生磁场的磁场强度，仿照安培环路定理可得

$$\oint_L \boldsymbol{H}^{(2)} \cdot \mathrm{d}\boldsymbol{l} = I_d = \frac{\mathrm{d}\Psi}{\mathrm{d}t} \tag{13-3}$$

式（13-3）说明，在位移电流所产生的磁场中，磁场强度 $\boldsymbol{H}^{(2)}$ 沿任意闭合回路的线积分，即 $\boldsymbol{H}^{(2)}$ 的环流，等于通过该回路所包围面积的电位移通量的时间变化率。并且 $\boldsymbol{H}^{(2)}$ 和回路中电位移矢量的变化率 $\frac{\mathrm{d}\boldsymbol{D}}{\mathrm{d}t}$ 形成右旋系统，即如果右手螺旋沿着 $\boldsymbol{H}^{(2)}$ 线绕行方向转动，那么，螺旋前进的方向就是 $\frac{\mathrm{d}\boldsymbol{D}}{\mathrm{d}t}$ 的方向，如图 13-3 所示。

应该指出，传导电流和位移电流是两个不同的物理概念。虽然在产生磁场方面，位移电

流和传导电流是等效的，但在其他方面两者并不完全相同。传导电流意味着电荷的流动，而位移电流意味着电场的变化。传导电流通过导体时放出焦耳热，而位移电流通过空间或电介质时并不放出焦耳热（电介质的高频加热，本质上不同于焦耳热）。

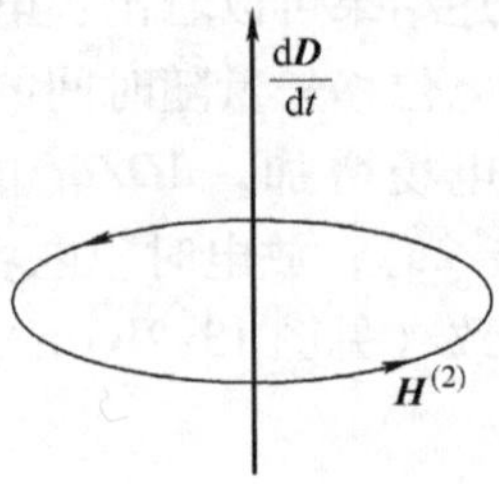

图 13-3　$H^{(2)}$ 和 $\frac{\mathrm{d}\boldsymbol{D}}{\mathrm{d}t}$

引入了全电流后，在非稳恒电路中，安培环路定理应推广为

$$\oint_L \boldsymbol{H}\cdot\mathrm{d}\boldsymbol{l} = \sum I + \frac{\mathrm{d}\Psi}{\mathrm{d}t} \tag{13-4}$$

式（13-4）即为适用于非稳恒电路中的**全电流安培环路定理**，简称**全电流定理**。

例题 13-1　如图 13-4 所示，由半径为 R 的两块圆形极板组成一平行板电容器。以匀速率充电使极板间电场强度的增加率为 $\mathrm{d}E/\mathrm{d}t$，试求：

（1）电容器两极板间的位移电流；

（2）电容器内离两板中心连线为 r 处（$r<R$ 及 $r>R$ 处）的磁感应强度。

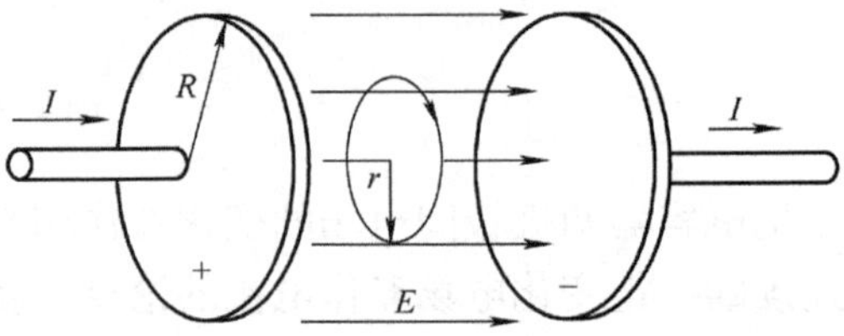

图 13-4　例题 13-1 图

解　（1）忽略边缘效应，电场全部集中在两极板间，可视为均匀电场，因此

$$I_d = \frac{\mathrm{d}\Psi}{\mathrm{d}t} = S\frac{\mathrm{d}D}{\mathrm{d}t} = \pi R^2\varepsilon_0\frac{\mathrm{d}E}{\mathrm{d}t}$$

（2）根据电场分布的对称性可知，变化电场所产生磁场的磁感应线是一系列同心圆，圆心都在两极板中心连线上，同一磁感应线上各点的磁感应强度大小相等。

如图 13-4 所示，取半径为 r 的磁感应线为积分回路 l，由全电流定理可得

$$\oint_L \boldsymbol{H}\cdot\mathrm{d}\boldsymbol{l} = \frac{\mathrm{d}\Psi}{\mathrm{d}t}$$

其中，Ψ 为通过圆面积的电位移通量。

取圆周上图 13-4 所示的方向为线积分的积分方向，可得

$$\oint_L \boldsymbol{H}\cdot\mathrm{d}\boldsymbol{l} = 2\pi r\cdot H$$

代入上式得

$$H = \frac{1}{2\pi r}\frac{\mathrm{d}\Psi}{\mathrm{d}t}$$

当 $r<R$ 时，

$$\Psi = \pi r^2\cdot D = \pi r^2\varepsilon_0 E$$

$$\frac{\mathrm{d}\Psi}{\mathrm{d}t} = \pi r^2\varepsilon_0\frac{\mathrm{d}E}{\mathrm{d}t}$$

所以

$$H = \frac{r}{2}\varepsilon_0\frac{\mathrm{d}E}{\mathrm{d}t}$$

$$B=\mu_0 H=\frac{r}{2}\varepsilon_0\mu_0\frac{\mathrm{d}E}{\mathrm{d}t}$$

当 $r>R$ 时，

$$\Psi=\pi R^2 D=\pi R^2\varepsilon_0 E$$

$$\frac{\mathrm{d}\Psi}{\mathrm{d}t}=\pi R^2\varepsilon_0\frac{\mathrm{d}E}{\mathrm{d}t}$$

所以

$$H=\frac{R^2}{2r}\varepsilon_0\frac{\mathrm{d}E}{\mathrm{d}t},\quad B=\mu_0 H=\frac{R^2}{2r}\varepsilon_0\mu_0\frac{\mathrm{d}E}{\mathrm{d}t}$$

13.2　麦克斯韦方程组的积分形式和微分形式

我们先系统地总结一下静电场和稳恒电流磁场的基本规律。

静电场的高斯定理

$$\oint_S \boldsymbol{D}^{(1)}\cdot\mathrm{d}\boldsymbol{S}=\sum q \tag{1}$$

静电场的环流定理

$$\oint_L \boldsymbol{E}^{(1)}\cdot\mathrm{d}\boldsymbol{l}=0 \tag{2}$$

稳恒电流磁场的高斯定理

$$\oint_S \boldsymbol{B}^{(1)}\cdot\mathrm{d}\boldsymbol{S}=0 \tag{3}$$

稳恒电流磁场的安培环路定理

$$\oint_L \boldsymbol{H}^{(1)}\cdot\mathrm{d}\boldsymbol{l}=\sum I \tag{4}$$

在上面四个方程中，$\boldsymbol{E}^{(1)}$、$\boldsymbol{D}^{(1)}$、$\boldsymbol{B}^{(1)}$、$\boldsymbol{H}^{(1)}$各量上方所加符号（1）表示由静止电荷和稳恒电流所产生的电场与磁场。

麦克斯韦引入**涡旋电场**和**位移电流**两个重要概念以后，对静电场和稳恒电流的磁场所遵从的上述方程组要加以修正和推广，使之适用于一般的电磁场。在一般情况下，电场可能既有静电场（用$\boldsymbol{E}^{(1)}$、$\boldsymbol{D}^{(1)}$表示），也有涡旋电场（用$\boldsymbol{E}^{(2)}$、$\boldsymbol{D}^{(2)}$表示）。因此电场强度$\boldsymbol{E}$和电位移$\boldsymbol{D}$应分别写成两者的矢量和，即

$$\boldsymbol{E}=\boldsymbol{E}^{(1)}+\boldsymbol{E}^{(2)},\quad \boldsymbol{D}=\boldsymbol{D}^{(1)}+\boldsymbol{D}^{(2)}$$

对于涡旋电场，有 $\oint_S \boldsymbol{D}^{(2)}\cdot\mathrm{d}\boldsymbol{S}=0$，所以

$$\oint_S \boldsymbol{D}\cdot\mathrm{d}\boldsymbol{S}=\oint_S \boldsymbol{D}^{(1)}\cdot\mathrm{d}\boldsymbol{S}+\oint_S \boldsymbol{D}^{(2)}\cdot\mathrm{d}\boldsymbol{S}=\sum q+0$$

即

$$\oint_S \boldsymbol{D}\cdot\mathrm{d}\boldsymbol{S}=\sum q \tag{1'}$$

而$\boldsymbol{E}$沿闭合曲线L的线积分可写作

$$\oint_L \boldsymbol{E}\cdot\mathrm{d}\boldsymbol{l}=\oint_L \boldsymbol{E}^{(1)}\cdot\mathrm{d}\boldsymbol{l}+\oint_L \boldsymbol{E}^{(2)}\cdot\mathrm{d}\boldsymbol{l}=0+\left(-\frac{\mathrm{d}\Phi}{\mathrm{d}t}\right)$$

即

$$\oint_L \boldsymbol{E} \cdot \mathrm{d}\boldsymbol{l} = -\frac{\mathrm{d}\Phi}{\mathrm{d}t} \tag{2'}$$

同样，在一般情况下，磁场可能既有传导电流和运流电流的磁场（用 $\boldsymbol{B}^{(1)}$、$\boldsymbol{H}^{(1)}$ 表示），也有位移电流的磁场（用 $\boldsymbol{B}^{(2)}$、$\boldsymbol{H}^{(2)}$ 表示），因此磁感应强度 $\boldsymbol{B}$ 和磁场强度 $\boldsymbol{H}$ 也应分别写成两种场量的矢量和，即

$$\boldsymbol{B} = \boldsymbol{B}^{(1)} + \boldsymbol{B}^{(2)}, \quad \boldsymbol{H} = \boldsymbol{H}^{(1)} + \boldsymbol{H}^{(2)}$$

对于磁场，不论其产生根源是什么，都是涡旋场，所以有

$$\oint_S \boldsymbol{B} \cdot \mathrm{d}\boldsymbol{S} = 0 \tag{3'}$$

对于 $\boldsymbol{H}$ 沿闭合曲线 L 的线积分，应遵从全电流定理：

$$\oint_L \boldsymbol{H} \cdot \mathrm{d}\boldsymbol{l} = \sum I + \frac{\mathrm{d}\Psi}{\mathrm{d}t} \tag{4'}$$

将上面讨论得出的式（1′）~式（4′）归纳成一个方程组：

$$\begin{cases} \oint_S \boldsymbol{D} \cdot \mathrm{d}\boldsymbol{S} = \sum q \\ \oint_L \boldsymbol{E} \cdot \mathrm{d}\boldsymbol{l} = -\dfrac{\mathrm{d}\Phi}{\mathrm{d}t} \\ \oint_S \boldsymbol{B} \cdot \mathrm{d}\boldsymbol{S} = 0 \\ \oint_L \boldsymbol{H} \cdot \mathrm{d}\boldsymbol{l} = \sum I + \dfrac{\mathrm{d}\Psi}{\mathrm{d}t} \end{cases} \tag{13-5}$$

这四个方程就是一般所说的**积分形式的麦克斯韦方程组**。

应当指出，静止电荷和稳恒电流所产生的场量如 $\boldsymbol{D}$、$\boldsymbol{E}$、$\boldsymbol{B}$、$\boldsymbol{H}$ 等，只是空间坐标的函数，而与时间 t 无关；但是，在一般情况下，式（13-5）中的有关各量都是空间坐标和时间的函数。所以与式（1）~式（4）四个等式相比，式（13-5）所含的意义更为丰富。

上面所讨论的麦克斯韦方程组的积分形式，能够适用于一定范围内（例如一个闭合回路或一个闭合曲面内）的电磁场。然而在实际应用中，更重要的是要知道电磁场中各点的场量。要达到这个目的，将积分形式的方程组变换为相应的微分形式的方程组，才能满足实际应用的要求。

利用高等数学中矢量分析的方法，可以把积分形式的麦克斯韦方程组转变成微分形式的麦克斯韦方程组。

因为

$$\oint_L \boldsymbol{A} \cdot \mathrm{d}\boldsymbol{l} = \iint_S \mathbf{rot}\boldsymbol{A} \cdot \mathrm{d}\boldsymbol{S}$$

$$\oiint_S \boldsymbol{A} \cdot \mathrm{d}\boldsymbol{S} = \iiint_V \mathrm{div}\boldsymbol{A} \cdot \mathrm{d}V$$

而

$$q = \iiint_V \rho \mathrm{d}V$$

所以式（13-5）可变换成

$$\begin{cases} \mathrm{div}\boldsymbol{D} = \rho \\ \mathbf{rot}\boldsymbol{E} = -\dfrac{\partial \boldsymbol{B}}{\partial t} \\ \mathrm{div}\boldsymbol{B} = 0 \\ \mathbf{rot}\boldsymbol{H} = \boldsymbol{J} + \dfrac{\partial \boldsymbol{D}}{\partial t} \end{cases} \tag{13-6}$$

式（13-6）即为**微分形式的麦克斯韦方程组**，再结合下列已知关系：

$$\boldsymbol{D} = \varepsilon \boldsymbol{E}, \quad \boldsymbol{B} = \mu \boldsymbol{H}, \quad \boldsymbol{J} = \gamma \boldsymbol{E}$$

就构成一个完整的描述电磁场性质的方程组。应用以上这些方程，加上 $\boldsymbol{E}$ 和 $\boldsymbol{H}$ 满足的边界条件和初始条件，原则上就可以解决各种宏观电磁现象问题。因此麦克斯韦方程组是宏观电磁场理论的基础。它经受了实践的检验，并在许多工程实践中发挥了指导作用，成为现代电工学、无线电电子学的不可或缺的理论基础。麦克斯韦电磁场理论最卓越的成就就是预言了变化的电磁场以波的形式按一定的速度在空间传播——电磁波的存在，从而把电磁现象和光现象联系起来，使波动光学成为电磁场理论的一个重要分支。

麦克斯韦的电磁场理论是从宏观的电磁现象总结出来的经验规律，因而使用时有它的局限性。它和牛顿经典力学一样，只有在宏观实验所能达到的范围内适用。麦克斯韦电磁场理论的进一步发展有两个方向，即推广到高速领域和微观领域。由于电磁波以极高的速度传播，这是人们首先接触到的高速现象，在 19 世纪末期，就是通过对电磁现象的研究，才导致了相对论时空观的建立。因此麦克斯韦电磁场理论在高速领域中理应是正确的，可用它来研究高速运动电荷所产生的电磁场及一般的辐射问题。

但当洛伦兹把麦克斯韦电磁场理论推广到分子、原子的微观领域并建立电子论时，虽然对电磁现象做出了微观解释，并取得了一些成就，却也遇到了不可克服的困难。这说明宏观电磁场理论在微观领域里并不完全适用。以后又发展了更为普遍的量子电动力学，把宏观电磁场理论看作是量子电动力学在某些特殊条件下的近似规律，正像牛顿经典力学可看作相对论力学在低速条件下的近似一样。因而宏观电磁场理论和牛顿经典力学一样，都是在一定条件下的相对真理。

13.3　电磁振荡

振荡电路　由电容器 C 和自感线圈 L 串联而成的闭合回路，构成一个最简单的振荡电路，如图 13-5 所示。先把电容器连接到电池组上使电容器充电，然后用转换开关 S 使电容器连接到自感线圈上，电荷便通过线圈在电容器的两个极板之间来回振荡。电容器上的电荷和电路中的电流做周期性的变化，这一过程称之为**电磁振荡**。如果电路中没有任何能量损耗（不产生焦耳热、没有电磁辐射等），电荷和电流的周期性变化过程（即振荡过程）将会持续下去，这种电磁振荡称之为**无阻尼自由电磁振荡**。

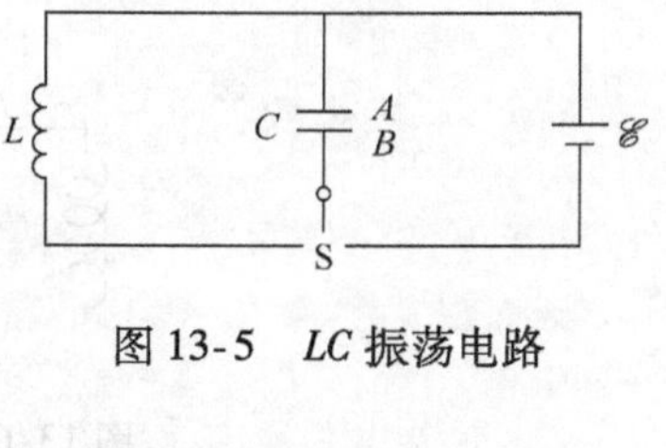

图 13-5　LC 振荡电路

如图 13-6a 所示，当 $t = 0$ 时，电容器已充了电，极板之间有电场，电场能量具有最大值。电容器开始放电时，由于线圈自感的作用，电流只能从零逐渐增大，这样，电容器由于放电的缘故，电场的能量逐渐减小。而由于电路中电流的逐渐增大，线圈中磁场的能量也逐渐增大。当电容器放电完毕时，电场能量全部转换为磁场能量，线圈中磁场的能量达到最大值，此时，电路中的电流也达到最大值（见图13-6b）。之后，电流就要开始减少，但由于线圈自感的作用，电流不会立即消失，而是逐渐减少，此时就要对电容器做反方向充电，随着电流的逐渐减少，电容器极板上电荷逐渐增加，当电流减少到零时，电容器上电荷达到最大值。这时磁场能量又全部转换为电场能量，完成对电容器的反向充电（见图13-6c）。

接着电容器又开始放电，电容器极板上电荷逐渐减少，电路中的电流逐渐增大，这时电流的方向与图13-6b所示的相反，直到两板上电荷为零时，电流达到最大值，电场的能量又全部转换为磁场的能量（见图13-6d）。

此后，电容器又被充电，回复到图13-6a所示的情况，这样就完成了一个完全的振荡过程。

可见，在上述LC电路中，电荷和电流都随时间呈周期性变化，相应地电场的能量和磁场的能量也都随时间呈周期性变化，这与无阻尼情况下的弹簧振子的振动过程极为相似。

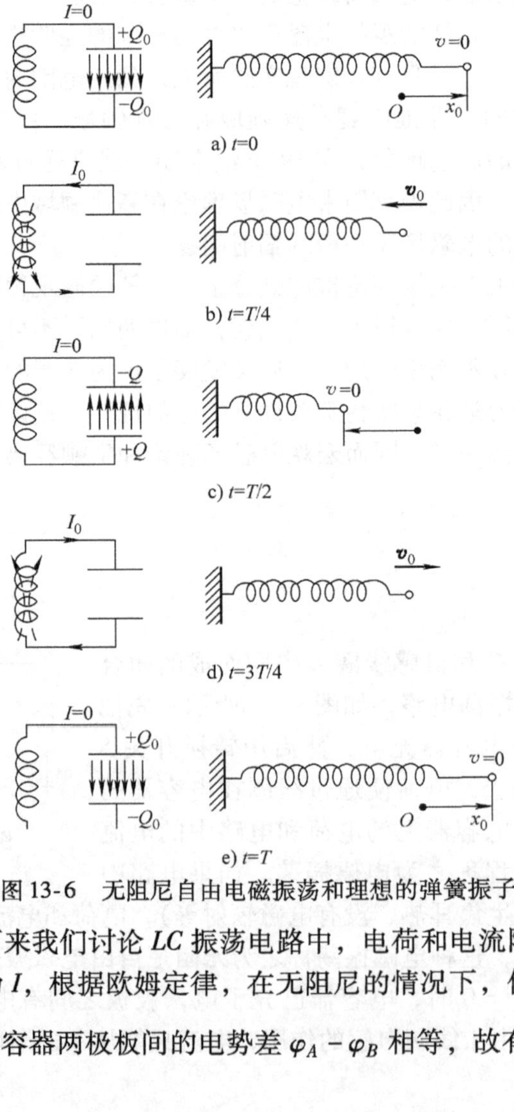

图13-6 无阻尼自由电磁振荡和理想的弹簧振子

电磁振荡方程 接下来我们讨论LC振荡电路中，电荷和电流随时间变化的规律。假设某一时刻电路中的电流为I，根据欧姆定律，在无阻尼的情况下，任一时刻电路中的自感电动势为$-\left(L\dfrac{\mathrm{d}I}{\mathrm{d}t}\right)$，应与电容器两极板间的电势差$\varphi_A-\varphi_B$相等，故有

$$-L\frac{\mathrm{d}I}{\mathrm{d}t}=\varphi_A-\varphi_B=\frac{q}{C} \tag{13-7}$$

因为 $I=\frac{\mathrm{d}q}{\mathrm{d}t}$，所以式（13-7）可以写成

$$\frac{\mathrm{d}^2q}{\mathrm{d}t^2}+\frac{1}{LC}q=0 \tag{13-7a}$$

若令 $\omega^2=\frac{1}{LC}$，则有

$$\frac{\mathrm{d}^2q}{\mathrm{d}t^2}+\omega^2q=0$$

这就是 LC 电路电谐振动的**微分方程**。事实上由于 LC 电路电谐振动过程与无阻尼情况下的弹簧振子振动过程极为相似，上述微分方程也可以通过类比的方法得到。如图 13-6 所示，与力学类比可得。

电场能量 $W_{\mathrm{e}}=\frac{q^2}{2C}\leftrightarrow$振子弹性势能 $W_{\mathrm{P}}=\frac{1}{2}kx^2$

所以

$$q\leftrightarrow x$$

$$\frac{1}{C}\leftrightarrow k$$

磁场能量 $W_{\mathrm{m}}=\frac{1}{2}LI^2\longleftrightarrow$振子动能 $W_{\mathrm{k}}=\frac{1}{2}mv^2$

所以

$$I\leftrightarrow v$$

$$L\leftrightarrow m$$

而无阻尼情况下弹簧振子有运动微分方程

$$\frac{\mathrm{d}^2x}{\mathrm{d}t^2}+\frac{k}{m}x=0$$

通过类比，得 LC 电路在无阻尼情况下的电谐振动的运动微分方程为

$$\frac{\mathrm{d}^2q}{\mathrm{d}t^2}+\frac{1}{LC}q=0$$

类比是根据两个对象之间在某些方面的相似或相同而推出它们在其他方面也可能相似或相同的一种逻辑方法，它以比较为基础，在科学研究中是一种常用的、有效的试探方法。

微分方程（13-7a）的解为

$$q=q_0\cos(\omega t+\varphi) \tag{13-8}$$

式中，q_0 和 φ 是由起始条件决定的两个积分常数。q_0 是电容器极板上电荷的最大值，φ 为初相。对式（13-8）微分就得到了任意时刻的电流

$$I=\frac{\mathrm{d}q}{\mathrm{d}t}=-\omega q_0\sin(\omega t+\varphi)=-I_0\sin(\omega t+\varphi) \tag{13-9}$$

式中，$I_0=\omega q_0$ 为电流的最大值，叫作**电流振幅**。

由式（13-8）和式（13-9）可知，在无阻尼自由振荡的 LC 电路中，电荷量和电流都随时间呈周期性变化，且电流的相位比电荷量的相位超前$\frac{\pi}{2}$$\left[\text{因为 } I=-I_0\sin(\omega t+\varphi)=I_0\cos\left(\omega t+\varphi+\frac{\pi}{2}\right)\right]$，也即相当于时间超前$\frac{1}{4}$周期。

电磁振荡的周期和频率分别为

$$T=\frac{2\pi}{\omega}=2\pi\sqrt{LC}$$

$$\nu=\frac{1}{T}=\frac{1}{2\pi\sqrt{LC}} \tag{13-10}$$

可以看出，它们由振荡电路本身的性质，即由线圈的自感 L 和电容器的电容 C 所决定。

电磁振荡的能量　在任意时刻 t，电容器极板上的电荷量为 q，振荡电路中电流为 I，则电场的能量和磁场的能量分别为

$$W_{\mathrm{e}}=\frac{q^2}{2C}=\frac{q_0^2}{2C}\cos^2(\omega t+\varphi) \tag{13-11}$$

$$W_{\mathrm{m}}=\frac{1}{2}LI^2=\frac{L\omega^2q_0^2}{2}\sin^2(\omega t+\varphi) \tag{13-12}$$

而 LC 振荡电路中的总能量为

$$W=W_{\mathrm{e}}+W_{\mathrm{m}}=\frac{1}{2}LI_0^2=\frac{q_0^2}{2C} \tag{13-13}$$

式（13-11）和式（13-12）表明，在 LC 振荡电路中，电场能量和磁场能量都随时间 t 呈周期性变化，它们可以相互转换，但总能量是一恒量。

应当指出，以上所述是假定了电路中没有电阻，同时也不存在电磁能量辐射，实际上这是不可避免的。因此电路中的电荷、电流的振幅都要随时间减小，这种振幅随时间减小的电磁振荡叫作**阻尼电磁振荡**。如果在电路中有一周期性变化的外加电动势，以补偿电路中的能量损失，如图 13-7 所示，图中 R 代表了电路中的全部电阻，则电荷和电流的振幅就可以保持不变，这样的电磁振荡叫作**受迫电磁振荡**。如果外加电动势的频率等于电路的固有频率，则电流的振幅达到最大值，此现象叫作**电磁共振**。这与机械振动中的阻尼振动、受迫振动和共振是类似的，数学处理上也极为相似。

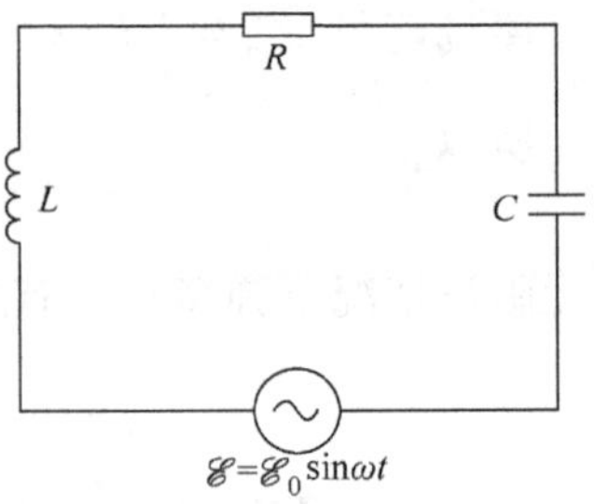

图 13-7　受迫电磁振荡

13.4　电磁波

按照麦克斯韦电磁场理论，可以这样来理解变化的电磁场在空间中的传播过程：如果在某一空间区域中电场发生了变化，则在它的邻近区域就会产生变化的磁场，这一变化的磁场又要引起较远区域中产生变化的电场，接着又要在更远的区域产生变化的磁场。如此继续下去，变化的电场和变化的磁场不断地相互交替产生，就由近及远地传播出去了。这样**变化的电磁场在空间中以一定的速度传播的过程，就是电磁波**。

电磁波的产生与传播　要产生电磁波，必须有适当的波源。在前面所讨论的振荡电路中，电场能量和磁场能量只能在闭合振荡电路中交替转换，不能传向远方。而且，由于整个电路在空间占据的位置很小，各部分靠得很近，各元电荷和元电流在远处产生的电场和磁场几乎完全相互抵消，所以不能有效地向周围空间辐射能量。此外，可以证明，电磁波辐射的

功率与其频率的四次方成正比，因而，为了提高电磁波辐射的功率，必须提高振荡电路的频率。由式（13-10）可知，这就要求减小电路中L和C的数值。由于C正比于电容器极板的面积、反比于两极板间距，而L则和线圈匝数的二次方成正比，所以，可以把振荡电路中电容器两极板间的距离逐渐拉大，同时将线圈的匝数减小，并逐渐地拉直，最后简化成一根直导线，以提高振荡频率，如图13-8所示。这种直线形开放式的振荡回路，由于振荡频率很高，就可充分有效地向周围空间辐射能量。

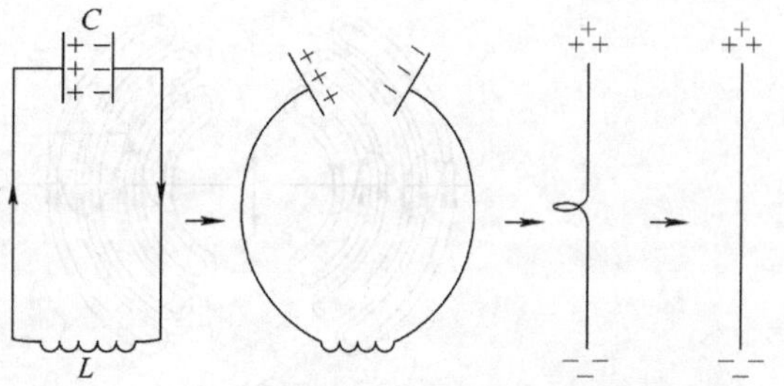

图 13-8　闭合振荡电路变成开放振荡电路

当开放振荡电路（即天线）上馈以交变电压时，天线上就有交变的电流流动着。在某一时刻，上半截天线上电流的方向向上，这相当于有一正电荷在向上运动；同时，下半截天线上电流的方向也向上，这相当于有一负电荷在向下运动。在下一时刻，电流的方向反过来，相当于正负电荷运动的方向反过来。因此发射天线可以看作电矩迅速随时间变化的电偶极子，叫作**振荡电偶极子**，这就是发射电磁波的波源。

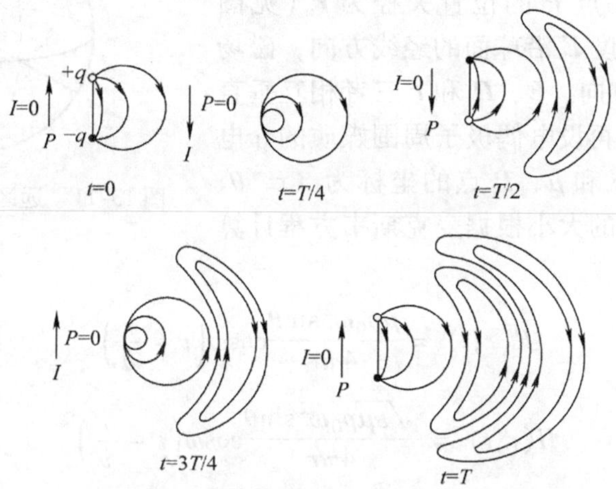

图 13-9　振荡电偶极子辐射示意图

最简单的振荡电偶极子是电偶极矩做余弦式振动的电偶极子，可用下式表示：

$$p = p_0\cos\omega t$$

式中，p_0是振幅；ω是所馈电压的角频率。由于振荡电偶极子中正负电荷不断地交替变化，因而它在周围空间中产生的电场和磁场也不断地交替变化。若把振荡电偶极子简化为正、负电荷q相对于共同中心做谐振动的模型，则其电场线的变化如图13-9所示。

如图13-9中画出了每隔1/4周期振荡电偶极子在运动平面内的电场线的分布。可见，每隔半个周期，电矩经过一次零值，电场线就闭合一次，向外发出一个闭合曲线，但前一个闭合曲线与后一个闭合曲线绕行的方向相反，整个涡旋场线成“弯月”形并不断伸向两边。同时不断被中心新冒出来的“弯月”挤向外面，并以速度u向外传播着，如图13-10a所示。

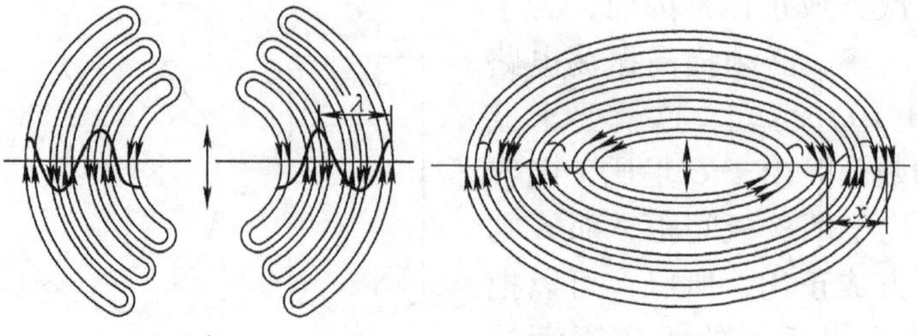

图 13-10　离振荡电偶极子足够远处电场和磁场的瞬时分析

再来看磁场的情况。振荡着的电偶极子相当于交变的电流，这交变电流产生交变的磁场。图 13-10b 画出了磁场线在垂直于偶极子运动平面内的瞬时分布情况，它们是一系列疏密相间的同心圆，这些圆也以速度 u 向外扩散着，中心又不断冒出新的圆来。图 13-10a、b 中都用虚线画出了某一瞬时电场和磁场的大小随距离变化的情况并标出了波长。

电磁波的基本性质　如图 13-11 所示，在离振荡电偶极子足够远的区域内，电磁波的波面已成球面形。因此，设电偶极矩在竖直方向，其中心为坐标原点，从原点到空间任一点 P 的位置矢径为 $\boldsymbol{r}$（见图 13-11），P 点的电场强度 $\boldsymbol{E}$ 沿球面的经线方向，磁场强度 $\boldsymbol{H}$ 沿球面的纬线方向。$\boldsymbol{E}$、$\boldsymbol{H}$ 和 $\boldsymbol{r}$ 三者相互垂直并组成右手螺旋关系。再设电偶极子周围媒质的介电常数和磁导率分别为 ε 和 μ，P 点的坐标为（r，θ，φ），则 P 点的 $\boldsymbol{E}$ 和 $\boldsymbol{H}$ 的大小根据麦克斯韦方程计算的结果为

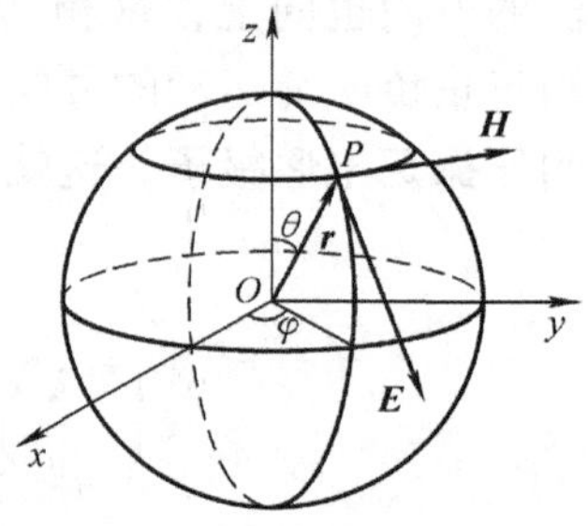

图 13-11　远区域内任一点的 $\boldsymbol{E}$ 和 $\boldsymbol{H}$

$$E(r,t) = \frac{\mu p_0 \omega^2 \sin\theta}{4\pi r}\cos\omega\left(t - \frac{r}{u}\right) \tag{13-14}$$

$$H(r,t) = \frac{\sqrt{\varepsilon\mu}\, p_0 \omega^2 \sin\theta}{4\pi r}\cos\omega\left(t - \frac{r}{u}\right) \tag{13-15}$$

式中，$u = \dfrac{1}{\sqrt{\varepsilon\mu}}$为电磁波的传播速度。

在式（13-14）和式（13-15）中，波的振幅与 r 成反比，故为**球面波**。因为在离开电偶极子很远的地方，r 很大（$r\to\infty$），在振幅中的 r 可看作恒量（但相位角中的 r 则不能看作恒量），相应的 θ 变化也很小，也可看作恒量，所以式（13-14）和式（13-15）可分别写为

$$E = E_0\cos\omega\left(t - \frac{r}{u}\right) \tag{13-16}$$

$$H = H_0\cos\omega\left(t - \frac{r}{u}\right) \tag{13-17}$$

这是**平面简谐波方程**。可见，在离开电偶极子很远的地方，电磁波可视为平面波。

综上所述，电磁波具有下列基本性质：

1）$\boldsymbol{E}$ 和 $\boldsymbol{H}$ 互相垂直，且都垂直于传播方向。这说明电磁波是**横波**，如图 13-12 所示。

2）$\boldsymbol{E}$ 和 $\boldsymbol{H}$ 振动的**相位相同**，在空间任一点，$\boldsymbol{E}$ 和 $\boldsymbol{H}$ 同时达到最大值，同时达到最小值，也同时为零。

3）在空间任一点处，$\boldsymbol{E}$ 和 $\boldsymbol{H}$ 的大小有下列关系：

$$\sqrt{\varepsilon}E = \sqrt{\mu}H \tag{13-18}$$

真空中

$$\sqrt{\varepsilon_0}E = \sqrt{\mu_0}H$$

4）电磁波的传播速度 u 取决于媒质的性质（ε 和 μ）。由于真空中的介电常数 $\varepsilon_0 = 8.854\times10^{-12}\mathrm{F/m}$，真空中的磁导率 $\mu_0 = 4\pi\times10^{-7}\mathrm{H/m}$，所以真空中电磁波的传播速度为

$$u = \frac{1}{\sqrt{\varepsilon_0\mu_0}}$$

这个速度恰好与由实验测定的真空中的光速相等。因此麦克斯韦断言，光波即是一种电磁波。

5）振荡电偶极子所辐射的电磁波的频率，等于电偶极子振动的频率，$\boldsymbol{E}$ 和 $\boldsymbol{H}$ 的振幅都与频率的二次方成正比。

电磁波的能量　交变电磁场是以电磁波的形式传播的。由于电磁场具有能量，所以随着电磁波的传播，就有能量的传播。**电磁波也称电磁辐射**，因此以电磁波的形式传播的能量也称为辐射能。每单位时间内，通过垂直于传播方向的单位面积的辐射能叫作**辐射强度**或**能流密度**，以 $\boldsymbol{S}$ 表示。

在电磁学中曾介绍过，电场和磁场的能量密度分别为

$$w_{\mathrm{e}} = \frac{1}{2}\varepsilon E^2, \quad w_{\mathrm{m}} = \frac{1}{2}\mu H^2$$

因此，电磁场的能量密度为

$$w = w_{\mathrm{e}} + w_{\mathrm{m}} = \frac{1}{2}\varepsilon E^2 + \frac{1}{2}\mu H^2 \tag{13-19}$$

设 $\mathrm{d}A$ 为垂直于电磁波方向的一个小面元，在 $\mathrm{d}t$ 时间内，通过小面元 $\mathrm{d}A$ 的辐射能应为 $wu\mathrm{d}A\mathrm{d}t$，所以能流密度应为

$$S = \frac{\mathrm{d}w}{\mathrm{d}V} = \frac{wu\mathrm{d}A\mathrm{d}t}{\mathrm{d}A\mathrm{d}t} = wu = \frac{u}{2}(\varepsilon E^2 + \mu H^2)$$

以 $u = 1/\sqrt{\varepsilon\mu}$ 及 $\sqrt{\varepsilon}E = \sqrt{\mu}H$ 代入上式得

$$S = EH \tag{13-20}$$

考虑到 $\boldsymbol{E}$ 的方向、$\boldsymbol{H}$ 的方向和电磁波的传播方向（即 $\boldsymbol{S}$ 方向）三者相互垂直，通常将能流密度矢量表示为

$$\boldsymbol{S} = \boldsymbol{E}\times\boldsymbol{H} \tag{13-20a}$$

$\boldsymbol{S}$、$\boldsymbol{E}$ 和 $\boldsymbol{H}$ 组成右螺旋关系（见图 13-12）。能流密度矢量 $\boldsymbol{S}$ 也叫作**坡印廷矢量**。

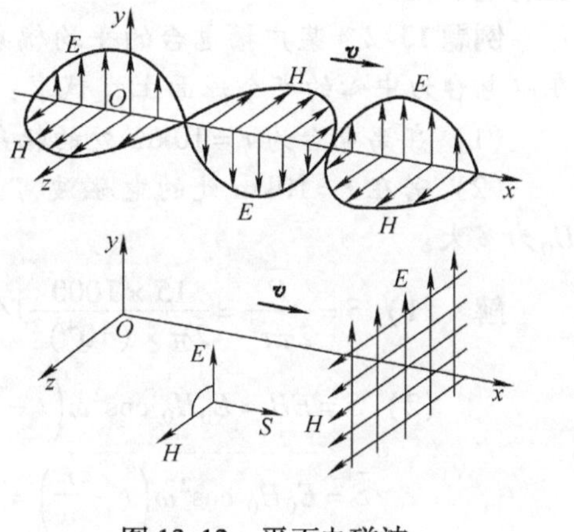

图 13-12　平面电磁波

将式（13-14）和式（13-15）代入到式（13-20）中，得到电磁波的能流密度的大小为

$$S = EH = \frac{\sqrt{\varepsilon}\sqrt{\mu^3}p_0^2\omega^4\sin^2\theta}{16\pi^2 r^2}\cos^2\omega\left(t-\frac{r}{u}\right) \tag{13-20b}$$

电磁波的能流密度是随时间 t 呈周期性变化的。

平均能流密度

$$\bar{S} = \frac{1}{T}\int_0^T S\mathrm{d}t = \frac{1}{T}\int_0^T \frac{\sqrt{\varepsilon\mu^3}p_0^2\omega^4\sin^2\theta}{16\pi^2 r^2}\cos^2\omega(t-\frac{r}{u})\mathrm{d}t = \frac{\sqrt{\varepsilon\mu^3}p_0^2\omega^4\sin^2\theta}{32\pi^2 r^2} \tag{13-21}$$

振荡偶极子在单位时间内辐射出去的能量叫作**辐射功率**，用 P 表示。如果把式（13-20b）在以振荡偶极子为中心，r 为半径的球面上积分（采用球坐标）即得振荡偶极子的辐射功率。

$$P = \int_0^{2\pi}\int_0^{\pi} S\cdot r^2\sin\theta\mathrm{d}\theta\mathrm{d}\varphi = \int_0^{2\pi}\mathrm{d}\varphi\int_0^{\pi}\frac{\sqrt{\varepsilon\mu^3}p_0^2\omega^4\sin^2\theta}{16\pi^2 r^2}\cos^2\omega\left(t-\frac{r}{u}\right)r^2\sin\theta\mathrm{d}\theta$$

所以

$$P = \frac{\sqrt{\varepsilon\mu^3}p_0^2\omega^4}{6\pi}\cos^2\omega\left(t-\frac{r}{u}\right) \tag{13-22}$$

而平均辐射功率为 $\bar{P} = \frac{1}{T}\int_0^T P\mathrm{d}t$，把 P 代入即得

$$\bar{P} = \frac{1}{T}\int_0^T\frac{\sqrt{\varepsilon\mu^3}p_0^2\omega^4}{6\pi}\cos^2\omega\left(t-\frac{r}{u}\right)\mathrm{d}t$$

所以

$$\bar{P} = \frac{\sqrt{\varepsilon\mu^3}p_0^2\omega^4}{12\pi} = \frac{\mu p_0^2\omega^4}{12\pi u} \tag{13-22a}$$

可见，振荡偶极子的平均辐射功率与频率的四次方成正比，辐射功率随频率增高而迅速增大。因此无线电中常使用10Hz以上的频率，就是这个道理。

赫兹利用振荡电偶极子和共振电偶极子进行了许多实验，结果证实了振荡电偶极子能够发射电磁波。

例题13-2 某广播电台的平均辐射功率为 $\bar{P}=15\mathrm{kW}$。假定辐射出来的能流均匀地分布在以电台为中心的半个球面上，试求：

（1）在离电台为 $r=10\mathrm{km}$ 处的辐射强度；

（2）若在 $r=10\mathrm{km}$ 处的电磁波可看作平面波，则该处电场强度和磁场强度的振幅 E_0、H_0 为多大。

解 （1）$\bar{S} = \frac{\bar{P}}{2\pi r^2} = \frac{15\times1000}{2\pi\times(10^4)^2}\mathrm{J/(m^2\cdot s)} = 2.39\times10^{-5}\mathrm{J/(m^2\cdot s)}$

（2）$S = EH = E_0H_0\cos^2\omega\left(t-\frac{r}{u}\right)$

$$\bar{S} = E_0H_0\overline{\cos^2\omega\left(t-\frac{r}{u}\right)} = \frac{1}{2}E_0H_0$$

因为

$$\sqrt{\varepsilon_0}E_0 = \sqrt{\mu_0}H_0,\quad c = \frac{1}{\sqrt{\varepsilon_0\mu_0}}$$

所以

$$\bar{S} = \frac{1}{2}E_0H_0 = \frac{1}{2}\sqrt{\frac{\varepsilon_0}{\mu_0}}E_0^2 = \frac{1}{2}\sqrt{\frac{\mu_0}{\varepsilon_0}}H_0^2$$

$$E_0=\sqrt{\frac{2\bar{S}}{c\varepsilon_0}}=\sqrt{\frac{2\times 2.39\times 10^{-5}}{3\times 10^8\times 8.85\times 10^{-12}}}\text{V/m}=0.134\text{V/m}$$

$$H_0=\sqrt{\frac{2\bar{S}}{c\mu_0}}=\sqrt{\frac{2\times 2.39\times 10^{-5}}{3\times 10^8\times 4\pi\times 10^{-7}}}\text{A/m}=0.356\times 10^{-3}\text{A/m}$$

电磁波谱　实验证明，电磁波的范围很广，从各种不同波长的无线电波、红外线、可见光、紫外线、X射线到γ射线等都是电磁波。这些电磁波的本质完全相同，只是它们的频率或波长不同，因而具有不同的特性。为了便于比较，对电磁波有一个比较全面的了解，现将各种电磁波按频率或波长的顺序排列成谱，这个谱叫作**电磁波谱**，如图 13-13 所示。

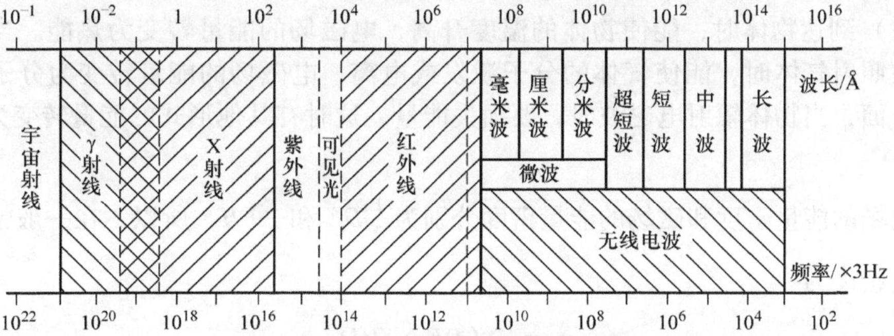

图 13-13　电磁波谱

由于各种电磁波的频率或波长范围不同，因此它们产生的方式、性质和用途也就有所不同（见表 13-1），甚至有很大的不同，这是自然界量变到质变规律的辩证统一。

表 13-1　各种无线电波的波长范围、主要产生方式及用途

电　磁　波		真空中的波长	主要产生方式	主　要　用　途
无线电波	长波	$3\times10^3\sim3\times10^4$m	电子电路	远洋长距离通信和导航
	中波	$200\sim3\times10^3$m		无线电广播
	短波	10～200m		电报、通信
	超短波	1～10m		调频无线电广播、电视、导航
	微波	0.1～1m		电视、雷达导航等
红外线		0.76～600μm	炽热物理、气体放电以及各种光源	烘烤、夜视仪器、红外分析
可见光		4000～7600Å		照明、植物的光合作用
紫外线		50～400Å		消毒杀菌、黑光灯诱捕害虫
X射线		0.4～50Å	高速电子轰击原子内层电子	透视、晶体结构分析
γ射线		0.4Å以下	原子核衰变放出的辐射	探伤、原子核结构分析

注：$1\text{Å}=1\times10^{-4}\mu\text{m}=1\times10^{-10}\text{m}$。

13.5　电磁场的物质性、统一性和相对性

电磁场的物质性　我们知道，能量和动量都是物质运动的量度。运动是物质的存在形式，运动和物质是不可分割的。电磁场具有能量和动量，它也是物质存在的一种形态，是独

立于人们意识之外的客观实在，这已为无数实验事实所证实。在前面讨论静电场和稳恒电流的磁场时，总是把场（电场和磁场）和源（电荷和电流）联系在一起的。没有场源，场也就不存在。如果场是随时间变化的，则电磁场一经产生，即使场源消失，它也可以继续存在（如电台经天线发射电波，即使电台关闭，已发射的电波在空间中仍可继续存在）。这时变化的电场和磁场相互激发、相互转化，并以一定的速度在空间传播，因此电磁场具有独立于场源存在的性质。

电磁场和电子、质子、中子等组成的实物粒子一样，具有能量、动量和质量。

电磁场和实物粒子相互作用时，可说明它有能量。如当无线电波到达接收系统时，便要引起电路中的电磁振荡，电磁场的能量便转化为热能和其他形式的能量。当热辐射（也是一种电磁波）到达物体时，能使物体的温度升高，电磁场的能量转变为热能。当用波长很短的电磁波照射气体时，能使气体的分子激发或电离，电磁场的能量转变为分子内部的能量。另一方面，当物体辐射电磁波时，要损失能量，这时有其他形式的能量转变为电磁场的能量。

因为电场的能量密度和磁场的能量密度分别为$\frac{1}{2}DE$和$\frac{1}{2}BH$，所以，在一般情况下，电磁场的能量密度为

$$w=\frac{1}{2}(DE+BH) \tag{13-23}$$

根据相对论中的质能关系式，在有电磁场存在的空间，单位体积内的电磁场质量为

$$m=\frac{w}{c^2}=\frac{1}{2c^2}(DE+BH) \tag{13-24}$$

根据相对论中的动量和能量的关系，电磁场的动量密度

$$g=\frac{w}{c}=\frac{1}{2c}(DE+BH) \tag{13-25}$$

既然电磁场具有动量，则当电磁波照射到物体上时，由于动量改变，就会对物体产生压力，称之为光压。列别捷夫在1920年用精确的实验证实了这种压力的存在。图13-14所示是电磁场辐射压力实验的示意图。在高真空容器中，悬丝悬挂着一根轻杆，轻杆两端分别装有一面镜子和一个吸收表面（如涂黑的表面），让一束电磁波垂直射到吸收表面，于是悬丝会被扭转。调整悬丝上端的装置，使吸收表面仍保持与入射的电磁波束垂直，由调整时转角的大小便可估测出电磁波束辐射压力的大小。计算表明，这种压力通常是非常小的，例如太阳对地面的辐射压强约为4.7×10^{-6}Pa。

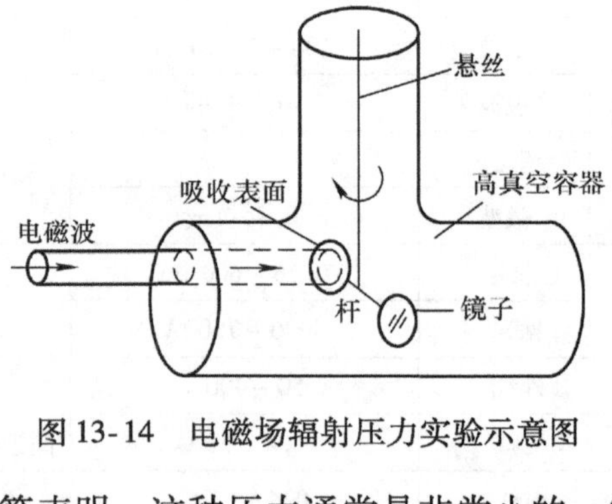

图13-14 电磁场辐射压力实验示意图

电磁场具有动量还可通过下述事例得到证明。研究图13-15所示的两运动电荷A、B的磁相互作用后发现，电荷A对电荷B有磁力作用，而电荷B对电荷A没有磁力作用，因此它们相互作用的结果，对电荷A与电荷B构成的系统，其总动量必然不守恒。然而，动量守恒定律是自然界最普遍的物理规律，不管是在宏观的范围内或者在微观的范围内都成立。上述系统动量不守恒的根本原因在于没有考虑电磁场的动量。理论计算表明，如果把A、B

两电荷产生的电磁场的动量也计算在内，则整个系统的动量仍然是守恒的。

以上讨论，说明电磁场确是一种物质——场物质。然而场物质毕竟不同于通常由电子、质子、中子等基本粒子所构成的实物物质。实物具有不可入性，即某实物微粒占据的空间不能同时为另一实物微料所占据。而几个电磁场却可以互相叠加，占据同一空间。电磁场的基本组成部分是光子，光子没有静止质量，而实物物质是有静止质量的。实物可以以任意小于光在真空中的传播速度在空间运动，相对于不同的参考系其速度也不同，而电磁场在真空中的运动速度永远是 3×10^8 m/s。其传播速度在任意惯性参考系中都相同。

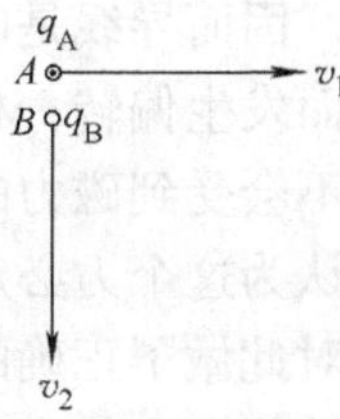

图 13-15　A、B 两运动电荷磁相互作用

但随着科学技术的发展，发现在某些情况下，“场”和“实物”可以互相转化，它们的界限已日益消失。在近代物理中对黑体辐射和光电效应等一系列现象的研究发现，光也具有不连续的微观结构，或者说，光在某些方面也具有微粒性；与此同时，从电子衍射现象发现，一向被认为是实物粒子的电子同时也具有波动性，而质子、中子等衍射现象相继被发现。特别是，1932 年发现，一对正负电子结合后可以转化为 γ 射线，即静质量为零的 γ 光子；而光子也可以转换成一对正负电子。说明这些一向被认为是实物物质的粒子也具有波动的特性。同一事物往往既可反映出场的特性，也可反映出粒子的特性。这些事实表明，电磁场和实物一样，也是客观存在的物质，只是电磁场和实物各具有一些不同的属性，而这些属性还会在一定的条件下相互转化。

总之，电磁场和实物物质一样是客观存在的物质，现已毋庸置疑。

电磁场的统一性和相对性　人类认识自然现象的过程，总是从特殊到一般，从片面到全面的，对电磁现象的认识也不例外。人们开始是分别从电场的侧面和磁场的侧面去认识电磁场的。认为电场和磁场是互不联系、互相独立的。

随着法拉第电磁感应定律的发现，麦克斯韦为解释感生电动势而引入了**涡旋电场**的概念，认识到任何随时间变化的磁场都要在周围空间激发涡旋电场；当麦克斯韦在分析安培环路定理时，为保持电流的连续性和该定理的普遍性而引入了**位移电流**概念，人们更进一步认识到任何随时间变化的电场都要在周围空间激发磁场。这就说明了变化的磁场和变化的电场不是孤立存在的，它们相互激发、相互依存而紧密联系，组成了一个统一的电磁场整体。而静止电荷的静电场和稳恒电流的磁场不过是电磁场的两种特例。

电磁场的统一性可以进一步从运动的相对性来理解。譬如有一相对于地面静止的电荷，对地面静止的观测者认为电荷周围只存在静电场，而相对地面运动的观察者，他观察到电荷相对于地面运动而形成电流，因此他认为电荷周围不仅存在有电场而且还有磁场。那么，电荷周围存在的究竟是什么？回答是肯定的，存在的是电磁场。观测者观测结果的不同是由于观测者相对于电荷运动的情况不同而引起的。因此电场和磁场本身只具有相对的意义。为此可再考察一个例子，在实验室中有一根通电导线，在其近旁有一个正电荷 q 以速度 v（数值上假设等于导线中电子的漂移速度大小）沿电流方向运动着，如图 13-16 所示。

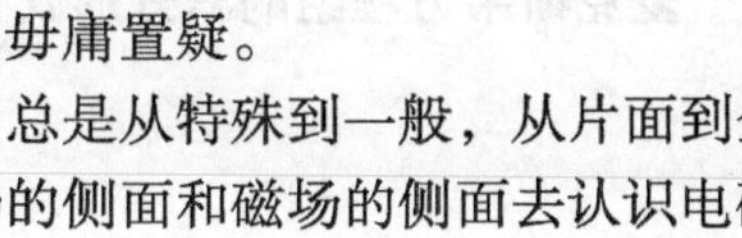

图 13-16　对电荷运动方向偏转的解释

实验室中的观测者认为，由于导线中正负电荷的线密

度是相等的，因而导线是电中性的，在周围空间不产生电场，但有磁场存在，运动电荷受到磁场力作用而发生偏转；相对于电荷 q 静止的观测者，也观测到周围空间有磁场，但由于 q 是静止的，不会受到磁力的作用。然而，电荷 q 确实相对于导线发生了偏转，那么这该做何解释呢？他认为这个力必定是电场力，也就是说，载流导线周围一定还存在着电场。他用相对论的观点对此做了正确的解释，他观测到导线沿电流方向长度会发生洛伦兹收缩，导线中正、负电荷的线密度将产生不同的变化，载流导线已不再是电中性的了，在其周围产生电场，电荷 q 正是受到了该电场的力的作用才发生了偏转。这也就是说，在一个参考系中的磁场，通过相对论的变换，到另一参考系中变成了既有磁场又有电场。因此磁现象（电现象）其实是电现象（磁现象）的一种相对论效应。其表现形式决定了观测者所处的参考系，这就是电磁场的相对性，它也正说明了电磁场是作为统一的客体而存在的，静电场和稳恒电流的磁场只不过是统一电磁场在特定的参考系中的特殊表现形态而已。

本章提要

位移电流——变化的电场

位移电流：$I_d=\dfrac{d\Psi}{dt}$

位移电流密度：$J_d=\dfrac{d\boldsymbol{D}}{dt}$

麦克斯韦方程组的积分形式：

$$\begin{cases}\oint_S \boldsymbol{D}\cdot d\boldsymbol{S}=\sum q\\ \oint_L \boldsymbol{E}\cdot d\boldsymbol{l}=-\dfrac{d\Phi}{dt}\\ \oint_S \boldsymbol{B}\cdot d\boldsymbol{S}=0\\ \oint_L \boldsymbol{H}\cdot d\boldsymbol{l}=\sum I+\dfrac{d\Psi}{dt}\end{cases}$$

麦克斯韦方程组的微分形式

$$\begin{cases}\mathrm{div}\boldsymbol{D}=\boldsymbol{\rho}\\ \mathbf{rot}\boldsymbol{E}=-\dfrac{\partial\boldsymbol{B}}{\partial t}\\ \mathrm{div}\boldsymbol{B}=0\\ \mathbf{rot}\boldsymbol{H}=\delta+\dfrac{\partial\boldsymbol{D}}{\partial t}\end{cases}$$

无阻尼自由电磁振荡

振荡方程

$$q=q_0\cos(\omega t+\varphi)$$
$$I=-\omega q_0\sin(\omega t+\varphi)$$

周期和频率

$$T=2\pi\sqrt{LC},\quad \omega=\frac{1}{\sqrt{LC}},\quad \nu=\frac{1}{2\pi\sqrt{LC}}$$

总能量

$$W = W_e + W_m = \frac{1}{2}LI_0^2 = \frac{q_0^2}{2C}$$

电磁波

交替变化的电磁场在空间中的传播过程，就是电磁波。

平面电磁波的波动方程

$$E(r,t) = E_0\cos\omega\left(t - \frac{r}{u}\right)$$

$$H(r,t) = H_0\cos\omega\left(t - \frac{r}{u}\right)$$

平面电磁波的基本性质：

1）$\boldsymbol{E}$、$\boldsymbol{H}$、$\boldsymbol{r}$（或$\boldsymbol{S}$，或$\boldsymbol{u}$）三者相互垂直，电磁波是横波；

2）$\boldsymbol{E}$ 和 $\boldsymbol{H}$ 同相位；

3）$\sqrt{\varepsilon}E = \sqrt{\mu}H$；

4）真空中，$u = c = 3\times10^8\text{m/s}$。

坡印廷矢量　$\boldsymbol{S} = \boldsymbol{E}\times\boldsymbol{H}$　$(S = EH)$

平面电磁波　$\overline{S} = \frac{1}{2}E_0H_0$

平均辐射功率　$\overline{P} = \frac{\mu p_0^2\omega^4}{12\pi u}$

电磁波谱

各种电磁波在真空中的传播速度相等。若按频率（或波长）的顺序排列成谱，即为电磁波谱。

习　题

13-1　什么叫作位移电流？什么叫作全电流？位移电流和传导电流有什么不同？

13-2　(1) 真空中静电场的高斯定理$\oint_S \boldsymbol{D}\cdot d\boldsymbol{S} = \oint_S \varepsilon_0\boldsymbol{E}\cdot d\boldsymbol{S} = \sum q = \int_V \rho dV$和用于真空中电磁场的高斯定理$\oint_S \boldsymbol{D}\cdot d\boldsymbol{S} = \oint_S \varepsilon_0\boldsymbol{E}\cdot d\boldsymbol{S} = \sum q = \int_V \rho dV$，在形式上是相同的，但理解上述两式子时有何区别？

(2) 对于真空中稳恒电流的磁场有$\oint_S \boldsymbol{B}\cdot d\boldsymbol{S} = 0$，对于一般的电磁场又有$\oint_S \boldsymbol{B}\cdot d\boldsymbol{S} = 0$，这两式子形式上相同，但对$\boldsymbol{B}$矢量的理解上有哪些区别？

13-3　变化电场所产生的磁场，是否也一定随时间而变化？反之，变化磁场产生的电场，是否也一定随时间而变化？

13-4　一个做匀速运动的点电荷，能在空间中产生哪些场？

13-5　试证明：(1) 平行板电容器中的位移电流可写作 $I_d = C\frac{dU}{dt}$，式中，C是电容器的电容；U是两极板间的电势差。

(2) 如果不是平行板电容器，上式可以应用吗？

(3) 如果是圆柱形电容器，其中的位移电流密度又如何？

13-6　半径 $R=0.10\mathrm{m}$ 的两块圆板，构成平行板电容器，放在真空中。现对电容器匀速充电，使两板间电场的变化率为 $\frac{\mathrm{d}E}{\mathrm{d}t}=1.0\times10^{13}\mathrm{V/(m\cdot s)}$，试求：

（1）两极间的位移电流；

（2）计算电容器内离两板中心连线 r（$r<R$）处的磁感应强度 B_r，以及 $r=R$ 处的 B_R。

13-7　在一对巨大的圆形极板（电容 $C=1.0\times10^{-12}\mathrm{F}$）上，加上频率为50Hz、峰值为 $1.74\times10^5\mathrm{V}$ 的电势差，试计算极板间位移电流的最大值。

13-8　如题13-8图所示，电荷 $+q$ 以速度 v 向 O 点运动（$+q$ 到 O 点的距离以 x 表示）。在 O 点处作一半径为 a 的圆，圆面与 v 垂直。

（1）试计算通过此圆面的位移电流；

（2）设圆周上各点磁场强度为 $\boldsymbol{H}$（$\boldsymbol{H}$ 的方向如何？想一想），试根据全电流定理算出 $\boldsymbol{H}$。

13-9　无线电收音机里有一自感为260μH的线圈，若能收到波长在200～600m范围的广播段的信号，则电容器的电容应在什么范围内可调？（振荡电路的电阻可忽略）

13-10　题13-10图所示电路，在开关S接通后，电池中的稳定电流为10A（线圈中的电阻 $R=0$）。

（1）说明为什么当开关S断开时，LC 电路中就会产生振荡电流？

（2）试求振荡电流的频率；

（3）试求电容器两端的最大电势差。

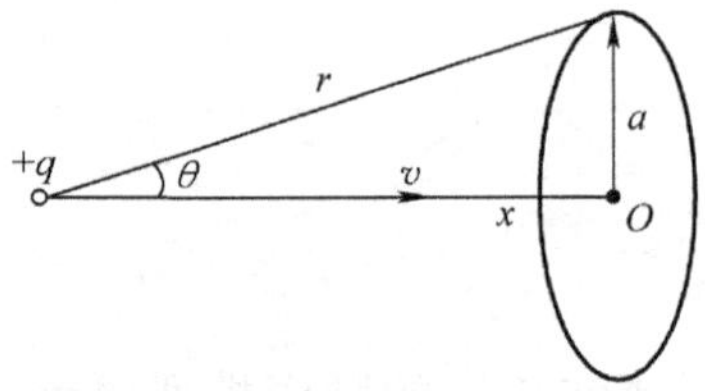

题13-8图

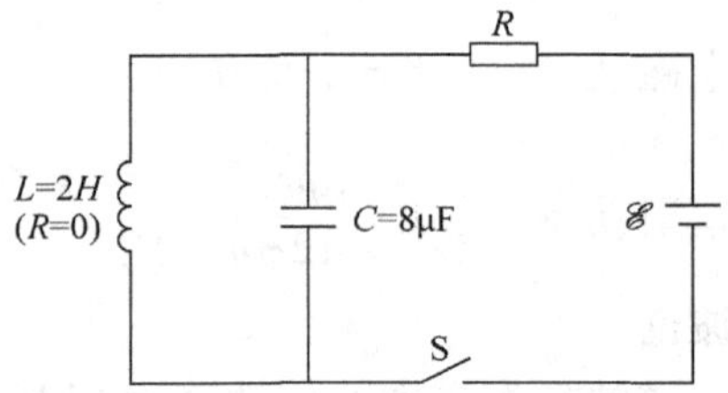

题13-10图

13-11　某发射无线电波的天线可视为振荡电偶极子，电矩振幅为 $2.26\times10^{-4}\mathrm{C\cdot m}$，频率 ν 为800kHz，试求：

（1）无线电波的波长；

（2）在电偶极子赤道圈上距偶极子为2km处的平均辐射强度。

13-12　在真空中，一平面电磁波的电场（单位为V/m）由下式给出：

$$\begin{cases} E_x=0 \\ E_y=0.6\cos\left[2\pi\times10^8\left(t-\dfrac{x}{c}\right)\right] \\ E_z=0 \end{cases}$$

试求：

（1）波长和频率；

（2）传播方向；

（3）磁场的大小和方向。

13-13　在真空中，有一沿着某一方向传播的平面电磁波，它的位移电流密度的方均根值为 $1.0\times10^{-5}\mathrm{A/m^2}$，频率为 $1.0\times10^8\mathrm{Hz}$，试求该电磁波中电场和磁场的振幅。

13-14　有一氦-氖激光管，其发射的激光功率为 $10\times10^{-3}\mathrm{W}$。若发出的激光为圆柱形光束，圆柱横截面直径为 $2.0\times10^{-3}\mathrm{m}$，试求：

（1）激光束的平均强度；

（2）激光的最大电场强度和最大磁感应强度。

13-15　一圆柱形长导线载有稳恒电流 I，其截面半径为 a，电阻率为 ρ。试求：

（1）在柱体内，距圆柱轴线为 r 的各点处 $\boldsymbol{E}$ 矢量的大小和方向；

（2）此时，在同一点处，$\boldsymbol{H}$ 矢量的大小和方向；

（3）此时，在同一点处，坡印廷矢量 $\boldsymbol{S}$ 的大小与方向；

（4）在柱体内，取半径为 r、长为 l 的一段同轴小柱体，试用以上结果，计算通过所取小圆柱侧面的能流。把所得结果与该小圆柱体内能量的耗散功率加以比较，可以得出什么样的结论？

13-16　题13-16图所示为一圆柱体的横截面，设在圆柱体内部有一均匀电场，电场强度 $\boldsymbol{E}$ 的方向垂直纸面向内，$\boldsymbol{E}$ 的大小随时间 t 线性增加（即 $E=kt$，k 为大于零的常数），P 为柱体内部距离柱体中心轴线为 r 的一点，试求：

（1）P 点处的位移电流密度矢量；

（2）P 点处的感生磁场强度；

（3）P 点处的辐射强度矢量。

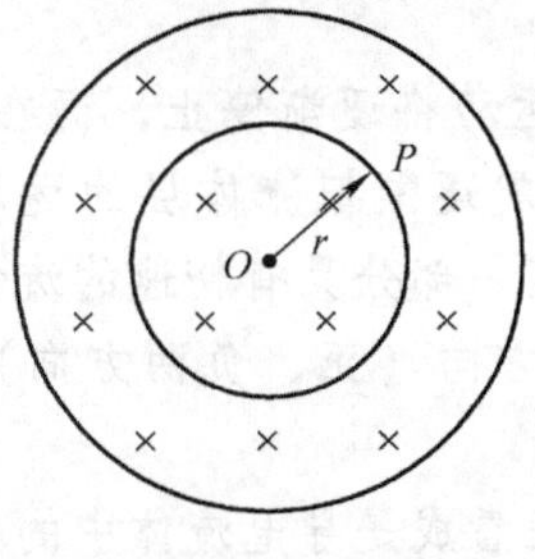

题13-16图

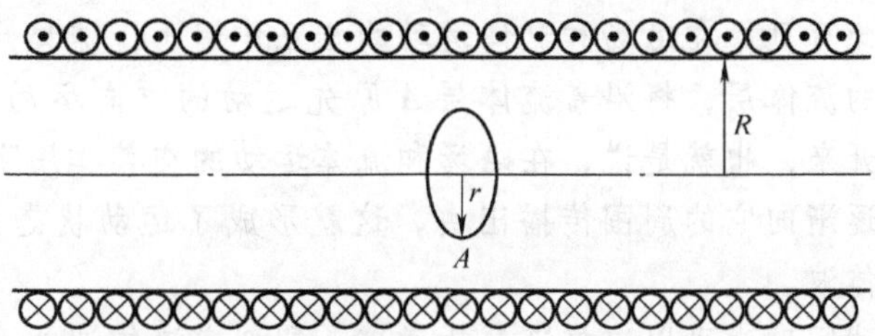

题13-17图

13-17　一长直螺线管如题13-17图所示，导线中某时刻 t 通有电流 i，电流随时间均匀变化，其变化率为 $\dfrac{\mathrm{d}i}{\mathrm{d}t}=k>0$，螺线管每单位长度上的匝数为 n，半径为 R，管内介质的磁导率为 μ，试求：（1）螺线管内与轴线相距为 r 的 A 点的磁场强度 $\boldsymbol{H}$；

（2）A 点处的感生电场强度 $\boldsymbol{E}_{\mathrm{k}}$；

（3）A 点处的坡印廷矢量 $\boldsymbol{S}$。

物理学与现代科学技术Ⅷ

磁流体波

当导电流体在磁场中运动时，根据法拉第电磁感应定律，在流体中要产生感应电场和感应电流，这电流和磁场的相互作用又要改变流体的运动。这样，磁场和流体运动交替作用的结果，将使某一部分具有初速的流体，其运动状态向周围传播出去，在流体中产生一种新的周期运动形式，即**磁流体波**。磁波体波的存在首先是阿尔文（Alfven）在1942年提出来的，1949年隆德奎斯特（Lundquist）第一个在实验室里检测到这种波。这一现象在天体物理学中很重要，用它可以解释太阳黑子和伴随黑子活动的太阳磁场。近几年在可控热核反应的研究中也观察到这一现象，因此，磁流体力学在目前已是一门迅速发展的学科。

下面，我们首先讨论产生磁流体波的物理过程，然后由特殊情况导出磁流体波的波动方程。

设空间充满均匀、各向同性、不可压缩的导电流体，流体的密度为ρ，电导率为γ，在流体所占据的空间存在有一均匀的恒定磁场$B_0 = \mu H_0$，磁场的方向沿x轴正方向。设在$y-z$平面内取一无限薄的流体层A，令它以速度v沿y轴方向运动，如图Ⅷ-1所示。

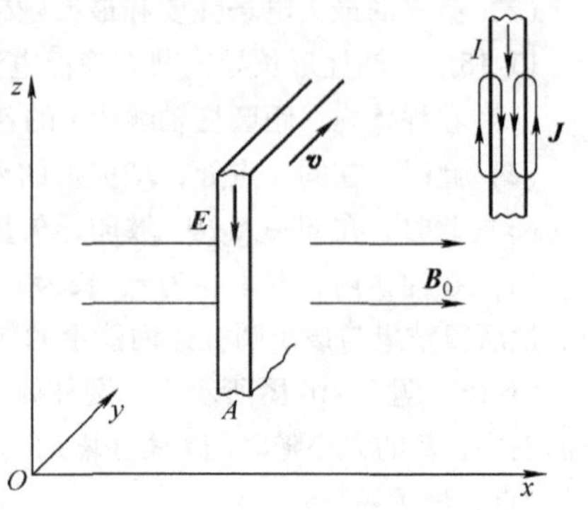

图 Ⅷ-1

当流体层A运动后，在其中将产生感应电场$\boldsymbol{E}$和感应电流（电流密度矢量为$\boldsymbol{J}$），它们的方向都和z轴反向，由于感应电流要形成闭合回路，在流体层A左、右两侧原来静止的流体层中必有电流沿z轴正方向通过，如图Ⅷ-1所示。根据电流在磁场中所受安培力可以判断出，在流体层A中电流所受磁力的方向与y轴反向，它将阻止流体层A的运动；而在流体层A左、右两侧的流体层中的电流所受安培力的方向与y轴同向，它将使原来静止的流体层加速运动。

由此可见，在磁场和流体运动的相互作用下，流体层A的运动将逐渐停止，而在它左、右两侧的流体层，将沿着流体层A原先运动的方向运动，这样就逐渐把流体层的运动向周围扩展开来，也就是说，在磁场和流体运动的交替作用下，使某一部分具有初速的流体的运动状态逐渐向它的周围传播出去，这就形成了运动状态沿磁场方向（正、负两方向）传播的磁流体波。

上述问题也可以这样来分析考虑，即把磁流体波的产生过程看成是导电流体中的感应电流引起磁场的改变。下面就由这一观点来导出磁流体波的波动方程。

设导电流体中的感应电流激发的磁感应强度为$\boldsymbol{B}_A = \mu \boldsymbol{H}_A$（$\boldsymbol{H}_A$为相应的磁场强度），方向沿$y$轴。这时流体中的总磁感应强度为

$$\boldsymbol{B} = \boldsymbol{B}_0 + \boldsymbol{B}_A \tag{13-26}$$

由麦克斯韦方程

$$\nabla \times \boldsymbol{H} = \boldsymbol{J} \tag{13-27}$$

$$\nabla \times \boldsymbol{E} = -\frac{\partial \boldsymbol{B}}{\partial t} \tag{13-28}$$

当导电流体在磁场中运动时，以流体为参考系时的电场为

$$\boldsymbol{E}' = \boldsymbol{E} + \nabla \times \boldsymbol{B} \tag{13-29}$$

因此，欧姆定律的微分形式为

$$\boldsymbol{J} = \gamma(\boldsymbol{E} + \nabla \times \boldsymbol{B}) \tag{13-30}$$

考虑到电场、磁场的方向，并注意到原磁场$\boldsymbol{B}_0$恒定不变，则式（13-27）和式（13-28）可简化为

$$\frac{\partial H_A}{\partial x} = J = \gamma(E - vB_0) \tag{13-31}$$

$$\frac{\partial E}{\partial x} = \frac{\partial B_A}{\partial t} \tag{13-32}$$

在前面所提的理想情况下，沿y轴方向的流体压强不变，故在y轴方向流体体积元所受的力只是电磁力

$$\boldsymbol{F} = (\boldsymbol{J} \times \boldsymbol{B})_{\gamma} = (\boldsymbol{J} \times \boldsymbol{B}_0)$$

即

$$F_y = JB_0 = B_0 \frac{\partial H_A}{\partial x}$$

或

$$F_y = \rho \frac{\partial v}{\partial t} = B_0 \frac{\partial H_A}{\partial x} \tag{13-33}$$

将式（13-31）对 t 求偏导得

$$\gamma\left(\frac{\partial E}{\partial t} - B_0 \frac{\partial v}{\partial t}\right) = \frac{\partial^2 H_A}{\partial t \partial x}$$

由式（13-33），上式变成

$$\gamma\left(\frac{\partial E}{\partial t} - \frac{B_0^2}{\rho} \frac{\partial H_A}{\partial x}\right) = \frac{\partial^2 H_A}{\partial t \partial x} \tag{13-34}$$

再将式（13-34）对 x 求偏导得

$$\gamma\left(\frac{\partial^2 E}{\partial x \partial t} - \frac{B_0^2}{\rho} \frac{\partial^2 H_A}{\partial x^2}\right) = \frac{\partial^3 H_A}{\partial t \partial x^2}$$

应用式（13-32）和 $B_A = \mu H_A$，则上式可化为

$$\gamma\left(\frac{\partial^2 B_A}{\partial t^2} - \frac{B_0^2}{\rho\mu} \frac{\partial^2 B_A}{\partial x^2}\right) = \frac{1}{\mu} \frac{\partial^3 B_A}{\partial t \partial x^2}$$

为了简化讨论，假定流体是完全导电的，即 $\gamma \to \infty$，则上式化为

$$\frac{\partial^2 B_A}{\partial t^2} = \frac{B_0^2}{\rho\mu} \frac{\partial^2 B_A}{\partial x^2} \tag{13-35}$$

这是磁场 $\boldsymbol{B}_A$ 沿 x 轴正、负两个方向传播的波动方程，也就是磁流体波的波动方程，其波速为

$$v_{\mathrm{m}} = \frac{B_0}{\sqrt{\rho\mu}}$$

由上式可知，磁流体波速 v_{m} 与磁场本身的振动频率和振幅无关，而且它的数值远小于光速。例如当 $B_0 = 0.1\mathrm{T}$，$\rho = 10^{-3}\mathrm{kg/m^3}$ 时，$v_{\mathrm{m}} = 2.82\mathrm{m/s}$。

如果令式（13-35）的正弦波解为

$$B_A = A\sin p(x - v_{\mathrm{m}} t)$$

代入式（13-33）可得

$$v = -\frac{AB_0}{\rho\mu v_{\mathrm{m}}} \sin p(x - v_{\mathrm{m}} t) = -\frac{B_0}{\rho v_{\mathrm{m}}} H_A$$

因此

$$\frac{B_A}{v} = \frac{\mu H_A}{v} = -\frac{\mu\rho v_{\mathrm{m}}}{B_0} = -\sqrt{\mu\rho} = -\frac{B_0}{v_{\mathrm{m}}}$$

再由

$$\frac{\partial E}{\partial x} = \frac{\partial B_A}{\partial t} = -A v_{\mathrm{m}} p \cos p(x - v_{\mathrm{m}} t)$$

可得

$$E = -A v_{\mathrm{m}} \sin p(x - v_{\mathrm{m}} t) = -v_{\mathrm{m}} B_A = v B_0$$

这与下列矢量关系相吻合：

$$\boldsymbol{E} = \boldsymbol{B} \times \boldsymbol{v}_{\mathrm{m}}$$

最后必须指明，磁流体波是沿着原磁场的磁感应线传播的，但是可以证明总磁场的磁感应线却随着流体以相同的速度运动着，如同磁感应线被冻结在流体中一样。

科学家介绍

麦克斯韦

（Maxwell，1831—1879）

在法拉第发现电磁感应现象那一年——1831 年，麦克斯韦在英国的爱丁堡出生了。他从小聪敏好问。父亲是位机械设计师，很赏识自己儿子的才华，常带他去听爱丁堡皇家学会的科学讲座。麦克斯韦十岁进爱丁堡中学学习。在中学阶段，麦克斯韦就显示了在数学和物理方面的才能，15 岁那年就写了一篇关于卵形线作图法的论文，被刊登在《爱丁堡皇家学会学报》上。1847 年，16 岁的麦克斯韦考入爱丁堡大学。1850 年又转入剑桥大学。他学习勤奋，成绩优异，经著名数学家霍普金斯和斯托克斯的指点，很快就掌握了当时先进的数学理论。这为他以后的发展打下了良好的基础。1854 年在剑桥大学毕业后，麦克斯韦曾先后任阿伯丁的马里夏尔学院、伦敦皇家学院和剑桥大学物理学教授。但由于他的口才不行，讲课效果较差。

麦克斯韦在电磁学方面的贡献是总结了库仑、高斯、安培、法拉第、纽曼、汤姆孙等人的研究成果，特别是把法拉第的力线和场的概念用数学方法加以描述、论证、推广和提升，创立了一套完整的电磁场理论。他自己在 1873 年谈论他的巨著《电学和磁学通论》时曾说过：“主要是怀着给（法拉第）的这些概念提供数学方法基础的愿望，我开始写作这部论著”。

1855—1856 年，麦克斯韦发表了关于电磁场的第一篇论文《论法拉第的力线》。在这篇文章中，他把法拉第的力线和不可压缩流体中的流线进行类比，用数学形式——矢量场来描述电磁场，并总结了六个数学公式（有代数式、微分式和积分式）来表示电流、电场、磁场、磁通量以及矢势之间的关系。这是他把法拉第的直观图像数学化的第一次尝试。此后麦克斯韦电磁场理论就是在这个基础上发展起来的。

1860 年麦克斯韦转到伦敦皇家学院任教。一到伦敦，他就带着这篇论文拜访年近古稀的法拉第。法拉第在四年前就看到过这篇论文，会见时对麦克斯韦大加赞赏地说："我不认为自己的学说一定是真理，但你是真正理解它的人。""这是一篇出色的文章，但你不应该停留在用数学来解释我的观点，而应该突破它。"麦克斯韦大受鼓舞，而且后来也确实没有辜负法拉第的期望。

1861 年麦克斯韦对法拉第电磁感应现象进行深入分析时，认为即使没有导体回路，变化的磁场也应在其周围产生电场。他把这种电场称作**感应电场**。有导体回路时，这电场就在回路中产生感应电动势从而激起感应电流。这一假设是对法拉第实验结论的第一个突破。它揭示了变化的磁场和电场相联系。

同年 12 月，在给汤姆孙的信中，麦克斯韦提出了**位移电流**的概念，认为对变化的电磁现象来说，安培定律的电流项中必须加入电场变化率一项才能与电荷守恒无矛盾，这一提法又是一个第一流的独创。它揭示了变化的电场和磁场相联系。

1862 年，麦克斯韦发表了《论物理的力线》一文。这篇论文除了更仔细地阐述位移电流概念（先是电介质中的，再是真空即以太中的）外，主要是提出一种以太管模型来构造法拉第的力线并用以解释排斥、吸引、电流产生磁场、电磁感应等现象。这个模型现在看来比较勉强。麦克斯韦本人此后也再没有使用这样的模型。

1864 年，麦克斯韦发表了《电磁场动力论》。在这篇论文中，他明确地把自己的理论叫作"场的动力理论"，而且定义"电磁场是包含和围绕着处于电或磁的状态之下的一些物体的那一部分空间，它可以充满着某种物质，也可以被抽成真空。"在这一篇论文中他提出一套完整的方程组（共有 20 个方程），并由此方程组导出了电场和磁场相互垂直而且和传播方向相垂直的电磁波。他给出了电磁波的能量密度以及能流密度公式。更奇妙的是，从这一方程组中，他得出了电磁波的传播速度是 $1/\sqrt{\varepsilon\mu}$，在真空中是 $1/\sqrt{\varepsilon_0\mu_0}$，而后者等于电量的电磁单位和静电单位之比，其值是 $3\times10^8\mathrm{m/s}$，正好等于由实验测得的光速（这一巧合，在 1863 年他和詹金研究电磁学单位制时也得到过）。这一结果促使麦克斯韦提出"光是一种按照电磁规律在场内传播的电磁扰动"的结论。这一点在 1868 年他发表的《关于光的电磁理论》中更明确地肯定下来了。20 年后赫兹用实验证实了这个论断。就这样，原来被认为是互相独立的光现象和电磁现象互相联系起来了。这是在牛顿之后人类对自然的认识史上的又一次大综合。

1873 年，麦克斯韦出版了他的关于电磁学研究的总结性论著《电学和磁学通论》。在这本书中他汇集了前人的发现和他自己的独创，对电磁场的规律做了全面系统而严谨的论述，写下了 11 个方程（以矢量形式表示）。他还证明了"唯一性定理"，从而说明了这一方程组是完整而充分地反映了电磁场运动的规律（现代教科书中用四个公式表示的完整方程组是 1890 年赫兹写出的）。就这样，麦克斯韦从法拉第的力线概念出发，经过坚持不懈的研究得到了一套完美的数学理论。这一理论概括了当时已发现的所有电磁现象和光现象的规律。它是在牛顿建立力学理论之后人类思想的又一光辉成就。

《电学和磁学通论》出版后，麦克斯韦即转入筹建卡文迪许实验室的工作并担任了它的第一任主任（该实验室后来出了汤姆孙、卢瑟福等一流的物理学家）。整理卡文迪许遗作的繁重工作耗费了他很大的精力。1879年，年仅48岁的麦克斯韦由于肺结核不治而过早地离开了人间。

除了在电磁学方面的伟大贡献外，麦克斯韦还是分子运动论的奠基人之一。他第一次用概率的数学概念导出了气体分子的速率分布定律。他也用分子的刚性球模型研究了气体分子的碰撞和输运过程。他的关于内摩擦的理论结论和他自己做的实验结果相符，曾有力地支持了分子运动论。

5

第5篇 光 学

第14章

几何光学

几何光学是在光的直线传播定律、光的反射定律和光的折射定律三个实验定律的基础之上建立起来的，是较早建立的关于光的传播规律的学科。

14.1 几何光学基本定律

光的直线传播定律 早在公元前4世纪，《墨经》中就有关于小孔成像的记载：“景到，在午有端，舆景长，说在端。”这说明小孔成的是倒立的像，而且成像的大小和物与小孔的相对位置有关。小孔的直径一般要达到毫米量级。小孔成像的实验如图14-1所示。小孔成像实验说明光在均匀介质中沿直线传播，这就是光的**直线传播定律**

生活中的很多光影现象可以通过光的直线传播定律来说明。例如，夏日晴空万里，我们会在地面上看到自己的影子，影子的形成是由于光线在空气中直线传播，不能透过不透明的人体传播的结果。影子的长度和方向取决于太阳的高度和照射方向，而这些与时间有关。而古代的日晷，就是利用太阳的影子测得时刻的一种计时仪器，又称“日规”。其原理就是利用太阳的投影方向来测定并划分时刻，通常由晷针和晷面组成。利用日晷计时的方法是人类在天文计时领域的重大发明，这项发明被人类沿用达几千年之久。南京理工大学的时间广场就是因为广场中心坐落的日晷而得名（见图14-2）。

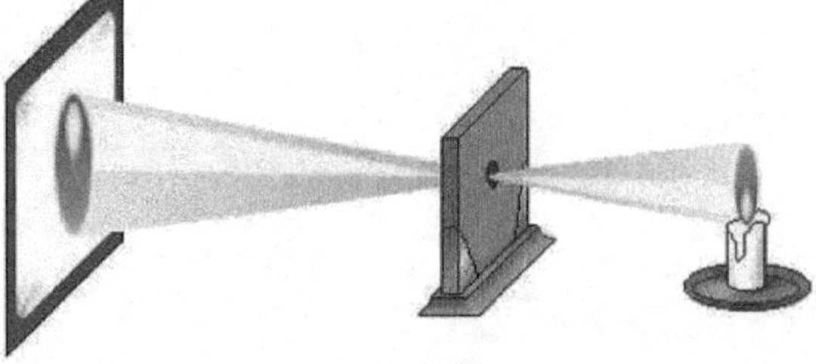

图14-1 小孔成像

图14-2 时间广场上的日晷

日食是光在天体中沿着直线传播的典型例证。当月球运行至太阳与地球之间时，对于地球上部分地区的人们来说，月球位于地球前方，因此来自太阳的部分或全部光线会被月球遮挡住，看起来好像是太阳的一部分或全部消失了，这种天文现象就是日食。月亮运行到太阳和地球之间并不是每次都发生日食，发生日食需要满足两个条件。第一，日食总是发生在朔日（农历初一）。但是因为月球运行的轨道（白道）和太阳运行的轨道（黄道）并不在一个平面上，白道平面和黄道平面有5°9′的夹角，所以也不是所有朔日都会发生日食。第二，如果在朔日，太阳和月球都移到白道和黄道的交点附近，太阳离交点处有一定的角度（日食限），就能发生日食。

光的反射定律　反射现象处处可见，例如古代人们就利用抛光了的铜面做镜子，水面的倒影等。当光线入射到不同介质的表面上时，一部分光线发生反射，返回入射的介质当中；另外一部分发生折射，光线透入折射介质当中。入射光线和反射面的法线所组成的夹角为入射角，反射光线和入射面的夹角为反射角。如图 14-3 所示。

光在两种不同介质界面上的反射遵循**反射定律**。入射光线、反射光线以及反射面的法线三者处在同一平面内，反射角等于入射角。入射光线和反射面的法线所确定的平面称为入射面。如果入射光线沿着反射光线的方向以相同的角度入射向分界面，则反射光线必将沿着原入射光线的方向，即光路是可逆的，这就是光的**可逆性原理**。

反射也有镜面反射和漫反射之分，如图 14-4 所示。当一束平行光入射到光滑而且平整的分界面上时，根据反射定律，反射光束当中的各条光线也是平行光，这种反射就是镜面反射。当一束光线入射到粗糙且不平整的界面时，光束中的每条光线入射到分界面上的各点，在各个点按照反射定律反射，导致各个点的反射光线的方向各不相同，这种反射称之为漫反射。我们从各个方向上都能观察到物体，就是因为物体的粗糙表面光线有漫反射的作用。

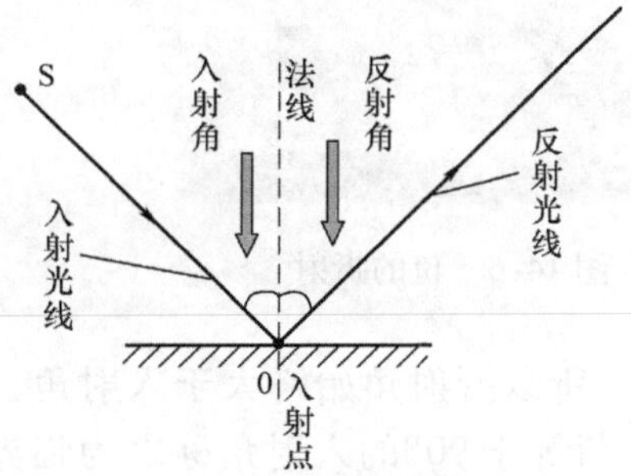

图 14-3　反射定律

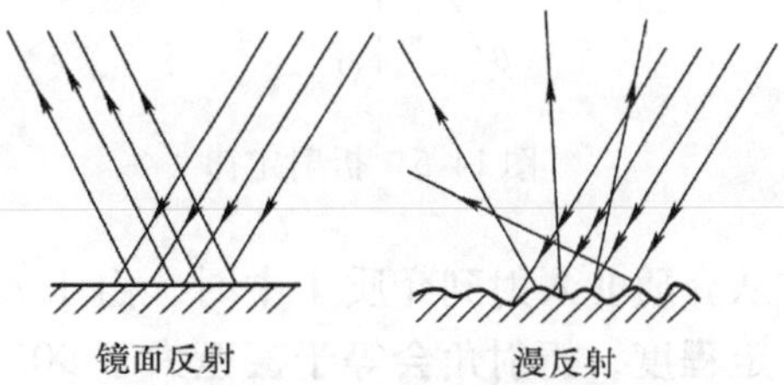

图 14-4　镜面反射和漫反射

光的折射定律　从水面上方看水中的筷子发生偏折，渔民插鱼的时候要插向鱼的下方，这些生活中的现象都和光的折射有关。光在同一种均匀介质中沿着直线传播，但是如果传播的过程中遇到不同的介质的分界面，就会发生光的折射现象。光在折射过程中遵循折射定律，折射的规律和介质的折射率有关。一种介质相对于真空的折射率称之为绝对折射率，等于光在真空中的传播速率和在介质中传播速率的比值。即

$$n = \frac{c}{v} \tag{14-1}$$

表 14-1 给出了几种常见介质的折射率。

表 14-1　几种常见介质的折射率

介质	折射率	介质	折射率
金刚石	2.42	水	1.33
玻璃	1.50～1.75	酒精	1.36
水晶	1.54～1.56	乙醚	1.35
岩盐	1.54	水蒸气	1.026
冰	1.31	空气	1.0003

如图14-5所示，光线OA入射到介质Ⅰ和介质Ⅱ的分界面O点，PQ为分界面的法线，折射光线为OB，入射光线与面法线之间的夹角为i，折射光线和面法线之间的夹角为折射角γ。如果介质Ⅰ和介质Ⅱ的折射率分别为n_1和n_2入射角和折射角之间的关系满足（假设$n_2>n_1$）

$$\frac{\sin i}{\sin\gamma}=\frac{n_2}{n_1} \tag{14-2}$$

由于$n_2>n_1$，所以折射角γ要小于入射角i，介质Ⅰ称为光疏介质，介质Ⅱ称之为光密介质。

当然，根据光的可逆性原理，当光从介质Ⅱ入射到介质Ⅰ中时，也会发生折射现象，仍然满足式（14-2)，不同的是入射角变为γ，折射角变为i。而当人们用目光去观察的时候，认为光是沿着接收光线的直线方向而来，这样就认为物体位于实际物体的上方，而实际观察到的只是物体的像。例如用钢叉鱼，用力的位置应该是在看到的鱼的下方，因为光的折射，人眼看到的是鱼的像（见图14-6)。

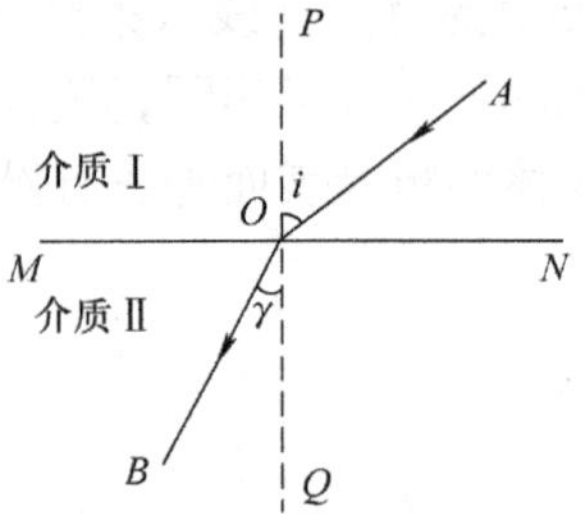

图14-5　折射定律

图14-6　鱼的折射

当光从介质Ⅱ入射到介质Ⅰ中时，由于$n_2>n_1$，所以折射角始终大于入射角，当入射角大到一定程度，折射角会等于甚至大于90°，折射角等于90°的入射角称之为临界角，用i_c来表示。按照折射定律，则有

$$\sin i_c=\frac{n_1}{n_2} \tag{14-3}$$

实际上，这时折射光线并不存在，入射光线被100%反射，发生**全反射现象**。

光导纤维中光信号的传播所利用的就是光的全反射原理。如图14-7所示，光纤由内部的纤芯和外部包层组成。纤芯是折射率较高的玻璃纤维丝，而外部的包层折射率较低。如图所示，光线入射到纤芯和包层的分界面上时，入射角大于临界角而发生全反射，由于每次反射都是从折射率大的介质向折射率小的介质入射，所以每次发生的都是全反射，这样就可以有效地传播光信号。

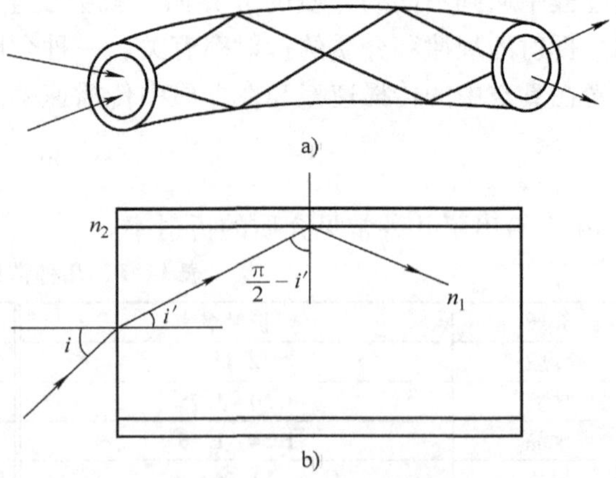

图14-7　光纤中光的全反射

14.2 球面反射和折射

当光线遇到两种折射率不同的透明介质所形成的球形分界面上时，会在球形分界面上发生反射和折射。首先考虑的是光线发生一次反射和折射后的规律，这种情形也称为光在单球面上的反射和折射。

发光物点与界面球心的连线称为主光轴，在主光轴附近并与主光轴夹角很小的光线，称为近轴光线，或**傍轴光线**。球面反射和折射的规律比较复杂，我们只讨论傍轴光线的球面反射和折射。

有一定关系的光线集合称为光束。从一点发出的光线形成的光束，称为同心光束，或单心光束，如图 14-8 所示。

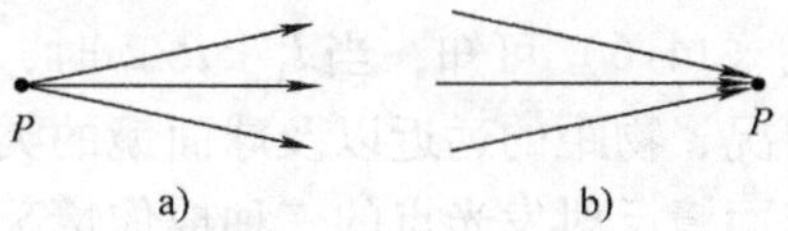

图 14-8 同心光束
a）发散同心光束 b）会聚同心光束

若光束经光学系统反射或折射后，变成会聚于一点的光束，或者光束本身虽然不会聚于一点，但光线的延长线相交于一点，这种反射或折射之后的光束也称同心光束。光线本身不会聚于一点，其延长线也不相交于一点的光束，称为像散光束。由物点发出的光束，经光学系统后仍为同心光束，则这个经过光学系统后的光束的心，称为光学系统对该物点所成的像点。如果经光学系统后光线本身通过光束心，则该光束心是物点的实像；如果经光学系统后光线延长线相交于一点，则该点是物点的虚像。在近轴光线的情况下，由物点发出的同心光束，经单球面折射后仍为同心光束，即对应于一个物点可获得一个像点。

球面反射 在中学的学习告诉我们，当反射面是一个平面时，由于反射所成的像是与物体大小相等关于平面对称的虚像，但是当反射面是规则球面的话，就要重新讨论。

根据球反射面的不同，可以把反射镜分为凸面镜和凹面镜。采用球内表面发生反射和折射的反射镜称为凹面镜；反之，利用球外表面进行反射和折射的称为凸面镜。下面以凹面镜为例，研究球面反射规律。

如图 14-9 所示，球面的中心点 C（顶点）和球面的球心（曲率中心）O 的连线是整个光学系统的对称轴，称为主光轴。球面的半径为 R。发光物点 P 在主光轴上。P 点发出一条光线入射到镜面上的 B 点，在 B 点发生反射。入射角为 i，反射角为 i'，反射光线与主光轴相交于点 P'。可以证明，通过 P 点发出的其他光线也通过 P'点，可知 P'是点 P 的像。物点 P 到镜顶 C 的距离 $PC=l_1$，称为物距，像点 P'到顶点 C 的距离 $P'C=l_2$，称为像距。入射光线 PB 与主光轴之间的夹角为 α，OB 与主光轴之间的夹角为 φ，反射光线 $P'B$ 与主光轴之间的夹角为β，反射点 B 距主光轴的高度为 h，由几何关系可知 $\varphi=\alpha+i$，$\beta=\varphi+i'$，因为入射角 i 和反射角 i'相等，所以可以得到 α 和 β 之间的关系为

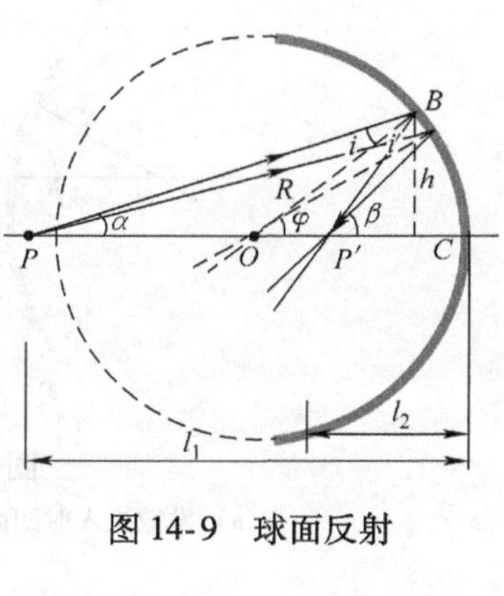

图 14-9 球面反射

$$\alpha+\beta=2\varphi \tag{14-4}$$

由图可知，B 点距光轴的高度为 h，在傍轴条件下，可以得到如下近似关系：

$$\begin{cases}\alpha \approx \tan\alpha \approx \dfrac{h}{l_1} \\ \beta \approx \tan\beta \approx \dfrac{h}{l_2} \\ \varphi \approx \tan\varphi \approx \dfrac{h}{R}\end{cases} \tag{14-5}$$

将关系式（14-5）代入式（14-4）就可得到球面镜发射的物像关系

$$\frac{1}{l_1} + \frac{1}{l_2} = \frac{2}{R} \tag{14-6}$$

由式（14-6）可知，当 $l_1 < R/2$ 时，$l_2 < 0$，这时球面反射成虚像。事实上，由于入射光发散情况、物距的远近以及球面镜的类型不同，球面反射成像的结果也不相同。图 14-10 给出了球面镜反射发光点的三种成像情况。还有其他情况并未一一列出。由此可以看出球面镜成像情况较为复杂，为了统一公式，需对式（14-6）中的物理量的正负做出规定。对物点来讲，物点 P 在镜前时，物距为正；物点 P 在镜后时，物距为负。对像点而言，像点在镜前时，像距为正；像点在镜后时，像距为负。凹面镜的曲率半径 R 取正，凸面镜的曲率半径 R 取负。

物点 P 在主光轴上离球面镜无穷远（$l_1 \to \infty$）时，入射光线可看作傍轴平行光线，该物点的像点称为球面镜的焦点，球面镜顶点到焦点的距离即为此球面镜的焦距。由式（14-6）可知，当 $l_1 \to \infty$ 时，$l_2 = \dfrac{R}{2}$。所以此时球面镜的焦距为

$$f = \frac{R}{2} \tag{14-7}$$

$$\frac{1}{l_1} + \frac{1}{l_2} = \frac{1}{f} \tag{14-8}$$

对于凹面镜，R 取正，则 f 取正，与实焦点相对应；对于凸面镜，R 取负，则 f 取负，与虚焦点相对应。

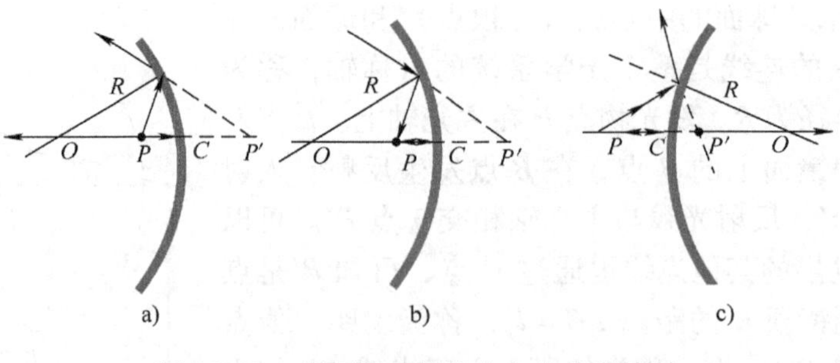

图 14-10　球面镜反射发光点的几种情况

a）发散光入射凹面镜，$l_1 < R/2$，成虚像　b）会聚光入射凹面镜，P 为虚物

c）发散光入射凸面镜，总是成虚像

球面镜成像的作图法　对于傍轴的物体可用作图法确定其像的大小和位置。用作图法确定球面镜成像主要确定三条光线。第一条光线选择与主光轴平行的傍轴光线，经球面反射后

通过焦点 F（或其反向延长线通过焦点）；第二条光线应该选择通过焦点的入射光线，其经球面反射后，它的反射光线必与主光轴平行；第三条选择通过球面的曲率中心 O 的入射光线，经球面镜反射后，仍沿原光路返回。选择三条光线中的任意两条，在傍轴或近轴条件下，即可确定物体的像。如图 14-11 所示，物体 AP 处于光轴上，选择上述三条光线中的任意两条，例如平行于光轴的入射光，经过镜面反射后经过焦点 F，而经过焦点的入射光，反射之后与主光轴平行，两条反射光相交于 A'，P 点在主光轴上，发出的光原路返回，由图可见，则 $A'Q$ 即为物体 AP 的像。

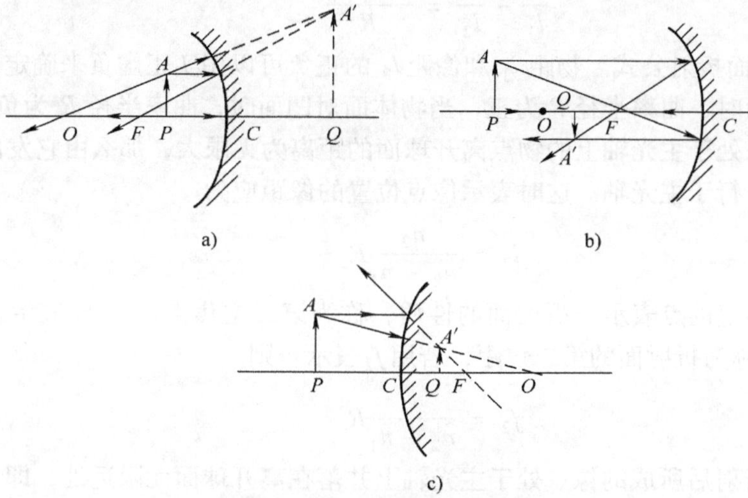

图 14-11　球面镜反射成像作图法

a）凹面镜成正立放大虚像　b）凹面镜成倒立缩小实像　c）凸面镜成正立缩小虚像

球面折射公式　当光入射到两种不同介质的分界面，且分界面为球面时，需要重新分析折射规律。如图 14-12 所示，球 O 是一个折射率为 n_2 的规则介质球，球外部的折射率为 n_1。介质球的球心为 O，球面的顶点为 C，OC 为光轴。发光物点 P 位于主光轴上，P 点发出的光线入射到介质球上 B 点，入射角为 i。B 点的法线方向与光轴之间的夹角为 φ，到光轴的高度为 h。光线 PB 在 n_1 中与光轴之间的夹角为 α，在介质球中的折射角为 γ，折射光线与光轴之间的夹角为 β，与光轴交于 P' 点。P' 点即为发光物点 P 的像点。PC 是物点到球面顶点的距离，称为物距，用 l_1 表示。$P'C$ 是像点到球面顶点的距离，称为像距，用 l_2 表示。由折射定律可知

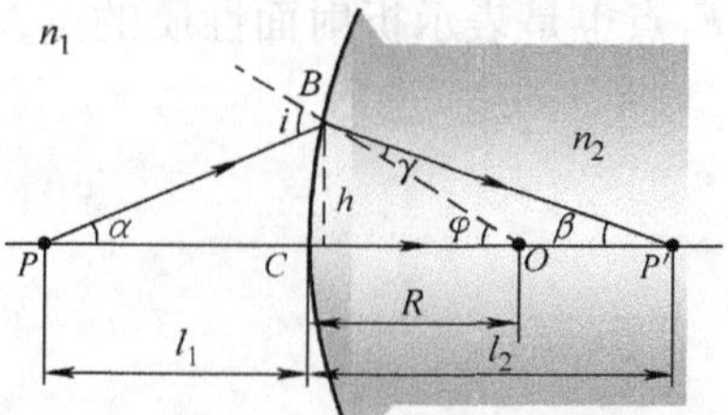

图 14-12　球面折射光路

$$n_1 \sin i = n_2 \sin\gamma \tag{14-9}$$

在傍轴的条件下，有 $\sin i \sim i$，$\sin\gamma \sim \gamma$，可得

$$n_1 i = n_2 \gamma \tag{14-10}$$

由几何关系可知 $i = \alpha + \varphi$，同时 $\varphi = \gamma + \beta$，所以可以得到

$$n_1 \alpha + n_2 \beta = (n_2 - n_1)\varphi \tag{14-11}$$

考虑在傍轴条件下，α、β、φ 角都较小，入射点 B 到主光轴的垂直距离为 h，因此有

$$\alpha \approx \tan\alpha \approx \frac{h}{l_1} \tag{14-12}$$

$$\beta \approx \tan\beta \approx \frac{h}{l_2} \tag{14-13}$$

$$\varphi \approx \tan\varphi \approx \frac{h}{R} \tag{14-14}$$

将式（14-12）~式(14-14）代入式（14-11），可得

$$\frac{n_1}{l_1} + \frac{n_2}{l_2} = \frac{n_2 - n_1}{R} \tag{14-15}$$

式（14-15）就是球面折射公式。物距 l_1 和像距 l_2 的正负可以用实正虚负来确定。而对 R 而言，当物体面对凸面时，曲率半径 R 为正；当物体面对凹面时，曲率半径 R 为负。

高斯公式 如果处于主光轴上的物点离开球面的距离为无限大，那么由它发出而投射到球面上的光线必定平行于主光轴。这时表示像点位置的像距应为

$$l_2 = \frac{n_2}{n_2 - n_1}R \tag{14-16}$$

这时距离 l_2所确定的点表示了折射面的性质，称为第二主焦点，用 F_2表示。由球面顶点 C 到 F_2的距离，称为折射面的第二焦距，若用f_2表示。则

$$f_2 = \frac{n_2}{n_2 - n_1}R \tag{14-17}$$

如果要使光线折射后所成的像点处于主光轴上并落在离开球面无限远处，即 $l_2 = \infty$，则物点必须放置在主光轴的 F_1点上，而球面顶点 C 到 F_1的距离可以表示为

$$l_1 = \frac{n_1}{n_2 - n_1}R \tag{14-18}$$

F_1点也是表示折射面性质的点，称为第一主焦点，而f_1 称为折射面的第一焦距。即

$$f_1 = \frac{n_1}{n_2 - n_1}R \tag{14-19}$$

所以

$$\frac{f_2}{f_1} = \frac{n_2}{n_1} \tag{14-20}$$

折射面的焦距决定于两种介质的折射率和界面的曲率半径。焦点有实焦点和虚焦点之分。实焦点是平行光线经折射后相交的一点；虚焦点是平行光线经折射后并不相交，而其延长线相交的一点。通过第一主焦点 F_1所作的垂直于主光轴的平面，称为第一主焦面；通过第二主焦点 F_2所作的垂直于主光轴的平面，称为第二主焦面。如果近轴的平行光线并不平行于主光轴，则经球面折射后焦点并不处于主焦点上，但总处于主焦面上。

将式（14-17)、式（14-19）代入式（14-15）可以得到

$$\frac{f_2}{l_2} + \frac{f_1}{l_1} = 1 \tag{14-21}$$

即高斯公式，与近轴光线的球面折射公式完全等效。

球面折射的横向放大率 在研究球面折射成像的问题时，不仅要考虑像的位置，还要考虑像的大小。通常采用像的高度与物的高度比值来反映成像大小的规律。这个比值称之为球

面反射成像**横向放大率**。**横向放大率**是联系物高与像高的一个重要物理量。

如图14-13所示，折射率为n_2的球面处于介质n_1之中。物体PQ位于主光轴上竖直放置，高为h_1，物距为l_1。经球面折射后的像$P'Q'$，高为h_2，像距为l_2。从Q点发出的光线QC经球面顶点C折射后沿CQ'方向折射。假设入射角为i，折射角为γ，则根据折射定律，有

$$n_1 \sin i = n_2 \sin\gamma \tag{14-22}$$

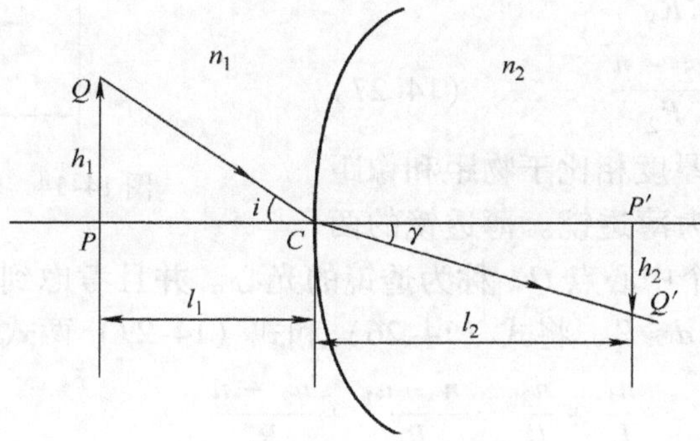

图14-13 球面折射成像的放大率

在傍轴的条件下$\sin i \sim \tan i$，$\sin\gamma \sim \tan\gamma$，所以

$$n_1 \tan i = n_2 \tan\gamma \tag{14-23}$$

由图中几何关系可以看出$\tan i = \dfrac{h_1}{l_1}$，$\tan\gamma = \dfrac{h_2}{l_2}$，代入式（14-23）可得

$$\frac{n_1 h_1}{l_1} = \frac{n_2 h_2}{l_2} \tag{14-24}$$

所以，球面折射成像的横向放大率为

$$m = \frac{h_2}{h_1} = \frac{n_1 l_2}{n_2 l_1} \tag{14-25}$$

显然，当$|m|>1$时，球面折射成放大的像；当$|m|<1$时，球面折射成缩小的像。

14.3 薄透镜

薄透镜是日常生活中较为常见的光学仪器。照相机以及望远镜的镜头就是由薄透镜的组合而制作的。老花镜和近视镜也是如此。天文上的望远镜和医学生物领域里采用的显微镜也都是根据不同的放大要求采用的透镜组制作而成。透镜由透明介质加工制作而成，例如常见的玻璃透镜和树脂材料透镜。因透镜要实现的目的不同，其形状也不同，种类也就不同。中间厚边缘薄的透镜称为凸透镜，中间薄边缘厚的透镜称为凹透镜。下面以薄凸透镜为例介绍薄透镜的成像公式。

薄凸透镜成像公式 如图14-14所示，薄凸透镜由两个球面镜组合而成，可以看成是由曲率半径分别为R_1、R_2的两个单折射球面Σ_1和Σ_2组成的共轴球面光学系统。透镜两侧的折射率分别为n_1、n_2，透镜的折射率为n，球面Σ_1的顶点为C_1，球面Σ_2的顶点为C_2。透镜中心的厚度为$d=\overline{C_1C_2}$。由发光物点P发出的光束在傍轴条件下先后穿过Σ_1、Σ_2分两次

折射后成像于 Q 点。光线在左边球面 Σ_1 折射的物距和像距分别为 l_1 和 l'_1。在右边球面 Σ_2 折射的物距和像距分别为 l_2 和 l'_2，注意，球面 Σ_2 折射的物为虚物，其中 l_2 应取负值。

Σ_1 和 Σ_2 球面成像的物距公式分别为

$$\frac{n_1}{l_1}+\frac{n}{l'_1}=\frac{n-n_1}{R_1} \tag{14-26}$$

$$\frac{n}{l_2}+\frac{n_2}{l'_2}=\frac{n_2-n}{R_2} \tag{14-27}$$

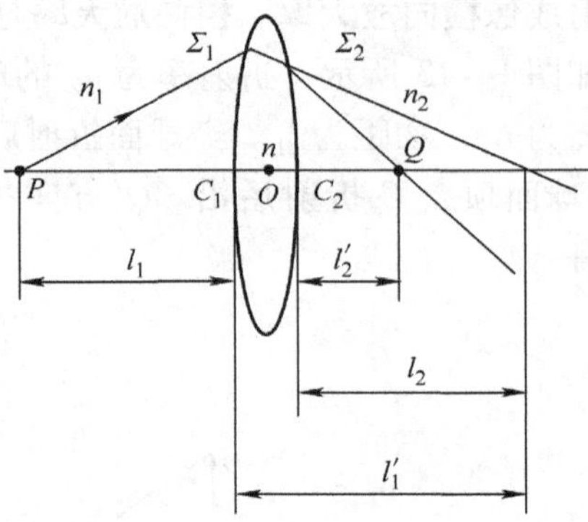

图 14-14 薄透镜折射

当 $d\to0$，即透镜的中心厚度相比于物距和像距都很小时，此透镜系统可称为薄透镜。薄透镜的两个顶点 C_1 和 C_2 合并成为一个中心点 O，称为透镜的光心。并且考虑到 Σ_2 的镜面折射时物距 l_2 取负值，所以 $-l_2=l'_1-d\approx l'_1$，将式（14-26）和式（14-27）两式相加，可得

$$\frac{n_1}{l_1}+\frac{n_2}{l'_2}=\frac{n-n_1}{R_1}+\frac{n_2-n}{R_2} \tag{14-28}$$

若 $l_1\to\infty$，即光来自无限远处，则

$$f_2=l'_2=\frac{n_2}{\dfrac{n-n_1}{R_1}+\dfrac{n_2-n}{R_2}} \tag{14-29}$$

此时折射光线光轴的交点就是透镜的像方焦点。若 $l'_2\to\infty$，即出射光是平行光，这时

$$f_1=l_1=\frac{n_1}{\dfrac{n-n_1}{R_1}+\dfrac{n_2-n}{R_2}} \tag{14-30}$$

此时发光物点 P 所处的位置就是透镜的物方焦点。所以**透镜焦点**的定义为一束平行于主光轴的平行光，经薄透镜折射后的会聚点或折射线反向延长线的会聚点，其位于光轴上。f_1、f_2 是焦点到透镜光心的距离，称为透镜的**焦距**。将 f_1、f_2 代入式（14-28）中得到

$$\frac{f_1}{l_1}+\frac{f_2}{l'_2}=1 \tag{14-31}$$

假设透镜处于空气或真空当中，$n_1=n_2=1$，则透镜两边有相同的焦距，即

$$f_1=f_2=\frac{1}{(n-1)\left(\dfrac{1}{R_1}-\dfrac{1}{R_2}\right)}=f \tag{14-32}$$

$$\frac{1}{l_1}+\frac{1}{l'_2}=\frac{1}{f} \tag{14-33}$$

l_1 为物距，用 u 来表示，l'_2 为像距，用 v 来表示，可得

$$\frac{1}{u}+\frac{1}{v}=\frac{1}{f} \tag{14-34}$$

即为常见的薄透镜成像公式。当透镜的折射率 $n>1$ 时，$\dfrac{1}{R_1}-\dfrac{1}{R_2}>0$，$f>0$ 为凸透镜的焦距。式（14-34）同样适用于薄凹透镜，但是对于薄凹透镜，$\dfrac{1}{R_1}-\dfrac{1}{R_2}<0$，所以薄凹透镜的焦距

$$f = \frac{1}{(n-1)\left(\frac{1}{R_1} - \frac{1}{R_2}\right)} < 0$$

即凹透镜的焦点为虚焦点。

薄透镜成像作图法　除了通过透镜成像公式来确定薄透镜的物像关系之外，物像关系同样可以采用作图法获得。在采用作图法确定透镜物像关系之前，首先要确定几条特殊光线。若薄透镜两边物像方的折射率相等，则直接通过透镜光心的光线将不改变方向。这些直接通过主光轴而不改变方向的光线称为副光轴。副光轴可以作为确定物像关系的第一条首选光线。平行于主光轴的光线经过透镜折射之后经过像方焦点。从物方焦点出射的光线经过透镜的折射之后与主光轴平行。与副光轴平行的光线经过透镜折射后经过副光轴与焦平面的交点。图 14-15 显示了采用作图法研究在空气中薄透镜中成像的几种情况。

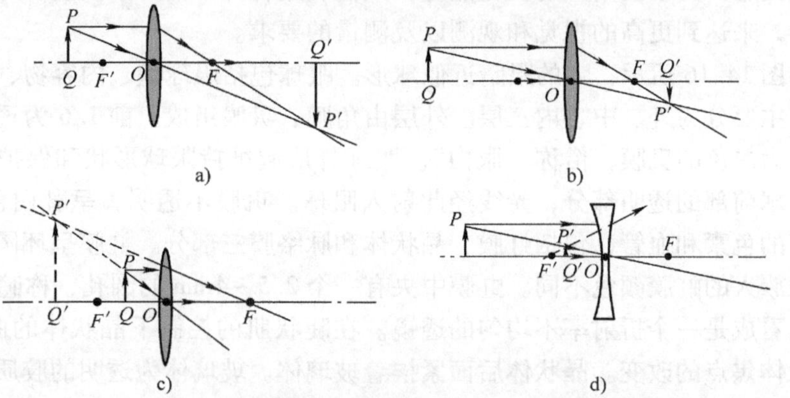

图 14-15　薄透镜成像的作图法

a）位于 1 倍焦距外 2 倍焦距内的物体成倒立放大的实像　b）位于 2 倍焦距外的物体成倒立缩小的实像
c）位于 1 倍焦距内的物体成正立的放大的虚像　d）凹透镜成虚像

薄透镜成像的横向放大率　由前面的讨论可知，薄透镜成像可以看成是两次球面折射成像的结果，如图 14-14 所示。由式（14-25）可知，第一次，经球面 Σ_1 折射的横向放大率为

$$m_1 = \frac{n_1 l_1'}{n l_1} \tag{14-35}$$

第二次，经球面 Σ_2 折射的横向放大率为

$$m_2 = \frac{n l_2'}{n_2 l_2} \tag{14-36}$$

薄透镜的放大率 $m = m_1 m_2$，将 m_1、m_2 代入可得

$$m = m_1 m_2 = \frac{n_1 l_1'}{n l_1} \cdot \frac{n l_2'}{n_2 l_2} = \frac{n_1 l_2'}{n_2 l_1} = \frac{n_1 v}{n_2 u} \tag{14-37}$$

这就是薄透镜的横向放大率，其中 u 是物体的物距，v 是像距。n_1 和 n_2 分别是薄透镜两边的介质的折射率，当薄透镜处于空气当中时，$n_1 = n_2 = 1$，或者薄透镜处于同一种介质当中时，薄透镜的放大率可以表示为

$$m = \frac{v}{u} \tag{14-38}$$

即薄透镜的横向放大率等于像距和物距之比。

14.4 几种光学仪器

根据平面镜、球面镜和薄透镜等基本光学器件的成像规律，人们设计出了很多种不同性质和用途的光学仪器，这些光学在一定程度上拓宽了人类的视野。下面简单介绍几种和日常生活密切相关的光学仪器的基本工作原理。

眼睛和眼镜 人类的感觉由视觉、听觉、嗅觉等组成。人类从客观世界获得的信息90%来自于视觉，而且人类大脑中80%的知识和记忆也都是通过眼睛获得的。人眼就是一个天然设计的精巧复杂的光学仪器。但是由于生理本身的局限，导致人眼在观察更深远更细微的物体时遇到困难。为了提高人的视觉能力，人们利用各种不同的平面镜、球面镜、透镜等组成光学仪器，来达到更高的视觉和观测以及测量的要求。

人眼 如图14-16所示，人的眼睛近似球形。眼球包括眼球壁、内容物、神经、血管等组织。眼球壁主要分为外、中、内三层。外层由角膜、巩膜组成。前1/6为透明的角膜，靠后的其余5/6为白色的巩膜，俗称“眼白”。眼球外层起维持眼球形状和保护眼内组织的作用。角膜是眼球前部的透明部分，光线经此射入眼球。巩膜不透明，呈乳白色，质地坚韧。中层具有丰富的色素和血管，包括虹膜、晶状体和脉络膜三部分。虹膜呈环圆形，位于晶状体前，不同种族人的虹膜颜色不同。虹膜中央有一个2.5~4mm的圆孔，称瞳孔。虹膜后方的晶状体可以看成是一个折射率不均匀的透镜。在睫状肌的控制下晶状体的曲率可以改变，这将引起晶状体焦点的改变。晶状体后面紧挨着玻璃体。玻璃体为透明的胶质体，主要成分为水。玻璃体有屈光作用，也起支撑视网膜的作用。睫状体前接虹膜根部，后接脉络膜，外侧为巩膜，内侧则通过悬韧带与晶状体相连。脉络膜位于巩膜和视网膜之间。脉络膜的血循环营养视网膜外层，其含有的丰富色素起遮光暗房作用。内层为视网膜，是一层透明的膜，也是视觉形成的神经信息传递的最敏锐的区域。视网膜所得到的视觉信息，经视神经传送到大脑。

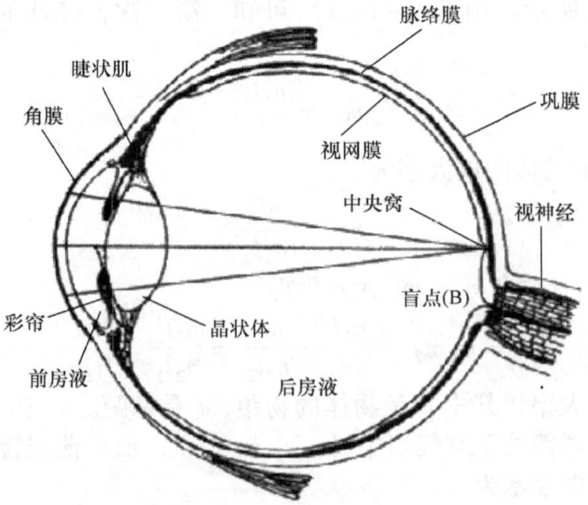

图14-16 眼球的结构

正常眼睛在一定范围内，既可以看远又可以看近，是因为人眼具有调节作用。在人眼中，晶状体到视网膜的距离基本不变，如果把晶状体看成透镜，可以认为透镜的像距是基本不变的。由于睫状体伸缩、晶状体本身的弹性作用使晶状体凸厚和拉长，使远近不同距离的物体都能够清晰地在视网膜上成像，这种作用称为调节。在照明条件较好，且物体距离眼睛25cm时，正常眼睛观察起来最舒适，这个距离称之为明视距离。

正视眼：当眼调节静止时，5m以外的平行光线经过眼的屈光系统屈折后，焦点在视网膜黄斑中心凹上，这种屈光状态为正视眼。当眼调节静止时，5m以外的平行光线经过眼的屈光系统屈折后，焦点不能在视网膜黄斑中心凹上，这种屈光状态为屈光不正。屈光不正又分为远视和近视。

眼镜 人们（特别是青少年）由于户外运动的减少或者近距离工作的加重，往往导致眼轴延长，近视眼的眼球过长，当睫状肌完全松弛时，无穷远的物体成像在视网膜的前方，它的远点（不用调节力所能看清的最远点）在有限远的位置，而远处的物体则模糊不清。可以用凹透镜来矫正近视眼。相对而言，远视眼或称老花眼，是由于眼轴过短，远处的物体的成像在视网膜的后方，也就是远视眼。远视眼可以用凸透镜或者老花镜来进行纠正。图14-17显示了正常眼球和近视以及远视的矫正方法。

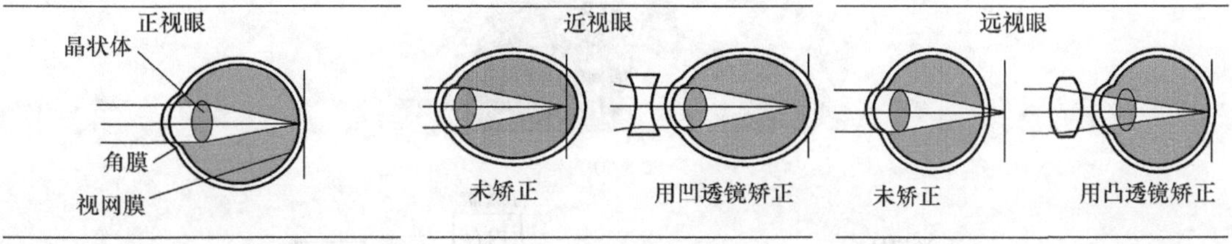

图14-17 正常眼球和近视以及远视的矫正

照相机

照相机在生活中随处可见，是我们非常熟悉的光学仪器。它可以记录人们日常生活、工作、学习中的各个时刻的精彩瞬间，使记忆永久保存。照相机一般由镜头、光圈、快门、暗箱和感光元件（老式照相机采用感光胶片，现在用CCD代替）等几个重要部分组成。照相机的镜头就是一个凸透镜组，被拍摄物体位于透镜组前两倍焦距以外，在底片位置成倒立缩小的像，由感光胶片记录下物体的像，如图14-18所示。许多照相机的镜头都是由多个组透镜组合而成，因此在拍摄过程中可以调焦。拍摄过程中透镜组的焦距选择得越短，视角越大，拍摄范围越大，反之，透镜的焦距选择得越长，视角越小，拍摄范围也越小。照相机的光圈就是孔径可调的光阑，是位于镜头后或镜头的透镜组之间的通光孔，选择不同的通光孔径，可以改变入射到感光底片上光的强度。快门是控制光进入镜头时间长短的装置，它和光圈配合使用可以调节感光片的曝光量。暗箱是照相机的机身部分，感光片放在暗箱里，在快门没打开前不会受到任何光强。

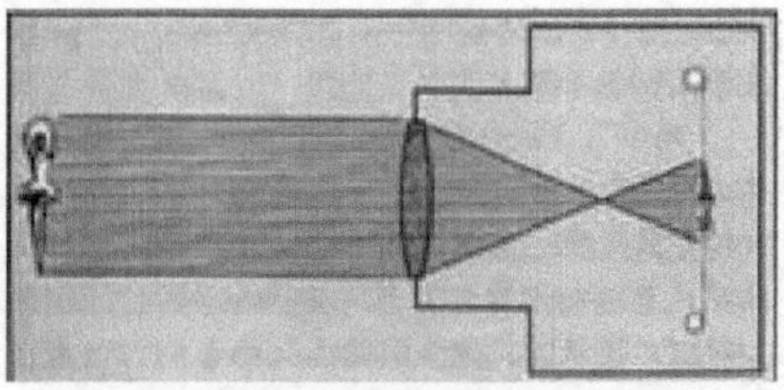

图14-18 照相机的镜头

数码相机（见图14-19）的镜头和普通相机一样，但是感光元件采用的是光电荷耦合器件（Charge Couple Device，CCD），除此之外还包括 A/D（模/数转换器）、MPU（微处理器）、内置存储器、LCD（液晶显示器）、PC 卡（可移动存储器）和接口（计算机接口、电视机接口）等部分，通常它们都安装在数码相机的内部，当然也有一些数码相机的液晶显示器与相机机身分离。数码相机中只有镜头的作用与普通相机相同，它将光线会聚到感光器件 CCD（电荷耦合器件）上，CCD 是半导体器件，它代替了普通相机中胶卷的位置，它的功能是把光信号转变为电信号。这样，我们就得到了对应于拍摄景物的电子图像，但是它还不能马上被送去计算机处理，还需要按照计算机的要求进行从模拟信号到数字信号的转换，ADC（模数转换器）器件用来执行这项工作。接下来 MPU（微处理器）对数字信号进行压缩并转化为特定的图像格式，例如 JPEG 格式。最后，图像文件被存储在内置存储器中。至此，数码相机的主要工作已经完成，剩下要做的是通过 LCD（液晶显示器）查看拍摄到的照片。有一些数码相机为扩大存储容量而使用可移动存储器，还提供了连接到计算机和电视机的接口。

a)

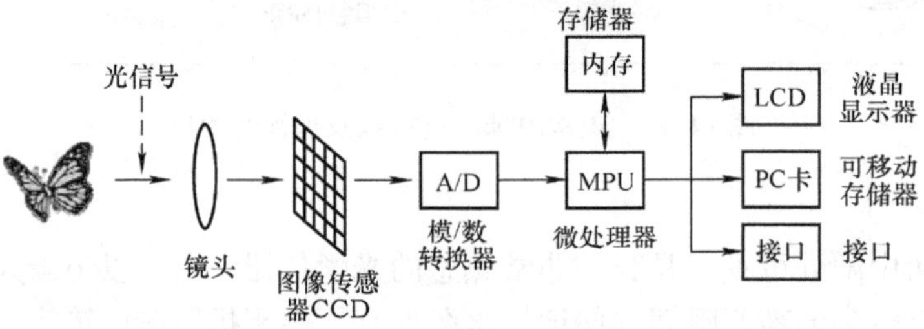

b)

图 14-19 数码相机

a）数码相机的外观 b）数码相机的主要结构组成

本 章 提 要

几何光学三个定律 光的直线传播定律、光的反射定律、光的折射定律。

球面反射公式 $\frac{1}{l_1}+\frac{1}{l_2}=\frac{1}{f}$

球面折射公式 $\frac{n_1}{l_1}+\frac{n_2}{l_2}=\frac{n_2-n_1}{R}$

高斯公式 $\frac{f_2}{l_2}+\frac{f_1}{l_1}=1$

薄透镜成像公式　$\frac{1}{u}+\frac{1}{v}=\frac{1}{f}$

习　题

14-1　在空气中频率为 5×10^{14}Hz 的单色光进入某种透明介质后波长变为400nm，问此介质的折射率是多少？光在此介质内的频率是多少？

14-2　在充满水的容器底部放一平面镜，人在水面上看自己的像，设人眼高出水面 $h_1=5$cm，镜在水面下深 $h_2=-8$cm。问人眼与像的距离为多少？

14-3　半径为 R 的半圆柱形介质截面如题14-3图所示，O 为圆心，AB 为直径，Q 是半圆上的一点，QO 垂直于 AB。相互平行的同种单色光 a 和 b，从不同位置进入介质，光线 a 沿直线射向 O 点，在 O 点恰好发生全反射，光线 b 从 Q 点射向介质，入射角为45°，b 光经介质折射后，与 a 的反射光 OO' 交于某一点 P，则 P 到 AB 的垂直距离为多少？

14-4　如题14-4图所示，光导纤维是利用全反射传导光信号的装置。纤维内芯材料的折射率为 n_1，外层材料的折射率为 n_2。试问入射角 i 在什么范围内的光线才可在纤维内传递？

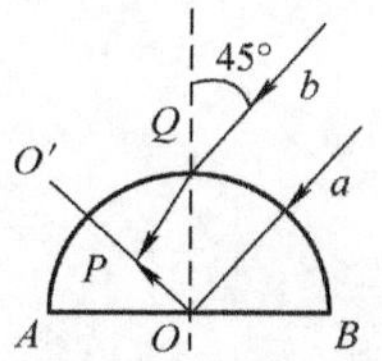

题14-3图

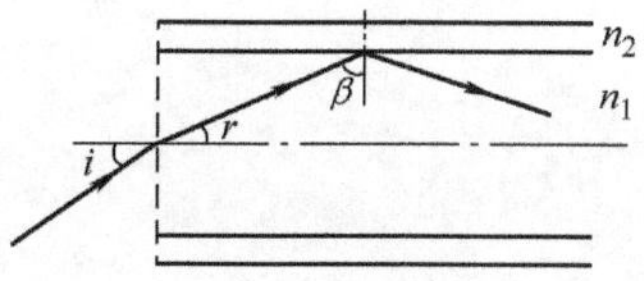

题14-4图

14-5　一凹球面镜，曲率半径为40cm，一小物体放在离镜面顶点10cm处。试作图表示像的位置、虚实和正倒，并计算出像的位置。

14-6　如题14-6图所示，在水平放置的凹面镜中盛少许水（水的折射率为4/3，深度不计），一物点 P 置于凹面镜正上方，在与镜相距54cm和36cm处可分别得到实像。求凹面镜的曲率半径 r 及物点与镜的距离 l。

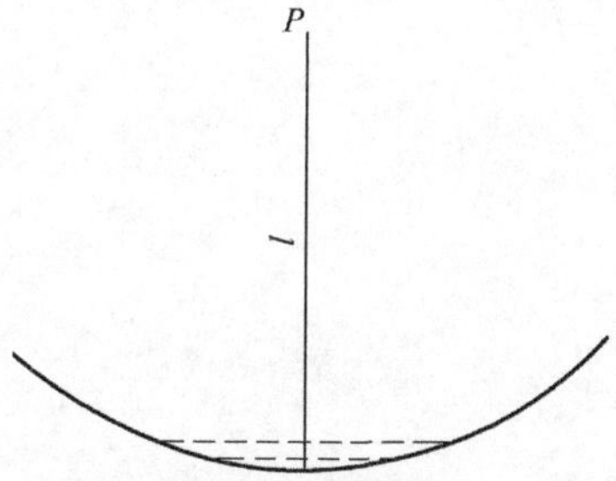

题14-6图

14-7　将一物置于长柱形玻璃的凸球面前25cm处，设这个凸球面曲率半径为5cm，玻璃前的折射率 $n=1.5$，玻璃前的介质是空气，求像的位置，是实像还是虚像？试给出折射面的焦距。

14-8　有一放在空气中的玻璃棒，折射率 $n=1.5$，中心轴线长 $L=45$cm，一端是半径为 $R_1=10$cm 的凸球面。要使玻璃棒的作用相当于一架理想的天文望远镜（使主轴上无穷远处物体成像于主轴上无穷远处的望远系统），取中心轴线为主光轴，玻璃棒另一端应磨成什么样的球面？

14-9　一双凸薄透镜的两表面半径均为5cm，透镜材料的折射率 $n=1.5$，求该透镜位于空气中的焦距。

14-10　凸透镜焦距为8cm，在它的前方16cm处有一小线状物，在它的后方10cm共轴放置一个焦距为3cm的凹透镜，计算像的位置及放大率。

14-11　凸透镜 L_1 和凹透镜 L_2 的焦距分别为20cm和40cm，L_2 在 L_1 右侧40cm处。在 L_1 左边30cm处放置某物体，求经过透镜组后所成的像的位置和放大率。

14-12　某同学按下面的方法测定凹透镜的焦距：首先让凸透镜和凹透镜共轴放置，在凸透镜前面（在主轴上）放一小物，小物发出的光先经凸透镜再经凹透镜成像，移动屏幕到凹透镜后面20cm的 S_1 处，屏上有清晰的像，如题14-12图所示。现将凹透镜撤去，将屏幕往凸透镜移动5cm至S_2，屏上重新有清晰的像。求凹透镜的焦距。

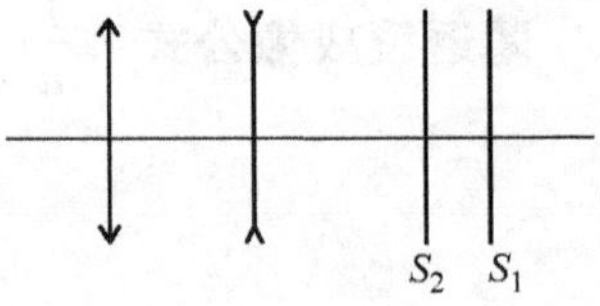

题14-12图

14-13 简单放大镜的焦距为10cm，试问：欲在明视距离处观察到像，物体应放在放大镜前面多远处？若此物体高1mm，则放大后的像高为多少？

14-14 人的眼睛是一个变焦距系统，有一个视力正常的人在看遥远的星球时像距为1.5cm，那么此人眼睛焦距的变化范围是多少？

第15章

光的干涉

关于光的本性和传播问题，很早就引起人们的注意。在17世纪，关于光的本性问题，有两种不同的学说，一种是以牛顿为代表的光的微粒说，另一种是以惠更斯为代表的光的波动说。微粒说和波动说都可以解释光的反射和折射现象，但是在解释光线从空气进入水中的折射时两种学说得到的结论相反。到了19世纪，光的干涉、衍射和偏振等反映光的波动性的特征的现象相继被发现，这些是光的微粒说无法解释的。这一时期光的波动说得到了快速的发展。在19世纪60年代，麦克斯韦建立了光的电磁理论，认识到光是一种电磁波。19世纪末到20世纪初光电效应等现象的发现，又使波动学说出现危机，波动理论不能解释光电效应等实验现象。这时，爱因斯坦提出光是具有一定能量和动量的粒子组成的粒子流，这种粒子称为光子。从而人们认识到光具有波动和粒子的两重性。从本章至16章主要讨论光的干涉、衍射、偏振现象，而在18章讨论光的粒子性。本章主要基于光波的叠加来讨论光的干涉现象，包括杨氏双缝干涉、薄膜干涉、迈克耳孙干涉仪等。

15.1 相干光及其获得

光源 发射光波的物体称为光源。各种光源的激发方式不同，常见的有利用热能激发的，如太阳、白炽灯、弧光灯等热辐射发光光源。有利用电能激发发光，称为电致发光，如在稀薄气体中气体放电发出的辉光，这类光源有荧光灯、谱灯等。有利用光激发而发光的，称作光致发光，某些物质如碱土金属的氧化物在可见光或紫外线照射下被激发而发光。另外，还有受激辐射光放大的激光光源。按照光源的形状也可分为点光源、线光源和面光源。一般普通光源的发光机理是处于激发态的原子（或分子）的自发辐射，即光源中的原子吸收了外界能量而处于激发态，这些激发态是极不稳定的，电子在激发态上存在的时间平均只有$10^{-11}\sim10^{-8}$s，这样，原子就会自发地回到低激发态或基态，在这一过程中，原子向外发射电磁波（光波）。每个原子的发光是间歇的。一个原子经一次发光后，需重新获得足够能量后才会再次发光。每次发光的持续时间极短，约为10^{-8}s。可见原子发射的光波是一段频率一定、振动方向一定、有限长的光波，称为光波列。在普通光源中，各个原子的激发和自发辐射参差不齐，而彼此间没有联系，是一种随机过程，因而不同原子在同一时刻所发出的波列在频率、振动方向和相位上各自独立，即使同一原子在不同时刻所发出的光波列之间振动方向和相位也各不相同，呈现出原子发光的独立性。

单色光 具有单一频率的光波称为单色光。严格的单色光是不存在的，任何光源所发出的光波都有一定的频率（或波长）范围，在此范围内，各种频率（或波长）所对应的光强度是不同的。以波长或频率为横坐标，光强度为纵坐标，可以直观地表示出这种光强度与波长间的关系，称为光谱曲线（简称谱线），如图 15-1 所示。谱线所对应的波长范围（或频率）越窄，则光的单色性越好。设谱线中心处的波长为 λ_0，光强度为 I_0，通常用光强度下降到 $I_0/2$ 的两点之间的波长范围 $\Delta\lambda = \lambda_2 - \lambda_1$ 称为谱线宽度（也可用频率范围 $\Delta\nu$ 表示），它是标志谱线单色性好坏的物理量。普通单色光源，如钠光灯、汞灯等，谱线宽度为 $0.1 \sim 10^{-3}$nm，激光的单色性很好，其谱线宽度为 10^{-9}nm 量级，甚至更小。

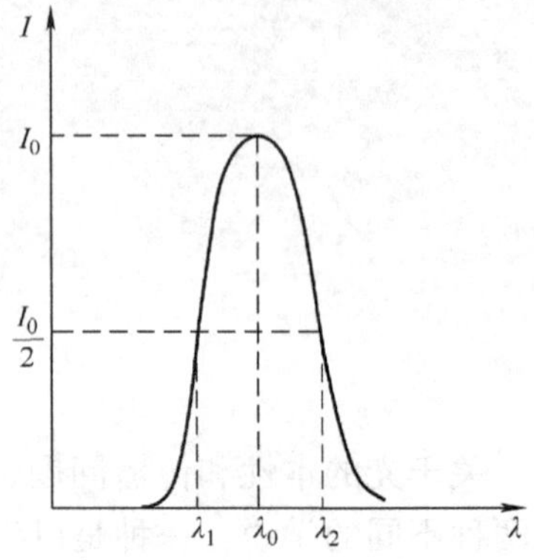

图 15-1　光谱曲线及谱线宽度

引起谱线宽度的原因有很多，光源中原子一次发光有一定的持续时间，也就是说光波列的长度是有限的。由傅里叶分析可知，一列有限长的周期性波列是由无数个振幅不同、频率连续变化的简谐波叠加而成，所以它的频率就有一定的频宽，即谱线有宽度，这也可以叫作谱线的自然宽度。由于原子的相互碰撞，可使原子的发光持续时间缩短，从而使谱线宽度变宽。另外，发光原子的热运动而引起的多普勒效应也使谱线宽度加宽。含有多种频率的光称为复合光。白光（可见光）就是复合光。可见光的波长范围是 400 ~ 760nm，它在电磁波谱中只是很小的一个波段。

光矢量　电磁波是横波，是相互垂直的两个振动矢量电场强度 $\boldsymbol{E}$ 和磁场强度 $\boldsymbol{H}$ 来表征，$\boldsymbol{E}$ 矢量和 $\boldsymbol{H}$ 矢量都与波的传播方向垂直。光是一种电磁波，无论是从光的物理特征还是感光作用来看，起作用的都是电场强度 $\boldsymbol{E}$。因而通常将 $\boldsymbol{E}$ 矢量叫作光矢量，$\boldsymbol{E}$ 振动叫作光振动。

相干光　机械波的相干条件是两波的频率相同、振动方向相同、相位相同或相位差恒定。对于光波的干涉来说，同样要满足这三个必要条件。满足这三个条件的两列光波称为相干光。由前面描述可知，不同发光原子或同一发光原子在不同时刻发出的光波列的频率、振动方向和相位不尽相同，因而均不满足相干条件，即使频率、振动方向相同，但相位具有偶然性，很难完全相同。因而即使是两盏单色的相同钠灯，它们发出的光波在重叠区域内也观察不到干涉现象的。

但是，如果光源上同一点发出的光波，设法使之分成两列光波，让它们经过不同的路径后再重叠，则重叠区域中就能产生干涉现象。这是因为光波一分为二时，其中每一个波列都相应地一分为二，由同一波列分割出来的两个波列，经过不同的路径而在相遇点叠加，就自然满足频率相同、振动方向相同和相位差恒定的光的相干条件，从而产生干涉现象，这实际上也提出了获得相干光的方法。

相干叠加和非相干叠加　满足相干条件的两列（或多列）光波的叠加，称为相干叠加；不满足相干条件的两列（或多列）光波的叠加称为非相干叠加。设两个频率相同、振动方向相同的光波同时传播到空间一点 P，P 点处的两个分振动分别为

$$E_1 = E_{10}\cos(\omega t + \varphi_1)$$
$$E_2 = E_{20}\cos(\omega t + \varphi_2)$$

这两个分振动在 P 点的叠加结果为

$$E = E_1 + E_2 = E_0\cos(\omega t + \varphi)$$

合成振动的振幅 E_0 和初相 φ 分别由下式确定：

$$E_0 = \sqrt{E_{10}^2 + E_{20}^2 + 2E_{10}E_{20}\cos(\varphi_2 - \varphi_1)}$$

$$\tan\varphi = \frac{E_{10}\sin\varphi_1 + E_{20}\sin\varphi_2}{E_{10}\cos\varphi_1 + E_{20}\cos\varphi_2}$$

式中，$\varphi_2 - \varphi_1$ 是 P 点处两光振动的相位差。在观测的时间内，平均光强 I 是正比于 E_0^2 的，即

$$I \propto \overline{E_0^2} = \overline{E_{10}^2} + \overline{E_{20}^2} + 2E_{10}E_{20}\,\overline{\cos(\varphi_2 - \varphi_1)}$$

如果这两束频率相同的单色光是分别由两个独立的普通光源发出的，由于光源中原子或分子发光的随机性和间歇性，这两个光波间的相位差（$\varphi_2 - \varphi_1$）也将随机地变化，并以相同的概率取 0 到 2π 之间的一切数值。因此在观测的时间内，

$$\overline{\cos(\varphi_2 - \varphi_1)} = 0$$

从而

$$\overline{E_0^2} = \overline{E_{10}^2} + \overline{E_{20}^2}$$

即

$$I = I_1 + I_2$$

上式表明两束光重合后的光强等于两束光分别照射时的光强 I_1 和 I_2 之和，这是非相干叠加的结果。

如果这两束光来自同一光源而使它们的相位差始终保持恒定，则合成后的光强为

$$I = I_1 + I_2 + 2\sqrt{I_1 I_2}\cos(\varphi_2 - \varphi_1) \tag{15-1}$$

在观测时间内，$\cos(\varphi_2 - \varphi_1)$ 不随时间改变，从而就有 $2\sqrt{I_1 I_2}\cos(\varphi_2 - \varphi_1)$，该项称为干涉项，这种叠加称为相干叠加。合成后的光强不仅取决于两束光的光强 I_1 和 I_2，还与两束光之间的相位差 $\Delta\varphi = \varphi_2 - \varphi_1$ 有关。当两束光在空间不同位置相遇时，其相位差 $\Delta\varphi$ 也将不同，因此在空间各个不同位置的光强将发生连续变化，在两列波的相遇空间中形成一种稳定的光强分布，这就是光的干涉现象。

如图 15-2 所示，当 $\Delta\varphi = \pm 2k\pi(k = 0,1,2,\cdots)$ 时，$I = I_1 + I_2 + 2\sqrt{I_1 I_2}$，这些位置的光强最大，称为干涉相长；当 $\Delta\varphi = \pm(2k+1)\pi(k = 0,1,2,\cdots)$ 时，$I = I_1 + I_2 - 2\sqrt{I_1 I_2}$，这些位置的光强最小，称为干涉相消。

若 $I_1 = I_2$，合成光强变为

$$I = 2I_1(1 + \cos\Delta\varphi) = 4I_1\cos^2\frac{\Delta\varphi}{2} \tag{15-2}$$

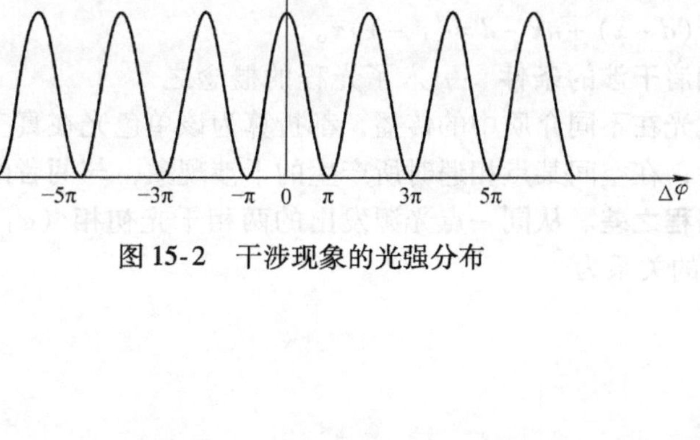

图 15-2　干涉现象的光强分布

相干光的获得方法　由前面描述可知，只有从同一光源的同一部分发出的光，通过某些装置进行分束后，才能获得符合相干条件的相干光。把同一光源发出的光分成两部分的方法有两类，一类叫作分波阵面法。由于同一波阵面上各点的振动具有相同相位，所以从同一波阵面上取出两部分可以作为相干光源，如杨氏双缝实验就用这种方法。另一类叫作分振幅法。当一束光投射到两种介质的分界面上时，一部分反射，一部分透射，分成两部分或若干份，如薄膜干涉实验就用这种方法。

15.2　光程和光程差

光程　若两束相干光都在同一种介质中传播，光的波长不会发生变化，所以只要计算两相干光到达某一点的几何路程之差，也即波程差 Δr，再根据波程差与相位差之间的换算关系 $\Delta\varphi=2\pi(\Delta r/\lambda)$，就可确定两相干光到达某一点处的相位差，从而确定它们是互相加强还是互相减弱。但是，当光波通过不同介质时，光波的波长要发生变化，这时就不能只根据波程差来确定相位差了。为此，需要引入光程的概念。

设有一频率为 ν 的单色光，它在真空中的传播速度为 c，波长为 λ。当它在折射率为 n 的介质中传播时，速度变为 $v=c/n$，这时的波长 $\lambda_n=v/\nu=c/(n\nu)=\lambda/n$。这说明，频率一定的光在折射率为 n 的介质中传播时，其波长为真空中波长的 $1/n$。因为 $n>1$，所以光在介质中的波长比真空中的波长要短一些。当波动传播一个波长的距离时，相位改变 2π，若光在介质中传播的几何路程为 x，则相位的变化为

$$\Delta\varphi=\frac{2\pi x}{\lambda_n}=2\pi\frac{nx}{\lambda}$$

这表明，光在介质中传播时，其相位的变化，不但与光波传播的几何路程 x、光在真空中的波长 λ 有关，而且还与介质的折射率 n 有关。如果对于任意介质，都采用真空中的波长 λ 来计算相位的变化，那么就需要把介质中通过的几何路程 x 乘以折射率。即是说，从相位变化来看，光在折射率为 n 的介质中通过的几何路程 x，相当于光在真空中通过了 nx 的几何路程。**光在介质中通过的几何路程 x 与介质的折射率 n 的乘积 nx 叫作光程**。举例来说，如果从 S_1 与 S_2 发出的相干光，在与 S_1、S_2 等距离的 P 点相遇（见图15-3），其中一束光线经过空气（折射率差不多等于1），而另一束还经过折射率为 n 的介质，那么，虽然这两束光线的几何路程都是 d，但光程不同，光线 S_1P 的光程是几何路程 d，而光线 S_2P 的光程却是 $(d-x)+nx$。两者的光程差等于 $(d-x)+nx-d=(n-1)x$。

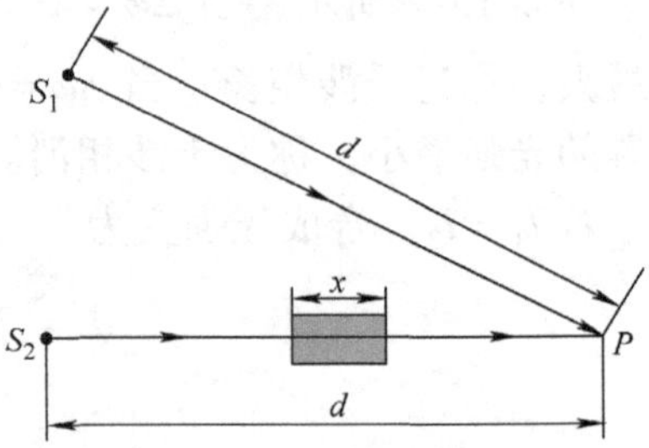

图15-3　光程

相长干涉和相消干涉的条件　引入了光程的概念之后，就可以把单色光在不同介质中的传播，都折算为该单色光在真空中的传播。两束相干光通过不同的介质后，在空间某点相遇时所产生的干涉现象，与两者的**光程差**有关，而不仅取决于两者的**几何路程之差**。从同一点光源发出的两相干光初相（$\varphi_1=\varphi_2$），它们的光程差 δ 与相位差 $\Delta\varphi$ 之间的关系为

$$\Delta\varphi = \frac{2\pi}{\lambda}\delta \tag{15-3}$$

所以，相长干涉和相消干涉的光程差条件为

$$\begin{cases}\delta = \pm k\lambda, & k = 0,1,2,\cdots(\text{加强,相长干涉}) \\ \delta = \pm\dfrac{(2k+1)}{2}\lambda, & k = 0,1,2,\cdots(\text{减弱,相消干涉})\end{cases} \tag{15-4}$$

相位差条件为

$$\begin{cases}\Delta\varphi = \pm 2k\pi, & k = 0,1,2,\cdots\ (\text{加强,相长干涉}) \\ \Delta\varphi = \pm(2k+1)\pi, & k = 0,1,2,\cdots\ (\text{减弱,相消干涉})\end{cases} \tag{15-5}$$

透镜的等光程性　在几何光学里，当平行光束通过一理想透镜后，会聚于透镜焦平面上，相互加强成为一亮点，如图 15-4 所示。这是由于平行光束波面 AB 上 a、b、c、d、e 各点的相位相同，到达焦平面上一点后相位仍然相同，因而相互加强。图 15-4 所示平行光经透镜会聚时的光程可见 a、b、c、d、e 各点至 F（或 F'）点的光程都相等，这样一个事实还可以这样来理解，虽然 $aa'F$（见图 15-4a）比 $cc'F$ 的几何路程要长一些，但 $cc'F$ 光路在透镜中经过的路程比 $aa'F$ 光路在透镜中经过的路程要长，而透镜的折射率大于 1，因此折算成光程后，$aa'F$ 的光程与 $cc'F$ 的光程相等。对于斜入射的情况（见图 15-4b），类似的讨论可知，$aa'F'$、$bb'F'$、…的光程均相等。这样，当观察干涉现象时，使用透镜不会引起附加的光程差，这叫作**透镜的等光程性**。

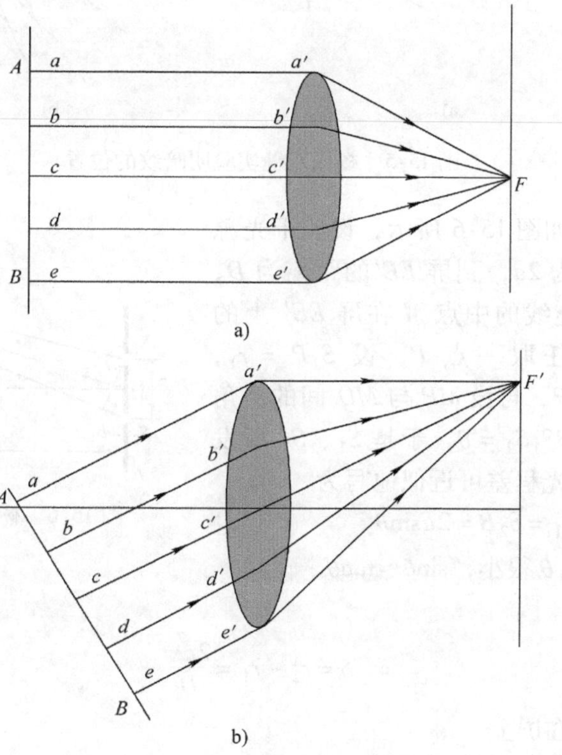

图 15-4　透镜的等光程性

15.3　分波面法产生的光的干涉

杨氏双缝实验是最早利用单一光源获得相干光而实现干涉的典型实验。如图 15-5 所示，单色平行光垂直入射在狭缝 S 上，在 S 前面放置两个相距很近均与 S 平行的狭缝 S_1 和 S_2，并使 $S_1S=S_2S$。S 发出的柱面光波被 S_1 和 S_2 分割部分波面作为次级波源，因为 S_1、S_2 位于同一波面上，从而它们就是同相位的相干子波源，它们发出的相干光，在空间区域叠加，形成干涉现象。若在 S_1、S_2 的后面放置一观察屏 EE'，在屏上就能观察到明暗相间的干涉条纹。

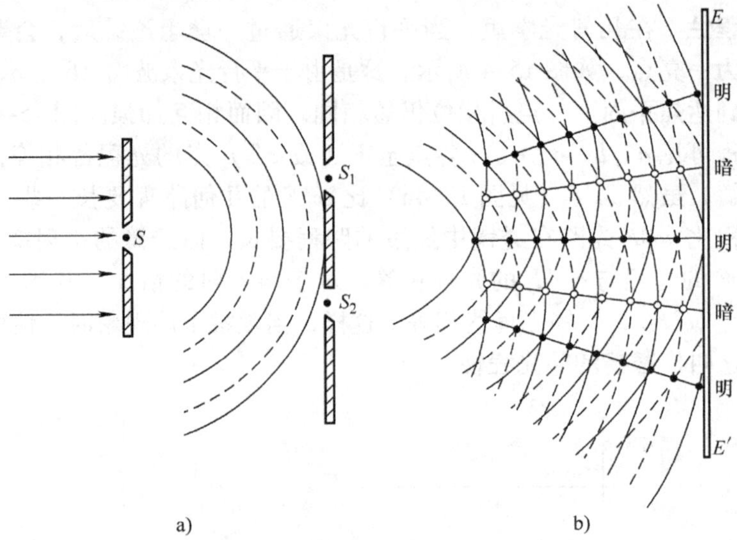

图 15-5　杨氏双缝实验明暗纹的位置

明暗纹的位置　如图 15-6 所示，设相干光源 S_1 和 S_2 之间的距离为 $2a$，到屏 EE' 的距离为 D，且 $D>>2a$。S_1、S_2 连线的中点 M 在屏 EE' 上的投影点为 O，屏上任取一点 P，设 $S_1P=r_1$，$S_2P=r_2$，作 $S_1B\perp S_2P$，再设 MP 与 MO 间的夹角为 θ，则近似地有 $\angle BS_1S_2=\theta$，于是 S_1、S_2 所发出的光波到达 P 点的光程差可近似地写为

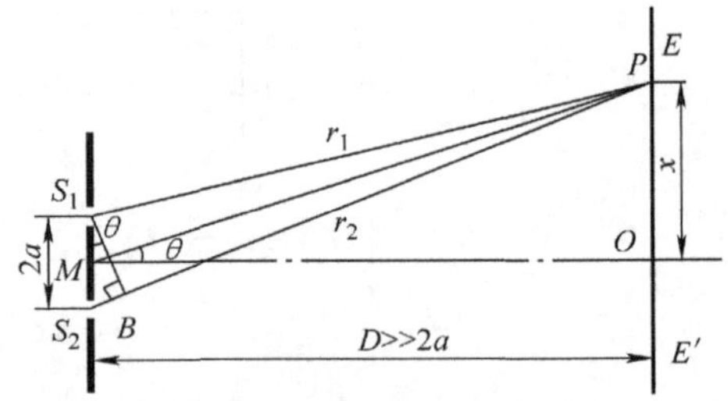

图 15-6　杨氏双缝干涉计算用图

$$\delta=r_2-r_1=S_2B=2a\sin\theta$$

因为 $\tan\theta=x/D$，因为 θ 很小，$\sin\theta\approx\tan\theta$

所以

$$\delta=r_2-r_1=\frac{2ax}{D}$$

当 $\delta=\pm k\lambda$ 时，在屏上

$$x=\pm\frac{kD\lambda}{2a},\ k=0,1,2,\cdots \tag{15-6}$$

处两光波相互加强，出现明条纹。$x=0$，即 $k=0$，O 点处明条纹，叫作中央明条纹（或零

级明纹）。与 $k=1$，$k=2$，…对应的明条纹分别叫作第一级明条纹，第二级明条纹、…。

当 $\delta=\pm\left(k-\frac{1}{2}\right)\lambda$ 时，在屏上

$$x=\pm\frac{k-\frac{1}{2}}{2a}D\lambda,\ k=1,2,3,\cdots \tag{15-7}$$

处两光波相互减弱，出现暗条纹。与 $k=1$，$k=2$，… 对应的暗条纹分别叫作第一级暗条纹、第二级暗条纹、…。屏上所呈现干涉图样如图 15-7 所示。

图 15-7　杨氏双缝干涉图样

由上面两式不难发现：

1）干涉条纹的间距。相邻明纹或相邻暗纹之间的距离

$$\Delta x=x_{k+1}-x_k=\frac{D\lambda}{2a} \tag{15-8}$$

可见干涉条纹是等间距对称分布在中央明纹两侧。若 $2a$ 和 D 为已知，测出相邻明纹或暗纹间距，就可以算出单色光的波长。另外，不同波长的光的干涉，得到的干涉条纹的间距不同。

2）白光产生的干涉。用白光做实验时，中央明条纹位置与波长无关，故中央零级明纹是白色。而其两边是对称分布的由紫到红的彩色条纹。

菲涅耳双镜实验　在双缝实验中，仅当 S、S_1 和 S_2 都很窄时，才有保证 S_1、S_2 处的光振动有相同的相位，但这时通过狭缝的光强过弱，干涉条纹经常不够清晰，菲涅耳的双镜实验可以得到较为明亮的干涉条纹。如图 15-8 所示，由狭缝光源 S 发出的光波，经平面镜 M_1 和 M_2 反射后，成为两束相干光波，射在屏幕 EE' 上，它们在重叠区域内会形成干涉条纹。在这里，M_1 和 M_2 分别把到达镜面的相应部位的波面给以反射，所以这也是采用分割波面法来获得相干光束。M_1 和 M_2 之间的夹角 ε 很小，则 S 在双镜中的虚像 S_1 和 S_2 之间的距离也很小。从 M_1 和 M_2 反射的两束相干光可看作是从 S_1 和 S_2 发出的。在实际计算中，常将 S_1 和 S_2 作为发出相干光的虚光源。

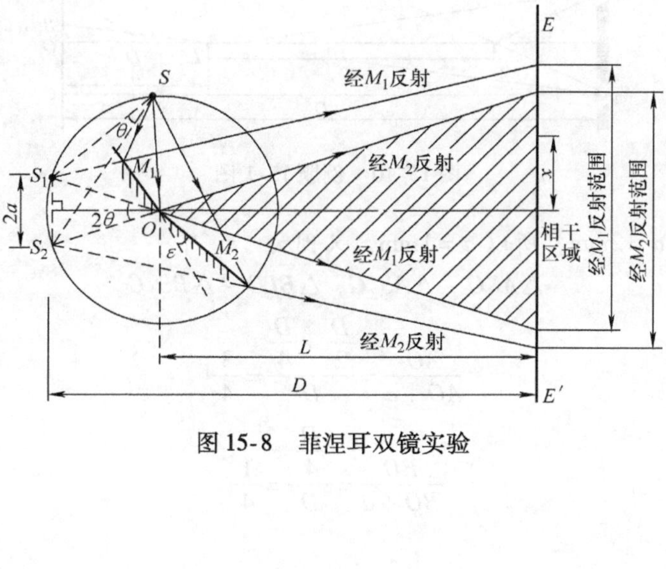

图 15-8　菲涅耳双镜实验

劳埃德镜实验 劳埃德镜的装置如图 15-9 所示，S_1是一缝光源，一部分光线直接射到 EE'上，另一部分由平面镜 KL 反射到 EE'上。这里同样也是采用分割波的方法。S_2是 S_1在平面镜 KL 中的虚像，S_1 和 S_2 构成相干光源。两相干波重叠的区域如图中阴影线部分所示。观察屏 EE'上 AB 区域将出现干涉条纹。应该指出，如果把屏 EE'移到 ML 的位置，在屏上平面镜接触处，产生的是暗条纹。似乎在接触处两相干光波光程差为零，应该出现亮条纹，而实际上与此相反。这是因为平面镜上反射产生了半波损失，在计算相位差时必须加 π（或减 π）；计算光程差时必须加 $\lambda/2$（或减 $\lambda/2$）。杨氏双缝实验、菲涅耳双镜和劳埃德镜实验都是利用分割波阵面法产生的光的干涉的。

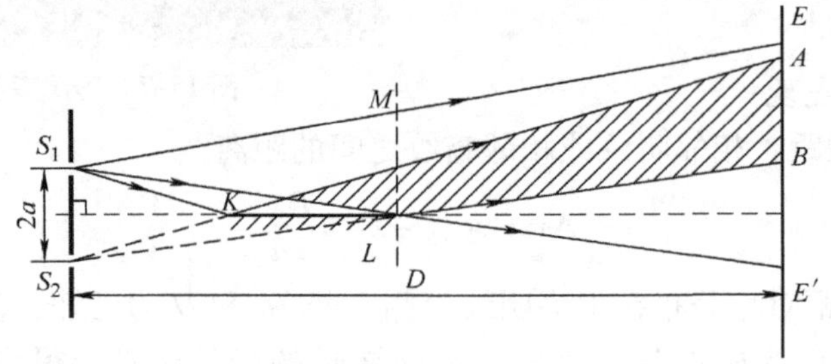

图 15-9 劳埃德镜实验

例题 15-1 图 15-10 所示的劳埃德镜实验中，缝光源 S_2 到平面镜 KL 镜面的距离为 1mm，缝光源与屏之间的距离 $D=1.5\text{m}$，$KL=D/2$，$LO=D/4$。求：

(1) 干涉区域 AB 的宽度；

(2) 若入射单色光的波长 $\lambda=600\text{nm}$，相邻两明条纹间的距离是多少？

(3) 屏上能观察到多少条明纹？

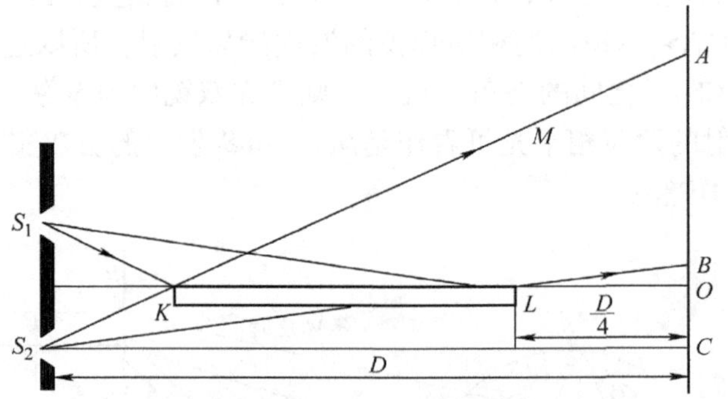

图 15-10 例题 15-1 图

解 (1) 因为 $2a=2\text{mm}$，所以 $a=1\text{mm}$，又因为

$$\triangle AKO \sim \triangle AS_2C，\triangle BLO \sim \triangle BS_2C$$

$$\frac{AO}{AO+a}=\frac{\frac{D}{2}+\frac{D}{4}}{D}=\frac{3}{4}$$

$$\frac{BO}{BO+a}=\frac{\frac{D}{4}}{D}=\frac{1}{4}$$

所以 $AO=3\text{mm}$，$BO=0.33\text{mm}$，$AB=2.67\text{mm}$

(2) 相邻两个明条纹之间的距离与杨氏双缝实验一样，

$$\Delta x=\frac{D\lambda}{2a}=\frac{1.5\times6\times10^{-7}}{2\times10^{-3}}\text{m}=4.5\times10^{-4}\text{m}$$

(3) 考虑到平面镜 KL 反射时有一半波损失，故光程差应为

$$\delta=\frac{2a}{D}x+\frac{\lambda}{2}$$

对明条纹而言，光程差 δ 应满足

$$\frac{2a}{D}x+\frac{\lambda}{2}=k\lambda,\ k=0,1,2,\cdots$$

$$x=\left(k-\frac{1}{2}\right)\frac{D\lambda}{2a} \tag{*}$$

$k=1$，$x_1=0.23\text{mm}<BO$，在干涉区以外，故不会出现明条纹。

$k=2$，$x_2=0.68\text{mm}>BO$，在干涉区以内，屏上可以观察到明条纹。

将 $x=AO=3\text{mm}$ 代入明条纹应满足的式（*），则得 $k=7.17$，这表明对应于 $k=7$ 的明条纹为屏上观察到的最高级次，所以屏上共观察到 $k=2$ 至 $k=7$ 的六条明纹。

例题 15-2 以单色光垂直照射到相距 0.2mm 的双缝上，双缝与屏幕之间的垂直距离为 1m，第一级明条纹到同旁第四级明条纹之间的距离为 7.5mm，求：

(1) 单色光的波长；

(2) 若在一缝后覆盖折射率为 1.58 的透明薄膜，第七级明纹恰好移至原中央明纹的位置，问薄膜的厚度是多少？

解 (1) 双缝干涉明纹的条件为

$$x=\pm\frac{kD\lambda}{2a},\ k=0,1,2,\cdots$$

$$k=1,\ x_1=\frac{k_1D\lambda}{2a}$$

$$k=4,\ x_4=\frac{k_4D\lambda}{2a}$$

$$\Delta x_{14}=x_4-x_1=(k_4-k_1)\frac{D\lambda}{2a}$$

所以
$$\lambda=\frac{2a\Delta x_{14}}{D(k_4-k_1)}=\frac{0.2\times7.5}{1000\times(4-1)}\text{mm}=5\times10^{-4}\text{mm}=500\text{nm}$$

(2) 根据题意，本来没有光程差的中央明纹处，现在有 7 倍波长的附加光程差，于是

$$\delta=(n-1)t=7\lambda$$

$$t=\frac{7\lambda}{n-1}=\frac{7\times5\times10^{-4}}{1.58-1}\text{mm}=6\times10^{-3}\text{mm}$$

15.4 分振幅法产生的光的干涉

薄膜干涉 日常生活中，肥皂膜、水面上的油膜在阳光照射下呈现彩色花纹，这是一种

光波经过薄膜上下两表面反射后相互叠加而形成的干涉现象，称为薄膜干涉。这同时还是一种分割振幅获得相干光产生的干涉。分波阵面法产生干涉所用光源都是点光源或缝光源，而薄膜干涉可采用宽度较大的扩展光源或面光源。

如图 15-11 所示，一折射率为 n_2、厚度为 e 的均匀薄膜，置于折射率为 n_1 的均匀介质中，从单色面光源上任一点 S 发出的光线 a 以入射角 i 射至薄膜上表面，一部分在 A 点反射，另一部分折射进入薄膜内在下表面 B 点反射至上表面 C 点处折射出来，再经凸透镜 L 会聚于焦平面上 P 点。a_1 和 a_2 是从同一入射光线 a 中分出来的，它们是相干光，在 P 点处叠加会产生干涉现象。它们的能量是从光线 a 分出来的，而能量与光波振幅有关，故这种分割能量也就是分割振幅。由式（15-4）相长干涉和相消干涉条件可以确定明暗纹的位置，但必须要知道两相干光束在相遇点的光程差。现在我们来计算光线 a_1 和 a_2 之间的光程差。作 $CD \perp AD$，从 CD 至 P 点处由于透镜的等光程性，不会产生附加的光程差。设 $n_1 < n_2$，这样光线 a 在 A 点反射时有半波损失，必须考虑附加光程差 $\lambda/2$，则光程差为

$$\delta = n_2(\overline{AB}+\overline{BC}) - n_1\,\overline{AD} + \frac{\lambda}{2} \tag{15-9}$$

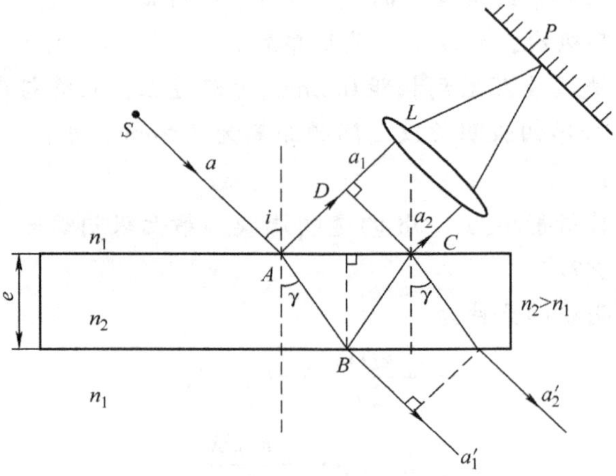

图 15-11　薄膜干涉

由图 15-11 可以看出

$$AB = BC = \frac{e}{\cos\gamma}$$
$$\overline{AD} = \overline{AC}\sin i = 2e\tan\gamma\sin i$$
$$n_1\sin i = n_2\sin\gamma$$

以上三式代入式（15-9），得

$$\delta = 2n_2 e\cos\gamma + \frac{\lambda}{2} \tag{15-10}$$

或

$$\delta = 2e\sqrt{n_2^2 - n_1^2\sin^2 i} + \frac{\lambda}{2} \tag{15-10a}$$

于是干涉点加强、减弱的条件为

$$\delta = 2e\sqrt{n_2^2 - n_1^2\sin^2 i} + \frac{\lambda}{2} = \begin{cases} k\lambda, & k=1,2,3,\cdots \quad 加强 \\ (2k+1)\dfrac{\lambda}{2}, & k=0,1,2,\cdots \quad 减弱 \end{cases} \tag{15-11}$$

透射光 a_1' 和 a_2' 也满足相干条件，也存在干涉现象。但是因为 $n_2>n_1$，在 B 点和 C 点的反射无半波损失，从而 a_1' 和 a_2' 透射光间的光程差为

$$\delta'=2e\sqrt{n_2^2-n_1^2\sin^2 i}=\begin{cases}k\lambda, & k=1,2,3,\cdots \text{ 加强}\\ (2k+1)\dfrac{\lambda}{2}, & k=0,1,2,\cdots \text{ 减弱}\end{cases} \tag{15-12}$$

δ 与 δ' 相差 $\lambda/2$，反射光相互加强时，透射光将相互减弱；当反射光相互减弱时，透射光将相互加强；两者形成的干涉条纹是互补的。如果用复合光源，则屏幕上观察到彩色的干涉条纹。薄膜干涉可用来测定光的波长和薄膜的厚度。另外在光学元件表面镀膜也广泛采用薄膜干涉原理，如镀一层厚度均匀的透明膜使其反射光因干涉而相消的增透膜（也称减反膜）、使透射光因干涉而相消的高反膜（也称减透膜），干涉滤光片等。

等倾干涉 由式（15-10a）可见，凡以相同倾角 i 入射到厚度均匀的平面薄膜上的光线，经薄膜的上、下两表面反射后产生的相干光束有相同的光程差，因而它们的干涉相长或相消的情况一样，这样的干涉叫作等倾干涉。

如图 15-12 所示，S 为一面光源，M 为半透半反的平面镜，L 为透镜，E 为置于透镜焦平面上的观察屏。面光源上任一点 S 发出的单色光（如钠光灯），经 M 反射后射至薄膜上，其中具有相同入射角的光线应位于同一圆锥面上，它们经薄膜上、下两表面反射形成相干光，再由透镜会聚于焦平面的同一圆周上。具有不同入射角的光线，其光程差不同，会聚于焦平面的不同的圆周上，因此形成一组明暗相间的同心环。由于一组平行光经透镜只能会聚于焦平面上一点，与光源上发光点的位置无关，所以光源上每一点发出的光束产生的干涉环彼此重叠，其强度为各点单独产生的干涉环光强的非相干叠加，因而明暗环对比十分鲜明，这就是观察等倾干涉条纹使用面光源的道理。

等倾干涉明暗环的条件为

$$\delta=2e\sqrt{n_2^2-n_1^2\sin^2 i}+\frac{\lambda}{2}=\begin{cases}k\lambda, & k=1,2,3,\cdots \text{ 明环}\\ (2k+1)\dfrac{\lambda}{2}, & k=0,1,2,\cdots \text{ 暗环}\end{cases} \tag{15-13}$$

等倾干涉花纹是一组内疏外密的同心环，如图 15-12 所示，且靠里面的同心环的干涉级（k 值）比靠外面的高。

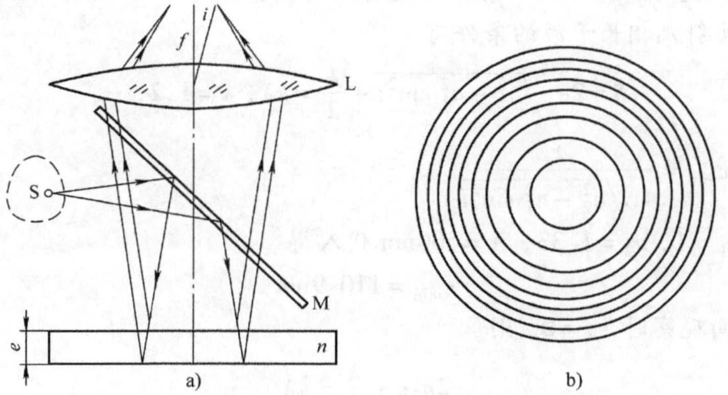

图 15-12 观察等倾干涉的装置和条纹图样

例题 15-3 在折射率为 1.50 的薄透镜上镀一层氟化镁薄膜，该膜使 720nm 的红光增加

透射，氟化镁的折射率为1.38，求：

(1) 所镀的增透膜的最小厚度；

(2) 对可见光而言，此厚度的增透膜有无增反作用？若膜厚增加一倍呢？

解 (1) 如图15-13所示，$n_1=1$，$n_2=1.38$，$n_3=1.50$，设波长 $\lambda=720\text{nm}$ 的红光垂直地（$i=0$）射至镀膜层，由于 $n_1<n_2<n_3$，所以氟化镁薄膜上下两表面的反射均有半波损失，故入射光产生相消干涉的条件为

$$\delta=2n_2e=(2k+1)\frac{\lambda}{2}$$

当 $k=0$ 时，厚度最小，即

$$e_{\min}=\frac{\lambda}{4n_2}=\frac{7.20\times10^{-7}}{4\times1.38}\text{m}=1.30\times10^{-7}\text{m}$$

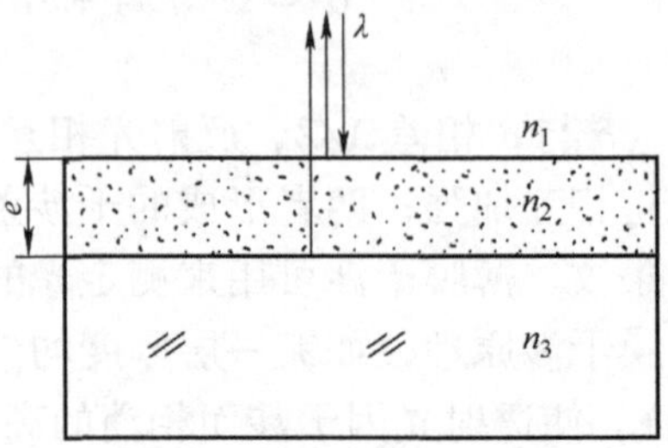

图15-13　例题15-3图

(2) 若反射光产生相长干涉，则应满足 $2n_2e_{\min}=k\lambda$，即

$$\lambda=\frac{2n_2e_{\min}}{k}$$

$$k=1，\lambda_1=360\text{nm}$$

$$k=2，\lambda_2=180\text{nm}$$

可见，在可见光范围内，此膜无增反作用。若 $e'=2e_{\min}$，则有

$$\lambda'=\frac{2n_2e'}{k}$$

$$k=1,\lambda_1'=720\text{nm}$$

$$k=2,\lambda_2'=360\text{nm}$$

可见，膜厚增加一倍时，对波长720nm的红光反而是增反作用。

例题15-4　空气中有一层折射率为1.33厚薄均匀的油膜，当观察方向与膜面的法线方向成45°角时，可看到由油膜反射的光呈波长为500nm的绿色光，试问：

(1) 油膜的最小厚度是多少？

(2) 如果从油膜的法线方向观察，则反射光的颜色如何？

解 (1) 由反射光相长干涉的条件有

$$\delta=2e\sqrt{n_2^2-n_1^2\sin^2 i}+\frac{\lambda}{2}=k\lambda，k=1,2,\cdots$$

当 $k=1$ 时，$e_{\min}=\dfrac{\lambda}{4\sqrt{n_2^2-n_1^2\sin^2 i}}$

将 $i=45°$，$n_1=1$，$n_2=1.33$，$\lambda=500\text{nm}$ 代入得

$$e_{\min}=110.9\text{nm}$$

(2) 竖直方向观察时，$i=0$，则

$$2n_2e+\frac{\lambda}{2}=k\lambda$$

$$\lambda=\frac{2n_2e_{\min}}{k-\dfrac{1}{2}}$$

$$k=1,\lambda_1=590\text{nm}$$

$$k=2,\lambda_2=196.7\text{nm},\text{不可见光波长}$$

故竖直方向观察时呈现波长为590nm的黄色光。

劈尖干涉　两块玻璃板G_1和G_2相叠合，在一端垫一细丝（或纸片），上板的下表面和下板的上表面之间形成楔形的空气层，即为空气劈尖。用一根细金属丝从肥皂水中挑起一肥皂膜，由于膜自身的重力作用，使之形成楔形，此即肥皂膜劈尖。此外，还有玻璃劈尖等，如图15-14所示。为了作图和介绍的方便，图中劈尖的最大厚度已放大了。

图15-14　劈尖
a）空气劈尖　b）介质劈尖

观察劈尖干涉的实验装置如图15-15a所示。从点光源S发出的光经透镜L变成平行光，再经半透半反玻璃片M射向空气劈尖，自劈尖上下两表面反射后成为相干光，进入显微镜T，就能在劈尖上表面观察到明暗相间均匀分布的干涉条纹，如图15-15b所示。

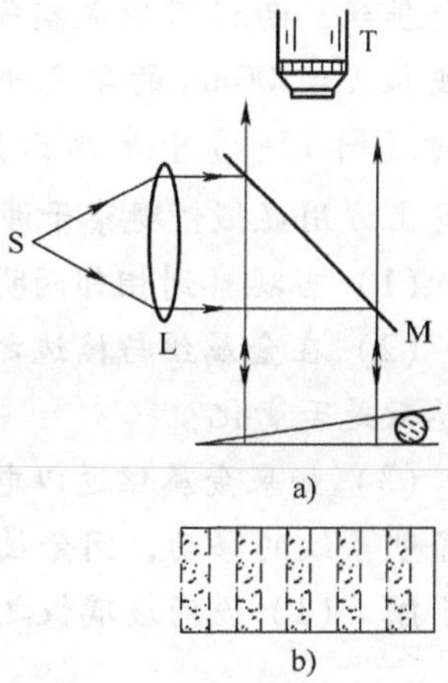

图15-15　劈尖干涉实验装置示意图

设两玻璃板之间的夹角为θ，其间介质折射率为n，玻璃的折射率为n_1。由于θ角很小，在实验中，单色平行光几乎垂直地射向劈面（图15-16中未画出），所以劈尖上下两表面的反射光与入射光近于重合。设在P点处，劈尖对应的厚度为e。因为$n<n_1$，所以劈尖下表面处的反射有一半波损失。假如$n>n_1$，例如空气中的玻璃劈尖，则上表面处的反射有一半波损失。因此上下两表面反射光的光程差为

$$\delta=2ne+\frac{\lambda}{2} \tag{15-14}$$

反射光是相干光，相干叠加明暗纹的条件为

$$\delta=\begin{cases}2ne+\dfrac{\lambda}{2}=k\lambda, & k=1,2,\cdots \quad \text{明条纹}\\[2ex] 2ne+\dfrac{\lambda}{2}=(2k+1)\dfrac{\lambda}{2}, & k=0,1,2,\cdots \quad \text{暗条纹}\end{cases} \tag{15-15}$$

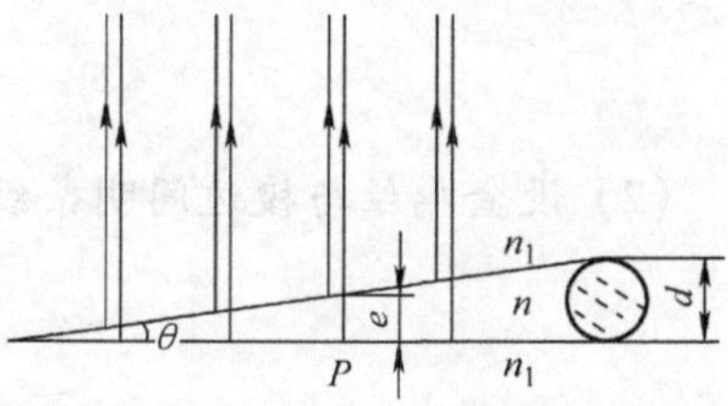

图15-16　劈尖干涉条纹的形成

每一明、暗条纹都与一定的k值相对应，也就是与劈尖的一定厚度e相对应，所以这种干涉叫作等厚干涉。在两玻片相接触处，劈尖的厚度$e=0$（相应于$k=0$），由于半波损失的存在，所以在棱边处为暗条纹。任何相邻的两明条纹或暗条纹所对应的厚度差（见图15-17）为

$$\Delta e=e_{k+1}-e_k=\frac{[2(k+1)-1]\lambda}{4n}-\frac{(2k-1)\lambda}{4n}=\frac{\lambda}{2n} \tag{15-16}$$

对于空气劈尖，$n=1$。这表明，相邻的两明条纹或暗条纹对应的厚度差为半个波长。

若相邻的两明条纹或暗条纹之间的距离为 l，由图 15-17 可以看出 $l\sin\theta=\dfrac{\lambda}{2n}$，注意到 θ 角很小，$\sin\theta\approx\theta$，所以

$$l=\frac{\lambda}{2n\theta} \tag{15-17}$$

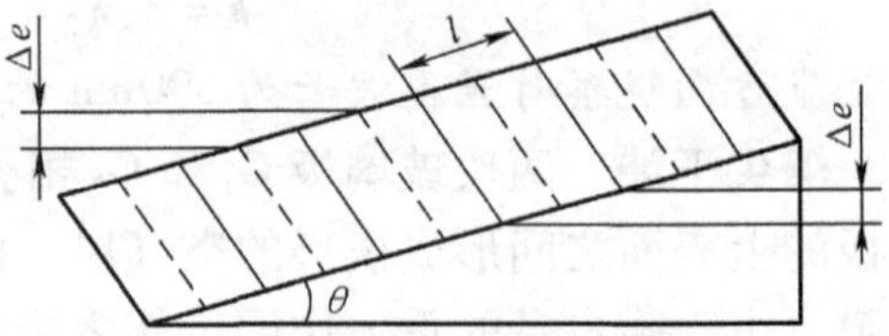

图 15-17　相邻明纹对应的厚度差

可见，θ 越小，l 就越大，即干涉条纹越疏；θ 越大，l 就越小，即干涉条纹越密。如果波长 λ、劈尖的折射率 n 为已知，测出相邻两明条纹（或暗条纹）之间的距离 l，即可算出劈尖的微小角度 θ。除了测量微小的角度以外，工程上常利用这一原理测量细丝的直径、薄膜的厚度等。还可以利用等厚干涉条纹的特点，检验工件的平整度，这种检验方法能检查出不超过 $\lambda/4$ 的凹凸缺陷。

例题 15-5　两块光平玻璃板，长 $L=4.0\text{cm}$，一端相接触，另一端垫一细金属丝，两板间形成空气劈尖。今以波长 $\lambda=500\text{nm}$ 的单色平行光垂直入射（图 15-18 中未画出），在空气劈尖上方用显微镜观察干涉条纹，试问：

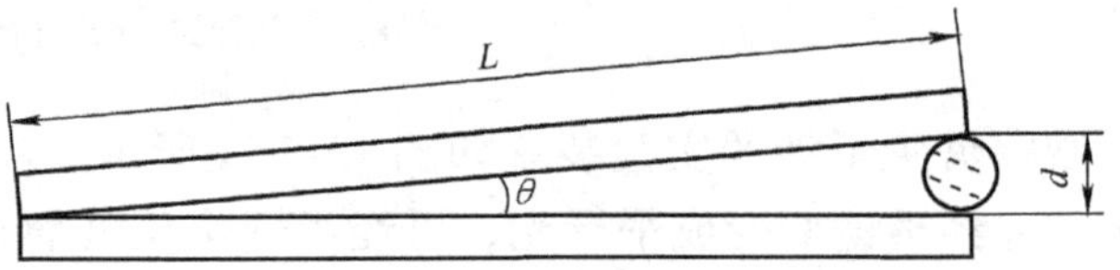

图 15-18　例题 15-5 图

（1）当观察到相邻两明条纹之间的距离为 0.1mm 时，金属丝的直径为多少？

（2）在金属丝与棱边之间，明条纹的总数是多少？如果金属丝移向棱边，其间明条纹的总数是否变化？

（3）如果金属丝通以电流，使其受热膨胀。在此过程中，玻璃板的中点 $L/2$ 处观察到两条明条纹的移动，问金属丝的直径膨胀了多少？

解　（1）设两玻璃板之间的夹角为 θ，金属丝的直径为 d，相邻明条纹间距离为

$$l\sin\theta=\Delta e=\frac{\lambda}{2}$$

又

$$\sin\theta=\frac{d}{L}$$

故

$$d=\frac{\lambda L}{2l}=1.0\times10^{-2}\text{cm}$$

（2）设金属丝与棱边间明条纹总数为 N，则

$$N=\frac{L-\dfrac{l}{2}}{l}+1=\frac{d}{\dfrac{\lambda}{2}}+\frac{1}{2}$$

可见 N 只与金属丝直径 d 和单色光波长 λ 有关，与金属丝到棱边的距离无关。当金属丝移向棱边时，其明条纹总数不变。

（3）设 P 点空气层厚度为 e，受热膨胀厚度增加 $\Delta e'$，如图 15-19 所示，则对于 P 点有

加热前　　$2e+\dfrac{\lambda}{2}=k\lambda$　　（k 不一定是整数）

加热后
$$2(e+\Delta e')+\frac{\lambda}{2}=(k+2)\lambda$$

两式相减有 $2\Delta e'=2\lambda$，而
$$\Delta d=2\Delta e'=2\lambda=1.0\times10^{-4}\text{cm}$$

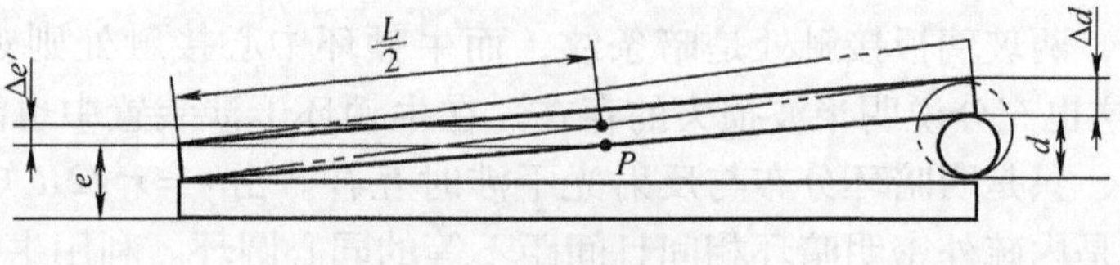

图 15-19 例题 15-5 图

牛顿环 一曲率半径 R 很大的平凸透镜，置于一光平玻璃板上（见图 15-20），两者之间形成一劈形空气薄层。与劈尖相比较，这薄层上表面是曲面，而劈尖上表面是平面。当单色平行光垂直地射向平凸透镜时，由透镜下表面反射的光和光平玻璃板上表面反射的光是相干光，而相同厚度处的光程差相等，其干涉是一种等厚干涉，干涉条纹是以接触点 O 为中心的明暗相间的系列同心环，叫作牛顿环。

下面求牛顿环明暗环的半径。与中心点相距为 r、厚度为 e 的一点处，两相干光的光程差为
$$\delta=2n_2e+\frac{\lambda}{2}$$

由图 15-20a 可得
$$r^2=R^2-(R-e)^2=2Re-e^2$$

因为 $r\gg e$，故上式中 e^2 可忽略，所以
$$e=\frac{r^2}{2R} \tag{15-18}$$

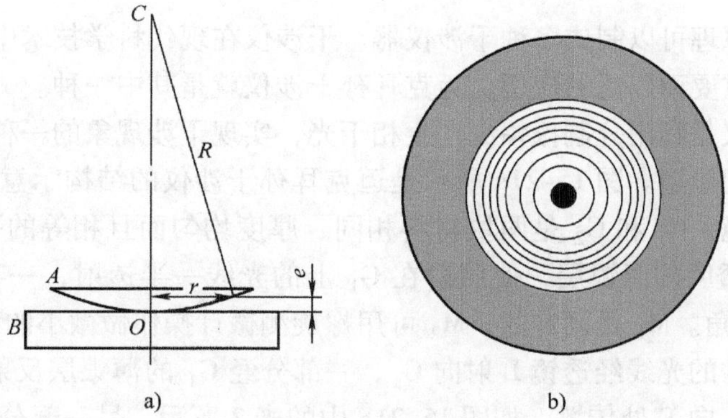

图 15-20 牛顿环
a）牛顿环半径计算用图 b）反射光干涉牛顿环图样

从而明暗环的条件为
$$2n_2e+\frac{\lambda}{2}=\begin{cases}k\lambda, & k=1,2,\cdots \quad 明环\\(2k+1)\dfrac{\lambda}{2}, & k=0,1,2,\cdots \quad 暗环\end{cases} \tag{15-19}$$

对于空气薄层 $n_2=1$，故

$$\begin{cases} r_k=\sqrt{\dfrac{(2k-1)R\lambda}{2}}, & k=1,2,\cdots \quad 明环 \\ r_k=\sqrt{kR\lambda}, & k=0,1,2,\cdots \quad 暗环 \end{cases} \tag{15-20}$$

在劈尖干涉中，两玻璃板接触处是暗条纹，而牛顿环中心接触处则观察到一暗斑（对于 $e=0$，$k=0$）。这也充分说明半波损失的存在。在牛顿环干涉装置中也能观察到透射光干涉而形成的牛顿环，只是明暗环分布与反射光干涉时互补。由 $e=r^2/2R$ 知，r 变大时，e 增加较快，故牛顿环是内疏外密明暗环相间且间距不等的同心圆环。利用牛顿环装置可以测量透镜的曲率半径和单色光波长。

例题 15-6 用氦－氖激光器发出的波长为 0.6328μm 的单色光做牛顿环实验，第 k 级暗环的半径为 5.63mm，第 $k+5$ 级暗环的半径为 7.96mm，求所用平凹透镜的曲率半径 R 和 k 为第几个暗环的级次。

解 暗环的半径应满足

$$r_k=\sqrt{kR\lambda}$$

$$r_{k+5}=\sqrt{(k+5)R\lambda}$$

所以

$$5R\lambda=r_{k+5}^2-r_k^2$$

即

$$R=\frac{r_{k+5}^2-r_k^2}{5\lambda}=10\text{m}$$

$$k=\frac{r_k^2}{R\lambda}=5$$

15.5 迈克耳孙干涉仪

根据光的干涉原理可以制成多种干涉仪器。干涉仪在现代科学技术中，特别是在精密仪器与测量方面有着重要而广泛的应用。迈克耳孙干涉仪就是其中一种。

迈克耳孙干涉仪是利用分割振幅法产生相干光，实现干涉现象的一种典型的干涉仪，它是很多近代干涉仪的原型。图 15-21a 所示是迈克耳孙干涉仪的结构示意图。M_1 和 M_2 是两块精密磨光的平面镜，G_1 和 G_2 是两块材料相同、厚度均匀而且相等的平行玻璃板，G_1 朝着 E 的一面镀有半透明的薄银层，使照射在 G_1 上的光线一半透射，一半反射。G_1、G_2 与 M_1（或 M_2）成 45°角。M_1 是固定的，M_2 可用螺旋测微计操作做微小的移动。

来自扩展光源 S 的光线经透镜 L 射向 G_1，一部分经 G_1 的薄银层反射后向 M_2 传播，经 M_2 反射后再穿过 G_1 向 E 处传播，如图 15-21a 中的光 2 所示。另一部分则透过 G_1 和 G_2 向 M_1 传播，经 M_1 反射后再穿过 G_2，经 G_1 的薄银层反射后也向 E 处传播，如图中的光 1 所示。显然，到达 E 处的光 1 和光 2 是相干光。G_2 的作用是使光 1 和光 2 都是三次穿过厚度相等的平板玻璃，从而避免 1、2 之间存在过大的光程差，因此 G_2 叫作补偿玻璃板。

如图 15-21b 所示，设镀银层形成的 M_1 的虚像是 M_1'，从 M_1 上反射的光 1，可看成是从虚像 M_1'处发出的。这样，相干光 1、2 间的光程差是由薄银层上反射点至 M_2 和 M_1'的距离之差来确定的。如果 M_1 和 M_2 不是严格地垂直，则 M_1'和 M_2 也不是严格地平行，它们之间形成空气劈尖，产生等厚干涉，这时 E 处视场中观察到的是明暗相间的直条纹。如果 M_1 和 M_2 是严格地垂直，这时将产生等倾干涉，视场中观察到的是明暗相间的圆环纹。

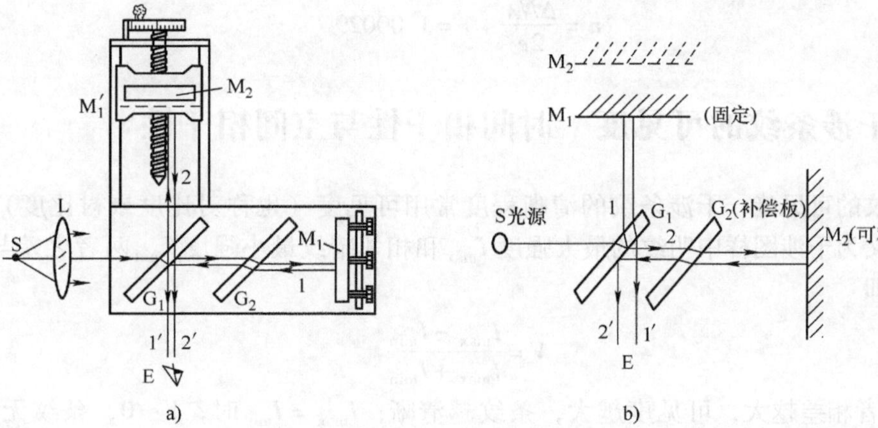

图 15-21 迈克耳孙干涉仪

对视场中某一固定点来说，只要光 1 和光 2 间的光程差有微小的变化，即使变化的量级仅为波长的十分之一，该处也能观察到可鉴别的条纹移动。设入射单色光的波长为 λ，当 M_2 平移 $\lambda/2$ 的距离时，视场中的某一固定点将看到一个明条纹移过。因此，数出视场中明条纹移动数目 ΔN，就可以得到 M_2 平移的距离

$$\Delta d = \Delta N \frac{\lambda}{2} \tag{15-21}$$

可见，用已知波长的光波可以测定长度，也可用已知的长度来测定波长，迈克耳孙曾用自己的干涉仪测定了红镉线的波长。过去曾以红镉线的波长为单位来定义长度的标准“米”。在温度 $t=150℃$ 和压强 $p=1.01\times10^5\text{Pa}$ 时，干燥空气中红镉线的波长为

$$\lambda_1 = 643.84696\text{nm}$$

$$1\text{m} = 1533164.13\lambda_1$$

1983 年国际计量大会决定，1m 的长度确定为在真空中的光速在 1/299792458s 内通过的距离。

迈克耳孙干涉仪可以用来观察干涉现象及其条纹的变动情况，也可用来对长度、表面结构、波长等进行精密测量。根据迈克耳孙干涉仪原理发展出多种适合不同要求的光学干涉仪。例如，测定表面粗糙度的显微干涉仪，测定光谱线波长的精细结构的法布里－珀罗干涉仪，测定矿井瓦斯含量或潜水艇中二氧化碳含量的气体检测干涉仪，还有泰曼干涉仪、马赫－曾德尔干涉仪等。

例题 15-7 在迈克耳孙干涉仪的两臂中，分别引入 10cm 长的玻璃管，其中一个抽成真空，另一个充以一个大气压的空气，所用单色光的波长为 546nm，在空气逐渐抽出的过程中，观察到 107 条明条纹移动，求空气的折射率。

解 当两臂光程差变化一个波长时，视场中移动一个条纹。当空气管中抽出空气后，两臂光程差的变化

$$\Delta\delta = 2(n-1)e$$

明条纹条数变化满足

$$2(n-1)e=\Delta N\lambda$$

所以
$$n=\frac{\Delta N\lambda}{2e}+1=1.00029$$

*15.6 干涉条纹的可见度 时间相干性与空间相干性

干涉条纹的可见度 干涉条纹的清晰程度常用可见度（也称对比度或衬比度）来定量描述，其定义为干涉图样中明纹的最大强度 I_{max} 和相邻暗纹最小强度 I_{min} 两者之差与两者之和的比值，即

$$V=\frac{I_{max}-I_{min}}{I_{max}+I_{min}} \tag{15-22}$$

I_{max} 与 I_{min} 两者相差越大，可见度越大，条纹越清晰；$I_{max}=I_{min}$ 时，$V\approx 0$，条纹无法辨认。由相干光干涉光强公式（15-1）知

$$I_{max}=I_1+I_2+2\sqrt{I_1I_2}$$
$$I_{min}=I_1+I_2-2\sqrt{I_1I_2}$$

所以

$$V=\frac{2\sqrt{I_1I_2}}{I_1+I_2} \tag{15-23}$$

可以看出，I_1、I_2 越接近，可见度也越大，干涉条纹就越清晰。因此在观察双光束干涉时，要设法使两束相干光光强尽量相等。

影响干涉条纹可见度的因素很多，除了两束光光强影响之外，还有光的单色性和光源的宽度也会产生很大影响。下面就这两种情况展开讨论。

时间相干性 由 15.1 节可知，普通光源所发出的单色光并不是单一频率（或波长）的，它有一定的频率（或波长）范围。假设光源发出波长为 λ 的准单色光，其谱线宽度为 $\Delta\lambda$。为了简便起见，假设各种波长成分具有相同的强度。由于不同波长的光是非相干的，这时观察到的干涉条纹实际上是各种波长成分的光各自形成的干涉条纹的非相干叠加。

1. 光的非单色性对干涉条纹的影响

若使波长范围在 $\lambda-\Delta\lambda/2$ 至 $\lambda+\Delta\lambda/2$ 之间的准单色光垂直照射到图 15-22a 所示的劈尖上，则在劈尖上表面呈现平行于劈棱的干涉条纹，靠近劈棱处，干涉条纹比较清晰，越是远离劈棱，干涉条纹越是模糊，直至完全消失。这是由于光的非单色性所致，下面予以分析说明。

劈尖表面上干涉条纹的形成是上下两表面反射的相干光叠加的结果，由于 $\Delta\lambda$ 范围内不同波长的光都将产生自己的一组干涉条纹，总的条纹是各波长相应的各组条纹的非相干叠加。设 $\Delta\lambda$ 范围内各种波长成分的光强相等，图 15-22c 中画出了各种波长干涉条纹的光强分布。实线曲线表示波长为 $\lambda_1=\lambda-\Delta\lambda/2$ 的光强分布，虚线曲线表示波长为 $\lambda_2=\lambda+\Delta\lambda/2$ 的光强分布，在实线和虚线之间是 λ_1 和 λ_2 间各种波长成分的光强分布，图中无法一一画出，故用点子表示。图 15-22b 所示是各条纹非相干叠加后总光强的分布曲线，由图可见，对于较低级次的条纹，各组条纹重合的情况较好，随着干涉条纹级次的增高，各组条纹的错

位越来越大，以致叠加后条纹趋于模糊。

2. 相干长度

从图 15-22c 中可以看到，干涉条纹消失的位置应该是波长为 $\lambda_1 = \lambda - \Delta\lambda/2$ 的第 $k+1$ 级明纹与波长为 $\lambda_2 = \lambda + \Delta\lambda/2$ 的第 k 级明纹中心重合的位置。由于两波长成分在此位置有相同的光程差，根据光程差与明条纹级次的关系，干涉条纹消失时最大光程差应满足

$$\delta_m = (k+1)\left(\lambda - \frac{\Delta\lambda}{2}\right) = k\left(\lambda + \frac{\Delta\lambda}{2}\right) \tag{15-24}$$

由于 $\Delta\lambda \ll \lambda$，所以可得

$$k = \frac{\lambda}{\Delta\lambda} \tag{15-25}$$

$$\delta_m = \frac{\lambda^2}{\Delta\lambda} \tag{15-26}$$

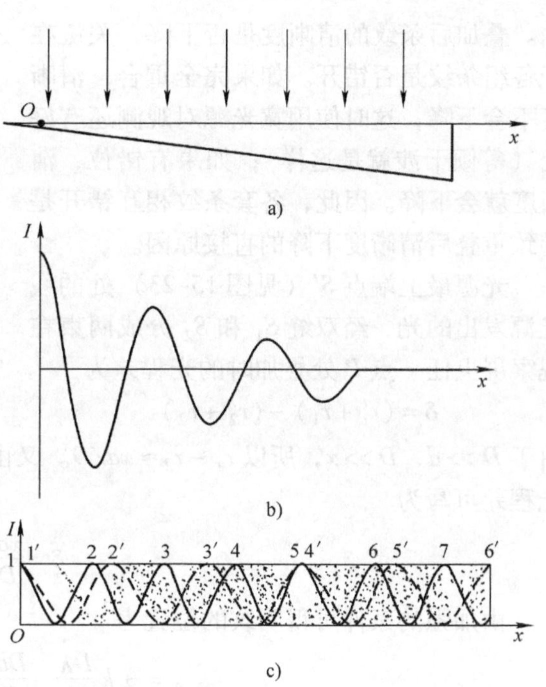

图 15-22 不同波长的光干涉条纹的重叠

以上两式给出了光的非单色性对干涉条纹的影响。$\Delta\lambda$ 越大，光的单色性越差，能观察到的干涉条纹的级次 k 就越小。只有在光程差小于 δ_m 的条件下，才能观察到干涉条纹，δ_m 称为光源的相干长度。

普通光源，如钠光灯、镉灯、汞灯、谱线的宽度 $\Delta\lambda$ 在 10 ~ 0.1nm 的量级，相干长度在 0.1 ~ 10cm 的数量级范围内。氦 - 氖激光器稳频后输出的激光的宽度 $\Delta\lambda$ 可以达到10^{-9}nm，理论上相干长度可达 180km。

相干长度可以从光波列概念和相干光获得来理解，一个波列长度为 L 的光波列一分为二变为两个相干的波列，这两个波列经过不同的路径到达干涉点，如果在该点的两波列的光程差大于波列长度的话，那么两相干波列在该点在时间上已经错开，无法相遇，也谈不上干涉，所以两波列要产生干涉，其最大光程差必须小于波列的长度 L，即

$$\delta_m < L = c\tau \tag{15-27}$$

式中，c 是真空中光速；τ 是原子一次发光持续的时间，叫作相干时间。这种相干特性与相干时间有关，叫作时间相干性。

空间相干性 在实际情况中，光源是有大小的，并不存在真正的点状或线状光源。光源的大小对干涉条纹的可见度（或对比度）是有影响的。实验表明，当光源的宽度逐渐增大时，观察屏上干涉条纹的清晰度将下降，达到一定宽度时，干涉条纹就会消失。另一方面，光源的宽度太小时，相干光的能量太小，也不能产生清晰的可观察的干涉条纹。因此必须选择适当的光源宽度，才能观察到清晰的干涉条纹。这就是光的空间相干性问题。下面以杨氏双缝实验为例，说明光源宽度对干涉条纹可见度的影响以及必须满足的条件。

如图 15-23 所示，设单色缝光源宽度为 b，它可以看作是由许多垂直于图面的线光源组成的，每一线光源都将在观察屏上产生一组双缝干涉条纹。总的条纹是各组条纹的非相干叠

加。叠加后条纹的清晰度是否下降，关键在于各组条纹是否错开。如果完全重合，清晰度不会下降，这时使用宽光源对观测还有好处（等倾干涉就是这样）；如果有错位，清晰度就会下降。因此，各套条纹相互错开是导致重叠后清晰度下降的直接原因。

光源最上端点 S'（见图 15-23）处的线光源发出的光，经双缝 S_1 和 S_2 分成两束在观察屏上任一点 P 处叠加时的光程差为

$$\delta=(r_1'+r_1)-(r_2'+r_2)$$

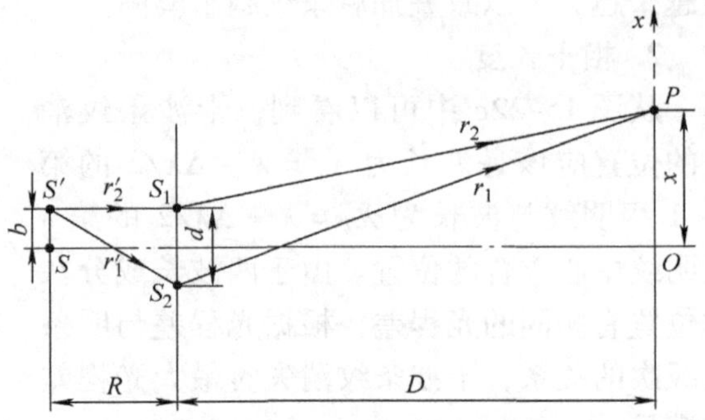

图 15-23 带状光源的双缝干涉

由于 $D>>d$，$D>>x$，所以 $r_1-r_2\approx xd/D$。又由于 $R>>d$，$R>>b$，所以 $r_1'-r_2'\approx bd/R$。于是光程差可写为

$$\delta=\frac{xd}{D}+\frac{bd}{R}$$

由加强的条件可得明纹的位置为

$$x=\pm k\frac{D\lambda}{d}-\frac{Db}{R},\ k=0,1,2,\cdots \tag{15-28}$$

根据式（15-6），光源最下端 S 处的线光源在观察屏上产生明条纹的位置为 $x=\pm kD\lambda/d$，$k=0$，1，2，…。与式（15-28）比较，可发现 S' 和 S 产生的干涉图样相同，只是 S' 产生的干涉条纹相对 x 产生的条纹而言向 x 轴反方向平移了 Db/R 的距离，即两个图样错开了 Db/R 的距离。同理，光源上每一线光源在观察屏上产生的干涉条纹图样都相同，只是 x 方向错开一定的距离，这距离的大小视线光源距 S 多远而定。可以想到，这许多错开的图样非相干叠加后的清晰度必然下降。

干涉条纹完全消失时，光源的宽度叫作极限宽度，以 b_0 表示。干涉条纹完全消失的条件是

$$\frac{Db_0}{R}=\frac{D\lambda}{d}$$

从而有

$$b_0=\frac{R\lambda}{d} \tag{15-29}$$

实际上为了观察足够清晰的干涉条件，一般要求光源的宽度不大于 $b_0/4$，即

$$b\leqslant\frac{1}{4}\frac{R\lambda}{d} \tag{15-30}$$

可见，光源极限宽度与 D 无关，这表明当光源的宽度 $b<b_0$ 时，双缝后任一距离 D 处的屏上（$D>>d$）都能看到干涉条纹。随着光源宽度的增加，干涉条纹的清晰度将要下降。当 $b=b_0$ 时干涉条纹消失。换句话说，在 $b<b_0$ 时，S_1、S_2 两子波源是相干的（实际是部分相干），在 $b=b_0$ 时，两子波源变成不相干了。

应该指出，如果采用激光光源，激光模式（横模）对干涉条纹可见度的影响则是空间相干性主要讨论的内容。

本章提要

光波的相干条件和相干叠加

光波的相干条件是光矢量振动的频率相同、振动方向相同、相位相同或相位差恒定。满足相干条件的两束光的叠加是相干叠加，其合成光强为

$$I = I_1 + I_2 + 2\sqrt{I_1 I_2}\cos\Delta\varphi$$

$$\Delta\varphi = 2\pi\frac{\delta}{\lambda} = \begin{cases} \pm 2k\pi, & \text{加强} \\ \pm(2k+1)\pi, & \text{减弱} \end{cases}$$

式中，δ 为两相干光速之间的光程差。即

$$\delta = \begin{cases} \pm k\lambda, & k=0,1,2,\cdots \quad \text{加强,明纹} \\ \pm\left(k+\dfrac{1}{2}\right)\lambda, & k=0,1,2,\cdots \quad \text{减弱,暗纹} \end{cases}$$

杨氏双缝干涉

$$\delta = \frac{2ax}{D}$$

薄膜干涉（反射光干涉）

$$\delta = 2e\sqrt{n_2^2 - n_1^2\sin^2 i} + \frac{\lambda}{2}$$

是否有 $\lambda/2$ 取决于 n_1、n_2 相互间的大小关系。

劈尖干涉

$$\delta = 2ne + \frac{\lambda}{2}$$

牛顿环

明环　$r_k = \sqrt{\left(k-\dfrac{1}{2}\right)R\lambda}$　　$k=1,\ 2,\ \cdots$

暗环　$r_k = \sqrt{kR\lambda}$　　$k=0,\ 1,\ 2,\ \cdots$

迈克耳孙干涉仪

$$\Delta d = \Delta N\frac{\lambda}{2}$$

干涉条纹可见度、时间相干性、空间相干性

干涉条纹可见度

$$V = \frac{I_{\max} - I_{\min}}{I_{\max} + I_{\min}}$$

时间相干性

最大光程差 $\delta_{\mathrm{m}} = \dfrac{\lambda^2}{\Delta\lambda}$

最大干涉级次 $k = \dfrac{\lambda}{\Delta\lambda}$

空间相干性　光源极限宽度 $b_0 = \dfrac{R\lambda}{d}$

习　题

15-1　在杨氏双缝实验中，当做如下调节时，观察屏上的干涉条纹将如何变化？试说明理由。

(1) 保持双缝间的距离不变，使双缝与观察屏之间的距离逐渐减小；

(2) 将单色缝光源 S 改成复色缝光源；

(3) 用一片云母片盖住两缝中的任一个；

(4) 整个杨氏双缝实验装置放入水中。

15-2　回答下列问题：

(1) 若原子一次发光持续的时间为10^{-8}s，问对于 520nm 的绿色光，一个波列中有多少个波数？

(2) 白光照射在窗玻璃上，人们观察不到干涉现象，为什么？

(3) 在白光照射下，常可看到肥皂膜和肥皂泡呈现彩色花纹。当有黑色斑纹出现时，即预示着泡膜即将破裂，为什么？

(4) 在用单色光照射观察牛顿环的装置中，如果在垂直于平玻璃板的方向移动平凸透镜，那么，当透镜离开或接近平玻璃板时，牛顿环发生什么变化？为什么？

15-3　如题 15-3 图所示，若劈尖上表面向上平移（见题 15-3 图 a），干涉条纹会发生怎样的变化？若劈尖上表面向右方平移（见题 15-3 图 b），干涉条纹又会发生怎样的变化？若劈尖的角度增大（见题 15-3 图 c），干涉条纹又将发生怎样的变化？

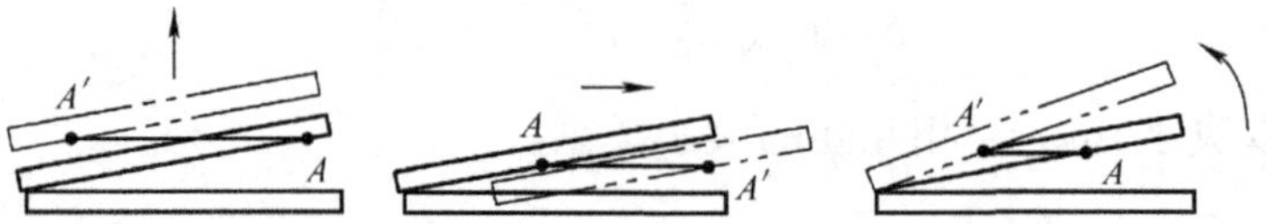

题 15-3 图

15-4　在迈克耳孙干涉仪和牛顿环实验中的圆条纹均是从中心向外由疏到密的明暗相间的同心圆，试说明这两种干涉条纹不同之处，若增加空气薄膜的厚度，这两种条纹将如何变化？为什么？

15-5　在空间某点射入几何路程差 $l=1.2\mu m$ 的相干光，其在真空中波长 $\lambda=0.6\mu m$，试问当光线所通过的介质折射率分别为 $n_1=1.0$，$n_2=1.25$，$n_3=1.50$ 时，在该点的干涉是加强还是减弱，要求列式计算。

15-6　由汞弧灯发出的光，通过一绿色滤光片后，照射到相距为 0.60mm 的双缝上，在距双缝 2.5m 远处的屏幕上出现干涉条纹。现测得相邻两明条纹中心的距离为 2.27mm。求：

(1) 入射光的波长；

(2) 第 3 级暗纹到中央明纹中心的距离。

15-7　在双缝装置中，用一块薄云母盖住其中的一条缝，已知云母的折射率为 1.58，发现第七条明纹极大恰好位于原中央零级明纹处，若入射光波长为 550nm，求云母片的厚度。

15-8　用复色光源做双缝实验。这种复合光由两种波长的光构成，$\lambda_1=550$nm。已知双缝间距为 0.60mm，屏与缝的距离为 1.20m，求屏上 λ_1 的第 3 级明纹极大的位置。如果屏上 λ_1 的第 6 级明纹极大和未知波长的第 5 级明纹重合，求未知光的波长。

15-9　一菲涅耳双棱镜干涉仪，如题 15-9 图所示。棱镜的顶角 A 非常小。由狭缝 S_0 发出的光，通过双棱镜后分成两束相干光，可把这两束相干光看作分别由虚光源 S_1 和 S_2 直接发出。S_1 和 S_2 之间的距离为 $d=2aA(n-1)$，其中 a 表示狭缝到双棱镜之间的距离，n 表示棱镜材料的折射率。若 $n=1.5$，$A=6'$，$a=20$cm。试求：

(1) 两虚光源之间的距离；

（2）用波长为500nm的绿光照射狭缝S_0，在距离棱镜$b=2\text{m}$的屏幕上干涉条纹的间距。

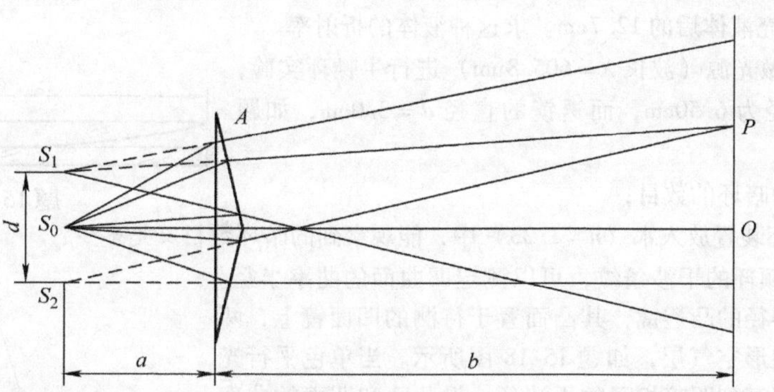

题15-9图

15-10 空气中有一折射率为1.33，厚度均匀的肥皂膜，当与肥皂膜的法线成35°角的方向观察时，薄膜呈现波长500nm的绿色。求：

（1）肥皂膜的最小厚度；

（2）如果垂直于薄膜注视时，薄膜将呈现何种颜色？

15-11 一层油膜覆盖在玻璃板上，油膜的折射率为1.30，玻璃的折射率为1.50。波长连续可调的单色平面光波垂直照射油膜，可观察到500nm和700nm这两个单色光在反射中消失。试求油膜的厚度。

15-12 利用空气劈尖的等厚干涉条纹，可测量经精密加工后工件表面上极小纹路的深度。如题15-12图所示，在工件表面上放一平板玻璃，使其间形成空气劈尖，以单色光垂直照射玻璃表面，用显微镜观察干涉条纹。由于工件表面不平，观察到的条纹如图所示，试根据条纹的弯曲方向，说明工件表面上的纹路是凹的还是凸的？并证明纹路的深度或高度可用下式表示：

$$H=\frac{a}{b}\cdot\frac{\lambda}{2}$$

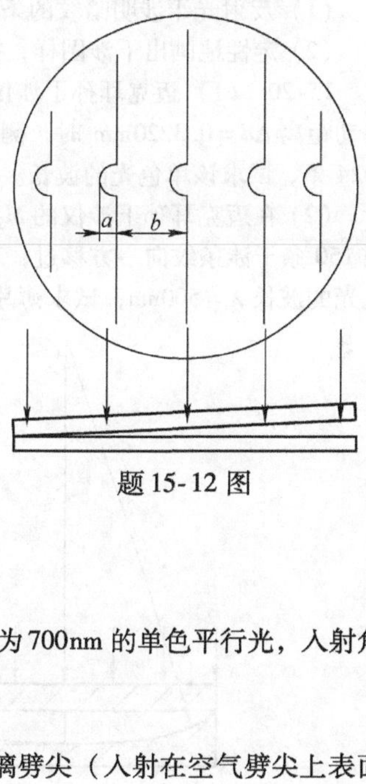

题15-12图

15-13 如题15-13图所示，牛顿环装置由三种透明材料组成，各种材料的折射率不同。试问由此而形成的牛顿环的形状如何？

15-14 两块长10cm平玻片，一端接触，另一端被直径为0.045cm的金属丝分开。用镉灯光（波长$\lambda=643.8\text{nm}$）垂直照射到平玻片上，求：

（1）平玻片上出现的明条纹数目；

（2）相邻的两暗纹之间的距离。

15-15 一玻璃劈尖末端的厚度$h=0.005\text{cm}$，折射率为1.5。今以波长为700nm的单色平行光，入射角为30°角射向劈尖上表面，如题15-15图所示。试求：

（1）在玻璃劈尖的上表面所形成的干涉明条纹的数目；

（2）若以尺寸完全相同的由两平玻璃片形成的空气劈尖代替上述的玻璃劈尖（入射在空气劈尖上表面上的入射角仍为30°），则所产生的干涉条纹的数目又是多少？

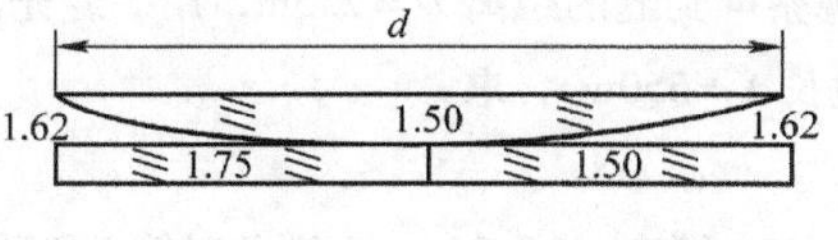

题15-13图

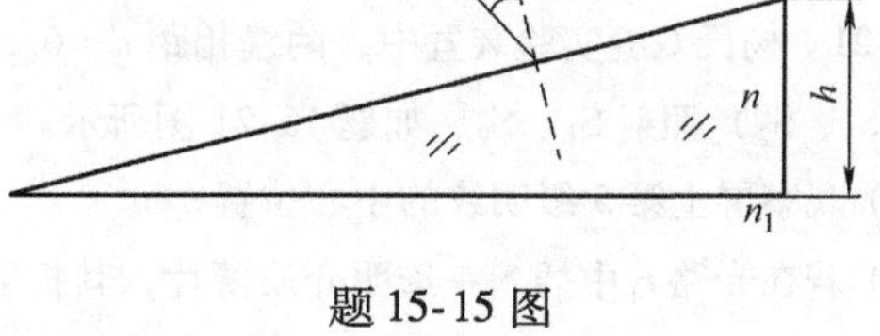

题15-15图

15-16　在牛顿环装置的平凸透镜与平玻璃板之间充以某种液体，观察到第 10 个明环的直径由充液体前的 14.8cm 改变成充液体后的 12.7cm。求这种液体的折射率。

15-17　以氖灯做光源（波长 $\lambda=605.8\text{nm}$）进行牛顿环实验，平凸透镜的曲率半径为 6.50cm，而透镜的直径 $d=3.0\text{cm}$，如题 15-17 图所示。求：

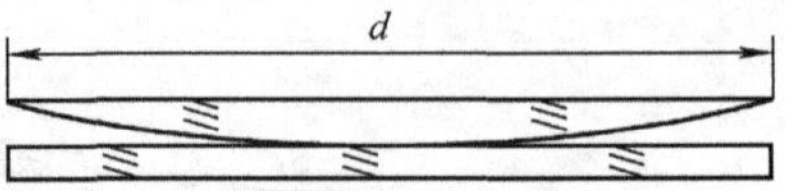

题 15-17 图

（1）能观察到的暗环的数目；

（2）若把牛顿环装置放入水（$n=1.33$）中，能观察到的暗环数目又是多少？

15-18　利用牛顿环的干涉条纹，可以测定凹曲面的曲率半径。方法是将已知曲率半径的凸透镜，其凸面置于待测的凹面镜上，两镜面之间即形成劈尖形空气层，如题 15-18 图所示。当单色平行光垂直照射时，可以观察到明暗相间的干涉环。设凸面和凹面的曲率半径分别为 R_1 和 R_2，照射光的波长为 λ。试证明第 k 级暗环的半径 r_k 满足下列关系式：

$$r_k=\sqrt{\frac{R_1R_2}{R_2-R_1}k\lambda}$$

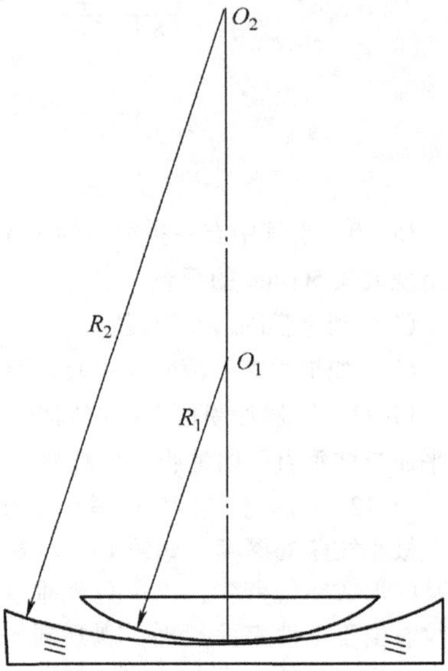

题 15-18 图

15-19　如题 15-19 图 a 所示，曲率半径为 R 的凹柱面透镜，其上覆盖一平玻璃板，中心点空气层的厚度为 d。今以波长为 λ 的单色平行光垂直入射，观察反射光的干涉图样。求：

（1）反射光干涉明暗纹的条件；

（2）定性地画出干涉图样，并与题 15-19 图 b 所示的情况比较。

15-20　（1）迈克耳孙干涉仪可用来测量单色光的波长。当 M_2 移动距离 $\Delta d=0.3220\text{mm}$ 时，测得某单色光的干涉条纹移过 $\Delta N=1024$ 条，试求该单色光的波长。

（2）在迈克耳孙干涉仪的 M_2 镜前，插入一透明薄片时，可观察到 150 条干涉条纹向一方移过，若薄片的折射率 $n=1.632$，所用单色光的波长 $\lambda=500\text{nm}$，试求薄片的厚度。

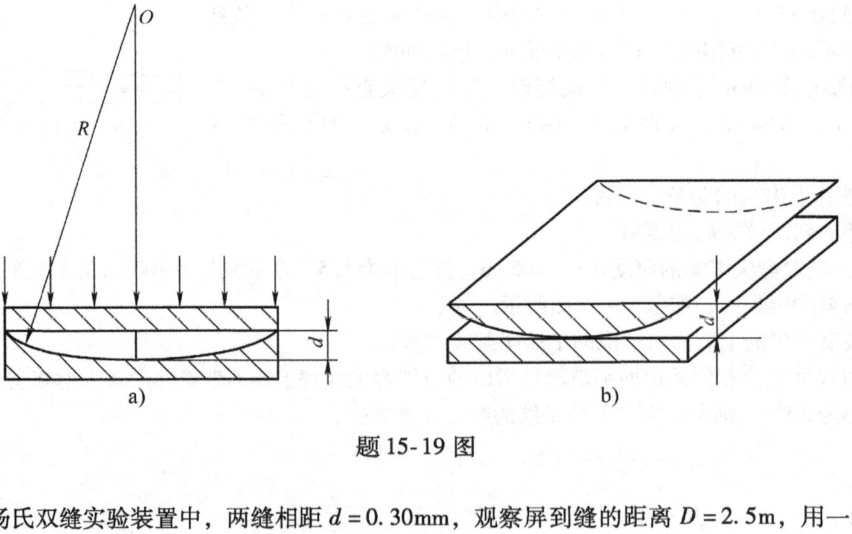

题 15-19 图

15-21　杨氏双缝实验装置中，两缝相距 $d=0.30\text{mm}$，观察屏到缝的距离 $D=2.5\text{m}$，用一缝光源 S（S 平行于 S_1、S_2）照射 S_1、S_2，如题 15-21 图所示。光波的波长 $\lambda=550\text{nm}$，求：

（1）观察屏上第 5 级明纹的中心位置；

（2）若在光路 r_1 中插入一透明介质薄片，其折射率 $n=1.58$，厚度 $e=0.01\text{mm}$，则此时第 5 级明纹的中心位置在何处？

*（3）若光源S距狭缝 $R=0.50\mathrm{m}$，光源的极限宽是多少？

*（4）若入射光的波长在550~650nm的范围内，最多能看到第几级明纹？最大光程差是多少？

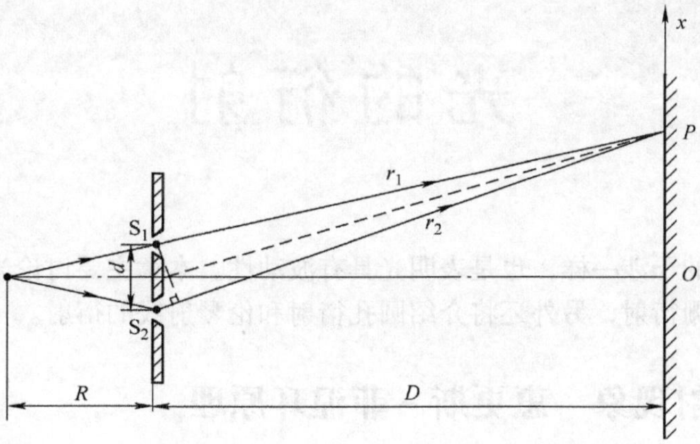

题15-21图

15-22　（1）光的单色性越好，其相干性也越好。试从相干长度的概念说明。题15-22图所示为干涉条纹的光强分布。

（2）如果在杨氏双缝实验中，用钨丝白炽灯作为光源，屏幕上观察到第十级明条纹，据此求出光源所发光波的相干长度和谱线宽度。（白光中，对眼睛灵敏度最大的光波波长是550nm，常以此作为白光的中心波长或平均波长。）

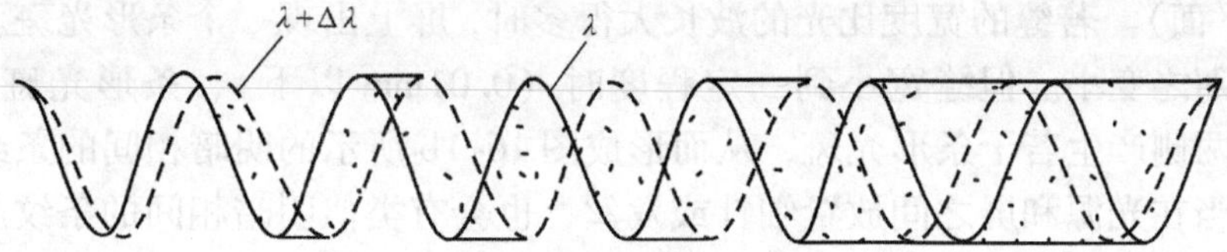

题15-22图

第 16 章

光的衍射

光的衍射与光的干涉一样，也是表明光具有波动性。本章主要讨论光的衍射现象，着重介绍单缝衍射、光栅衍射，另外还将介绍圆孔衍射和伦琴射线的衍射。

16.1 光的衍射现象 惠更斯 - 菲涅耳原理

光的衍射现象 在机械波一章中已经指出，波在传播过程中遇到障碍物时，能绕过障碍物的边缘而偏离直线传播的现象叫作波的衍射现象。当障碍物的线度与波长的数量级接近时，衍射现象更为显著。如声波绕过门窗，无线电波绕过高山等。光波也存在衍射现象，但是由于光的波长甚短，在一般光学实验中，衍射现象不明显（如光学系统成像）。只有当障碍物的线度比光的波长大得不多或可比拟时，才能观察到光波的衍射现象，如小孔、狭缝、细针、毛发、小圆屏等。如图 16-1 所示，S 为光源，K 为宽度可调节的狭缝，E 为观察屏（均垂直于纸平面）。若缝的宽度比光的波长大得多时，屏上出现一个条形光斑。当缝宽变小时，条形光斑随之变小。但缝宽小到一定程度时（0.01mm 以下），条形光斑非但不缩小，反而在其上下两侧产生若干条形光斑，从而形成图 16-1b 所示的明暗相间的条纹。这就是光的衍射现象。当在光源和屏之间放置细针或发丝，也会有类似明暗相间的条纹产生。这些现象是无法用光的直线传播性质来解释的。

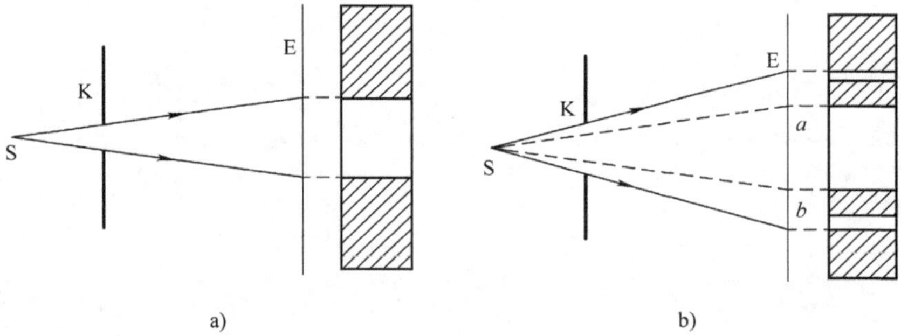

图 16-1 光的衍射现象

a）缝宽比波长大得多，光可看成直线传播 b）缝宽与波长接近时，出现衍射条纹

1818 年法国巴黎科学院举行了以解释衍射现象为内容的有奖竞赛，年轻的菲涅耳出人意料地取得了优胜。当时推崇牛顿微粒说有著名的毕奥、拉普拉斯、泊松等人。但菲涅耳的次波相干叠加新观点具有极大的说服力，之后泊松又仔细审核了菲涅耳理论，并用于圆盘衍射，导致了圆盘中心轴线上应有亮斑这样一个当时似乎不可思议甚至离奇的结论，但实验证

实了这一惊人发现。从而光学进入了波动学说的兴旺时期。

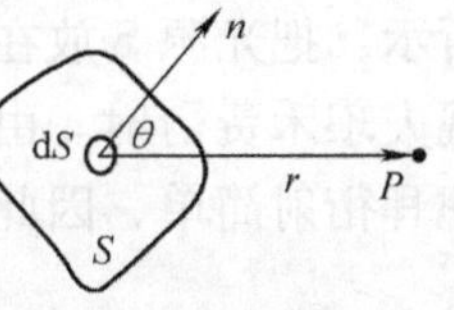

图16-2　惠更斯-菲涅耳原理说明用图

惠更斯-菲涅耳原理　惠更斯原理是说，介质中波动传到的各点，都可以看成是发射子波的波源（称子波源），在其后的任一时刻，这些子波的包迹就决定了新的波阵面。但是惠更斯原理不能说明衍射现象中明暗条纹的产生，即不能说明空间各处光强的分布情况。菲涅耳运用波的叠加和干涉原理，给惠更斯原理做了补充。他认为从同一波阵面上各点所发出的子波，经传播而在空间某点相遇时，也可相互叠加而产生干涉现象。这一思想称为惠更斯-菲涅耳原理。如图16-2所示，波阵面 S 上的波面分成若干个小面元 dS，则每一个面元都看作子波波源，把这些子波源发出的子波在 P 点引起的光振动叠加起来，就可得到 P 点处的光强。从 dS 发出的子波在 P 点引起光振动的振幅与面元 dS 的大小成正比，与从 dS 到点 P 的距离 r 成反比，并与 dS 的法线之间的夹角 θ 有关，这种关系可用 $K(\theta)$ 表示。由于 $K(\theta)$ 是由 dS 取向的倾斜所引起的，所以叫作倾斜因子。同时，菲涅耳还假设，当 $\theta \geqslant \frac{\pi}{2}$ 时，$K(\theta)=0$，即没有后向波，子波不可能向后传播。当 $\theta=0$ 时，$K(\theta)$ 最大，可取作1，即沿原波传播方向的子波振幅最大。若取 $t=0$ 时刻波阵面 dS 上各点发出的子波初相为零，则面元 dS 在 P 点引起的光振动可表示为

$$dE = CK(\theta)\frac{dS}{r}\cos\left(\omega t - \frac{2\pi r}{\lambda}\right) \tag{16-1}$$

式中，C 为比例系数。由子波相干叠加得到 P 点处的合振动为

$$E(P) = \int_S \frac{CK(\theta)}{r}\cos\left(\omega t - \frac{2\pi r}{\lambda}\right)dS \tag{16-2}$$

这就是惠更斯-菲涅耳原理的数学表达式。一般说来，除了简单情况以外，要完成这一积分运算是相当复杂的，所以处理衍射问题还有较为简单的分带法和振幅矢量法。

惠更斯-菲涅耳原理可以成功解释光的衍射现象。假设波面 S 处出现波面的破缺，例如一个无限大的障碍物上有一个长度量级和波长可比的圆孔或狭缝，则根据惠更斯-菲涅耳的子波相干叠加的观点可以解释光线绕过障碍物边缘传播并在前方有衍射条纹的形成。

夫琅禾费衍射和菲涅耳衍射　通常衍射实验装置由光源、衍射物、观察屏三部分组成。根据它们之间相互位置的远近可以将衍射分为两类。一类是光源S和观察屏距衍射物K为有限远，或其中之一为有限远，这类衍射叫作菲涅耳衍射，如图16-3a所示；另一类是光源S和观察屏E距衍射物K均为无限远，这类衍射叫作夫琅禾费衍射，如图16-3b所示；在实验中，用两个会聚透镜来实现光源到衍射物和衍射物到观察屏之间的无限远，即如图16-3c

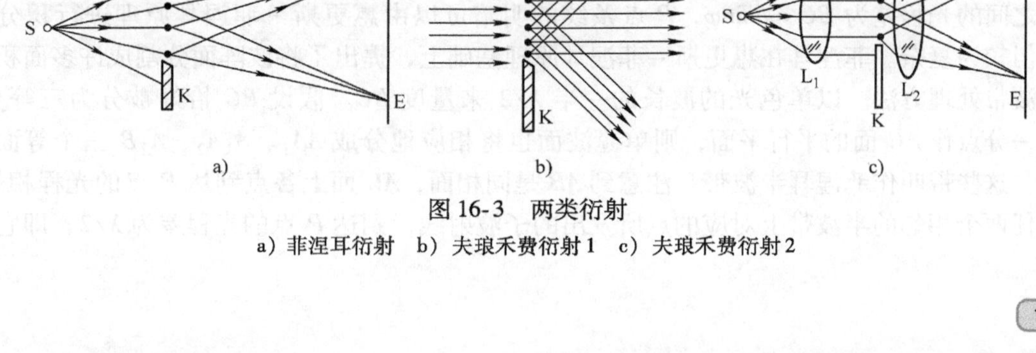

图16-3　两类衍射
a）菲涅耳衍射　b）夫琅禾费衍射1　c）夫琅禾费衍射2

所示，把光源 S 放在透镜 L_1 的焦点（或焦平面上），观察屏置于 L_2 的焦平面上，就可以实现夫琅禾费衍射。由于夫琅禾费衍射在实际应用和理论上都十分重要，而且处理方法也比菲涅耳衍射简单，因此本章只讨论夫琅禾费衍射。

16.2 夫琅禾费单缝衍射

夫琅禾费单缝衍射的实验装置如图 16-4 所示。平行于狭缝 K 的线光源置于透镜 L_1 的主焦平面上。当平行光垂直地射在单缝 K 上时，衍射光经透镜 L_2 会聚于与 L_2 主焦面重合的观察屏 E 上，在屏上能观察到明暗相间的衍射条纹，如图 16-5 所示。

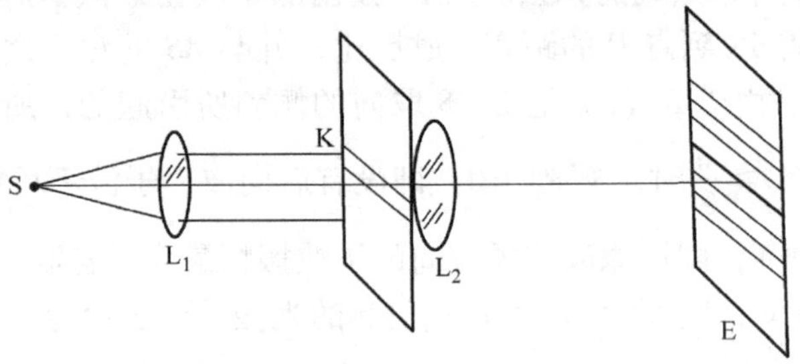

图 16-4 夫琅禾费单缝衍射的实验装置

图 16-5 单缝衍射条纹

现在来解释衍射条纹的形成。在图 16-6a 中，AB 为狭缝，其缝宽为 a，狭缝宽度比长度小很多。根据惠更斯 - 菲涅耳原理，波面 AB 上每一点（例如 A、A_1、A_2、A_3、B）都可以看作是发射子波的波源，它们向各个方向发出子波。其中与缝面法线方向平行的一组子波射线经透镜 L_2 会聚于屏 E 上 P_0 点。与法线方向成 φ 角（φ 角叫作衍射角）的一组子波射线经透镜 L_2 会聚于 E 上 P 点，不同衍射角的每一组射束都会会聚于 E 上不同点。波面上各个子波源发出的相同衍射角的子波在屏 E 上的不同点而叠加，从而在屏上会出现光强不均匀分布，即形成明暗相间的条纹。对于 $\varphi=0$ 的会聚于 P_0 点的子波射束，由于波面 AB 上各点的相位相同和透镜的等光程性，所以 P_0 点为相长干涉。从而在屏 E 上形成与缝面平行的明条纹，叫作中央明纹（也称中央明纹极大）。对于衍射角为 φ 的衍射光束经过透镜后，聚焦在屏上 P 点，从狭缝边缘 A、B 两点射出的衍射光线之间的光程差为 $BC=a\sin\varphi$，P 点条纹的明暗可以由惠更斯 - 菲涅耳原理进行积分计算，但较为复杂。菲涅耳在惠更斯 - 菲涅耳原理基础上，提出了将波阵面分割成许多面积相等的波带处理方法。以单色光的波长的一半 $\lambda/2$ 来量度 BC。假设 BC 恰好被分为三等分，过每一分点作 AC 面的平行平面，则单缝波面也将相应地分成 AA_1、A_1A_2、A_2B 三个等面积的带，这些带叫作菲涅耳半波带。注意到 AB 是同相面，AC 面上各点到达 P 点的光程相等，所以任两个相邻的半波带上对应的点所发出的子波射线，到达 P 点的光程差为 $\lambda/2$，即它们

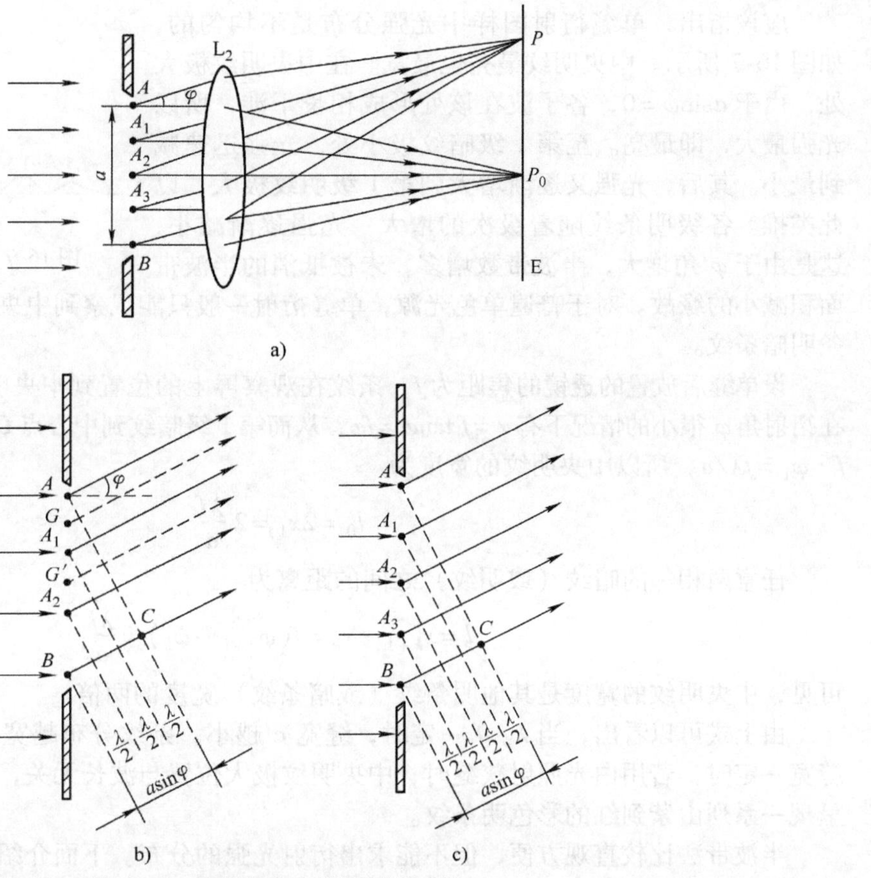

图 16-6　单缝衍射和菲涅耳半波带

到达 P 点是反相位的（例如 AA_1 中的 G 点和 A_1A_2 中的 G' 点）。这样，相邻半波带中每两对应点发出的子波在 P 点叠加而相互抵消，只留下一个半波带的作用，因此 P 点处出现明条纹。同理，若波面 AB 恰被分成 1、3、5、7、⋯ 奇数个半波带时，每个半波带发出的子波在 P 点处互相叠加，总会留下一个未被抵消的半波带，叠加的结果也是明条纹。如果波面 AB 恰好被分为偶数个半波带，如图 16-6c 所示。由以上分析可知，相邻半波带的叠加相互抵消，在屏上 P 点总的叠加结果为相消干涉，P 点处将出现暗条纹。如果波面 AB 不能分成整数个半波带，则观察屏上相应处的亮度将介于最明和最暗之间。

根据前面的分析可知，当 φ 满足

$$a\sin\varphi = \pm 2k\frac{\lambda}{2},\ k=1,2,\cdots \tag{16-3}$$

时，为暗条纹。$k=1$，2，⋯分别对应于第 1 级衍射暗条纹，第 2 级衍射暗条纹，⋯。式中正负号表示各级暗条纹对称地分布于中央明纹 P_0 点两侧。两个第 1 级（$k=\pm1$）暗纹之间的区域为中央明纹范围，即 $-\lambda < a\sin\varphi < \lambda$，两个第 1 级暗纹之间的距离为中央明纹的宽度。

当 φ 满足

$$a\sin\varphi = \pm(2k+1)\frac{\lambda}{2},\ k=1,2,\cdots \tag{16-4}$$

时为明条纹。$k=1$，2，⋯ 分别对应于第 1 级衍射明条纹，第 2 级衍射明条纹，⋯。

应该指出，单缝衍射图样中光强分布是不均匀的，如图 16-7 所示。中央明纹最亮也最宽。在中央明纹极大处，由于 $a\sin\varphi=0$，各子波在该处形成相长干涉，所以光强最大，即最亮。至第 1 级暗纹极小处，光强迅速减到最小。其后，光强又逐渐增大到第 1 级明纹极大，以此类推。各级明条纹随着级次的增大，光强逐渐减小，这是由于 φ 角增大，半波带数增多，未被抵消的半波带面积减小的缘故。对于普遍单色光源，单缝衍射一般只能观察到中央明纹附近为数不多的几条明暗条纹。

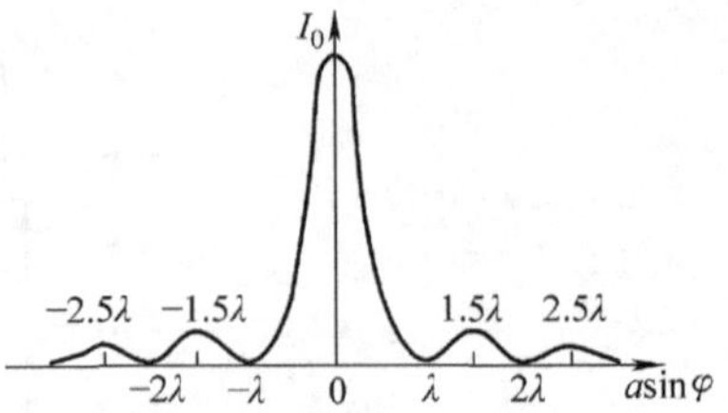

图 16-7 单缝衍射光强分布

设单缝后放置的透镜的焦距为 f，条纹在观察屏上的位置到中央明纹中心 O 的距离为 x，在衍射角 φ 很小的情况下有 $x=f\tan\varphi=f\varphi$，从而第 1 级暗纹到中心点 O 的距离为 $x_1=f\tan\varphi_1=f\cdot\varphi_1=f\lambda/a$，所以中央明纹的宽度为

$$l_0=2x_1=2\frac{\lambda f}{a} \tag{16-5}$$

任意两相邻的暗纹（或明纹）之间的距离为

$$l=x_{k+1}-x_k=f(\varphi_{k+1}-\varphi_k)=\frac{\lambda f}{a} \tag{16-6}$$

可见，中央明纹的宽度是其他明条纹（或暗条纹）宽度的两倍。

由上式可以看出，当 λ、f 一定时，缝宽 a 越小，条纹分布越宽，衍射作用越明显。当缝宽一定时，若用白光照射狭缝时，中央明纹极大位置与波长无关，仍为白色，而在两侧则呈现一系列由紫到红的彩色明条纹。

半波带法比较直观方便，但不能求出衍射光强的分布。下面介绍根据惠更斯－菲涅耳原理来计算夫琅禾费单缝衍射条纹位置及其强度的处理方法和结果。

如图 16-8 所示，AB 为狭缝截面，缝宽为 a。设单色平行光垂直照射单缝，入射光的波长为 λ。取缝面中心点为坐标原点，x 轴方向向下。若在中心点 O 附近取宽度为 $\mathrm{d}x$，面积为 $\mathrm{d}S$ 的中央小面元，该面元发出的衍射角为 φ 的光波到达 P 点的振动方程为

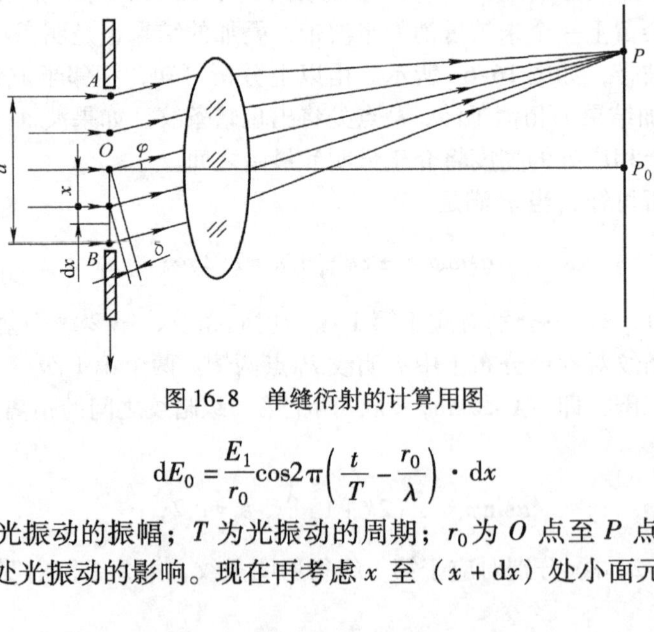

图 16-8 单缝衍射的计算用图

$$\mathrm{d}E_0=\frac{E_1}{r_0}\cos 2\pi\left(\frac{t}{T}-\frac{r_0}{\lambda}\right)\cdot\mathrm{d}x$$

式中，E_1 为面元上光振动的振幅；T 为光振动的周期；r_0 为 O 点至 P 点的光程。式中略去了倾斜因子对 P 点处光振动的影响。现在再考虑 x 至（$x+\mathrm{d}x$）处小面元发出的衍射角为 φ

的光波到达 P 点的振动方程。因为它发出的光波与中央面元发出的光波的光程差为 $\delta = x\sin\varphi$，所以这小面元发出的光波到达 P 点的振动方程为

$$\mathrm{d}E = \frac{E_1}{r_0 + \delta}\cos 2\pi\left(\frac{t}{T} - \frac{r_0 + x\sin\varphi}{\lambda}\right)\mathrm{d}x$$

注意到当 $r_0 >> \delta$ 时，$1/(r_0+\delta) \approx 1/r_0$。设中央面元发出的光波在 P 点的振幅为 $E'_0 = E_1/r_0$，则

$$\mathrm{d}E = E'_0\cos 2\pi\left(\frac{t}{T} - \frac{r_0 + x\sin\varphi}{\lambda}\right)\mathrm{d}x$$

整个缝上波面发出的光波到达 P 点的合振动方程为

$$\begin{aligned} E &= \int_{-\frac{a}{2}}^{\frac{a}{2}} E'_0\cos 2\pi\left(\frac{t}{T} - \frac{r_0 + x\sin\varphi}{\lambda}\right)\mathrm{d}x \\ &= \int_{-\frac{a}{2}}^{\frac{a}{2}} E'_0\cos 2\pi\left(\frac{t}{T} - \frac{r_0}{\lambda} - \frac{x\sin\varphi}{\lambda}\right)\mathrm{d}x \\ &= E'_0\cos 2\pi\left(\frac{t}{T} - \frac{r_0}{\lambda}\right)\int_{-\frac{a}{2}}^{\frac{a}{2}}\cos\frac{2\pi x\sin\varphi}{\lambda}\mathrm{d}x + E'_0\sin 2\pi\left(\frac{t}{T} - \frac{r_0}{\lambda}\right)\int_{-\frac{a}{2}}^{\frac{a}{2}}\sin\frac{2\pi x\sin\varphi}{\lambda}\mathrm{d}x \end{aligned}$$

上式中第二项积分为零，最后可得

$$E = E'_0 a\frac{\sin\frac{\pi a\sin\varphi}{\lambda}}{\frac{\pi a\sin\varphi}{\lambda}}\cos 2\pi\left(\frac{t}{T} - \frac{r_0}{\lambda}\right)$$

令

$$\frac{\pi a\sin\varphi}{\lambda} = u \tag{1}$$

于是 P 点合振动的振幅为

$$A = A_0\frac{\sin u}{u}$$

式中，$A_0 = E'_0 a$。光的强度为

$$I = I_0\frac{\sin^2 u}{u^2} \tag{2}$$

由式（1）和式（2）可以得出条纹的分布：

1）对于暗条纹而言，$I=0$，由式（2）知，$\sin u = 0$，即 $u = \pm k\pi$；再由式（1）得暗条纹的条件为

$$a\sin\varphi = \pm k\lambda, k = 1, 2, \cdots$$

这与菲涅耳半波带法所得到的式（16-3）完全一致。

2）对中央明条纹而言，由于 $\varphi = 0$，由式（1）知，$u = 0$，再由式（2）知，$I = I_0$，光的强度为最大。

3）对于其他各级明条纹，光强应具有极大值，按照求极值的条件，可得

$$\frac{\mathrm{d}I}{\mathrm{d}u} = I_0\frac{\mathrm{d}}{\mathrm{d}u}\left(\frac{\sin^2 u}{u^2}\right) = 0$$

从而得到

$$\tan u = u$$

利用解析作图法可得到上式的解为

$$u = \pm 1.430\pi,\ \pm 2.451\pi, \cdots$$

再由式（1）得

$$a\sin\varphi = \pm 1.430\lambda,\ \pm 2.451\lambda, \cdots$$

这些结果与式（16-4）略有出入，表明式（16-4）只是一种近似的公式，菲涅耳半波带法是一种近似处理方法。表16-1给出了两种方法的结果比较。

表16-1 半波带法与理论计算比较

衍射图样	$a\sin\varphi$（半波带法）	$a\sin\varphi$（理论计算）	相对光强
中央明条纹	0	0	1.000
第1级明条纹	1.50λ	1.430λ	0.0472
第2级明条纹	2.50λ	2.451λ	0.0265
第3级明条纹	3.50λ	3.471λ	0.0083

例题16-1 在宽度为 $a=0.60\text{mm}$ 的狭缝后放置一焦距 $f=40\text{mm}$ 的凸透镜，若以单色平行光垂直照射狭缝，则在置于透镜焦平面处的屏幕上，距中央明纹中心为 1.6mm 处观察到红色明条纹。求：

（1）单色光的波长；

（2）中央明条纹的宽度；

（3）第2级明条纹对应的衍射角。

解 （1）因为观察到的是明条纹，所以，

$$a\sin\varphi = (2k+1)\frac{\lambda}{2}$$

当 φ 角很小时，$\sin\varphi \approx \tan\varphi = x/f$，因此有

$$\lambda = \frac{2ax}{(2k+1)f}$$

式中 $a=0.060\text{cm}$，$x=0.16\text{cm}$，$f=40\text{cm}$。

当 $k=1$ 时，$\lambda_1 = 16.0\times10^{-5}\text{cm}$

当 $k=2$ 时，$\lambda_2 = 9.60\times10^{-5}\text{cm}$

当 $k=3$ 时，$\lambda_3 = 6.86\times10^{-5}\text{cm}$

当 $k=4$ 时，$\lambda_4 = 5.33\times10^{-5}\text{cm}$

可见，入射单色光的波长 $\lambda=\lambda_3=6.86\times10^{-5}\text{cm}$，符合题意。

（2）中央明纹的宽度

$$l_0 = \frac{2\lambda f}{a} = \frac{2\times6.86\times10^{-5}\times40}{0.060}\text{cm} = 9.15\times10^{-2}\text{cm}$$

（3）第2级明纹对应的衍射角，由明纹条件得

$$a\sin\varphi_2 = (2k+1)\frac{\lambda}{2}$$

式中，$k=2$，所以

$$\varphi_2 = \arcsin\frac{(2k+1)\lambda}{2a} = \arcsin\frac{5\times6.86\times10^{-5}}{2\times0.060} = 0.164°$$

16.3 光栅衍射

利用单缝衍射可以测量可见光的波长。为了能观察到清晰的衍射条纹，缝的宽度要小，但是这样会使得通过单缝的光强减小，明纹亮度减弱，反而不容易观察。利用多缝衍射测量波长就可以克服单缝衍射的这一弱点。

光栅衍射现象 由大量等宽等间距的平行狭缝构成的光学器件称为光栅。一般常用的光栅是在玻璃片上刻出大量平行等间距的刻痕制成，刻痕为不透光部分，两刻痕之间的光滑部分可以透光，相当于一狭缝。精制的光栅在1cm内刻有几千条乃至上万条刻痕。利用透射光衍射的光栅叫作透射光栅；利用两刻痕间反射光衍射的光栅叫作反射光栅，如在镀有金属层的表面上刻出许多平行刻痕，两刻痕间的光滑金属面可以反射光。光栅按制作工艺分可分为原刻光栅和复制光栅。设光栅的总缝数为N，每个缝的缝宽为a，缝间不透光部分宽度为b，则$a+b$叫作光栅常数，用d表示，$d=a+b$。如一光栅，1cm内有4000条刻痕，则$d=1/N=2.5\times10^{-4}$cm。

图16-9所示是光栅衍射实验装置的示意图，与图16-4不同的是将单缝换成了透射光栅G，仍然是夫琅和费衍射。图16-10所示是不同狭缝数的光栅在观察屏上形成的衍射条纹的照片。由照片可以看出，在单缝衍射的明纹区域内，实际出现了光强很小的系列暗条纹，并随着缝数增多，暗纹区越来越宽，而明纹越来越细窄、越明亮。因此，光栅衍射条纹具有“锐”“亮”“疏”的特点。

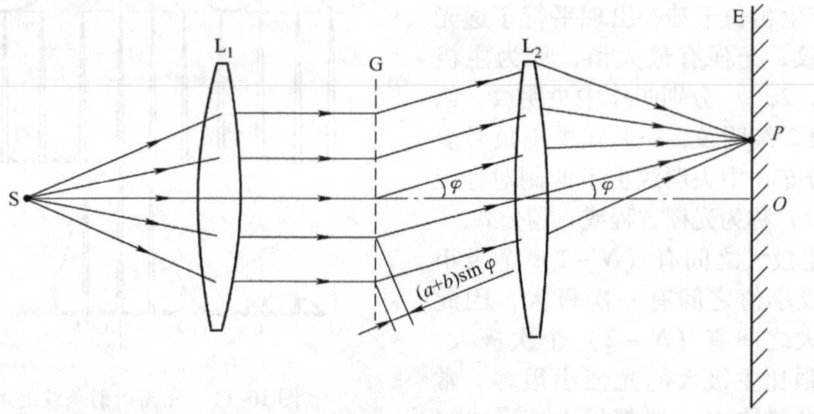

图16-9 光栅衍射实验装置简图

光栅衍射原理 假设依次只打开光栅上的一条缝，而将其他缝遮住，就会发现所有单缝衍射条纹都完全相同，而且位置也完全重合，如图16-11a所示。中央明纹的中心点对应于图16-9中透镜L_2的焦点O。这是因为，每一条缝的宽度相同，从而每一条缝的衍射条纹相同。而且单缝衍射条纹的分布只决定于衍射角φ，与单缝在竖直方向的位置无关，所以它们的位置彼此重合。应该注意到，光栅不同缝射出的都是相干光，它们相互重叠时，彼此间要发生干涉，所以图16-11b实际上是各单缝射出的衍射光之间的相干叠加。光栅的衍射条纹是单缝衍射和多缝干涉的总效果，或者说，N个缝的干涉条纹要受到单缝衍射的调制，如图16-11c所示。

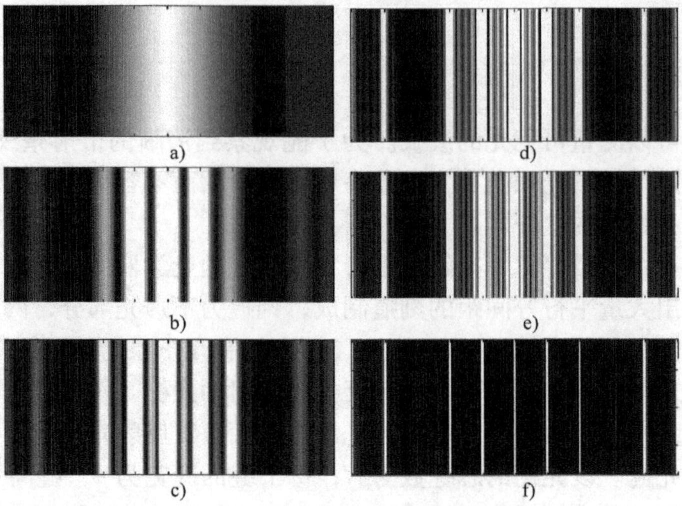

图 16-10 不同狭缝数的光栅衍射条纹

a) 1 条缝 b) 2 条缝 c) 3 条缝 d) 5 条缝 e) 6 条缝 f) 20 条缝

相邻的两缝射出的衍射角为 φ 的两条光线，它们到达透镜 L_2 焦平面上 P 点时的光程差为 $d\sin\varphi$，当满足

$$d\sin\varphi = \pm k\lambda \qquad k=0,1,2,\cdots \tag{16-7}$$

时，P 点处产生相长干涉，出现平行于透光狭缝的明条纹，光强有最大值，称为主极大。$k=0$，1，2，… 分别叫作中央明纹，第 1 级明纹，第 2 级明纹，…。式中正负号表示各级明纹分布在中央明纹上下两侧对称位置。式（16-7）称为光栅方程或光栅公式。

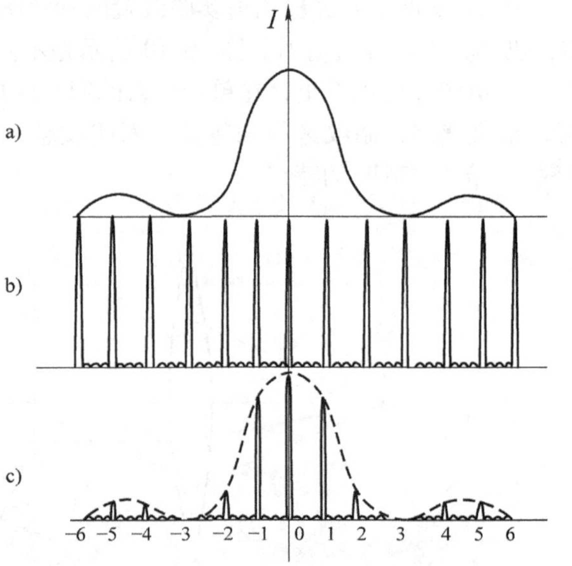

图 16-11 光栅衍射条纹的形成

两相邻主极大之间有（$N-1$）个极小值，两相邻极小值之间有一次极大，因此两相邻主极大之间有（$N-2$）个次极大。次极大的光强比主极大的光强小很多。常用光栅的透光缝数 N 一般都很大，形成暗纹的机会远比形成明纹的机会多。随着 N 的增大，次极大的亮度也会降低，所以在相邻两主极大之间实际上形成一片较宽的暗区。同时，随着 N 的增大，透射光的能量也增大。因此，在光栅衍射中能量的重新分布结果，使得明纹非常细窄、明亮。应该指出，如果衍射角 φ 满足

$$(a+b)\sin\varphi = \pm k\lambda,\ k=1,2,\cdots \quad \text{（光栅公式）}$$

同时又满足

$$a\sin\varphi = \pm k'\lambda,\ k'=1,2,\cdots \quad \text{（单缝衍射暗纹条件）}$$

按光栅公式应出现明纹的位置，同时又是单缝衍射的暗纹的位置，则原本应该出现的主极大明纹将会缺失，这就叫作**缺级现象**。对比上面两个公式，可以得到缺级公式

$$k = \frac{a+b}{a}k' \tag{16-8}$$

这表明，缺级的级次，是由 $a+b$ 和 a 的比值确定的。例如 $a+b=3\lambda$，$a=\lambda$，则 $k=\pm3$，±6，…等明纹缺级，如图 16-11c 所示。

缝数为 N 的光栅，各缝发出的相干光在观察屏上某处叠加，可视为 N 个同振动方向、同频率谐振动的合成，这可以用振幅矢量图法合成。

设每一光振动的振幅为 E_1，相邻两光振动的相位差为 $\Delta\theta$，合成光振动的振幅为 E。当 $\Delta\theta=0$ 时，$E=NE_1$；当 $N\cdot\Delta\theta=2\pi$ 或 4π 时，$E=0$；因此当 $N\cdot\Delta\theta=2m\pi$ 时，$E=0$（$m\neq N,2N,3N,\cdots$）。注意到

$$\Delta\theta=\frac{2\pi}{\lambda}(a+b)\sin\varphi$$

所以，当满足关系式 $N\cdot\Delta\theta=N\dfrac{2\pi}{\lambda}(a+b)\sin\varphi=2m\pi$，也即

$$(a+b)\sin\varphi=\frac{m}{N}\lambda \tag{16-9}$$

时，合成光振幅 $E=0$；式中，$m\neq kN$，$m=1$，2，…，$N-1$；$N+1$，$N+2$，…，$2N-1$；$2N+1$，$2N+2$，…。假设 $m=N$，则由式（16-9）得 $(a+b)\sin\varphi=\lambda$，这时相当于光栅公式（16-7）中 $k=1$ 的情况，即光栅衍射的第 1 级主极大；又假设 $m=2N$，则 $(a+b)\sin\varphi=2\lambda$，这相当于光栅公式中 $k=2$ 的情况，即光栅衍射的第 2 级主极大。那么，在这两个主极大之间有多少个极小值呢？显然 $k=1$ 到 $k=2$ 两主极大之间和 $k=0$ 到 $k=1$ 两主极大之间一样，m 可取值（$N-1$）个，再由式（16-9）知，有（$N-1$）个暗纹，即两主极大之间有（$N-1$）个极小值，且相应地有（$N-2$）个次极大。以 $N=6$ 为例，对中央主极大与第 1 级主极大之间出现的极小值计算见表 16-2。

表 16-2 光栅衍射计算举例

m 取值		光程差	相位差	合成振幅矢量图	合成振幅	极大值（明条纹）
不可	可	$\delta=\frac{m}{N}\lambda$	$\Delta\theta=\frac{2\pi}{\lambda}\delta$		E	极小值（暗条纹）
0		0	0	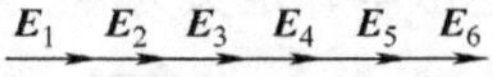	$E=6E_1$	中央主极大明条纹
	1	$\frac{1}{6}\lambda$	$\frac{1}{3}\pi=60°$	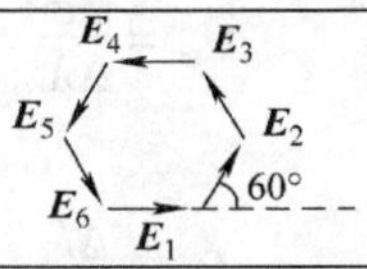	$E=0$	第 1 级极小暗条纹
	2	$\frac{2}{6}\lambda$	$\frac{2}{3}\pi=120°$	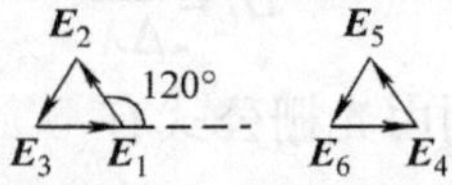	$E=0$	第 2 级极小暗条纹
	3	$\frac{3}{6}\lambda$	$\pi=180°$	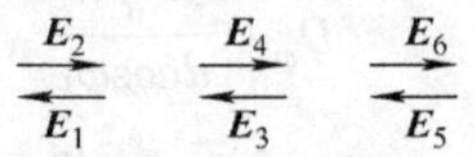	$E=0$	第 3 级极小暗条纹
	4	$\frac{4}{6}\lambda$	$\frac{8}{6}\pi=240°$	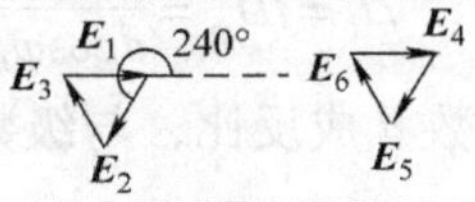	$E=0$	第 4 级极小暗条纹
	5	$\frac{5}{6}\lambda$	$\frac{10}{6}\pi=300°$	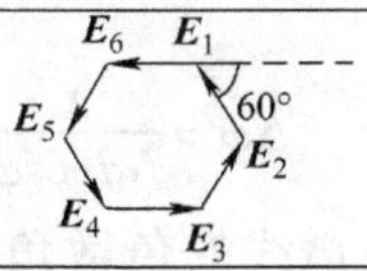	$E=0$	第 5 级极小暗条纹
6		λ	$2\pi=360°$	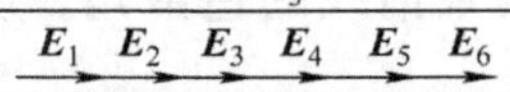	$E=6E_1$	中央主极大明条纹

光栅衍射光谱 单色光经过光栅衍射后形成各级细而亮的明纹，从而可以精确地测定其波长。如果用复合光照射，除中央明纹外，不同波长的同一级明纹的角位置是不同的，并按波长由短到长的次序自中央向外侧依次分开排列，每一干涉级次都有这样的一组谱线。光栅衍射产生的这种按波长排列的谱线称为光栅光谱。图 16-12 所示是入射光为白光的光栅衍射光谱。同一级次，波长较短的紫光靠近中央明纹，波长较长的红光远离中央明纹。各单色光的第 1 级明纹组成第 1 级光谱，第 k 级明纹组成第 k 级光谱。由图可看出，除第 1 级光谱外，其他各级光谱均有部分重叠（图中只画出第 2、第 3 两级光谱重叠的部分）。

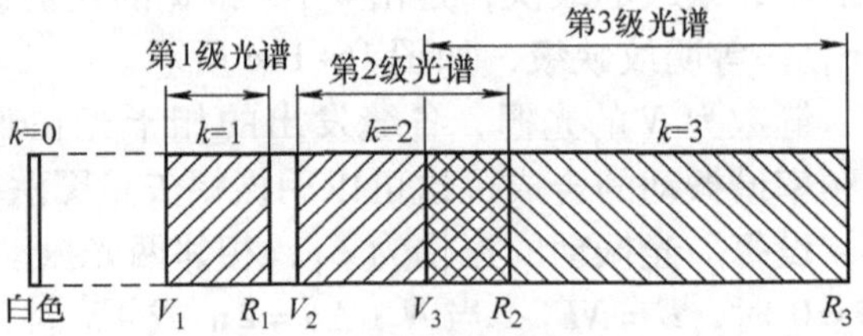

图 16-12　衍射光谱

不同光源发出的光，经光栅衍射后形成的光谱各不相同。例如，气体放电管中气体被激发放出的光，其光谱由一些分立的明线组成，叫作线光谱；炽热固体发射的光，在整个光谱区内形成连续一片的各色光，叫作连续光谱。各种元素或化合物都有它们自己的特征光谱，测定光谱中各谱线的波长和相对强度，就可以分析确定该物质所含元素或化合物及其含量。这种分析方法叫作光谱分析，它在科学研究和工程技术上有着广泛的应用。

***光栅的分辨本领** 光栅的分辨本领是指光栅把波长靠得很近的两条谱线分辨清楚的本领，是表征光栅性能的主要技术指标。通常把恰能分辨的两条谱线的平均波长 λ 与这两条谱线的波长差 $\Delta\lambda$ 之比，定义为光栅的色分辨本领，用 R 表示，即

$$R=\frac{\lambda}{\Delta\lambda} \tag{16-10}$$

$\Delta\lambda$ 越小，其分辨本领就越大。

光栅性能的另一标志是色散本领。就是对于一定波长差 $\Delta\lambda$ 的两条谱线，其角间隔 $\Delta\varphi$ 或在屏幕上的距离 Δl 有多大。角色散本领定义为

$$D_\varphi=\frac{\Delta\varphi}{\Delta\lambda} \tag{16-11}$$

线色散本领定义为

$$D_l=\frac{\Delta l}{\Delta\lambda} \tag{16-12}$$

设光栅后面聚焦物镜的焦距为 f，则由光栅公式有

$$D_\varphi=\frac{k}{d\cos\varphi_k}$$

$$D_l=fD_\varphi=\frac{kf}{d\cos\varphi_k}$$

即表明光栅的角色散本领与光栅常数 d 成反比，与级数 k 成正比。可以证明光栅谱线的半角宽度

$$\Delta\varphi=\frac{\lambda}{Nd\cos\varphi}$$

一般认为这也是能够分辨的两条谱线的色散角，所以可以推断出能够分辨的最小波长差为

$$\Delta\lambda = \frac{\Delta\varphi}{D_\varphi} = \frac{\lambda}{Nd\cos\varphi} \Big/ \frac{k}{d\cos\varphi_k} = \frac{\lambda}{kN}$$

即有

$$R = \frac{\lambda}{\Delta\lambda} = kN \tag{16-13}$$

该式表明光栅的色分辨本领正比于光栅刻痕总数 N 和光谱的级数 k，与光栅常数 d 无关。

例题 16-2　波长为 600nm 的单色光垂直入射在一光栅上，第 2 级明纹出现在 $\sin\varphi_2 = 0.20$ 处，第 4 级为第一个缺级。求：

（1）光栅上相邻两缝的距离是多少？

（2）狭缝可能的最小宽度是多少？

（3）按上述选定的 a、b 值，屏上可能观察到的全部明纹数是多少？

解　（1）光栅衍射的明纹条件是

$$(a+b)\sin\varphi = k\lambda,\ k = 0,1,2,\cdots$$

以 $k=2$，$\sin\varphi_2 = 0.20$，$\lambda = 600\text{nm}$ 代入，得

$$a+b = 6.0\times10^{-4}\text{cm}$$

（2）光栅的缺级公式为

$$k = \frac{a+b}{a}k'$$

式中，$k=4$，取 $k'=1$，得狭缝的最小宽度为

$$a_{\min} = \frac{a+b}{4} = \frac{6.0\times10^{-4}}{4}\text{cm} = 1.5\times10^{-4}\text{cm}$$

此外，当 $k'=1$，2，…时，得到缺级级次为

$$\pm4,\ \pm8,\ \cdots$$

（3）由光栅公式得

$$k = \frac{(a+b)\sin\varphi}{\lambda}$$

令 $\varphi = 90°$，则 $\sin\varphi = 1$，于是

$$k = \frac{a+b}{\lambda} = \frac{6.0\times10^{-4}}{6.0\times10^{-5}} = 10$$

所以在 $-90° < \varphi < +90°$ 的范围内，屏上呈现的全部明纹的级数为 $k=0$，±1，±2，±3，±5，±6，±7，±9，共八级 15 条明纹。

例题 16-3　用每厘米有 5000 条栅纹的衍射光栅，观察钠光谱线（$\lambda = 589.3\text{nm}$）。问：

（1）光线垂直入射时，最多能看到第几级谱线？

（2）光线以 30°角入射时，最多能看到第几级谱线？

解　（1）光栅常数

$$d = \frac{1}{5000}\text{cm} = 2\times10^{-4}\text{cm}$$

由光栅方程有 $k = \dfrac{d\sin\varphi}{\lambda}$ 可见，当 $\sin\varphi = 1$ 时，k 取最大值

$$k = \frac{d}{\lambda} = \frac{2\times10^{-4}\times10^{8}}{5893} = 3.39$$

k 只能是整数，故取 $k=3$，所以最多能看到第 3 级谱线。

（2）由图 16-13 可知到达 P 点的光栅上相邻两缝的衍射光间的光程差应该是

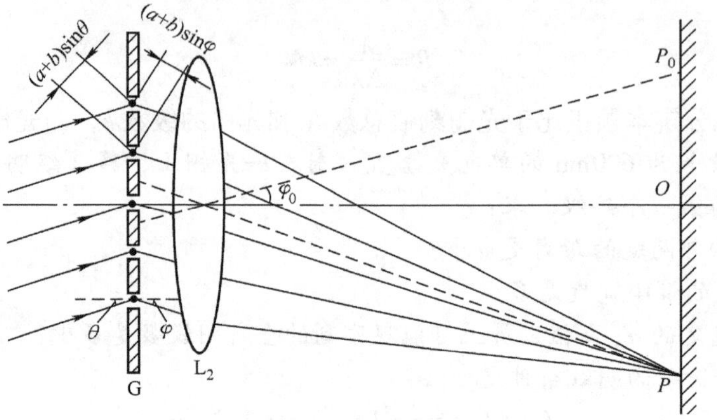

图 16-13 例题 16-3 图

$$\delta=(a+b)\sin\theta+(a+b)\sin\varphi$$

所以光线以 θ 角入射时的光栅方程变为

$$(a+b)(\sin\theta+\sin\varphi)=k\lambda$$

故

$$k_{\max}=\frac{d(\sin30^\circ+\sin90^\circ)}{\lambda}=5.09$$

取整，$k=5$，图示下方最多观察到第 5 级。可以注意到，这是入射光与衍射光都在光栅法线方向的同侧。若入射光与衍射光在光栅法线方向的异侧时，其光栅方程变为

$$(a+b)(\sin\varphi-\sin\theta)=k\lambda$$

$$k_{\max}=\frac{d(\sin90^\circ-\sin30^\circ)}{\lambda}=1.7$$

取整，$k=1$，即在图示上方最多观察到第 1 级。可以发现，情况（1）和情况（2）所观察到的总的谱线条数是相同的，都是 7 条。

16.4 圆孔衍射 光学仪器的分辨率

圆孔的夫琅禾费衍射 光学仪器中所使用的透镜，边缘多数是圆形的，并且常常也是通过平行光或近似平行光成像。有一些由透镜组成的部件，可用一个等效透镜来替代，它就相当于一个通光的小圆孔。因此研究圆孔的夫琅禾费衍射具有重要的实际意义。

图 16-9 所示的光栅 G 或图 16-4 中的单狭缝 K 换成小圆孔 R，即为图 16-14a 所示圆孔的夫琅禾费衍射实验装置。位于透镜 L 焦平面处的观察屏 E 上将出现中央为亮圆斑、周围为明暗交替的圆环状衍射图样。中央的圆形亮斑较亮（其能量占总能量的 84% 左右），叫作艾里斑，如图 16-14b 所示。若艾里斑的直径为 d，透镜的焦距为 f，圆孔的直径为 D，单色光的波长为 λ，如图 16-14c 所示。理论计算可得艾里斑对透镜光心张角的一半 θ_0 为

$$\theta_0=\frac{\frac{d}{2}}{f}=1.22\,\frac{\lambda}{D} \qquad (16\text{-}14)$$

这就是艾里斑的半角宽度。它和单缝衍射时中央明纹的半角宽度 $\theta_0'=\lambda/a$ 相比较，可以看

到，它们都和波长成正比，与衍射物的线度成反比。如果 $\lambda \ll D$ 或 $\lambda \ll a$，则第1级暗纹将近于与中央明纹中心重合，衍射现象消失，光就可以看作直线传播。

光学仪器的分辨率　按照几何光学定律，只要适当地选择透镜的焦距，就可以把任何微小的物体放大到清晰可见的程度。但实际上，由于衍射现象的存在，这是做不到的。这是因为按照几何光学，物体上的每一个发光点发出的光经透镜折射后在像平面上得到的是一个几何像点，而按照波动光学，每一个发光的物点经有限直径的透镜后，在像平面上得到的是一个以几何像点为中心的环状衍射图样。如果有另一物点也经同一透镜成像，则在平面上产生另一个环状衍射图样。如图16-15所示，当两个艾里斑中心点的距离 l 小于艾里斑（两个中的任一个）的半径 $d/2$ 时，即 $l<d/2$ 时，在像平面上就不能分辨两个发光的物点（见图16-15a）。当 $l>d/2$ 时，显然可以分辨（见图16-15c）。当 $l=d/2$ 时，恰好能够分辨（见图16-15b）。也就是说，如果一个发光物点的艾里斑中心恰好与另一个发光物点衍射图样的第1个暗纹重合（见图16-16），则这两个发光物点刚好能分辨，这个判据叫作瑞利判据。此时两艾里斑中心的角间距，或者两发光物点对透镜光心的张角叫作最小分辨角，用 θ_{min} 表示，则

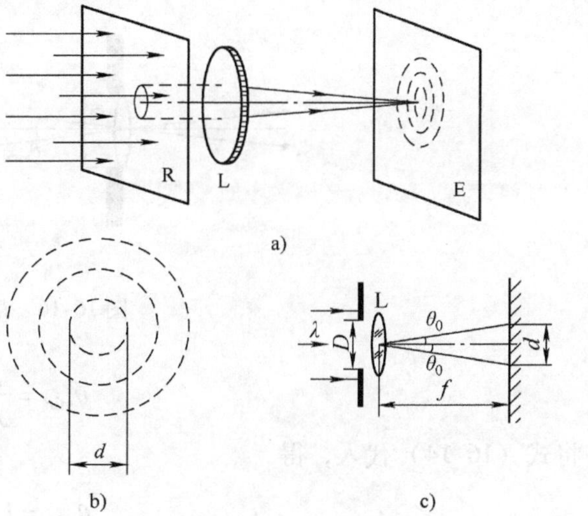

图16-14　圆孔衍射

a）圆孔的夫琅禾费衍射实验装置

b）艾里斑　c）艾里斑计算用图

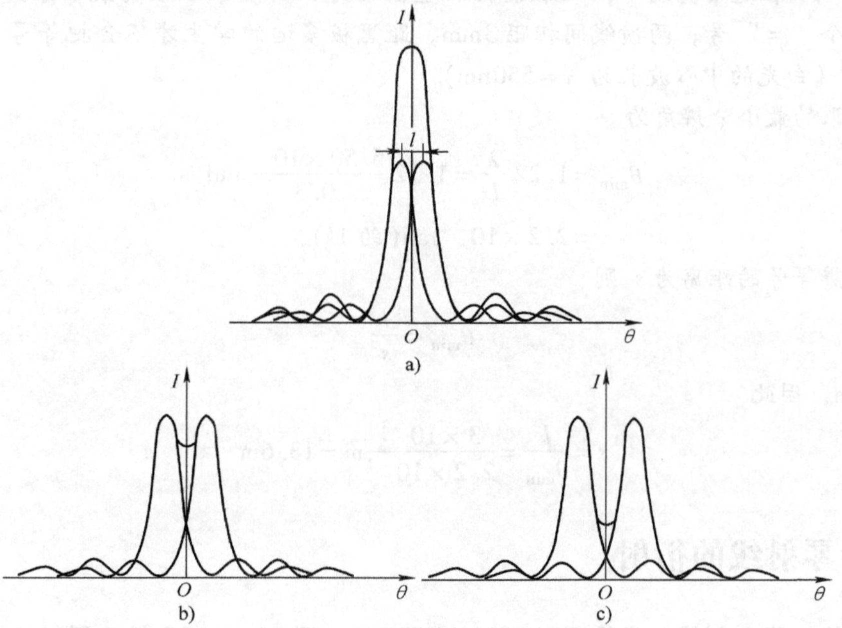

图16-15　分辨两个衍射图像的条件

a）不能分辨　b）恰能分辨　c）能分辨

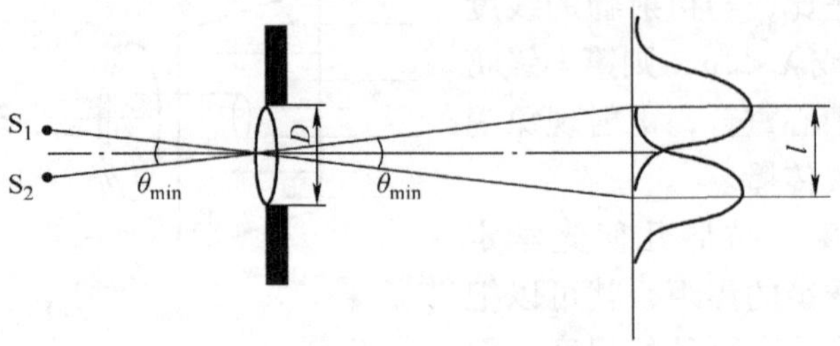

图 16-16 最小分辨角

$$\theta_{min}=\frac{l}{f}=\frac{d}{2f}$$

将式（16-14）代入，得

$$\theta_{min}=1.22\frac{\lambda}{D} \tag{16-15}$$

在光学中，通常把**光学仪器最小分辨角的倒数**

$$R=\frac{1}{\theta_{min}}=\frac{D}{1.22\lambda} \tag{16-16}$$

叫作该仪器的分辨率。为了提高光学仪器的分辨率，必须增大透镜的直径，或者减小入射光的波长。天文观测上为了提高望远镜的分辨率，总是用直径很大的透镜作物镜。用于观测太空星系的哈勃太空望远镜，其口径达 4m。在电子显微镜中，与电子束相应的波长约为 0.01 ~1nm 的数量级，所以电子显微镜的分辨率要比普通光学显微镜大数千倍。在上一节中，光栅谱线的半角宽度被认为是能够分辨两条谱线的最小分辨角，就利用了瑞利判据。

例题 16-4 在通常亮度下，人眼瞳孔的直径约为 3mm，求人眼的最小分辨角。如果在黑板上画一个"="号，两横线间相距 3mm，距黑板多远的学生才不会把等号"="看成减号"-"？（白光的中心波长为 $\lambda=550$nm）

解 人眼的最小分辨角为

$$\theta_{min}=1.22\frac{\lambda}{D}=1.22\frac{5.50\times10^{-5}}{0.3}\text{rad}$$
$$=2.2\times10^{-4}\text{rad}(约\ 1')$$

设恰好能分辨等号的距离为 s，则

$$\theta_{min}=\frac{l}{s}$$

其中 $l=3$mm，因此

$$s=\frac{l}{\theta_{min}}=\frac{3\times10^{-3}}{2.2\times10^{-4}}\text{m}=13.6\text{m}$$

16.5 伦琴射线的衍射

伦琴射线又称 X 射线，是伦琴在 1895 年发现的。图 16-17 所示是伦琴射线真空管简图，阴极 K 由电源$\mathscr{E}_1$ 供电，发射热电子，阳极 A 可由钨、钼或铜材料制成。高压电源$\mathscr{E}_2$ 提供几万至几十万伏的电压加在 A、K 之间，在强电场的作用下，高速电子流撞击阳极使之发出伦琴射线。阳极带有冷却循环系统。伦琴射线有很强的穿透能力，能使亚铂氰化钡、闪锌矿等发出荧光，使照相底片感光；但不能被电场或磁场所偏转，本质上和可见光一样，是一种波长极短的电磁波。既然伦琴射线是一种电磁波，它就应该和光波一样有干涉衍射现象。但是，包括伦琴本人在内的一些科学家寻找伦琴射线衍射的努力都没有成功。直到 1912 年，劳厄认识到晶体中原子间的距离为几埃的数量级，如果入射光的波长与晶体中原子的距离为同一数量级，那肯定会有衍射现象出现，但索末菲和维恩认为由于原子的热振动，不会出现衍射现象。弗里德里希（原为伦琴的学生）等人自告奋勇去做实验，最后获得成功。如图 16-18 所示，一束穿过铅板 P 上小孔的伦琴射线，射到晶体 C 上产生衍射，在胶片 E 上呈现除了强度很大的中心斑点外，还有很多明显的斑点，称作劳厄斑点。

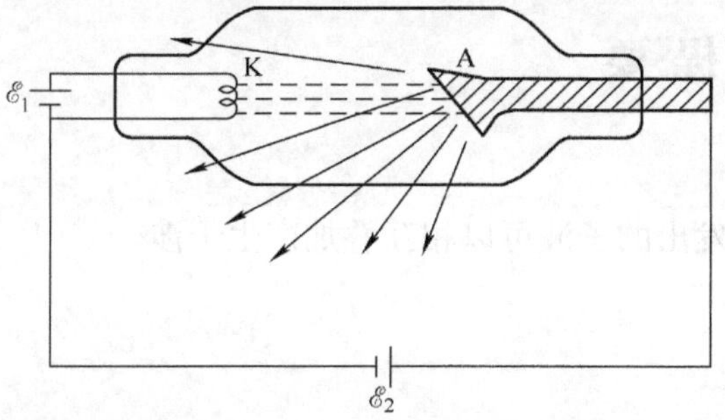

图 16-17　伦琴射线真空管

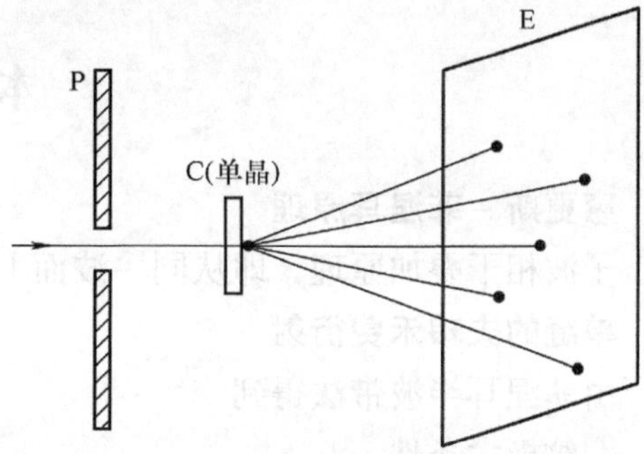

图 16-18　劳厄实验

这说明晶体对伦琴射线的作用，与光栅对光波的作用相类似。伦琴射线通过晶体时，它将部分地被晶体中原子的空间点阵所散射。按照经典理论，伦琴射线的电场对晶体中原子的束缚电子发生作用，使其做受迫振动，振动的频率等于入射的伦琴射线的频率，电子就向四周发射该种频率的电磁波，这个过程称为散射。相应的波称为散射波。原子中所有电子散射的总效果可以等效为这个原子的一个散射中心的散射。这样，原子就类同于一个子波中心，向各个方向发射散射波。劳厄斑点就是这些散射波彼此叠加产生干涉，在某些确定方向上产生衍射最大的结果。

劳厄斑点的定量研究，涉及空间光栅的衍射理论。布喇格父子提出了另一种等效的研究方法。他们认为晶体是由一系列平行的原子层构成的，这些原子层称为晶面。伦琴射线不仅能在晶体表面上反射，而且也能在晶体内层晶面上反射。设相邻两晶面间的距离为 d，称为晶格常数。当一束伦琴射线以掠射角 φ 射到晶面上时，一部分被晶体表面原子所散射，一部分被内层晶面原子所散射。在同一晶面上，被不同原子所散射的伦琴射线彼此发生相干叠加，其结果是服从反射定律所确定的方向上强度最大。而不同晶面所散射的伦琴射线彼此也发生相干叠加，由图 16-19 可见，相邻的两晶面所反射的两束反射线的光程差为

$$\delta = AC + CB = 2d\sin\varphi$$

显然，符合下述条件

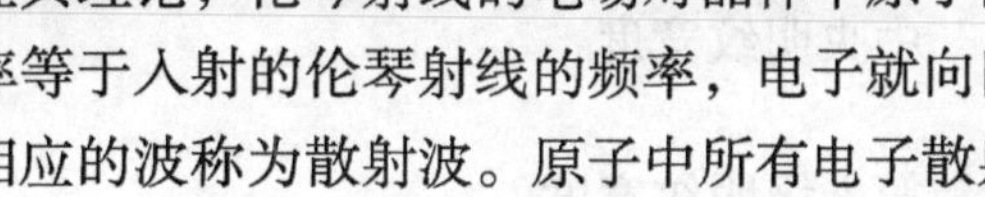

图 16-19　布喇格方法

$$2d\sin\varphi = \pm k\lambda, k = 1, 2, \cdots \tag{16-17}$$

时，各层晶面的反射都相互加强，形成亮点。上式就是著名的布喇格公式。自劳厄和布喇格父子的开创性工作以后，伦琴射线的衍射工作就获得了迅速的发展，现在它被广泛地用来解决下述两个方面的问题：

1）如果已知某种晶体的结构，即已知晶格常数 d，测出掠射角 φ，就可以算出伦琴射线的波长（0.01 ~ 10nm）。由此发展为伦琴射线的光谱分析法。

2）如果已知伦琴射线的波长，按布喇格公式，测出 φ 就可以算出晶格常数。由此发展为伦琴射线的晶体结构分析法。它在化学、矿物学、生物学、分子物理学及工程技术领域等都有着重要的应用。

本章提要

惠更斯－菲涅耳原理

子波相干叠加原理，即从同一波面上各点发出的子波可以相互叠加产生干涉。

单缝的夫琅禾费衍射

由菲涅耳半波带法得到

明纹极大条件

$$a\sin\varphi = \pm(2k+1)\frac{\lambda}{2},\ k = 1, 2, \cdots$$

暗纹极小条件 $a\sin\varphi = \pm k\lambda,\ k = 1, 2, \cdots$

中央明纹宽度 $l_0 = \dfrac{2\lambda f}{a}$

第 k 级明纹宽度 $l = \dfrac{\lambda f}{a}$

光栅衍射

光栅衍射是光栅中各单缝的衍射光的相互叠加。

光栅方程 $(a+b)\sin\varphi = \pm k\lambda,\ k = 0, 1, 2, \cdots$

缺级公式 $k = \dfrac{a+b}{a}k',\ k' = \pm 1, \pm 2, \cdots$

圆孔衍射 光学仪器的分辨率

艾里光斑对应的第一衍射角 $\theta_0 = 1.22\dfrac{\lambda}{D}$（$D$ 为通光直径）

最小分辨角 $\theta_{\min} = 1.22\dfrac{\lambda}{D}$

光学仪器分辨率 $R = \dfrac{1}{\theta_{\min}}$

伦琴射线的衍射

布喇格公式 $2d\sin\varphi = \pm k\lambda,\ k = 1, 2, \cdots$

式中，φ 为掠射角。

习 题

16-1 题 16-1 图是单缝衍射示意图。

(1) 如果缝宽 a 处的波面恰好分成四个半波带，则光线 1 与 3 是同相位的，光线 2 与 4 也是同相位的。为什么 P 点处的光强不是极大而是极小？

(2) 如果让单缝的缝宽略微变宽或变窄，观察屏 E 上的衍射条纹如何变化？如果沿 x 方向略微移动单缝，衍射条纹又如何变化？

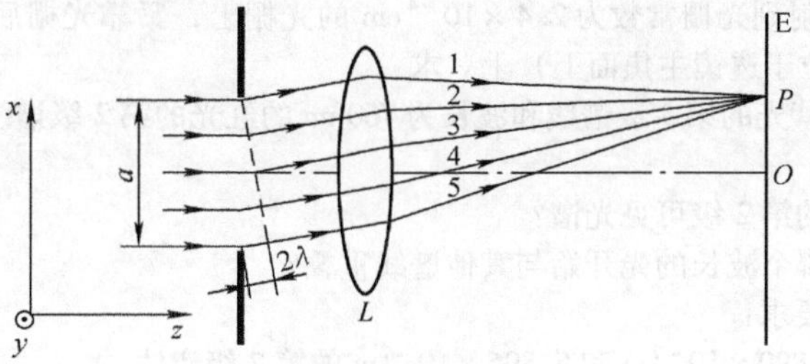

题 16-1 图

16-2 (1) 在光栅衍射中，若 $(a+b)=2a$，$(a+b)=3a$，$(a+b)=4a$，则分别是哪些明条纹（主极大）消失？

(2) 杨氏双缝实验是干涉实验还是衍射实验？

(3) 在夫琅禾费型杨氏双缝实验中，如果两缝缝宽均为 a，两缝之间的距离 $d=2a$，则在衍射中央明纹的包络线内有多少条干涉明纹？

16-3 波长为 500nm 的单色平行光垂直地入射于一宽为 1mm 的狭缝，若在缝的后面有一焦距为 100cm 的薄透镜，使光线会聚于屏幕上，试问从衍射图形的中心点到下列各点距离如何？(1) 第 1 级极小处；(2) 第 1 级明纹极大处；(3) 第 3 级极小处。

16-4 如题 16-4 图所示，设有一波长为 λ 的单色平面光波沿着与单缝平面的法线成 θ 角的方向入射于宽度为 a 的单缝上，试确定各暗纹的衍射角应满足的条件。

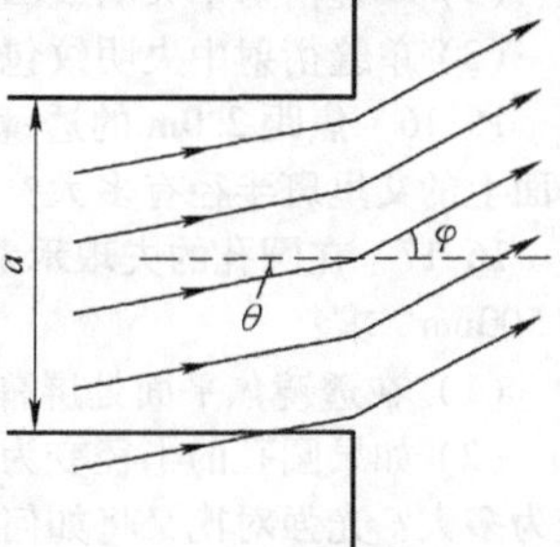

题 16-4 图

16-5 (1) 如果夫琅禾费单缝衍射的第 1 级衍射暗纹出现在衍射角 $\varphi=30°$ 的方向上，问狭缝必须窄到怎样的程度？设所使用的单色光的波长为 500nm。

(2) 如果所用单缝宽度 $a=0.5$mm，在焦距 $f=1$m 的透镜的焦平面上观察衍射条纹，中央明条纹多宽？其他明条纹多宽？

16-6 波长 $\lambda=700$nm 的单色平行光垂直入射在单缝上，在焦距 $f=80$cm 的透镜的焦平面上观测衍射条纹，中央明纹中心两侧的第 2 级暗纹相距 5.2mm，求缝的宽度。

16-7 在夫琅禾费单缝衍射的实验中，有两种波长 λ_1、λ_2 的单色平行光同时垂直地射至单缝上。观察发现，λ_1 的第 2 级亮纹与 λ_2 的第 2 级暗纹恰好重合。

(1) 试确定这两种波长间的关系；

(2) λ_1 的其他亮纹与 λ_2 的其他暗纹重合时应满足什么条件？

16-8 一光栅，在 2.54cm 宽度上有 8000 条刻痕，若以白光垂直入射于该光栅，试问在可见光谱中哪些波长的光可以在第 5 级光谱中观察到？

16-9 波长为 500nm 和 520nm 的两种单色光，同时垂直入射在光栅常数为 0.002cm 的衍射光栅上，光栅后面用焦距为 2m 的透镜在焦平面上观察光栅衍射条纹。试问：

（1）这两种单色光的第1级谱线之间的距离是多少？

（2）第3级谱线之间的距离又是多少？

16-10 用每厘米有500nm条刻痕的光栅，观察钠光谱（590nm）。问：

（1）当光线垂直入射时，最多能观察到第几级条纹？

（2）当光线以入射角30°入射时，最多能观察到第几级条纹？

16-11 每厘米有3000条刻痕光栅，其刻痕宽度与透光缝宽相等。以波长 $\lambda=546\text{nm}$ 的单色平行光垂直入射于光栅上，问：

（1）最多能观察到多少条明条纹？

（2）第1级明条纹的衍射角是多少？

16-12 以白光垂直入射到光栅常数为 $2.4\times10^{-4}\text{cm}$ 的光栅上，紧靠光栅后面，用焦距为0.25m的透镜将光线会聚到观察屏（位于透镜主焦面上）上。求：

（1）波长为400nm的紫光的第3级谱线和波长为760nm的红光的第2级谱线分别到观察屏中心点 O 的距离；

（2）能否观察到完整的第2级可见光谱？

（3）第2级光谱中的哪个波长的光开始与其他谱线重叠？

*16-13 设计光栅，要求：

1）能分辨钠光谱的 $5.890\times10^{-7}\text{m}$ 和 $5.896\times10^{-7}\text{m}$ 的第2级谱线；

2）第2级谱线衍射角 $\varphi\leqslant30°$；

3）第3级谱线缺级。

*16-14 一光源含有氢原子与它的同位素氘原子的混合物，这光源发射的红双线在波长 $\lambda=656.3\text{nm}$ 处，两条谱线的波长间隔 $\Delta\lambda=0.18\text{nm}$，今有一光栅可以在第1级中把这两条谱线分辨出来，试求这光栅所需的最少刻线数目。

16-15 在杨氏双缝实验中，缝宽 $a=0.02\text{mm}$，缝间距离 $d=0.10\text{mm}$。以波长 $\lambda=480\text{nm}$ 的单色平行光垂直地入射于双缝上，缝后用焦距 $f=50\text{cm}$ 的透镜观察焦平面上的干涉条纹。求：

（1）干涉条纹的间距；

（2）单缝衍射中央明纹的宽度；

（3）单缝衍射中央明纹包络线内有多少条干涉条纹？

16-16 焦距2.0m的透镜放在一个直径1.22mm的圆孔后面，以 $\lambda=600\text{nm}$ 的平行光照射圆孔，在焦平面上的艾里斑半径有多大？

16-17 在圆孔的夫琅禾费衍射中，设圆孔的半径为0.10mm，透镜的焦距为50cm，所用单色光的波长为500nm。求：

（1）在透镜焦平面处屏幕上呈现的艾里斑的半径；

（2）如果圆孔的半径变为1.0mm，其他条件不变（包括入射光的能流密度保持不变），艾里斑的半径变为多大？光强对比又将如何？

16-18 在迎面驶来的汽车上，两盏前灯相距120cm。试问汽车离人多远的地方，眼睛恰好能分辨这两盏灯？设夜间人眼瞳孔的直径为5.0mm，入射光波长 $\lambda=550\text{nm}$。（这里仅考虑人眼圆形瞳孔的衍射效应）

16-19 题16-19图所示的X射线束不是单色的，而是含有1.16～1.59nm范围内的各种波长。晶体的晶格常数 $a_0=0.275\text{nm}$，试问对图中所示的晶面能否产生反射加强？

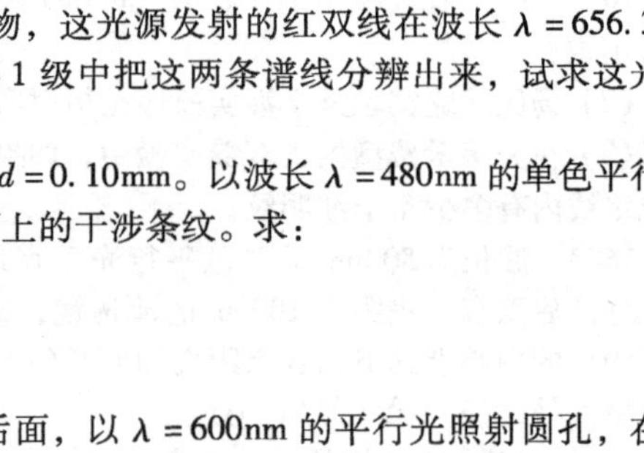

题16-19图

16-20（1）伦琴射线以与晶面成2°39′角的方向入射于方解石，出现第1级极大反射。若方解石的晶格常数 $d=3.0\times10^{-8}\text{cm}$，求伦琴射线的波长。

（2）波长 $\lambda=0.1542\text{nm}$ 的伦琴射线，在岩块晶面上第1级最强反射，发生在掠射角 $\varphi=15°50'$ 的方向上，求岩块的晶格常数。

第 17 章

光的偏振

光的干涉和衍射现象说明了光的波动性，但是还不能由此确定光是横波还是纵波，光的偏振现象则可表明光是横波。本章主要介绍偏振光的产生和检验方法，以及偏振光的一些实际应用。

17.1　自然光和偏振光

自然光和偏振光　光的电磁理论指出，光是电磁波，光的振动矢量（称光矢量或电矢量 $\boldsymbol{E}$）与光的传播方向垂直。在垂直于光的传播方向平面内，光矢量存在各种不同的振动状态，如果光矢量始终沿某一方向振动，这样的光就称为线偏振光。光的振动方向和传播方向组成的平面称为振动面。线偏振光的振动面是固定的，所以线偏振光又叫作平面偏振光。光的振动方向在振动面内不具有对称性，这叫作偏振。这是横波区别于纵波的一个最明显的标志。

与激光不同，普通光源发出的光是由组成光源的大量分子或原子发出的光波列合成的。由于各分子或原子发光是自发的、独立的，所以在同一时刻它们的光振动的方向和相位各不相同，同一原子在不同时刻发出的光振动的方向和相位也不尽相同，这些波列的振动方向和相位是无规则的、随机变化的，从而在垂直光传播方向的平面上看，几乎各个方向都有大小不等、前后参差不齐且变化很快的光矢量的振动。按统计平均来说，无论哪一个方向的振动都不比其他方向更占优势，即光矢量的振动在各个方向上的分布是对称的，振幅也可看作完全相等，如图 17-1a 所示，这种光叫作自然光。

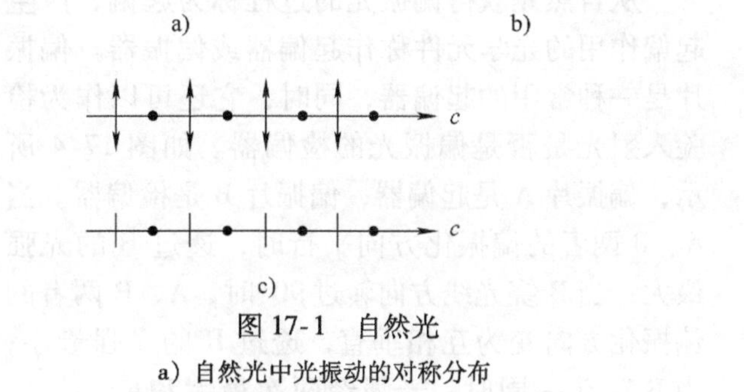

图 17-1　自然光

a）自然光中光振动的对称分布

b）自然光的分解　c）自然光的表示

我们可以将每个波列的光矢量分解成两个相互垂直的光矢量，然后把所有光矢量的两个分量分别叠加起来，获得总光波矢量的两个分量。由于各波列的相位和振动方向都是无规则分布的，所以这两个分量之间没有固定的相位关系，我们就可以把自然光用两个相互垂直、相互独立、振幅相等的线偏振光来表示，如图 17-1b、c 所示。每一线偏振光的强度为自然光总光强度的一半。常用短线或箭头和点子分别表示两个相互垂直的光振动，并画成均匀分布，表示两者光强相等。如果某一方向的光振动比与垂直方向上的光振动占优势，或者说两个相互垂直的独立分量不相等，这就是部分偏振光。线偏振光和部分偏振光的表示方法如图 17-2 所示。相对于自然光和部分偏振光而言，线偏振光是完全偏振的。部分偏振光可以看作完全偏振光和自然光的混合。

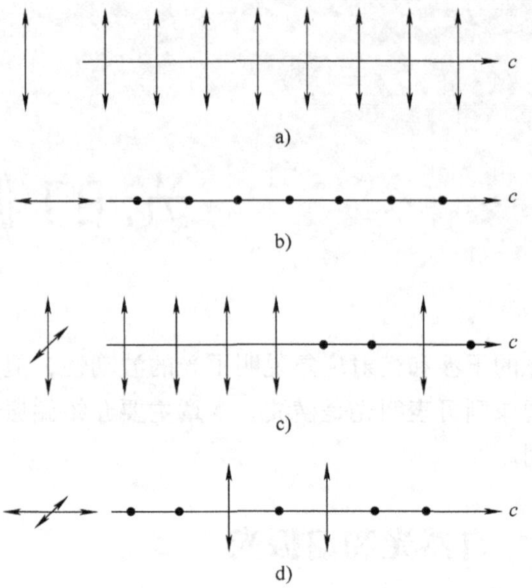

图 17-2　线偏振光和部分偏振光的表示方法

a）振动方向在纸面内的线偏振光　b）振动方向垂直纸面的线偏振光

c）纸面内振动较强的部分偏振光　d）垂直纸面振动较强的部分偏振光

17.2　起偏和检偏　马吕斯定律

偏振片的起偏与检偏　某些物质能有选择地吸收某一方向的光振动，而只让与这个方向垂直的光振动通过，物质的这种性质叫作二向色性。例如，硫酸奎宁或电气石晶体，涂敷于透明薄片上，就制作成所谓的偏振片。偏振片允许通过的光振动方向叫作偏振化方向，也叫作“透光轴”。当自然光入射在偏振片上时，透过偏振片就是线偏振光，其光振动方向与偏振化方向平行，如图 17-3 所示，图中以记号“↓↑”表示偏振化方向。

从自然光获得偏振光的过程称为起偏，产生起偏作用的光学元件称作起偏器或偏振器。偏振片是一种常用的起偏器，同时，它还可以作为检验入射光是否是偏振光的检偏器。如图 17-4 所示，偏振片 A 是起偏器，偏振片 B 是检偏器。当 A、B 两者的偏振化方向平行时，透过 B 的光强最大；当 B 绕光线方向转过 90°时，A、B 两者的偏振化方向变为互相垂直，透过 B 的光强最小；当 B 转动一周时，光强经两次最大和最小的变化。如果入射在 B 上的是自然光，转动 B 时，光强就不会发生变化。这样，就可以检验入射在 B 上的光是否为偏振光。如果用两个偏振片重叠起

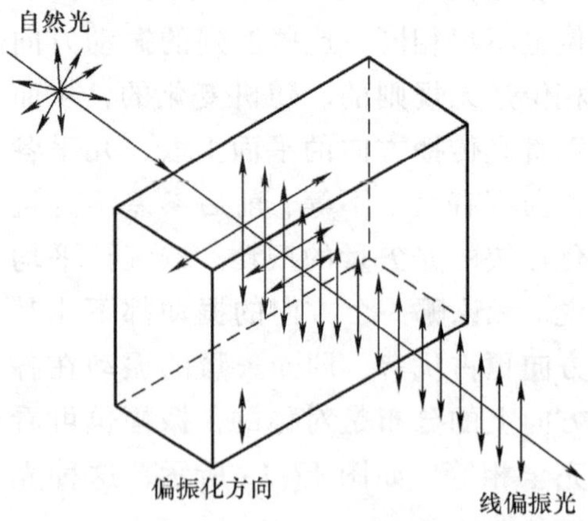

图 17-3　偏振片的起偏作用

来看一个物体，物体的亮度随两个偏振片的透光轴间的夹角而变化。

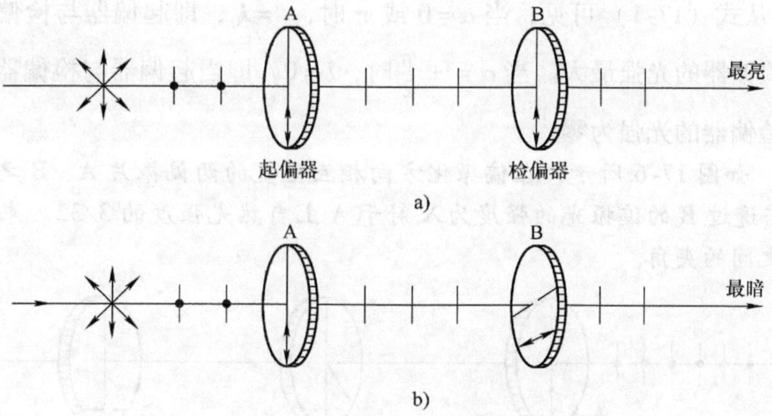

图 17-4　偏振片的起偏和检偏

马吕斯定律　如图 17-5 所示，起偏器 A 的偏振化方向为 M 方向，检偏器 B 的偏振化方向为 N 方向，两者夹角为 α。若起偏器产生的偏振光的振幅为 A_0，当它射至检偏器上时，可将 A_0 分解为两个分量，一个为平行于 N 方向的分量 $A_1 = A_0\cos\alpha$，另一个为垂直于 N 方向的分量 $A_2 = A_0\sin\alpha$。显然，垂直于 N 方向的光振动 A_2 不能通过检偏器，而只有平行于 N 方向的光振动 A_1 能通过检偏器。设入射于检偏器的线偏振光的光强为 I_0，透过检偏器的偏振光的光强为 I，若不考虑检偏器对偏振光的吸收作用，则

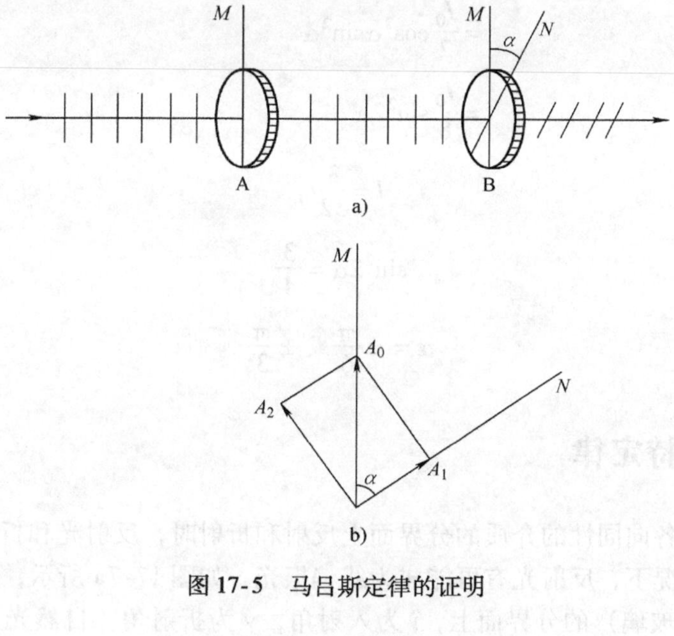

图 17-5　马吕斯定律的证明

$$\frac{I}{I_0}=\frac{A_1^2}{A_0^2}=\frac{(A_0\cos\alpha)^2}{A_0^2}=\cos^2\alpha$$

即

$$I = I_0\cos^2\alpha \tag{17-1}$$

这一关系叫作马吕斯定律。它表明，强度为 I_0 的线偏振光入射于检偏器，透过检偏器的光强为 $I_0\cos^2\alpha$。从式（17-1）可见，当 $\alpha=0$ 或 π 时，$I=I_0$，即起偏器与检偏器偏振化方向平行时，透过检偏器的光强最大。当 $\alpha=\pm\frac{\pi}{2}$时，$I=0$，即当起偏器与检偏器的偏振化方向正交时，透过检偏器的光强为零。

例题 17-1 如图 17-6 所示，在偏振化方向相互垂直的两偏振片 A、B 之间，插入第三块偏振片 C，若透过 B 的偏振光的强度为入射于 A 上自然光强度的 3/32。求偏振片 C 与 A 的偏振化方向之间的夹角。

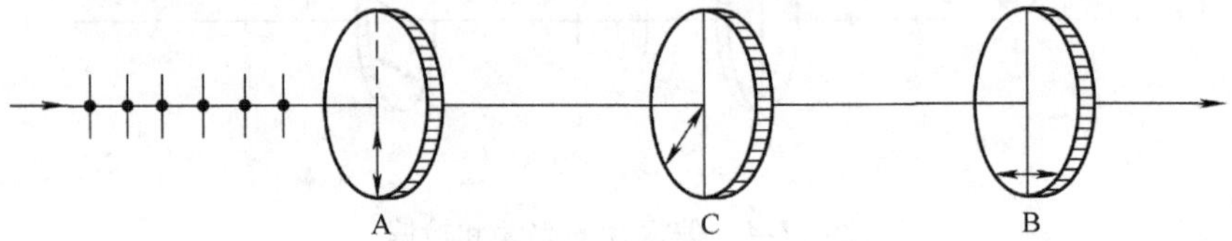

图 17-6 例题 17-1 图

解 偏振化方向相互垂直的两偏振片平行放置构成正交偏振片。设入射于偏振片 A 上的自然光的强度为 I_0，则透过 A 的偏振光的强度为 $I_0/2$；设透过 B 的偏振光的强度为 I，偏振片 C 与 A 的偏振化方向的夹角为 α，则根据马吕斯定律有

$$I=\left(\frac{I_0}{2}\cos^2\alpha\right)\cos^2\left(\frac{\pi}{2}-\alpha\right)$$

$$=\frac{I_0}{2}\cos^2\alpha\sin^2\alpha$$

$$=\frac{I_0}{8}\sin^2 2\alpha$$

又据题意

$$I=\frac{3}{32}I_0$$

从而

$$\sin^2 2\alpha=\frac{3}{4}$$

即有

$$\alpha=\pm\frac{\pi}{6}或\pm\frac{\pi}{3}$$

17.3 布儒斯特定律

自然光在两种各向同性的介质的分界面上反射和折射时，反射光和折射光都能成为部分偏振光，在特殊情况下，反射光有可能成为线偏振光。如图 17-7a 所示，自然光入射在两种介质（例如空气和玻璃）的分界面上，i 为入射角，γ 为折射角。自然光用相互垂直的两光振动表示。短线表示平行于入射面的振动，黑点表示垂直于入射面的振动。

实验表明，当入射角 i 为任意时，反射光中垂直振动多于平行振动，而折射光中平行振动多于垂直振动，即反射光和折射光都变为部分偏振光。随着入射角 i 的变化，反射光的偏振化也随之改变。当入射角 i 等于某一定值 i_0 时，即满足

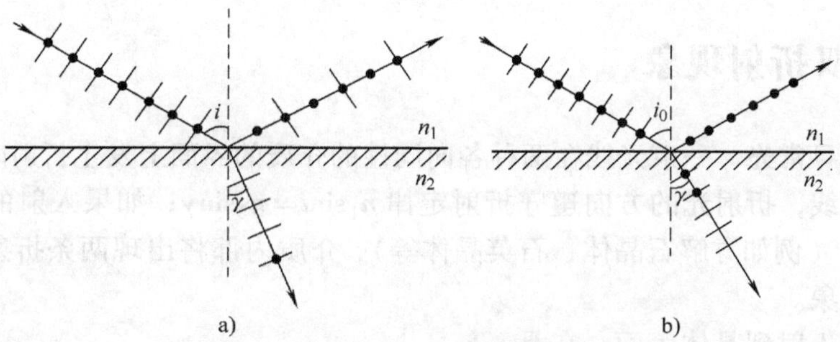

图 17-7　自然光反射和折射后偏振态变化

a）自然光经反射和折射后成为部分偏振光　b）入射角为起偏角时反射光为线偏振光

$$\tan i_0 = \frac{n_2}{n_1} = n_{21} \tag{17-2}$$

时，反射光成为线偏振光，如图 17-7b 所示，此时折射光仍为平行振动多于垂直振动的部分偏振光。式（17-2）中 i_0 叫作布儒斯特角（也可叫作起偏角），n_{21}是折射介质对入射介质的相对折射率。这一公式叫作布儒斯特定律。根据折射定律，入射角 i_0 和折射角 γ 的关系为

$$n_1 \sin i_0 = n_2 \sin\gamma$$

$$\tan i_0 = \frac{\sin i_0}{\cos i_0} = \frac{n_2}{n_1}$$

所以

$$\cos i_0 = \sin\gamma$$

即有

$$i_0 + \gamma = \frac{\pi}{2}$$

该式表明，当入射角为布儒斯特角时，反射光与折射光互相垂直。当自然光从空气射向玻璃时，$n_{21} = 1.50$，$i_0 = 56.3°$；射向水面时，$n_{21} = 1.33$，$i_0 = 53.1°$。

必须指出，当自然光以布儒斯特角 i_0 入射到空气和玻璃两种介质的分界面时，经过一次反射后虽然获得线偏振光，但其强度只占入射光强度的7.5%左右，因此它不是一种很好的起偏方法。为了增强反射光的强度和折射光的偏振化强度，可以把玻璃片叠起来，成为玻璃片堆。如图 17-8 所示，当自然光通过玻璃片堆时，每块玻璃片的上、下表面都要发生反射和折射，因此折射光的垂直振动不断被反射掉，只要玻璃片堆的层数足够多，其折射出的透射光也可成为线偏振光，而由反射获得的线偏振光的强度也随之增大。但由于玻璃片堆的层数越多，吸收也就越多，所以其实用价值并不很大。应用玻璃片、玻璃片堆或透明塑料片堆等在起偏振角下的反射和折射，都可以获得线偏振光。同样，应用它们也可以检验偏振光。

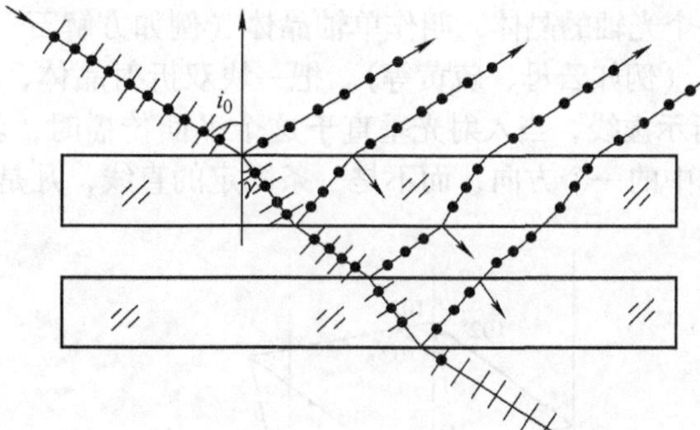

图 17-8　利用玻璃片堆产生线偏振光

17.4　光的双折射现象

寻常光和非寻常光　一束光线在两种各向同性的介质的界面上发生折射时，在入射面内只有一条折射光线，折射光的方向遵守折射定律 $n_1\sin i = n_2\sin\gamma$；如果入射的介质的光学性质是各向异性的（例如方解石晶体、石英晶体等），介质内部将出现两条折射光线，这种现象叫作双折射现象。

设一束光线入射到晶体表面，在晶体内部出现两条折射光线，如图 17-9 所示。其中一条折射光线遵从折射定律，叫作寻常光，简称 o 光。另一条折射光线不遵从折射定律，叫作非寻常光，简称 e 光。在入射角 $i=0$ 时，o 光沿原方向前进，而 e 光不沿原方向前进，如图 17-9b 所示。这时如将晶体绕入射光方向转动，o 光线通常不遵守折射定律，在一般情况下，它也不在入射面内，且随入射光的方向 o 光不动，而 e 光将随晶体的转动而转动。

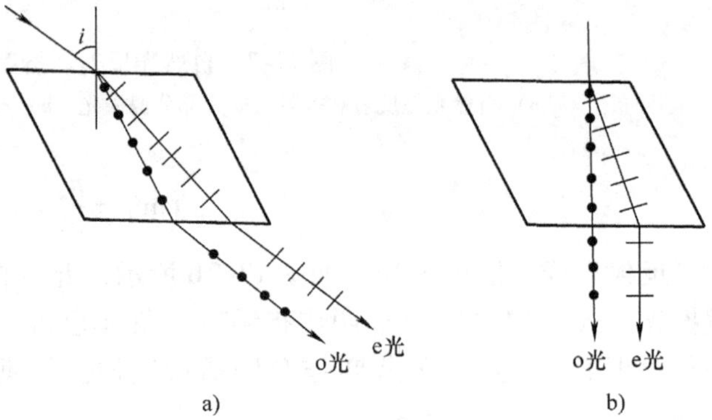

图 17-9　寻常光和非寻常光

光轴　主截面和主平面　能产生双折射现象的晶体叫作双折射晶体。由于折射率 $n=c/v$，v 是光在介质中的传播速度，所以 o 光在双折射晶体中传播时，沿各个方向的传播速度相同，而 e 光的传播速度随传播方向的不同而变化。在晶体内存在一个方向，沿着这个方向，o 光和 e 光的传播速度相同，这个方向叫作双折射晶体的光轴。图 17-10 所示是一块方解石晶体，虽然它的棱边可以有任意长度，但晶体的界面总是钝角为 102°、锐角为 78°的平行四边形。其中 A、B 是两个顶点，以它们为顶点的三个界面都是钝角，AB 的方向就是方解石晶体的光轴。只有一个光轴的晶体，叫作单轴晶体（例如方解石、石英等）。存在两个光轴的晶体，叫作双轴晶体（例如云母、硫黄等）。把一块双折射晶体，磨出两个垂直于光轴的相对平面，如图 17-11 所示虚线，当入射光垂直于这个平面传播时，就不会产生双折射现象。必须注意，光轴是晶体中的一个方向，而不是一条固定的直线，凡是与光轴平行的直线都是光轴。

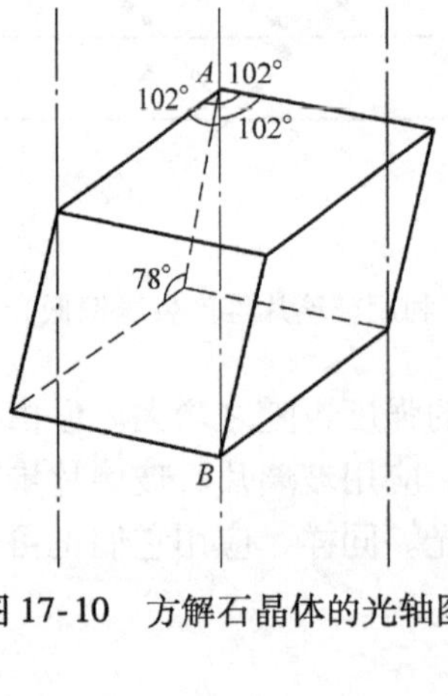

图 17-10　方解石晶体的光轴图

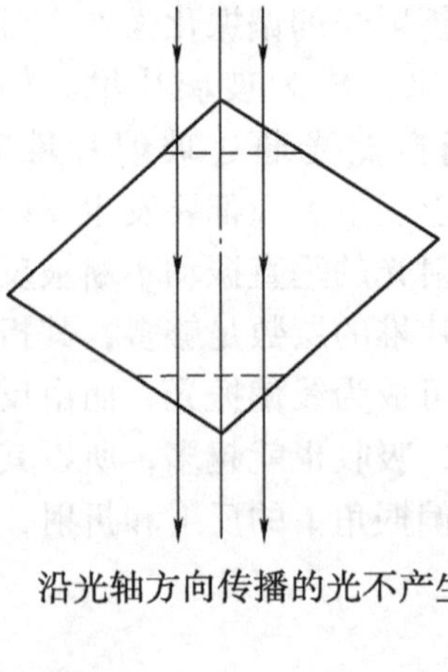

图 17-11　沿光轴方向传播的光不产生双折射

在晶体内，晶体光轴与晶面法线方向构成的平面叫作晶体的主截面。在晶体中 o 光和光轴所组成的平面叫作 o 光的主平面，e 光和光轴组成的平面叫作 e 光的主平面。实验表明，o 光的振动方向垂直于其主平面，而 e 光的振动方向在其主平面内。在一般情况下，这两个主平面不重合，但在多数情况下其夹角很小，可以认为 o 光和 e 光的振动方向是相互垂直的。当光的入射面为晶体主截面时，o 光和 e 光的主平面重合，并与晶体的主截面也重合，本书中涉及的大多数问题均属于这一特殊情况。

双折射现象的产生，是由于在晶体内 o 光和 e 光的传播速率不同所致。图 17-12 所示为单轴晶体中点波源 S 在某一时刻波面。o 光在各个方向传播的速率相同，其波面为球面。e 光在各个方向上的传播速率随方向而变，可以证明其波面为旋转椭球面。沿光轴方向，o 光和 e 光的传播速率相同，因此 $n_e = n_o$；在垂直于光轴方向上，它们的速率相差最大，若 $n_e > n_o$，这种晶体叫作正晶体，如石英晶体。若 $n_e < n_o$，就叫作负晶体，如方解石晶体。e 光在垂直于光轴方向的折射率叫作主折射率。几种物质的主折射率见表 17-1。

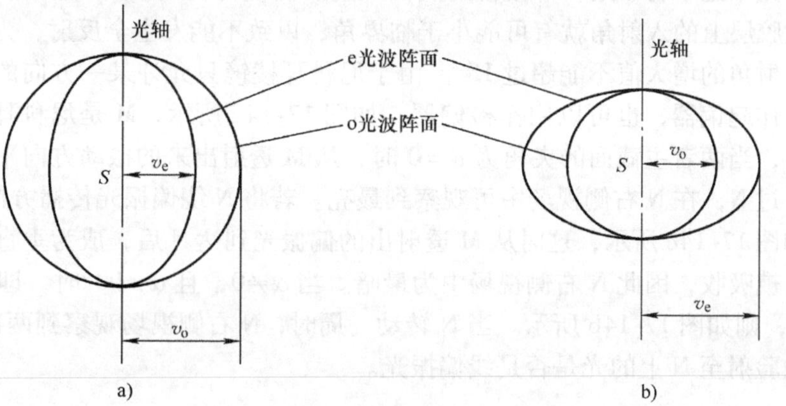

图 17-12　正负晶体的子波波面

表 17-1　几种单轴晶体的主折射率（对波长为 589.3nm 的钠光）

晶体	n_o	n_e
方解石	1.658	1.486
石英	1.543	1.552
电气石	1.640	1.620
硝酸钠	1.585	1.337
冰	1.309	1.310

尼科耳棱镜　尼科耳棱镜是一种利用双折射现象从自然光获得线偏振光的器件，下面简单地介绍它的结构和原理。利用天然晶体的双折射现象，从一束 76°自然光可以获得振动相互垂直的两束线偏振光，这两束偏振光的分开程度取决于晶体的厚度。纯天然晶体的厚度一般较小，因而两偏振光的分开程度也很小。尼科耳棱镜是用方解石晶体加工制成的，如图 17-13 所示，将两块根据特殊要求加工的方解石棱镜用特种树胶粘合成一体的长方形柱形棱镜。$ABCD$ 是尼科耳棱镜的主截面，AC 面用加拿大树胶粘合。对于单色钠黄光来说，方解石对 o 光的折射率为 $n_o = 1.658$，对 e 光的折射率为 $n_e = 1.486$，加拿大树胶的折射率介于两者之间，$n_o = 1.550$。若入射光平行于底面 BC 入射于棱镜，在到达方解石与树胶的分界面

AC 时，对 o 光而言，由于树胶的折射率小于 o 光的折射率，且 o 光在 AC 面上的折射角 (76°) 大于临界角 ($i_{临} = \arcsin 1.550/1.658 \approx 70°$)，结果使 o 光发生全反射，使之偏折到涂黑了的 BC 面上，并为之吸收。对 e 光而言，方解石相对于树胶为光疏介质，故 e 光可透过树胶层射出。这样，用尼科耳棱镜就把自然光转变成光振动在主截面内的偏振光了。

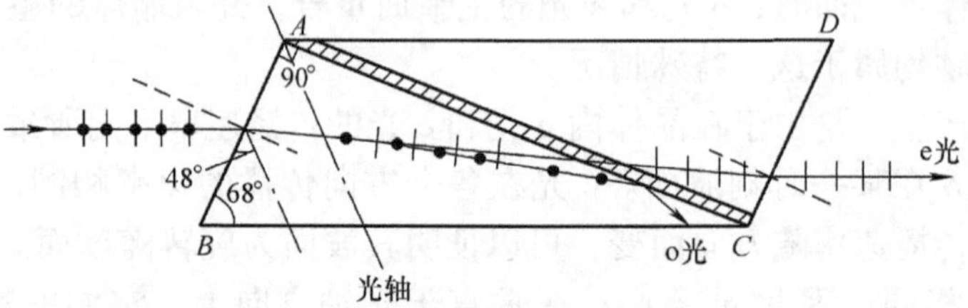

图 17-13 尼科耳棱镜的主截面

如果入射光不是平行于尼科耳棱镜的底面入射，而使得在端面 AB 上的入射角增大，这时 o 光射到树胶层上的入射角就有可能小于临界角，以致不能发生全反射，为了避免这种情况的出现，入射角的增大值不能超过 15°。由于尼科耳棱镜只允许某一方向的振动通过，所以它既可以用作起偏器，也可以用作检偏器。如图 17-14a 所示，M 是尼科耳起偏器，N 是尼科耳检偏器，当两者主截面的夹角为 $\alpha = 0$ 时，从 M 透射出来的振动方向平行于主截面的偏振光也能透过 N，在 N 右侧视场中可观察到最亮。若将 N 绕偏振光传播方向转过 90°，即 $\alpha = 90°$时，如图 17-14c 所示，这时从 M 透射出的偏振光到达 N 后，成为垂直于 N 的主截面振动的 o 光而被吸收，因此 N 右侧视场中为最暗。当 $\alpha \neq 0$，且 $\alpha \neq 90°$时，即介于图 17-4a、c 之间的情况，则如图 17-14b 所示。当 N 转动一周时，N 右侧视场观察到两次最亮和最暗。据此，可以检验射至 N 上的光是否是线偏振光。

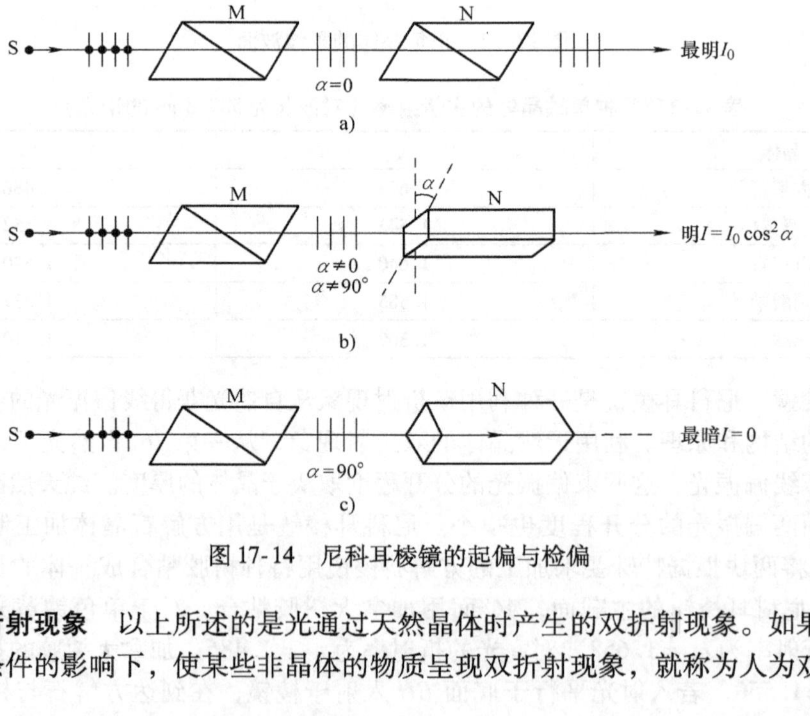

图 17-14 尼科耳棱镜的起偏与检偏

人为双折射现象 以上所述的是光通过天然晶体时产生的双折射现象。如果用人工的方法或在外界条件的影响下，使某些非晶体的物质呈现双折射现象，就称为人为双折射现象。

非晶体具有光学各向同性的性质，不能产生双折射现象。但有些非晶体，如塑料、玻璃、环氧树脂等在机械应力的作用下会发生形变，从而产生某些与晶体相类似的各向异性的特征而显示出双折射，这种现象叫作光弹性效应。

还有些非晶体或液体，如硝基苯、二硫化碳等，在强大电场的作用下，显示出双折射现象，这种效应叫作电光效应。它是克尔首次发现的，所以也称克尔效应。

和电场作用下产生双折射现象相似，在强磁场的作用下，某些非晶体也能产生双折射现象，称为磁致双折射现象。

人们已广泛地应用光弹性的方法检测物体内部应力的分布情况，从而为机械设计和大型建筑物提供科学的依据和实验手段。利用克尔效应制成的高速开关已被广泛地应用于高速摄影、数据处理和显示技术系统中。

17.5　椭圆偏振光和圆偏振光　偏振光的干涉

椭圆偏振光和圆偏振光　把双折射晶体（如方解石）切割成具有均匀厚度 d 的晶片 C，并恰好使其光轴与晶体两个平行表面平行。如图 17-15 所示，起偏器 M_1 射出的线偏振光垂直入射于晶面，如果入射线偏振光的振动方向与晶片 C 的光轴之间的夹角为 α，则线偏振光射入晶片 C 后，又将分成振动面互相垂直的 o 光和 e 光。应当注意到，这两束光在晶片 C 中虽沿同一方向传播，但具有不同的速率（对于正晶体，o 光传播得快，而对于负晶体 e 光传播得快）。因此两种光透过晶片之后，两者间有一定的相位差。其相位差为

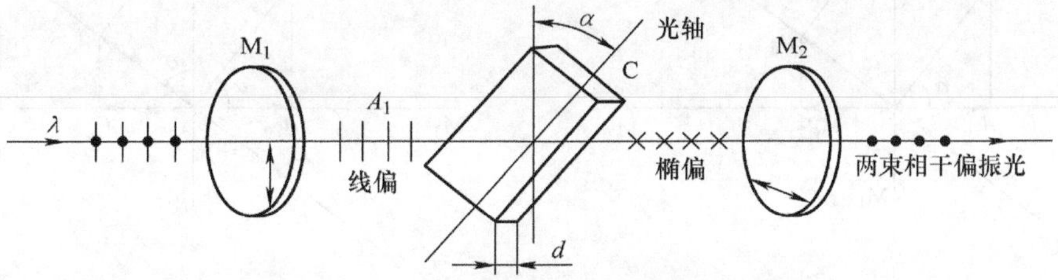

图 17-15　椭圆偏振光的产生和偏振光的干涉

$$\Delta\Phi = \frac{2\pi}{\lambda} d(n_o - n_e) \tag{17-3}$$

式中，λ 表示入射单色光的波长。如果选择晶片的厚度使 $\Delta\Phi = k\pi$，其中 k 为整数，那么透过晶片后的 o 光、e 光叠加起来仍为线偏振光。如果 $\Delta\Phi \neq k\pi$，那么透过晶片 C 的这两光束叠加后，其合成光矢量的矢端描绘出的轨迹是一个椭圆，这样的光矢量代表的光称为椭圆偏振光。晶片中 o 光和 e 光的振幅决定于晶片光轴方向和起偏器的偏振化方向间的夹角 α，如图 17-16 所示，o 光和 e 光的振幅矢量的量值 A_o、A_e 分别是入射晶片的线偏振光振幅矢量在光轴方向和垂直于光轴方向上的分量，即

$$A_o = A_1 \sin\alpha,\ A_e = A_1 \cos\alpha \tag{17-4}$$

如果这两光线的振幅相等，且相位差 $\Delta\Phi$ 等于 $\frac{\pi}{2}$ 或 $\frac{3}{2}\pi$，那么叠加后光矢量将描出圆形轨迹，这种光称为圆偏振光。振幅相等的条件是 $\alpha = \frac{\pi}{4}$；$\Delta\Phi = \frac{\pi}{2}$ 时晶片的最小厚度满足

$$\Delta\Phi = \frac{2\pi d}{\lambda}(n_o - n_e) = \frac{\pi}{2}$$

即

$$\delta = (n_o - n_e)d = \frac{\lambda}{4} \text{或} d = \frac{\lambda}{4}(n_o - n_e) \tag{17-5}$$

这表明，若选择晶片的厚度使 o 光和 e 光的相位差 $\Delta\Phi = \frac{\pi}{2}$，就可使 o 光和 e 光的光程差 δ 等于 $\lambda/4$。这样的晶片称为四分之一波片。线偏振光通过四分之一波片后透射出来的光是椭圆偏振光。如果入射光的振动方向与晶片光轴的夹角 $\alpha = \pi/4$，那么从四分之一波片透射出来的光是圆偏振光。不同波长的四分之一波片的厚度是不一样的。若一晶片可使 o 光和 e 光之间产生 $\lambda/2$ 的光程差，即 $\Delta\Phi = \pi$，这种晶片称为二分之一波片（或半波片）。线偏振光垂直入射到半波片后透射出来的光仍为线偏振光，但其振动方向发生变化。如果入射偏振光的振动方向与晶片光轴的夹角为 α，则透射出来的线偏振光的振动方向与入射光的振动方向成 2α 角。偏振光的干涉如果在图 17-15 所示的光路装置中再放置一偏振片 M_2，且 M_2 的偏振化方向与 M_1 相互垂直，那么这时只有和 M_2 的偏振化方向平行的分振动可以透过，如图 17-17 所示，所透过的两分振动满足相干条件，因而能够产生干涉现象。

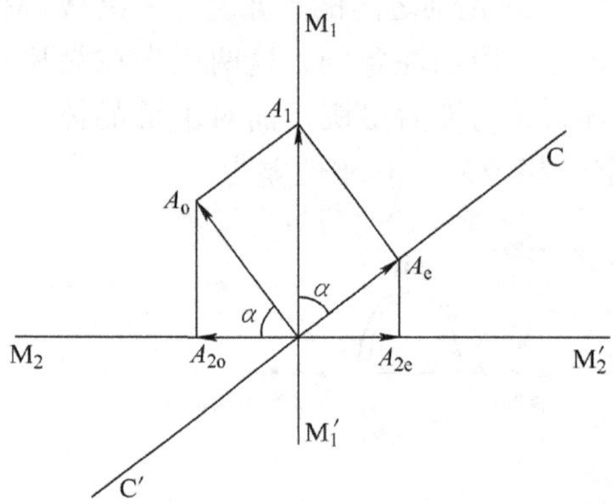

图 17-16 入射线偏振光在晶片中的分解

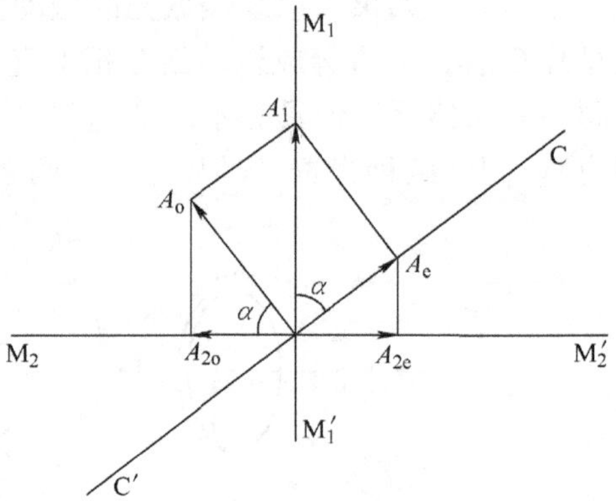

图 17-17 偏振光的干涉

A_{2e}和 A_{2o}表示透过 M_2 的两分振动的振幅矢量，它们的方向相反。其量值可由 A_e 和 A_o 在 M_2 的偏振化方向上的投影给出。

$$A_{2e} = A_e \sin\alpha,\ A_{2o} = A_o \cos\alpha$$

由式（17-4）代入有

$$\begin{cases} A_{2e} = A_1 \sin\alpha\cos\alpha \\ A_{2o} = A_1 \sin\alpha\cos\alpha \end{cases} \tag{17-6}$$

即透过 M_2 的两分振动振幅相等。这两束光相干偏振光的相位差除与晶片厚度有关的相位差外，还有一附加的相位差（A_{2e}和 A_{2o}的方向相反）。所以其总相位差为

$$\Delta\Phi = 2\pi\frac{d}{\lambda}(n_o - n_e) + \pi \tag{17-7}$$

两束相干偏振光的相干加强和相干减弱条件是

$$\Delta\Phi = \begin{cases} 2k\pi(k=1,2,3,\cdots), & \text{加强} \\ (2k+1)\pi(k=0,1,2,\cdots), & \text{减弱} \end{cases} \tag{17-8}$$

即当$(n_o - n_e)d = (2k-1)\frac{\lambda}{2}$时，干涉最强，视场最明亮；当$(n_o - n_e)d = k\lambda$时，干涉最弱，视场最暗。一般情况下，其合振幅的大小由下式确定：

$$A = \sqrt{A_{2e}^2 + A_{2o}^2 + 2A_{2e}A_{2o}\cos(\Delta\Phi)}$$

考虑到$A_{2e} = A_{2o} = A_1\sin\alpha\cos\alpha$，从而有

$$A = 2A_1\sin\alpha\cos\alpha\left|\cos\frac{\Delta\Phi}{2}\right| \tag{17-9}$$

*17.6　旋光现象

偏振光通过某些透明物质后，偏振光的振动面将以其传播方向为轴转过一定的角度，这种现象叫作旋光现象。能产生旋光现象的物质叫作旋光物质，例如石英晶体、糖溶液、酒石酸溶液等都是旋光性较强的物质。实验证明，振动面旋转的角度决定于旋光物质的性质、厚度或浓度以及入射光的波长等。观察振动面旋转的实验装置，如图 17-18 所示。F 是滤光片，用以获得较好的单色光。

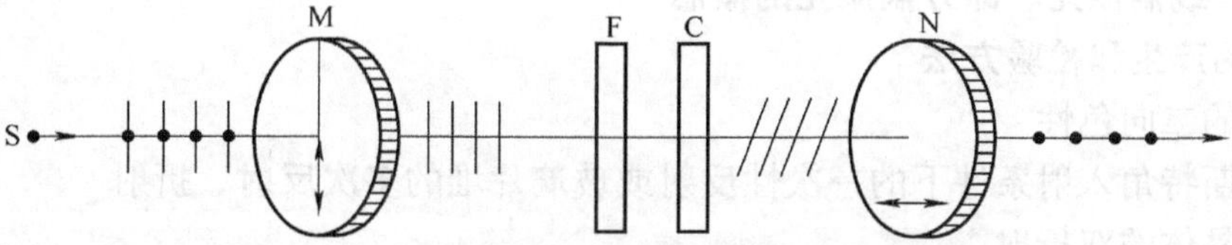

图 17-18　观察偏振光振动面旋转的实验装置图

C 是旋光物质，例如晶面与光轴垂直的石英片。当旋光体置于两正交偏振片之间时，将观察到视场由暗变亮，将偏振片 N 旋转某一角度后，视场重新变暗，这说明线偏振光透过旋光体后仍然为线偏振光，但振动面旋转了一个角度，这个角度就等于上述偏振片 N 转过的角度。实验表明：

1）不同的旋光物质可以使线偏振光的振动面向不同的方向旋转。如果面对光源观测，使振动面向右旋转（顺时针方向旋转）的物质称为右旋物质；使振动面向左旋转（逆时针方向旋转）的物质称为左旋物质。在自然界中存在两种结晶形态的石英晶体，分别为右旋石英和左旋石英。

2）振动面旋转的角度与波长有关，而在波长给定的条件下，与旋光物质的厚度 d 有关。旋转角 φ 的大小可用下式表示：

$$\varphi = ad \tag{17-10}$$

式中，d 以 mm 为单位；a 称为旋光恒量，与物质的性质、入射光的波长等有关。例如，1mm 厚的石英片对红光、钠黄光、紫光来说，振动面旋转的角度分别为 15°、21.7°、51°。

3）偏振光通过糖溶液、松节油时，振动面的旋转角可用下式表示：

$$\varphi = acd \tag{17-11}$$

式中，c 是旋光物质的浓度；a 和 d 的意义同上。制糖工业中，测定糖溶液浓度的糖量计，就是根据糖溶液的旋光性设计的一种仪器。图 17-19 所示是糖量计的简图。图中玻璃容器 B 内装有待测的糖溶液，放在两正交的偏振片 M 和 N 之间。

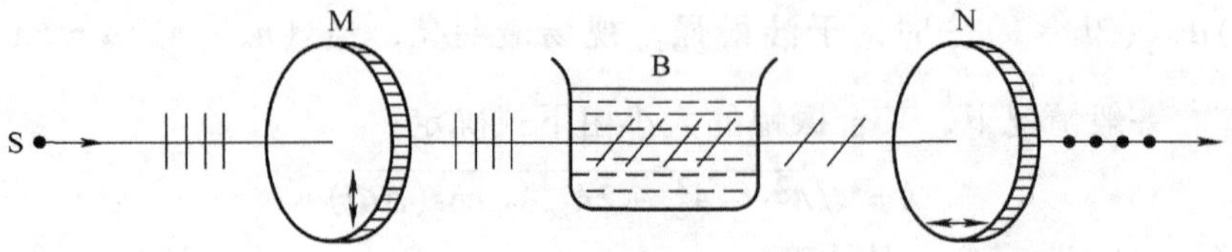

图 17-19　糖量计简图

由于糖溶液的旋光作用，视场将由暗变亮。旋转检偏器 N 使视场重新变暗，N 所旋转的角度就是振动面旋转的角度。如果 d 和 a 为已知，测出 φ 后，就可以根据式（17-11）算出浓度 c。通常检偏器 N 的刻度盘上直接标出糖溶液的浓度。除糖溶液外，许多有机物质（特别是药物）的溶液也具有旋光性，分析和研究液体的旋光性，也需要利用糖量计，所以通常把这种分析方法叫作“量糖术”，它在化学、制药等工业中都有广泛的应用。

本章提要

自然光、线偏振光、部分偏振光的概念

偏振光的产生和检验方法

1. 晶体的二向色性
2. 布儒斯特角入射条件下的一次性反射或玻璃片堆的多次反射、折射
3. 天然晶体的双折射

偏振片、玻璃片堆和尼科耳棱镜均可用作起偏器和检偏器。

马吕斯定律

$$I = I_0 \cos^2\alpha$$

注意式中各量的意义。

布儒斯特定律

$$\tan i_0 = n_{21} = \frac{n_2}{n_1}$$

式中，i_0 为布儒斯特角（起偏角），$i_0 + r = \dfrac{\pi}{2}$。

圆偏振光、椭圆偏振光、偏振光的干涉

一定厚度的晶片引起 o 光和 e 光之间产生 $\lambda/4$ 的光程差，这样的晶片为四分之一波片；引起 $\lambda/2$ 的光程差的晶片为二分之一波片。

通过厚度为 d 的晶片后，o 光和 e 光之间的相位差为

$$\Delta\Phi = \frac{2\pi d}{\lambda}(n_o - n_e)$$

习　　题

17-1　回答下列问题：

（1）有人说：“因为光具有偏振的特性，所以光波一定是横波。” 他说得对吗？为什么？

（2）一束光可能是①自然光；②线偏振光；③部分偏振光。如何用实验来确定这束光是哪一种光？

（3）有人认为只有自然光通过双折射晶体，才能获得 o 光和 e 光。你的看法如何？为什么？

（4）从尼科耳棱镜射出的非常光，入射到各向同性的介质中，它是否遵从折射定律？

（5）试说明偏振光干涉装置中偏振片 M_1、M_2 和双折射晶片 C 各元件的作用，为什么缺少任一元件就观察不到干涉效应？

17-2　在杨氏双缝干涉实验装置中的缝后，各置一相同的偏振片。用单色自然光照射狭缝 S，如题 17-2 图所示。问：

（1）若两偏振片的偏振化方向平行，观察屏上的干涉条纹有何变化？

（2）若两偏振片的偏振化方向正交，观察屏上的干涉条纹有何变化？

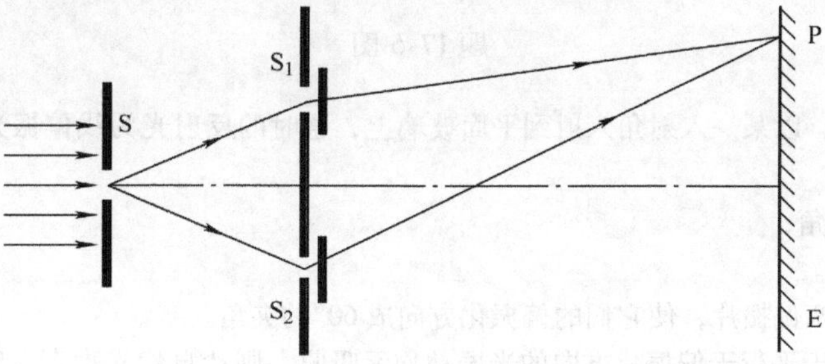

题 17-2 图

17-3　有折射率分别为 n_1 和 n_2 的两种介质，当自然光从折射率为 n_1 的介质入射至折射率为 n_2 的介质时，测得布儒斯特角为 i_0；当自然光从折射率为 n_2 的介质入射至折射率为 n_1 的介质时，测得布儒斯特角为 i_0'。若 $i_0 > i_0'$，问哪一种介质的折射率较大？

17-4　在题 17-4 图所示的各种情况中，以线偏振光或自然光入射于两种介质的分界面上。问折射光和反射光各属于什么性质的光？如果折射线或反射线存在，请在折射线或反射线上用黑点和短线把振动方向表示出来。图中 $i_0 = \arctan n$，$i \neq i_0$。

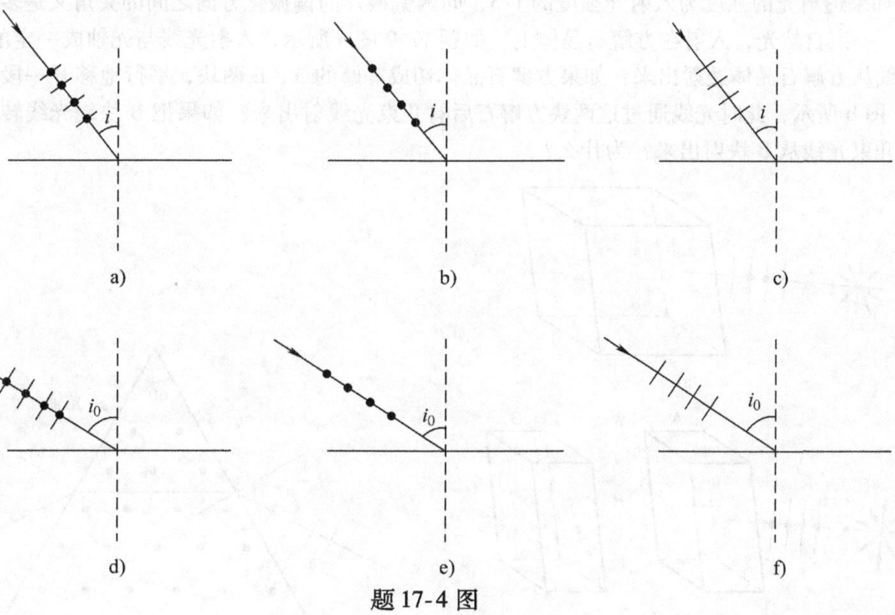

题 17-4 图

17-5　如题 17-5 图所示，偏振片 M 作为起偏器，N 作为检偏器，使 M 和 N 的偏振化方向相互垂直。今以单色自然光垂直入射于 M，并在 M 和 N 中间平行地插入另一偏振片 C，C 的偏振化方向与 M、N 均不同。求：

（1）透过N后的光的强度；

（2）若偏振片C以入射光线为轴转动一周，试定性画出透射光强随转角变化的函数曲线。设自然光的强度为I_0，并且不考虑偏振片对光的吸收。

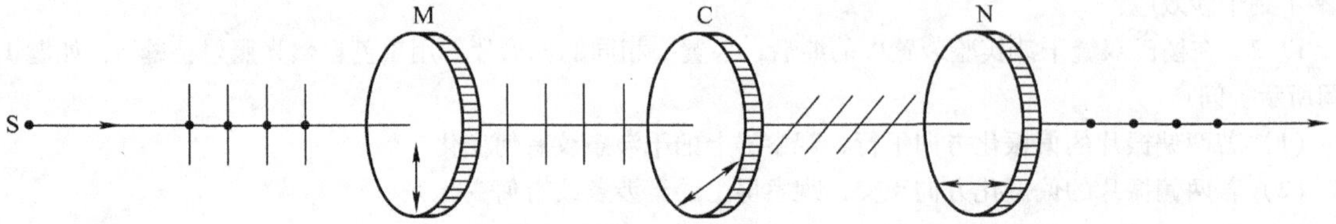

题17-5图

17-6 一束自然光，以某一入射角入射到平面玻璃上，这时的反射光为线偏振光，透射光的折射角为32°。求：

（1）自然光的入射角；

（2）玻璃的折射率。

17-7 平行放置的两偏振片，使它们的偏振化方向成60°的夹角。

（1）若两偏振片对于平行于偏振化方向的光振动均无吸收，则让自然光垂直入射后，其透射光强与入射光强之比是多少？

（2）若两偏振片对于平行于偏振化方向的光振动均吸收了10%的能量，则透射光强与入射光强之比是多少？

（3）今在两偏振片之间再平行插入另一偏振片，使它的偏振化方向与前后两个偏振片均成30°，则透射光强与入射光强之比又是多少？先按无吸收情况计算，再按有吸收（均吸收10%）情况计算。

17-8 自然光入射于重叠在一起的两偏振片。

（1）如果透射光的强度为最大透射光强度的1/3，问两偏振片的偏振化方向之间的夹角是多少？

（2）如果透射光的强度为入射光强度的1/3，问两偏振片的偏振化方向之间的夹角又是多少？

17-9 一束自然光，入射在方解石晶体上，如题17-9图a所示，入射光线与光轴成一定的角度。问将有几束光线从方解石晶体透射出来？如果方解石晶体切成等厚的A、B两块，平行地移开一段很小的距离，如题17-9图b所示，此时光线通过这两块方解石后有几束光线射出来？如果把B块绕光线转过一个角度，此时将有几束光线从B块射出来？为什么？

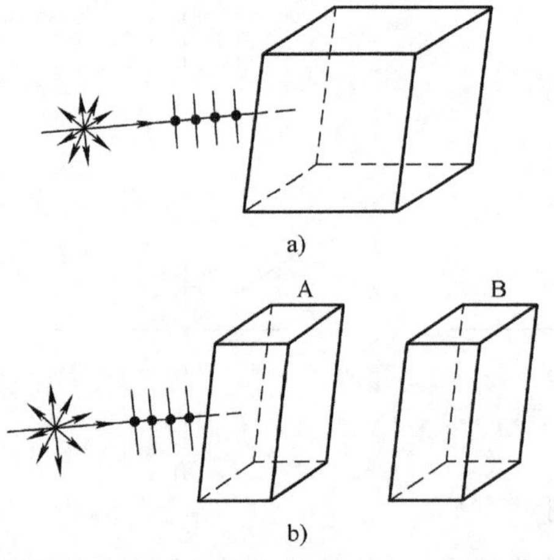

题17-9图

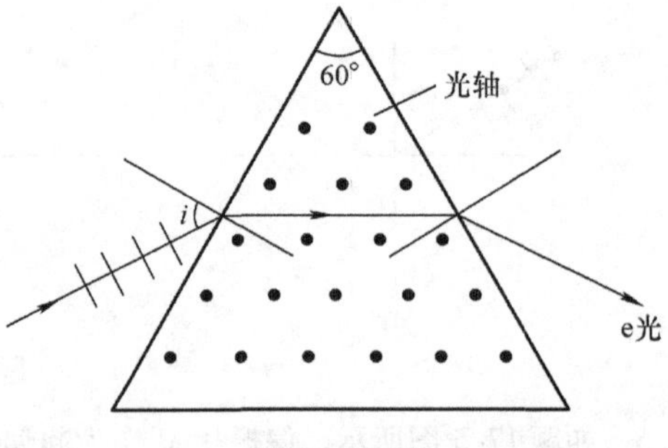

题17-10图

17-10　利用方解石晶体切割成一正三角形棱镜，其光轴与棱镜的棱边平行，即与棱镜的正三角形横截面相垂直，如题17-10图所示。今有一束自然光入射于棱镜，为使棱镜内的e光折射线平行于棱镜的底边，该入射光的入射角 i 应为多少？并在图中画出o光的光路，已知 $n_e=1.49$（主折射率），$n_o=1.66$。

*由此说明怎样用这种棱镜来测定方解石的 n_o、n_e（主折射率）。

17-11　自然光入射于水面上，当入射角为 i_0 时，反射光为完全偏振光。今将一玻璃板浸于水中，如题17-11图所示，如果由玻璃板表面反射的光也为完全偏振光，求玻璃板平面与水面之间的夹角 θ。已知水的折射率为 $n_1=1.33$，玻璃的折射率为 $n_2=1.50$。

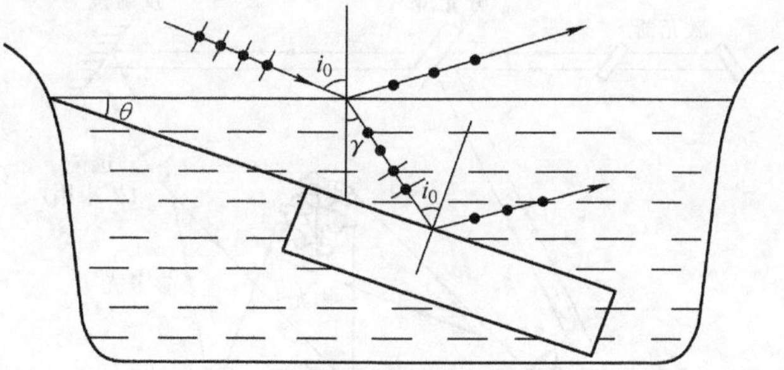

题17-11图

17-12　两个尼科耳棱镜主截面之间的夹角由30°转到45°，试求：

（1）当入射光是自然光时，求转动前后透射光的强度之比；

（2）当入射光是偏振光时，求转动前后透射光的强度之比。

17-13　在偏振化方向相互正交的两偏振片之间放一四分之一波片，其光轴与第一偏振片的偏振化方向成60°，强度为 I_0 的单色自然光通过此系统后，出射光的强度为多少？如果用二分之一波片，其结果又如何？

17-14　一厚度为10μm的方解石晶片，其光轴平行于表面，放置在两正交偏振片之间，晶片的光轴与第一偏振片的偏振化方向夹角为45°，若要使波长600nm的光通过上述系统后呈现极大，晶片的厚度至少需磨去多少？

物理学与现代科学技术Ⅸ

全息照相技术

通常的照相方法是通过透镜把物体在感光胶片平面上所成的像的强度分布记录下来，记录的只是光信号的强度。全息照相把物体上发出的光信号的全部信息，包括光波的振幅和相位全部记录下来，并能够得到物体的立体图像。早在1948年，盖伯（Gabor）为了提高电子显微镜的分辨本领而提出全息原理，并开始了全息照相的研究工作。1960年以后出现了激光，为全息照相提供了十分理想的光源，从而使全息研究进入了一个新的阶段。全息技术现已成为现代科学技术的一个新兴技术。

全息照相的记录和再现： 全息照相记录过程的实验光路装置如图Ⅸ-1所示。从激光器射出的激光束由分光镜分成两束，一束经透镜使光束扩束而照射到物体上，而经过物体反射（或透射）后照射到感光胶片上，这部分光叫作物光。另一束经反射镜改变光路，再由透镜扩大后直接投射到感光胶片上，这部分光叫作参考光。物光和参考光在感光胶片上叠加形成干涉条纹，这一干涉条纹分布反映了物体各点反射出来的光的强度和相位，具体反映在干涉条纹的密度、形状上。经显影、定影后得到全息照片。这种全息照片和普通照片完全不同，全息照片只有通过高倍显微镜才能看到疏密不同、浓黑程度不同的干涉条纹，如图Ⅸ-2所示，而看不到普通照片那样所记录的物体的像。要看到被摄物体的像，必须用一束同参考光的波长和传播方向完全相同的光束照射全息照片，这个光束称为再现光。在原来拍摄放置物体的方向上就能看到与原物体形象完全一样的立体虚像，如图Ⅸ-3所示。通过全息照片去看物体的像时，从不同角度观察可以看到它的不同侧面的形象。如果只取全息照片的一个碎片，通过这一小块仍能看到整片记录的全部形象。

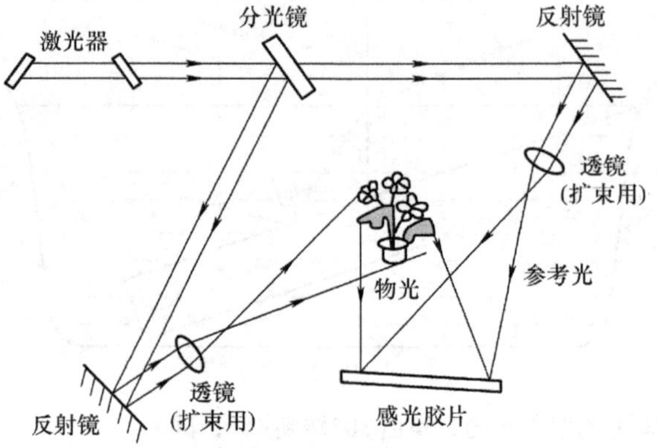

图Ⅸ-1 全息照相的记录

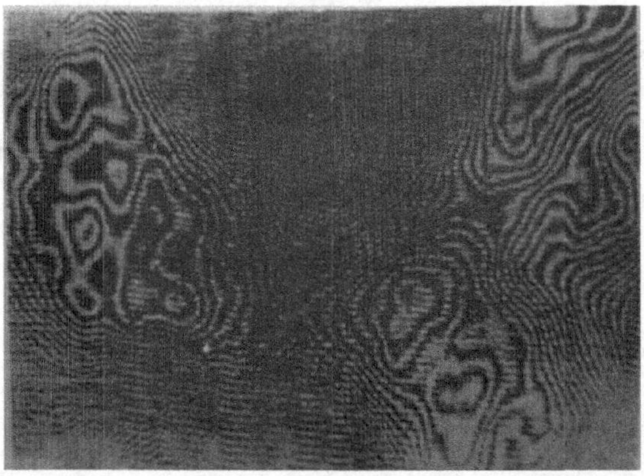

图Ⅸ-2 全息照片

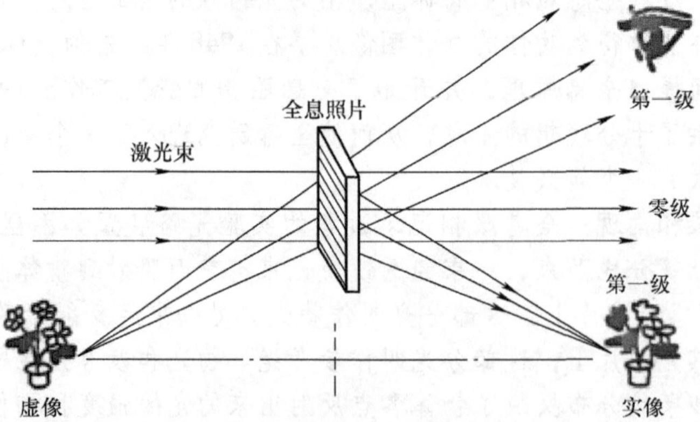

图Ⅸ-3 全息照相的再现

1. 全息照相的原理

全息照相所记录的是物光和参考光在全息感光底片上干涉的结果。

(1) **全息记录** 设物光在底片平面上的振动表示式为

$$E_O(x,y)=A_O(x,y)\cos[\omega t+\varphi_O(x,y)]$$

参考光为

$$E_R(x,y)=A_R(x,y)\cos[\omega t+\varphi_R(x,y)]$$

为方便起见，采用复数形式表示成

$$E_O(x,y)=A_O(x,y)\mathrm{e}^{\mathrm{i}[\omega t+\varphi_O(x,y)]}=A_O(x,y)\mathrm{e}^{\mathrm{i}\varphi_O(x,y)}\mathrm{e}^{\mathrm{i}\omega t}$$

$$E_R(x,y)=A_R(x,y)\mathrm{e}^{\mathrm{i}[\omega t+\varphi_R(x,y)]}=A_R(x,y)\mathrm{e}^{\mathrm{i}\varphi_R(x,y)}\mathrm{e}^{\mathrm{i}\omega t}$$

对于相干波的叠加，真正起作用的是振幅和相位，常用复振幅来表示，即省去重复写的含时间因子 $\mathrm{e}^{\mathrm{i}\omega t}$，剩下的部分既含振幅，又含相位，把它称为复振幅。于是，在底片面上任一点物光的复振幅为

$$O(x,y)=A_O(x,y)\mathrm{e}^{\mathrm{i}\varphi_O(x,y)}$$

参考光的复振幅为

$$R(x,y)=A_R(x,y)\mathrm{e}^{\mathrm{i}\varphi_R(x,y)}$$

相干叠加后的合成光场为

$$H(x,y)=O(x,y)+R(x,y)$$

干涉条纹的光强为

$$I=H^2=HH^*=(O+R)(O^*+R^*)$$

式中，H^* 为 H 的共轭复数。为使关系式简洁，各量中的 x，y 均省略。将上式展开得

$$I=A_O^2+A_R^2+A_OA_R\mathrm{e}^{\mathrm{i}(\varphi_O-\varphi_R)}+A_OA_R\mathrm{e}^{\mathrm{i}(\varphi_R-\varphi_O)}$$

上式可简写成

$$I=A_O^2+A_R^2+2A_OA_R\cos(\varphi_O-\varphi_R)$$

这正是我们熟悉的干涉条纹光强的表达式。上式表明，光强 $I(x,y)$ 包含了物光波的全部信息（振幅和相位）。采用适当的两光波强度比，感光底片经曝光并进行线性冲洗后，就得到一张全息照（或称全息图）。

(2) **再现过程** 这是一个光学逆问题，就是使全息照片所记录的物光波的全部信息再显示出来。假定用照明光 $R'(x,y)$ 照射全息照片，设再现光在全息照片面上的复振幅为

$$R'(x,y)=A_{R'}(x,y)\mathrm{e}^{\mathrm{i}\varphi_{R'}(x,y)}$$

如把全息照片作为衍射屏，则透过全息照片后衍射波的复振幅为

$$U_{R'}(x,y)=R'(x,y)t(x,y)$$

式中，$t(x,y)$ 为全息照片的复振幅透射率。对于经线性冲洗的全息照片，复振幅透射率 $t(x,y)$ 与曝光时的光强呈线性关系，即

$$t(x,y)=t_0+\beta I(x,y)$$

于是，透过全息照片后衍射波的复振幅

$$U_{R'}(x,y)=R'(x,y)[t_0+\beta I(x,y)]$$

将 $I(x,y)$ 值代入得

$$
\begin{aligned}
U_{R'} &= R'[t_0+\beta(O+R)(O^*+R^*)] \\
&= (t_0+\beta A_O^2+\beta A_R^2)R'+\beta R'R^*O+\beta R'RO^* \\
&= U_0+U_{+1}+U_{-1}
\end{aligned}
$$

式中第一项除了系数$(t_0+\beta A_O^2+\beta A_R^2)$外，与再现光相同，为零级衍射波，代表照明光的透射波。由于物光在全息照片上的强度分布是不均匀的，因此$\beta A_O^2 R'$是振幅受到调制的照明波，形成一个背景像。从物光重现的角度来看，可以不予考虑。

第二项为 +1 级的衍射波。当再现光和参考光完全相同时，即 $AR'=AR=$常数 A，$\varphi_{R'}=\varphi_R$，则 +1 级衍射波在全息照片面上的复振幅为

$$
U_{+1}=\beta R'R^*O=\beta A_{R'}A_R e^{i(\varphi_{R'}-\varphi_R)}O=\beta A^2 O
$$

与原物光只差一个常数因子，实现了原物光的再现。观察者将在原物体所在位置上看到逼真的立体虚像，在不同的角度看到物体不同的侧面。

第三项为 -1 级的衍射波。当再现光是参考光的共轭波时，则 -1 级衍射波在全息照片面上的复振幅为

$$
U_{-1}=\beta R'RO^*=\beta A_{R'}A_R e^{i(\varphi_{R'}-\varphi_R)}O^*=\beta A^2 e^{i2\varphi_R}O^*
$$

与原物光的共轭波$O^*(x,y)$除相差一个常数因子外，还多一个相位因子 $e^{i2\varphi_R}$，表示衍射波会聚于以全息照片为对称面的原物体的对称位置上，观察者将在此位置上看到一个实像，在实像中的那些细节与虚像是相反的。

2. 全息照相的应用

(1) **全息显微摄影与全息显示** 利用全息照相可以进行显微放大。如果拍摄全息照片时，用短波的相干光照明，而再现时用长波的相干光照明，从而能得到放大几千倍到上万倍的像，不仅如此，还能有效地提高电子显微镜的分辨本领，扩大视场深度。由于全息照相再现物体形象逼真，立体感很强，如果应用到电影或电视中去，就可以看到活动的立体景象，成为立体电影和立体电视。近年来，发展了模压全息显示技术，制成了压印在镀铝 PET 或 PVC 薄膜上的全息图，由于价廉且能大批量复制，已被广泛应用在装饰、防伪商标、保密标记、艺术等各个方面。

(2) **全息干涉计量** 全息干涉计量是全息照相技术目前应用最广泛的领域之一。它能实现高精度的非接触的测量。一般光学干涉计量只能测量形状比较简单、表面粗糙度值很小的零件，而用全息干涉计量则能对任意形状、任意表面情况的物体测量。全息干涉计量利用干涉图样所揭示的微小光程差变化来研究物体的形变、内部应力分布等。因此，全息干涉计量术在无损探测、微应力-应变测量、振动分析等多个领域得到了广泛的应用。根据不同的需要，全息记录方法有以下几种。

1) 一次曝光法（实时法）：用一般全息记录方法，拍摄一张物体未经变形的全息照片，再将这张全息照片精确地放在原记录位置上（一般采用原地冲洗方法），并用原参考光做再现光照明，在物的原位置处产生虚像，物体也在原处位置不变并受拍摄时原物光照射，这时再现物光和原物光将同时存在，由于再现像与物体完全重合，因此不出现干涉条纹。如果物体因加载或加热等外界原因发生状态变化，则这两列物光发生干涉，可在物体处观察到干涉条纹。干涉条纹的形状、疏密和位置分布、反映了物体的形变，这样便能实时地观察到物体状态的微小变化。

2）两次曝光法：在同一张全息底片上两次曝光，分别记录同一物体在变化前、后的状态。当用与记录时参考光束入射方向一样的再现光照射全息照片时，两个状态下的物体再现光将发生干涉。根据干涉条纹的分布就可以研究物体的微小形变或微小振动、高速运动的现象、封闭容器内的爆炸过程等。

3）时间平均法：时间平均法常用来研究振动物体的运动状态，对振动物体做连续不断的全息记录。记录时间远比振动周期要长。因此所记录的是振动物体各个状态在这段时间的平均干涉条纹。

（3）**全息光学元件** 全息光学元件是用干涉方法制作的薄片型元件，主要有：全息透镜、全息光栅、全息滤光片、全息扫描器等。它的主要优点是重量轻，且可以在同一底片上记录多个全息图，得到空间重叠的全息光学元件。

1）全息光栅：两列相干平面波成一定夹角照射在感光底片上，相干叠加而形成一组平行等间距直条纹的全息图，这就是全息光栅。条纹的疏密与两束光之间的夹角有关，只要改变夹角，就可得不同的光栅常量的光栅。与普通的机械刻划光栅相比，全息光栅具有制作方法简单、成本低，而且可以避免周期性误差等优点。目前不仅制成了平面光栅，还制成了凹面光栅和集光光栅。由于全息光栅也可以用两球面波来制得，这样的光栅还具有自聚焦能力，用它来制造单色仪，可以省去准直镜和会聚镜。

2）全息透镜：用两球面光波或一平面光波与一球面光波相干叠加而制得的全息图，就是一个全息透镜。与普通透镜相比，全息透镜有重量轻、便于制作和易于获得大相对孔径等优点。由于全息照片可以多重记录，全息透镜可以制成有多个焦点等其他功能。

3）全息滤光片：用夹角接近180°且垂直于底片表面的两平面光波相干叠加制得的全息图，就是全息滤光片。其条纹间隔为$\lambda/2$。当复色光入射时，只有满足布拉格衍射条件的某波长的光才能再现出来，从而起到滤光片的作用。

（4）**全息信息存储** 把文字、图片或其他资料制成透光片，用宽束平行光照明，经透镜后与参考细光束在底片上重合，制成全息图。再现时，直接用细光束沿原参考光方向照射全息图，即可在屏上获得清楚的再现实像。全息信息存储的特点是大容量、高密度、低噪声、高分辨率和高保真度。全息照相的基本原理实际上是波动特性的必然结果，因此，对于其他的波动过程，如红外、微波、超声波等也有类似的现象。这些红外、微波全息技术在军事侦察和监视上具有重要意义。超声全息技术可以用来水下侦察和监视，并可用于医疗透视诊断，也可以在工业、医疗上用作无损探伤。全息照相技术是一门新兴的学科和技术，其理论和应用均处在发展之中。全息技术的应用前景是十分广阔的。

液晶的种类、光学性质和应用

早在1888年奥地利植物学家赖尼策尔（F Reinitzer）就发现了液晶，但液晶的实际应用到20世纪50年代以后才日益成熟。液晶是一种介于各向同性液体与各向异性晶体之间的一种新的物质状态。在一定温度范围内，它既具有液体的流动性、黏度、形变等机械性质；又具有晶体的热（热效应）、光（光学各向异性）、电（电光效应）、磁（磁光效应）等物理性质。现已知液晶化合物有几千种。根据分子的排列方式，液晶可以分为近晶相、向列相和胆甾相三种（见图Ⅸ-4）。向列相和胆甾相是具有光学特性的液晶，应用最多。

1. 液晶的种类

(1) **近晶相液晶** 近晶相液晶的分子呈棒状，分层叠合，每层分子长轴互相平行，且与层面垂直，如图Ⅸ-4a 所示。各层之间的距离可以变动，但各层之中的分子只能在本层中活动。

(2) **向列相液晶** 向列相液晶又称线型液晶。这种液晶中的分子也呈棒状，排列非常像一把把筷子，分子长轴互相平行，但并不成层，如图Ⅸ-4b 所示。具有这种棒状分子形状的化合物都能显示线型液晶态。分子长轴的方向就是光轴。

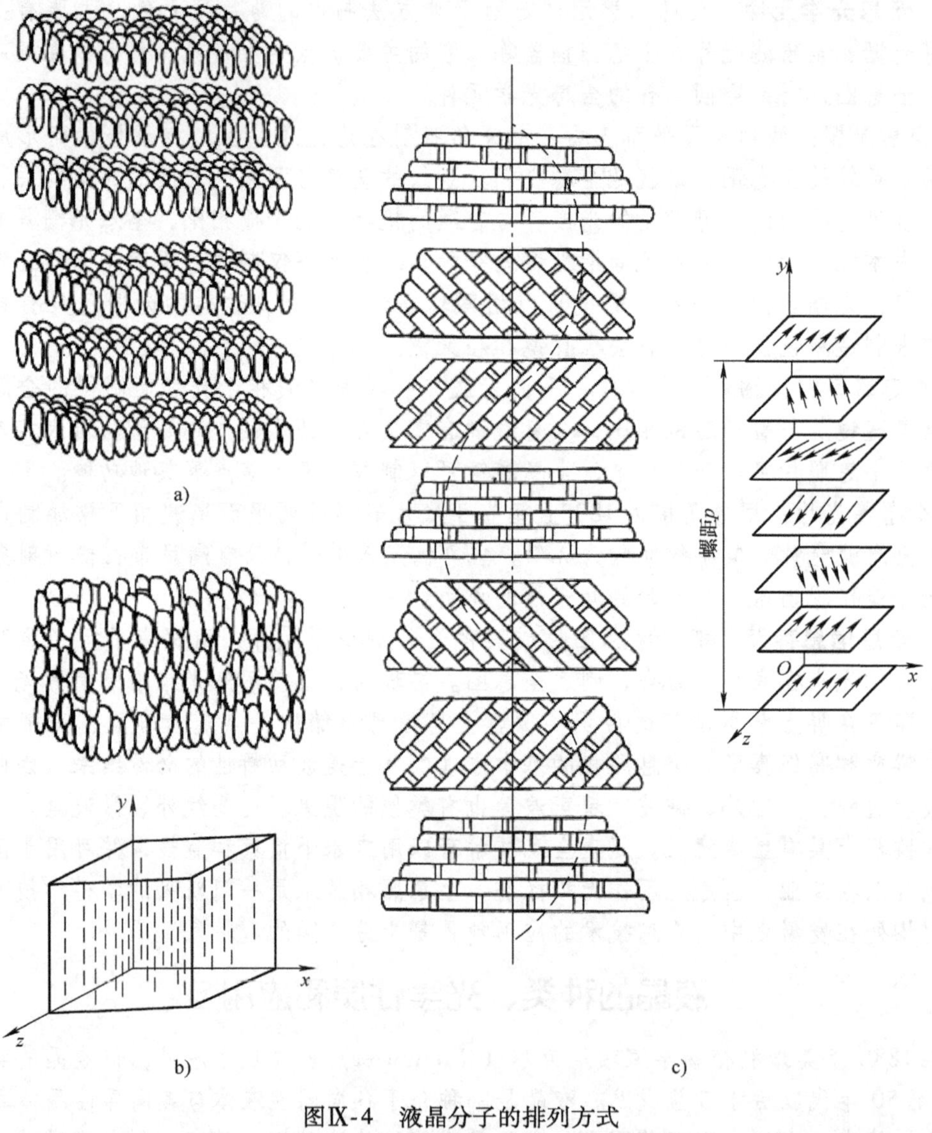

图Ⅸ-4 液晶分子的排列方式

a) 近晶相 b) 向列相 c) 胆甾相

(3) **胆甾相液晶** 胆甾相液晶中的许多分子也是分层排列的，逐层叠合，每层中分子长轴互相平行，且与层面平行，如图Ⅸ-4c 所示。相邻两层间分子长轴逐层依次沿一定方向有一个微小的扭角（约 15′），因此各层分子长轴的排列方向就逐渐扭转成螺纹。在这种液晶中，主要构型参数就是螺距 p，它是分子长轴排列方向依螺纹扭转360°时最外两端的两层分子间的距离（螺距 p 无法直接测定，有人估计为 0.2～20μm，也有说是 40μm，差异较大），胆甾相液晶的光轴垂直层面。液晶是一种完全不平常的相态。液晶各相态之间可以进行相变。把某种有机化合物例如胆固醇壬酸酯夹在玻璃片间，加热到某一温度就熔解成液晶状态，放在两偏振片间，在白光下就可看到偏振光的色偏振效应。继续加热就变成液体状态，色偏振效应也消失，显示出各向同性液体的性质了。液晶状态不只具有一种相，也具有两种以上的相。胆固醇壬酸酯的相变温度如下：

$$\text{结晶} \xrightleftharpoons{78℃} \text{近晶相} \xrightleftharpoons{79℃} \text{胆甾相} \xrightleftharpoons{90℃} \text{各向同性液体}$$

当然不是一切化合物都会有这种液晶态。只有当分子形态是较长的棒状或平板状或其他在两个垂直方向上的形态大小相差比较大的分子，同时分子形态比较僵硬而不易改变，并且有较大的偶极矩时才会产生液晶态。下面介绍液晶的一些特异的光学性质和应用。

2. 液晶的光学性质

（1）**液晶的双折射性**　液晶是非线性光学材料，具有双折射性质。向列相液晶的分子长轴方向就是光轴方向，且为单轴正晶体，即 $n_e > n_o$，一般向列相液晶的 $\Delta n = n_e - n_o$，在 0.1 以上，随材料和温度的不同而异，而方解石的 $\Delta n = -0.172$，石英仅为 0.008，因此液晶的双折射性还是比较显著的。胆甾相液晶的光轴垂直于层面而平行于螺旋轴，且为单轴负晶体。白光沿螺旋轴入射于胆甾相液晶，将分解为两束圆偏振光，其中旋转方向与螺旋方向相同的一束发生全反射，另一束透射。

（2）**液晶的电光效应和磁光效应**　液晶一般具有抗磁性，其磁化率 χ 也是各向异性的，即平行于分子长轴的磁化率 $\chi_{\parallel}$ 和垂直于分子长轴的磁化率 $\chi_{\perp}$ 不同，$\chi_{\parallel}$ 和 $\chi_{\perp}$ 均为负值，且 $|\chi_{\parallel}| < |\chi_{\perp}|$，$\Delta\chi_{\parallel} = \chi_{\parallel} - \chi_{\perp} \approx 10^7$。同样，液晶的介电常量也是各向异性的，$\Delta\varepsilon = \varepsilon_{\parallel} - \varepsilon_{\perp}$ 有正有负，取决于液晶的分子结构、极化率等因素，当对液晶施加电场或磁场时，液晶分子受外场影响容易改变取向，导致改变其化学性质，从而改变其光学性质。这种现象称为液晶的电光效应和磁光效应。目前应用最广泛的液晶的电光效应有下列几种。

1）扭曲效应：在正交偏振片之间安放经过特殊处理过的玻璃基片做成的液晶盒，上下基片分子沿面排列、方向互相垂直，盒中盛正性（$\Delta\varepsilon > 0$）的向列相液晶。液晶盒内的偏振方向随分子排列方向而扭转。未加电压时，光可以通过（见图Ⅸ-5a）。当外加电压超过阈值时，分子沿电场方向排列而光不能再通过（见图Ⅸ-5b）。

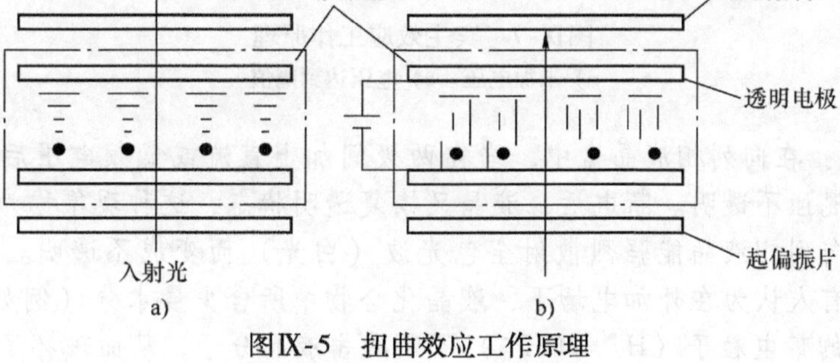

图Ⅸ-5　扭曲效应工作原理

a）未加电压　b）电压超过阈值

注：—表示液晶分子在纸面上投影；↔表示偏振方向与纸面平行；•表示偏振方向与纸面垂直。

2）记忆效应：在液晶盒中对负性（$\Delta\varepsilon<0$）的胆甾相液晶做沿面排列，其螺旋轴与基片垂直（见图Ⅸ-6a），呈透明状态，在直流（或低频）电压作用下，螺旋轴改变方向（见图Ⅸ-6b），对光产生强烈散射。在取消电压后，这种改变了结构而对光强烈散射的状态可维持相当长时间。如果再施加高频电压，可以使它恢复到原透明状态。

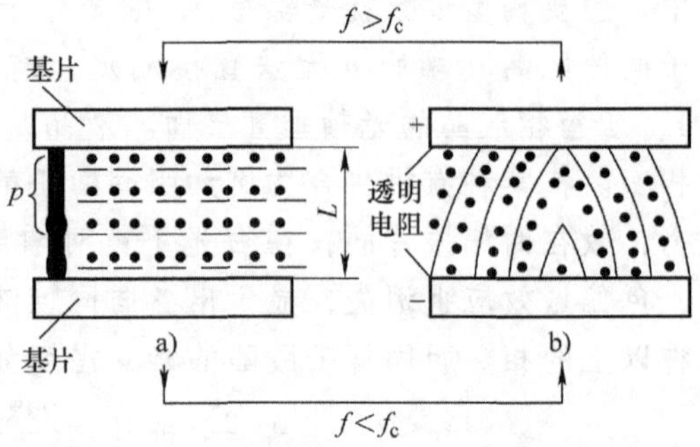

图Ⅸ-6 记忆效应工作原理

p—螺距 f_c—截止频率

3）宾主效应：在向列相液晶中掺入少量二向色性的染料，染料分子会随同液晶分子定向排列。在沿面排列液晶盒中，电压为零时，染料分子与液晶分子都平行基片排列，对可见光有一吸收峰（见图Ⅸ-7a）。当电压达到阈值时，分子平行于电场而排列（$\Delta\varepsilon>0$ 的情形），这时吸收峰值大为降低（见图Ⅸ-7b），因此可观察到彩色变化。因为染料量少，而且以液晶的方向为准，故称染料为“宾”，液晶为“主”，因此该现象称为“宾主效应”。

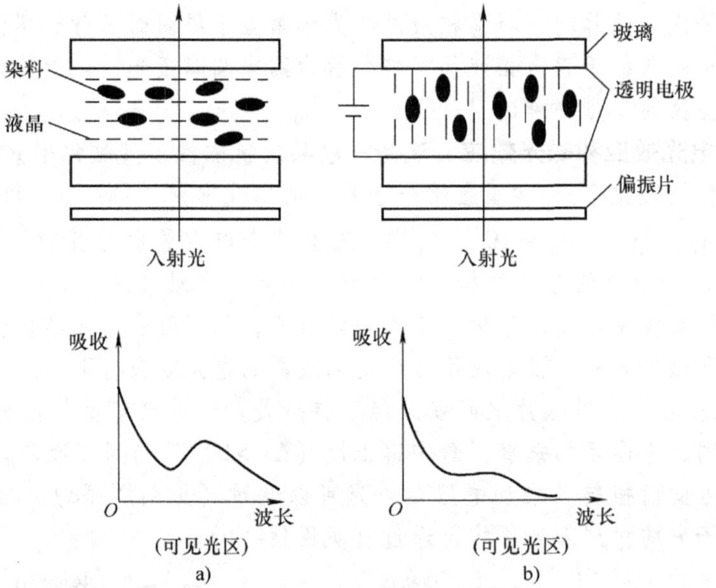

图Ⅸ-7 宾主效应工作原理

a）未加电压 b）电压达到阈值

4）动态散射：在向列相液晶盒中，当在两极间加上直流或低频电压后，夹在电极间的液晶由透明变为混浊不透明。断电后，液晶又恢复透明状态，这种现象称为动态散射。因此在外加电场下，向列相液晶能强烈散射全色光波（白光）而变成不透明。动态散射的原因并不完全清楚，有人认为在外加电场下，液晶化合物中所含少量水分（例如0.1%含水量已足够）离解出来的带电粒子（H^+ 与 OH^-）不断冲击液晶分子，从而破坏了原来液晶分子的有规则排列，产生局部的涡流区。局部涡流区使光线反射而成为不透明区。断电后，液晶分子又恢复有规则排列，呈现出原来的透明状态。

胆甾相液晶的选择反射 胆甾相液晶是单轴负晶体。把胆甾相液晶夹在两片玻璃之间并放在黑纸上，在白光下观察液晶上的反射光。当从不同角度观察时，可以看到不同颜色的反射光。例如视线与玻璃片表面的法线的夹角很小时，看到红色，在夹角逐渐增大过程中，可依次看到橙色、绿色、蓝色等。由此可见，视线离法线越倾斜时，看到的反射光波长越短，这就是液晶对于不同波长的光具有选择反射特性的现象。胆甾相液晶具有选择反射的特性是由于它的分子结构呈螺旋形排列的缘故。图Ⅸ-8表示两平行光线1和2分别在相隔螺距为p的任意两分子层上的a点和b点的反射，设入射角和反射角为θ，作ac垂直bc，ad垂直bd，显然光线1′和2′之间的光程差等于$2np\cos\alpha$，n为液晶折射率。当光程差等于某一单色光的波长，则这个单色光的反射光线1′和2′相互加强，所以对应于反射角θ，得到最大反射强度的波长是$\lambda_m = 2np\cos\alpha = 2np\cos\left(\arcsin\dfrac{\sin\theta}{n}\right)$由此可见，对于较小的反射角$\theta$，$\lambda_m$就较长。反之，对于较大的反射角$\theta$，相应的$\lambda_m$就较短。这和实际观察的结果是相符合的。同样，在白光照射下，液晶的透射光也可看到彩色图像。实验表明，透射光的颜色与反射光的颜色，存在一定的互补色对应关系。例如，在某一入射角下，看到橙色反射光时，则对应的透射光为蓝绿色，即橙光的互补色光。实验还表明液晶的反射光和透射光都是圆偏振光，所以液晶的选择反射称为**圆偏振二色性**。胆甾相液晶选择反射光的颜色随温度的变化非常显著，这一特性被广泛应用于无损探伤以及检查多层印制电路板中的短路等。

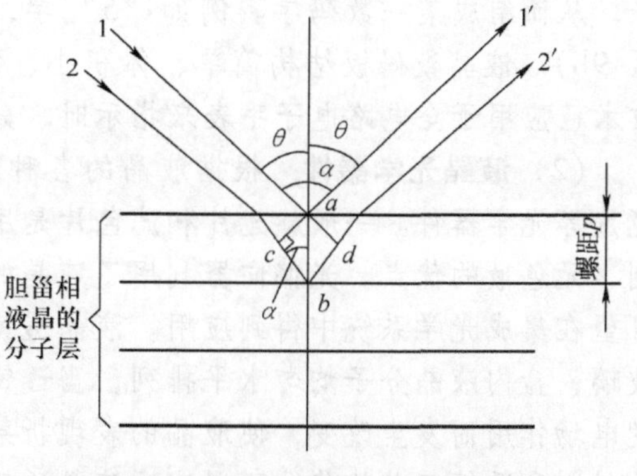

图Ⅸ-8 液晶的选择反射的解释

液晶的旋光性 某些液晶还具有旋光性。旋光率不仅与波长有关，还与温度有关。胆甾相液晶的旋光本领特别大，达18000°/mm，并且随着温度的升高而显著减少。例如，夹在聚氟乙烯透明膜片间的胆甾相液晶，在27℃时，使偏振光的振动面旋转45°，在29℃时，就减小为15°。利用胆甾相液晶旋光性的温度效应，可做成辐射型热像变换装置以及各种探测器，如红外线夜视器等，把看不见的电磁波和机械波直接转变成为图像，这对于红外线(夜视)、激光、X射线及超声波、微波等的实际应用，都具有重要意义。

3. 液晶的应用

(1) **液晶显示** 根据不同的用途，可采用不同的电光效应。由于液晶显示驱动电压低、功耗极小，而且结构简单、重量轻、体积小、价格便宜，因此应用极其广泛。例如，利用向列相液晶的动态散射可制成液晶数码板。它可以代替氖气数码板和晶体数码板。数码板的数码字的笔划，是由一组涂在玻璃上的互相分离的透明电极所组成，如图Ⅸ-9a所示。每个透明电极接上导线，当其中某几个电极加上电压后，这几笔就显示出

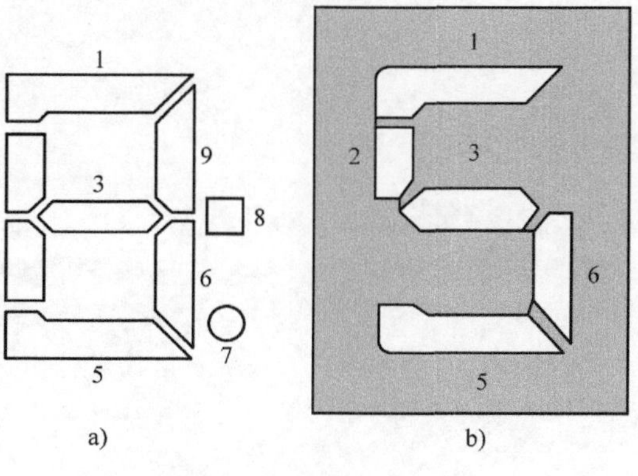

图Ⅸ-9 液晶数码显示
a) 液晶数码板 b) 显示数码5

来，从而组成某一数码字。例如“5”字，就是由1、2、3、6、5这几个电极组成（见图Ⅸ-9b）。液晶数码板结构简单、体积小、价格便宜，看起来也比较明显、清楚。液晶显示技术已应用于全电路电子手表来指示时、分、秒和日历等。

（2）**液晶光学器件** 根据液晶的各种光学性质，可以制作旋光片、光偏向器、液晶透镜片等光学器件。一般旋光片和滤色片是用胆甾相液晶来制作的。它实现的旋光性具有易控制、无色散的优点。光偏向器利用了液晶的强烈双折射性和它的几何尺寸容易选择等特点，可望在集成光学系统中得到应用。液晶透镜是将液晶盒的两块平面玻璃板中的一块改用凸面玻璃，盒内液晶分子均匀水平排列，当透镜式液晶盒加上电压时，由于液晶分子的排列方式受电场作用而发生改变，使液晶的表现折射率发生变化，从而改变了透镜的焦距。通过对液晶材料和透镜工艺的优化可以实现液晶透镜的低压驱动，而通过在驱动电极表面沉积半导体透明层等方法可以有效地解决电极附近电场分布不均匀的问题。

（3）**液晶检测** 一般液晶分子是棒状结构，且都具有偶极矩。如果先使液晶分子均匀地水平或竖直排列，则利用电场或磁场会引起液晶分子紊乱排列，就能以高清晰像度把电场或磁场的有无转变成可见的图像。超声波的作用也能改变液晶分子的排列，也可把超声波图像变换可见图像。利用这些性质，便可对电场、磁场、超声波等进行相关的测量。

随着液晶理论研究的不断突破，液晶技术也快速地被应用到生活的各个领域，比如常见的液晶面板、各种电器的液晶显示屏、液晶电视等。液晶显示凭借其高清晰度、高亮度、高对比度、高色彩饱合度等一系列高画质而显示优势，受到大众的青睐。目前，液晶显示系统的整体发展趋势向大屏幕、高分辨率、高亮度、高对比度以及模块化的结构设计和易于安装管理和控制的方向发展。

6

第 6 篇　近代物理学基础

前面介绍的以牛顿力学、热力学和麦克斯韦电磁学理论等为主要内容的物理学，称为经典物理学。到 19 世纪末，经典物理学已经发展得相当完善，日常所见的物理现象都可以用这套理论来解释，取得了许多辉煌的成就，以至于当时许多物理学家认为物理学的发展已经是相当完美，一切主要的物理学问题已经解决，以后不会再有多大发展了。

进入 20 世纪以后，物理学的研究领域从宏观世界深入到微观世界，包括各种聚集态物质的微观结构，原子、原子核、基本粒子……各个层次的内部结构以及它们的相互作用和运动变化规律；从低速运动进入高速运动。经典物理学的理论在一系列新的实验事实面前显得无能为力，这就促进了 20 世纪物理学的发展，进而建立了近代物理学的两大支柱——相对论和量子力学理论，它们的诞生对经典物理原理，以及长期以来人们认为是不言自明的某些物理概念做出了根本性的改革，形成了物理学的飞跃。

近代物理学的内容非常丰实，并且还在不断地扩展出新的领域。本篇主要介绍狭义相对论、光的量子性和量子力学的基本概念，对原子核、基本粒子以及激光原理和半导体的能带理论也做简略介绍。

第 18 章

狭义相对论基础

相对论是 20 世纪物理学最伟大的成就之一。它标志着物理学的重大发展，使一些基本的物理概念发生了深刻变革。相对论建立了有别于经典时空观的新的时空观，揭示了质量和能量的本质关系，同时也对万有引力的本质开始进行探索。相对论有狭义相对论和广义相对论之分，局限于惯性参考系的理论称为狭义相对论，推广到一般参考系包括引力场在内的理论，称为广义相对论。本章主要对狭义相对论的基本观点和由它得出的若干结论做重点阐述，对广义相对论仅做简略的介绍。

18.1 伽利略变换 经典力学的时空观

力学的相对性原理 牛顿运动定律对于惯性参考系才成立。一个参考系是不是惯性参考系只能通过实验来确定，相对于已知的惯性参考系做匀速直线运动的参考系均为惯性参考系。牛顿运动定律对于惯性参考系成立，也就是说，**力学规律对一切惯性参考系都是等价的**，这就是**力学的相对性原理**，也称为**伽利略相对性原理**。早在 1632 年，伽利略曾在匀速行驶的封闭船舱里仔细观察了各种力学现象，结果发现船舱里所有物体的运动规律与地面上没有任何不同，因此无法根据力学现象来判断船究竟是在运动还是处于静止。力学的相对性原理是在观察和实验的基础上总结出来的，它反映了物质和运动的客观性。

伽利略变换 上述力学的相对性原理，可用数学的方法表述，称为**伽利略变换**。

设有两惯性参考系 S 和 S'，S'系相对于 S 系以速度 u 做匀速直线运动，如图 18-1 所示。为了方便起见，令两参考系的各对应坐标轴相互平行，且 x 和 x' 轴重合于一直线上。假定两参考系中的观察者均备有米尺和时钟，米尺的长度相同，时钟的快慢一样。当两坐标原点 O 和 O'重合时，$t=t'=0$。由图 18-1 可知，同一事件 P 在 S 系和 S'系中观测的时空坐标分别为(x,y,z,t)，(x',y',z',t')。

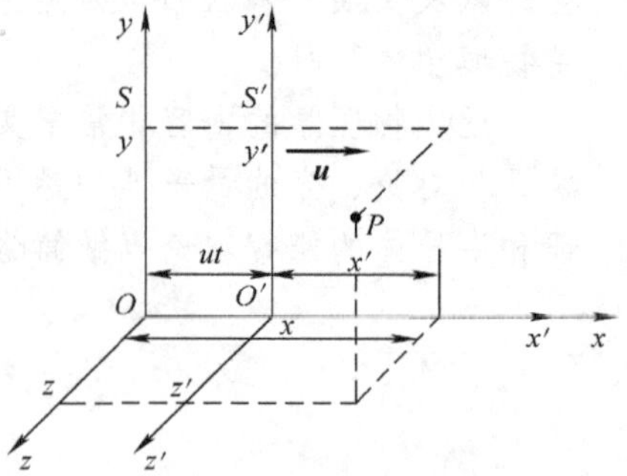

图 18-1 伽利略变换

按照经典力学，两组坐标之间显然有

$$\begin{cases}x'=x-ut\\y'=y\\z'=z\\t'=t\end{cases} \tag{18-1}$$

式（18-1）即为**伽利略坐标变换式**，简称**伽利略变换**，表达了经典力学中同一事件在不同惯性系中的时空变换关系。

将式（18-1）中各式对时间求一阶导数，由 $t'=t$ 可得

$$\begin{cases}\dfrac{\mathrm{d}x'}{\mathrm{d}t'}=\dfrac{\mathrm{d}x}{\mathrm{d}t}-u\\\dfrac{\mathrm{d}y'}{\mathrm{d}t'}=\dfrac{\mathrm{d}y}{\mathrm{d}t}\\\dfrac{\mathrm{d}z'}{\mathrm{d}t'}=\dfrac{\mathrm{d}z}{\mathrm{d}t}\end{cases}，即\begin{cases}v'_x=v_x-u\\v'_y=v_y\\v'_z=v_z\end{cases} \tag{18-2}$$

式（18-2）叫作**伽利略速度变换式**，即经典力学中相对速度的变换公式。将式（18-2）继续对时间求一阶导数，则得

$$\begin{cases}\dfrac{\mathrm{d}v'_x}{\mathrm{d}t'}=\dfrac{\mathrm{d}v_x}{\mathrm{d}t}\\\dfrac{\mathrm{d}v'_y}{\mathrm{d}t'}=\dfrac{\mathrm{d}v_y}{\mathrm{d}t}\\\dfrac{\mathrm{d}v'_z}{\mathrm{d}t'}=\dfrac{\mathrm{d}v_z}{\mathrm{d}t}\end{cases}，即\begin{cases}a'_x=a_x\\a'_y=a_y\\a'_z=a_z\end{cases} \tag{18-3}$$

写成矢量式

$$\boldsymbol{a}'=\boldsymbol{a} \tag{18-4}$$

这表明，质点相对 S 和 S'系的加速度是相等的，也就是说，质点的加速度对伽利略变换保持不变。

在经典力学中质点的质量被认为是与运动状态无关的恒量，即不受惯性参考系的影响，故 $m'=m$。此外，实验证明，牛顿运动定律成立的参考系中，力也是与参考系无关的（对于只由质点间距离决定的力，例如万有引力，可用伽利略变换证明），即 $\boldsymbol{F}'=\boldsymbol{F}$。既然力、质量和加速度都对伽利略变换保持不变，于是可以断言，对于不同的惯性参考系牛顿定律的形式相同，即

$$\begin{cases}\boldsymbol{F}=m\boldsymbol{a} & （对 S 系）\\\boldsymbol{F}'=m\boldsymbol{a}' & （对 S' 系）\end{cases} \tag{18-5}$$

牛顿运动定律是整个经典力学的基础，经典力学中的其他定律可从牛顿运动定律推导出来，当然，这些定律也对伽利略变换保持不变，因此说，力学规律对不同的惯性参考系是等价的。通常把式（18-5）称为力学相对性原理的数学表述。

应该指出，在不同的惯性参考系中，力学定律的形式完全相同，并非力学量的形式完全相同。事实上，有的力学量相同（例如质量、加速度），有的力学量不相同（例如坐标、速度）。

经典力学的时空观 在建立伽利略坐标变换式的过程中，实际上隐含着绝对时间和绝对空间这一前提条件。所谓绝对时间是指时间的测量和参考系无关，绝对空间是指长度的测量与参考系无关。由式（18-1）我们可以清晰地看出牛顿力学的绝对时空观观念，其具有以下特点：

1. 同时是绝对的

由式（18-1）的第4式可知，如果两个事件在 S'系中同时发生，即 $\Delta t'=0$，则在 S 系

中也有 $\Delta t=0$，清楚地说明两个事件的同时性与观察者的运动状态无关。

2. 时间间隔是绝对的

同理，$\Delta t'=\Delta t$，即两个事件之间的时间间隔在不同的惯性系中是相同的。

3. 空间间隔是绝对的

$$\begin{aligned}\Delta r' &= \sqrt{(x_2'-x_1')^2+(y_2'-y_1')^2+(z_2'-z_1')^2}\\ &= \sqrt{(x_2-ut-x_1+ut)^2+(y_2-y_1)^2+(z_2-z_1)^2}\\ &= \Delta r\end{aligned}$$

即两点的空间间隔在不同的惯性系中是相同的。这种时间和空间量度的绝对性，称为**经典力学的时空观**，也称为**绝对时空观**。

用牛顿的话来说："绝对的真实的数学时间，就其本质而言，是永远均匀地流逝着，与任何外界事物无关。""绝对空间就其本质而言，与任何外界事物无关，它从不运动，并且永远不变"。按照这种观点，时间和空间是彼此独立、互不相关，并且是独立于物质和运动之外的某种东西，这种绝对的时空观可以形象地比拟为：把空间比作盛有宇宙万物的一个无形的永不运动的框架，而把时间比作独立的、不断流逝着的流水。牛顿的这种认识，是基于当时对宏观物理现象总结出来的经典力学，然后加以绝对化的结果，并为人们普遍采纳和接受。而爱因斯坦则大胆地扬弃绝对时空观，认为时间、空间是与物质运动密切联系的，从而有了新的突破。

18.2 爱因斯坦假设 洛伦兹变换

狭义相对论的历史背景 在牛顿力学以后，人们对其他物理现象的研究也逐步深入。声学、热学、电学、磁学、光学等都相继发展起来。19 世纪中叶，电磁规律的研究取得了迅猛的进展。麦克斯韦建立了一套完整的电磁理论——麦克斯韦方程组。它预言光是一种电磁波，而且不久也为实验所证实。在分析与物体运动有关的电磁现象时，也发现有符合伽利略相对性原理的实例。例如，在电磁感应现象中，磁体和线圈的相对运动决定线圈内的感应电动势。然而用伽利略变换对麦克斯韦方程进行变换时，发现麦克斯韦方程在不同的惯性参考系中不具有相同的形式，即麦克斯韦方程对伽利略变换不协变，这样伽利略变换就和电磁现象的规律性发生了矛盾。在这个矛盾中，光速的量值起了特别重要的作用。按照伽利略变换，光速应为

$$c'=c\pm u$$

式中，c 是 S 参考系中的光速；c'是 S'参考系中的光速，u 是 S'相对 S 的运动速度，正负号视 c 和 u 的方向相反还是相同而定。而麦克斯韦电磁场理论给出的真空中的光速为

$$c=\frac{1}{\sqrt{\varepsilon_0\mu_0}}=2.998\times10^8\,\mathrm{m/s}$$

由于真空中的介电系数 ε_0 和真空中的磁导率 μ_0 与参考系无关，因此光速是与参考系无关的恒量。

伽利略变换和电磁规律有矛盾，这促使人们去思考，问题出在何处？是伽利略变换正确，而电磁规律不符合相对性原理呢？还是电磁规律符合相对性原理，而伽利略变换应该修

正呢？在当时，由于绝大多数物理学家对绝对时空观和伽利略变换十分坚信，无丝毫怀疑，对麦克斯韦电磁理论的惊人成功又心悦诚服，很难提出异议。因此人们想到第三条出路，即伽利略相对性原理不适用于电磁学，麦克斯韦方程组和力学规律不同，不能在所有惯性系中成立，而只能在某一特定的参考系中成立，这一参考系是一个绝对静止的参考系，叫作“以太”，并认为它就是传播光的“介质”，只有在以太参考系中电磁波沿各个方向的传播速度才是 c。因此，寻找以太参考系，并测定地球相对于以太的运动速度就成为 19 世纪末物理学的一个重要课题。其中最著名的是 1887 年迈克耳孙和莫雷所做的实验，但是所有这类实验均以失败告终。与此相反的结论是这些实验都明确无误地证明光速的测量结果与光源和测量者的相对运动无关，即与参考系无关。这就是说，光或电磁波的运动不服从伽利略变换！

爱因斯坦对这个问题进行了深入的研究，他断然摆脱了经典时空观念的束缚，抛弃了伽利略变换和绝对时空观，科学地总结出两条基本假设，从而建立了新的时空变换关系，并由此创立了新的理论——狭义相对论。对此问题做出了对整个物理学有根本变革意义的回答。

爱因斯坦假设　爱因斯坦认为，自然界应当是和谐而简单的。他创立的理论常有一种引人注目的特色，出于简单而归于深奥。1905 年，他在《物理年鉴》杂志上发表了题为《论运动物体的电动力学》的论文。提出了两条基本假设：

1. 相对性原理

物理学定律在所有惯性参考系中都是相同的。也就是说，物理学定律与惯性系的选择无关，**所有的惯性系都是等价的**。这一假设称之为爱因斯坦相对性原理。

2. 光速不变原理

在所有的惯性参考系中，真空中的光速具有相同的量值 c。也就是说，不管光源与观察者之间的相对运动如何，在任一惯性系中的观察者所观测到的真空中的光速都是相等的。

爱因斯坦相对性原理肯定了物理学领域的全部定律在一切惯性参考系中都是等价的，可见，它是伽利略相对性原理的推广。并间接地指出了不论用什么物理实验方法，都不可能找到绝对静止的参考系，也即绝对静止参考系是不存在的。光速不变原理显然和迈克耳孙－莫雷实验的结果相符合，但与伽利略变换是矛盾的。并且意味着它将否定经典力学的绝对时空观。相对性原理和光速不变原理称为狭义相对论的两个基本原理，爱因斯坦在此基础上建立了狭义相对论的完整理论。

洛伦兹变换　爱因斯坦的假设实际上否定了伽利略变换，与相对论两个基本原理相适应的变换式，称为洛伦兹变换。

设有两个惯性系 S 和 S'，S'相对于 S 以速度 u 沿 x 轴做匀速直线运动，如图 18-2 所示。设 S 和 S'的原点重合时，$t=t'=0$。

先观察 O 点：在 S 系中不论什么时候，坐标始终是 $x=0$，而 S'系中，O 点在 t'时刻的坐标为

$$x' = -ut'$$

即

$$x' + ut' = 0$$

由此可见，在同一空间点上 $x=0$ 和 $x'+ut'=0$ 是等同的。根据时空的均匀性要求，x 和 x'间的变换应该是线性变换，也就是在任何时刻，x 与 $x'+ut'$之间的关系必为线性关系，即

$$x=\gamma(x'+ut')$$

γ 是与 u 有关，而与坐标、时间无关的常数。

用同样的方法讨论 O' 点，可以得到类似关系

$$x'=\gamma'(x-ut)$$

根据相对性原理，S 和 S' 系是等价的，上两式除速度符号不同以外，应有相同的形式，即 $\gamma=\gamma'$。下面再利用光速不变原理来确定 γ 值。

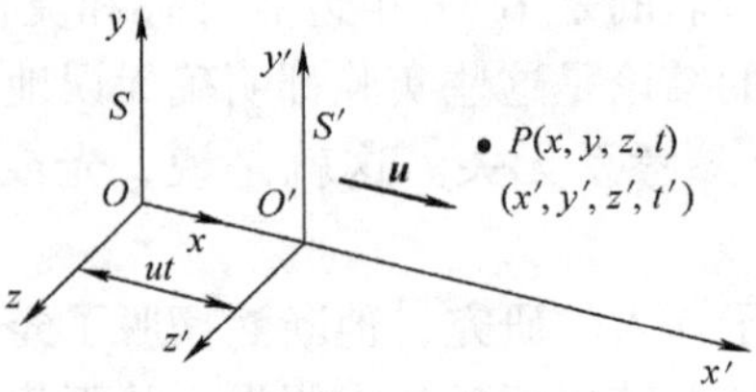

图 18-2　洛伦兹坐标变换用图

设 O 和 O' 重合时，由 O 处发出一个沿 x 轴前进的光信号，在任一瞬时 t（在 S' 系中量度为 t'），光信号到达点的坐标在 S 和 S' 系中分别是

$$x=ct,\ x'=ct'$$

把它们代入上两式中，有

$$ct'=\gamma(ct-ut)=\gamma(c-u)t,\ ct=\gamma(ct'+ut')=\gamma(c+u)t'$$

消去上面两方程中的 t 和 t'，得

$$\gamma=\frac{1}{\sqrt{1-\frac{u^2}{c^2}}}$$

在下列两式中，

$$x'=\gamma'(x-ut)$$
$$x=\gamma(x'+ut')$$

消去 x 或消去 x'，便得到 t 和 t' 的变换关系

$$t'=\gamma\left(t-\frac{ux}{c^2}\right)$$
$$t=\gamma\left(t'+\frac{ux'}{c^2}\right)$$

又因 S 系和 S' 系在 y 方向和 z 方向没有相对运动，可以认为 $y'=y$，$z'=z$。这样就得到了如下的洛伦兹变换关系：

$$\begin{cases}x=\gamma(x'+ut')\\ y=y'\\ z=z'\\ t=\gamma\left(t'+\frac{ux'}{c^2}\right)\end{cases}\tag{18-6}$$

或

$$\begin{cases} x'=\gamma(x-ut) \\ y'=y \\ z'=z \\ t'=\gamma\left(t-\dfrac{ux}{c^2}\right) \end{cases} \tag{18-7}$$

由式（18-6）或式（18-7）可以看出，当 $u \ll c$ 时，$\gamma\approx 1$，洛伦兹变换就成了伽利略变换。可见，洛伦兹变换包含了伽利略变换，伽利略变换是洛伦兹变换的低速近似。此外，从洛伦兹变换关系中可看出，时间变换式中包含了坐标和速度两个因子，这说明时间、空间与物质运动之间有着不可分割的联系，这与经典时空观是完全不相同的。又由于 $\sqrt{1-(u^2/c^2)}$ 这一因子应为实数，因此，相对论断言运动物体的速度不能大于光速。

***洛伦兹速度变换**　如果在 S' 系中，P 点处有一质点沿 x' 轴的方向以速度 v'_x 匀速运动，此质点对于 S 系的速度为 v_x，根据洛伦兹坐标变换很容易得出速度的变换式

$$\begin{cases} v_x=\dfrac{\mathrm{d}x}{\mathrm{d}t}=\dfrac{\mathrm{d}x}{\mathrm{d}t'}\dfrac{\mathrm{d}t'}{\mathrm{d}t}=\dfrac{v'_x+u}{1+\dfrac{uv'_x}{c^2}} \\ v_y=\dfrac{\mathrm{d}y}{\mathrm{d}t}=\dfrac{\mathrm{d}y}{\mathrm{d}t'}\dfrac{\mathrm{d}t'}{\mathrm{d}t}=\dfrac{v'_y\sqrt{1-\dfrac{u^2}{c^2}}}{1+\dfrac{uv'_x}{c^2}} \\ v_z=\dfrac{\mathrm{d}z}{\mathrm{d}t}=\dfrac{\mathrm{d}z}{\mathrm{d}t'}\dfrac{\mathrm{d}t'}{\mathrm{d}t}=\dfrac{v'_z\sqrt{1-\dfrac{u^2}{c^2}}}{1+\dfrac{uv'_x}{c^2}} \end{cases} \tag{18-8}$$

式（18-8）的逆变换式为

$$\begin{cases} v'_x=\dfrac{v_x-u}{1-\dfrac{uv_x}{c^2}} \\ v'_y=\dfrac{v_y\sqrt{1-\dfrac{u^2}{c^2}}}{1-\dfrac{uv_x}{c^2}} \\ v'_z=\dfrac{v_z\sqrt{1-\dfrac{u^2}{c^2}}}{1-\dfrac{uv_x}{c^2}} \end{cases} \tag{18-9}$$

式（18-8）和式（18-9）都叫作洛伦兹速度变换。由式（18-9）可见当 $u \ll c$ 的情况下即为式（18-2），所以伽利略速度变换式只适用于低速情况下物体的运动。如果 $v'_x=c$，即光相对于 S' 系的速度为 c，则根据洛伦兹速度变换式光对 S 系的速度为

$$v_x = \frac{v'_x + u}{1 + \frac{uv'_x}{c^2}} = \frac{c + u}{1 + \frac{uc}{c^2}} = c$$

这就是说，在 S 和 S' 系中光的传播速度相等，这符合光速不变原理。

18.3　狭义相对论的时空观

狭义相对论提出了一种有别于经典力学的新时空观。经典力学的时空观认为，时间和空间的量度不随惯性参考系的选择而变化，也就是说，时空的量度是绝对的。相对论则认为，时空的量度是相对的。在一个惯性系中是同时发生的两个事件，在另一个惯性系中就不一定是同时的了。这些都可根据洛伦兹变换得到有关结论。

同时性的相对性　设在 S 系中测得两事件同时发生，其时空坐标为 (x_1, y_1, z_1, t) 和 (x_2, y_2, z_2, t)。根据洛伦兹变换，S' 系中的观察者测得这两事件发生的时刻分别为

$$t'_1 = \gamma\left(t - \frac{ux_1}{c^2}\right)$$

$$t'_2 = \gamma\left(t - \frac{ux_2}{c^2}\right)$$

两式相减，得

$$t'_2 - t'_1 = -\gamma u \frac{x_2 - x_1}{c^2}$$

可见，由于 $\Delta x = x_2 - x_1 \neq 0$，所以 $\Delta t' = t'_2 - t'_1 \neq 0$。即是说，在 S 系中观察者测得是**同时**但在**不同地点**发生的两事件，对于 S' 系中的观察者来说就**不同时**。当然，如果 S 系中同时（$\Delta t = t_2 - t_1 = 0$）同地（$\Delta x = x_2 - x_1 = 0$）发生的两事件，在 S' 中**一定是同时的**。

可以设想一个实验来说明同时性的相对性。假设在地面上同时发生两个事件，例如，A、B 两点处同时遭到雷击，试问：对于做匀速运动的火车上的观察者来说 A、B 两处雷击是否还是同时的呢？如图 18-3 所示。设 A、B 两点连线的中点对地面来说为 M，对火车来说为 M'，正当 A、B 两处的闪光发生时，M 和 M' 恰好重合。首先注意，所谓地面上两点处同时遭到雷击，是指位于 M 处的观察者同时接收到 A、B 两点处来的闪光。如果火车不动，位于 M' 处的观察者当然也能同时接收到 A、B 两点处来的闪光。实际上，当火车以速度 u 相对于地面向右匀速行驶时，则 M 处的观察者看到 M' 处的观察者以速度 u 迎着 B 处来的光波行进，与此同时，M' 处的观察者看到 M 以速度 u 背着 A 处来的光波行进。而根据光速不变原理，由 A 向 M' 和由 B 向 M' 传播的光的速度相同，显然 M' 处的观察者先接收到 B 处来的光波，后接到 A 处来的光波。也就是说，火车上的观察者认为 A、B 两处的雷电闪光是不同时，B 处的闪光先于 A

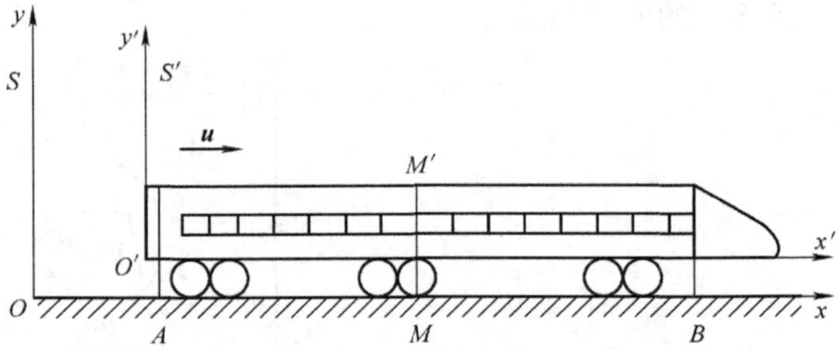

图 18-3　同时性的相对性

处。可见，两个事件的同时性与所选择的参考系有关。既然如此，那就不存在与参考系无关的绝对时间。因此人们在做关于某一事件的时间陈述时，必须指明是相对哪一个参考系的，否则就没有意义。

长度收缩　在经典力学中，两点之间的距离或物体的长度是不随所选择的参考系变化的。那么在狭义相对论中，情况又是怎样的呢？

设S'系相对于S系以匀速u沿x轴向正方向运动（见图18-1），有一刚性细杆，沿x、x'轴放置，并相对于S'系静止，若S'系中的观察者测得杆两端的坐标为x_1'和x_2'，则杆的长度为

$$l' = x_2' - x_1'$$

这是相对于杆静止的观察者测得的杆的长度，叫作杆的**固有长度**。

由于杆相对于S系是运动的，所以S系中的观察者测量杆的长度时**必须同时测量两端的坐标**。设分别为x_1和x_2，则杆的长度为

$$l = x_2 - x_1$$

根据洛伦兹变换有

$$x_1' = \gamma(x_1 - ut),\ x_2' = \gamma(x_2 - ut)$$

所以

$$l' = x_2' - x_1' = \gamma(x_2 - x_1) = \gamma l$$

即

$$l = \frac{l'}{\gamma} = l'\sqrt{1 - \frac{u^2}{c^2}} \tag{18-10}$$

因为$\sqrt{1-u^2/c^2}<1$，所以$l<l'$。这就是说，从S系来观测静止于S'系中杆的长度，要比杆的固有长度短一些。沿着运动方向出现的这种收缩叫作**洛伦兹收缩**。在垂直于运动方向并不出现洛伦兹收缩。

当物体相对于观察者静止时，测得的长度（固有长度）最大；而当物体以速度u相对于观察者运动时，沿运动方向上物体的长度只有固有长度的$\sqrt{1-u^2/c^2}$。当物体的运动速度和光速可以比拟时，长度的收缩效应是很显著的。如果$u \ll c$，则$l \approx l'$，这时洛伦兹收缩效应即无法觉察了。

例题18-1　如图18-4所示，有一米尺固定在$x'O'y'$平面内，S'系中测得米尺与$O'x'$轴的夹角$\theta'=30°$，S系中测得米尺与Ox轴的夹角$\theta=45°$。求：

（1）S系中的观察者测得米尺的长度；

（2）S'系相对于S系的运动速度。

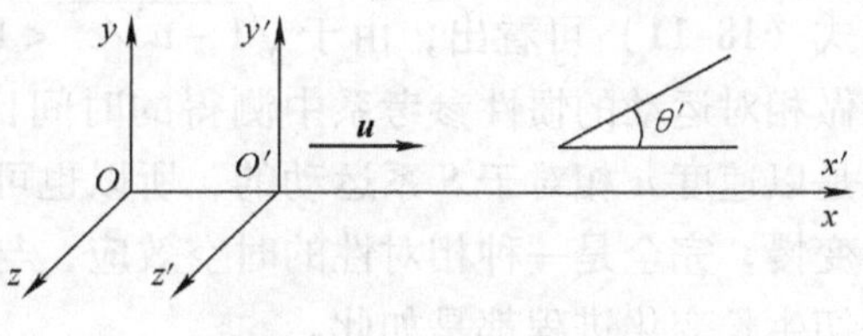

图18-4　例题18-1图

解　（1）由题意知，米尺在$O'x'$、$O'y'$轴上的投影长度分别为

$$l_x' = 1 \cdot \cos\theta' = \cos 30°\mathrm{m}$$

$$l_y' = 1 \cdot \sin\theta' = \sin 30°\mathrm{m}$$

设米尺在S系中测得的长度为l，则它在Ox、Oy轴上的投影长度分别为

$$l_x = l\cos\theta = l\cos 45°\mathrm{m}$$

$$l_y = l \cdot \sin\theta = l\sin45°\text{m}$$

由于垂直于运动方向上长度不会变化，即 $l_y = l'_y$，所以有

$$l\sin45° = \sin30°\text{m}$$

$$l = \frac{\sin30°}{\sin45°}\text{m} = \frac{\sqrt{2}}{2}\text{m} = 0.707\text{m}$$

（2）根据洛伦兹收缩效应

$$l_x = \frac{l'_x}{\gamma} = l'_x\sqrt{1 - \frac{u^2}{c^2}}$$

$$l\cos 45° = \cos30°\sqrt{1 - \frac{u^2}{c^2}}$$

$$u = c\sqrt{1 - \left(\frac{l\cos 45°}{\cos 30°}\right)^2} = 0.817c$$

时间膨胀　设 S' 系相对 S 系以速度 $\boldsymbol{u}$ 沿 x 轴正方向运动，在 S' 系中同一地点 x' 处，相继发生了两个事件，S' 系中的观察者用固定在 S' 系中的时钟测得两事件发生的时刻分别为 t'_1 和 t'_2，两事件的时间间隔为

$$\Delta t' = t'_2 - t'_1$$

S 系中的观察者用固定在 S 系中的时钟测得上述前一事件在 t_1 时刻发生于 x_1 处，后一事件在 t_2 时刻发生于 x_2 处，而 $x_1 \neq x_2$，则根据洛伦兹变换得

$$t_1 = \gamma\left(t'_1 + \frac{ux'}{c^2}\right),\ t_2 = \gamma\left(t'_2 + \frac{ux'}{c^2}\right)$$

故 S 系中测得两事件的时间间隔为

$$\Delta t = t_2 - t_1 = \gamma(t'_2 - t'_1) = \gamma\Delta t'$$

即

$$\Delta t = \gamma\Delta t' = \frac{\Delta t'}{\sqrt{1 - \frac{u^2}{c^2}}} \tag{18-11}$$

式中，$\Delta t'$ 是相对于事件发生的同一地点为静止的惯性参考系中测出的时间，叫作**固有时间**，由式（18-11）可看出，由于 $\sqrt{1 - u^2/c^2} < 1$，所以 $\Delta t > \Delta t'$。这就是说，相对于事件发生地点做相对运动的惯性参考系中测得的时间比固有时间要长，因此就说**时间膨胀了**。由于 S' 系是以速度 u 相对于 S 系运动的，所以也可以说**运动的钟走慢了**。应该注意，时间膨胀或时钟变慢，完全是一种相对性的时空效应，与钟表的具体运转无关，不仅对时钟进程如此，对一切生长变化进程都是如此。

例题 18-2　在实验中观测了以 $0.9100c$ 高速飞行的 $\pi^{\pm}$ 介子，实验测得平均飞行的直线距离为 17.135m。$\pi^{\pm}$ 介子固有寿命的实验值为 $(2.603 \pm 0.002) \times 10^{-8}$s，问这实验值与相对论的预言值符合程度如何？

解　设与 $\pi^{\pm}$ 介子相连的惯性参考系为 S' 系。据题意，在 S' 系中，$\pi^{\pm}$ 介子固有寿命的实验值 $\tau'' = 2.603 \times 10^{-8}$s。设与实验室相连的惯性参考系为 S 系，在 S 系中 $\pi^{\pm}$ 介子的平均寿命为

$$\tau = \frac{l}{u} = \frac{17.135}{0.9100c}$$
$$= \frac{17.135}{0.9100 \times 2.998 \times 10^8}\text{s} = 6.281 \times 10^{-8}\text{s}$$

在 S' 系中，其固有寿命的相对论预言值为

$$\tau' = \frac{\tau}{\gamma} = \tau\sqrt{1 - \frac{u^2}{c^2}}$$
$$= 6.281 \times 10^{-8}\sqrt{1-(0.9100)^2}\text{s}$$
$$= 2.604 \times 10^{-8}\text{s}$$

可见，τ'的理论预言值和实验测量值只相差 0.001×10^{-8}s，相对偏差小于0.4‰，这说明理论值与实验值符合得很好。

在例题18-2中，是从验证相对论的时间膨胀效应分析的。其实，相对论的时间膨胀总是和相对论的长度收缩效应紧密联系，它们是同一物理过程的相对论效应在不同参考系中的不同描述而已。可以进一步分析例题18-2来说明这一点。S 系中 $\pi^{\pm}$ 介子的平均寿命 τ 与 S' 系中的固有寿命 τ' 的比值为 $\tau/\tau' \approx 2.4$。现在在 S' 系中来观察 S 系，则实验室以速度 $u = 0.9100c$ 相对于 $\pi^{\pm}$ 介子运动，在 τ' 时间内实验室飞行的距离为 $l' = u\tau' = 7.1$m。l' 是 S' 系中的观察者测得实验室收缩了的长度，根据相对论的长度收缩效应，与此相应的 S 系中的固有长度为 $l = l'/\sqrt{1-u^2/c^2} = 17$m，则有 $l/l' = 2.4$。可见从时间膨胀和长度收缩的观点分析同一物理过程是吻合的。因此，对于高速飞行的 $\pi^{\pm}$ 介子的衰变过程，从实验室参考系来观察分析，验证了相对论的时间膨胀效应，从 $\pi^{\pm}$ 介子自身参考系来观察分析，验证了相对论的长度收缩效应。这说明在相对论理论中，时空和空间有着深刻的联系。

因果关系的绝对性　在相对论中，尽管同时性只有相对的意义，但由于光速是物体运动速度不可逾越的极限，因而事件的因果顺序绝不会因参考系的不同而颠倒。设在 S 系中，t 时刻在 x 处的质点，经 Δt 时间运动到 $x + \Delta x$ 处，根据洛伦兹变换 $t' = \gamma\left(t - \frac{u}{c^2}x\right)$，故 $\Delta t' = \gamma\left(\Delta t - \frac{u}{c^2}\Delta x\right) = \gamma\Delta t\left(1 - \frac{uv}{c^2}\right)$，这里 v 是质点运动的速度，因此 $v \leqslant c$，$u \leqslant c$，所以 $\Delta t'$ 必与 Δt 同号。即有因果联系的事件，其先后顺序必然是不可逆的。

实际上，近代高能粒子实验每次都在考验着相对论，而相对论每次都经受住了这种考验。

综上所述，**相对论的时空观确立了时间和空间的量度与参考系的选择有关。时间和空间是相互联系的，这种联系反映了时空的自身属性及其与物质运动的不可分割性。**

18.4　狭义相对论动力学基础

经典力学定律对伽利略变换协变，而伽利略变换只不过是一切物理定律所必须满足的洛伦兹变换在 $v \ll c$ 情况下的近似。因此一个正确的力学定律必须满足两个前提：①对洛伦兹变换协变；②在 $v \ll c$ 的情况下还原为经典力学的形式。

相对论中的质速关系　在经典力学中，牛顿第二定律的表达式为 $\boldsymbol{F} = m\boldsymbol{a}$，式中 m 是与

物体运动速度无关的恒量。物体在恒力作用下获得加速度，并且力的方向与加速度的方向一致，则物体的速度随着时间的增大而增大，只要时间足够长，物体最终的速度将会超过光速，这当然与相对论的论断不相容。产生这个问题的原因，在于经典力学认为物体的质量与运动的速度无关。如果物体做高速运动时，质量随速度增大而迅速增大，那么，速度越大，加速度就越小，这样就有可能存在一个速度极限——光速。

根据自然界的普遍规律之一的动量守恒定律，以及相对论的速度变换式，从理论上可以证明（见下面楷体字部分）物体的质量和速度的关系为

$$m=\frac{m_0}{\sqrt{1-\frac{v^2}{c^2}}}=\gamma m_0 \tag{18-12}$$

式中，m_0 是在与物体相对静止的惯性系中测得的质量，称为静止质量；m 是在相对于物体以速度 v 运动的惯性系中测得的质量。这样，经典力学认为绝对不变的质量，也与长度、时间一样，是随被观测物体与观测者的运动状态而改变的量。当 $v \ll c$ 时，$m\approx m_0$，又回到了经典力学中的质量；当 $v\to c$ 时，$m\to\infty$，这说明物体的速度不可能超过光速；当 $m_0=0$（例如光子）、$v=c$ 时，m 为定值，电磁辐射就属于这种情况。

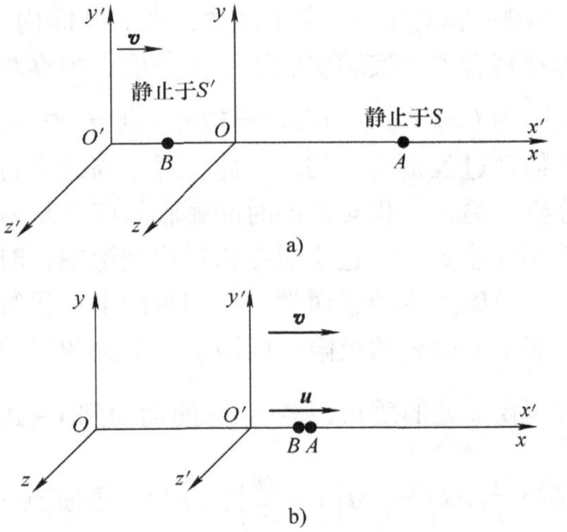

图 18-5　S、S′系中观察动量守恒

如图 18-5 所示，设有静止质量都为 m_0 的小球 A、B，碰撞前分别静止于惯性参考系 S、S'中的 x 轴上，S'系相对于 S 系沿 x 轴正向以速度 v 做匀速直线运动。S 系中的观察者认为碰撞前 A 球速度为零，质量为 m_0，动量为零；B 球速度为 v，质量为 m（与 v 有关），动量为 mv，因而碰撞前系统的动量为 mv。设两球做对心完全非弹性碰撞，并且碰撞前后两球总质量 m_0+m 不变，碰撞后系统相对于 S 系的共同速度为 u，则碰撞后系统的总动量为 $(m_0+m)u$，按动量守恒定律有

$$mv=(m_0+m)u \tag{1}$$

而自 S'系看来，碰撞前 A 球动量为 $-mv$，B 球动量为零，碰撞前系统总动量为 $-mv$，设碰撞后两球粘合在一起相对于 S'系的共同速度为 u'，故碰撞后总动量为 $(m_0+m)u'$，按照动量守恒定律

$$-mv=(m_0+m)u'$$

根据相对论速度公式

$$u'=\frac{u-v}{1-\frac{uv}{c^2}}$$

得

$$-mv=(m_0+m)\frac{u-v}{1-\frac{uv}{c^2}} \tag{2}$$

式（1）、式（2）分别为 S 和 S' 系中的动量守恒定律，两式联合可解得

$$m=\frac{m_0}{\sqrt{1-\dfrac{v^2}{c^2}}}$$

相对论动力学方程 由于在相对论中，质量 $m=\gamma m_0$ 是随速度 v 而变化的，相对论的动量为 $\boldsymbol{p}=m\boldsymbol{v}$，相对论动力学方程应为

$$\boldsymbol{F}=\frac{\mathrm{d}\boldsymbol{p}}{\mathrm{d}t}=\frac{\mathrm{d}(m\boldsymbol{v})}{\mathrm{d}t}=m\frac{\mathrm{d}\boldsymbol{v}}{\mathrm{d}t}+\boldsymbol{v}\frac{\mathrm{d}m}{\mathrm{d}t} \tag{18-13}$$

从式（18-13）可以看出，在相对论中，质点的加速度$\dfrac{\mathrm{d}\boldsymbol{v}}{\mathrm{d}t}$与合外力 $\boldsymbol{F}$ 可以不在同一方向上，而且加速度的大小不再与合外力的大小成正比。若物体的速度很小时，$v\ll c$，$m\approx m_0$，这时$\dfrac{\mathrm{d}m}{\mathrm{d}t}=0$，故 $\boldsymbol{F}=m\dfrac{\mathrm{d}\boldsymbol{v}}{\mathrm{d}t}$，又回到了经典力学中牛顿第二定律的形式。

相对论中的动能、质能关系 经典力学中的功能关系、动能定理在相对论中仍然成立。当合力 $\boldsymbol{F}$ 对物体做功，使它的速度由 0 增大到 v，按照动能定理，$\boldsymbol{F}$ 所做的功等于物体动能的增量，即

$$E_{\mathrm{k}}=\int\boldsymbol{F}\cdot\mathrm{d}\boldsymbol{r}=\int\frac{\mathrm{d}(m\boldsymbol{v})}{\mathrm{d}t}\cdot\mathrm{d}\boldsymbol{r}=\int_0^v\boldsymbol{v}\cdot\mathrm{d}(m\boldsymbol{v})$$

利用式（18-12）得（将其中 v^2 写成$\boldsymbol{v}\cdot\boldsymbol{v}$）

$$\boldsymbol{v}\cdot\mathrm{d}(m\boldsymbol{v})=m\boldsymbol{v}\cdot\mathrm{d}\boldsymbol{v}+\boldsymbol{v}\cdot\boldsymbol{v}\mathrm{d}m=c^2\mathrm{d}m$$

则

$$E_{\mathrm{k}}=\int_{m_0}^{m}c^2\mathrm{d}m=mc^2-m_0c^2 \tag{18-14}$$

这就是相对论动能的表达式，它完全不同于经典力学中的动能表达式，但当 $v\ll c$ 时，有

$$\gamma=\left(1-\frac{v^2}{c^2}\right)^{-\frac{1}{2}}=1+\frac{1}{2}\frac{v^2}{c^2}+\cdots\approx1+\frac{1}{2}\frac{v^2}{c^2}$$

得 $E_{\mathrm{k}}=\dfrac{1}{2}m_0v^2$，回到了经典力学的动能表达式。

由式（18-14）可见，物体的动能为 mc^2 与 m_0c^2 两项之差，这说明 mc^2 与 m_0c^2 也具有能量的含义。m_0c^2 是相对于物体静止的参考系中测得的能量，称为物体的静止能量。mc^2 是物体以速度 v 相对于某参考系运动时，该参考系中测得的能量，称为物体的总能量，即

$$\begin{cases}E_0=m_0c^2\\E=mc^2=\gamma m_0c^2\end{cases} \tag{18-15}$$

式（18-15）叫作质能关系式，这是相对论最有意义的结论之一。式（18-15）指出，质量和能量这两个重要的物理量之间有着密切的联系。若系统的能量守恒，即

$$\sum E_i=\sum m_ic^2=\text{常量}$$

则

$$\sum m_i=\text{常量}$$

即质量也必守恒。如果系统的质量发生变化，由式（18-15）可知，能量必有相应的变化，并且

$$\Delta E = \Delta mc^2 \tag{18-16}$$

反之亦然，即系统的能量发生变化时，必然伴随着相应的质量的变化。

通常所观察到的现象中，系统的能量变化一般不大，因此相应的质量的变化也很小，以致不容易觉察到。例如，1kg 的水，由 0℃加热到 100℃，能量的变化为

$$\Delta E = 4.18 \times 10^3 \times 100\text{J} = 4.18 \times 10^5\text{J}$$

而相应的质量的变化只有

$$\Delta m = \frac{\Delta E}{c^2} = 4.6 \times 10^{-12}\text{kg}$$

核能的释放和应用，证明了质能关系的正确性。可以说，原子能时代是随着质能关系的发现而到来的。

能量和动量的关系 相对论的动量 p、静能量 E_0 和总能量 E 之间的关系是非常简单而又很有用。下面是动量与能量的关系公式：

$$p = mv = \frac{m_0 v}{\sqrt{1 - \frac{v^2}{c^2}}} = \gamma m_0 v \tag{18-17}$$

$$E = mc^2 = \frac{m_0 c^2}{\sqrt{1 - \frac{v^2}{c^2}}} = \gamma m_0 c^2 \tag{18-18}$$

式（18-17）、式（18-18）相除，得

$$v = \frac{c^2}{E}p$$

或

$$v^2 = \frac{c^4}{E^2}p^2 \tag{18-19}$$

将式（18-19）代入式（18-18），即可得到

$$E^2 = p^2c^2 + E_0^2 \tag{18-20}$$

对于光子，静止质量 $m_0 = 0$，静止能量 $E_0 = 0$，总能量 $E = h\nu$，因此光子的质量为

$$m = \frac{E}{c^2} = \frac{h\nu}{c^2}$$

光子的动量

$$p = \frac{E}{c} = \frac{h\nu}{c} = \frac{h}{\lambda}$$

光子虽然没有静质量和静能量，但具有能量、动量和质量，这是光子物质性的具体表现。

例题 18-3 某加速器将质子加速到 76GeV（$1\text{eV} = 1.6 \times 10^{-19}\text{J}$）的动能，试求：

（1）加速后质子的质量；

（2）加速后质子的动量。

解 （1）质子加速后的总能量

$$E = E_k + E_0 = mc^2$$

则质量为

$$m = \frac{E_k + E_0}{c^2} = \frac{E_k + m_0c^2}{c^2} = m_0\left(\frac{E_k}{E_0} + 1\right)$$

因为质子的静质量 $m_0 = 1.67 \times 10^{-27}\text{kg}$，而静能

$$E_0 = m_0 c^2 = (1.67 \times 10^{-27} \times 9 \times 10^{16})\text{J} = 1.50 \times 10^{-10}\text{J} = 938\text{MeV}$$

所以

$$m = m_0\left(\frac{E_k}{E_0} + 1\right)$$

$$= \left[1.67 \times 10^{-27}\left(\frac{76 \times 10^3}{938} + 1\right)\right]\text{kg}$$

$$= 1.37 \times 10^{-25}\text{kg}$$

(2) 由动量和能量的关系式

$$E^2 = p^2c^2 + E_0^2$$

得到

$$p = \sqrt{\frac{E^2 - E_0^2}{c^2}} = \frac{1}{c}\sqrt{(E_0 + E_k)^2 - E_0^2} = \frac{1}{c}\sqrt{E_k(E_k + 2E_0)}$$

$$= \frac{1}{3 \times 10^8}\sqrt{76(76 + 2 \times 0.938) \times 10^{18}} \times 1.6 \times 10^{-19}\text{kg} \cdot \text{m/s}$$

$$= 4.1 \times 10^{-17}\text{kg} \cdot \text{m/s}$$

例题 18-4 核聚变时，会释放出大量的能量。试计算氢弹爆炸中核聚变反应之一所放出的能量。其聚变反应式为

$${}_1\text{H}^2(\text{氘}) + {}_1\text{H}^3(\text{氚}) \rightarrow {}_2\text{He}^4(\text{氦}) + {}_0\text{n}^1(\text{中子})$$

解 核质量单位用原子质量单位 u 计量。1 个原子质量单位等于 ${}_6\text{C}^{12}$ 原子质量的 1/12，即 $1\text{u} = 1.66 \times 10^{-27}\text{kg}$。反应之前静质量的总和为

$$m_0 = 2.0141\text{u}(\text{氘}) + 3.0160\text{u}(\text{氚}) = 5.0301\text{u}$$

反应之后静质量的总和为

$$m_0' = 4.00260\text{u}(\text{氦}) + 1.00866\text{u}(\text{中子}) = 5.01126\text{u}$$

可见 $m_0' < m_0$。

反应前后质量之差为

$$\Delta m = m_0 - m_0' = (5.0301 - 5.01126)\text{u}$$

$$= 0.01884\text{u} = 3.127 \times 10^{-29}\text{kg}$$

聚变反应中释放的能量为

$$\Delta E = \Delta mc^2 = [3.127 \times 10^{-29} \times (3 \times 10^8)^2]\text{J}$$

$$= 2.814 \times 10^{-12}\text{J}$$

还可以进一步算出 1kg 的这种核燃料所释放的能量为

$$\frac{\Delta E}{m_0} = \frac{2.814 \times 10^{-12}}{5.0301 \times 1.66 \times 10^{-27}}\text{J/kg}$$

$$= 3.370 \times 10^{14}\text{J/kg}$$

*18.5 广义相对论简介

狭义相对论只对惯性系成立，它否定了绝对运动的存在，但它仍保留了经典力学的残

余：认为自然界存在着一类优越的参考系——惯性系，物理定律只能在惯性系中成立。而实际上自然界中并不存在严格的惯性系，惯性系只不过是一种近似，人们必须要在非惯性系中研究物理规律，为此爱因斯坦在狭义相对论问世后花了十年的时间，于 1916 年创立了适用于所有参考系的理论——广义相对论。

广义相对论中有两条重要的基本原理：等效原理和广义相对性原理。

等效原理　在经典力学中，只要在非惯性系中引入一个惯性力（$\boldsymbol{F}_{\mathrm{I}}=-m\boldsymbol{a}_{\mathrm{I}}$），则在非惯性系中仍然可用牛顿第二定律来描述质点运动。用同样方法可以讨论非惯性系中的力学效应，设想 S'系为相对于某一惯性系以匀加速度 g 上升的电梯，封闭在 S'系中与外界隔绝的观察者将发现，空间中的物体都以加速度 g 自由下落，对于这一现象，观察者可以得出两种解释，一种是由于物体所在的系统是一个非惯性系，物体受一个虚构的力——惯性力作用而下落，另一种是可能此时电梯正停留在地球表面上，物体是受地球引力（重力）作用而下落。因为在这两种情况下，物体的运动将完全相同，无法区分两种解释的真伪。由这种假想实验，爱因斯坦把它总结成为有名的**等效原理，一个均匀的引力场与一个匀加速参考系等效。**

广义相对性原理　按照等效原理，惯性力可用引力场来等效，那么非惯性系与惯性系的区别仅仅在于前者存在着引力场而已，这样所有的参考系都可以用相同的形式描述物理规律，即运动定律应是广义协变的。也就是说，一个物理规律只要考虑到引力场的影响，就可以在一切参考系中用它来研究物理现象。为此爱因斯坦又提出了**广义相对性原理：任何参考系对于描述物理现象都是等价的。**

狭义相对论和广义相对论时空概念的比较　狭义相对论认为时间间隔和空间距离是相对的，它们与物质的运动有关，但空间和时间的属性是不受物质影响的——空间是平直的欧氏空间（见图 18-6），遵从欧几里得几何，同一参考系中各处的时钟总是同步的。广义相对论则认为空间和时间的属性受物质本身的影响，时空的测量与参考系的加速度有关。根据等效原理，加速参考系可等效于引力场，引力场中的时空测量与引力的强弱，即产生引力场的物质分布有关。广义相对论还断言在引力场中空间和时间都被扭曲，整个空间应是一个弯曲的黎曼空间（见图 18-7），而且由于引力场中各处的引力不同，同样的钟测出的时间间隔也就不同，这些后来都得到了实验的证实。因此广义相对论比狭义相对论更深刻地揭示了空间、时间和物质的联系。

图 18-6　平直的欧氏空间

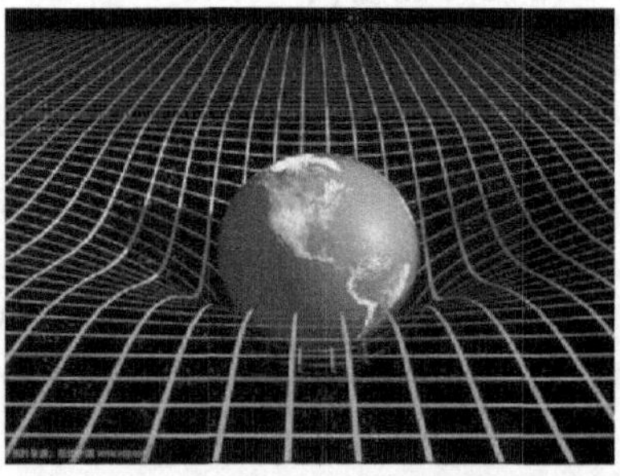

图 18-7　弯曲的黎曼空间

应用领域　狭义相对论和广义相对论在物理学的不同领域内所起的作用各不相同。在宏观低速物理学中，广义相对论和狭义相对论的效应都可以忽略不计。在微观高速物理学中，狭义相对论取得了辉煌的成就。由于引力相互作用比起其他三种相互作用（弱相互作用、电磁相互作用、强相互作用）弱得多，因此广义相对论效应可以忽略不计。对于大尺度时空，即大于 10^8 光年范围内的物理过程，广义相对论是一个重要的工具。

广义相对论从创立至今，已经历过多次的实验验证。天文学观测早有发现，水星近日点每百年有 5599.74″±41″的角位移，称为水星近日点进动。按牛顿力学计算的结果与此观测值之间存在 42.56″±0.94″的偏差，长期不能合理解释。若考虑广义相对论效应，太阳附近的引力场较强，空间是弯曲的，与此关联，会导致附加的角位移，其计算值为 43.03″/百年，与上述偏差值符合很好。引入广义相对论的修正之后，问题获得较为满意的解决。再根据广义相对论，会有“引力红移”现象存在，即在引力场强的地方原子发出的光的频率比引力弱的地方同种原子发出的光的频率要低，这种光频率减少的现象称为红移，由于这种红移是由引力引起的，所以称为引力红移。广义相对论曾计算，太阳引起的引力红移的理论值为 $Z=2.12\times10^{-6}$。人们对太阳光谱进行分析得到的实验观察值与理论值的比值为 $\dfrac{Z_{实验}}{Z_{理论}}=1.01\pm0.10$，证实了这一预言。广义相对论还在宇宙大爆炸理论、黑洞研究等宇观领域内的研究工作中发挥着重要的作用。图 18-8 是日全食时对星的观察示意图。

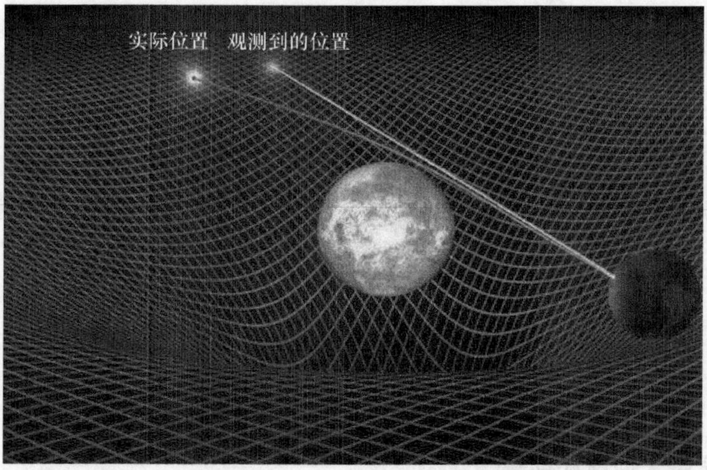

图 18-8　日全食时对星的观察示意图

本 章 提 要

伽利略变换

$$
坐标变换\begin{cases}x'=x-ut\\ y'=y\\ z'=z\\ t'=t\end{cases}
$$

$$\text{速度变换}\begin{cases} v'_x = v_x - u \\ v'_y = v_y \\ v'_z = v_z \end{cases}$$

经典力学的时空观长度和时间的测量与参考系无关。

爱因斯坦假设

1. 相对性原理：物理学定律对一切惯性参考系都是等价的。
2. 光速不变原理：真空中的光速在所有惯性参考系中都为 c。

洛伦兹变换

$$\text{坐标变换}\begin{cases} x' = \gamma(x - ut) \\ y' = y \\ z' = z \\ t' = \gamma\left(t - \dfrac{ux}{c^2}\right) \end{cases}$$

$$\gamma = \frac{1}{\sqrt{1 - \dfrac{u^2}{c^2}}}$$

$$^{*}\text{速度变换}\begin{cases} v'_x = \dfrac{v_x - u}{1 - \dfrac{uv_x}{c^2}} \\ v'_y = \dfrac{v_y\sqrt{1 - \dfrac{u^2}{c^2}}}{1 - \dfrac{uv_x}{c^2}} \\ v'_z = \dfrac{v_z\sqrt{1 - \dfrac{u^2}{c^2}}}{1 - \dfrac{uv_x}{c^2}} \end{cases}$$

相对论中的质量、动量和能量

质量和动量
$$m = \frac{m_0}{\sqrt{1 - \dfrac{v^2}{c^2}}} = \gamma m_0$$

$$p = mv = \frac{m_0 v}{\sqrt{1 - \dfrac{v^2}{c^2}}} = \gamma m_0 v$$

能量 $E = mc^2$，$\Delta E = \Delta mc^2$

动能 $E_k = E - E_0 = mc^2 - m_0c^2$

动量与能量的关系 $E^2 = p^2c^2 + E_0^2$

对于光子 $m = \dfrac{h\nu}{c^2}$，$p = \dfrac{h}{\lambda}$，$E = h\nu$

习题

18-1 设S'系相对于S系以速度$u=0.6c$沿xx'轴正向运动，当S'系和S系的原点O'与O重合时$t=t'=0$。

（1）在S系中测得某事件的时空坐标为$x_1=50\text{m}$，$y_1=z_1=0$，$t_1=2\times10^{-7}\text{s}$，求$S'$系中该事件的时空坐标。

（2）在S'系中测得另一事件的时空坐标为$x_1'=10\text{m}$，$y_1'=5\text{m}$，$z_1'=4\text{m}$，$t_1'=3\times10^{-7}\text{s}$，求$S$系中该事件的时空坐标。

18-2 如图18-3所示，一列长0.5km（按列车上的观察者测定）的高速火车，假设以1000km/h的速度行驶，按地面上的观察者测定，两个闪电同时击中火车的前后两端。问：按火车上的观察者测定，这两个闪电之间的时间间隔是多少？

18-3 在S系中，测得两个事件的时间和空间间隔为$8\times10^{-7}\text{s}$和600m。为了使这两个事件对S'系来说是同时的，问S'系应以多大的速率相对于S系运动？

18-4 对S系中的观察者来说，相隔600km的两个事件同时发生，在S'系中，测得它们的空间间隔是1200km。问：在S'系中测得两个事件的时间间隔是多少？

18-5 回答下列问题：

（1）相对论中运动物体的长度缩短与物体热胀冷缩引起的长度变化是否是一回事？

（2）如果有一接近于光速相对于地球飞行的火箭，在地球上的观察者将看到火箭上物体的长度缩短、时钟变慢。由此有人得出结论说，火箭上的观察者将会看到地球上的物体比火箭上的同类物体更长，时钟变快，这个结论对吗？

18-6 如题18-6图所示，一运动的斜棒在两个不同的时刻与x轴的交点分别为A和B，斜棒与x轴成θ角，并以速度v沿y轴方向运动（不转动）。

（1）证明：棒与x轴的交点的速度为$u=v\cot\theta$，方向沿x轴反方向；

（2）当$\theta=30°$，$v=(2/3)c$时，u大于光速，这与相对论矛盾吗？

（3）一个粒子在介质中的运动速度可以大于光在介质中的传播速度，这又如何解释？

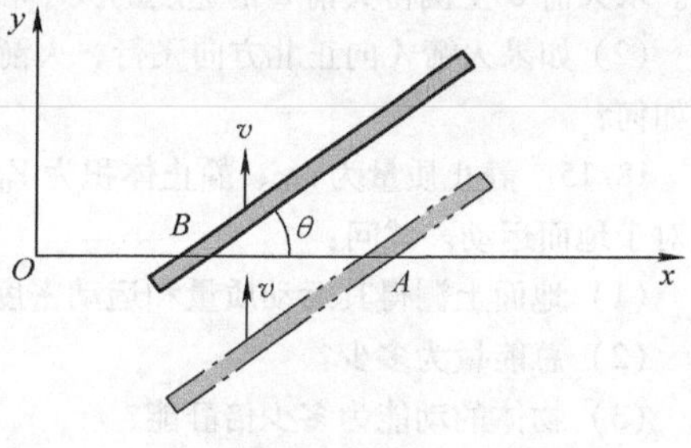

题18-6图

18-7 π^+介子是一种不稳定的粒子，平均寿命是$2.6\times10^{-8}\text{s}$（在与它相对静止的参考系中测得）。

（1）如果此粒子相对于实验室以$0.8c$的速度运动，那么实验室参考系中测量π^+介子的寿命为多长？

（2）介子在衰变前运动了多长距离？

18-8 观测者O，测得在它的xOy平面上一个静止的圆的面积是12cm^2。另一观测者O'，相对于O以$0.8c$的速度做匀速运动，O'观测这一图形，测得的面积是多少？

18-9 离地面6000m的高空大气层中，产生$-\pi^\pm$介子以速度$v=0.998c$飞向地球。假定$\pi^\pm$介子在自身的参考系中的平均寿命为$2.0\times10^{-6}\text{s}$，根据相对论理论，试求：

（1）从地球上的观测者来看，$\pi^\pm$介子能否到达地球？

（2）在与$\pi^\pm$介子一起运动的参考系中的观测者看来结果又如何？

18-10 半人马座α星是离太阳系最近的恒星，它距离地球$4.3\times10^{16}\text{m}$。设有一宇宙飞船自地球往返于半人马座α星之间。若宇宙飞船的速率为$0.999c$，（1）按地球上时钟计算，飞船往返一次需要多少时间？（2）如以飞船上时钟计算，往返一次的时间又为多少？

18-11　观测者甲测得在同一地点发生的两事件的时间间隔为4s，观测者乙测得其时间间隔为5s。问：

（1）观测者乙相对于观测者甲运动的速度是多少？

（2）观测者乙测得这两事件发生的地点相距多少米？

（3）另有一观测者丙，声称他测得的时间间隔为3s，你认为可能吗？

18-12　如题18-12图所示，S'参考系中静长为$l_0=10\text{m}$的杆相对S参考系做匀速直线运动。杆与速度的方向成$\theta_0=\arcsin(3/5)$的角度，此时S中的观察者测得杆与速度的方向成$\pi/4$的角度。求：

（1）S参考系中测得杆的运动速度；

（2）S参考系中测得杆的长度。

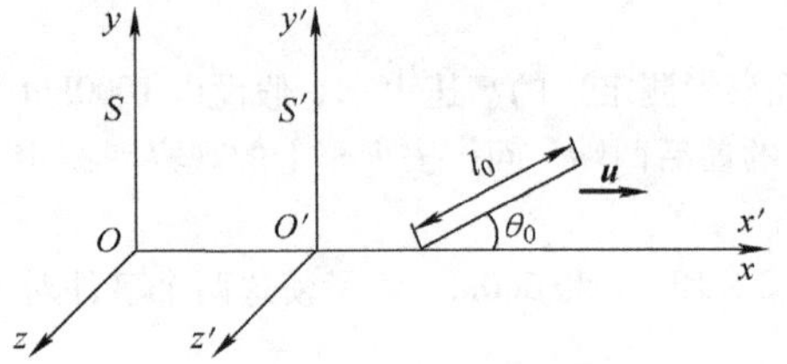

题18-12图

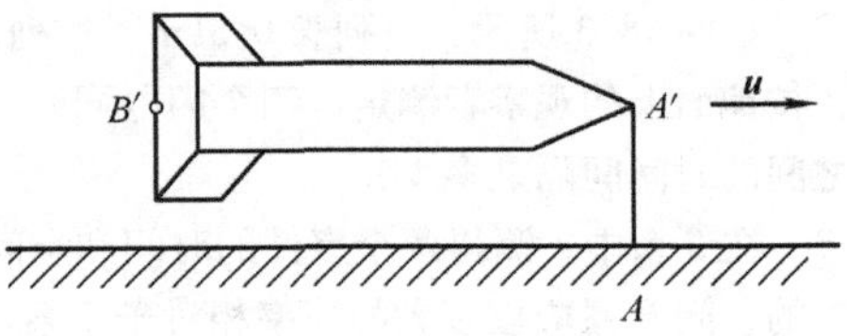

题18-13图

18-13　静长为l_0的火箭相对地面以速度u水平匀速飞行，火箭的头部在某一时刻通过地面上A点的正上方时，此时有一光信号从A'点发出，如题图18-13所示。如果测量分别是在火箭和地面上进行的，求：

（1）光信号传播到火箭尾部B'处的时刻；

（2）尾部B'点何时通过A点的正上方。

*18-14　（1）火箭A以$0.8c$的速度相对于地球向东飞行。火箭B以$0.6c$的速度相对于地球向正西飞行。求火箭B上测得火箭A的速度的大小和方向。

（2）如果火箭A向正北方向飞行，火箭B仍向正西飞行，由火箭B上测得火箭A的速度的大小和方向又如何？

18-15　静止质量为m_0、静止体积为V_0的正方体，沿其一边方向以速度$v_0=0.8c$（c为真空中的光速）相对于地面运动。试问：

（1）地面上测得其运动质量和运动密度分别为多少？

（2）总能量为多少？

（3）物体的动能为多少倍静能？

18-16　地球上的观察者发现一宇宙飞船以速率$0.60c$向东航行，将在5s后同一个以$0.80c$速率向西飞行的彗星相撞。问：

（1）飞船中的人们看到彗星以多大速率向他们接近？

（2）按照他们的时钟，还有多少时间允许他们离开原来航线避免碰撞？

18-17　在北京正负电子对撞机中，电子可以被加速到动能为$E_k=2.8\times10^9\text{eV}$。问：

（1）这种电子的速率和光速相差多少？

（2）这样的一个电子动量多大？

（3）这种电子在周长为240m的存储环内绕行时，它受的向心力多大？需要多大的偏转磁场？

18-18　设有一静止质量为m_0，带电荷量为q的粒子，其初速为零，在均匀电场中加速，在时刻t时它所获得的速度是多少？如果不考虑相对论效应，它的速度又是多少？这两个速度间有什么关系？试讨论。

18-19　（1）一粒子的静质量为m_0，粒子的速率为$kc(k<1)$。试问粒子静质量是质量的多少倍？

（2）若一运动粒子质量为其静质量m_0的k倍，求该粒子的总能量、动能和动量。

18-20　一个电子从静止加速到$0.1c$的速度需要做多少功？速度从$0.9c$加速到$0.99c$又需要做多少功？

18-21　若一电子的总能量为5.1MeV，试求该电子的静能、动能、动量和速率。

18-22　(1) 试证：一粒子的相对论动量可写成

$$p=\frac{(2E_0E_{\mathrm{k}}+E_{\mathrm{k}}^2)^{\frac{1}{2}}}{c}$$

式中，E_0和 E_{k} 分别为粒子的静能量和动能。

(2) 试证：带电粒子在匀强磁场中，在与磁感应强度 B 垂直的平面上做圆周运动时的轨道半径为

$$R=\frac{(2E_0E_{\mathrm{k}}+E_{\mathrm{k}}^2)^{\frac{1}{2}}}{qcB}$$

式中，q 为粒子所带的电荷量。

18-23　一初速为零的电子，在静电场中经电势差为 10MV 的电场区域加速后，

(1) 电子速度是多少？

(2) 电子的质量为其静质量的多少倍？

18-24　有 A、B 两个静质量都是 m_0 的粒子，分别以 $v_1=v$ 和 $v_2=-v$ 的速度相向运动，在发生完全非弹性碰撞后合并为一个粒子。

(1) 求碰撞后粒子的速度和静质量；

*(2) 通过洛伦兹变换，验证在 A 粒子参考系中碰撞过程的动量守恒。

第 19 章

量子光学基础

光的干涉、衍射和偏振现象，说明了光具有波动性。现讨论光和原子相互作用时所引起的辐射现象、光电效应和康谱顿效应，对于这些现象经典理论无法解释。1900 年，普朗克为了解释黑体的辐射问题，提出了能量子假设，从而导致近代量子物理的诞生，为解决物质结构问题提供了新的起点。在普朗克假设的基础上，爱因斯坦提出了光子假设，成功地解释了光电效应现象。康普顿效应则进一步证实了光子假设的正确性。这样便确定了电磁辐射是以微粒的形式吸收和发射的，从而揭示了光具有粒子和波动的双重特性，叫作光的波粒二象性。本章主要讨论光的粒子性。

19.1　热辐射 基尔霍夫定律

平衡热辐射　任何一个物体，在任何温度下都要辐射各种波长的电磁波。例如，对一铁块加热，我们将看到，达到 800K 时铁块是暗红的，随着温度的升高，铁块的颜色由红变黄，再由黄变白，温度很高时，变为青白色。温度升高，辐射的总能量迅速增大。在一定的时间内辐射能量的多少，以及辐射能按波长的分布都与物体的温度有关。我们把这样的辐射叫作**热辐射**。

一般来说，辐射过程中能量的转换是具有相互性质的。如果有两个温度不同的物体，高温物体辐射能量，部分地被低温物体所吸收；与此同时，低温物体也辐射能量，也部分地被高温物体吸收。从总的效果来说，如果物体吸收的辐射能多于同一时间内放出的辐射能，则其总辐射能增加，温度升高。反之，温度降低。如果物体从外界获得的辐射能恰好等于放出的辐射能，则物体的辐射过程达到平衡，温度维持不变。这时物体的热辐射叫作**平衡热辐射**。下面讨论的热辐射均指平衡热辐射。

辐出度和吸收比　为了能方便地陈述热辐射的规律，首先引入几个描述热辐射的物理量。如果在单位时间内，从物体表面单位面积上的所辐射的波长在 λ 到 $\lambda+\mathrm{d}\lambda$ 范围内的辐射能为 $\mathrm{d}W_{\lambda}(T)$，那么 $\mathrm{d}W_{\lambda}(T)$ 与波长间隔 $\mathrm{d}\lambda$ 的比值叫作**单色辐射出射度**，简称**单色辐出度**，用 $e(\lambda,T)$ 表示，即

$$e(\lambda,T)=\frac{\mathrm{d}W_{\lambda}(T)}{\mathrm{d}\lambda} \tag{19-1}$$

$e(\lambda,T)$ 与物体的温度 T 和所选定的波长 λ 有关，是 λ 和 T 的函数。单色辐出度反映了在不同温度下辐射能按波长分布的情况。$e(\lambda,T)$ 的单位是 $\mathrm{W/m^3}$。

单位时间内，从物体表面单位面积上所辐射的各种波长的总辐射能，叫作**辐射出射度**，简称**辐出度**，用 $M(T)$ 表示，即

$$M(T) = \int_0^{\infty} e(\lambda, T)\mathrm{d}\lambda \tag{19-2}$$

显然，$M(T)$ 只是温度的函数。实验指出，对于各种不同的物体，特别在表面情况（如粗糙程度等）不同时，$e(\lambda,T)$的量值也不同，相应的$M(T)$的量值也不一样。$M(T)$的单位为$\mathrm{W/m^2}$。

当辐射能入射到某一不透明物体的表面上时，一部分能量被物体吸收，而另一部分能量则被表面所反射。吸收的能量与入射总能量的比值叫作该物体的**吸收比**；反射能量与入射总能量的比值叫作该物体的**反射比**。它们的大小都与入射能量的波长和温度有关，因此我们用$a(\lambda,T)$和$r(\lambda,T)$分别表示温度为T、波长在λ到$\lambda+\mathrm{d}\lambda$范围内的物体的单色吸收比和单色反射比。对于各种不同的物体，特别是各种不同的表面，单色吸收比和单色反射比的量值也是各不相同的（即具有所谓选择吸收和选择反射的特性）。根据定义，单色吸收比和单色反射比都是纯数，而对于不透明的物体来说，两者的总和为1，即

$$a(\lambda,T)+r(\lambda,T)=1$$

绝对黑体 如果一个物体能将入射的可见光全部吸收，我们就说这物体是黑色的。与此类似，一个物体能将入射的任何波长的辐射能量全部吸收，这物体就叫作**绝对黑体**，有时也简称为**黑体**。显然，对于绝对黑体，$a_B(\lambda,T)=1$，$r_B(\lambda,T)=0$。

实际上，自然界中并不存在绝对黑体，只是一个理想的模型。例如，带有一个小窗口的空腔体可视为一个绝对黑体。如图19-1所示，若有辐射入射于空腔的小窗口，在空腔内壁上发生多次反射，每经一次反射，腔壁将吸收一部分能量。设腔壁的吸收比为a，入射总能量为1，则经腔壁的一次反射后，剩下的能量为$(1-a)$，经第二次反射后，剩下的能量为$(1-a)-(1-a)a=(1-a)^2$，经n次反射后，剩下的能量为$(1-a)^n$，当n很大时，$(1-a)^n$将趋于零。因此空腔窗口的吸收比近似为1，可视为绝对黑体。白天从远处看建筑物的窗口，窗口显得特别黑，就是这个道理。

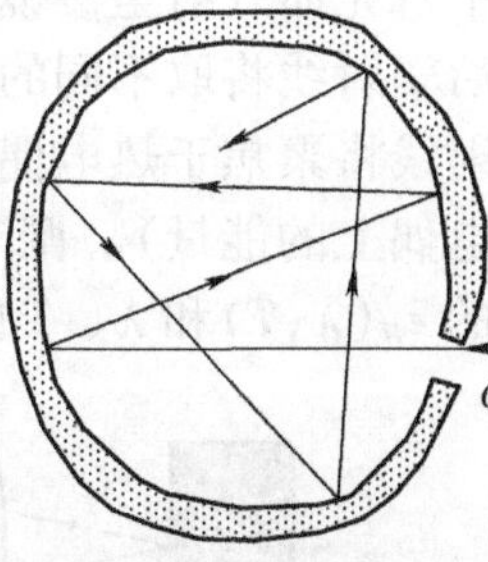

图19-1 绝对黑体模型

基尔霍夫定律 早在1860年，基尔霍夫就发现物体的辐出度与物体的吸收比之间有内在联系。设在温度T一定的真空容器C内放置M_1，M_2，…和绝对黑体B，如图19-2所示。因为容器是真空，所以各物体间、物体与容器间只能通过热辐射来交换能量。各物体的初始温度可能不同，但经过一段时间后，各物体的温度均达到与容器相同的温度，而且保持不变。

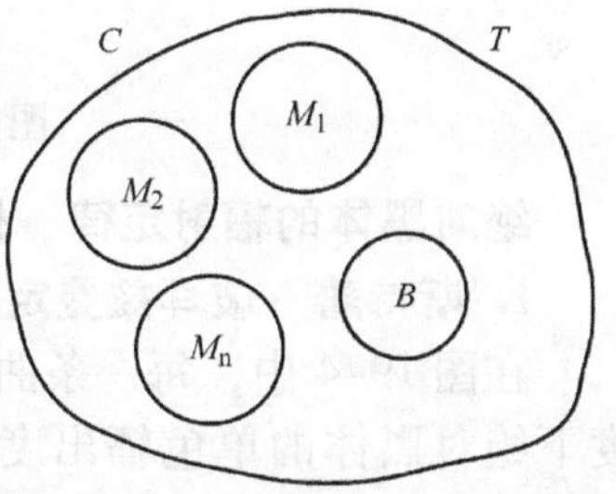

图19-2 恒温器内的物体

这些物体达到同一温度以后，仍然不断地放出和吸收辐射能，每一物体放出的辐射能一定等于吸收的辐射能，否则它的温度不能保持不变。所以辐出度大的物体，其吸收比也大；辐出度小的物体，其吸收比也小。设各物体的单色辐出度分别为$e_1(\lambda,T),e_2(\lambda,T),\cdots,e_B(\lambda,T)$，则

$$\frac{e_1(\lambda,T)}{a_1(\lambda,T)}=\frac{e_2(\lambda,T)}{a_2(\lambda,T)}=\cdots=\frac{e_B(\lambda,T)}{a_B(\lambda,T)}$$

因为$a_B(\lambda,T)=1$，所以上式可简记为

$$\frac{e(\lambda,T)}{a(\lambda,T)}=e_B(\lambda,T) \tag{19-3}$$

即任何物体的单色辐出度和单色吸收比之比，等于同温度下绝对黑体的单色辐出度。这就是

基尔霍夫定律。

基尔霍夫定律只适用于平衡热辐射。它包括两个含义：①温度相同的甲乙两物体，对于某一给定波长的辐射能，以单位时间单位表面面积计，甲发射的比乙多，则甲吸收的也比乙多。如另有一丙物体不能发射某种波长的辐射能，则它也不能吸收这种波长的辐射能。②对于任何波长的辐射能，在相同的温度下，绝对黑体在单位时间内单位表面面积上辐射出去的和吸收的能量都比其他任何物体为多。

19.2 绝对黑体的辐射定律

从基尔霍夫定律知道，要了解一般物体的辐射性质，必须首先知道绝对黑体的辐出度。因此，确定绝对黑体的辐出度 $e_B(\lambda, T)$ 曾是热辐射研究的中心问题。

绝对黑体单色辐出度按波长的分布 有了绝对黑体的模型，就可以用实验来研究它的辐射性质。实验装置的示意图如图 19-3 所示，绝对黑体 A 为一陶瓷圆筒空腔，内部装有电炉丝，通电后将筒壁加热到所需温度，辐射由筒一端的小孔射出，经透镜 L_1 和平行光管 B_1，成为平行光而入射至棱镜 P 上。不同波长的辐射线将在棱镜内产生不同的偏转，因而通过棱镜后辐射线将取不同的方向。如果平行光管 B_2 对准某一方向，在这个方向上具有一定波长的射线将聚焦于热电偶 C 上。于是可以测出这一波长的辐射的功率（即单位时间内入射在热电偶上的能量）。调节平行光管 B_2 的方向，即可相应地测出不同波长的功率。实验所测定的 $e_B(\lambda, T)$ 和 λ、T 的关系曲线如图 19-4 所示。

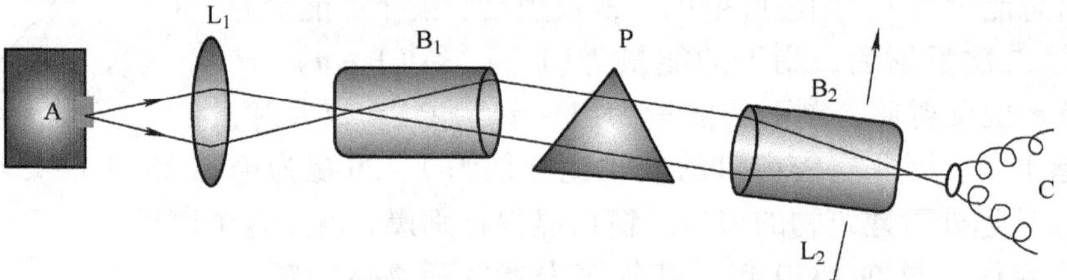

图 19-3 测定绝对黑体单色辐出度的实验简图

绝对黑体的辐射定律 根据实验，得出如下两条关于绝对黑体的辐射定律。

1. 斯特藩－玻耳兹曼定律

在图 19-4 中，每一条曲线反映了在某一确定温度下绝对黑体的单色辐出度按波长的分布情况，每一条曲线下的面积等于绝对黑体在这一温度下的辐射出射度，即

$$M_B(T) = \int_0^{\infty} e_B(\lambda, T)\,\mathrm{d}\lambda$$

由图可见，$M_B(T)$ 随温度升高而迅速增大，经实验确定 $M_B(T)$ 和绝对温度 T 的关系为

$$M_B(T) = \sigma T^4 \tag{19-4}$$

式中，$\sigma = 5.67 \times 10^{-8}\,\mathrm{W/(m^2 \cdot K^4)}$。这一结果称为**斯特藩－玻耳兹曼定律**，只适用于绝对黑体，σ 称为**斯特藩－玻耳兹曼常量**。

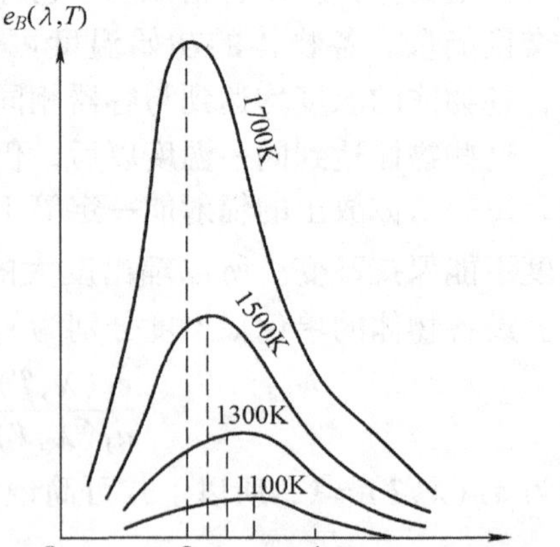

图 19-4 绝对黑体 $e_B(\lambda, T)-\lambda$ 实验曲线

2. 维恩位移定律

由图 19-4 可见，在每一条曲线上，$e_B(\lambda,T)$有一最大值，即最大的单色辐出度。相应于这一最大值的波长以 λ_m 表示。绝对温度 T 越高，λ_m 值越小，两者的关系经确定为

$$T\lambda_m = b \tag{19-5}$$

式中，$b=2.897\times10^{-3}\mathrm{m\cdot K}$。这一结果称为**维恩位移定律**。这表明，绝对黑体单色辐出度的最大值随着温度的升高而向波长较短的方向移动。

热辐射的规律在现代科学技术上的应用极为广泛。它是光测高温、遥感技术、红外追踪等方面的物理基础。例如，根据斯特藩－玻耳兹曼定律可制成光测高温计。如果由实验测出绝对黑体单色辐出度的最大值所对应的波长，则根据维恩位移定律，就可以算出这一黑体的温度。太阳表面的温度就是用这一方法测定的。

19.3 普朗克公式

曾有许多物理学家从经典物理的观点出发来寻求 $e_B(\lambda,T)$与 λ 的关系，但所得结果都不能完全与实验事实符合，其中最有代表性的是维恩公式和瑞利－金斯公式。

经典理论的困难 1896 年，维恩把黑体辐射与同温度的理想气体相比拟，认为辐射按波长的分布类似于气体分子的速率分布，并引用麦克斯韦速率分布规律，得出如下的公式：

$$e_B(\lambda,T) = c_1\lambda^{-5}e^{\frac{c_2}{\lambda T}}$$

称为维恩公式，这个公式只在短波部分与实验结果符合，而在长波部分与实验结果不符合，如图 19-5 所示。

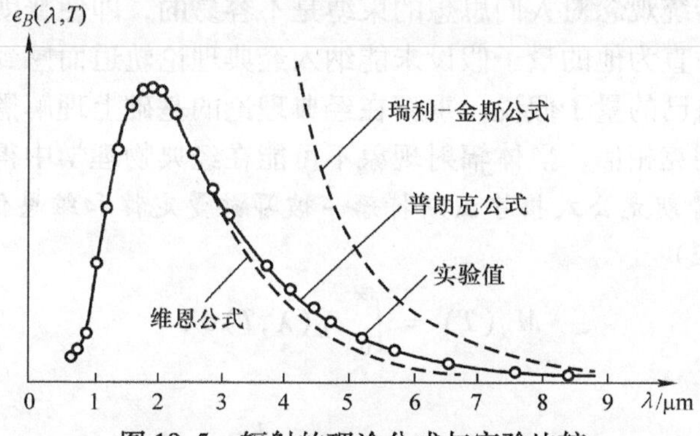

图 19-5 辐射的理论公式与实验比较

1900 年，瑞利和金斯把分子物理学中能量按自由度均分原理以及关于空腔中的驻波定理用于电磁辐射，得出如下的公式：

$$e_B(\lambda,T) = c_3\lambda^{-4}T$$

称为瑞利－金斯公式。这个公式在长波部分与实验结果符合，但在短波部分完全偏离实验曲线，并趋于无穷大（见图 19-5），物理学史上把它称为“紫外灾难”。

普朗克假设 普朗克公式 普朗克深入地研究了这一课题，他发现，如果采用一个与经典物理迥然不同的新概念，便可得出与实验曲线符合得很好的公式。1900 年普朗克发表了他的能量子假说：**辐射物体中包含着大量的带电线性谐振子，它们与经典物理中所说的谐振子不同，这些带电谐振子只能处于一些不连续的状态，在这些状态中，相应的能量只能是某**

一最小能量 ε 的整数倍，即

$$\varepsilon,\ 2\varepsilon,\ 3\varepsilon,\ \cdots,\ n\varepsilon,\ \cdots$$

其中 n 为正整数。**对频率为 ν 的谐振子来说，最小能量为**

$$\varepsilon = h\nu \tag{19-6}$$

式中，h 为一普通恒量，称为普朗克常数，量值为

$$h = 6.63\times10^{-34}\,\text{J}\cdot\text{s}$$

振子在辐射或吸收能量时，只能是 $h\nu$ 的整数倍，从而振子从其中一个能量状态跃迁到其他的一个状态，这就是能量子假设，或能量量子化假设。

在能量量子化假设的基础上，普朗克推导出一个新的黑体辐射公式

$$e_B(\lambda,T) = 2\pi hc^2\lambda^{-5}\frac{1}{\text{e}^{\frac{hc}{k\lambda T}}-1} \tag{19-7}$$

式中，c 是真空中的光速；k 是玻耳兹曼常数；e 是自然对数的底；h 是普朗克常数。式（19-7）称为**普朗克公式**，从图 19-5 中可看出，普朗克公式与实验结果符合得很好。

在能量观念上，普朗克的量子假设与经典物理学理论有着本质的区别，在经典的热力学理论和电磁学理论中，能量是连续的，物体发射或吸收的能量可以是任意的量值。按照普朗克的量子假设，能量是不连续的，存在着能量的最小单元，物体发射或吸收的能量只能是这一最小单元的整数倍，是一份一份按不连续的方式进行的。

普朗克的量子假设在物理学发展史上是一个重要的里程碑。它不仅能圆满地解释热辐射现象，后经其他物理学家的发展推广，还较为圆满地解释了微观物理领域中诸多其他问题，并导致现代物理学极为重要的量子理论的建立。

冲破经典物理学传统观念对人们思想的束缚是不容易的，即使普朗克本人也不例外。在他大获成功之后，还一直为他的量子假设未能纳入经典理论轨道而感到遗憾。为此他做了数年的努力，试图放弃自己的量子假说，重新在经典理论的基础上理解黑体辐射现象，但皆以失败告终，这使得普朗克相信，黑体辐射现象不可能在经典物理学中得到说明。

例题 19-1 试从普朗克公式推导出斯特藩－玻耳兹曼定律和维恩位移定律。

解 根据式（19-2）

$$M_B(T) = \int_0^\infty e_B(\lambda,T)\,\text{d}\lambda$$

为了方便起见，引入

$$a = 2\pi hc^2,\ x = \frac{hc}{k\lambda T}$$

则

$$\text{d}x = -\frac{hc}{k\lambda^2 T}\text{d}\lambda = -\frac{kT}{hc}x^2\,\text{d}\lambda$$

以 x 作为变量，普朗克公式为

$$e_B(x,T) = \frac{ak^5T^5}{h^5c^5}\cdot\frac{x^5}{\text{e}^x-1}$$

所以

$$M_B(T) = \frac{ak^4T^4}{h^4c^4}\int_0^\infty \frac{x^3}{\text{e}^x-1}\text{d}x$$

因为

$$\int_0^\infty \frac{x^3}{e^x - 1}dx = 6.494$$

故最后得

$$M_B(T) = 6.494\frac{ak^4}{h^4c^4}T^4 = \sigma T^4$$

上式即为所求的斯特藩－玻耳兹曼定律。其中

$$\sigma = 6.494\frac{2\pi hc^2k^4}{h^4c^4} = 6.494\frac{2\pi k^4}{h^3c^2}$$

$$= 5.67\times10^{-8}\text{W}/(\text{m}^2\cdot\text{K}^4)$$

由普朗克公式推导维恩位移定律是个求极值的问题。令

$$\frac{de_B(x,T)}{dx} = 0$$

可得

$$5e^x - xe^x - 5 = 0$$

解之得

$$x_m = 4.965$$

则

$$\lambda_m = \frac{hc}{kTx_m} = \frac{hc}{k\times4.965}\cdot\frac{1}{T}$$

即

$$\lambda_m T = b$$

这就是维恩位移定律。其中

$$b = \frac{hc}{4.965k} = 2.897\times10^{-3}\text{m}\cdot\text{K}$$

19.4　光电效应　爱因斯坦方程

当波长较短的可见光或紫外线照射到某些金属表面上时，就有电子从金属表面逸出，这种现象称为**光电效应**。金属中的电子从照射光中吸收能量，从而逸出金属表面。在这现象中，明显地表现出光的粒子性。

光电效应的实验规律　研究光电效应的实验装置如图19-6所示。S为一抽成真空的玻璃容器，容器内装有阴极K和阳极A，W为石英玻璃窗（对紫外光吸收很小）。当单色光通过石英玻璃窗照射到金属板K上时，金属板便释放出电子，这种电子称为光电子。光电子被A、K间的电场加速飞向阳极，形成电路中的电流，称为光电流。A、K间的电势差U和光电流I分别由电压表V和电流表A读出。实验结果如下：

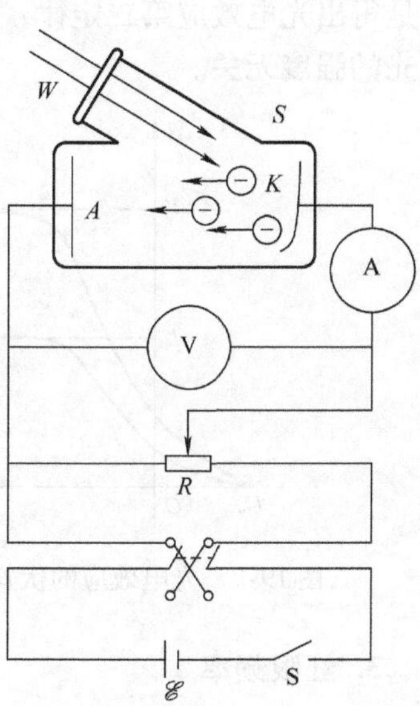

图19-6　光电效应的实验简图

1. 光电子数与入射光强度之间的关系

设入射单色光的强度一定，改变A、K之间的电势差U，随着U的增大，光电流I也增大，但当U达到一定量值后，光电流即达饱和值I_s。这说明，当电势差较小时，阴极释放

出的光电子只有部分到达阳极，而当电势差达到一定量值后，光电子已全部飞到阳极，当然电势差再增加时，光电流也就不再增加了。如果增大入射光的强度，饱和光电流随之增大。实验证明，入射光的强度与饱和光电流成正比。设 n 为单位时间内从阴极 K 释放出的光电子数，e 为电子电荷量的绝对值，则

$$I_s = ne \tag{19-8}$$

于是可得出光电效应第一定律：**单位时间内从金属表面逸出的光电子数目与入射光的强度成正比。**

2. 光电子的最大初动能与入射光的频率之间的关系

如图 19-7 所示，当 $U=0$ 时，光电流 I 并不为零，只有在 A、K 间加上反向电压 $-U_a$ 时，I 才为零，U_a 称为遏止电压。这是因为从阴极表面逸出的光电子具有一定的初动能 $mv^2/2$，当反向电压足够大以至于等于 $-U_a$ 时；光电子的全部初动能用于反抗电场力做功，所以电子不能到达阳极，光电流 I 为零。当然，电子的最大初动能越大，遏止电压 U_a 也越大，即

$$e|U_a| = \frac{1}{2}mv^2 \tag{19-9}$$

由图 19-7 可见，对应于不同的入射光强，遏止电压 U_a 是相同的，这表明光电子的最大初动能与入射光的强度无关。

如果改变入射光的频率，实验指出，遏止电压 U_a 随入射光频率的增大而线性增大，如图 19-8 所示。用数学式表示，即

$$|U_a| = k\nu - U_0 \tag{19-10}$$

式中，k 和 U_0 都是正数，U_0 对某一金属来说是恒量，k 是不随金属种类而变的普适恒量。将式（19-9）代入式（19-10）得

$$\frac{1}{2}mv^2 = ek\nu - eU_0 \tag{19-11}$$

于是得出光电效应第二定律：**光电子的最大初动能随入射光的频率的增大而线性增大，与入射光的强度无关。**

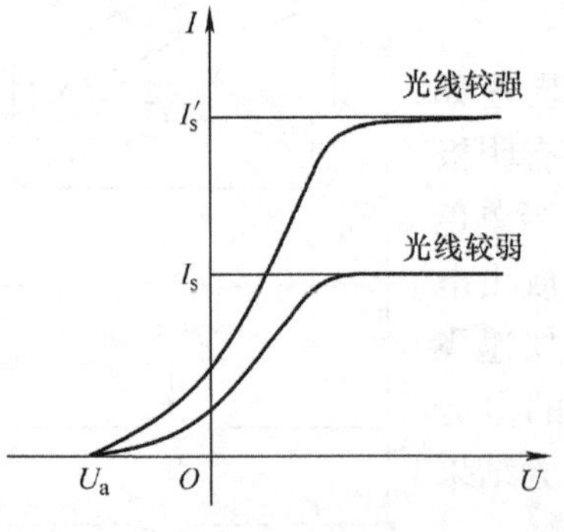

图 19-7　光电效应的伏安特性曲线

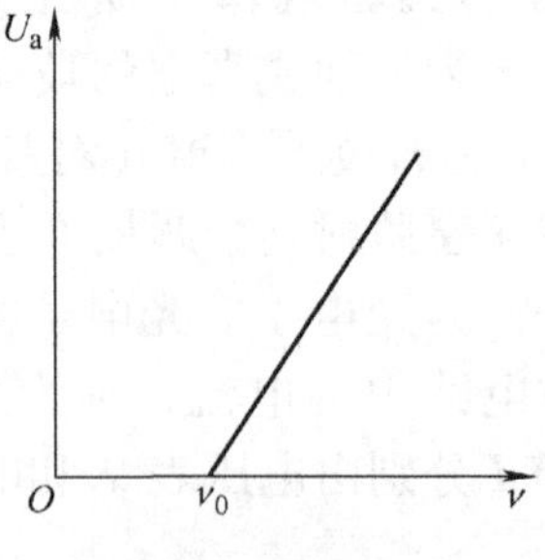

图 19-8　入射光的频率与遏止电压的关系

3. 红限频率

由式（19-11）还可以得出一个结论。因为$\frac{1}{2}mv^2$ 必须为正，可见，要使受光照射的阴

极释放出光电子，入射光的频率必须满足 $\nu \geqslant U_0/k$ 的条件，$\nu_0 = U_0/k$ 称为光电效应的红限频率。不同的物质具有不同的红限频率（见表19-1）。于是可得光电效应第三定律：**当光照射到某一给定的金属（或某种物质）时，无论光的强度如何，如果入射光的频率小于这一金属的红限频率 ν_0 就不会产生光电效应。**

表19-1　各种常用金属的红限频率

金属	铯	钠	锌	银	铂
ν_0/Hz	4.55×10^{14}	4.39×10^{14}	8.07×10^{14}	1.15×10^{15}	1.93×10^{15}
λ_0/nm	660.0	683.0	372.0	260.0	196.2

4. 光电效应和时间的关系

实验证明，从光开始照射到金属释放出光电子，几乎是瞬时的，并不需要经过一段显著的时间，据现代的测量，这时间不会超过10^{-8}s。

光的波动说的缺陷　光的波动说不能解释光电效应的实验规律。按照光的波动说，当金属受到光的照射时，原子中的电子受光矢量 $\boldsymbol{E}$ 的作用而做受迫振动，受迫振动的振幅应与光振动的振幅成正比。如果电子所受的束缚力不够大，电子就会从金属中逸出，逸出时的动能（即光电子的初动能）应取决于光振动的振幅，也就是应取决于入射光的强度。但实验结果并非如此，光电子的初动能随入射光的频率线性增加，而与入射光的强度无关。

如果再研究一下光电效应和照射时间的关系，就更显出光的波动说的缺陷。我们知道，物质中的电子，由于受到束缚，必须获得足够的能量才有可能逸出，通常把电子逸出物质表面所需要的最小能量叫作**逸出功**。显然，入射光越弱，能量积累的时间就越长。但实验结果是：当物质受光照射时，不论光怎样弱，只要频率大于红限，光电子总是立刻释放出来。然而波动说却无法解释这一现象。

光子假设　1905年，爱因斯坦在普朗克量子假设的基础上，进一步提出了关于光的本性的光子假设。爱因斯坦认为，光不仅在发射或吸收时具有粒子性，而且光在空间传播时也具有粒子性。光是一粒一粒运动着的粒子流，这些粒子最初称为**光量子**，现在称为**光子**。**频率为 ν 的光，每一光子的能量为 $h\nu$，不同频率的光，光子具有不同的能量。光的能流密度 S 决定于单位时间内通过垂直于光传播方向单位面积上的光子数 N**，即

$$S = Nh\nu$$

按照光子假设，金属中的电子从入射光中吸收一个光子的能量后，一部分消耗于电子从金属表面逸出时所需的逸出功 W，另一部分转换为光电子的初动能，根据能量守恒与转换定律，得

$$h\nu = \frac{1}{2}mv^2 + W \tag{19-12}$$

这个方程称为**爱因斯坦光电效应方程**。方程直接说明了光电子的初动能与入射光频率之间的线性关系。入射光的强度增大时，光子数也增多，因而单位时间内释放出的光电子数目也随之增加，这就很自然地说明了，单位时间内从金属表面逸出的光电子数目与入射光的强度之间的正比关系。又按照光子假设，当光照射金属时一个光子的能量将一次性地被一个电子所吸收，不需要积累能量的时间，这样也就很自然地说明了光电效应的时间问题。不仅如此，将爱因斯坦方程（19-12）和实验公式（19-10）以及红限频率 $\nu_0 = U_0/k$ 相比较，可得

$$h = ke,\ \nu_0 = \frac{W}{ek},\ W = eU_0$$

可见爱因斯坦方程还说明了另外两点：①热辐射中的普朗克常数 h 和光电效应中的普适恒量 k 之间有一定的关系。1916 年，密立根对光电效应进行了精密的测量，证明 U_a 与 ν 的关系确实是一直线，它的斜率是 h/e，由此求得的普朗克常数 h 与用其他方法测得的 h 值是相同的。因此密立根实验说明了爱因斯坦光电效应方程是正确的。②光电效应中应当有红限频率的存在。红限频率相应于当电子所吸收的能量全部消耗于电子的逸出功时入射光的频率。如果电子所吸收的能量小于逸出功，显然不能产生光电效应，实验公式（19-10）中的 U_0 也就是电子的逸出电位。光子假设不仅能圆满解释光电效应，而且能说明光的波动说不能解释的其他许多现象，从而确定了光的粒子性。利用光电管制成的光控继电器，可用于自动计数、自动报警、自动跟踪等，也有利用光电管制成光电光度计的。此外，利用光电效应还可以制造多种光电器件，如光电倍增管、电视摄像管等。

例题 19-2　试计算红光（$\lambda_1 = 600\text{nm}$）及硬伦琴射线（$\lambda_2 = 0.1\text{nm}$）的一个光子能量和动量。

解　红光的光子能量 E_1 及动量 p_1 分别为

$$E_1 = h\nu_1 = \frac{hc}{\lambda_1} = \frac{6.63\times10^{-34}\times3.00\times10^{8}}{6.00\times10^{-7}}\text{J}$$

$$= 3.315\times10^{-19}\text{J}$$

$$p_1 = \frac{h}{\lambda_1} = \frac{6.63\times10^{-34}}{6.00\times10^{-7}}\text{kg}\cdot\text{m/s}$$

$$= 1.105\times10^{-27}\text{kg}\cdot\text{m/s}$$

硬伦琴射线的能量 E_2 及动量 p_2 分别为

$$E_2 = h\nu_2 = \frac{hc}{\lambda_2} = \frac{6.63\times10^{-34}\times3.00\times10^{8}}{1.00\times10^{-10}}\text{J}$$

$$= 1.989\times10^{-15}\text{J}$$

$$p_2 = \frac{h}{\lambda_2} = \frac{6.63\times10^{-34}}{1.00\times10^{-10}}\text{kg}\cdot\text{m/s}$$

$$= 6.63\times10^{-24}\text{kg}\cdot\text{m/s}$$

例题 19-3　当用波长 $\lambda = 400\text{nm}$ 的光照射铯感光层时，求铯所放出的光电子的速度。

解　应用爱因斯坦方程

$$\frac{1}{2}mv^2 = h\nu - W$$

得光电子的速度 v 为

$$v = \sqrt{\frac{2}{m}(h\nu - W)} = \sqrt{\frac{2}{m}\left(\frac{hc}{\lambda} - W\right)}$$

因为

$$W = h\nu_0 = \frac{hc}{\lambda_0}$$

所以

$$v=\sqrt{\frac{2hc}{m}\left(\frac{1}{\lambda}-\frac{1}{\lambda_0}\right)}$$

将已知数据代入上式，可得

$$v=6.50\times10^5\mathrm{m/s}$$

例题 19-4　当钠黄光 $\lambda=589.3\mathrm{nm}$ 照射某电池时，为遏止所有电子到达阳极，需加 0.30V 的反向电压，如果波长 $\lambda'=400\mathrm{nm}$ 的光照射这个电池，问遏止电压是多少？

解　根据爱因斯坦方程

$$\frac{1}{2}mv^2=h\nu-W$$

遏止电压的绝对值与光电子的最大初动能之间的关系为

$$\frac{1}{2}mv^2=e|U_\mathrm{a}|$$

所以

$$h\nu=e|U_\mathrm{a}|+W$$

对于题中给定的两种波长，分别有

$$\frac{hc}{\lambda}=e|U_\mathrm{a}|+W$$

$$\frac{hc}{\lambda'}=e|U'_\mathrm{a}|+W$$

两式相减，得

$$hc\left(\frac{1}{\lambda}-\frac{1}{\lambda'}\right)=e(|U_\mathrm{a}|-e|U'_\mathrm{a}|)$$

则

$$|U'_\mathrm{a}|=|U_\mathrm{a}|-\frac{hc}{e}\left(\frac{1}{\lambda}-\frac{1}{\lambda'}\right)$$

$$=\left[0.30-\frac{6.63\times10^{-34}\times3\times10^8}{1.60\times10^{-19}}\left(\frac{10^7}{5.893}-\frac{10^7}{4.000}\right)\right]\mathrm{V}=1.30\mathrm{V}$$

19.5　康普顿效应

当光通过不均匀物质（如大气中的烟雾）时，就会向各个方向发射，因而从各个方向都可以看到光线，这就是光的散射现象。实验发现，伦琴射线射向金属或石墨时，也会产生散射现象。1922—1923 年间，康普顿等人利用金属、石墨等不同靶材系统地研究了伦琴射线的散射。实验装置如图 19-9 所示，波长 λ_0 的伦琴射线射向石墨靶，散射的伦琴射线以石墨靶为中心射向各个方向，利用光阑准直系统和摄谱仪，可以测出 φ（称为散射角）方向上散射的伦琴射线的强度和波长，对于不同的散射角 φ 进行测量。实验结果指出：

1）散射线中有与入射波长 λ_0 相同的射线，也有波长 $\lambda>\lambda_0$ 的射线，波长不变的散射线称为经典散射，而波长变长了的散射线称为康普顿散射。存在康普顿散射的散射现象称为康普顿效应。

2）波长增加量 $\Delta\lambda=\lambda-\lambda_0$ 与散射角 φ 有关。当 φ 增大，$\Delta\lambda$ 也增大，如图 19-10 所示。φ 一定，$\Delta\lambda$ 也一定，与散射物质无关。

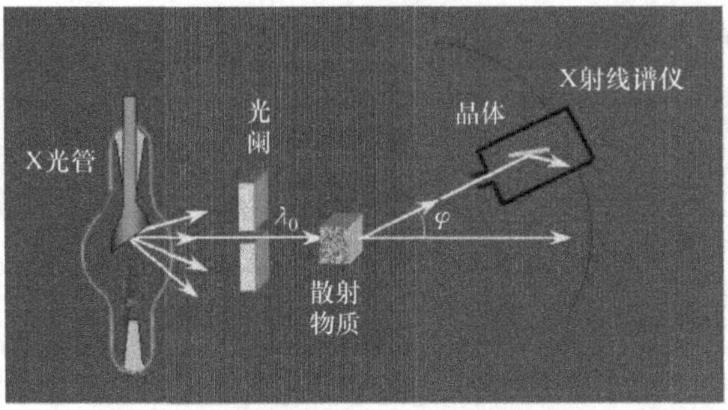

图 19-9 康普顿实验装置简图

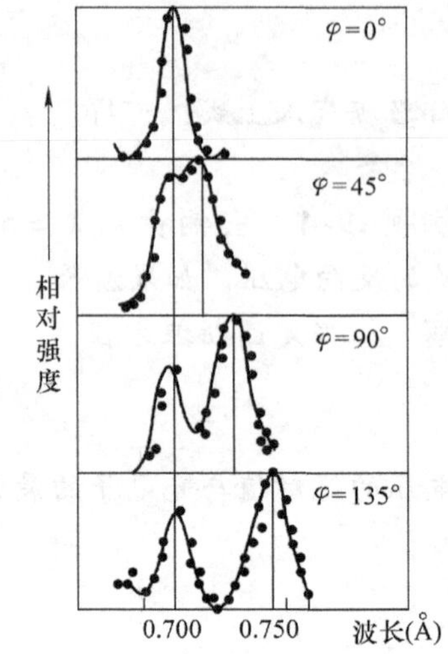

图 19-10 石墨的康普顿效应

3）康普顿散射的强度，与散射物质的性质有关。原子量小的物质，康普顿散射较强；原子量大的物质，康普顿散射较弱。

上述实验结果，经典电磁理论是无法解释的。因为按照经典的电磁理论，石墨靶受伦琴射线照射时，原子中的电子做受迫振动，这些电子向四周辐射，即形成散射。从波动的观点看，受迫振动的频率与入射的伦琴射线的频率相同，因此射线的频率应与入射线的频率相同，所以经典的电磁理论只能解释波长不变的散射，而无法解释康普顿效应。

康普顿从光子的概念出发，假定光子和实物粒子一样，能与电子等粒子发生弹性碰撞，从理论上得出与实验符合的结果，从而圆满地解释了康普顿效应。伦琴射线光子的能量约为10^4eV，而石墨中电子的束缚能只有几个电子伏，因此可以认为它们是自由电子。同样，这些电子的动能也比伦琴射线光子的能量小很多，因此可以认为它们与光子碰撞前是静止的。设入射光子的能量为 $h\nu_0$，动量为$(h\nu_0/c)\boldsymbol{n}_0$。散射光子的能量为 $h\nu$，动量为$(h\nu/c)\boldsymbol{n}$。$\boldsymbol{n}_0$ 和 $\boldsymbol{n}$ 分别代表入射光子和散射光子运动方向上的单位矢量，它们之间的夹角为 φ，电子在碰撞前是静止的，能量为 m_0c^2，动量为零。与光子碰撞后，电子以速度 v 沿 θ 角方向飞去，如图 19-11所示，电子的能量为 mc^2，动量为 $m\boldsymbol{v}$。弹性碰撞过程应遵从能量守恒和动量守恒，因此

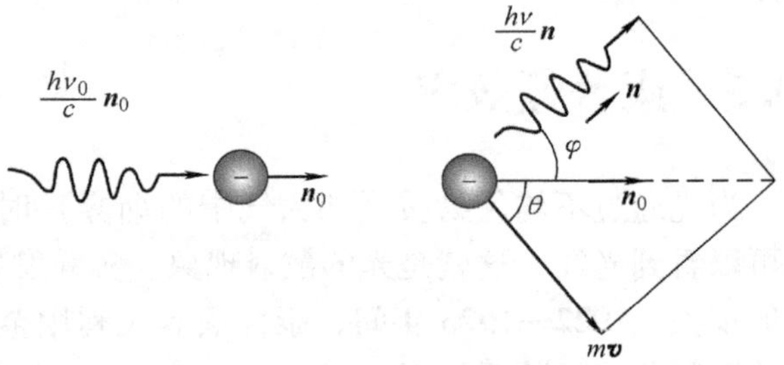

图 19-11 康普顿散射中动量守恒

$$h\nu_0 + m_0c^2 = h\nu + mc^2$$

$$m\boldsymbol{v} = \frac{h\nu_0}{c}\boldsymbol{n}_0 + \frac{h\nu}{v}\boldsymbol{n}$$

能量守恒的等式可写成

$$mc^2 = h(\nu_0 - \nu) + m_0c^2 \quad (1)$$

由图 19-11 可以看出，根据余弦定理有

$$m^2v^2=\left(\frac{h\nu_0}{c}\right)^2+\left(\frac{h\nu}{c}\right)^2-2\frac{h\nu_0}{c}\frac{h\nu}{c}\cos\varphi$$

或

$$m^2v^2c^2=h^2\nu_0^2+h^2\nu^2-2h^2\nu_0\nu\cos\varphi \tag{2}$$

将式（1）平方后再减去式（2）有

$$m^2c^4\left(1-\frac{v^2}{c^2}\right)=m_0^2c^4-2h^2\nu_0\nu(1-\cos\varphi)+2m_0c^2h(\nu_0-\nu)$$

考虑相对论的质速关系，即得

$$m_0^2c^4=m_0^2c^4-2h^2\nu_0\nu(1-\cos\varphi)+2m_0c^2h(\nu_0-\nu)$$

即

$$\frac{c(\nu_0-\nu)}{\nu_0\nu}=\frac{h}{m_0c}(1-\cos\varphi)$$

$$\frac{c}{\nu}-\frac{c}{\nu_0}=\frac{h}{m_0c}(1-\cos\varphi)$$

最后有

$$\Delta\lambda=\lambda-\lambda_0=\frac{h}{m_0c}(1-\cos\varphi)$$

$$=\frac{2h}{m_0c}\sin^2\frac{\varphi}{2} \tag{19-13}$$

可见，$\Delta\lambda$ 与散射物质的性质无关，只取决于散射角 φ，φ 越大，$\Delta\lambda$ 也越大。式（19-13）计算的结果与实验符合得很好。

光子与散射物质中的自由电子或束缚较弱的电子发生碰撞，光子的一部分能量传给电子，散射光子的能量比入射时减少了，由 $E=h\nu$ 知，散射光的频率较入射光的频率小，即波长变大了，这就是康普顿散射。当光子与散射物质中束缚较强的电子碰撞时，实际上是光子和整个原子交换能量，由于原子的质量远大于入射光子的质量，按照碰撞理论，这时光子不会显著地失去能量。故散射光的频率或波长不会显著改变，这便是经典散射。

对于原子量小的物质，电子受到的束缚较弱，相对来说自由电子比较多，而束缚电子比较少，康普顿散射较强。而对原子量大的物质，大多数电子所受束缚较强，因此康普顿散射较弱。

最后应该指出，光电效应实际上是光子在束缚电子上的散射，而康普顿效应则是光子在自由电子上的散射。康普顿效应除了证实爱因斯坦的光子假设外，还说明了在微观粒子的相互作用过程中，严格地遵守能量守恒定律和动量守恒定律。光在发射和传播以及光与物质的相互作用过程中，表现出很强的粒子性，而在干涉、衍射和偏振等现象中又明显地表现出波动性，于是人们不得不承认光具有波粒二象性。

本章提要

绝对黑体辐射的两条定律

斯特藩-玻耳兹曼定律

$$M_B(T)=\sigma T^4$$

式中，$\sigma = 5.67 \times 10^{-8}\,\mathrm{W/(m^2 \cdot K^4)}$。

维恩位移定律

$$T\lambda_m = b$$

式中，$b = 2.897 \times 10^{-3}\,\mathrm{m \cdot K}$。

普朗克假设　普朗克公式

普朗克假设　辐射和吸收时的能量为最小能量份额的整数倍。

普朗克公式

$$e_B(\lambda, T) = 2\pi hc^2 \lambda^{-5} \frac{1}{e^{\frac{hc}{\lambda kT}} - 1}$$

与实验结果符合得很好。

光子假设　爱因斯坦方程

光子假设　光是光子流，光子的能量 $E = h\nu$，能流密度是 $S = Nh\nu$，式中 N 是单位时间内通过垂直于光传播方向的单位面积上的光子数。

爱因斯坦方程
$$h\nu = \frac{1}{2}mv^2 + W$$

红限频率
$$\nu_0 = \frac{W}{h}$$

按照光子假设能圆满地解释光电效应的实验规律。

康普顿散射

康普顿散射公式
$$\Delta\lambda = \frac{2h}{m_0 c}\sin^2\frac{\varphi}{2}$$

康普顿散射的解释　光子与自由电子碰撞，光子能量的一部分传递给电子，因而光子的频率减小，波长变大。

光的波粒二象性　描述粒子性的能量 E、动量 p 与描述波动的频率 ν、波长 λ 之间的关系为

$$\begin{cases} E = h\nu \\ p = \dfrac{h}{\lambda} \end{cases}$$

习　题

19-1　A 和 B 两个相同的物体，具有相同的温度，A 周围的温度低于 A，B 周围的温度高于 B。试问：A、B 两物体在单位时间内辐射的能量是否相等？单位时间内吸收的能量是否相等？

19-2　已知地球到太阳的距离是 $d = 1.5 \times 10^8\,\mathrm{km}$，太阳的直径为 $D = 1.39 \times 10^6\,\mathrm{km}$，太阳表面的温度为 $T = 6000\,\mathrm{K}$。如果将太阳看成为绝对黑体，问在地球表面受阳光垂直照射时每平方米的面积上每秒钟得到的辐射能是多少？

19-3　黑体在某一温度时的辐出度为 $5.7 \times 10^4\,\mathrm{W/m^2}$，试求这时单色辐出度的最大值所对应的波长 λ_m。

19-4　测量星球表面温度的方法之一是将星球看成绝对黑体，测出星球的单色辐出度最大值所对应的波长 λ_m，再由维恩位移定律确定黑体的温度 T。如测得

太阳　　$\lambda_m = 0.55\,\mu\mathrm{m}$

北极星　　$\lambda_m = 0.35\mu m$

天狼星　　$\lambda_m = 0.29\mu m$

试求这些星球的表面温度。

19-5　用辐射高温计测得炉壁小孔的辐出度为 $22.8W/m^2$，试求炉内温度。

19-6　宇宙大爆炸遗留在宇宙空间的均匀背景热辐射相当于 $T = 3K$ 辐射。

(1) 此辐射的单色辐射本领在什么波长下有极大值?

(2) 地球表面接收此辐射的功率是多大?

19-7　在天文学中，常用斯特藩-玻耳兹曼定律确定恒星的半径。已知某恒星到达地球的每单位面积上的辐射功率为 $1.2\times10^{-8}W/m^2$，恒星离地球距离为 $4.3\times10^{17}m$，表面温度为5200K。若恒星辐射与黑体相似，求恒星的半径。

19-8　钾的光电效应红限波长 $\lambda_0 = 6.2\times10^{-5}cm$。求：

(1) 钾电子的逸出功；

(2) 在波长 $\lambda = 3.3\times10^{-5}cm$ 的紫外光照射下，钾的遏止电势差。

19-9　以波长 $\lambda = 350nm$ 的紫外光照射金属表面，该表面释放出动能最大电子垂直进入 $B = 1.5\times10^{-5}T$ 的匀强磁场中。电子回旋轨道半径 $R = 18cm$。求该金属材料的逸出功。

19-10　从铝中移出一个电子需要4.2eV的能量。今有波长为 $\lambda = 200nm$ 的光投射到铝表面。试问：

(1) 由此发出的光电子最大初动能是多少?

(2) 遏止电压为多大?

(3) 铝的红限波长有多大?

19-11　若白炽灯泡的能量有5%用来发射可见光，用100W灯泡每秒钟能发射多少个可见光光子？假设所有可见光的波长都是560nm。

19-12　在一实验中，以频率为 ν_1 的单色光照射某金属表面，光电流的截止电压为 U_{a1}；改以频率为 ν_2 的单色光照射，截止电压为 U_{a2}，已知电子的电荷为 e，试用实验数据和 e，求出该金属的逸出功和普朗克常数。

19-13　利用单色光在钠制的光电阴极做光电效应实验，发现当用波长 $\lambda_1 = 300nm$ 单色光照射时，遏止电压为1.85V；用 $\lambda_2 = 400nm$ 单色光照射时，遏止电压为0.82V，试求：

(1) 普朗克常数；

(2) 金属钠的电子逸出功；

(3) 金属钠的红限波长。

19-14　试求波长为下列数值的光子的能量、动量和质量。

(1) $\lambda_1 = 7.00\times10^{-5}cm$ 的红光；

(2) $\lambda_2 = 0.025nm$ 的 γ 射线；

(3) $\lambda_3 = 1.25\times10^{-3}nm$ 的 γ 射线。

19-15　在康普顿散射中，入射光子的波长为0.003nm，反冲电子的速度为光速的60%，求：

(1) 散射光的波长；

(2) 散射角。

19-16　已知X射线光子能量为0.60MeV，在康普顿散射之后波长变化了20%，求反冲电子的能量。

第 20 章

原子的量子理论

自 1897 年发现电子并确认电子是原子的组成部分以后，物理学的中心问题之一就是探索原子内部的奥秘。1913 年，玻尔根据卢瑟福原子的有核模型以及原子光谱的规律提出了氢原子的量子理论，初步地奠定了原子物理学的基础。至 1924 年，德布罗意在光的波粒二象性的启示下提出实物粒子的波粒二象性，并为电子衍射实验所证实。在德布罗意假设的基础上，薛定谔、海森堡等人建立起描述微观粒子运动规律的量子力学，它标志着人们对物质结构的认识有了新的突破，也是近代物理的两大支柱之一。本章将使读者对量子力学的基本概念及其处理问题的基本方法有一初步而具体的了解。

20.1　玻尔的氢原子理论

获得原子内部信息的方法，一是高速粒子的散射实验，二是原子光谱。卢瑟福用著名的 α 粒子散射实验确立了原子的有核模型：原子的中心是一个带正电的核，原子的质量几乎全部集中于核上。核的线度约为$10^{-15}\sim10^{-14}\,\mathrm{m}$，而电子围绕原子核运动，就像行星绕太阳运动一样，原子的线度约为$10^{-10}\,\mathrm{m}$。最简单的原子是氢原子，核外只有一个电子，原子核的质量约为电子质量的 1840 倍。

如果原子受到某种方式的激发，其内部能态发生变化就会发光，用测量精度很高的光谱仪来测量原子光谱，便成为人们探索原子内部运动规律的重要手段。由于氢原子是最简单的原子，首先受到注意的当然是氢原子光谱的规律性。

氢原子光谱的实验规律　图 20-1 所示是根据光谱学测定的氢原子在可见光谱区内的光谱图。1885 年瑞士一中学教师巴尔末做出惊人的一举，发现氢原子光谱线的波长可用一简单的公式来表示。按照光谱学的习惯，常用波数来表示光谱线的波长。定义波数为 $\tilde{\nu}=1/\lambda=\nu/c$，可以理解为单位长度中所含波的数目。用波数这一概念，巴尔末公式表示为

$$\tilde{\nu}=R\left(\frac{1}{2^2}-\frac{1}{n^2}\right)\qquad n=3,4,\cdots \tag{20-1}$$

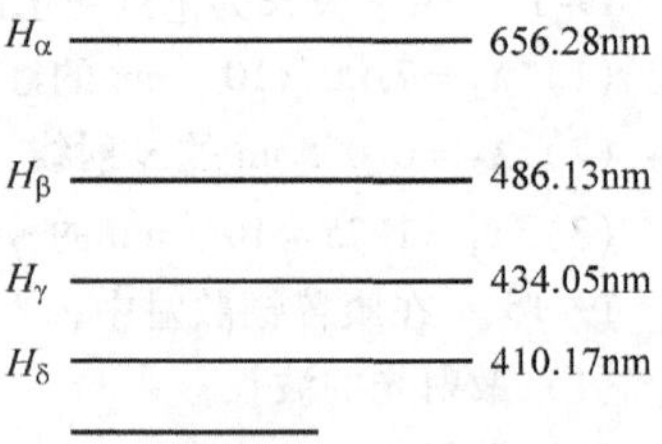

图 20-1　氢原子的可见光谱

式中，$R=1.096776\times10^{7}\,\mathrm{m}^{-1}$，叫作**里德堡常量**。式（20-1）所表示的光谱线系叫作**巴尔末系**。根据它计算的结果与实验测量值符合得很好。

氢原子光谱除了可见光部分的巴尔末系以外，后来用照相的方法又发现紫外区和红外区

也有几组谱线，并可用类似于巴尔末公式的形式来表示，只要将巴尔末公式中的 $4=2^2$ 改为 1^2、3^2、4^2 和 5^2 即可，它们可用统一的公式表示为

$$\tilde{\nu}=R\left(\frac{1}{m^2}-\frac{1}{n^2}\right) \tag{20-2}$$

当 $m=1$，$n=2$，3，…时，为赖曼系；当 $m=2$，$n=3$，4，…时，为巴尔末系；当 $m=3$，$n=4$，5，…时，为帕邢系；当 $m=4$，$n=5$，6，…时，为布喇格系；当 $m=5$，$n=6$，7，…时，为普芳德系。

里德堡、里兹等人还指出，一价的碱金属光谱也可以分为若干线系，其波数也有和氢光谱相类似的规律性。一般可用两个正整数的函数差值来表示，即

$$\tilde{\nu}=T(m)-T(n) \tag{20-3}$$

式中，$T(m)=R/(m+\alpha)^2$ 和 $T(n)=R/(n+\beta)^2$ 叫作光谱项，并且 $n>m$。α、β 为两个修正数，对某一给定的金属，它们为常数，对氢原子它们为零。式（20-3）称为**里兹并合原理**。

综上所述，氢原子光谱的实验规律可总结如下：①谱线是分立的线光谱，其波数由两个谱项之差确定；②如果前项的整数参变量保持定值，后项整数参变量取不同的数值，则可给出同一谱线系各谱线的波数；③改变前项参变量的数值，可给出不同的谱线系。

玻尔的氢原子理论　在卢瑟福原子模型的基础上，经典的电磁理论不能说明原子光谱的规律性。首先，按经典电磁理论，电子绕核运动既是做加速运动，必将不断辐射电磁波，且辐射频率等于电子绕核运动的频率，这样原子系统的能量就会不断减少，频率也将连续改变，因此所辐射的光谱应为连续光谱。这与原子光谱为线状光谱的事实不符。同时由于辐射的缘故，原子的能量减少，电子绕核运动的轨道半径就会减小，最后电子不可避免地要坍缩到原子核上去，原子当然不可能是一个稳定的系统，这也与事实不符。

为了解决上述矛盾，1913 年，玻尔在承认卢瑟福的原子核式结构模型的基础上，抛弃经典的电磁辐射理论，把量子的概念应用于原子系统，提出三条基本假设，作为他整个理论的出发点，从而较为圆满地解释了氢原子光谱的规律。这三条假设是：

1）原子系统只能处于一系列不连续的能量状态，在这些能量状态中，电子虽然做加速运动但不辐射电磁波。这些状态称为**系统的稳定态**，相应的能量分别用 E_1，E_2，…表示（$E_1<E_2<E_3<\cdots$）。

2）电子绕核做圆周运动时，不同的、可能的稳定态是由电子的角动量 L 的量值来决定的，处于稳定态中电子的角动量应为

$$L=n\frac{h}{2\pi},\text{或}\ L=n\hbar,n=1,2,\cdots \tag{20-4}$$

此式称为**角动量量子化条件**，式中 h 和 $\hbar(=h/2\pi)$ 都称为普朗克常数，n 为量子数。

3）当原子从一个稳定态跃迁到另一个稳定态时，放出或吸收单色辐射的频率由下式决定：

$$h\nu=|E_n-E_m| \tag{20-5}$$

此式称为**玻尔的频率条件**。E_m 和 E_n 分别表示原子在跃迁前和跃迁后的能量，若 $E_n>E_m$，原子是吸收辐射，反之发出辐射。

下面从玻尔假设出发，讨论几个问题。

1. 轨道量子化

现在根据玻尔的角动量量子化条件来计算氢原子或类氢离子的轨道半径。核外电子在绕核做圆周运动时，其向心力即原子核正电荷对这轨道电子的库仑引力为

$$m\frac{v^2}{r}=\frac{ze^2}{4\pi\varepsilon_0 r^2}$$

又根据第二条假设 $L=mvr=\frac{nh}{2\pi},n=1,2,\cdots$

两式联立可得轨道半径为

$$r_n=\frac{\varepsilon_0 h^2 n^2}{\pi mze^2},n=1,2,\cdots \tag{20-6}$$

由此可见，电子绕核运动的轨道是量子化的，r_n 和 n^2 成正比。当 $z=1$，$n=1$ 时，相应的 $r_1=\varepsilon_0 h^2/(\pi me^2)=5.29\times10^{-11}\text{m}$，称为**玻尔半径**。这一数值与其他方法的估计值相符。

2. 能量量子化——能级

氢原子的能量等于电子的动能和电子与原子核组成的系统的势能之和，即电子在第 n 个轨道上运动时，原子的能量为

$$E_n=\frac{1}{2}mv_n^2-\frac{ze^2}{4\pi\varepsilon_0 r_n}$$

将

$$\frac{1}{2}mv_n^2=\frac{ze^2}{8\pi\varepsilon_0 r_n}$$

代入上式有

$$\begin{aligned}E_n&=-\frac{ze^2}{8\pi\varepsilon_0}\cdot\frac{1}{r_n}\\&=-\frac{ze^2}{8\pi\varepsilon_0}\cdot\frac{\pi mze^2}{\varepsilon_0 h^2 n^2}\\&=-\frac{z^2 me^4}{8\varepsilon_0^2 h^2}\cdot\frac{1}{n^2},\qquad n=1,\ 2,\ \cdots\end{aligned} \tag{20-7}$$

这表明原子的能量是不连续的，或者说是量子化的，这种量子化了的原子能量状态称为**原子的能级**。对于氢原子，$z=1$，当 $n=1$ 时，$E_1=-13.6\text{eV}$，为能量最小值称为基态能级；当 $n=2$ 时，$E_2=-3.4\text{eV}$；当 $n\to\infty$ 时，$E_\infty\to0$，此时氢原子处于电离状态，其能量达到最大值（设电子脱离核后无动能），E_2，E_3，…，E_n 均称为激发态能级。

3. 氢原子光谱

根据玻尔的频率条件，原子中的电子由较高能级 E_n 跃迁至较低能级 E_m 时，发射单色光，其波数为

$$\tilde{\nu}=\frac{E_n-E_m}{hc}$$

将式（20-7）代入得

$$\tilde{\nu}=\frac{z^2 me^4}{8\varepsilon_0^2 h^3 c}\left(\frac{1}{m^2}-\frac{1}{n^2}\right) \tag{20-8}$$

对于氢原子，$z=1$，将式（20-8）与式（20-2）比较，可得里德堡常量

$$R=\frac{me^4}{8\varepsilon_0^2h^3c}=1.097373\times10^7\text{m}^{-1} \tag{20-9}$$

这个理论计算值与实验值 $R=1.096776\times10^7\text{m}^{-1}$相比较，其符合程度是很好的。根据玻尔理论，氢原子光谱的产生是由于氢原子中的电子由较高的能级跃迁到某一较低能级时，发射一个光子，其频率为 $\nu=(E_n-E_m)/h$。在图 20-2 中，每两个能级之间的矢线表示氢原子在这两个能级之间跃迁时产生的谱线。在同一谱线系中的各谱线是由原子的许多高能级跃迁到同一低能级时产生的。例如赖曼系是原子从 $n=2$，3，…的能级跃迁到 $n=1$ 的能级时产生的；巴尔末系是 $n=3$，4，…的能级跃迁到 $n=2$ 的能级时产生的。可见玻尔理论能很好地解释氢原子光谱的规律性。应该注意，在某一瞬时，一个氢原子只能发射一个光谱线。不同激发态的氢原子才能发出波长不同的光谱线，通常实验中观察到的是大量激发态原子所发出的光，所以能同时观察到若干条不同的光谱线。

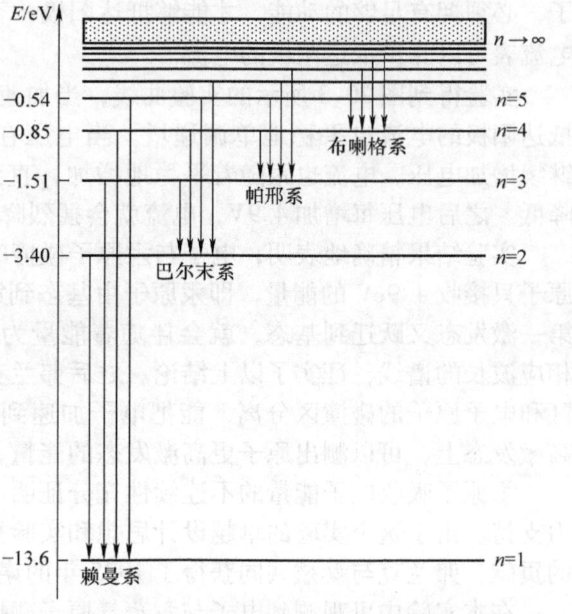

图 20-2　氢原子光谱不同线系的产生

弗兰克 - 赫兹实验　原子内部能量是量子化的，可由光谱实验证实。1914 年，弗兰克（Franck，1882—1964）和赫兹（Hertz，1887—1975）在研究中用电子与原子发生非弹性碰撞的方法使原子激发，证实能量的转移是量子化的，从而进一步证实了原子能级量子化的结论。

如图 20-3 所示，这个经典实验的主要实验器是一个真空管，抽真空后内部充满温度在 140 ~200℃之间、低气压的汞气体。管装了三个电极：阴极 K、网状**控制栅极** G、阳极 A。阴极的电势低于栅极跟阳极的电势，而阳极的电势又稍微低于栅极的电势。阴极与栅极之间的加速电压是可以调整的。通过电流将钨丝加热，钨丝会发射电子。由于阴极的电势高于钨

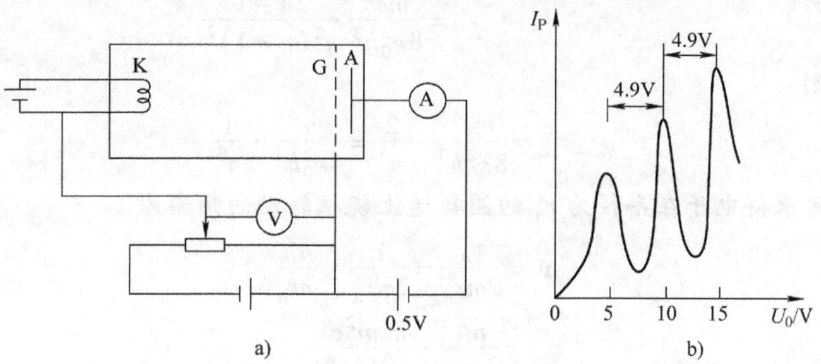

图　20-3

a）弗兰克 - 赫兹实验装置　b）I_P-U_0 曲线

丝的电势，阴极会将钨丝发射的电子往栅极方向送去。因为加速电压作用，往栅极移动的速度和动能会增加。到了栅极，有些电子会被吸收；有些则会继续往阳极移动。通过栅极的电子，必须拥有足够的动能，才能够抵达阳极；否则，会被栅极吸收回去。装置于阳极支线的电流表可以测量抵达阳极的电流。

实验得到图 20-3 所示的实验曲线，当加速电压很低，小于 4.9V 时，随着电压的增加，抵达阳极的电流也平稳地单调递增。当电压在 4.9V 时，电流猛烈地降低，几乎降至 0A。继续增加电压，电流也跟随着平稳地增加，直到电压达到 9.8V，又观察到类似的电流猛烈降低。之后电压每增加 4.9V，电流就会猛烈降低。

实验结果精确地表明，电子与汞原子碰撞时，电子损失的能量严格地保持 4.9eV，即汞原子只接收 4.9eV 的能量，即汞原子由基态到第一激发态的能量差为 4.9eV。如果汞原子从第一激发态又跃迁到基态，就会伴随着能量为 4.9eV 的光子发出，而实验中确实观察到了相应波长的谱线，证实了以上结论。之后弗兰克－赫兹继续改进了实验装置，使电子的加速区和电子原子的碰撞区分离，能把电子加速到 4.9eV 以上，这样就可以把汞原子激发到更高激发态上，可以测出原子更高激发态的能量，直至原子的电离能。

汞原子吸收电子能量的不连续性充分证明了原子能量的量子化现象，是对玻尔理论的有力支持。由于这个实验的卓越设计思想和实验技巧，以及它在建立原子的量子学说方面做出的贡献，弗兰克与赫兹共同获得了 1925 年的诺贝尔物理学奖。

在本实验中可观测到电子与汞蒸气原子碰撞时的能量转移的量子化现象，测量汞原子的第一激发电位，从而加深对原子能级概念的理解。

对应原理和玻尔理论的地位 玻尔的对应原理：在大量子数极限情况下，量子体系的行为必将渐近地趋向经典力学体系。

例题 20-1 计算氢原子中的电子从量子数为 n 的状态跃迁到量子数为 $n-1$ 的状态时所发射的谱线的频率。并证明当 n 很大时，该频率等于电子在量子数为 n 的轨道上绕核转动的频率。

解 根据玻尔的频率条件得

$$\begin{aligned}\nu_{n-1,n} &= \frac{E_n - E_{n-1}}{h}\\ &= \frac{me^4}{8\varepsilon_0^2 h^3}\left[\frac{1}{(n-1)^2} - \frac{1}{n^2}\right]\\ &= \frac{me^4}{8\varepsilon_0^2 h^3}\,\frac{2n-1}{n^2(n-1)^2}\end{aligned}$$

当 n 很大时，则

$$\nu_{n-1,n} \approx \frac{me^4}{8\varepsilon_0^2 h^3}\cdot\frac{2}{n^3} = \frac{me^4}{4\varepsilon_0^2 h^3}\cdot\frac{1}{n^3}$$

另一方面可求得电子在半径为 r_n 的圆轨道上绕核转动的频率为

$$\begin{aligned}\nu &= \frac{v_n}{2\pi r_n} = \frac{1}{2\pi r_n}\cdot\frac{n\hbar}{mr_n}\\ &= \frac{n\hbar}{2\pi m}\cdot\frac{\pi^2 m^2 e^4}{\varepsilon_0^2 h^4 n^4}\\ &= \frac{me^4}{4\varepsilon_0^2 h^3}\cdot\frac{1}{n^3}\end{aligned}$$

按照经典理论，这就是电子绕核做圆周运动时的辐射频率。可见当量子数 n 很大时，玻尔的理论结果与经典的理论结果是相同的。

顺便指出，由上述结果可见，氢原子相邻两能级的能量差为 ΔE_n，则

$$\frac{\Delta E_n}{E_n}=\frac{E_n-E_{n-1}}{E_n}=\frac{2n-1}{(n-1)^2}\approx\frac{2}{n}$$

可见，当 n 较小时，$\Delta E_n/E_n$ 较大，即氢原子能量的改变是不连续的。当 n 很大时，$\Delta E_n/E_n\to0$，即氢原子的能量是连续的，失去了能量量子化的特征，量子理论过渡为经典理论。

量子理论与经典理论的对应关系不仅表现在能量上，也表现在辐射频率以及其他很多问题上，非经典理论和经典理论并非互不相容，而是各自都有自己适用的范围，彼此存在着对应关系，在适当的极限条件下，非经典理论就过渡了到经典理论。

玻尔理论的历史地位及局限性 玻尔理论在解释氢原子光谱和类氢离子光谱时获得了很大的成功。它的定态能级假设和能级间跃迁的频率条件在现代量子力学理论中仍然是两个有用的基本概念。玻尔理论以后虽经索末菲等人推广为椭圆轨道，但无根本性的改观。对于稍许复杂一点的问题，例如氦和碱土元素的光谱，以及谱线的强度、宽度和偏振等问题均无法解释。

玻尔理论的局限性在于，一方面它是以经典理论为依据，认定原子中的电子按照确定的轨道运动，在这些轨道上电子有确定的空间坐标和速度。另一方面玻尔又人为地引进一些量子条件来限制电子的运动，玻尔理论实际上是经典理论和量子概念的混合物，不是一个内洽的理论系统。尽管如此，它在人们探索原子分子结构的过程中还是一个重要的里程碑。

20.2 物质波 不确定关系

德布罗意假设 1924 年德布罗意在光的波粒二象性的启示下，提出实物粒子（如电子、质子、中子等）也具有波粒二象性的假设。他说：整个世纪以来，在光学中，比起波动的研究方法来，如果说是过于忽视了粒子的研究方法的话，那么在实物粒子的理论上，是不是发生了相反的错误，把粒子的图像想得太多，而过分忽视了波的图像呢？因此他提出实物粒子也具有波动性的假设。

德布罗意认为，质量为 m 的粒子以一定的速度 v 运动时，具有能量 E 和动量 p；从波动观点看，相应的频率为 ν，波长为 λ，这些量之间的关系如同光子的能量、动量和光波的频率、波长之间的关系一样，即

$$E=mc^2=h\nu \tag{20-10}$$

$$p=mv=\frac{h}{\lambda} \tag{20-10a}$$

或

$$\nu=\frac{mc^2}{h}=\frac{m_0c^2}{h\sqrt{1-\frac{v^2}{c^2}}} \tag{20-11}$$

$$\lambda=\frac{h}{mv}=\frac{h}{m_0v}\sqrt{1-\frac{v^2}{c^2}} \tag{20-11a}$$

这就是说，实物粒子的运动，既可以用能量、动量来描述，也可以用频率和波长来描述。在某些场合，其粒子性表现得突出些，在另一些场合，波动性表现得突出些，这就是实物粒子的波粒二象性，相应的波称为**德布罗意波或物质波**。式（20-11）或式（20-11a）称为**德布罗意公式**。

如果 $v \ll c$，则有

$$\lambda = \frac{h}{m_0 v} \tag{20-12}$$

例如一个经电势差 U 加速的电子，其能量 $m_0 v^2/2 = eU$，则速度 $v = \sqrt{2eU/m_0}$，代入式（20-12）得

$$\lambda = \frac{h}{\sqrt{2em_0}} \cdot \frac{1}{\sqrt{U}} = \frac{1.225}{\sqrt{U}} (\mathrm{nm}) \tag{20-13}$$

由此可见，当加速电势差 $U = 150\mathrm{V}$ 时，电子的德布罗意波长 $\lambda = 0.1\mathrm{nm}$，当 $U = 10^4\mathrm{V}$ 时，$\lambda = 0.012\mathrm{nm}$。实物粒子的德布罗意波长如此之短，通常实验条件下不会显现出来。

电子的衍射实验 德布罗意波的概念提出以后，很快就在实验上得到证实。1927 年，戴维孙和革末将电子射线以一定的掠射角 φ 射向镍单晶 M，在反射方向上用法拉第筒 B 和电流表 A 测量电子射线的强度，实验装置如图 20-4a 所示。当加速电压 U 单调地增加时，电子流强度并非随着单调地增加，而是呈现有规律的选择性，实验结果如图 20-4b 所示。

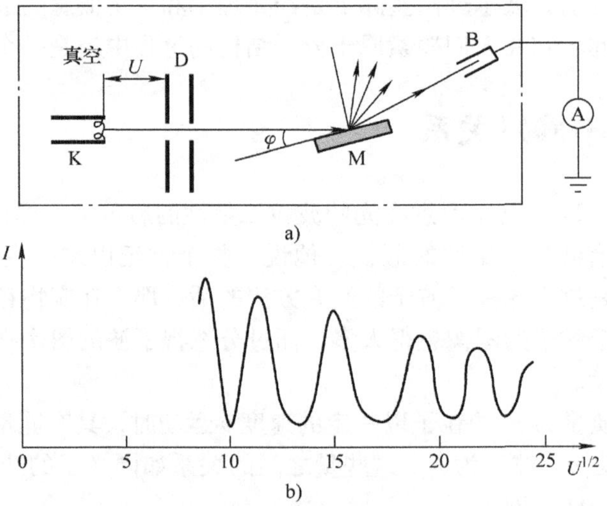

图 20-4 戴维孙 - 革末实验装置及实验曲线

a）戴维孙 - 革末实验装置 b）$I-\sqrt{U}$实验曲线

若射向晶体的电子束只具有粒子性，这一结果是无法理解的。但若射向晶体的电子束具有某种波动性，与 X 射线在晶体上产生衍射现象相类似，只有当入射波的波长满足布喇格公式时，才能在反射方向上出现加强，即

$$2d\sin\varphi = k\lambda,\ k = 1,\ 2,\ \cdots$$

选择掠射角 $\varphi = 65°$，当加速电压 $U = 54\mathrm{V}$ 时，电子流强度第一次出现极大值，而镍单晶相应的晶面间距 $d = 0.091\mathrm{nm}$，根据布喇格公式求出波长的测量值为

$$\lambda = 0.165\text{nm}$$

而由德布罗意公式（20-13）算得波长的理论值为

$$\lambda = 0.167\text{nm}$$

两者符合得相当好。这表明德布罗意关于物质波的假设是正确的。当加速电压继续增大时，电子流强度相继出现第二次、第三次……极大值，实验发现，级次越高，波长的测量值与理论值符合得越好。

当X射线通过细晶体粉末或薄的金属箔时，可以观察到X射线的衍射图样。如果用电子射线代替X射线，可以得到极为类似的衍射图样，如图20-5所示。并且由此测得电子的波长也与德布罗意公式算出的波长一致。后来的实验发现，质子、中子、原子、分子等均具有波动性，它们的波长都可由德布罗意公式来确定。

微观粒子的波动性在现代科学技术中已得到广泛的应用，电子显微镜即为一例。由于电子的波长比可见光光子的波长小很多，所以电子显微镜的分辨率比光学显微镜高得多。1931年，德国柏林工业大学研制了第一台电子显微镜。目前，最先进的电子显微镜的放大倍数超过300万倍，而普通光学显微镜的放大倍率约2000倍。1986年，电子显微镜的发明者鲁斯卡（E Ruska，1906—1988）获得了诺贝尔物理学奖。

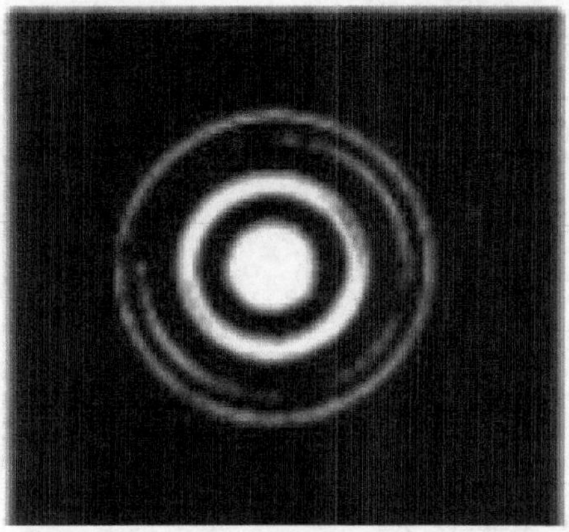
a)

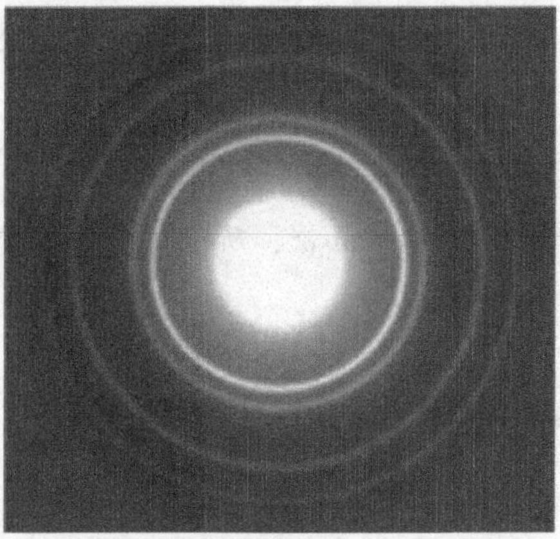
b)

图20-5　X射线与电子射线衍射照片

a）X射线（0.071nm）经铝箔衍射　b）电子射线（600eV）经铝箔衍射

例题20-2　设电子的初始速度为零。

（1）求电子经100V电势差加速后的德布罗意波长；

（2）若电势差U很大，考虑电子的相对论效应，证明其德布罗意波长为$\lambda = \dfrac{hc}{\sqrt{eU(eU+2m_0c^2)}}$。

解　（1）电子经100V电势差加速后的速度由

$$\frac{1}{2}m_0v^2 = eU$$

求得

$$v=\sqrt{\frac{2eU}{m_0}}$$

则电子的动量为

$$p=m_0v=\sqrt{2m_0eU}$$

根据德布罗意公式，有

$$\lambda=\frac{h}{p}=\frac{h}{\sqrt{2m_0eU}}$$

$$=\frac{6.63\times10^{-34}}{\sqrt{2\times9.11\times10^{-31}\times1.60\times10^{-19}\times100}}\text{m}$$

$$=0.123\times10^{-9}\text{m}=0.123\text{nm}$$

(2) 由相对论动量能量关系式

$$E^2=p^2c^2+E_0^2$$

可求得动量

$$p=\sqrt{\frac{E^2-E_0^2}{c^2}}$$

$$=\frac{\sqrt{(E_k+E_0)^2-E_0^2}}{c}$$

$$=\frac{\sqrt{E_k(E_k+2E_0)}}{c}$$

注意以 $E_k=eU$，$E_0=m_0c^2$，所以电子的动量为

$$p=\frac{\sqrt{eU\ (eU+2m_0c^2)}}{c}$$

电子的德布罗意波长为

$$\lambda=\frac{h}{p}=\frac{hc}{\sqrt{eU(eU+2m_0c^2)}}$$

例题20-3 为了观察一个大小为0.25nm的物体，试问

(1) 用光学显微镜时，光子的最小能量是多少？

(2) 用电子显微镜时，电子的最小能量是多少？

解 (1) 与最大波长 $\lambda_{max}=0.25\text{nm}$ 相应的光子的最小能量为

$$E_{min}=h\nu_{min}=\frac{hc}{\lambda_{max}}$$

$$=\frac{6.63\times10^{-34}\times3\times10^8}{0.25\times10^{-9}\times1.6\times10^{-19}}\text{eV}$$

$$=5.0\times10^3\text{eV}$$

(2) 根据德布罗意公式

$$\lambda_{max}=\frac{h}{m_0v_{min}}=\frac{h}{\sqrt{2m_0E_{min}}}$$

所以

$$E_{\min}=\frac{h^2}{2m_0\lambda_{\max}^2}$$

$$=\frac{(6.63\times10^{-34})^2}{2\times9.11\times10^{-31}\times(0.25\times10^{-9})^2}\text{J}$$

$$=3.9\times10^{-18}\text{J}=24\text{eV}$$

不确定关系　在经典力学中，可以用坐标和动量来描述质点的运动状态，坐标和动量原则上都是可以同时准确测量的。但对于微观粒子，由于存在波粒二象性，要同时测量坐标和动量，其准确度就会受到一定的限制。

设有一束平行电子射线垂直地射至宽度为 a 的狭缝上，电子通过狭缝后，在观察屏上形成衍射条纹，如同光波的单缝衍射条纹一样，如图 20-6 所示。电子在通过狭缝时，x 方向位置的不确定量就是狭缝的宽度，即 $\Delta x=a$。电子在通过狭缝前动量 p_0 沿 y 方向，x 方向的动量为零。当电子通过狭缝后，虽然多数电子落在中央最大（或明纹）处，但仍有部分电子落在其他最大（或明纹）处，这说明由于电子的波粒二象性，动量的方向发生了改变。设第一最小处的衍射角为 φ，在该范围内动量在 x 方向的不确定量为

$$\Delta p_x=p\sin\varphi$$

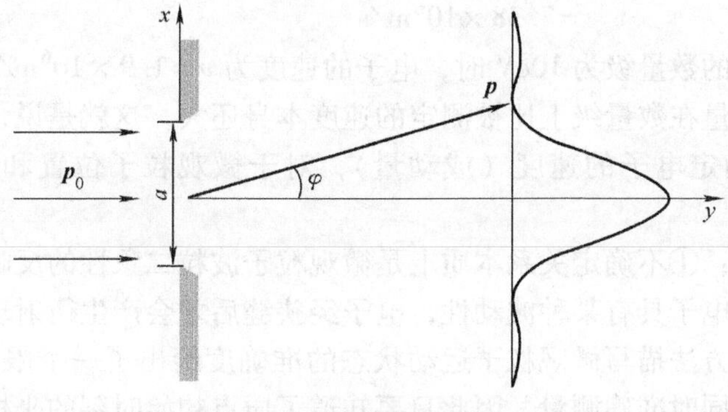

图 20-6　电子的单缝衍射

而单缝衍射第一级最小应满足

$$a\sin\varphi=\lambda$$

即

$$\Delta x=\frac{\lambda}{\sin\varphi}=\frac{h}{p\sin\varphi}=\frac{h}{\Delta p_x}$$

所以

$$\Delta x\cdot\Delta p_x=h$$

如果考虑到其他级次最大（或明纹）的存在，则 $\Delta p_x\geqslant p\sin\varphi$，因此我们得到

$$\Delta x\cdot\Delta p_x\geqslant h \tag{20-14}$$

式（20-14）称为**海森堡不确定关系**。它表明粒子在某方向上坐标的不确定量 Δx 与该方向动量分量的不确定量 Δp_x 的乘积，必须大于或等于普朗克常数 h。若粒子的坐标测得越准确（Δx 越小），则动量的分量就越不准确（即 Δp_x 越大，衍射条纹分布越宽），反之亦然。这关系不仅对电子适用，对其他一切微观粒子都适用。

如果注意到粒子的能量 $E=p_x^2/(2m)$，则 $\Delta E=v\Delta p_x$，而 $\Delta t=\Delta x/v$，此两式相乘，并与式（20-14）比较，得到

$$\Delta E\cdot\Delta t\geqslant h \tag{20-15}$$

这就是**能量和时间的不确定关系**。它表明粒子的能量和时间不能同时准确测量。

对于宏观粒子，例如一微尘，其质量 $m=10^{-6}$kg，位置的不确定量 $\Delta x=1\mu$m。按照不确定关系，速度的不确定量为

$$\Delta v=\frac{h}{m\Delta x}=\frac{6.63\times10^{-34}}{10^{-6}\times10^{-6}}\text{m/s}$$
$$=6.63\times10^{-22}\text{m/s}$$

但实际测量这种粒子的速度时，完全不需要达到这种精确度，实验误差实际上也远远大于不确定关系所给出的限度。因此实物粒子的波粒二象性对于宏观测量没有影响，位置和动量可以同时准确测量。

对于微观粒子，例如原子中的电子，要测定电子在原子中的位置，其准确度至少等于原子的线度，即 $\Delta x=10^{-10}$m。按照不确定关系，速度的不确定量为

$$\Delta v=\frac{h}{m\Delta x}=\frac{6.63\times10^{-34}}{9.11\times10^{-31}\times10^{-10}}\text{m/s}$$
$$=7.28\times10^{6}\text{m/s}$$

但是注意到，当能量的数量级为10eV时，电子的速度为 $v=1.9\times10^{6}$m/s。可见，在这种情况下，速度的不确定量在数量级上比被测定的速度本身还大。这就是说，要确定电子在原子中的位置，便无法确定电子的速度（或动量），对于微观粒子位置和动量不能同时准确测量。

由以上讨论可见：①不确定关系本质上是微观粒子波粒二象性的反映。在电子的单缝衍射现象中，正是由于电子具有某种波动性，电子经狭缝后才会产生衍射现象。②不确定关系实际上是对经典力学方法描写微观粒子运动状态的准确度给出了一个限制。在经典力学中，由于坐标和动量可以同时准确测量，因此只要知道了质点初始时刻的坐标和动量，就可以根据牛顿方程求出质点在任意时刻的坐标和动量，从而可以说质点沿某一轨道运动。对于微观粒子，例如原子中的电子，由于坐标和动量不能同时准确测量，因此轨道的概念也无意义了。在玻尔的氢原子理论中，用轨道的概念来描述电子的运动，是理论自身的一个缺陷。

例题20-4 一光子的波长为300nm，如果此波长的不确定量与原波长的比为 $\Delta\lambda/\lambda=10^{-6}$。求：

（1）光子动量数值的不确定量 Δp；

（2）位置的最小不确定量 $\Delta x_{\min}$。

解 （1）根据德布罗意公式

$$p=\frac{h}{\lambda}$$

则

$$\Delta p=\frac{h}{\lambda}\cdot\frac{\Delta\lambda}{\lambda}=\left(\frac{6.63\times10^{-34}}{3.0\times10^{-7}}\times10^{-6}\right)\text{kg}\cdot\text{m/s}$$
$$=2.21\times10^{-33}\text{kg}\cdot\text{m/s}$$

（2）由不确定关系得到

$$\Delta x_{\min}=\frac{h}{\Delta p}=\frac{6.63\times10^{-34}}{2.21\times10^{-33}}\text{m}=0.30\text{m}$$

20.3　波函数　薛定谔方程

宏观粒子的运动状态可以用坐标和动量来描写，那么，具有波粒二象性的微观粒子的运动状态又该如何来描写呢？下面来说明这个问题。

自由粒子的波函数　频率为 ν、波长为 λ、沿 x 方向传播的平面简谐波的波动方程为

$$y(x,t)=A\cos2\pi\left(\frac{x}{\lambda}-\nu t\right)$$

写成指数的形式

$$y(x,t)=y_0\mathrm{e}^{\mathrm{i}2\pi\left(\frac{x}{\lambda}-\nu t\right)}$$

设想动量一定的自由粒子，也沿 x 方向运动。把反映粒子波粒二象性的德布罗意关系 $\lambda=h/p$ 和 $\nu=E/h$ 代入上式。由于动量为 p、能量 E 恒定，故波长 λ 和频率 ν 也恒定。为了与经典波相区别，以 $\Psi(x,t)$ 代替 $y(x,t)$，以 Ψ_0 代替 y_0，因此有

$$\Psi(x,t)=\Psi_0\mathrm{e}^{\frac{\mathrm{i}}{\hbar}(px-Et)} \tag{20-16}$$

式中，$\hbar=h/2\pi$。这就是动量为 p、能量为 E、沿 x 方向运动的自由粒子的德布罗意波的波动方程，Ψ 称为**自由粒子的波函数**。Ψ_0 是波函数的振幅。如果粒子不是沿 x 方向运动的，而是沿空间某一方向运动，其动量为 $\boldsymbol{p}$，则相应的三维平面德布罗意波的波动方程为

$$\Psi(\boldsymbol{r},t)=\Psi_0\mathrm{e}^{\frac{\mathrm{i}}{\hbar}(\boldsymbol{p}\cdot\boldsymbol{r}-Et)} \tag{20-17}$$

波函数 $\Psi(x,t)$、$\Psi(\boldsymbol{r},t)$ 是描写自由粒子运动状态的，它反映了微观粒子波动性和粒子性两方面的特征。

波函数的解释　如果粒子受到随时间或位置变化的力场作用，它的动量和能量不再是恒量，这时粒子的运动状态就不能用平面德布罗意波来描写，而必须用一个较复杂的复函数来描述，一般记 $\Psi(\boldsymbol{r},t)$ 为波函数。描述自由粒子的平面德布罗意波的式（20-17）是波函数的一个特例。

现在来说明波函数的物理意义。光具有波动性和粒子性。按照波动的观点，在空间某处光的强度与该处光振动振幅的二次方成正比；按照粒子的观点，光的强度与到达该处的光子数成正比，这两种观点应该是等效的，所以结论应为到达空间某处的光子数与该处光振动振幅的二次方成正比。

由于电子的衍射条纹与光子的衍射条纹相类似，所以对电子以及其他微观粒子来说，在波动性与粒子性之间应有类似的结论。德布罗意波的强度应与波函数模的二次方成正比，德布罗意波强度较大的地方，也就是电子分布较多的地方。电子在空间某处分布数目的多少与一个电子在该处出现的概率成正比。因此得到的结论是：**在某一时刻 t，空间某点 r 处粒子出现的概率，与该时刻、该地点波函数的模的二次方 $|\Psi|^2$ 成正比**。这就是1926年玻恩提出的对波函数的统计解释。

波函数是复函数，$|\Psi|^2=\Psi^*\Psi$，这里 Ψ^* 是 Ψ 的共轭复数。在空间某点（x，y，z）

附近，$x \to x+\mathrm{d}x$，$y \to y+\mathrm{d}y$，$z \to z+\mathrm{d}z$ 范围内，Ψ 可视为不变，粒子在体积元 $\mathrm{d}V=\mathrm{d}x\mathrm{d}y\mathrm{d}z$ 内出现的概率正比于 $|\Psi|^2$，也正比于体积元 $\mathrm{d}V$ 的大小，即

$$\mathrm{d}W=|\Psi|^2\mathrm{d}V=\Psi^*\Psi\mathrm{d}x\mathrm{d}y\mathrm{d}z$$

式中，$|\Psi|^2$ 表示某点附近单位体积元内粒子出现的概率，称为**概率密度**。

一定时刻粒子在空间某点处出现的概率应该是唯一的，不可能既是这个值，又是那个值；并且是有限的，具体地说，应小于1；再者，在不同的空间点处，概率的分布应该是连续的，不能逐点跃变或在任何点处发生突变，因此 Ψ 必须是（x，y，z，t）的**单值、有限、连续函数**，这三条称为**波函数的标准条件**。

因为在整个空间内粒子出现的概率总是1，所以有

$$\int|\Psi|^2\mathrm{d}V=1 \tag{20-18}$$

式（20-18）称为**波函数的归一化条件**。凡是满足这条件的波函数都称为**归一化波函数**。

必须注意，德布罗意波与经典波有着本质上的区别。首先，德布罗意波是概率波，它给出的是微观粒子运动的统计描述，而经典波是某个物理量的周期性变化在空间中的传播。此外，由于粒子在空间各点出现的概率总和等于1，这样粒子在空间各点出现的概率只取决于 $|\Psi|^2$ 的相对大小，而不是绝对大小，所以 $c\Psi$（c 是任意常数）与 Ψ 描写的是粒子的同一状态。经典波无这一性质，若经典波的振幅增至两倍，则其强度增至四倍。

薛定谔方程 1926 年，薛定谔在德布罗意假设的基础上，建立起低速条件下微观粒子运动所应满足的方程，称为**薛定谔方程**。

牛顿运动方程中各物理量均可由实验直接测量，因此它实际上是建立在实验的基础上。但是，描写微观粒子运动状态的波函数不能由实验直接测量，因此薛定谔方程无法由实验总结出来，也不能由其他更基本的原理推导出来。从根本上讲，薛定谔方程实际上是一个大胆的假设，其正确性依靠大量的实践来检验。下面介绍建立薛定谔方程的主要思路。

从一维空间中自由粒子的波函数入手，将式（20-16）对 x 求二阶偏导数，得

$$\frac{\partial^2\Psi}{\partial x^2}=-\frac{p^2}{\hbar^2}\Psi \tag{1}$$

对 t 求一阶偏导数，得

$$\frac{\partial\Psi}{\partial t}=-\frac{i}{\hbar}E\Psi \tag{2}$$

用 $\hbar^2/2m$ 乘式（1），用 $\mathrm{i}\hbar$ 乘式（2），并利用低速条件下动能和动量的关系 $E=E_\mathrm{k}=p^2/(2m)$，最后得

$$-\frac{\hbar^2}{2m}\frac{\partial^2\Psi}{\partial x^2}=\mathrm{i}\hbar\frac{\partial\Psi}{\partial t} \tag{20-19}$$

这就是一维空间中自由粒子的含时薛定谔方程。

一般情况下，粒子在势场中运动，例如氢原子中的电子在核的库仑势场中运动，金属中的自由电子在周期性的势场中运动。粒子的能量应是动能和势能之和，即

$$E=E_\mathrm{k}+U=\frac{p^2}{2m}+U \tag{20-20}$$

或

$$E\Psi = \frac{p^2}{2m}\Psi + U\Psi$$

式中，$U = U(x)$，是粒子势能，将式（1）和式（2）代入式（20-20），于是有

$$-\frac{\hbar^2}{2m}\frac{\partial^2 \Psi}{\partial x^2} + U\Psi = \mathrm{i}\hbar\frac{\partial \Psi}{\partial t} \tag{20-21}$$

对于三维的情况，把$\partial^2/\partial x^2$换成$\partial^2/\partial x^2 + \partial^2/\partial y^2 + \partial^2/\partial z^2 = \nabla^2$，$\nabla^2$称为拉普拉斯算子，$\Psi(x,t)$换成$\Psi(x,y,z,t)$，$U(x)$换成$U(x,y,z,t)$，并引入哈密顿算子

$$\hat{H} \equiv -\frac{\hbar^2}{2m}\nabla^2 + U(x,\ y,\ z,\ t)$$

可得

$$-\frac{\hbar^2}{2m}\nabla^2\Psi + U(x,y,z,t)\Psi = \mathrm{i}\hbar\frac{\partial \Psi}{\partial t} \tag{20-22}$$

或

$$\hat{H}\Psi = \mathrm{i}\hbar\frac{\partial \Psi}{\partial t} \tag{20-22a}$$

式（20-22a）便是一般形式的含时薛定谔方程，它是一个二阶偏微分方程。如果已知粒子所在势场的势函数$U(x,y,z,t)$、初始条件和边值条件，解此微分方程，即可求出任意时刻粒子所处的状态$\Psi(x,y,z,t)$，也就是求出了粒子运动状态随时间t变化的规律。自由粒子的含时薛定谔方程是式（20-22a）在$U(x,y,z,t)=0$时的特例。

定态问题　如果$U(x,y,z)$不随时间变化，这时可用分离变量法求解一般形式的含时薛定谔方程，将波函数$\Psi(x,y,z,t)$写成空间坐标函数$\psi(x,y,z)$和时间坐标函数$f(t)$的乘积，即

$$\Psi(x,y,z,t) = \psi(x,y,z)f(t)$$

代入式（20-22）并适当整理，可得

$$-\frac{\hbar^2}{2m}\frac{1}{\psi(x,y,z)}\nabla^2\psi(x,y,z) + U(x,y,z) = \frac{\mathrm{i}\hbar}{f(t)}\frac{\partial f(t)}{\partial t}$$

上式左边只是空间坐标（x，y，z）的函数，右边只是时间t的函数，只有当两边都等于同一常数时，上式才能成立。令这常数为E，于是有

$$\mathrm{i}\hbar\frac{\mathrm{d}f}{\mathrm{d}t} = Ef \tag{20-23}$$

$$-\frac{\hbar^2}{2m}\nabla^2\psi + U\psi = E\psi \tag{20-24}$$

对式（20-23）积分，得

$$f(t) = A\mathrm{e}^{-\frac{\mathrm{i}}{\hbar}Et}$$

式中，A为积分常数。由于指数只能是量纲为1的纯数，所以E必定是具有能量的量纲。实际上E代表粒子的能量。如果知道$U(x,y,z)$的具体函数形式，解式（20-24）就可求出$\psi(x,y,z)$。因此粒子的波函数$\Psi(x,y,z,t)$是$\psi(x,y,z)$与$f(t)$的乘积，即

$$\Psi(x,y,z,t) = \psi(x,y,z)\mathrm{e}^{-\frac{\mathrm{i}}{\hbar}Et} \tag{20-25}$$

式（20-25）称为**定态波函数**，式（20-24）称为定态薛定谔方程。式（20-25）右边未写入常数A，这是因为Ψ最后还要归一化。

一维势阱中的粒子 本节以最简单的一维无限深势阱中粒子的运动为例，说明如何求解定态薛定谔方程，并可从中体会到，量子化条件是自然地得出的，而不像玻尔理论那样是人为加上的。

设质量为 m 的粒子，在势能 $U(x)$ 的力场中沿 x 轴方向做一维运动，粒子的势能满足

$$U(x)=0,0<x<a$$

$$U(x)=\infty,x\leqslant 0,x\geqslant a$$

如图 20-7 所示。其势能曲线形状似阱，所以称为一维无限深势阱，a 为阱宽。粒子只能在阱内运动，即处于束缚态，是定态问题，通过解定态薛定谔方程，求粒子可能的能级和波函数。

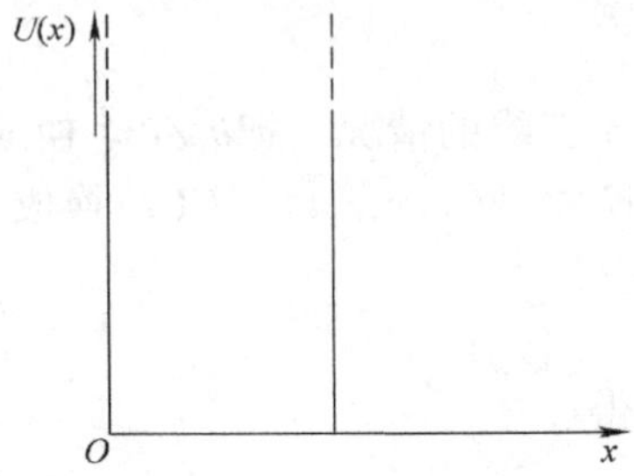

图 20-7　一维无限深势阱

首先写出粒子在阱内的定态薛定谔方程

$$-\frac{\hbar^2}{2m}\frac{\mathrm{d}^2\psi}{\mathrm{d}x^2}=E\psi \tag{1}$$

根据题意，在阱外，即当 $x\leqslant 0$ 和 $x\geqslant a$ 时，$\psi(x)=0$，令 $k=\sqrt{2mE}/\hbar$，将式（1）写为

$$\frac{\mathrm{d}^2\psi}{\mathrm{d}x^2}+k^2\psi=0 \tag{2}$$

式（2）的通解写为三角函数的形式

$$\psi=A\sin kx+B\cos kx \tag{3}$$

其中 A 和 B 为两个积分常数，A、B 和 k 可用波函数的标准条件和归一化条件来确定。

根据波函数的连续条件，在 $x=0$ 处，$\psi(0)=0$，在 $x=a$ 处，$\psi(a)=0$，因此有

$$A\sin 0+B\cos 0=0 \tag{4}$$

$$A\sin(ka)+B\cos(ka)=0 \tag{5}$$

由式（4）得 $B=0$，由式（5）得

$$ka=n\pi$$

$$k=\frac{n\pi}{a},n=1,2,\cdots \tag{6}$$

即 $\sqrt{2mE}/\hbar=n\pi/a$，以 E_n 表示与 n 值相应的能量 E，得到

$$E_n=\frac{\pi^2\hbar^2}{2ma^2}\cdot n^2,\ n=1,2,\cdots \tag{20-26}$$

由此可见，粒子的能量只能取一系列的分立值，即能量是量子化的，E_n 称为能量的本征值。还可以看到，量子数 n 是解定态薛定谔方程的自然结果。

当 $n=1$ 时，得到粒子可能具有的最小能量 $E_1=\pi^2\cdot\hbar^2/(2ma^2)$，称为**粒子的基态能级**。这与经典理论得到的结果是不同的。经典理论认为粒子的能量可取有限的连续值，最小能量必须为零，因此 E_1 称为**零点能**。当 $n=2$，3，4，…时，粒子能量则为 $4E_1$，$9E_1$，$16E_1$，…，如图 20-8 所示。

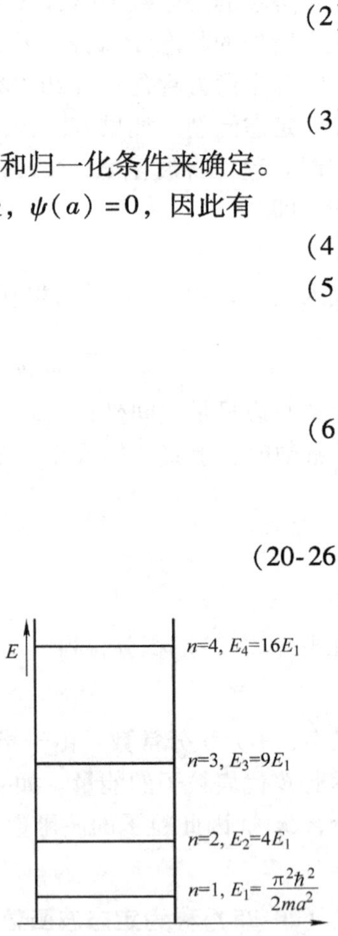

图 20-8　势阱中粒子的能级

与一定的 E_n 相对应的波函数 $\psi_n(x)$，由式（3）得

$$\psi_n(x)=A\sin\frac{n\pi}{a}x, 0<x<a \tag{7}$$

称为**与各本征值相应的本征波函数**。式中 A 可由归一化条件来确定：

$$\int_{-\infty}^{+\infty}\left|\psi_n(x)\right|^2 \mathrm{d}x = 1$$

将式（7）中的 $\psi_n(x)$ 代入，得

$$\int_0^a A^2\sin^2\left(\frac{n\pi x}{a}\right)\mathrm{d}x = A^2\frac{a}{2}=1$$

所以

$$A=\sqrt{\frac{2}{a}}$$

最后得到定态薛定谔方程的解为

$$\psi_n(x)=\sqrt{\frac{2}{a}}\sin\frac{n\pi}{a}x, n=1,2,\cdots \tag{20-27}$$

当 $n=1$，2，3，4 时，$\psi_n(x)$ 和 $|\psi_n(x)|^2$ 的图形如图 20-9 所示。

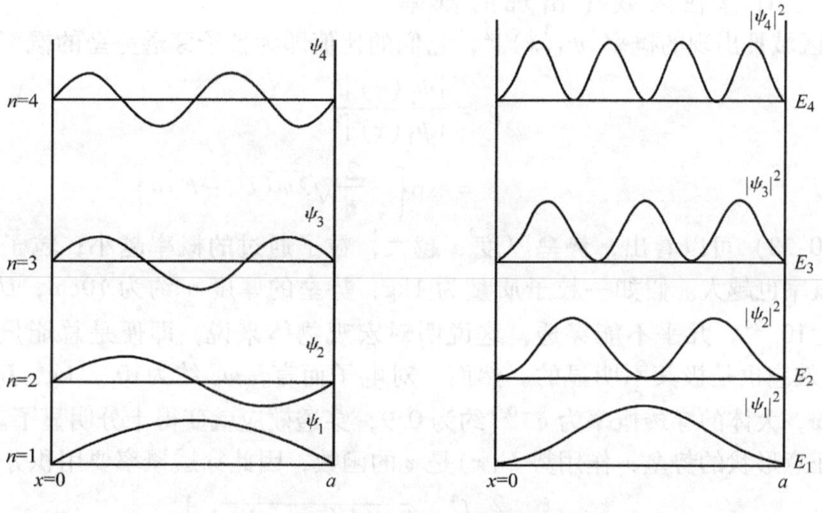

图 20-9　势阱中粒子的波函数和概率密度

可见，对无限深势阱来说，粒子只能在 $U(x)=0$ 的区域中运动，称为束缚态。所得到的定态方程的解，只能取一些驻波的形式。

由图还可以看出：首先，粒子的势阱内各处出现的概率密度随量子数 n 而改变。例如，当 $n=1$ 时，在 $x=0$ 和 $x=a$ 处出现的概率为零，在 $x=a/2$ 处出现的概率最大；当 $n=2$ 时，在 $x=0$、$x=a/2$ 和 $x=a$ 处出现的概率为零。在 $x=a/4$ 和 $x=3a/4$ 处出现的概率最大。而按照经典力学，粒子在阱内各处出现的概率应是相等的。其次，从图中还可以看出，随着量子数 n 的增大，概率分布曲线峰值的个数增多。例如 $n=2$，有两个峰值，$n=3$，有三个峰值，…，当 n 很大时，就非常接近于经典力学中粒子在阱内各处概率相同的结论了。此外，根据式（20-26），相邻两能级之间的距离为

$$\Delta E=\Delta E_{n+1}-E_n=\frac{\pi^2\hbar^2}{2ma^2}(2n+1)$$

这表明，相邻两能级之间的距离随量子数 n 增大而增大，且与粒子的质量 m 和阱宽 a 有关。若阱宽 a 很小，小到原子范围以内，能量量子化特别显著，若阱宽 a 具有宏观尺度的大小，能量量子化就不显著，这时粒子的能量实际上可以看作是连续的。

势垒贯穿 设具有一定能量 E 的粒子，沿 x 轴正方向射向一方势垒（见图20-10）

$$\begin{cases} U(x)=U_0 & 0\leqslant x\leqslant a \\ U(x)=0 & x<0, x>a \end{cases}$$

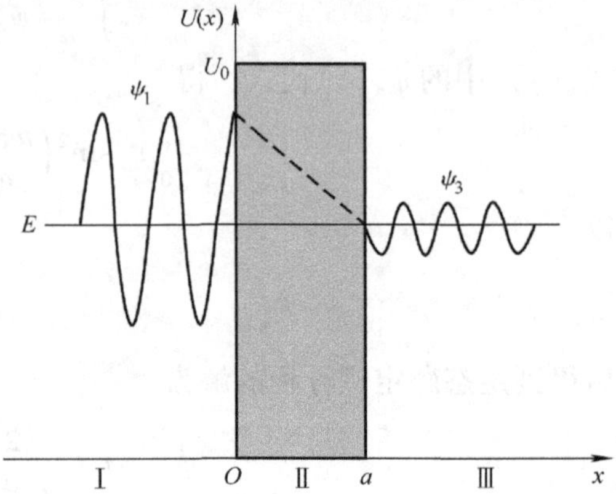

图20-10 势垒贯穿

按照经典力学观点，若 $E<U_0$，则粒子不能进入势垒，将全部被反弹回去。但从量子力学观点来看，入射粒子具有波动性，入射粒子碰到势垒将与波透过一层介质（厚度为 a）相似，有一部分波透射过去，一部分波被反射回来。因此按照波函数的统计解释，粒子存在被势垒反射回来的概率，也存在穿透垫垒的概率。通过量子力学计算在区域Ⅰ出现的概率 $|\psi_1(x)|^2$ 和区域Ⅲ出现的概率 $|\psi_3(x)|^2$，它们的比值即为粒子穿透势垒的概率

$$p=\frac{|\psi_3(x)|^2}{|\psi_1(x)|^2}=\exp\left\{-\frac{2}{\hbar}\sqrt{2m(U_0-E)}a\right\} \tag{20-28}$$

由式（20-28）可以看出，势垒厚度 a 越大，粒子通过的概率越小；粒子的能量 E 越大，则穿透概率也越大。假如一粒子质量为1kg，势垒的厚度 a 约为10cm，$U_0-E=1\text{eV}$，穿透概率约为10^{-24}，几乎不能穿透，这说明对宏观物体来说，即便是总能量比势垒仅少1eV，其量子效应也是极其不明显的。然而，对电子而言，m_e 约为10^{-31}kg，$U_0-E=1\text{eV}$，a 约为10^{-8}cm，大体的穿透概率为 $e^{-0.1}$约为0.9，穿透效应就变得十分明显了。

对于一任意形状的势垒，作用势 $U(x)$是 x 的函数，因此穿透概率要用积分来表示，即

$$p=\exp\left\{-\frac{2}{\hbar}\int_0^a\sqrt{2m(U(x)-E)}\mathrm{d}x\right\} \tag{20-29}$$

在一般情况下，穿透概率 $p\neq0$。这种现象——粒子能穿过比它动能更高的势垒，称为势垒贯穿，也称隧道效应。利用隧道效应可以解释很多物理现象，例如放射性原子核的α衰变，热核反应核能的释放都是隧道效应。同时隧道效应又有着广泛而重要的应用，隧道二极管就是通过控制势垒高度，利用电子的隧道效应制成的微电子器件，具有极快（5ps以内）的开关速度，被广泛地应用于需要快速响应的过程。

扫描隧道显微镜（Scanning Tunneling Microscope，STM）也是隧道效应的重要应用。利用探针和待测物之间的隧道效应，可以高分辨率（可以分辨出单个原子）地绘出材料表面的三维图像。STM不仅可以用来进行材料的表面分析，还可以在低温下（4K）直接对原子和分子进行操纵，它对于纳米科技既是重要的测量工具又是加工工具，应用到生命科学中，可研究DNA分子的构型等。

扫描隧道显微镜是1981年在苏黎世的IBM实验室由科学家盖尔德·宾尼（Gerd Bining）和海因里希·罗雷尔（Heinrich Rohrer）发明，他们与恩斯特·鲁斯卡（1931 年发明了电子显微镜）分享了 1986 年的诺贝尔物理学奖。

20.4　氢原子 多电子原子中电子的分布

氢原子　氢原子的能级和波函数，也可以通过解定态薛定谔方程得到，由于解这个问题所用到的数学比较复杂，所以这里只介绍解得的结果。

氢原子由一个带正电的核（电荷量为 $+e$）和一个带负电的电子组成。由于核的质量比电子的质量大得多，因此可以认为电子在核的库仑场中运动，而近似地认为核静止不动，这样电子的势能为

$$U(r)=-\frac{e^2}{4\pi\varepsilon_0 r}$$

式中，r 是电子到核的距离，如图 20-11 所示。由于势能是球形对称的，所以在球坐标系中，写出的定态薛定谔方程为

$$\frac{1}{r^2}\frac{\partial}{\partial r}\left(r^2\frac{\partial\psi}{\partial r}\right)+\frac{1}{r^2\sin\theta}\frac{\partial}{\partial\theta}\left(\sin\theta\frac{\partial\psi}{\partial\theta}\right)+\frac{1}{r^2\sin^2\theta}\frac{\partial^2\psi}{\partial\varphi^2}+\frac{8\pi^2 m}{h^2}\left(E+\frac{e^2}{4\pi\varepsilon_0 r}\right)\psi=0 \quad (20\text{-}30)$$

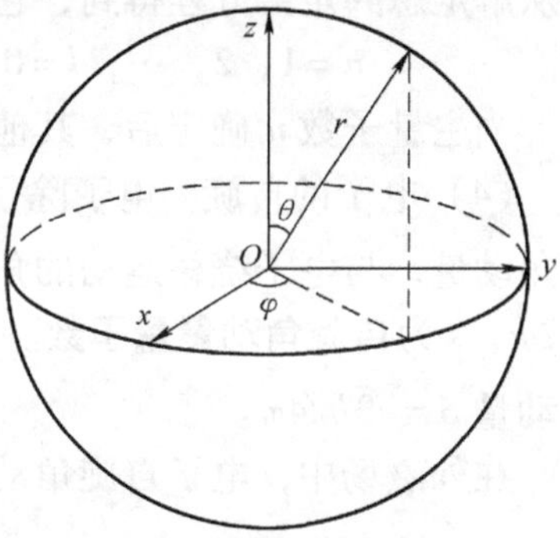

图 20-11　球坐标系

式中，$\psi=\psi(r,\theta,\varphi)$ 是球坐标系中只与空间坐标有关的波函数。根据波函数的标准条件，解上述方程，所得的解与三个整数 n，l，m_l 有关，这三个整数分别称为主量子数、角量子数、磁量子数。

（1）能量量子化　氢原子的能量是不连续的，只能取一些分立的值，其能级为

$$E_n=-\frac{me^4}{8\varepsilon_0^2h^2}\cdot\frac{1}{n^2},\ n=1,\ 2,\ \cdots \quad (20\text{-}31)$$

n 叫作主量子数。当 $n=1$ 时，称为基态，其他能态称为激发态，能级由主量子数 n 确定，n 越大，能量越大。E_n 为负值，表明电子处于束缚态。n 不同，电子的状态也不同。式（20-31）与玻尔的理论结果完全一致，不过这里是解定态薛定谔方程的自然结果，而无须像玻尔理论那样给以人为假设。

（2）角动量量子化　电子绕核运动的角动量也是不连续的，只能取一些分立的值，其值为

$$L=\sqrt{l(l+1)}\frac{h}{2\pi},\ l=0,\ 1,\ 2,\ \cdots,\ n-1 \quad (20\text{-}32)$$

l 叫作角量子数，也叫作副量子数。角动量不同，电子的运动状态也不同。应该注意，角动量的可能值要受主量子数 n 的限制。例如 $n=2$，l 只能取 0 或 1。n 个角动量的可能值对应着 n 个不同的状态，但有相同的能量。

（3）空间量子化　式（20-32）只给出了角动量的大小，而角动量是一个矢量，要完全确定电子绕核运动的角动量还需要知道它在空间的方位。那么角动量在空间的取向有没有限制呢？解定态薛定谔方程（20-30），自然地得到角动量 L 在某一特殊方向（z 轴方向）上的分量必须是量子化的。这就是说，角动量在空间的取向不能是任意的，只能有一些特殊的取

向，这些取向的角动量在 z 轴方向的分量满足

$$L_z = m_l \frac{h}{2\pi},\ m_l = 0,\ \pm 1,\ \pm 2,\ \cdots,\ \pm l \tag{20-33}$$

m_l 叫作**磁量子数**。可见，角动量 L 在空间有（$2l+1$）个取向，一个取向对应着一个可能的状态，这就是**空间量子化**。

由于电子绕核运动的角动量在外磁场方向的分量是量子化的，原先的一个能级就要分裂成几个能级，与此相应，原先能级间电子跃迁产生的一条谱线在外磁场中将分裂成几条谱线。1896 年塞曼首先观察到外磁场中谱线的分裂现象，图 20-12 所示为锌原子的一条谱线在强外磁场中分裂为三条谱线的情况。

综上所述，对于氢原子，表征电子运动状态的主量子数 n、角量子数 l、磁量子数 m_l 均可从解定态薛定谔方程得到，它们的取值范围是

$$n = 1,\ 2,\ \cdots;\ l = 0,\ 1,\ 2,\ \cdots,\ n-1;\ m_l = 0,\ \pm 1,\ \pm 2,\ \cdots,\ \pm l$$

当主量子数 n 确定后，其他两个量子数的可能值也就确定了。

（4）电子的自旋　电子除了绕核运动以外，还有绕自身轴的转动，称为自旋。自旋也有角动量，与电子绕核运动的角动量一样，自旋角动量也是量子化的，其值为 $\sqrt{s(s+1)} \cdot h/2\pi$，$s$ 为**自旋角动量量子数**。根据量子力学的计算和实验得知，$s = 1/2$，所以电子的自旋角动量 $S = \sqrt{3}h/4\pi$。

在外磁场中，电子自旋角动量在外磁场方向的分量 S_z 也是量子化的，其值为

$$S_z = m_s \frac{h}{2\pi},\ m_s = \pm \frac{1}{2} \tag{20-34}$$

式中，m_s 叫作**自旋磁量子数**，自旋角动量在外磁场方向只有两种可能的取向，如图 20-13 所示。

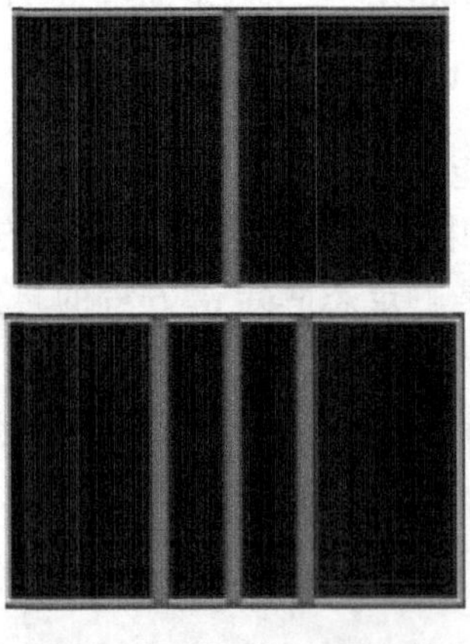

图 20-12　锌原子的一条谱线在强外磁场中分裂为三条

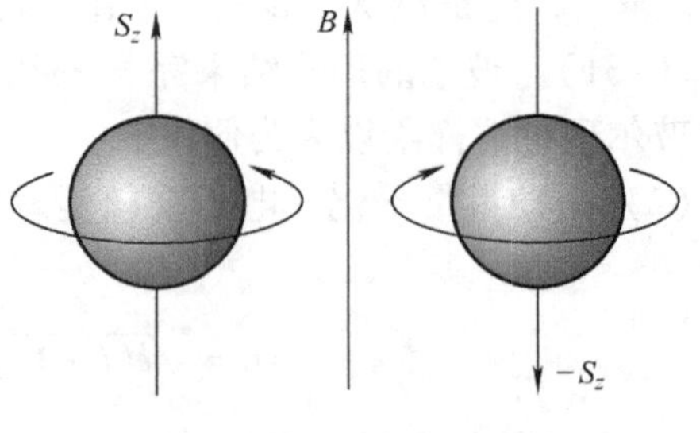

图 20-13　电子的自旋

1924 年，斯特恩和盖拉赫首先在实验上观察到类氢原子的电子具有自旋。实验装置如图 20-14 所示，实验发现，当处于基态（$n=1$，$l=0$）的锂原子射线通过不均匀磁场时，将分裂成上下对称的两条，这说明锂原子中电子的自旋有两个取向，一个与磁场的方向相同，另一个与磁场的方向相反。总之，原子中每一个电子的稳定运动状态要用四个量子数来描述。主量子数 n 决定电子运动的能量，角量子数 l 决定电子绕核运动的角动量，磁量子数 m_l

决定角动量在外磁场方向的分量，自旋磁量数 m_s 决定自旋角动量在外磁场方向的分量。

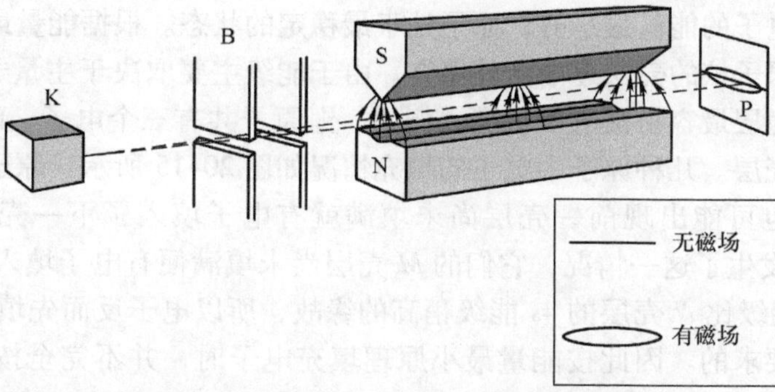

图 20-14　斯特恩－盖拉赫实验装置简图

多电子原子中电子的分布　除了氢原子以外，其他原子都有两个以上的电子。电子之间的相互作用也要影响电子的运动状态。它们的薛定谔方程就比单电子原子系统的复杂得多，解起来也很难。1916 年，柯塞尔对多电子的原子系统的核外电子，提出形象化的壳层分布模型，他认为多电子原子中的电子分布在若干壳层上，主量子数 n 相同的电子属于同一壳层。$n=1$，2，3，…的壳层，分别称为 K，L，M，…壳层，其中 K 壳层离核最近，L 壳层离核较远，M 壳层则更远，…。在每一壳层中角量子数 l 相同的电子组成支壳层。每一壳层只能容纳一定数量的电子，电子的分布情况由下列两个原理来确定。

（1）**泡利不相容原理**　1925 年泡利指出，一个原子系统内，不可能有两个或两个以上的电子具有完全相同的运动状态，也就是说，任何两个电子，不可能有完全相同的一组量子数（n，l，m_l，m_s）。这个原理叫作泡利不相容原理。当 n 给定时，l 的可能值为 0，1，2，…，$n-1$，共有 n 个值；当 l 给定时，m_l 的可能值为 0，±1，±2，…，$\pm l$，共有（$2l+1$）个值；当 n、l、m_l 都给定时，m_s 的可能值为 $\frac{1}{2}$，$-\frac{1}{2}$，共有两个值。因此在 n 一定的某一壳层上，其允许容纳的最大电子数为

$$Z_n = \sum_{l=0}^{n-1} 2(2l+1) = 2n^2 \tag{20-35}$$

可见，当 $n=1$ 时，K 壳层上最多容纳两个电子，以 $1s^2$ 表示。当 $n=2$ 时，L 壳层最多能容纳 8 个电子，其中 $l=0$ 的支壳层上有两个电子，以 $2s^2$ 表示，$l=1$ 的支壳层上有 6 个电子，以 $2p^6$ 表示，以此类推。表 20-1 中所列为多电子原子各个壳层的所能容纳的电子数。

表 20-1　原子壳层和支壳层中最多可能容纳的电子数

n \ l		0	1	2	3	4	5	6	Z_n
		s	p	d	f	g	h	i	
1	K	2							2
2	L	2	6						8
3	M	2	6	10					18
4	N	2	6	10	14				32
5	O	2	6	10	14	18			50
6	P	2	6	10	14	18	22		72
7	Q	2	6	10	14	18	22	26	98

（2）**能量最小原理** 在原子系统内，每个电子趋向于占有最低的能级，这叫作能量最小原理。当原子中电子的能量最小时，原子处于最稳定的状态。根据能量最小原理，原子中的电子总是由靠近原子核的壳层逐渐向外填充。由于能级主要取决于主量子数 n，所以一般说来靠近原子核的壳层最容易被电子填满。例如，锂原子共有三个电子，两个填满 K 壳层，第三个电子填在 L 壳层。几种原子中电子的填充情况如图 20-15 所示，原子最外层的电子叫作价电子。但是，也可能出现前一壳层尚未填满就有电子填入了下一壳层。例如 19K 到 28Ni 的各个原子就发生了这一情况，它们的 M 壳层尚未填满便有电子填入了 N 壳层。这是由于 M 壳层的 $3d$ 能级比 N 壳层的 $4s$ 能级稍高的缘故，所以电子反而先填充 $4s$ 能级，这正是能量最小原理所要求的。因此按能量最小原理填充电子时，并不完全按照 K，L，M，… 的次序来填充，而是按下列次序在各支壳层上填充：$1s$、$2s$、$2p$、$3s$、$3p$、$4s$、$3d$、$4p$、$5s$、$4d$、$5p$、$6s$、$4f$、$5d$、$6p$、$7s$、$5f$、$6d$、$7p$。如图 20-16 所示。

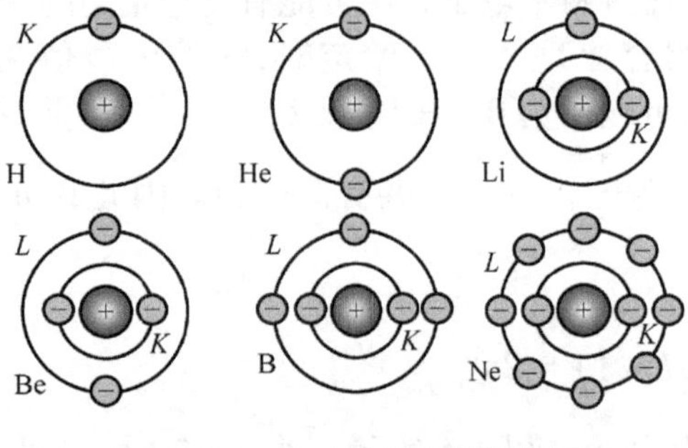

图 20-15 电子填充情况示意图

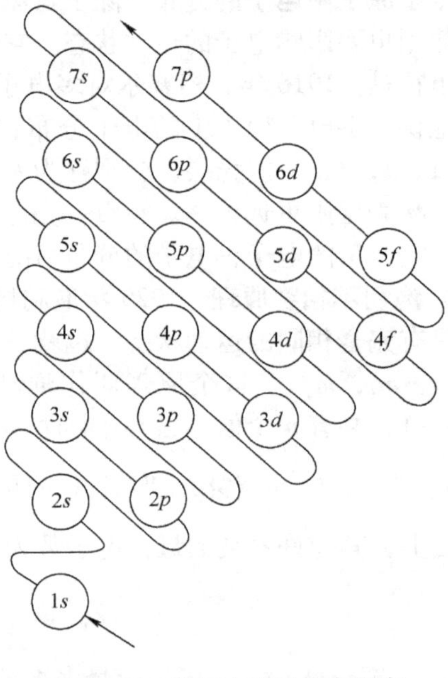

图 20-16 原子中电子排布顺序

如果把化学元素按照原子序数排列起来，可以看出，每当核外电子向一个新的壳层填入时，也就开始了一个新的周期。各原子电子的填充情况与 19 世纪所发现的元素周期表相比较，两者完全符合。可见核外电子的壳层分布，可以正确地解释元素周期表。

*20.5 激光

激光技术是 20 世纪 60 年代发展起来的一门新兴科学技术。它不但引起现代光学应用技术的巨大变革，而且对整个物理学和其他有关学科起着重大的推动作用。本节介绍激光的产生和特性。

自发辐射和受激辐射 当原子处于基态能级 E_1 时，受到能量为 $h\nu$ 的光子束的照射，原子就可能吸收光子的能量，使电子从基态能级 E_1 跃迁到激发态能级 E_2（满足 $h\nu = E_2 -$

E_1），这一过程称为**光的吸收**。处于激发态的原子是不稳定的，电子在激发态能级上停留的时间非常短，约为10^{-8}s。在没有任何外界作用的情况下电子会自发地从激发态返回到基态，辐射出光子，这一现象称为**自发辐射**，如图 20-17 所示。

白炽灯、荧光灯、水银灯等普通光源，它们的发光过程就是属于上述的自发辐射。光源中的发光物质包含着大量的原子，各原子进行自发辐射时，彼此是独立的，它们辐射光子的频率、初相、偏振态、传播方向等都不一定相同。因此自发辐射发出的光不是相干光。

如果处于激发态能级上的电子，在它发生自发辐射之前，受到外来的、能量为 $h\nu$（满足 $h\nu = E_2 - E_1$）的光子的刺激作用，就有可能从能级 E_2 跃迁到能级 E_1，同时辐射出一个与外来光子同频率、同相位、同偏振态、同传播方向的光子，这种辐射过程称为**受激辐射**。如图 20-18 所示。在受激辐射中，输入一个光子，得到两个特征相同的光子输出。如果这两个光子再刺激其他原子产生受激辐射，就能得到更多特征完全相同的光子。这样，在一个光子的作用下，可以引起大量原子产生受激辐射，从而产生大量特征完全相同的光子，这一现象叫作**光放大**，如图 20-19 所示。可见，受激辐射中，各原子辐射出与入射光子同频率、同相位、同偏振态、同传播方向的大量光子，因此受激辐射发出的光是相干光。

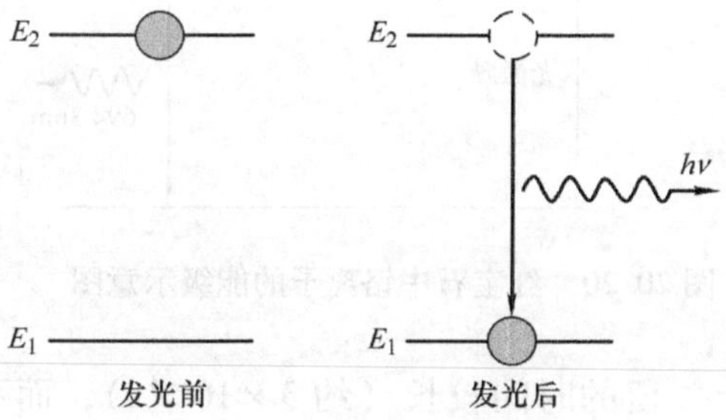

图 20-17　自发辐射

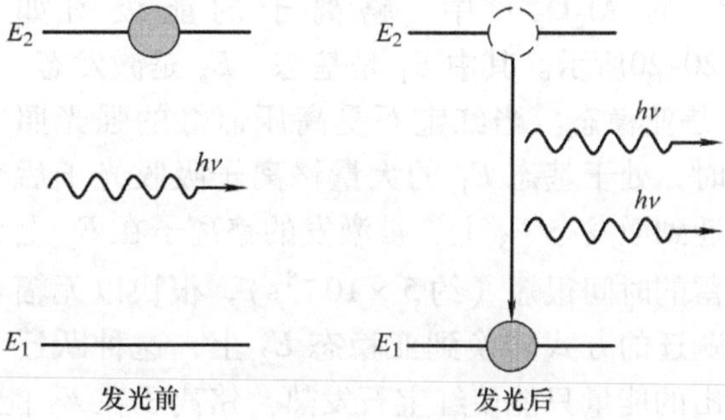

图 20-18　受激辐射

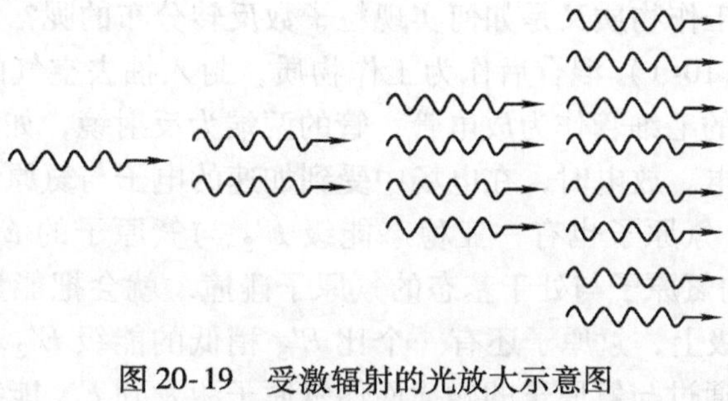

图 20-19　受激辐射的光放大示意图

粒子数反转　一般情况下，光通过工作物质时，不能实现受激辐射产生光放大。这是因为产生受激辐射的同时还存在一个相反的光吸收过程，前一过程使光子数增加，后一过程使光子数减少，究竟光子数是增加还是减少，要看哪一个过程占主导地位。设工作物质中处于低能态 E_1 的原子数为 N_1，处于高能态 E_2 的原子数为 N_2，当 $N_1 > N_2$ 时，总的效果是光子被吸收；反之，当 $N_2 > N_1$ 时，总的效果是光放大。那么，N_1 和 N_2 哪一个大呢？经理论研究，人们知道在热平衡状态下，工作物质中原子按能级的分布遵从玻耳兹曼分布，即

$$\frac{N_2}{N_1}=\frac{e^{-\frac{E_2}{kT}}}{e^{-\frac{E_1}{kT}}}=e^{\frac{E_1-E_2}{kT}} \tag{20-36}$$

式中，k 为玻耳兹曼常数。在室温条件下，$T=300\mathrm{K}$，则 $kT=0.025\mathrm{eV}$。多数原子第一激发态 E_2 与其基态 E_1 之间的能量差约 1eV 的数量级，因此在室温条件下，$N_2/N_1\approx10^{-40}$。这说明通常状态下，$N_2\ll N_1$。这种分布叫作**粒子数的正常分布**。

为了使受激辐射取得主导地位，必须使高能级上的粒子数超过低能级上的粒子数，这种分布与正常分布相反，故叫作**粒子数的反转分布**，简称**粒子数反转**，这时工作物质处于非热平衡状态之中。为了实现粒子数反转，第一，选取适当的工作物质，这些物质必须具有亚稳态能级结构。氦原子、氖原子、氩原子、钕原子、二氧化碳等粒子都存在亚稳态能级。亚稳态虽然不如基态稳定，但比激发态要稳定得多。第二，必须不断地向工作物质输入能量，把尽可能多的原子从低能级激发到高能级。这一过程称为**激励**，俗称**泵浦**。激励的方法一般有光激励、气体放电激励、化学激励、核能激励等。

在红宝石（掺有质量比为 0.035% 铬离子 Cr^{3+} 的 Al_2O_3）中，铬离子的能级图如图 20-20所示。其中 E_1 是基态，E_3 是激发态，E_2 是亚稳态。当红宝石受高压氙灯的强光照射时，处于基态 E_1 的大量铬离子吸收光子后跃迁到激发态 E_3 上，被激发的铬离子在 E_3 上停留的时间很短（约 $5\times10^{-8}\mathrm{s}$），很快以无辐射跃迁的方式转换到亚稳态 E_2 上，这种跃迁放出的能量只能使红宝石发热。铬离子在 E_2 能级上停留的时间较长（约 $3\times10^{-3}\mathrm{s}$），而不会立即以自发辐射的方式返回基态。只要外界强光源不断激励，就能在亚稳态 E_2 上积累较多的粒子，实现亚稳态 E_2 和基态 E_1 之间的粒子数反转分布。

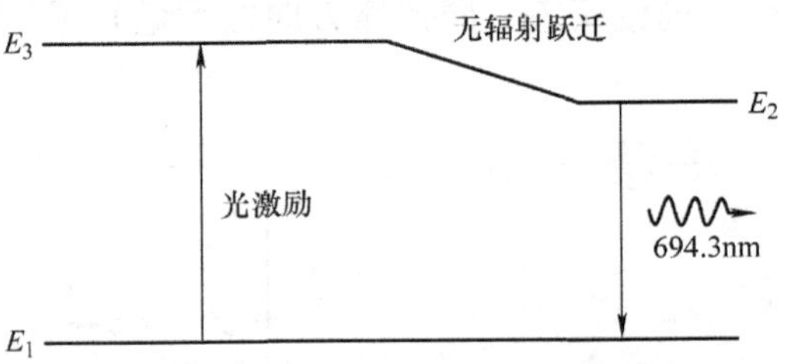

图 20-20 红宝石中铬离子的能级示意图

氦－氖激光器中的工作物质又是如何实现粒子数反转分布的呢？氦－氖激光器是以氦和氖按一定的比例（4∶1～10∶1）混合后作为工作物质，封入抽去空气的玻璃管中，直至压强为 2～3mmHg 高，中间的毛细管作为放电管，管的两端为反射镜，如图 20-21 所示，加数千伏的高压，产生气体放电。放电时，在电场中受到加速的电子与氦原子碰撞，并使氦原子激发到亚稳态能级 E_2 上，氖原子也有一亚稳态能级 E'_3 与氦原子的 E_2 接近，如图 20-22 所示。激发到能级 E_1 上的氦原子与处于基态的氖原子碰撞，就会把能量传递给氖原子，使大量氖原子激发到 E'_3 能级上，氖原子还有一个比 E'_3 稍低的能级 E'_2，而氦原子没有与之相近的能级，因此不可能通过与氦原子的碰撞而使氖原子激发到 E'_2 能级上。这样，在氖原子的 E'_3 和 E'_2 能级间就实现了粒子数反转。只要有一个氖原子在 E'_3 和 E'_2 之间产生自发辐射，则该光子就能刺激激发态的氖原子产生受激辐射。由于自发辐射的光子不会同时只有一个，它们的频率虽然相同，但其相位、偏振态、传播方向等仍是随机的，那么以它们作为刺激源得到的光放大，仍然是相位、偏振态、传播方向并不完全相同的光束。为了获得相位、偏振态、传播方向完全相同的激光束，需要设计一个新的装置——光学谐振腔，以便很好地解决这一问题。

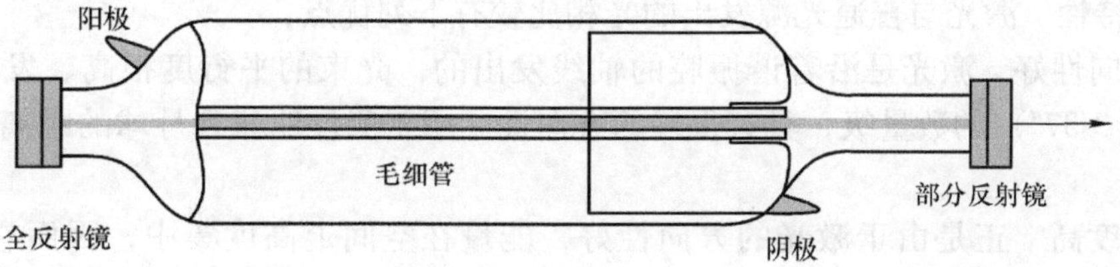

图 20-21 氦－氖激光管

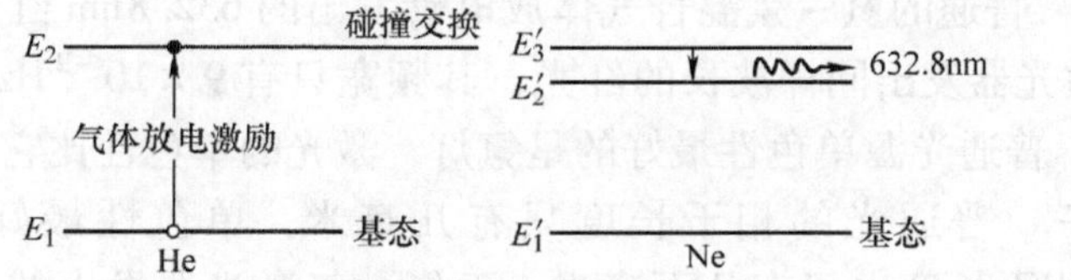

图 20-22 氦和氖原子的能级示意图

谐振腔 不同的激光器，其谐振腔的结构形状也不尽相同。图 20-23 所示为内腔式氦－氖激光器的谐振腔，管的两端用反射镜封住，管内两片反射镜之间的这一空间就构成谐振腔。它的作用有以下几个方面：

（1）产生和维持光振荡 受激辐射产生的光子在粒子数反转的工作物质中传播时，经反射镜来回反射，不断得到光放大，这现象叫作光振荡。但是光在工作物质中传播时会有损耗（包括工作物质对光子的吸收、部分输出等），当光的放大作用正好抵消光的损耗时，就形成稳定的光振荡，此时从部分透光的反射镜输出较强的激光束。

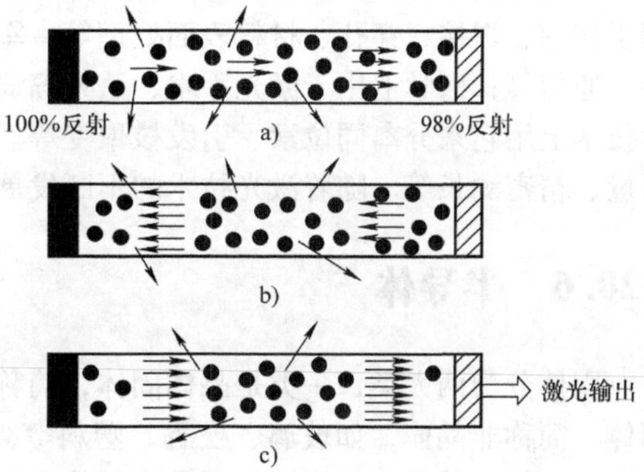

图 20-23 内腔式氦－氖激光器的谐振腔示意图

（2）使激光的方向性好 在激光器中，凡是不沿谐振腔轴线方向传播的光子就逸出管外，而被淘汰掉。沿谐振腔轴线方向传播的光子才能产生光振荡，因此激光的方向性很好。

（3）使激光的单色性好 激光的产生来源于原子从亚稳态能级到低能级的跃迁，辐射的波长应该是一定的，例如红宝石激光器辐射出的激光波长为 694.3nm。但是，由于各种因素（主要是光的多普勒效应，辐射的原子相当于运动的光源）的影响，实际上发出的激光波长也有一定的宽度。激光器中所使用的反射镜都经多层镀膜，通过多层镀膜的增反作用，使得所需波长得到最大限度的反射。此外，选择两片反射镜之间的距离恰好等于所要输出激光的半波长的整数倍，使之得到稳定的光振荡，而限制其他波长的光振荡。因此谐振腔实际上又起到了选频作用，使得激光的频宽很小，即单色性很好。氦－氖激光器输出激光的波长为 632.8nm。输出功率不大，长 25cm 的激光管，输出功率约为 1mW，长 50cm 的激光管，输出功率约为 3～10mW。输出方式是连续输出。常用的激光器中，氦－氖激光器输出的激光单色性最好。此外，它还具有结构简单，使用方便，成本低等优点。

激光的特性 激光与普通光源发出的光相比较有下列优点：

（1）方向性好 激光是沿着谐振腔的轴线发出的，光束的平行度很高、发散角在毫弧度（1mrad = 3′37″）的数量级，具有很好的方向性。用于测量地球到月球的距离，精确度可达5cm。

（2）亮度高 正是由于激光的方向性好，能量在空间上高度集中，因而它的强度大，亮度高。对于脉冲式激光，还能使能量在时间上高度集中。太阳是很亮的光源，而一台较大的红宝石巨脉冲激光器，输出激光的亮度要比太阳高100亿倍。

（3）单色性好 普通的氦－氖混合气体放电管发出的632.8nm红光，其频宽达1.52×10^9Hz，而氦－氖激光器发出同样波长的红光，其频宽只有9×10^{-2}Hz，可见激光的单色性比普通光高10^{10}倍。普通光源单色性最好的是氪灯，激光的单色性比它还高1万倍。

（4）相干性好 普通光的相干长度只有几毫米，单色性最好的氪放电管发出的605.8nm的红光其相干长度也只有几百毫米，而氦－氖激光器发出的623.8nm的红光相干长度可达几千米。

激光的良好特性，使它获得了多方面的应用。由于它的方向性好，亮度高，工业上广泛用于切割、焊接、穿孔、材料表面处理等；军事上用于制造各种激光武器、瞄准、导航、制导、通信等；医学上用于激光手术、杀死癌瘤等；农业上用于照射种子，培养新品种等；科学技术上用它来分离同位素、引发核聚变等。由于它的相干性好，广泛用于全息技术、干涉测量、精密测长等。随着激光技术的不断发展，它的应用范围还将不断扩大。

*20.6 半导体

固体分为两大类，一类是晶体固体，简称晶体，如氯化钠、硅、锗等。另一类是非晶体固体，简称非晶体，如玻璃、松香、塑料等。晶体中大量原子（分子或原子集团）有规则周期性地排列着，这种规则排列称为**晶体点阵**。由于原子点阵之间的距离与原子的大小同数量级（约10^{-10}m），因而各相邻原子的外层电子（主要是介电子）会发生一定程度的重叠，很难说某一外层电子属于哪一个母核，实际上为整个原子系统所共有，称为**外层电子的共有化**。从电的结构来看，每一外层电子都是在各点阵离子实和其他外层电子所产生的势场中运动，这势场随空间坐标变化；并且由于组成晶体的粒子的热运动，势场还随时间有所起伏，这是一个复杂的多粒子体系的运动问题。为了了解晶体的电性质，必须知道晶体中原子外层电子的运动规律。作为初步的近似，可把每个离子实看作在点阵位置上固定不动，并设想每个外层电子都是在位置固定的离子实和其他所有电子的静态平均势场中运动，这就把复杂的多粒子体系问题简化为单电子运动问题，称为**单电子近似**。由单电子近似方法建立起来的理论叫作**能带理论**。本节着重说明晶体的能带结构，并以半导体为例说明它的导电机理。

能带的形成 孤立原子中电子的能量状态是一个个分立的能级，当这些原子组成晶体时，由于外层电子的共有化，原来孤立原子的能级将分裂为与原能级相近的许多能级。原子外层电子的共有化越显著，能级的分裂也越显著。图20-24所示为六个靠得很近的原子原来的每一个能级分裂为六个距离相近的能级的情况。

晶体可以看成是一些叫作原胞的基元所构成，它是在晶体点阵结构中重复出现的最小原子集团。图20-25a、b所示分别是氯化钠晶体的点阵结构和它的原胞。设N个原子等间距地排列成一维晶体，每个原子可以看成一个原胞。理论计算表明，孤立原子的每个能级将分裂成 N 个能级，即分裂的能级数与原胞数相等。对三维晶体来说，分裂的能级也等于原胞数。

实际晶体中，原子的数目 N 非常大，而分裂后的能级与分裂前的能级又很接近，所以分裂后相邻的两能级间的能量差非常小，其数量约为 10^{-22} eV，几乎可以认为是连续的。这些分裂的能级有一定的范围，称为**能带**。相邻的两个能带之间可能有一个不允许存在能级的区域，叫作**禁带**。

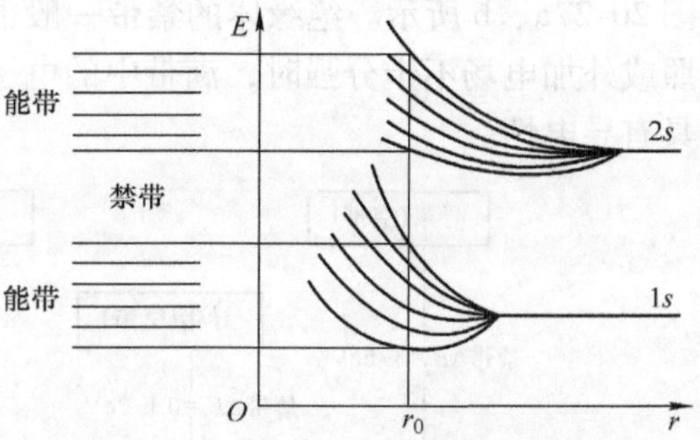

图 20-24　六个彼此靠得很近的原子能级的分裂情况

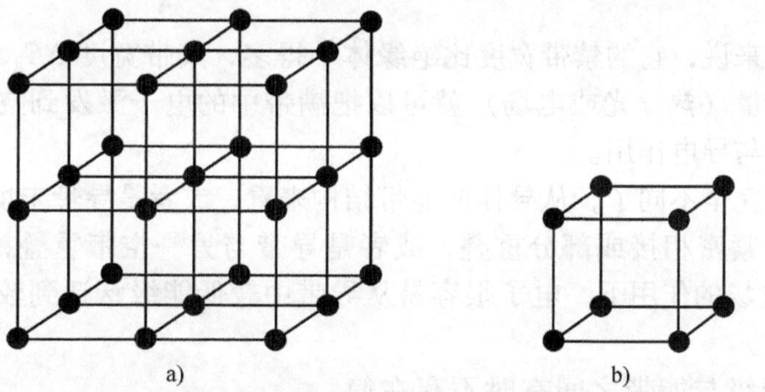

图 20-25　氯化钠晶体的点阵结构和原胞图

根据泡利不相容原理，每个能级最多能容纳自旋方向相反的两个电子。根据能量最小的原理，晶体中的电子将首先填充低能级，然后依次向高能级填充。因此，1s、2s、… 每个能带最多容纳 $2N$ 个电子，而 2p、3p、… 每个能带最多容纳 $6N$ 个电子。一个能带所能容纳的电子数，等于原来能级所能容纳的电子数乘上 N。如果一个能带中各能级均被电子所填满，这种能带叫作**满带**。如图 20-26 所示，一般来说，原子内层电子的能级分裂成的能带均为满带，满带中的电子没有导电作用。如果能带中有一些空着的能级没有电子填入，当有外电场作用时，电子就可以转移到本能带中未被电子填充中的稍高的能级，而不一定有反向电子的转移来抵消它，从而形成电流，这种能带称为**导带**。与原子激发态能级相应的各能带，在未被激发的正常情况下，往往没有电子填入，称为空带。在激发态下，空带不空，于是空带成了导带。价电子所在的能级分裂成的能带，称为**价带**。价带可以是满的，也可以是不满的，不满的价带即为导带。

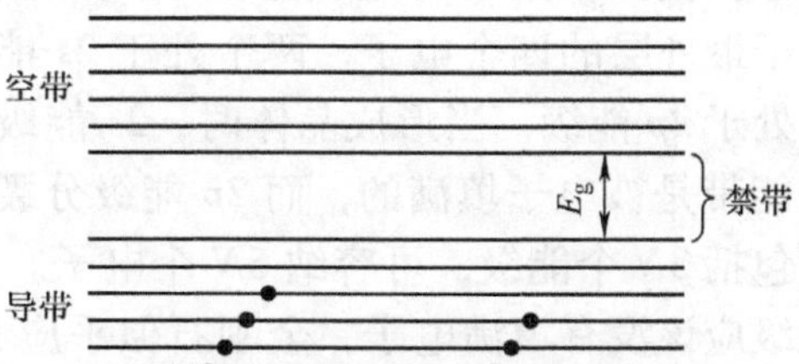

图 20-26　晶体中的能带

当温度接近绝对零度时，绝缘体和半导体的能带都存在满带和隔离满带与空带的禁带，如图 20-27a、b 所示。绝缘体的禁带一般很宽，禁带宽度 ΔE_g 约为 3 ~6eV。通常的热激发，光照或外加电场不十分强时，满带中的电子很难激发到空带中去，因此通常情况下，绝缘体不具有导电性。

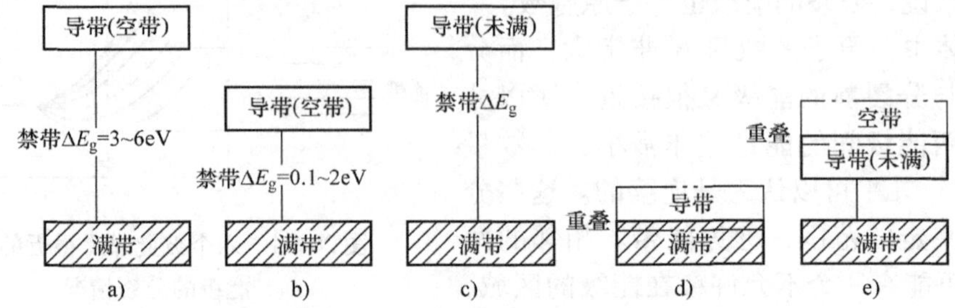

图 20-27 晶体的能带结构图（$T=0$K）

然而对半导体来说，它的禁带宽度比绝缘体小得多，禁带宽度 ΔE_g 约为 0.1 ~2eV，因此经较小的激发能量（热、光或电场）就可以把满带中的电子激发到空带中去，这些进入空带中的电子可参与导电作用。

导体的情况就完全不同了，从导体的能带结构来看，或者是导带未填满电子；或者是满带与另一相邻空带紧密相接或部分重叠，或者是导带与另一空带重叠，分别如图 20-27c、d、e 所示。在外电场的作用下，电子很容易从导带中较低能级跃迁到较高能级上去，从而在导体中形成电流。

应该注意，能级与能带之间有时不存在简单的对应关系，而且也不一定总可以根据原子中原来各能级电子的填充情况来判断晶体的导电性。例如，金刚石是碳原子组成的晶体，碳原子最外层的四个电子，两个处于 $2s$ 能级，两个处于 $2p$ 能级。当形成晶体时，$2s$ 能级分裂成的能带是被电子填满的，而 $2p$ 能级分裂成能带后包括 $3N$ 个能级，可容纳 $6N$ 个电子。这样 $2p$ 能级应该没有填满电子，金刚石似乎应为导体，但实际上它却是绝缘体。如图 20-28 所示，当 $r=r_n$ 时，$2s$ 能带和 $2p$ 能带还是相互重叠。当 $r<r_n$ 时又分成两个能带，每个能带包含 $2N$ 个能级，可容纳 $4N$ 个电子。金刚石的晶格常数小于 r_n，根据能量最小原理，$4N$ 个电子填满下面的能带，而上面的能带是空的，且禁带宽度又较宽（$\Delta E_g=5.33$eV），所以金刚石为绝缘体。

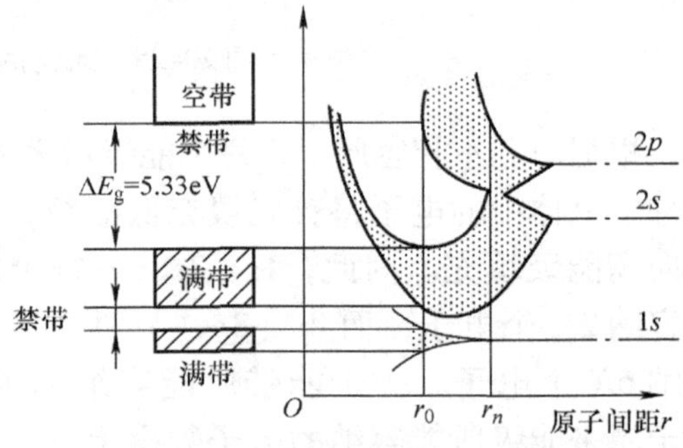

图 20-28 金刚石的能带结构

半导体的导电机制 从上述半导体的能带结构特点可知，半导体的禁带宽度较窄。常温下由于热激发，满带中的电子很容易跃迁到空带，这不仅使空带有了导电性，而且也使满带有了导电性。因此此时满带中出现了空状态，通常称为**空穴**。在外电场的作用下，导带中的电子参与导电，称为**电子导电**。满带中的其他电子在电场的作用下来填补空穴，而它们又留下新的空穴，因而引起空穴的定向移动，其效果如同带正电的粒子的定向运动一样。满带中这种空穴导电性称为**空穴导电**。导带中的电子和满带中的空穴都参与导电，这类半导体称为

本征半导体，这种导电性，称为**本征导电**。其中参与导电的电子和空穴，称为**本征载流子**。一般只有高纯度的半导体在较高温度下，才具有本征导电性。

在纯净的半导体中，可用扩散的方法掺入微量其他元素的原子，所掺进的原子对半导体基体而言称为杂质。掺有杂质的半导体称为杂质半导体。其导电性较之本征半导体有很大的改变。杂质半导体一般分为两类，一类是以电子导电为主，称为 **N 型**（电子型）**半导体**，另一类是以空穴导电为主，称为 **P 型**（空穴型）**半导体**。

（1）N 型半导体　在四价元素硅或锗半导体中掺入少量（约十亿分之一）的五价元素如磷或砷等杂质原子，就可形成 N 型半导体。图 20-29a 所示为五价的杂质原子砷（As）掺入到四价的硅（Si）中。砷原子有五个价电子，其中四个价电子与相邻的硅原子形成共价键，结果杂质原子在其所在的位置上成为具有净正电荷 $+e$ 的离子（As^+），多余的第五个价电子在这离子的电场范围内运动。理论计算表明，这个电子在 As^+ 的电场中的电离能约为 0.05eV，它比硅的禁带宽度 $\Delta E_g = 1.09\text{eV}$ 要小很多。这样的半导体的价带和导带之间，产生一个离导带很近的附加能级，这个能级叫作施主能级，如图 20-29b 所示。砷这类五价元素称为施主杂质。因为施主能级很靠近导带，所以施主能级上的电子很容易受激发而跃迁到导带中去，参与导电。这种杂质半导体中，杂质原子的数目虽然不多，但在常温下导带中自由电子的浓度却比同温度下本征半导体中自由电子浓度大好多倍，这就大大提高了半导体的电导率。由于施主杂质半导体中主要载流子是电子，故此种杂质半导体叫作 N 型半导体。

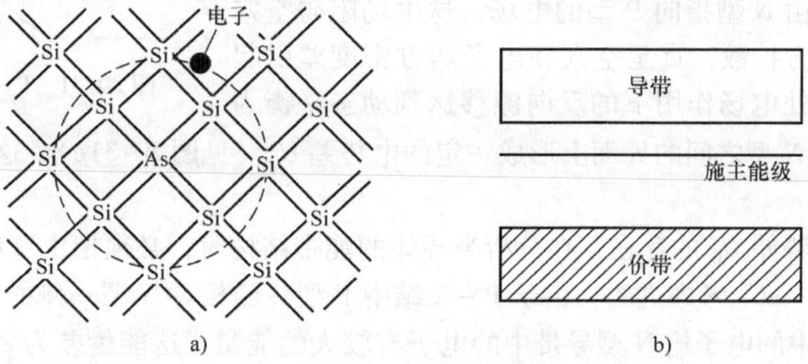

图 20-29　五价原子砷掺入四价硅中形成 N 型半导体

（2）P 型半导体　如果在四价元素硅或锗的半导体中，掺入微量的三价元素如硼或镓等杂质原子，就可形成 P 型半导体。图 20-30a 所示为三价杂质原子硼（B）掺入到四价的锗

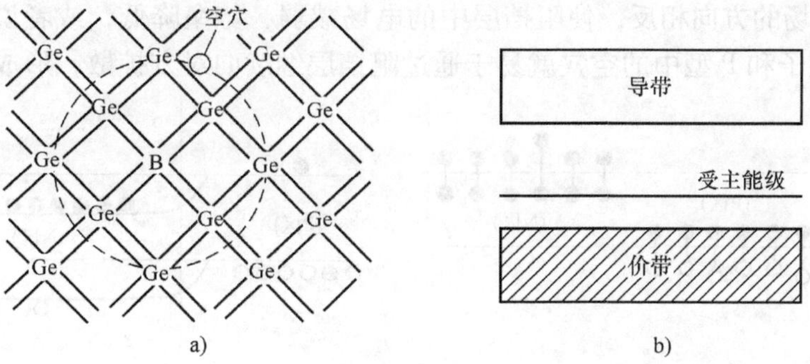

图 20-30　三价原子硼掺入四价锗中形成 P 型半导体

(Ge) 中，硼有三个价电子，它和相邻的锗原子构成共价键时，还缺少一个电子，于是就存在一个空穴，这空穴在电荷量为 $-e$ 的硼离子（B^-）的电场范围中运动，理论计算表明，空穴在 B^- 的电场中的电离能约 0.01eV，它比禁带宽度 $\Delta E_g=0.72$eV 要小很多。这样在半导体的价带和导带之间，产生一个离价带很近的附加能级，这个能级很容易接受来自价带的电子，并为价带提供空穴，故这个能级叫作受主能级，如图 20-30b 所示。硼这类三价杂质原子则为受主杂质。由于受主能级靠近价带，所以价带中的电子很容易受激发而跃迁到受主能级上，并且在价带中留下空穴。在外电场的作用下，空穴产生定向移动。由于受主杂质半导体中主要载流子是空穴，故此种杂质半导体叫作 P 型半导体。

（3）P－N 结　使 P 型半导体和 N 型半导体相接触，就构成所谓 P－N 结。实际上是把一片本征半导体两方各掺入施主型（高价）和受主型（低价）杂质，从而形成 P－N结的。由于交界面两侧电子和空穴的数密度不同，P 型中的空穴将越过交界面向 N 型扩散，N 型中的电子也将越过交界面向 P 型中扩散，如图 20-31a 所示。结果在交界面两侧出现正负电荷的积累，P 型一边是负电，N 型一边是正电，交界面两侧建立起电偶层，这电偶层就是 P－N 结（见图 20-31b），其厚度 δ 约为10^{-7}m 的数量级。于是在电偶层中产生由 N 型指向 P 型的电场，这电场阻碍空穴和电子继续向对方扩散，直至空穴和电子两方密度差引起的扩散与交界面处电场作用下的反向漂移达到动态平衡为止，这时 P 型和 N 型之间的界面上形成一定的电势差 U_0（见图 20-31c），这就是 P－N 结中的接触电势差。

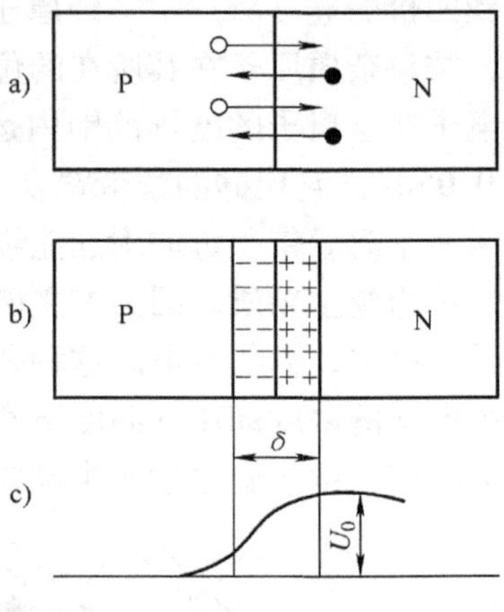

图 20-31　P－N 结的形成

由于接触电势差 U_0 的存在，在分析半导体的能带结构时，必须把由这电势差引起的附加电子静电势能 $-eU_0$ 考虑进去，由于 P－N 结中 P 型一侧相对 N 型一侧的电势较低，因而 P 型半导体导带中的电子比 N 型导带中的电子有较大的能量，这能量差为 eU_0。如果原来 P 型和 N 型半导体的能带如图 20-32a 所示（为简单起见，图中只画出了满带的顶部和导带底部），则在 P－N 结处能带出现弯曲，如图 20-32b 所示。势能曲线的弯曲形成垫垒，它阻止 N 型中的电子进入 P 型，同时也阻止 P 型中的空穴进入 N 型，P－N 结中的势垒区又称为阻挡层。如果把外加电压的正极接到 P 型，而负极接到 N 型（称为正向连接），则外电场的方向与阻挡层中电场的方向相反，使阻挡层中的电场减弱，势垒降低，或者说使阻挡层减薄，于是 N 型中的电子和 P 型中的空穴就易于通过阻挡层继续向对方扩散，形成正向电流，P－

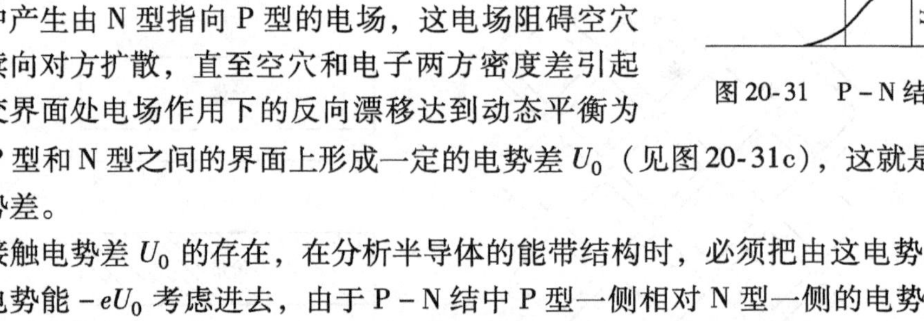

图 20-32　P－N 结势垒示意图

N导通。外加电压增大，电流也随之增大。反之，如果把外加电压负极接到P型，而正极接到N型（称为反向连接），则外加电场的方向与阻挡层中电场的方向相同，使得阻挡层中电场加强，势垒升高，或者说使阻挡层增厚，于是N型中的电子和P型中的空穴就更难于通过阻挡层。由于热激发，只有来自P型的少数电子和来自N型的少数空穴通过阻挡层，形成微弱的反向电流，而且随着反向电压的升高，这反向电流很快达到饱和。P－N结的伏安特性曲线如图20-33所示，因此说P－N结具有单向导电性。

P－N结除用于电子线路的整流、检波等以外，还可以用它来产生光生伏特效应，制造太阳能电池。用扩散的方法，在P型的表面上掺入N型杂质，则P型表面上形成N型薄层，其厚度为1～2mm。P－N结中的接触电势差虽然阻止空穴移向N区，也阻止电子移向P区，但却能帮助P区中的少数电子和N区中的少数空穴分别移向对方。当光照射P－N结时，如图20-34所示，产生电子空穴对，空穴被移向P区，电子被移向N区，结果P区和N区各自比原来动态平衡下多出一些空穴和电子，即P区积累了较多的正电荷，N区积累了较多的负电荷，产生了光生电势差。若将外电路接通，电路中会有电流。这就是光生伏特效应。利用它制造的太阳能电池在宇宙航行中具有重要的实用价值。

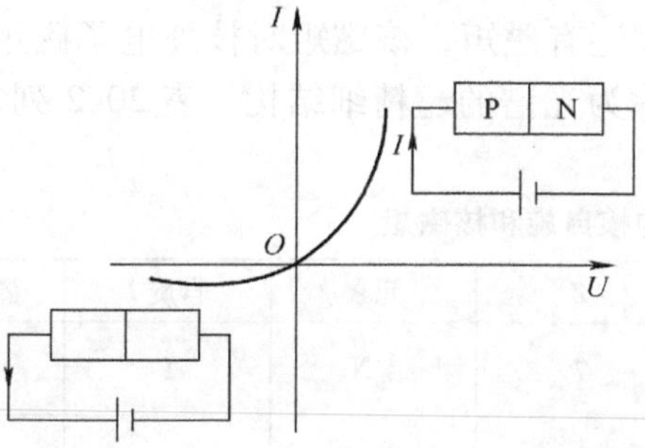

图20-33　P－N结的伏安特性曲线

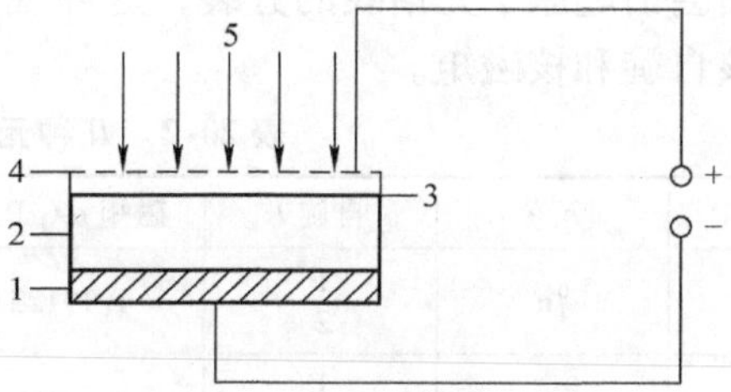

图20-34　光生伏特效应

*20.7　原子核及原子能的应用

原子核的基本性质

（1）核子的性质　原子核是由质子和中子组成的。质子和中子统称为核子。质子（p）带正电荷$+e$，中子（n）不带电。质子和中子的质量相差很少，分别为

$$m_{\mathrm{p}}=1.007276\mathrm{u},\ m_{\mathrm{n}}=1.008665\mathrm{u}$$

u是原子质量单位的符号，$1\mathrm{u}\approx1.6605655\times10^{-27}\mathrm{kg}$。质子和中子的自旋都是$\frac{1}{2}$，是费米子，服从费米－狄拉克统计规律。

质子的磁矩为$\mu_{\mathrm{p}}=2.79\dfrac{e\hbar}{2m_{\mathrm{p}}}=2.79\mu_{\mathrm{N}}$，中子的磁矩为$\mu_{\mathrm{n}}=-1.91\mu_{\mathrm{N}}$。其中，

$$\mu_{\mathrm{N}}=\frac{e\hbar}{2m_{\mathrm{p}}}=(5.050824\pm0.000002)\times10^{-27}\mathrm{A\cdot m^2}$$

称为核磁子，是核磁矩的单位。负号表示磁矩方向与自旋方向的相反。

（2）原子核的电荷与质量　不同的原子核由数目不同的质子和中子组成，**原子核中的**

电荷由质子数 Z 决定，Z 实际上就是这种元素的原子序数。与原子核的质量最接近的整数称为核的**质量数**，实际上就是核中的质子数与中子数之和。以 A 表示质量数，N 表示中子数，则有

$$A = Z + N \tag{20-37}$$

若用 X 代表某种原子核时，可以写成符号 ${}_{Z}^{A}X$ 表示核的组成。A 不同，Z 相同的核（及其原子）处在周期表的同一位置，因此称为同位素，例如 ${}_{6}^{12}\mathrm{C}$、${}_{6}^{13}\mathrm{C}$ 即为碳的两种同位素。

（3）原子核的大小和形状　原子核的半径大约为 $10^{-15}\sim10^{-14}\mathrm{m}$，是原子半径的 $10^{-5}\sim10^{-4}$ 倍。核半径与质量数 A 有如下近似的关系：

$$R = R_0 A^{\frac{1}{3}}$$

式中，R_0 是常数，数值为 $(1.2\sim1.5)\times10^{-15}\mathrm{m}$。根据核内电荷分布的实验，可以推知稳定的原子核的形状一般近似椭球形，长短轴之比一般不大于 $\frac{5}{4}$。所以也可以把它近似地看作球形。

（4）原子核的自旋（角动量）和磁矩　原子核的角动量等于核子的自旋及轨道运动角动量的矢量和，用 I 表示，称为核自旋。同时核还有磁矩，核磁矩对核外电子磁矩有作用，这种作用会引起原子光谱线的分裂，这种现象称为光谱的超精细结构。表 20-2 列出了几种元素的核自旋和核磁矩。

表 20-2　几种元素的核自旋和核磁矩

Z	元素	自旋 I	磁矩 μ/μ_P	Z	元素	自旋 I	磁矩 μ/μ_P
0	${}_{1}^{0}\mathrm{n}$	$\frac{1}{2}$	−1.19123	7	${}_{7}^{14}\mathrm{N}$	1	+0.408
1	${}_{1}^{1}\mathrm{H}$	$\frac{1}{2}$	+2.7928	8	${}_{8}^{16}\mathrm{O}$	0	—
1	${}_{1}^{2}\mathrm{H}$	1	+0.8574	11	${}_{11}^{22}\mathrm{Na}$	$\frac{3}{2}$	+2.2176
2	${}_{2}^{3}\mathrm{He}$	$\frac{1}{2}$	−2.1278	13	${}_{13}^{27}\mathrm{Al}$	$\frac{5}{2}$	+3.6413
2	${}_{2}^{4}\mathrm{He}$	0	—	17	${}_{17}^{35}\mathrm{Cl}$	$\frac{3}{2}$	+0.8218
3	${}_{3}^{6}\mathrm{Li}$	1	+0.8220	17	${}_{17}^{36}\mathrm{Cl}$	2	+1.2854
3	${}_{3}^{7}\mathrm{Li}$	$\frac{3}{2}$	+3.2564	19	${}_{19}^{39}\mathrm{K}$	$\frac{3}{2}$	+0.3914
4	${}_{4}^{9}\mathrm{Be}$	$\frac{3}{2}$	−1.1775	19	${}_{19}^{40}\mathrm{K}$	4	−1.2981
5	${}_{5}^{10}\mathrm{B}$	3	+1.8006	49	${}_{49}^{113}\mathrm{In}$	$\frac{9}{2}$	+5.5229

（5）核力　原子核是由质子和中子组成的，而质子带正电，在 $10^{-15}\sim10^{-14}\mathrm{m}$ 的线度范围内，斥力是很大的，其相互间的万有引力非常小，那么核内的质子和中子结合在一起构成原子核说明在核子之间一定存在着另一种很强的相互吸引力，即所谓的**核力**。经过深入的分析探讨，核理论认为核力具有以下几个重要性质：

1）**核力是短程力**，其有效力程的数量级为 $10^{-15}\sim10^{-14}\mathrm{m}$。

2）**核力近似地具有电荷无关性质**，不论核子带电与否，两核子间的核力大致相等。

3）**核力有非中心力性质**，即核力不仅与核子间的距离有关，而且还取决于核子自旋方向与一核子至另一核子矢径之间的夹角如何。

4）**核力是交换力**，即核子之间的相互作用是以交换一种 π 介子来实现的。这是汤川秀澍在 1935 年为说明核力性质而提出的介子理论，后来（1947 年）在宇宙射线中果然发现了这种粒子。汤川秀澍因此获得了1949 年的诺贝尔物理学奖。

核模型　原子核内含有一定数量的质子和中子，它们相互之间存在着强大的核力作用，而且质子之间又有电荷力作用着，那么这些核子将如何分布才能构成一个稳定的核？这就需要确定关于原子核结构的模型。由于目前原子核理论还是很不完善的，许多模型只是初步的近似，但它们指出了原子核内部运动的一些特点。

（1）液滴模型　由于原子核的质量密度近似为一个常数，因此物理学家认为，**原子核类似于一个具有极大密度（约10^7kg/m^3）的不可压缩的液滴**。对于含有大量核子的原子核，这个模型是相当成功的，但它只是把核作为一个整体来考虑，忽略了核内各核子个别运动的特点。

（2）壳层模型　由于原子核的许多性质具有周期性的特点，例如凡是质子数或中子数为 2、8、20、28、50、82 的核，都特别稳定，这些数称为幻数。参照原子的壳层结构理论，人们提出了在原子核中也存在着壳层结构，利用这个模型能较好地说明结合能、核自旋、核磁矩等。但按此模型对稳定核所算得的质子数和中子数以及磁矩的量值，还不能与实验值完全相符。

（3）集体运动模型（也称综合模型）　它综合了液滴模型和壳层模型的优点，认为核子在核内既有单个粒子的运动，又因相互吸引力形成一些集体而有集团的振动和转动，因此要把单个核子的运动与核子集团的运动综合起来考虑。这种模型能够说明形变核的磁矩和电四极矩、预言了一些核能级以及 γ 跃迁概率等。

另外还有一些核模型，在此不一一介绍了。

核衰变和核反应　核力虽然具有很强的作用，使核子凝聚在一起成为核，但原子核还是会发生变化的。这种变化分为两种，一种是不稳定的核（即放射性元素）自发地放射出某种粒子转变为另一种核，叫作核衰变；另一种是人为地用高能粒子去冲击核，引起核的变化，称为核反应。衰变时按照放射的粒子不同分别称为 α 衰变、β 衰变、γ 衰变，α 粒子是氦原子核，β 粒子是电子，β^+粒子是正电子，γ 衰变放射的是 γ 光子。原子核衰变时满足的衰变定律为：设 $t=0$ 时刻，有 N_0 个原子核，经过一段时间，在 t 时刻，由于衰变，只剩下 N 个未衰变的核，即

$$N = N_0 e^{-\frac{t}{\tau}} \tag{20-38}$$

式中，τ 称为核的平均寿命。习惯上常用半衰期 $T_{1/2}$ 来表征放射性衰变的快慢，当 $t = T_{1/2}$ 时，未衰变的核为原来核数的一半。即

$$\frac{N_0}{2} = N_0 e^{-T_{1/2}/\tau}$$

所以半衰期

$$T_{1/2} = \ln 2\tau = 0.693\tau \tag{20-39}$$

核裂变和核聚变

(1) 核裂变 核裂变是指元素周期表中最重的一批原子核（质量数 A 为 200 以上），在中子的轰击下分裂成大小差不多相等的两块（每块质量数为 100 多）的核反应，核裂变过程一般是被中子撞击的原子核吸收中子形成复合核，之后分裂成两个中等的碎片。例如，慢中子使 ^{235}U 发生裂变的反应过程可写为

$$n + {}^{235}U \rightarrow {}^{236}U^{*} \rightarrow X + Y \tag{20-40}$$

式中，$^{236}U^{*}$ 是处于激发态的复合核；X 和 Y 代表裂变后的两个碎片。根据相对论，裂变反应的质量亏损会带来巨大的能量释放，该问题同样可以用结合能的变化解释。

(2) 核聚变 核聚变是两个小质量核结合产生一个大质量核和一些碎片，同时释放巨大能量的反应。例如用加速的氘（$D = {}_1^2H$）核去轰击固体的氘靶，产生如下反应：

$$\begin{cases} D + D \rightarrow T + p + 4.04\text{MeV} \\ D + D \rightarrow {}^3He + n + 3.27\text{MeV} \end{cases} \tag{20-41}$$

核能的利用

(1) 原子弹 利用重核裂变反应原理制成的武器称为原子弹。

(2) 氢弹 利用氘、氚等轻核的聚变反应原理制成的武器称为热核武器，俗称氢弹。氢弹的爆炸能力可以比原子弹大几十倍。1952 年美国试爆了第一颗氢弹，我国是在 1964 年试爆原子弹之后的两年零七个月，于 1967 年成功试爆了第一颗百万吨 TNT 级的氢弹，成为继美、苏、英之后第四个掌握核武器的国家。

(3) 核电站 自从人类社会进入工业化以来，对能源的需求越来越高。不可再生的矿物能源将不可避免地走向枯竭，这样就要求我们必须发展风力、水力、太阳能以及核能等其他能源。受控热核聚变是新能源中的重要一员，因为聚变反应“燃料”是氘，其原料重水可从海水中提取，这就决定核电可以被看作是取之不尽用之不竭的能量来源。另外，核电还具有成本低、环境污染小、运行安全可靠的优点。

鉴于核能是目前唯一实现的、可大规模替代矿物燃料的能源，核电作为一种新能源，发展非常迅速，我国目前已经形成了浙江秦山、广东大亚湾和江苏田湾三大核电基地，另还有一批新建核电站和规划中的核电站，极大地缓解了能源危机。

*20.8 基本粒子

基本粒子的概念 人类很早就在探索组成物质结构的基本单元。最初把元素的最小单元——原子看作不可分的，是各种物质结构的基本单元。但到了 20 世纪初期，认识到原子是由原子核和电子组成的，原子核还有内部结构。1932 年中子被发现后，进一步认识到原子核是由质子和中子构成的。这以后，人们把当时已知的质子、中子、电子、光子这四种粒子看作是“基本粒子”，是组成物质世界的不可分割的基本粒子。但其后陆续发现了许多“基本粒子”（目前已知的有三百多种），从这些粒子的性质来分析，可以知道有些还有内部结构，很难再说是“基本粒子”了。因此，所谓基本粒子，只不过是人们目前所认识到的物质的基本单元，并不是构成万物的终极基石。它们只是物质结构无限层次中的一个层次而已。

基本粒子的分类 到目前为止，已发现的基本粒子达 300 多种，并且还继续有新粒子发现。其中只有光子、电子、质子和中微子等比较稳定，其余的寿命都很短，还有某些处于激

发态的粒子，称为共振态粒子。表 20-3 列出了那些比较稳定的基本粒子及其一些性质。按它们的主要相互作用，分为三类：第一类是光子，一切带电粒子或具有磁矩的粒子之间的电磁相互作用就是以光子为媒介的。第二类是轻子，它们之间的主要相互作用是弱相互作用。第三类是强子，它们之间的主要相互作用是强相互作用。强子分成两类：重子和介子。这两类粒子有不同的自旋，介子的自旋都是零，重子的自旋除 Ω^+、Ω^- 是$\frac{3}{2}$，其余都是$\frac{1}{2}$，都是半整数。所以就统计性而言，重子是费米子，介子是玻色子。表 20-3 中的轻子都是费米子，光子是玻色子。

表 20-3　基本粒子分类表

类别		粒子	统计	相互作用
光子（规范玻色子）		γ ($W^{\pm}$，Z^0)	玻色子	电磁（弱）
轻子	带电	$e^{\pm}$，$\mu^{\pm}$，$\tau^{\pm}$	费米子	电磁，弱
	中微子	ν_e，$\overline{\nu}_e$；ν_μ，$\overline{\nu}_\mu$；ν_τ，$\overline{\nu}_\tau$	费米子	弱
强子	介子	$\pi^{\pm}$，π^0（$K^{\pm}$，K^0，$\overline{K^0}$）	玻色子	强，电磁，弱
	重子	p，n，$\overline{p}$，$\overline{n}$（奇异粒子 Λ，Σ，Ξ，Ω）	费米子	强，电磁，弱

基本粒子的相互作用　到目前为止，人们所认识的一切物体（从宇宙天体到基本粒子）之间的基本相互作用力有四种：**万有引力作用、电磁相互作用、弱相互作用和强相互作用**。前两种人们认识较早，后两种是近几十年来在原子核和基本粒子的研究中逐渐认识到的。

（1）万有引力作用　它是四种相互作用中强度最弱的一种长程力，对宏观物体，特别是在宇宙天体中起主要作用，但对基本粒子来说，作用很不明显，因此在基本粒子研究中不必考虑这种作用。

（2）电磁相互作用　它是带电粒子或具有磁矩的粒子之间的相互作用，是通过光子的交换来实现的一种长程力。

（3）弱相互作用　它是一种短程相互作用，而且强度很弱，但却广泛地存在着，各种轻子和强子都参与弱相互作用，它是通过交换中间玻色子（$W^{\pm}$、Z^0）来实现的。

（4）强相互作用　它是强子（重子、介子）之间的相互作用，是四种相互作用中最强的一种，它是通过介子的交换来实现的，作用范围不超过10^{-15}m，是一种短程力。表 20-4 给出了四种基本相互作用的特点。

表 20-4　四种基本相互作用的特点

简称	力程/m	强度	性质	传递媒介			举例
				粒子	质量	自旋（$\hbar$）	
强	$\leqslant 10^{-15}$	1~10	引、斥	介子（π）	~135MeV	1	核力
电磁	∞	~1/137	引、斥	光子（γ）	0	1	原子核与电子
弱	$<10^{-17}$	$\sim 10^{-14}$	—	$W^{\pm}$，Z^0	~73GeV	1	β 平变
引	∞	$\sim 10^{-40}$	引	引力子	0	2	天体

守恒定律　基本粒子在相互作用和转化过程中，那些反映物质世界普遍规律的一些守恒

定律，如质量数守恒、电荷数守恒、能量守恒、动量守恒、角动量守恒等都被严格地遵守着，还遵守重子数、轻子数和μ子数的守恒定律以及一些特殊的守恒定律。所谓特殊是指这些守恒定律并不是在各种相互作用过程中都成立。如宇称守恒在强相互作用、电磁相互作用中成立，在弱相互作用中就不成立了。表 20-5 给出了在基本粒子的三种相互作用过程中的守恒定律，其中“+”号表示守恒，“-”号表示不守恒。

表 20-5　三种相互作用下的守恒定律

作用	守恒量													
	能量	动量	角动量	电荷	轻子数	μ子数	重子数	同位旋	同位旋分量	奇异数	宇称	电荷共轭	时间反演	CPT 联合变换
强相互作用	+	+	+	+	+	+	+	+	+	+	+	+	+	+
电磁相互作用	+	+	+	+	+	+	+	−	+	+	+	+	+	+
弱相互作用	+	+	+	+	+	+	+	−	−	−	−	−	−	+

基本粒子结构的夸克模型　1964 年盖耳曼等人提出强子是由更基本的夸克粒子组成的，并提出有三种夸克以及相应的反夸克。后来又陆续发现了一些新的强子，包括一些共振态粒子。使人们相信除了上述三种夸克外，可能还有新的夸克。1974 年丁肇中和里奇特（Richter）等分别独立发现了 J/Ψ 粒子，1977 年莱德曼（Lderman）发现了γ粒子，经分析研究都是由两种新夸克和它们的反粒子组成的。此外，由强子与轻子的对称性考虑，还应有第六种夸克，但由它组成的粒子至今未发现。夸克模型自提出以来已有许多重大成就，但至今还没有从实验中发现孤立的夸克。

表 20-6 中列出了夸克以及它们的一些性质。通常认为夸克是自旋为$\frac{1}{2}$的费米子，夸克具有味和色自由度。夸克分为六种“味道”（即六种性度不同的夸克），每一味夸克都有三种“颜色”：红、黄、蓝。重子是由三个夸克组成的，介子是由正反夸克各一个所组成的。例如，$p\equiv(uud)$，$n=(ddu)$，$\pi^+\equiv(u\overline{d})$，$\pi^-\equiv(\overline{u}d)$，$\pi^0\equiv\frac{1}{2}(u\overline{u}-d\overline{d})$。

表 20-6　六种夸克的符号、电荷、自旋、重子数和质量

名称（符号）		电荷		自旋	重子数	质量
正	反	正	反			
u	$(\overline{u})$	$\frac{2}{3}$	$\left(-\frac{2}{3}\right)$	$\frac{1}{2}$	$\frac{1}{3}$	2.16MeV
d	$(\overline{d})$	$-\frac{1}{3}$	$\left(\frac{1}{3}\right)$	$\frac{1}{2}$	$\frac{1}{3}$	4.67MeV
s	$(\overline{s})$	$-\frac{1}{3}$	$\left(\frac{1}{3}\right)$	$\frac{1}{2}$	$\frac{1}{3}$	93MeV
c	$(\overline{c})$	$\frac{2}{3}$	$\left(-\frac{2}{3}\right)$	$\frac{1}{2}$	$\frac{1}{3}$	1.27GeV
b	$(\overline{b})$	$-\frac{1}{3}$	$\left(\frac{1}{3}\right)$	$\frac{1}{2}$	$\frac{1}{3}$	4.18GeV
t	$(\overline{t})$	$\frac{2}{3}$	$\left(-\frac{2}{3}\right)$	$\frac{1}{2}$	$\frac{1}{3}$	173GeV

本章提要

玻尔的氢原子理论

光谱线的波数公式

$$\tilde{\nu}=\frac{1}{\lambda}=R\left(\frac{1}{m^2}-\frac{1}{n^2}\right)$$

若 $m=2$，$n=3$，4，…就给出巴尔末谱线系。

玻尔的三条假设：①定态假设；②轨道角动量量子化假设 $L=n\hbar$，$n=1$，2，…；③频率条件 $\nu=|E_n-E_m|/h$。在这三条假设的基础上，玻尔导出电子的定态轨道半径 r_n 和定态能量 E_n，其表达式分别为

$$r_n=\frac{\varepsilon_0 h^2 n^2}{\pi m e^2},n=1,2\cdots$$

$$E_n=-\frac{me^4}{8\varepsilon_0^2 h^2}\cdot\frac{1}{n^2},n=1,2,\cdots$$

当 $n=1$ 时，$r_1=0.053\text{nm}$（玻尔半径），$E_1=-13.6\text{eV}$（氢原子的基态能量）。

实物粒子的波粒二象性

粒子的能量　$E=mc^2=h\nu$

粒子的动量　$p=mv=\dfrac{h}{\lambda}$

不确定关系

$$\Delta x\cdot\Delta p_x\geqslant h$$

实质上是微观粒子波粒二象性的反映。

波函数和薛定谔方程

波函数：是描述实物粒子运动状态的在 t 时刻（x，y，z）处粒子出现的概率密度为

$$w=|\Psi(x,y,z,t)|^2$$

波函数应满足归一化条件和单值、连续、有限的标准条件。

定态薛定谔方程

$$-\frac{\hbar^2}{2m}\nabla^2\psi+U\psi=E\psi$$

定态波函数为

$$\Psi(x,y,z,t)=\psi(x,y,z)\mathrm{e}^{-\frac{\mathrm{i}}{\hbar}Et}$$

一维无限深势阱

粒子的能级

$$E_n=\frac{\pi^2\hbar^2}{2ma^2}\cdot n^2,\ n=1,\ 2,\ \cdots$$

粒子的波函数

$$\psi_n(x)=\sqrt{\frac{2}{a}}\sin\frac{n\pi x}{a},\ n=1,2,\cdots$$

描述原子中电子运动状态的四个量子数

主量子数 n：$n=1, 2, \cdots$

角量子数 l：$l=0, 1, 2, \cdots, n-1$

磁量子数 m_l：$m_l=0, \pm1, \pm2, \cdots, \pm l$

自旋磁量子数 m_s：$m_s=\pm\frac{1}{2}$

原子中电子的分布规则

1. 泡利不相容原理；
2. 能量最小原理。

激光

受激辐射和光放大：处于激发态的原子，在外来光子的刺激下产生的辐射称为受激辐射。所辐射的光子和外来光子的频率、相位、偏振态、传播方向等完全相同。

实现粒子数反转的条件：①具有亚稳态能级结构的工作物质；②合适的激励源。

激光器的基本组成：工作物质、激励能源、谐振腔。

激光的特点：方向性好、亮度高、单色性好、相干性好。

固体的能带结构

能带的形成：原子相互靠近构成晶体时，由于原子间的相互作用，原子的能级发生分裂形成能带。

绝缘体、半导体和导体的能带结构特点：绝缘体满带与空带之间的禁带较宽，约 3 ~ 6eV；半导体满带与空带之间的禁带较窄，约 0.1 ~ 2eV；导体的价带是不满带，或者说，总存在着导带。

半导体的导电机制：本征半导体是少数电子和空穴参与导电；N 型半导体主要是由施主能级跃迁到导带中的电子参与导电；P 型半导体主要是由于受主能级收容了满带中跃迁来的电子，而在满带中留下的空穴参与导电。

P - N 结：在 P 型和 N 型半导体的交界面处，由于载流子的相互扩散而形成的电偶层，即为 P - N 结。它具有单向导电性。

习　　题

20-1　试计算氢原子赖曼系的光谱线的最长波长和最短波长。

20-2　如果用可见光照射处于第一激发态（$n=2$）的氢原子，能否使之电离？

20-3　（1）处于第一激发态（$n=2$）的氢原子，其电子轨道运动的半径和动能分别为多少？

（2）电子跃迁到基态，其辐射光子的波长是多少？

（3）此时要使基态氢原子电离，需要多少能量？

20-4　在氢气放电管中，用能量为 12.2eV 的电子去轰击处于基态的氢原子。试确定氢所能发射谱线的波长。

20-5　已知氢原子光谱某一谱线系的极限波长为 364.7nm，其中有一谱线的波长为 656.5nm。试由玻尔理论求出与该波长相对应的始末态原子的能级，以及电子的轨道半径。

20-6　如果用加热的方式使基态氢原子受到激发，至少要加热到多高温度？要使氢原子电离，至少加热到多高温度？（提示：温度为 T 时原子的平均动能 $E_k=3kT/2$，并在碰撞过程中可交出其动能的一半。）

20-7 （1）处于基态的氢原子中电子的动能是多大？

（2）要使处于第一激发态的氢原子发生电离，至少需要吸收波长多大的光子？

（3）氢原子由上述第一激发态直接跃迁到基态，发出光子的频率为多少？

20-8 具有能量为15eV的光子，被氢原子中处于第一玻尔轨道的电子所吸收而形成一光电子。问此光电子远离质子时的速度多大？它的德布罗意波长是多少？

20-9 一束带电粒子经200V的电势差加速后，测得其德布罗意波长为0.002nm。已知该带电粒子所带电荷量与电子电荷量相等。求这粒子的质量。

20-10 （1）被温度3K的液氦冷冻着的中子，动能等于$3KT/2$，求其德布罗意波长；（2）室温（取$T=300\mathrm{K}$）下的中子称作热中子，求热中子的德布罗意波长。

20-11 静止电子经加速电压5.1×10^5V的静电加速器加速后，求：

（1）电子的总能；

（2）电子的总质量与静质量之比；

（3）电子的运动速度和相应的物质波波长。

20-12 光子与电子的波长都是0.2nm，它们的总能量和动量是否都相等？

20-13 简述波函数的物理意义及其条件。

20-14 一个质量为m的粒子，约束在长度为L的一维线上，试根据不确定关系估算这个粒子所能具有的最小能量值。由此，估算在直径为10^{-14}m的核内质子和中子的最小动能。

20-15 如果一个电子处于原子某能态的时间为10^{-8}s，这个原子的该能态能量的最小不确定量是多少？设电子从上述能态跃迁到基态，对应的能量为3.39eV，试确定所辐射光子的波长及这波长的最小不确定量。

20-16 （1）经500V电势差加速后的电子束，通过一直径为1.8×10^{-2}mm的小孔，问通过孔后发散角的不确定量是多大？

（2）若是质量为0.25kg、速度为25m/s小球，通过直径为16cm的小孔，则发散角的不确定量又是多大？

20-17 一质量为m的粒子被限制在长L的一维线段上。试根据物质波的概念，说明这个粒子的能量只能取分立值，并确定这些能量值。

20-18 一维无限深势阱中粒子的波函数为$\psi_n(x)=\sqrt{\frac{2}{a}}\sin\frac{n\pi}{a}x$，写出该粒子在阱中的概率密度表达式，并算出在$n=2$时，$x=a/4$处粒子的概率密度。

20-19 求出能够占据一个d支壳层的最大电子数，并写出这些电子的m_l和m_s值。

20-20 在产生激光的工作物质中，如果只用基态和某一激发态，能否实现粒子数反转？试说明理由。

20-21 硅与金刚石的能带结构相似，只是禁带宽度不同，金刚石的禁带宽度为5.33eV，硅的禁带宽度为1.14eV。试求它们能吸收辐射的最大波长。

20-22 本征半导体和杂质半导体，在导电性能上有怎样的区别？

20-23 P－N结中的阻挡层是怎样形成的？为什么说它具有单向导电性？

物理学与现代科学技术 X

超导电性

1. 超导现象

1911年荷兰科学家卡末林·昂尼斯（K. Onnes）发现一个奇怪的现象，即在4.2K的低温时，水银的电阻突然消失。后来又陆续发现十多种金属都有这种现象。昂尼斯把这种金属达到某一低温时，电阻为零的现象称为超导电性。这种物体称为超导体。进一步研究可知，超导体达到某一临界温度 T_c，就转变为一种新的状态，称为超导态。

超导体的基本特征：

（1）零电阻是超导体的一个重要基本特征　如果用这种超导体做成一个圆环，并且通过电磁感应在环中激起电流，那么这电流将在回路中长久地维持下去，有人曾发现这种金属中的电流能持续几年。

（2）迈斯纳效应　1933 年德国科学家迈斯纳（Meissner）发现，处于超导态的物体完全排斥磁场，即磁场线不能进入超导体（当 $T<T_c$ 时）内部，这一特征叫作完全抗磁性，是超导体的第二个基本特征。因此说，超导体不仅是一个理想的导电体，而且还是一个理想的抗磁体。

（3）临界场和临界电流　超导态不仅与导体的温度有关，还与外磁场的强度有关。即使超导体的温度很低（$T<T_c$），若外磁场很强，也会破坏超导态。也就是说，当磁场值超过某一个临界值 H_c 时，超导体就转变为正常态。H_c 叫作临界磁场。不同超导体的 H_c 不同，并且受温度的影响。此外，通过超导体的电流也会破坏超导态：当电流密度达到或超过某一 J_c 值时，超导体就有电阻了。J_c 叫作临界电流密度。T_c、H_c、J_c 被称为超导体的三个临界参数。

（4）同位素效应　1950 年雷诺（Reynolds）等人发现超导临界温度与元素的同位素质量有关，实验指出，同位素质量越大，临界温度越低。这称为同位素效应。同位素效应说明超导现象不仅与超导体的电子状态有关，而且也与金属的离子晶格有关。

超导电性的 BCS 理论：超导体从正常态转变到超导态，在微观结构上到底发生了什么变化，这是人们长期以来竭立追求解决的问题。1957 年美国科学家巴丁、库珀和施里弗在有了“库珀对”的基础上，提出了能成功解释超导现象的微观理论，称为 BCS 理论。他们三人为此获得了 1972 年的诺贝尔物理学奖。下面简略予以介绍。

大家知道，金属中的原子离解为带负电的自由电子和带正电的离子，离子排列成周期性的点阵，而电子与晶格点阵存在着相互作用，这种相互作用可以引起两种效果。一是在温度 $T>T_c$ 时，自由电子在运动时，与晶格点阵上的离子发生碰撞而散射，这是金属导体具有电阻的原因。二是当温度 $T<T_c$ 时，会引起电子之间的间接相互作用，这种作用是相互吸引的，最终结果使导体具有超导电性。BCS 理论认为，当一个电子在点阵中运动时，由于它和组成点阵的离子电性相反，彼此之间有吸引力，因而会对原来整齐排列的晶格点阵带来扰动，使晶体内局部区域发生畸变。在金属内部，这种点阵的扰动可以像波一样传到别处，影响到另外一个电子。从量子观点看来，晶体中由点阵的振动而产生畸变传播的能量是被称为声子的准粒子。声子可被晶体中另一个自由电子所吸收。于是两个自由电子通过声子耦合起来。就好像一个电子发射声子，被另一个电子所吸收，两个电子之间彼此吸引，成为束缚在一起的电子对，这就是常称的库珀对。库珀对中的两个电子的自旋和动量均等值异号，所以每一库珀对的动量为零。库珀对在超导中起关键作用。BCS 理论认为，当金属的温度 $T<T_c$ 时，金属内电子组成库珀对。库珀对之间的距离比较大，约 10^{-4}cm 的量级，是晶格间距离的 1 万倍左右。库珀对作为整体与晶格作用，因此它的一个电子若从晶格得到动量，则另一个电子必失去动量，作为整体，不与晶格交换动量，也不交换能量，能自由地通过晶格，因此也就没有电阻。当金属的温度 $T>T_c$ 时，热运动使库珀对分裂为单个电子。电子间吸引力不复存在，导体就失去其超导电性而成为正常导体。所以提高超导体的临界温度 T_c 是非常重要的。

2. 超导的应用前景

由于超导体具有零电阻和完全抗磁性等特征，超导技术在科学技术和应用中发挥了巨大的优越性，同时也带来了许多新课题，有着非常广阔的前景。

(1) 低损耗电能传输　由焦耳－楞次定律可知，由于输电线具有电阻存在，就会有能量损耗，为 I^2R，通常长距离输电线路能量损失可达20%～30%。而用超导材料制成的输电线，由于其电阻 $R\to 0$，故线路上的能量损耗可略去不计，节省了大量的能源。而且用超导材料制成的电动机不仅大大地减少功耗，而且可以把体积做得很小。

(2) 强磁场　用超导材料制造的电磁体可以得到很强的磁场，并且损耗少，体积小。这样强的电磁铁，能提高回旋同步加速器带电粒子的功率。这种磁体是现代大型加速器和可控热核反应的磁约束所不可缺少的。

(3) 磁悬浮列车　利用超导体的抗磁性可制成磁悬浮列车或超导列车。其结构就是在列车上安装强大的超导磁体，地上安放一系列金属环状线圈，当车辆行进时车上的磁体在地上的线圈中感应起相反的磁极，使两者的斥力足以将车子悬浮在轨道上，车辆在电动机牵引下无摩擦地前进，时速可高达500km/h。另外，超导技术在医学上、在工业上、在计算机技术上等方面都得到了应用，在某种意义上甚至可以说，超导的出现给电子工业带来了一场革命。但从发展情况来看，超导新材料的研究还处于初始阶段。超导体的实际应用还有许多技术问题需要解决，其主要障碍是超导体的临界温度很低，因此许多科学家致力于高温超导材料的发现，目前已取得了一些可喜的成功，使得超导技术的应用前景更为光明。

核磁共振

1. 概述

核磁共振是一种利用原子核在磁场中的能量变化来获得关于核的信息的技术。每一个原子核都有核自旋及核磁矩，它们的关系为

$$\mu = \gamma \boldsymbol{I} \tag{1}$$

式中，γ 为一比例常数，称为核的回旋磁比。

按照量子理论的观点，核的自旋角动量是量子化的。在外磁场中，核的自旋角动量也是空间量子化的。若以外磁场 $\boldsymbol{B}$ 的方向为 z 轴正向，则核自旋角动量的空间量子化表示为

$$I_z = M\hbar \tag{2}$$

式中，M 为核自旋量子数。核磁矩在 z 方向的大小 μ_z 可以表示为

$$\mu_z = \gamma I_z = \gamma M\hbar \tag{3}$$

核磁矩在外磁场 $\boldsymbol{B}_0$ 的作用下可获得附加能量 E，这能量的大小为

$$E = -\boldsymbol{\mu}\cdot\boldsymbol{B}_0 = -\mu_z B_0 = -\gamma M\hbar B_0 \tag{4}$$

由此可知，核在外磁场中的能量也是量子化的，两个相邻能级之差为 $\Delta E = \gamma\hbar B_0$。因此当用电磁波照射时，核磁矩吸收的能量必须满足共振关系，即它将只吸收如下频率的电磁波：

$$h\nu = \gamma\hbar B_0 \tag{5}$$

$$\nu = \frac{\gamma B_0}{2\pi} \tag{6}$$

由上述可知，当有外磁场 $\boldsymbol{B}_0$ 作用时，核即在磁场中产生旋进，如同陀螺在重力作用下

产生的旋进类似。其旋进角速度为 $\gamma \boldsymbol{B}_0$。若此时在磁场 $\boldsymbol{B}_0$ 的垂直方向上再加上一交变磁场。当交变磁场的频率恰好为共振频率时，核磁矩将从交变磁场中吸收能量，即产生共振吸收，当交变磁场撤去后，磁矩又把这部分能量以辐射的形式释放出来。这就是共振发射，这一共振吸收和共振发射的过程就称为核磁共振。由式（6）可知，对于确定的原子核，可以采用两种方式实现核磁共振。一是固定外磁场，连续改变入射电磁波的频率，使之达到共振频率；二是辐射电磁波频率一定，调节磁场大小，使之满足式（6）的共振条件。

2. 核磁共振实验装置

一种在实验室中观察核磁共振的装置的主要部分如图X-1所示。此装置通过调节频率来达到核磁共振。样品装在小瓶中置于磁铁两极之间，瓶外绕以线圈，由射频振荡器向它通入射频电流。这电流就向样品发射同频率的电磁波。这频率大致和磁场 B 对应的频率相等。为了精确地测定共振频率，就用一个调频振荡器使射频电磁波的频率在共振频率附近连续变化。当电磁波频率正好等于共振频率时，射频振荡器的输出就出现一个吸收峰，它可以从示波器上看出，同时可由频率计读出此共振频率。

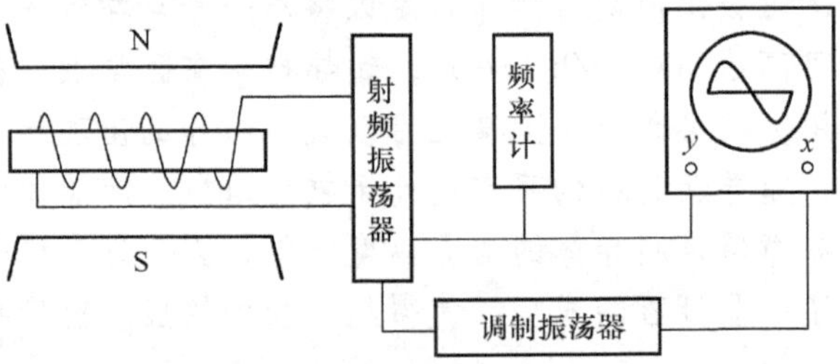

图X-1　核磁共振实验装置示意图

3. 核磁共振的应用

核磁共振起初作为一种精确测量核磁矩的方法，1945年布洛赫（BLock）和泊塞尔（Purcell）分别用核磁共振方法测量了核磁矩，为此他们荣获了1952年度诺贝尔物理学奖。随着核磁共振技术的逐步发展，目前已广泛地应用到有机化学分析和固体结构的研究中。这种研究根据的原理由于原子核外有大量的电子云。因此作用在核磁矩（主要研究的常常是质子的磁矩）上的磁场，除了外加磁场之外，还受到核外电子或其他原子产生的磁场的影响，因此对应于一定频率的入射电磁波，发生共振时的外加磁场和用式（6）计算出来的磁场有些许偏离。这种偏离与物质的化学性质密切相关。对于不同分子或同一分子内的不同集团中，原子核受周围电子云作用大小是不同的，它受的分子内部的磁场也不同，因而产生的偏离的大小也不同。在化学研究中，正是利用这种不同的偏离和已知的标准结构的偏离的对比来判定所研究物质的分子结构的。目前成熟起来的另一种核磁共振技术，即核磁共振成像，可用于医疗诊断。在介质中，大量质子磁矩在外场作用下达到平衡，若受到扰动会偏离平衡，但会自动地恢复平衡。恢复平衡可以通过两种不同步骤，第一步通过质子与质子之间的作用先达到平衡，这种恢复平衡所需的时间称为自旋-自旋弛豫时间 T_2；第二步是整个质子磁矩与周围环境（样品系统整体）作用而恢复平衡，这种恢复平衡所需的时间称为自旋-晶格弛豫时间 T_1，一般来说 $T_1 > T_2$。T_1 与跃迁核子数有关，其大小影响到核磁共振信号的强度；而 T_2 则与一定距离内，进动频率相同、进动取向不同的核相互作用，交换能量，改变进动方向有关，由于是内部交换能量，总的能量不变，质子之间的差异性对 T_2 影响较大。因此，核磁共振信号的强弱，决定于参加共振质子的多少，同时还与两个弛豫时间 T_1、T_2 有关。

由于磁场，包括交变电磁场可以穿入人体，而人体大部分（75%）是水，在医学诊断中，利用人体的正常组织和病变组织中水的密度（即质子密度）不同，两个弛豫时间 T_1、T_2 也不同，因而得到的核磁共振信号的强弱就不同。将人体各部分的核磁共振信号输入计算机，经处理后就可得到人体不同部位的图像，这种图像是把人体分层分析的立体图象，称为核磁共振层析（CT），它可以反映人体各部位的病变情况，以便于医生做出正确的诊断。核磁共振扫描仪如图X-2所示。它的优点是：射频电磁波对人体无害；可以获得内脏器官的功能状态、生理状态以及病变状态的各种信息等。因此它是继20世纪70年代发展起来的X光层析、超声层析以后的一种更为先进的层析图像方法。

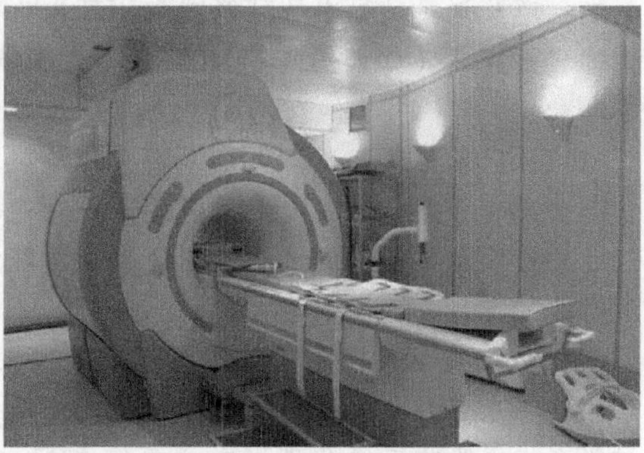

图X-2　人体核磁共振扫描仪装置

清洁能源

能源就是向自然界提供能量转化的物质（矿物质能源、核物理能源、大气环流能源、地理性能源）。能源是人类活动的物质基础。在某种意义上讲，人类社会的发展离不开优质能源的出现和先进能源技术的使用。在当今世界，能源的发展、能源和环境是全世界、全人类共同关心的问题，也是我国社会经济发展的重要问题。

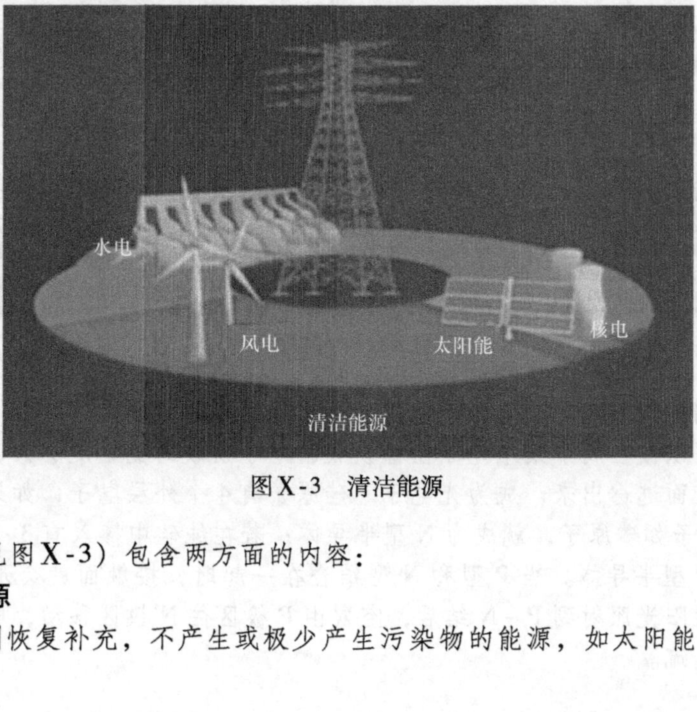

图X-3　清洁能源

清洁能源（见图X-3）包含两方面的内容：

1. 可再生能源

消耗后可得到恢复补充，不产生或极少产生污染物的能源，如太阳能、风能、生物能、水能、地热能、氢能等。我国是国际洁净能源的巨头，是世界上最大的太阳能、风力与环境科技公司的发源地。

2. 不可再生能源

在生产及消费过程中尽可能减少不可再生能源的使用中对生态环境的污染，包括使用低污染的化石能源（如天然气等）和利用清洁能源技术处理过的化石能源，如洁净煤、洁净油等。

从能源应用角度来说，也可以定义清洁能源是：对能源清洁、高效、系统化应用的技术体系。含义有三点：第一，清洁能源不是对能源的简单分类，而是指能源利用的技术体系；第二，清洁能源不但强调清洁性同时也强调经济性；第三，清洁能源的清洁性指的是符合一定的排放标准。

(1) 太阳能　太阳能（见图X-4）是由太阳内部氢原子发生氢核聚变释放出巨大核能而产生的、来自太阳的辐射能量。人类所需能量的绝大部分都直接或间接地来自太阳。植物通过光合作用吸收二氧化碳释放氧气，并把太阳能转变成化学能在植物体内储存下来。煤炭、石油、天然气等化石燃料也是由古代埋在地下的动植物经过漫长的地质年代演变形成的一次能源。地球本身蕴藏的能量通常指与地球内部的热能有关的能源和与原子核反应有关的能源。地球上的风能、水能、海洋温差能、波浪能和生物质能都是来源于太阳，广义的太阳能所包含的范围非常大，侠义的太阳能则限于太阳辐射能的光热、光电和光化学的直接转换。太阳每秒辐射到地球的能量相当于500万t煤的燃烧能，这部分能量的有效利用对人类非常重要。

图X-4　太阳能

光伏发电是利用太阳能的重要方式，其主要原理是半导体的光电效应。光子照射到金属上时，它的能量可以被金属中某个电子全部吸收，电子吸收的能量足够大，能克服金属表面束缚，离开金属表面逃逸出来，成为光电子。硅原子有4个外层电子，如果在纯硅中掺入有5个外层电子的原子如磷原子，就成为N型半导体；若在纯硅中掺入有3个外层电子的原子如硼原子，形成P型半导体。当P型和N型结合在一起时，接触面就会形成电势差，成为太阳能电池。当太阳光照射到P-N结后，空穴由P极区往N极区移动，电子由N极区向P极区移动，形成电流。

太阳能发电被称为最理想的新能源，与常用的发电系统相比，太阳能光伏发电的优点主要体现在：

1）普遍：太阳普照大地，没有地域的限制，无论陆地或海洋，无论高山或岛屿，都处处皆有阳光，可直接开发和利用，便于采集，且无须开采和运输。

2）无害：开发利用太阳能不会污染环境，它是最清洁能源之一，在环境污染越来越严重的今天，这一点是极其宝贵的。

3）巨大：每年到达地球表面上的太阳辐射能约相当于150万亿t煤，其总量属现今世界上可以开发的最大能源。

4）长久：根据太阳产生核能速率估算，氢的储量足够维持上百亿年，而迄今为止地球的年龄约为几十亿年，从这个意义上讲，可以说太阳的能量是用之不竭的。

5）高效：建设周期短，获取能源花费的时间短。

同时光伏发电也有其缺点：

1）分散性：到达地球表面的太阳辐射的总量尽管很大，但是能流密度很低。平均说来，北回归线附近，夏季在天气较为晴朗的情况下，正午时太阳辐射的辐照度最大，在垂直于太阳光方向1m^2面积上接收到的太阳能平均有1000W左右；若按全年日夜平均，则只有200W左右。而在冬季大致只有一半，阴天一般只有1/5左右，这样的能流密度是很低的。因此，在利用太阳能时，想要得到一定的转换功率，往往需要面积相当大的一套收集和转换设备，造价较高。

2）不稳定性：由于受到昼夜、季节、地理纬度和海拔等自然条件的限制以及晴、阴、云、雨等随机因素的影响，到达某一地面的太阳辐照度既是间断的，又是极不稳定的，这给太阳能的大规模应用增加了难度。为了使太阳能成为连续、稳定的能源，从而最终成为能够与常规能源相竞争的替代能源，就必须很好地解决蓄能问题，即把晴朗白天的太阳辐射能尽量储存起来，以供夜间或阴雨天使用，但蓄能也是太阳能利用中较为薄弱的环节之一。

3）效率低和成本高：太阳能利用的发展水平，有些方面在理论上是可行的，技术上也是成熟的。但有的太阳能利用装置，因为效率偏低，成本较高，现在的实验室利用效率也不超过30%，总的来说，经济性还不能与常规能源相竞争。在今后相当一段时期内，太阳能利用的进一步发展，主要受到经济性的制约。

4）太阳能板污染：现阶段，太阳能板是有一定寿命的，而换下来的太阳能板则非常难被大自然分解，从而造成相当大的污染。

基于光资源的广泛分布和光伏发电的应用灵活性特点，以及光伏行业理论技术的不断进步，光伏发电和不同行业的结合越发深入。未来光伏+制氢，光伏+5G通信，光伏+新能源汽车，光伏+建筑等行业的融合会让光伏发电在能源领域有更深远的发展。

（2）氢能源

1）氢能源概述：氢能源是公认的清洁能源，作为低碳和零碳能源正在脱颖而出。21世纪，我国和美国、日本、加拿大、欧盟等都制定了氢能源发展规划，并且我国已在氢能源领域取得了多方面的进展，有望成为氢能源技术和应用领先的国家之一，也被国际公认为最有可能率先实现氢燃料电池和氢能源汽车产业化的国家。图X-5所示为氢能源利用系统示例。

当今世界开发新能源迫在眉睫，原因是所用的能源如石油、天然气、煤，石油气均属不可再生资源，这类能源地球上存量有限。随着化石燃料耗量的日益增加，其储量日益减少，

使用可再生能源剩余电能制造的氢使用流程

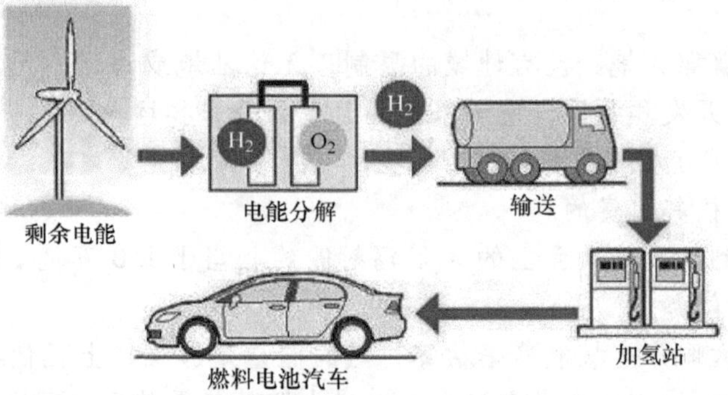

图X-5 氢能源利用系统

终有一天这些资源、能源将要枯竭，这就迫切需要寻找一种不依赖化石燃料的储量丰富的新的含能体能源。氢正是这样一种在常规能源危机出现和开发新的二次能源的同时，人们期待的新的二次能源。氢位于元素周期表之首，原子序数为1，常温常压下为气态，超低温高压下为液态。作为一种理想的新的含能体能源，它具有以下特点：

① 重量最轻：标准状态下，密度为0.0899g/L，－252.7℃时，可成为液体，若将压强增大到数百个大气压，液氢可进一步变为金属氢。

② 导热性最好：比大多数气体的导热系数高出10倍。

③ 普遍元素：据估计氢构成了宇宙质量的75%，它主要以化合物的形态储存于水中，而水是地球上最广泛的物质。据推算，如把海水中的氢全部提取出来，它所产生的总热量比地球上所有化石燃料放出的热量还大9000倍。

④ 回收利用：利用氢能源的汽车排出的废物只是水，可以用来再次分解氢，再次回收利用。

⑤ 理想的发热值：除核燃料外，氢的发热值是所有化石燃料、化工燃料和生物燃料中最高的，为142351kJ/kg，是煤炭的4倍，汽油的3.1倍，天然气的2.6倍。

⑥ 燃烧性能好：点燃快，与空气混合时有广泛的可燃范围，而且燃点高，燃烧速度快。

⑦ 无毒：与其他燃料相比氢燃烧时最清洁，除生成水和少量氮化氢外不会产生诸如一氧化碳、二氧化碳、碳氢化合物、铅化物和粉尘颗粒等对环境有害的污染物质，少量的氮化氢经过适当处理也不会污染环境，且燃烧生成的水还可继续制氢，反复循环使用。产物水无腐蚀性，对设备无损。

⑧ 利用形式多：既可以通过燃烧产生热能，在热力发动机中产生机械功，又可以作为能源材料用于燃料电池，或转换成固态氢用作结构材料。

⑨ 多种形态：以气态、液态或固态的金属氢化物出现，能适应储运及各种应用环境的不同要求。

⑩ 耗损少：通过管道输氢，与远距离高压输电相比，安全性相对提高，能源无效损耗减小。

⑪ 利用率高：氢取消了内燃机噪声源和能源污染隐患，利用率高。

⑫ 运输方便：氢可以减轻燃料自重，可以增加运载工具有效载荷，降低运输成本，从全程效益考虑社会总效益优于其他能源。

⑬ 减少温室效应：氢取代化石燃料能最大限度地减弱温室效应。

氢气可广泛从水、化石燃料等含氢物质中制取，但能够提供全程无碳的技术路线是有限的。目前国际上根据氢的来源把氢分成不同颜色。绿氢：使用100%可再生能源，通过电解分解水分子产生氢气。灰氢：来自化石燃料，通常是加热将天然气分子转化为氢气和二氧化碳，每提取1t氢气通常会排放10t二氧化碳。蓝氢：氢气制取方式与灰氢相同，但使用碳捕获与储存技术大幅度减少二氧化碳排放。绿松石色氢：通过甲烷热解制氢，产生固体碳残留物，实现二氧化碳中和。此外，目前对于生物质、核能或不同能源结构的电网制氢，尚无确定的颜色。绿氢是氢能源利用的终极目标。

2）氢能源的开发与利用：因储量丰富、清洁力强，氢能被普遍认为是实现零排放社会的终极能源解决方案。近年来，世界各主要国家和地区正在加速推进氢能在交通运输领域的应用。时至今日，氢能的利用已有长足进步。自从1965年美国开始研制液氢发动机以来，相继研制成功了各种类型的喷气式和火箭式发动机。美国的航天飞机已成功使用液氢做燃料。我国长征2号、3号也使用液氢做燃料。利用液氢代替柴油，用于铁路机车或一般汽车的研究也十分活跃。氢能汽车靠氢燃料、氢燃料电池运行也是沟通电力系统和氢能体系的重要手段。

目前，世界各国正在大力研究如何能大量而廉价地生产氢。随着太阳能研究和利用的发展，利用太阳能来分解水是一个主要研究方向，在光的作用下将水分解成氢气和氧气，关键在于找到一种合适的催化剂。同时生物技术制氢也是重要研究方向。发展氢能源，将向建立一个美好、无污染的新世界迈出重要一步。

部分习题参考答案

第 10 章

10-1 （略）

10-2 （略）

10-3 （1）$E_1=\frac{I}{\gamma_1 S}$，$E_2=\frac{I}{\gamma_2 S}$

（2）$U_{AB}=\frac{Id_1}{\gamma_1 S}$，$U_{BC}=\frac{Id_2}{\gamma_2 S}$

10-4 $R=\frac{\rho}{2\pi r_0}$

10-5 （1）$R=1.1\times10^{5}\Omega$；（2）$I=9.1\times10^{-4}\text{A}$

10-6 （1）$R=2.2\times10^{-5}\Omega$

（2）$I=2.3\times10^{3}\text{A}$，$J=1.4\times10^{6}\ \text{A/m}^2$

（3）$E=2.5\times10^{-2}\text{V/m}$

（4）$\bar{v}=1.0\times10^{-4}\text{m/s}$

*10-7 （1）$E=\frac{1}{r}\sqrt{\frac{I}{4\pi k}}$

（2）$V_a-V_b=\sqrt{\frac{I}{4\pi k}}\ln\frac{b}{a}$

10-8 （1）$\Phi_{abcd}=-0.24\text{Wb}$；（2）$\Phi_{befc}=0$；（3）$\Phi_{aefd}=0.24\text{Wb}$

10-9 $B=1.73\times10^{-4}\text{T}$，方向垂直纸面向外

10-10 （略）

10-11 $B_A=1.2\times10^{-4}\text{T}$，方向垂直纸面向里

$B_B=1.3\times10^{-5}\text{T}$，方向垂直纸面向外

$B=0$ 的点在 I_2 外侧与 L_2 的距离为 0.1m 的平行线上

10-12 $B=\frac{\mu_0 I}{2\pi a}\ln\frac{l+a}{l}$，方向垂直纸面向里

10-13 （1）$B=1.44\times10^{-5}\text{T}$；（2）$B_{地}-B_{线}=4.56\times10^{-5}\text{T}$

10-14 $B_O=7.02\times10^{-4}\text{T}$，与 $\boldsymbol{B}_A$ 之间的夹角为 63.4°

10-15 $B_O=0$；

10-16 $B_P=\frac{0.21\mu_0 I}{a}$，方向垂直纸面向里

10-17 （1）$B_x=\frac{\mu_0 IR^2}{2\left[R^2+\left(\frac{a}{2}+x\right)^2\right]^{3/2}}+\frac{\mu_0 IR^2}{2\left[R^2+\left(\frac{a}{2}-x\right)^2\right]^{3/2}}$，方向沿轴向向右；（2）略

10-18 （1）$B_O=\mu_0\pi\lambda n$；（2）$B_x=\frac{\mu_0\pi\lambda nR^3}{(R^2+x^2)^{3/2}}$

10-19 $B_x=\frac{\mu_0 q\omega}{2\pi R^2}\left[\frac{R^2+2x^2}{(R^2+x^2)^{1/2}}-2x\right]$；方向与$\omega$的方向相同（$q>0$）或相反（$q<0$）

10-20 （1）$x=0$，$B=3.9\times10^{-3}$T；$x=0.05$m，$B=3\times10^{-3}$T；$x=0.15$m，$B=9.4\times10^{-4}$T

（2）当$x>>R$时，半径为R、电流为I的N匝载流线圈的磁矩为$m=N\pi r^2 I$，所以$B=\frac{\mu_0}{4\pi}\frac{2m}{x^3}$，这一公式与电偶极子在轴线延长线上一点产生的电场强度$E=\frac{1}{4\pi\varepsilon_0}\frac{2P_e}{x^3}$相比较，可知载流线圈在轴线上$x>>R$时，其磁场与一个$m=N\pi r^2 I$的磁偶极子在其延长线上产生的磁场相当。

10-21 $B=6.37\times10^{-5}$T，方向沿水平向左

10-22 $B=\frac{\mu_0 IN}{2(R-r)}\ln\frac{R}{r}$，方向垂直纸面向外

10-23 （略）

10-24 （1）两平面之间：$B=\frac{\mu_0}{2}(i_1-i_2)$

（2）两平面之外：$B=\frac{\mu_0}{2}(i_1+i_2)$

（3）当$i_1=i_2$时，$B_{内}=0$，$B_{外}=\mu_0 i$

10-25 $\Phi=\frac{\mu_0 I}{4\pi}$

10-26 （1）$B=\frac{\mu_0 NI}{2\pi r}$；（2）（略）

10-27 （略）

10-28 ①$0<r<a$，$B=\frac{\mu_0 Ir}{2\pi a^2}$；②$a<r<b$，$B=\frac{\mu_0 I}{2\pi r}$；③$b<r<c$，$B=\frac{\mu_0 I}{2\pi r}\frac{c^2-r^2}{c^2-b^2}$；④$r>c$，$B=0$（曲线略）

10-29 （1）$B=\frac{\mu_0 IR_2^2}{2\pi a(R_1^2-R_2^2)}=2.0\times10^{-6}$T

（2）$B=\frac{\mu_0 Ia}{2\pi(R_1^2-R_2^2)}=2.0\times10^{-4}$T

10-30 （1）0.32N，垂直纸面向里；0.32N，垂直纸面向外

（2）0.32N，垂直纸面向外；0.32N，垂直纸面向里

10-31 （1）$F_{CD}=8.0\times10^{-4}$N，$F_{EF}=8.0\times10^{-5}$N

$F_{DE}=9.2\times10^{-5}$N，$F_{CF}=9.2\times10^{-5}$N

（2）竖直方向合力为0，水平方向合力为7.2×10^{-4}N，方向同F_{CD}，即向左合力矩为0

（3）各边受力方向都改变180°，大小不变，合力也改变180°，大小不变，合力矩仍为0

10-32 $F_{CD}=8.0\times10^{-4}$N，方向垂直CD指向AB

$F_{EF}=8.0\times10^{-5}$N，方向垂直EF指向AB

$F_{CF}=F_{DE}=8.8\times10^{-5}$N，前者向上，后者向下

10-33 $q=\frac{m}{lB}\sqrt{2gh}=1.21$C

10-34 0.34N，垂直于环平面向上

10-35 $B=9.3\times10^{-3}$T

10-36 $F=3.46\times10^{-4}$N，指向三角形中心

10-37 （略）

10-38 $\sigma=5.0\times10^{5}$Pa

10-39 $F=9.2\times10^{-5}$N，方向垂直AB向上

$M=3.6\times10^{-6}$m·N，方向垂直纸面向外

10-40 $I=2.5$A

10-41 $B=0.31$T

10-42 $M=6.25\times10^{-4}$m·N，圆盘沿逆时针方向转动

10-43 $T=2\pi\sqrt{\frac{J}{NIa^2B}}$

10-44 （略）

10-45 （略）

10-46 （1）$M=7.9\times10^{-2}$m·N，方向平行于纸面向上

（2）$A=7.9\times10^{-2}$J

10-47 （1）（略）；（2）$v=3.7\times10^{7}$m/s；（3）$E_{\mathrm{k}}=6.2\times10^{-16}$J

10-48 （略）

10-49 （略）

10-50 （1）$v=6.7\times10^{-4}$m/s；（2）2.8×10^{29}

10-51 （1）与电子沿轴线前进方向相反

（2）$v=7.57\times10^{6}$m/s；与轴夹角$\alpha=68°17'$

10-52 $M=\frac{\pi B\mathscr{E}d}{\rho\ln\frac{b}{a}}(b^2-a^2)$，方向垂直纸面向外

10-53 （1）$E_0=\frac{I}{\pi R^2\gamma}$，方向朝上，$B_0=0$

（2）$E_a=\frac{I}{\pi R^2\gamma}$，$B_a=\frac{\mu_0 I r_a}{2\pi R^2}$，方向垂直纸面向里

（3）$F=\dfrac{\mu_0 evI}{2\pi r_b}$，方向沿 OO'轴向下

10-54 （略）

10-55 $\dfrac{B_2^2-B_1^2}{2\mu_0}$，方向垂直电流平面指向 B_1 的一侧

10-56 AC 边固定，$A=-\dfrac{1}{2}IBa^2$

DC 边固定，$A=0$

AD 边固定，$A=\dfrac{\sqrt{2}}{4}IBa^2$

10-57 （1）$A=-\dfrac{\mu_0 IbI_1}{2\pi}\ln\dfrac{l+a}{l}$

（2）$A=0$

10-58 $\mu_0 I_1 I_2$，方向在圆环平面内垂直 AB 向右

第 11 章

11-1 （略）

11-2 $\mu_r=1.00754$，$\mu=1.27\times10^{-6}\text{H/m}$

11-3 （1）$H=2.0\times10^4\text{A/m}$

（2）$M=7.76\times10^5\text{A/m}$

（3）$\chi_m=38.8$

（4）$I_s=3.10\times10^5\text{A}$，$\mu_r=39.8$

11-4 （1）$B_0=2.5\times10^{-4}\text{T}$，$H_0=200\text{A/m}$

（2）$B=1.05\text{T}$，$H=H_0=200\text{A/m}$

（3）$B_0=2.5\times10^{-4}\text{T}$，$B'\approx1.05\text{T}$

11-5 $\Phi=2.5\times10^{-7}\text{Wb}$

11-6 （1）$B=\dfrac{\mu_0\mu_r Ir}{2\pi R^2}$；（2）$B=\dfrac{\mu_0 I}{2\pi r}$；（3）$\dfrac{\mu_0\mu_r IL}{4\pi}$

11-7 （1）当 $0\leqslant r\leqslant R_1$ 时，$H=\dfrac{Ir}{2\pi R_1^2}$，$B=\dfrac{\mu_0 Ir}{2\pi R_1^2}$

当 $R_1\leqslant r\leqslant R_2$ 时，$H=\dfrac{I}{2\pi r}$，$B=\dfrac{\mu_0\mu_r I}{2\pi r}$

当 $r\geqslant R_2$ 时，$H=\dfrac{I}{2\pi r}$，$B=\dfrac{\mu_0 I}{2\pi r}$

（2）介质内表面处，$i_{s1}=\dfrac{(\mu_r-1)I}{2\pi R_1}$

介质外表面处，$i_{s2}=\dfrac{(1-\mu_r)I}{2\pi R_2}$

*11-8 （略）

11-9　(1) $2.12\times10^{3}\text{A/m}$；(2) $\mu=4.71\times10^{-4}\text{H/m}$，$\mu_r=375$；(3) $7.96\times10^{5}\text{A/m}$

11-10　(1) 133 安匝；(2) 1463 匝

第 12 章

12-1　(略)

12-2　(1) $\mathscr{E}_i=1.26\times10^{-3}\text{V}$；$I_i=6.3\times10^{-4}\text{A}$

(2) $q=1.26\times10^{-3}\text{C}$

12-3　(略)

12-4　(1) $\Phi=\dfrac{\mu_0 iR^2\pi r^2}{2x^3}$

(2) $\mathscr{E}_i=\dfrac{3\mu_0 i\pi r^2 v}{2R^2N^4}$

(3) 与大回路同方向

12-5　$U_{ac}=7.0\times10^{-3}\text{V}$；$a$ 点电势高于 c 点电势

12-6　(略)

12-7　$\mathscr{E}_i=3.0\times10^{-3}\text{V}$；方向顺时针

12-8　$\mathscr{E}_i=-8.7\times10^{-2}\cos100\pi t(\text{V})$

12-9　$\mathscr{E}_i=2.96\sin120\pi t(\text{V})$，$I_i=2.96\times10^{-3}\sin120\pi t(\text{A})$

$\mathscr{E}_{i\max}=2.96\text{V}, I_{i\max}=2.96\times10^{-3}\text{A}$

12-10　(略)

12-11　$I_i=0.25\times10^{-2}\text{A}$，沿逆时针方向流动

12-12　$a_a=4.4\times10^{-7}\text{m/s}^2$，方向向左

$a_b=4.4\times10^{-7}\text{m/s}^2$，方向向右

$a_c=4.4\times10^{-7}\text{m/s}^2$，方向向上

$a_O=0$

12-13　$\dfrac{\mathrm{d}\Phi}{\mathrm{d}t}=700\text{Wb/s}$

12-14　(1) $v=v_0\mathrm{e}^{-\frac{B^2l^2}{mR}}$；(2) $A=\dfrac{1}{2}mv_0^2$

12-15　(1) $L_0=7.4\times10^{-4}\text{H}$；(2) $L=3.7\text{H}$

12-16　$L=\dfrac{\mu_0 l}{2\pi}\ln\dfrac{R_2}{R_1}$

12-17　(略)

12-18　(略)

12-19　(1) $L_1=\mu_0N_1^2V$；$L_2=\mu_0N_2^2V$

(2) $M=\dfrac{\mu_0N_1N_2a^2}{2R}$

(3) $M=\sqrt{L_1L_2}$

12-20　(1) $M=6.28\times10^{-6}\text{H}$；(2) $\mathscr{E}_i=3.14\times10^{-4}\text{V}$

12-21 （1）$L_{14}=L_1+L_2+2M$；（2）$L_{13}=L_1+L_2-2M$

12-22 $\mathscr{E}_i=\frac{\mu_0 lk}{2\pi}\left(\ln\frac{b+d}{b}-\ln\frac{a+d}{a}\right)$，方向逆时针

12-23 $w_m=7.1\times10^{-13}\text{J/m}^3$

12-24 （略）

12-25 $Q=5\times10^{-7}\text{C}$

12-26 $\mathscr{E}_i=Bvr-\frac{1}{6}\pi r^2\frac{dB}{dt}$

12-27 （1）$M=\frac{\mu_0 a}{2\pi}\ln3$；（2）$\mathscr{E}_i=-\frac{\mu_0 a}{2\pi}(\ln3)I_0\omega\cos\omega t$

12-28 （1）$\omega=\omega_0 e^{-\frac{3}{4}\frac{B^2L^2t}{mR}}$；（2）$\theta=\frac{4mR\omega_0}{3B^2L^2}$

12-29 $\mathscr{E}_i=Lkvt$（顺时针方向）；

12-30 （1）$\mathscr{E}_i=3.14\times10^2\text{V}$；（2）$\frac{dB}{dt}=2\times10^2\text{T/s}$

12-31 $M=\frac{\mu_0}{\sqrt{3}\pi}\left[(b+h)\ln\frac{b+h}{b}-h\right]$

12-32 $M=B^2a^2r^2\omega\sigma\tau$

12-33 （1）当均匀磁场 B_1 和 B_2 向右推进平移时，金属框相对磁场向左运动，于是在金属框 $abcd$ 中产生逆时针方向的感应电流，同时受到向右方向的安培力，所以金属框跟随均匀磁场向右推进平移。金属框开始受到安培力作用，做加速运动，当速度增大到 5m/s 时，金属框相对均匀磁场静止，于是后来金属框将处于匀速运动状态；

（2）$v_{max}=1.9\text{m/s}$；（3）$P=5\text{W}$

12-34 （1）$v_{max}=8\text{m/s}$；（2）$x=120\text{m}$；（3）$t_0=2\text{s}$

第 13 章

13-1 （略）

13-2 （略）

13-3 （略）

13-4 （略）

13-5 （3）对圆柱形电容器，$J_d=\frac{1}{2\pi r}\frac{d\lambda}{dt}$

13-6 （1）2.8A；（2）$B_r=\frac{1}{2}\mu_0\varepsilon_0 r\frac{dE}{dt}$，$B_R=5.6\times10^{-6}\text{T}$

13-7 $I_{max}=5.47\times10^{-5}\text{A}$

13-8 （1）$\frac{1}{2}\frac{qa^2v}{(a^2+x^2)^{3/2}}$；（2）$\frac{qv\sin\theta}{4\pi r}$

13-9 43.3 ~ 390pF

13-10 （1）因为电路接通时，线圈内已储有磁场的能量，所以当电路断开时能产生振荡电流；

（2）39.8Hz；（3）5×10^{3}V

13-11 （1）$\lambda=375$m；（2）$\overline{S}=1.08\times10^{-4}$W/m^{2}

13-12 （1）3m，10^{8}Hz

（2）电磁波沿 x 轴正向传播

（3）$B_z=2\times10^{-9}\cos\left[2\pi\times10^{8}\left(t-\dfrac{x}{c}\right)\right]$，方向沿 x 轴正方向

13-13 $E_0=1.6\times10^{-2}$V/m；$B_0=5.3\times10^{-11}$T

13-14 （1）3.18×10^{3}J/(m^2·s)

（2）1.55×10^{3}V/m，5.17×10^{-6}T

13-15 （1）$E=\dfrac{\rho I}{\pi a^2}$，与轴线平行，指向电流方向

（2）$H=\dfrac{Ir}{2\pi a^2}$，按右螺旋定则确定，沿圆的切线方向

（3）$S=\dfrac{I^2\rho r}{2\pi^2 a^4}$，指向轴线（和轴线垂直）

（4）（略）

13-16 （1）$J_d=\varepsilon_0 k$（同 $\boldsymbol{E}$ 方向）

（2）$B=\dfrac{\mu_0\varepsilon_0 kr}{2}$；按右螺旋定则确定，沿圆的切线方向

（3）$S=\dfrac{\varepsilon_0 k^2}{2}rt$，方向指向圆心

13-17 （1）$H=nkt$，水平向左

（2）$E_k=\dfrac{r}{2}\mu n\dfrac{di}{dt}$，垂直纸面向内，沿圆周切线向

（3）$S=\dfrac{r}{2}\mu n^2 i\dfrac{di}{dt}$，方向指向轴线

第 14 章

14-1 $n=1.5$，$\nu=5\times10^{14}$Hz

14-2 22cm

14-3 $\dfrac{\sqrt{3}-1}{2}R$

14-4 $i\leqslant\arcsin\sqrt{n_1^2-n_2^2}$

14-5 −20cm

14-6 $r=72$cm，$l=108$cm

14-7 25cm，成实像；$f_2=15$cm，$f_1=10$cm

14-8 棒的另一端应磨成半径为 5cm 的向外凸的球面

14-9 $f_1=f_2=5$cm

14-10 凹透镜左方 6cm 处，成等高正立虚像；$m=1$

14-11 40cm，$|m|=4$

14-12　$f = -60\text{cm}$

14-13　7.1cm，0.35cm

14-14　1.3 ~ 1.5cm

第 15 章

15-1　（略）

15-2　（略）

15-3　干涉条纹移向劈尖棱，条纹疏密不变；干涉条纹不会发生移动，干涉条纹移向劈棱，条纹将会变密。

15-4　（略）

15-5　加强，减弱，加强

15-6　（1）$\lambda = 550\text{nm}$；（2）$x = 5.73 \times 10^{-3}\text{m}$

15-7　$6.6 \times 10^{-6}\text{m}$

15-8　$\lambda_2 = 660\text{nm}$

15-9　（1）$d = 0.35\text{mm}$；（2）$\Delta x = 0.31\text{cm}$

15-10　（1）$e_{\min} = 1.04 \times 10^{-5}\text{cm}$；（2）绿色

15-11　$e = 673.1\text{nm}$

15-12　凹

15-13　（略）

15-14　（1）$N = 1398$ 条；（2）$l = 0.071\text{mm}$

15-15　（1）202 条；（2）94 条

15-16　$n = 1.36$

15-17　（1）57 条；（2）76 条

15-18　（略）

15-19　（1）$r = \sqrt{2Rd + (1-2k)\frac{R\lambda}{2}}$，$k = 1, 2, \cdots$，明条纹

$r = \sqrt{2Rd - kR\lambda}$，$k = 0, 1, 2, \cdots$，暗条纹

（2）图 a，边缘两条接触线为暗条纹，离中心点 P 越远，干涉级越低，干涉条纹变密。

图 b，中心点附近总是暗条纹，离中心点 P 越远，干涉级越高，干涉条纹变密。

15-20　（1）$\lambda = 628.9\text{nm}$；（2）$d = 5.93 \times 10^{-3}\text{cm}$

15-21　（1）$x_5 = 22.9\text{mm}$；（2）$x'_5 = 71.3\text{mm}$

（3）$b_0 = 0.92\text{mm}$；（4）$k_{\max} = 6$，$\delta_{\max} = 3.6 \times 10^{-3}\text{mm}$

15-22　（1）光的单色性越好，相干长度（即两束光的最大光程差）越长，干涉的最高级次越高，相干性越好；（2）$L = 6.05\mu\text{m}$，$\Delta\lambda = 0.05\mu\text{m}$

第 16 章

16-1　（略）

16-2　（1）±2，±4，…；±3，±6，…；±4，±8，…

(2) 干涉与衍射同时存在；(3) 3 条

16-3 (1) 0.50mm；(2) 0.75mm；(3) 1.5mm

16-4 $a(\sin\varphi \pm \sin\theta) = \pm k\lambda$，$k=1$，2，…

16-5 (1) $a=1.0\times10^{-3}$mm；(2) $l_0=0.2$cm，$l=0.1$cm

16-6 0.43mm

16-7 (1) $5\lambda_1=4\lambda_2$；(2) $k_2\lambda_2-k_1\lambda_1=\frac{\lambda_1}{4}$，$k_1$ 为 λ_1 的明纹级次，k_2 为 λ_2 的暗纹级次

16-8 400nm < λ < 635nm

16-9 (1) 2×10^{-3}m；(2) 6×10^{-3}m

16-10 (1) $k=3$；(2) $k=5$

16-11 (1) $k=0$，±1，±3，±5 级共 7 条；(2) $\varphi_1=9.43°$

16-12 (1) $x_{3紫}=0.144$mm，$x_{2红}=0.205$mm；(2) 不能，第二级与第三级部分重叠；(3) 600nm

*16-13 缝数 $N\geqslant491$，透光部分 $a=0.79\times10^{-3}$mm，不透光部分 $b=1.58\times10^{-3}$mm

*16-14 3646 条

16-15 (1) 0.24cm；(2) 2.4cm；(3) 9 条

16-16 1.2mm

16-17 (1) 0.15cm；(2) 0.15mm，光强约为原来光强的10^4 倍

16-18 8950m

16-19 0.119nm，0.159nm，反射加强

16-20 (1) 0.028nm；(2) 0.283nm

第 17 章

17-1 (略)

17-2 (1) 亮度减半，位置和间距不变；(2) 明暗纹消失

17-3 (略)

17-4 (略)

17-5 (1) $I=\frac{1}{8}I_0\sin^2 2\alpha$；(2) (略)

17-6 (1) $i_0=58°$；(2) $n_2=1.60$

17-7 (1) $I/I_0=1/8$；(2) $I/I_0=1/10$；(3) $I/I_0=0.21$

17-8 (1) 54.7°；(2) 35.3°

17-9 2 条，2 条，4 条

17-10 $i=48°10'$

17-11 $\theta=11°30'$

17-12 (1) $\frac{2}{3}$；(2) $\frac{2}{3}$

17-13 $\frac{3}{16}I_0$

17-14　磨去 $1.28\mu m$

第 18 章

18-1　(1) $t'=1.25\times10^{-7}s$，$x'=25m$，$y'=z'=0$

(2) $x=93m$，$y=5m$，$z=4m$，$t=2.5\times10^{-7}s$

18-2　$-1.54\times10^{-13}s$

18-3　$u=1.2\times10^{8}m/s$

18-4　$\Delta t'=-3.46\times10^{-3}s$

18-5　(1) 物体的热胀冷缩是一种具体的物质过程，是由于组成物质的分子原子热运动的状态不同，导致了分子原子间电磁力的变化，使得分子原子间的距离发生变化，很显然，这种伸长或缩短对于不同的惯性系都一样。

相对论时空观所导致的运动物体长度缩短，是发生在一切运动物体上的物理过程，是一种基本时空属性的反映。而与过程的具体机制无关，只与物体及参考系间相对运动状态有关。

(2) 根据相对性原理，一切物理定律对所有的惯性参考系是等价的，即运动的描述只具有相对意义。因此长度的缩短、时钟的变慢都不是绝对的。火箭上的观察者将会看到地球上同类物体的长度同样是缩短了，时钟同样是变慢了。

18-6　(略)

18-7　(1)　$\tau=4.3\times10^{-8}s$；(2) $l=10.3m$

18-8　$S'=7.2cm^2$

18-9　(1) $L\approx9460m>6000m$，所以 π 介子能到达地球；

(2) $L=599m>379m$，所以在 π 介子参考系中 π 介子也能抵达地球。

18-10　(1) $\Delta t\approx9$ 年；(2) $\Delta t'=0.4$ 年

18-11　(1) $u=0.6c$；(2) $\Delta x'=9\times10^{8}m$；(3) 不可能的，理由如 (1)

18-12　(1) $u=\frac{\sqrt{7}}{4}c$；(2) $l=8.48m$

18-13　(1) $\frac{l_0}{c}$，$\frac{l_0}{c}\sqrt{\frac{c-u}{c+u}}$；(2) $\frac{l_0}{u}$，$\frac{l_0}{u}\sqrt{1-\frac{u^2}{c^2}}$

*18-14　(1) $0.946c$，方向正东；(2) $0.877c$，与正东方向的夹角为$46°51'$

18-15　(1) $m=\frac{5}{3}m_0$，$\rho=\frac{25}{9}\frac{m_0}{V_0}$；(2) $E=\frac{5}{3}E_0$；(3) $E_k=\frac{2}{3}E_0$

18-16　(1) $0.946c$；(2) $4.00s$

18-17　(1) $5.02m/s$；(2) $1.49\times10^{-18}kg\cdot m/s$；(3) $1.2\times10^{-11}N$，$0.25T$

18-18　$v=\frac{qEct}{\sqrt{m_0^2c^2+q^2E^2t^2}}$，$v'=\frac{qE}{m_0}t$

18-19　(1) $\frac{m_0}{m}=\sqrt{1-k^2}$

(2) $E=mc^2=km_0c^2$，$E_k=m_0c^2\ (k-1)$，$p=m_0c\ \sqrt{k^2-1}$

18-20　$A_1=2.6\times10^3\text{eV}$，$A_2=2.4\times10^4\text{eV}$

18-21　$E_0=0.51\text{MeV}$，$E_k=4.59\text{MeV}$，$p=2.71\times10^{-21}\text{kg}\cdot\text{m}\cdot\text{s}^{-1}$，$v=0.995c$

18-22　（略）

18-23　（1）$v=0.9988c$；（2）$\dfrac{m}{m_0}=20.6$

18-24　（1）$m'_0=2m_0/\sqrt{1-v^2/c^2}$，速度略；（2）；略

第 19 章

19-1　（1）辐射能量相等，因为辐出度只和物体温度有关；（2）吸收能量不同，吸收能量和环境温度有关，A 吸收能量高于 B。

19-2　$1.58\times10^3\ \text{W/m}^2$

19-3　$\lambda_m=2.89\times10^{-6}\text{m}$

19-4　$T_{太阳}=5.3\times10^3\text{K}$，$T_{北极星}=8.3\times10^3\text{K}$，$T_{天狼星}=1.0\times10^4\text{K}$

19-5　$T=1.42\times10^3\text{K}$

19-6　（1）$\lambda_m=9.66\times10^{-4}\text{m}$；（2）$P=2.34\times10^9\text{W}$

19-7　$R=7.26\times10^9\text{m}$

19-8　（1）$A=3.21\times10^{-19}\text{J}$；（2）$U_a=-1.77\text{V}$

19-9　$A=2.9\text{eV}$

19-10　（1）$E_{max}=2\text{eV}$；（2）$|U_a|=2.0\text{V}$；（3）$\lambda=2.96\times10^{-7}\text{m}$

19-11　$n=1.41\times10^{19}$

19-12　$A=\dfrac{e(U_{a1}\nu_2-U_{a2}\nu_1)}{\nu_1-\nu_2}$，$h=\dfrac{e(U_{a1}-U_{a2})}{\nu_1-\nu_2}$

19-13　（1）$h\approx6.592\times10^{-34}\text{J}\cdot\text{s}$；（2）$A=3.63\times10^{-19}\text{J}$；（3）$\lambda_0=544\text{nm}$

19-14　（1）$\varepsilon_1=2.84\times10^{-19}\text{J}$，$p_1=9.47\times10^{-28}\text{kg}\cdot\text{m}\cdot\text{s}^{-1}$，$m_1=3.16\times10^{-36}\text{kg}$
（2）$\varepsilon_2=7.96\times10^{-15}\text{J}$，$p_2=2.65\times10^{-23}\text{kg}\cdot\text{m}\cdot\text{s}^{-1}$，$m_2=8.81\times10^{-32}\text{kg}$
（3）$\varepsilon_3=1.59\times10^{-13}\text{J}$，$p_3=5.30\times10^{-22}\text{kg}\cdot\text{m}\cdot\text{s}^{-1}$，$m_3=1.77\times10^{-30}\text{kg}$

19-15　（1）$\lambda=4\times10^{-2}\text{nm}$；（2）$\varphi=63°24'$

19-16　0.10MeV

第 20 章

20-1　$\lambda_{max}=121.5\text{nm}$，$\lambda_{min}=91.17\text{nm}$

20-2　$\varepsilon_{max}=3.1\text{eV}<E_{电离}$，所以可见光不能使它电离

20-3　（1）$r_2=0.212\text{nm}$，$E_k=3.4\text{eV}$；（2）$\lambda=122\text{nm}$；（3）$\Delta E=13.6\text{eV}$

20-4　$\lambda_1=102.57\text{nm}$，$\lambda_2=656.42\text{nm}$，$\lambda_3=121.56\text{nm}$

20-5　$E_3=-1.51\text{eV}$，$E_2=-3.4\text{eV}$；$r_3=0.477\text{nm}$，$r_2=0.212\text{nm}$

20-6　$T_1=1.58\times10^3\text{K}$，$T_2\geqslant2.10\times10^5\text{K}$

20-7　（1）$E_k=13.6\text{eV}$；（2）$\lambda=365\text{nm}$；（3）$\nu=2.46\times10^{15}\text{Hz}$

20-8　$v=7.0\times10^5\text{m/s}$，$\lambda=1.04\text{nm}$

20-9　$m = 1.72\times10^{-27}\text{kg}$

20-10　(1) $\lambda_1 = 1.46\text{nm}$；(2) $\lambda_2 = 0.146\text{nm}$

20-11　(1) $E = 1.02\text{MeV}$；(2) $\gamma = 2$；(3) $v = 2.6\times10^8\text{m/s}$，$\lambda = 1.85\times10^{-5}\text{nm}$

20-12　动量相等，光子能量和电子的总能量不相等。

20-13　(1) 在某一时刻 t，空间某点 r 处粒子出现的概率，与该时刻，该地点波函数的模平方 $|\Psi|^2$ 成正比；

(2) 单值，有限，连续，归一化。

20-14　$E_{\min} = h^2/(2mL^2)$，$E_{\min} = 1.3\times10^{-12}\text{J}$

20-15　$\Delta E \geqslant 4.14\times10^{-7}\text{eV}$；$\lambda = 367\text{nm}$，$\Delta\lambda = 4.48\times10^{-14}\text{m}$

20-16　(1) $3.8\times10^{-6}\text{rad}$；(2) $8.4\times10^{-34}\text{rad}$

20-17　$E_n = \dfrac{h^2}{8mL^2}n^2$，$n = 1, 2, \cdots$

20-18　$P = \dfrac{2}{a}\left(\sin\dfrac{n\pi}{a}x\right)^2$，$P = \dfrac{2}{a}$

20-19　$Z = 10$ 个，$m_l = 0, \pm1, \pm2$，$m_s = \pm\dfrac{1}{2}$

20-20　不能实现粒子数反转

20-21　$\lambda_{金刚石} = 0.233\mu\text{m}$，$\lambda_{硅} = 1.09\mu\text{m}$

20-22　(略)

20-23　(略)

参考文献

[1] 程守洙，江之永. 普通物理学：下册 [M]. 7 版. 北京：高等教育出版社，2016.
[2] 张三慧. 大学物理学 [M]. 4 版. 北京：清华大学出版社，2018.
[3] 马文蔚. 物理学：下册. [M]. 6 版. 北京：高等教育出版社，2014.
[4] 陆果. 基础物理学教程：下卷 [M]. 2 版. 北京：高等教育出版社，2010.
[5] 梁灿彬，秦光戎，梁竹建. 普通物理学教程：电磁学 [M]. 4 版. 北京：高等教育出版社，2018.
[6] 宋世贤. 工科物理教程：下册 [M]. 3 版. 北京：国防工业出版社，2005.
[7] 马文蔚，苏惠惠，解希顺. 物理学原理在工程技术中的应用 [M]. 4 版. 北京：高等教育出版社，2015.